船舶智能运维与能效监测

Intelligent Maintenance and Energy Efficiency Monitoring Technologies for Ships

胡以怀　编著

国防工业出版社
·北京·

内容简介

本书共8章。首先，介绍了现行的船舶设备维修保养体系及其发展过程，对不同类型船舶动力装置的可靠性进行了分析，探讨了未来大型远洋无人船舶动力装置的选型。然后，介绍了船体结构的状态监测与维护管理、船舶电力系统的典型故障及诊断方法、船舶柴油机燃油喷射系统/增压换气系统/缸内燃烧系统的性能监测方法、机舱设备振动监测与分析方法、机舱油液监测与分析方法，以及现有船舶设备的日常运维内容。最后，介绍了船舶能效监测与分析技术。

本书可作为船舶工程、轮机工程、船舶电气工程等领域科技人员的学习用书，可供航运公司从事船舶管理、轮机管理工作的船务、机务人员参考。同时，本书可作为船舶与海洋工程、轮机工程、船舶修造专业本科生、研究生教材。

图书在版编目(CIP)数据

船舶智能运维与能效监测 / 胡以怀编著. -- 北京 : 国防工业出版社, 2025. 6. -- ISBN 978-7-118-13652-4

Ⅰ. U675.7

中国国家版本馆 CIP 数据核字第 2025S9J303 号

※

国防工业出版社出版发行

(北京市海淀区紫竹院南路 23 号　邮政编码 100048)

三河市天利华印刷装订有限公司印刷

新华书店经售

*

开本 710×1000　1/16　**插页** 4　**印张** 27¾　**字数** 496 千字

2025 年 6 月第 1 版第 1 次印刷　**印数** 1—1500 册　**定价** 198.00 元

国防书店：(010)88540777　　书店传真：(010)88540776

发行业务：(010)88540717　　发行传真：(010)88540762

序

随着网络技术和信息技术的发展,特别是工业互联网、信息传感、无线通信、人工智能等技术的快速发展,人类社会正在从信息时代向智能时代迈进。对于造船业和航运业而言,船舶设计制造、运行维护也正朝着分布型、网络型和智能型的方向发展,船舶智能化水平得到快速提升,船舶的智能运维已具备技术的可行性。

中国船级社从技术开发的角度将智能船舶划分为智能航行、智能船体、智能机舱、智能能效管理、智能货物管理、智能集成平台 6 个模块。从核心内涵方面来说,智能船舶作为未来水上运输的载运工具,实际上可以分为船舶智能航行、装备智能运维、货物智能监控 3 个方面。船舶智能航行主要与外部航行环境和船舶操纵性有关,其核心问题是解决外部航行环境的多变性与船舶自身操纵性的协调控制。装备智能运维主要与船体结构和船舶设备的可靠性有关,其核心问题是解决船舶内部系统的复杂多样性与装备高效可靠运行的矛盾。货物智能监控主要与外部航行环境和货物的安全性有关,其核心问题是解决极端恶劣航行环境与货物物化特性的协同监控。

船舶设备和系统是非常复杂的人机一体化系统,又处于特定的航行条件下,船舶设备的故障、管理人员的失误和恶劣海况的干扰,都是船舶航行的不安全因素。据国外某保险公司对海难事故的统计表明,在众多海难事故的起因中,机械故障居首位(占 22%)。特别是,船舶柴油机是保障船舶安全航行的动力心脏,由于其零件多且具有相互关联、运动复杂、工作环境恶劣等特点,经常在高负荷下运行,故发生故障的可能性更大,在船舶机械故障中船舶柴油机故障占 45%。预防船舶机械故障发生的有效措施是采用状态监测和故障诊断技术,及早发现故障征兆,及时更换和修理失效的零部件,以提高船舶航行的安全性和可靠性,“大数据”时代的来临正好为人们指明了一条出路。毋庸置疑,船舶智能化的运维和能效监测已是造船界和航运界的共识,也是目前船舶智能化应用领域急需发展的核心技术。

本书梳理了胡以怀教授等研究团队 30 多年来在船体结构状态监测、船舶机电设备健康管理和船舶能效监测方面的技术资料，重点介绍了他们20多年来在上述3个方面的科研成果，理论联系实际，内容全面，对推动和发展智能船舶具有很高的实用价值，这也是近年来国内第一本有关船舶装备智能运维的专著。期冀国内同行尽快推出更多有关船舶智能航行和货物智能监控方面的专著，以推动我国智能船舶技术的发展。

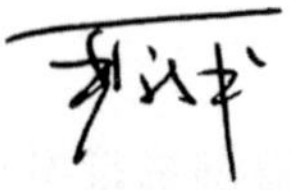

2024年3月30日

严新平，中国工程院院士，武汉理工大学教授，水路交通控制全国重点实验室主任。

前言

近年来，随着信息技术和网络技术的发展，许多传统行业都在向智能化方向发展，出现了无人驾驶汽车、智能制造、工业机器人、智慧城市、智慧港口、智能金融、智能商务、智能家居、智能经济、智能船舶、智慧航运、智能农业、智能物流等新产品和新概念。

智能船舶的发展将有效解决船舶在节能减排、人力成本和船舶安全性等方面面临的主要问题。2019 年，工业和信息化部、交通运输部、国家国防科技工业局联合印发的《智能船舶发展行动计划（2019—2021 年）》明确提出，经过三年努力，形成我国智能船舶发展顶层规划，初步建立智能船舶规范标准体系，突破航行态势智能感知、自动靠离泊等核心技术，完成相关重点智能设备系统研制，实现远程遥控、自主航行等功能的典型场景试点示范，扩大典型智能船舶“一个平台+*N* 个智能应用”的示范推广，初步形成智能船舶虚实结合、岸海一体的综合测试与验证能力，保持我国智能船舶发展与世界先进水平同步。2019 年 5 月 17 日，交通运输部等七部门也联合发布了《智能航运发展指导意见》，以促进我国智能船舶技术迭代提升和快速进步，引导和鼓励现有船舶应用成熟的智能船舶技术与产品，推动公务船舶率先应用智能船舶技术等，这将促使我国智能船舶发展步入快车道。

智能船舶的提出不仅与技术的发展有关，也与船舶运输行业的背景密切相关。船舶特别是远洋船舶是一个浮动的动力工厂，船舶活动空间狭小，航行条件恶劣、多变，其特征主要表现在以下几方面。

（1）人机界面的复杂性。人-机-环境接口的多样，人员多元化（多人或多种作业人员类型），机器设备高度自动化、智能化、复杂化。

（2）信息的复杂性。信息显示方式多样，信息量大，信息变化快。

（3）动态特性的复杂性。系统的层次性、关联性复杂，异常状态的征兆组合重叠，复杂多变，控制反馈迅速。

（4）环境的不确定性。包括物理、组织、社会、心理等外部环境的不确定性。

（5）恶劣的内部环境。机舱空气浑浊而供氧不足，噪声、温度和湿度高等。

(6) 操作的复杂性。主要运行特征为监视、确认、控制工作,应急状态下的操作负荷是正常状态下操作负荷的数倍。

而远洋船员是一支流动的技术管理队伍,愿意长期在海上工作的人员越来越少,有经验的船员日渐匮乏。随着远洋船舶正向大型化、高速化、环保化方向发展,船员将面对更为丰富的信息交互和更加复杂的人机界面,对人的生理、心理状态将产生许多消极影响,矛盾将越来越突出,这就需要采用智能技术来全部或部分替代人工操作。特别是远洋船舶机舱是一个集机、电、热、液于一体的复杂系统,运维难度大。运用大数据分析、信息融合和故障诊断技术对船体和机舱重要设备的运行状态进行监测,对于提高船舶的安全管理水平和船员的应急操作能力、提高我国船舶的智能化管理水平、减少重大船舶事故都具有重要意义。

智能船舶在降低船舶控制和管理难度及人员操作失误率、提高设备及船舶营运安全、优化船舶航行、控制燃油消耗、减少船员及成本等方面将发挥更大作用,因为75%~96%的海上事故往往是人员决策和操作过失、应急反应不当、疲劳等因素所致。因此,近年来国内外相关的船舶高等院校和科研机构都在积极开展智能船舶的研究,国外已开展的智能船舶项目有欧盟的 ATOMOS Ⅳ项目(优化船舶运行安全性的先进技术——智能船舶)、欧盟 MUNIN 项目(基于智能化网络的海洋无人导航)、日本的 SSAP 项目(智能船舶应用平台)、加拿大的 Smartship 项目(智能船舶-集成船舶管理系统)等。国内武汉理工大学(国家水运安全工程技术研究中心、交通运输行业内河智能航运技术协同创新平台、智能新能源船舶技术创新产业联盟、珠海万山的无人船海上测试场)、大连海事大学(无人船技术与系统联合重点实验室)、上海海事大学(上海船舶智能运维与能效监控工程技术研究中心)、上海交通大学、哈尔滨工程大学,以及上海船舶研究所(智能船舶顶层设计及部分智能系统应用示范项目)、上海船舶设计院(智能船舶 1.0 研发专项)、中国船舶工业系统工程研究院(38800t iDO-LPHIN 智能船型设计)、中国船级社(智能船舶规范)等单位都在开展智能船舶技术的研发工作,智能船舶已成为未来造船业和航运业发展的必然趋势。

总体来看,近年来国内外对智能船舶的研究主要侧重于智能航行、智能能效和小型无人船技术,对智能船体、智能机舱、智能货物研究较少。如果说智能航行是船舶的大脑,那么智能船体和智能机舱就是船舶的骨骼和心脏。在恶劣的海洋环境下,未来的智能船舶需要聪明的大脑,也需要健康的骨骼和心脏。

船舶设备的运行状态不仅会影响船舶航行的安全,也会直接影响船舶的能耗。船体结构承载了船舶所有的设备和系统,其结构强度不仅会影响船舶的安全,其表面状态也将影响船舶的能耗。因此,本书将智能船体、智能机舱和智能能效 3 个方面综合到一起,探索它们之间的内在联系。

本书共8章,第1章介绍船舶设备运维体系及发展,第2章论述船体结构状态监测与维护管理,第3章阐述船舶电力系统的典型故障与诊断,第4章介绍船舶柴油机的性能监测与分析,第5章论述机舱设备的振动监测与分析,第6章阐述机舱油液监测与分析,第7章介绍机舱的日常管理与智能运维,第8章论述船舶能效监测与分析。

本书根据船舶科技的最新发展,介绍了船舶直流综合电力系统结构及特点、船舶直流综合电力系统的典型故障和诊断方法、船舶电控柴油机的故障诊断等,提出了船舶设备能效劣化指数,探讨了未来智能船舶动力装置的选型问题。笔者认为,现有远洋船舶的直接传动式动力装置虽然经济性最高,但系统太过庞杂,无法满足未来智能船舶的运行需要,应代之以电力推进系统。因为现在的船舶设计是基于有人值守的船舶,是以经济性为第一考虑要素。而未来的智能船舶应是基于少人或无人值守的原则,应该以可靠性和自主性为第一设计原则。本书比较了一艘自动化船舶与无人驾驶船舶的经济性后发现,在不改变动力装置的前提下,两种船舶在初投资方面变化不大,而无人驾驶船舶的运行成本较前者显著降低。

那么,未来的远洋船舶能实现无人化吗?笔者认为可以,前提是这种船舶不仅能够进行自主或远程操作航行,还要保证船体、设备、货物的安全可靠,在航行过程中不会发生重大事故。因此,未来无人远洋船舶必须要实现航行、装备(船体和设备)、货物监控的全方位智能化。我们可以为未来无人远洋船舶设想这样的运行场景:船舶在港口装好货物后首先由引航员开到附近的基地或船舶集散地;然后人员撤离船舶,船舶交由无人系统或岸基控制中心操纵进行海上长距离航行,只保留1~2人在船舶上值守以便处理应急事件,直到到达目的港附近的基地或集散地后停泊。机修人员根据船舶航行中记录的运行数据及分析结果,上船更换备件和维修设备,补充燃料和滑油等;最后引航员登船,将船舶开到目的港卸货,完成一个航次。

本书的出版得到上海市科委"科技创新行动计划"——"船舶智能运维与能效监控工程技术研究中心"(编号:20DZ2252300)和上海市教委"高水平地方高校建设项目创新人才培养(研究生)"资助。

本书由胡以怀教授编写并统稿。在本书的写作过程中,操安喜博士和闫国华博士参与了部分工作,在此表示感谢。

智能船舶需要研究的课题还有很多,本书仅在装备智能化方面做一些探讨,以起到抛砖引玉的作用。由于水平有限,书中不当之处,请各位同行批评指正。

胡以怀

2024年4月20日

目录

第 1 章

船舶运维体系及发展

本章首先分析现有船舶动力装置的可靠性特点,然后介绍现行的船舶维修保养体系,最后介绍设备预知性维修技术和面向未来船舶的智能运维体系。

1.1 船舶动力装置的可靠性分析

1.1.1 船舶动力装置的可靠性特点

迄今为止,可用于船舶的动力机械设备主要有蒸汽机、汽轮机、柴油机、燃气轮机和核动力设备。

(1) 蒸汽机是 19 世纪初最早用于船舶的动力机械设备,其优点是结构简单、造价低、管理使用方便、制造工艺要求不高;缺点是热效率低、自身重量大,特别是大功率蒸汽机的活塞、连杆等运动部件运转惯性很大,难以平衡,故在 19 世纪末被汽轮机所替代。

(2) 汽轮机的优点是单机功率大,使用可靠,运转平稳,振动和噪声低,检修工作量小,锅炉可燃用劣质油;但汽轮机油耗比柴油机高,即使采用废热再循环的汽轮机装置,每马力小时的油耗仍达 245~260g/(kW·h),比低速柴油机高 40%左右。

(3) 由于柴油机单机功率大,能燃烧劣质油,因此 20 世纪商船上柴油机逐渐取代汽轮机成为船舶的主要动力。

(4) 燃气轮机在 20 世纪 50 年代开始用于船舶,具有单机功率大、体积小、重量轻、加速性能好的特点,能随时起动并很快达到最大功率,但对燃油质量要求很高,热效率也比柴油机低得多,因此主要在舰船和少数高速艇上得到一定的应用。

(5) 核动力设备最大的特点是续航力强,但安全管理要求高,目前主要用于大型军舰和潜艇以及少数的破冰船。

总体来看,不同船舶的动力机械设备各有不同的特点[1]。下面介绍几种常用动力机械设备的运行特点。

1. 汽轮机动力装置的运行特点

汽轮机动力装置由锅炉、汽轮机、冷凝器、轴系、管系及其他的机械设备组成。在这种装置中,燃料的燃烧和产生高温高压的蒸汽是在锅炉中进行的,高温高压的蒸汽作为工质推动汽轮机叶轮对外做功,驱动螺旋桨,使船舶获得推进的动力。20 世纪 60—70 年代,船舶向巨型、高速化方向发展,这一时期汽轮机动力装置占据绝对优势。即使在当代,在大功率舰船推进装置中,汽轮机动力装置也一直占有比较明显的优势。

1) 汽轮机动力装置的主要优点

(1) 单机功率大。现代船舶大功率汽轮机的单机功率可达 75000kW 以上,若不受推进器尺寸和制造方面的影响,像电力设备一样可以做成 600000~1000000kW 的巨型动力装置。正因为如此,主机的单位重量尺寸优越。

(2) 汽轮机叶片转速稳定,无周期性扰动力,因此机组振动小、噪声低。

(3) 磨损部件少,工作可靠性高,维护工作量小。

(4) 可以使用劣质燃料油。

2) 汽轮机动力装置的主要缺点

(1) 装置的尺寸、总重量大,因为其配置的主锅炉以及为其服务的辅助机械设备,占去了船舶的许多有效排水量。

(2) 燃油消耗较大,在相同的燃料储备下续航力低。

(3) 机动性能差,起动前准备时间为 30~45min,紧急情况下,暖机过程也需要 15~20min。在舰艇上为保证即时起锚的要求,常以暖机状态停泊,从而增加了停泊时间的燃料消耗。另外,从一个工况到另一个工况的转换时间也较柴油机长 2~3 倍。

3) 汽轮机设备主要故障特征

由于汽轮机动力设备是高速旋转机械,没有往复运动部件,冲击力小,使故障率较低。根据资料估算,汽轮机动力设备的故障率约为柴油机动力设备的 1/3,与燃气轮机动力设备的故障率相差不多。下面以日本造船学会 1978 年对 15 艘蒸汽动力船进行 4 年的故障统计结果为例,说明汽轮机的故障特性。

(1) 系统的总有效度较高。

据统计,船舶蒸汽动力设备发生减速或停止航行的重大故障的平均时间间隔为3717h，平均修复时间为9.6h。这样，系统的有效度为0.9975，具有较高的水平。

(2) 锅炉故障次数多，主机故障严重。

根据统计结果的分析，系统中不同部件的重大故障次数以锅炉为最多，占56%，主机占17%，其他系统占27%。部件的平均修复时间以主机最长为22h，锅炉为9h，其他系统为3.6h，说明不同部件的故障严重程度不同。

从这些数据可以看出，提高系统可靠性的重点工作应该放在改进锅炉设计、减少故障发生的次数上。而减少平均修复时间的工作重点是注意改进主机的维修手段，以减少维修工作量。

(3) 系统的漏泄故障较多。

从发生的故障类型看，漏泄故障占有较大比率，这主要是由于蒸汽动力设备中油、水、汽的管路较多造成的。例如，阀门、管系的漏泄故障占故障数的43%，因此应把克服漏泄作为提高系统可靠性的主要措施。另外，从发生漏泄故障的时间上看，主要在初期故障期。针对这个时间特征，需要从材料、设计、安装方面入手，对管系的连接件、密封形式及填料质量方面进行综合改进。

2. 柴油机动力装置的运行特点

柴油机必须经过进气、压缩、燃烧、膨胀和排气5个过程才能完成一个工作循环。

1) 柴油机动力装置的优点

(1) 油耗率较低，有较高的经济性。

(2) 单位重量指标较小。

(3) 具有良好的机动性，操作简单，起动方便，正、倒车迅速。

2) 柴油机动力装置的缺点

柴油机动力装置也存在柴油机的尺寸和重量按功率比例增长快，单机功率受到限制的缺点。从可靠性的角度出发，柴油机作为往复式热力发动机存在以下缺点。

(1) 工作中的噪声、振动比较大。

(2) 中、高速柴油机的运动部件磨损比较严重。

(3) 柴油机在低转速时稳定性差，影响了船舶的低速航行性能。

(4) 柴油机的过载能力也较差，在超过负荷的10%时，一般仅能运行1h。

3) 柴油机动力设备主要故障特征

在船舶系统中，最容易产生故障的是船舶动力设备。而柴油机动力设备工作状态十分恶劣，长期处在高温、高压、强振动、高腐蚀、应力集中下运转，容易发生磨损、断裂、烧毁、碎裂以及漏油、漏水、漏气、脏污、堵塞等故障。根据有关统计资料,高速柴油机的整机寿命仅数百到几千小时,低速柴油机的整机寿命可达上万小时,60%以上的船舶营运故障源于机舱,其中船舶柴油机是船舶机电设备中故障率最高的机械设备之一。

柴油机动力装置中柴油机故障是发生率最高的部位,特别是主机活塞、缸套、气阀、喷油器这些燃烧室周围部件和废气涡轮增压器等部件,是发生磨损、断裂、烧毁、碎裂以及漏油、漏水、漏气、脏污、堵塞的主要部件。船舶柴油发电机组也有类似故障,事故率也比较高。在所有故障中,除磨损外,还有疲劳、老化、变形、剥落、破损、断裂等故障类型。

管路系统中以润滑和冷却系统的故障率最高,而且这两个系统的故障会直接引发柴油机的较大事故,所以,在船舶动力设备设计中,要注意提高这两个系统的可靠性,在日常使用检查和维护中,也应对滑油和冷却水温度和压力的变化实施有力的监控。

由于柴油机是往复式热力发动机,其结构复杂且工作条件恶劣,也是船舶机电设备中影响船舶安全航行的最大因素,因此做好柴油机的维护保养、自动监控十分重要。

3. 燃气轮机动力设备的运行特点

船用燃气轮机动力装置是20世纪50年代后期开始发展起来的,其推进主机是在航空喷气发动机的基础上发展起来的。现在,燃气轮机是大中型水面舰艇的主动力设备,世界已有近30个国家的海军舰船使用燃气轮机,其中美国、英国和俄罗斯使用的数量最多。世界主要国家的舰用燃气轮机的研制生产已经形成系列,14700kW(20000hp)左右或以上的大功率舰用燃气轮机已经发展得非常成熟,并在各类舰艇上广泛应用。

燃气轮机的基本工作原理与蒸汽轮机类似,只是工质方面有所不同。蒸汽轮机中使用的燃料在锅炉内燃烧,使锅炉中的水加热产生蒸汽,推动叶轮做功;而燃气轮机则利用燃料在燃烧室中燃烧产生的燃气直接推动涡轮做功。

1) 燃气轮机动力设备的主要优点

(1) 单位功率的重量极小。加速用燃气轮机装置单位功率的重量可达0.65~1.3kg/kW,全工况用燃气轮机装置为2~4kg/kW。

(2) 机组功率较大,带中冷、中热和回热过程的燃气轮机装置机组功率可以达到60000kW。

(3) 有良好的机动性能,从冷态起动到全功率输出,只要1~2s,大功率燃气轮机只要3~5s,相对于蒸汽轮机优点是相当明显的。

(4) 燃料消耗率虽不及柴油机,但也达到了200~300g/(kW·h),低负荷运行时的经济性恶化情况比蒸汽轮机小。

2）燃气轮机装置的主要缺点

（1）主机不可反转，必须专门设置倒车机构或使用调距桨。

（2）由于燃气的高温，叶片材料所使用的合金钢昂贵，工作可靠性较差，寿命相对较短，如燃气温度在750℃以上的燃气轮机，寿命仅为500~1000h。

（3）由于燃气轮机工作时空气流量很大，因此进、排气管道的尺寸大，舱内布置相对困难，甲板上较大的管道通过切口会影响船体强度。

（4）由于排气温度高，需要一套复杂的余热利用系统。

3）燃气轮机装置主要故障特征

（1）高温腐蚀。

燃气轮机由于在海洋环境下工作会吸入含有大量盐分的空气，盐分与燃料中的硫在高温条件下会在燃气轮机部件上发生化学反应，对部件表面产生腐蚀作用，这是燃气轮机在船舶上应用的一个问题。目前采用两种方法来克服高温腐蚀：一种方法采用耐腐蚀的镍基合金或包覆材料隔离有害物质；另一种方法是在燃气轮机压气机进口处安装空气滤清器，以减少空气中的盐分。

（2）磨损。

由于燃气轮机的工作温度高，在起动和停机过程中会产生剧烈的温差变化。为防止剧烈温差变化带来的应力负荷，燃气轮机的设计中把各部分结构不做成一个整体，而采用可拆卸的活动连接方式，如燃烧室排气部分的部件、安装叶片的沟槽部分及密封环等部件都是这种连接方式。这些活动连接的部件间由于振动、冲击等外负荷而发生摩擦。为了防止部件磨损，对这部分元件要采取表面处理，以保证零件表面耐磨。

（3）低温腐蚀。

低温腐蚀是指在低温条件下压气机叶片上的疲劳裂纹和腐蚀孔逐步扩大的现象。现在采用合金材料代替铝材制造压气机叶片，以减少低温腐蚀。另外，也采用定期水洗或用防锈剂吹除的方法，去掉附着在叶片上的污染物。船用燃气轮机采用技术成熟的航空发动机作为推进主机，为使机组发挥应有的效益，良好的运行维护是非常必要的。所以，在引入燃气轮机的同时，也把航空发动机的使用、维护、保养的各种规范同时引进到海军或航运部门。

1.1.2 船舶动力装置的可靠性对比

按照不同的传动方式，船舶主推进装置又有不同的形式。目前用于船舶动力装置的主要形式有直接传动、间接传动、Z型传动、电力推进、调距桨装置和喷水推进等。对未来的智能船舶来说，动力装置的可靠性应该是其最重要的指标。为此,对这些动力装置形式的运行可靠性做一个分析比较,从推进系统的系统冗余数、部件数量、部件材料及运行条件等方面,对不同推进系统的可靠性进行对比,以探讨一种适用于未来智能型远洋船舶的推进系统形式[2]。

设不可靠性参数为 U,它主要由子系统的并联运行数量 r、关键部件数量 m、部件材料的不可靠度 u_1、运行条件的不可靠度 u_2、运行转速的不可靠度 u_3 决定,即

$$U = \frac{\sum m \cdot (u_1 + u_2 + u_3)}{r} \tag{1-1}$$

式中:r 为子系统并联运行的数量,对多缸柴油主机来说,最大值为 3,对多缸柴油副机来说,最大值为 2; $u_1 = 0$(结构钢)、0.25(工具钢)、0.5(合金钢)、0.75(铸铁)、1.0(塑料),$u_2 = 0$(常温、常压)、0.5(工作温度低于 400℃且工作压力低于 2.0MPa)、1.0(工作温度高于 400℃或工作压力高于 2.0MPa),$u_3 = 0$(运行转速较低)、0.5(运行转速较高)、1.0(运行转速很高)。

对于由 r 个子系统 $U_1, U_2, U_3, \cdots, U_r$ 组成的并联系统来说,其主系统的不可靠度 U 的计算式为

$$U = \frac{1}{\dfrac{1}{U_1} + \dfrac{1}{U_2} + \cdots + \dfrac{1}{U_r}} \tag{1-2}$$

这里的并联是指任何一个子系统的损坏,都不会影响整个系统的正常运行,如由多台发电机组形成的船舶电力系统。

对于由 r 个子系统 $U_1, U_2, U_3, \cdots, U_r$ 组成的串联系统来说,其主系统的不可靠度 U 的计算式为

$$U = U_1 + U_2 + \cdots + U_r \tag{1-3}$$

这里的串联并不是指系统结构的串联关系,而是指任何一个子系统的损坏都会影响整个系统的正常运行,如船舶辅机系统。

1. 直接传动装置

以二冲程低速柴油主机的单机单桨直接传动式推进系统为例,主要由 1 台多缸二冲程柴油机、1 套遥控系统、1 套推进轴系和螺旋桨组成。由于二冲程低速机不能独立运行,不仅需要其他辅助设备为其提供燃油、滑油、冷却水和压缩空气,还需要发电机组为辅机设备提供电力,三大系统缺一不可。考虑到多缸柴油主机当 3 缸以上不能正常发火时即认为不能正常工作,故主机的冗余数取 3。当多缸柴油副机 2 缸以上不能正常发火时即认为不能正常工作,故 3 套发电柴油机的冗余数取 6。对各主要部件的不可靠度进行计算,不同子系统及其不可靠度计算结果如图 1-1 所示,其中主机系统的不可靠度计算结果如表 1-1 所列。

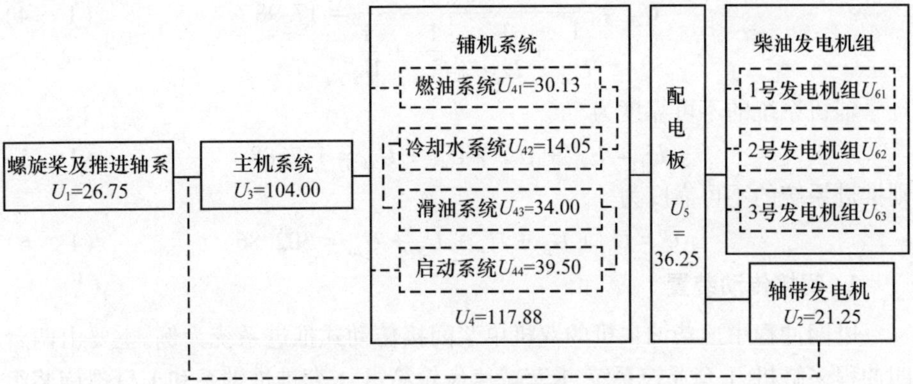

图 1-1 直接传动推进系统的不同子系统及其不可靠度计算结果

表 1-1 单机单桨直接传动式推进系统主机系统的不可靠度计算结果

分系统	机构	部件名称	r	m	U_1	运行条件		U_2	运行转速/(r/min)	U_3	U
						温度/K	压力/MPa				
主机系统	配气机构	凸轮轴	3	11	0.75	570~1200	0.1~4.5	1	1300	0.5	8.25
		液压排气阀	3	12	0.5	570~1200	0.1~4.5	1	无	0	6.00
	曲柄连杆机构	机体组	3	10	0.75	293	0.08~4	0.5	无	0	4.17
		活塞组	3	6	0.5	550~650	1.2~6	1.5	无	0	4.00
		连杆组	3	6	0.5	293	0.08~4	0.5	无	0	2.00
		曲轴飞轮组	3	7	0.5	293	0.08~4	0.5	0~600	0.5	3.50
	机体	—	1	1	0.75	350~420	0.4~6	0.5	无	0	1.25
	增压系统	涡轮机	1	7	0.5	380~880	0.16~0.25	1	10000~50000	1	17.50
		压气机	1	8	0.5	380~450	0.02~0.06	0.5	10000~50000	1	16.00
	燃油喷射系统	燃油泵	3	5	0.5	700~950	3.5~4.5	1	无	0	2.50
		喷油器	3	3	0.5	750~1000	1.2~10	1	无	0	1.50
		高压油管	3	1	0.5	320~350	0.1~0.25	0.5	无	0	0.33
	操纵系统	阀件	1	32	0.5	常温	0.7~0.8	0.5	无	0	32.00
		管路	1	5	0.5	常温	0.7~0.8	0.5	无	0	5.00
	子系统不可靠度										104.00

3 台柴油发电机组与 1 台轴带发电机组组成了一个并联发电系统，其不可靠度为

$$U_{26} = \frac{1}{\frac{1}{U_{61}} + \frac{1}{U_{62}} + \frac{1}{U_{63}} + \frac{1}{U_2}} = 17.98 \tag{1-4}$$

辅机系统的不可靠度为

$$U_4 = U_{41} + U_{42} + U_{43} + U_{44} = 117.88 \tag{1-5}$$

则推进系统的不可靠度为

$$U = U_1 + U_3 + U_4 + U_5 + U_{26} = 302.86 \tag{1-6}$$

2. 间接传动装置

以四冲程中速柴油主机的双机单桨间接传动式推进系统为例,主要由两台四冲程多缸机、1 套遥控系统、1 套减速齿轮箱组、1 套推进轴系和 1 只螺旋桨组成。由于中速柴油机可直接带动大部分的辅机泵浦,可以不考虑辅机系统和发电机组的影响。考虑到多缸柴油主机当 3 缸以上不能正常发火时即认为不能正常工作,故两台主机的冗余数取 6。对各主要部件的不可靠度进行计算,不同子系统及其不可靠度计算结果如图 1-2 所示,其中推进轴系及传动设备的不可靠度计算结果如表 1-2 所列。

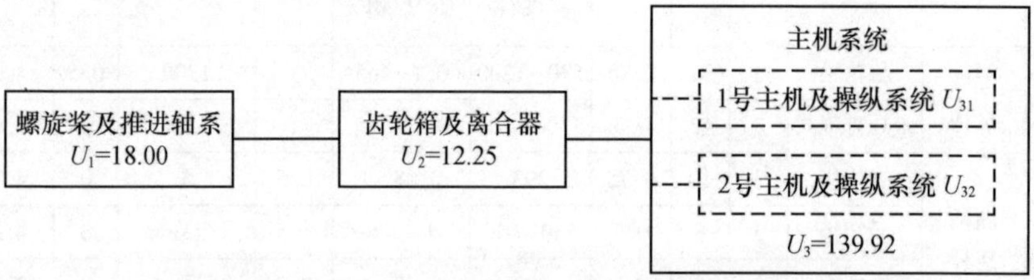

图 1-2 间接传动推进系统的不同子系统及其不可靠度计算结果

表 1-2 双机单桨间接传动装置推进轴系及传动设备的不可靠度计算结果

分系统	机构	部件	r	m	U_1	运行条件		U_2	运行转速/(r/min)	U_3	U
						温度/K	压力/MPa				
推进轴系	传动轴	推力轴	1	1	0.5	常温	常压	0	100~600	0.5	1.00
		中间轴	1	3	0.5	常温	常压	0	100~600	0.5	3.00
		艉轴	1	5	0.5	常温	常压	0	100~600	0.5	5.00
	轴承	推力轴承	1	8	0.5	常温	常压	0	无	0	4.00
		中间轴承	1	3	0.5	常温	常压	0	无	0	1.50
		艉轴承	1	2	0.5	常温	常压	0	无	0	1.00
	轴系附件	—	1	3	0.5	常温	常压	0	无	0	1.50
	螺旋桨	—	1	1	0.5	常温	常压	0	100~600	0.5	1.00

续表

分系统	机构	部件	r	m	U_1	运行条件		U_2	运行转速/(r/min)	U_3	U
						温度/K	压力/MPa				
	子系统不可靠度										18.0
传动设备	齿轮箱	—	1	4	0.5	320~340	0.08~0.09	1	360~1800	0.5	8.00
	离合器	—	1	4	0.5	常温	常压	0	无	0	2.00
	联轴器	—	1	3	0.75	常温	常压	0	无	0	2.25
	子系统不可靠度										12.25

主机系统的不可靠度为

$$U_3 = \frac{1}{\frac{1}{U_{31}} + \frac{1}{U_{32}}} = 139.92 \tag{1-7}$$

则推进系统的不可靠度为

$$U = U_1 + U_2 + U_3 = 170.17 \tag{1-8}$$

3. Z型传动装置

Z型传动装置一般由1台四冲程柴油主机、1套操纵装置、1套推进轴系、1只螺旋桨和2套锥齿轮系组成。该型装置能任意改变推力的方向，结构组成简单，船舶操纵方便；但推力不大，效率一般较低。考虑到多缸柴油主机当3缸以上不能正常发火时即认为不能正常工作，故主机的冗余数取6。对主要关键部件的不可靠度进行计算，不同子系统及其不可靠度计算结果如图1-3所示，其中螺旋桨及传动系统的计算结果如表1-3所列。

则推进系统的不可靠度为

$$U = U_1 + U_2 + U_3 = 259.33 \tag{1-9}$$

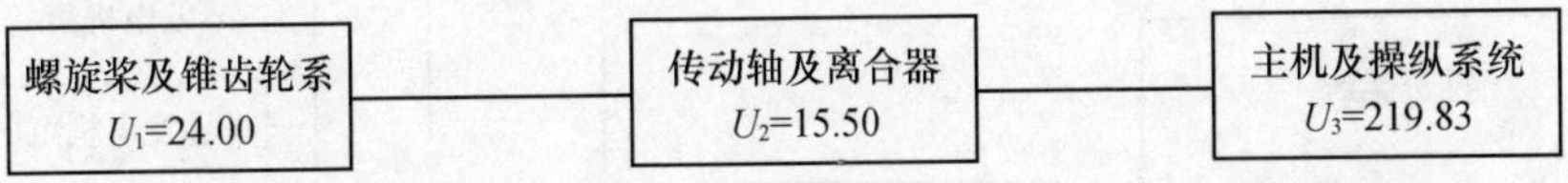

图1-3 Z型传动推进系统的不同子系统及其不可靠度计算结果

表1-3 Z型传动装置推进系统的螺旋桨及传动系统不可靠度计算结果

分系统	机构	部件	r	m	U_1	运行条件		U_2	运行转速/(r/min)	U_3	U
						温度/K	压力/MPa				
推进轴系	锥齿轮系	水平轴	1	1	0.5	常温	常压	0	100~600	0.5	1.00
		螺旋锥齿轮	1	4	0.5	常温	常压	0	100~600	0.5	4.00

续表

分系统	机构	部件	r	m	U_1	运行条件		U_2	运行转速/(r/min)	U_3	U
						温度/K	压力/MPa				
推进轴系	螺旋桨及锥齿轮系	涡轮蜗杆	1	2	0.5	常温	常压	0	100~600	0.5	2.00
		轴承	1	4	0.5	常温	常压	0	100~600	0.5	4.00
		齿形联轴器	1	4	0.5	常温	常压	0	100~600	0.5	4.00
		垂直轴	1	2	0.5	常温	常压	0	100~600	0.5	2.00
		轴系附件	1	4	0.5	常温	常压	0	100~600	0.5	4.00
		螺旋桨	1	3	0.5	常温	常压	0	100~600	0.5	3.00
	子系统不可靠度										24.00
	传动轴及离合器	万向传动轴	1	6	0.5	常温	常压	0	360~1800	0.5	6.00
		离合器	1	2	0.5	常温	常压	0	360~1800	0.5	2.00
		联轴器	1	6	0.75	常温	常压	0	360~1800	0.5	7.50
	子系统不可靠度										15.50

4. 电力推进系统

以交流电动机直接驱动定距桨为例，其一般由 3 套中速柴油发电机组、2 套配电板、2 只变频器、2 套推进电机和螺旋桨组成。考虑到当多缸柴油副机 2 缸以上不能正常稳定运转即认为不能正常工作，故 3 套发电机的冗余数取 6。对关键部件的不可靠度进行计算，不同子系统及其不可靠度计算结果如图 1-4 所示，其中电力推进系统 2 个不同子系统的不可靠度计算结果如表 1-4 所列。

推进系统的不可靠度为

$$U = U_1 + U_3 + U_5 + U_6 = 172.88 \tag{1-10}$$

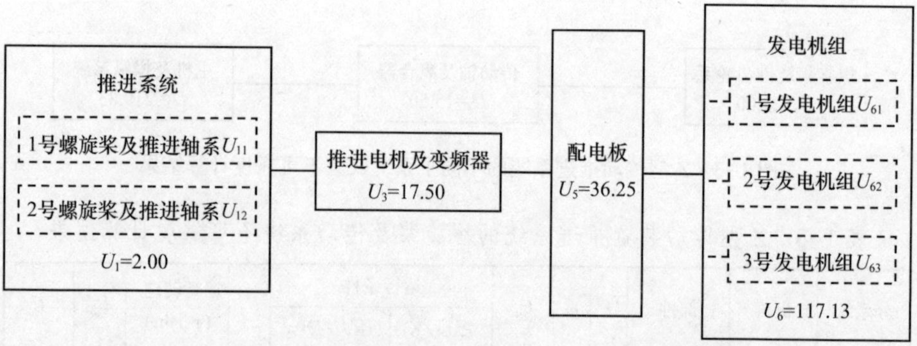

图 1-4 电力推进系统的不同子系统及其不可靠度计算结果

表 1-4 电力推进系统的 2 个不同子系统不可靠度计算结果

分系统	机构	部件	r	m	U_1	运行条件		U_2	运行转速/(r/min)	U_3	U
						温度/K	压力/MPa				
推进系统	变频器		2	10	0.75	350~360	常压	0.5	3000	0.5	8.75
	主电动机		2	10	0.75	350~360	常压	0.5	3000	0.5	8.75
	子系统不可靠度										17.50
	螺旋桨		2	1	0.5	常温	常压	0	100~600	0.5	0.50
	轴系附件		2	3	0.5	常温	常压	0	无	0	1.50
	子系统不可靠度										2.00

5. 调距桨推进系统

以中速柴油机驱动调距桨为例，其一般由 2 台中速柴油主机、1 套遥控系统、1 套减速齿轮箱、1 套推进轴系和调距桨组成。考虑到多缸柴油主机当 3 缸以上不能正常发火时即认为不能正常工作，故主机的冗余数取 6。对关键部件的不可靠度进行计算，不同子系统及其不可靠度计算结果如图 1-5 所示，其中调距桨推进系统不同子系统的不可靠度计算结果如表 1-5 所列。

则推进系统的不可靠度为

$$U = U_1 + U_4 + U_2 + U_3 = 178.67 \tag{1-11}$$

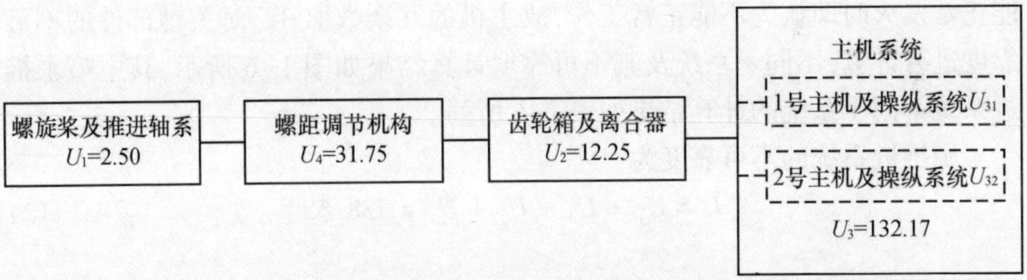

图 1-5 调距桨推进系统的不同子系统及其不可靠度计算结果

表 1-5 调距桨推进系统不同子系统的不可靠度计算结果

机构	部件	r	m	U_1	运行条件		U_2	运行转速/(r/min)	U_3	U
					温度/K	压力/MPa				
传动系统	齿轮箱	1	4	0.5	320~340	0.08~0.09	1	360~1800	0.5	8.00
	离合器	1	4	0.5	常温	常压	0	无	0	2.00
	联轴器	1	3	0.75	常温	常压	0	无	0	2.25
子系统不可靠度										12.25

续表

机构	部件	r	m	U_1	运行条件		U_2	运行转速/(r/min)	U_3	U
					温度/K	压力/MPa				
螺旋桨	轴系附件	1	3	0.5	常温	常压	0	无	0	1.50
	螺旋桨轴	1	1	0.5	常温	常压	0	100~600	0.5	1.00
	子系统不可靠度									2.50
螺距调节机构	配油轴	1	1	0.5	常温	常压	0	2700	0.5	1.00
	伺服油缸	1	5	0.75	270~400	2.5~10	0.5	无	0	6.25
	配油器	1	1	0.5	280~350	3.5 以下	0.5	无	0	1.00
	伺服活塞	1	6	0.5	280~400	0.1~0.5	0.5	无	0	6.00
	油泵	1	6	0.75	280~320	1.7~2.1	0.5	1000~1500	0.5	10.50
	管件	1	4	0.5	280~20	1.7~2.1	0.5	无	0	4.00
	油箱	1	1	0.75	280~320	1.7~2.1	0.5	无	0	1.25
	控制阀	1	2	0.5	常温	常压	0	无	0	1.00
子系统不可靠度										31.75

6. 喷水推进系统

以高速柴油机驱动轴流式喷水推进泵为例,其主要由 1 台高速柴油主机、1 台喷水推进泵、1 套遥控系统和管道组成。考虑到多缸柴油主机当 3 缸以上不能正常发火时即认为不能正常工作,故主机的冗余数取 3。对关键部件的不可靠度进行计算,不同子系统及其不可靠度计算结果如图 1-6 所示,其中喷水推进系统不同子系统的计算结果如表 1-6 所列。

则推进系统的不可靠度为

$$U = U_1 + U_4 + U_2 + U_3 = 238.58 \tag{1-12}$$

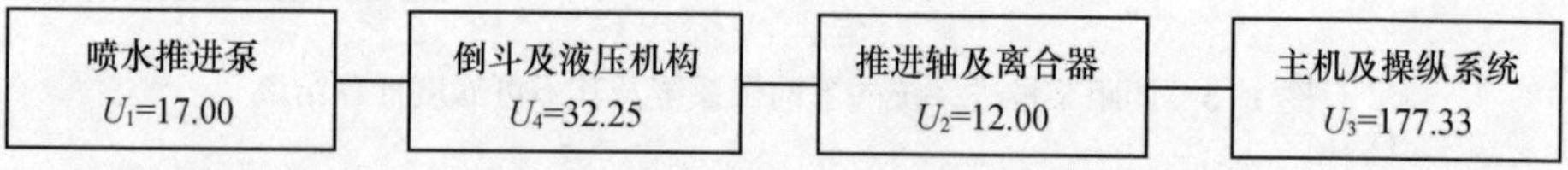

图 1-6 喷水推进系统的不同子系统及其不可靠度计算结果

表 1-6 喷水推进系统不同子系统的不可靠度计算结果

分系统	机构	部件	r	m	U_1	运行条件		U_2	运行转速/(r/min)	U_3	U
						温度/K	压力/MPa				
推进系统	喷水推进泵	流道	1	1	0.5	常温	常压	0	无	0	0.50
		喷水推进泵	1	11	0.5	280~320	1.7~2.1	0.5	1000~3000	0.5	16.50

续表

分系统	机构	部件	r	m	U_1	运行条件		U_2	运行转速/(r/min)	U_3	U
						温度/K	压力/MPa				
推进系统	子系统不可靠度										17.00
	倒斗及液压机构	倒车及操舵喷管	1	1	0.5	280~300	0.1~1.2	0.5	无	0	1.00
		高压软管	1	1	1	常温	高压	0.5	无	0	1.50
		液压缸	1	6	0.5	1000~1300	10.0~16.0	1	无	0	9.00
		液压泵	1	5	0.75	300~340	5.0~10.0	0.5	950~2000	0.5	8.75
		滤器	1	12	0.5	280~300	0~0.5	0.5	无	0	12.00
	子系统不可靠度										32.25
	传动机构	传动轴	1	3	0.5	常温	常压	0	100~600	0.5	3.00
		离合器	1	6	0.5	320~340	0.08~0.09	0.5	360~1800	0.5	9.00
	子系统不可靠度										12.00

如果取不可靠度 U 的倒数作为推进系统的可靠性系数 E,可以更直观地分析各推进系统的可靠性。可靠性系数越高,说明系统的可靠性越好。

$$E = \frac{100}{U} \tag{1-13}$$

各推进系统及装置的不可靠度 U 和可靠性系数 E 计算结果如表 1-7 所列,可见直接传动和 Z 型传动推进系统的可靠性远远低于其他形式的推进系统,喷水推进系统的可靠性次之,而间接传动、调距桨推进和电力推进系统的可靠性较高且相差不大。

从目前实际情况来看,2 万 t 级以上的远洋船舶大都采用单机单桨型直接传动推进系统,主要是由于低速二冲程柴油机运动部件相对较少,运转速度较低,结构简单,维护管理方便,且经济性好,传动损失少,传动效率最高。但从以往的船舶机损事故来看,由于低速机还需要许多辅助泵浦和发电机组为其服务,一旦这些辅助设备出现故障,也会影响整个推进系统的正常运行。所以,直接传动式推进系统的运行规模实际上要大大超过其他形式的推进系统,且这种单机单桨型推进系统的主机只有 1 台,设备冗余度低,一旦主机出现故障就会影响整个船舶的运行安全。

表 1-7　各种推进装置及系统的不可靠度 U 和可靠性系数 E 的计算结果

不可靠度/可靠性系数	装置型式					
	直接传动	间接传动	Z 型传动	电力推进	调距桨推进	喷水推进
主机系统不可靠度	104.00	139.92	219.83		132.17	177.33
辅机系统不可靠度	117.88					
发电机组不可靠度	17.98			117.13		
配电板不可靠度	36.25			36.25		
离合/传动装置不可靠度		12.25	18.50		12.25	12.00
电液控制装置不可靠度				17.50	31.75	32.25
推进装置不可靠度	26.75	18.00	24.00	2.00	2.50	17.00
总推进系统不可靠度	302.86	170.17	259.33	172.88	178.67	238.58
总推进系统可靠性系数	0.330	0.588	0.386	0.578	0.560	0.419

现有的远洋船舶推进系统的选型主要从经济性角度选择直接传动装置，经济效益最高。但从未来智能船舶的运行可靠性来看，这种选择未必合理。未来智能船舶由于配员少，其推进系统的选型首先要考虑的应该是装置的可靠性，然后才是经济性。而且低速二冲程机要占有很大的船舶空间和载重，对船舶运输量也是极大的浪费，综合来看其经济性并不显著。因此，这种推进形式不太适合未来对可靠性要求很高的智能船舶。

从表 1-7 可以看出，间接传动、调距桨推进和电力推进系统的操纵性好、推进动力大、可靠性高，适应远洋船舶的动力需要，是未来智能型远洋船舶推进系统的理想选择。特别是电力推进系统可省去中间传动轴及轴承，机舱布置灵活，倒车功率大，操纵容易，反转迅速，船舶机动性能高。发电柴油机不需要压缩空气起动，起动系统简单，易于实现自主备车、自主起停和自主运行。主电动机对外界负荷的变化适应性好，甚至可以短时间堵转，可设置多套发电机组来提高船舶动力的可靠性。尽管电力推进系统需要经过机械能变电能、电能变机械能的两次能量转换，传动效率相对较低，造价较高。但随着中压船舶电气设备的快速发展，大功率推进电机成功应用于远洋船舶，也便于利用海上光伏发电和风能发电技术，是未来智能型远洋船舶的最佳推进形式。

从前面的分析可以看出，要提高未来智能型船舶动力装置的运行可靠性，可以从以下 3 个方面考虑。

（1）尽可能采用高温/高压部件少、结构简单、运行可靠的动力设备，如采用电控技术取代传统的凸轮轴驱动机构，或减少串联运行部件的数量以提高设备的运行可靠性。

(2) 尽可能增加并联运行的动力设备数量,以提高装置整体运行的冗余度。

(3) 采用现代状态监测和故障诊断技术,尽早预测设备的重大故障,避免船舶航行中事故的发生。

从这个角度来看,混合动力推进系统将是未来智能型船舶一个很好的选择,其方案如图 1-7 所示[3]。

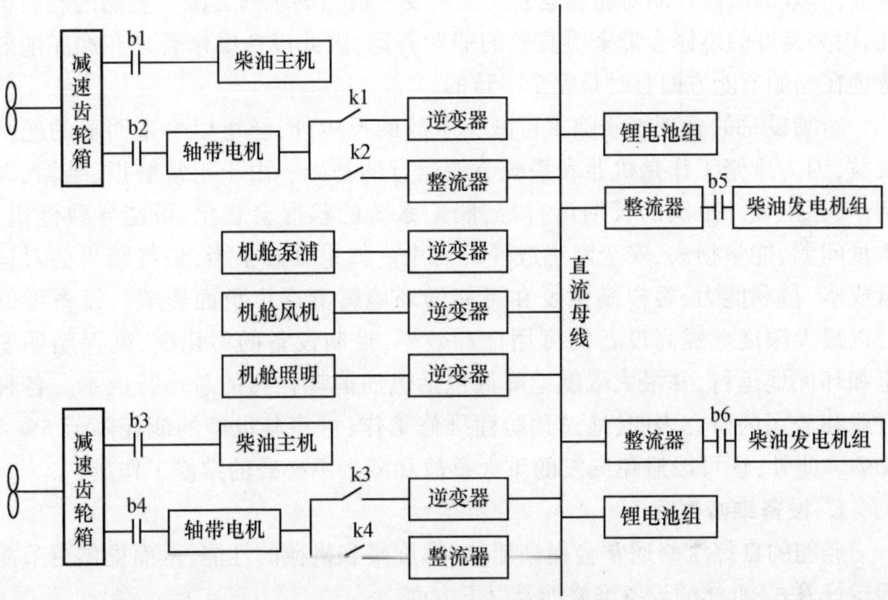

图 1-7 船舶混合动力推进系统

这个系统采用直流配电方式可以省却配电屏设备,发电柴油机也可以在变速下运行发电。采用 4 台同型号电控四冲程大功率柴油机做推进主机和发电副机,只是缸数有所不同,这样所有的柴油机备件都可以互用,增大了部件的冗余度。采用气动马达代替压缩空气起动系统,省却了主机的空气分配器等装置,也提高了主机的可靠性。电控燃油喷射系统可以省却机械高压油泵,也可以提高柴油机部分工况下的运行效率。轴带电机既可以发电,也可以作为电动机驱动螺旋桨,4 台柴油机既作为主推进发动机,也可以用来发电,再加上 2 套动力电池,这样整个推进系统就有 6 个动力源,大大提高了系统的运行冗余度,比常规电力推进系统可靠性更高。如果再利用传感器或离线的测量装置检测各机电设备的状态,通过性能分析、振动分析、油样分析等技术手段,预测混合动力推进系统主要设备潜在的故障,可进一步提高船舶动力设备运行的可靠性。

1.2 船舶维修保养体系

1.2.1 船舶维修保养方式

由于船舶运营的复杂性以及航运组织需遵守包括 ISM 在内的某些法规和义务,有效的维修计划对船舶运营至关重要。恰当的维修会减少船舶的燃料消耗,因为良好的维修会带来更高效的船舶营运,因此设备维修管理和船舶能效管理在船舶节能方面有时是完全一致的。

船舶设备的合理维修除了可减少事故的发生外,还可以带来明显的经济效益,因为维修工作是机器和系统节能运行的基础。由于正常磨损、结垢、误调整、超出设计范围的长期运行等,船舶系统的状况会恶化,可能导致停机、质量问题、能量损失、安全隐患或环境污染。如果维修不当,最终结果会对运营成本、盈利能力、客户满意度和可能的环境影响产生负面影响。设备维修可以最大限度地提高设备的可用性和效率,控制设备的劣化率,确保船舶安全和环保地运行,并最大限度地降低包括燃油消耗在内的总运行成本。各种行业和公司的研究表明,通过预防性维修工作,可将其设施的能耗降低 5%~10%。此外,还可以避免突发的重大事故和减少不必要的维修工作量。

1. 设备维修内容

船舶的良好维修通常会提高船体、螺旋桨和机械的性能,从而提供更节能的运行方式,具体的设备维修涉及以下方面[4]。

(1) 船体和螺旋桨清洗:保持船体和螺旋桨处于清洁良好的状态可以节省大量能耗。

(2) 发动机的工况调整:船舶发动机是维修频繁的对象,一个主要原因是其燃烧低品质燃料及其对发动机的影响,发动机的工况调整可以影响燃烧热效率从而节省能耗。

(3) 机械传动系统:船舶使用各种机械传动系统。最复杂也是最重要的是主推进轴系,较简单的包括驱动/电机和机械之间的机械连接。机械传动系统的能耗会受到维修类型和工作状态的影响,具体取决于以下几点。

① 轴和联轴器对中:任何轴的不对中都不利于机械维修和传动能效,这将导致系统中额外的热量损失。

② V 形皮带打滑:带传动装置中张力的提高可以防止皮带加载和高负载时的打滑,将减少由于滑动造成的摩擦损失。

③ 链条和齿轮错位:在链条驱动系统中,任何错位都会导致能量损失,同时

也不利于系统的维修和保养。

④ 适当的轴承润滑:过度润滑和润滑不足都会降低能效。如果轴承润滑过度,可能需要更多的润滑剂,增加润滑剂中的流体摩擦,从而增加了能量损失。而缺乏足够的润滑不仅会增加能耗,而且会由于金属与金属的接触造成额外磨损而导致更多的维修。

(4) 电气系统:与机械系统类似,电气系统中的能量损失也会受到系统工作状态的影响。对于电动机来说,典型的能量损失发生在恶劣的运行条件下。例如,当电动机被灰尘和潮湿污染时,将抑制热传导过程,会导致线路电阻增加,从而提高电机的温度和能耗,这也可能导致早期故障。对于电动机,机械传动系统(如上所述)维修不当或不充分也会增加电动机驱动系统所需的能量。

(5) 蒸汽系统:蒸汽发生系统(锅炉)长期以来一直被认为具有节省大量能源的潜力,该领域有许多提高能效的措施,且直接受到蒸汽系统维修状态的影响,包括以下几点。

① 疏水器维修和检查。

② 减少锅炉结垢,直接提高其能效。

③ 根据锅炉中的燃料流量调整燃烧空气(控制过量空气系数),可以显著节约能源。

④ 热水和蒸汽的泄漏检测,所有的泄漏减少都将直接降低能耗。

⑤ 隔热检查,以减少由于绝热不良造成的系统热损失。

⑥ 通过改进传热表面的清洁等来优化终端蒸汽。

(6) 压缩空气系统:压缩空气系统可能会遇到与蒸汽系统类似的问题,如空气泄漏、终端用空气消耗过多和空气压缩机状况不良。维修不仅要关注压缩空气的生产过程(空气压缩机),还要关注压缩空气分配和最终使用,包括以下内容。

① 压缩机:压缩机维修不良或压力设置不正确会导致额外的运行时间,从而消耗更多的能源。

② 空气泄漏:系统中的任何空气泄漏都会需要压缩机超时运行,将导致额外的能量消耗。

③ 终端设备维修:压缩空气用于状态不佳的终端设备,也将导致额外的压缩空气需求。

2. 设备维修方式

船舶设备运维有不同的维修方式,不同公司根据设备不同的要求会采取不同的维修方式。航运公司通常根据其维修政策或策略为各种船舶设备选择最合适的维修类型。各种设备维修方式及其关系如图 1-8 所示,主要维修方式包括以下几种[4]。

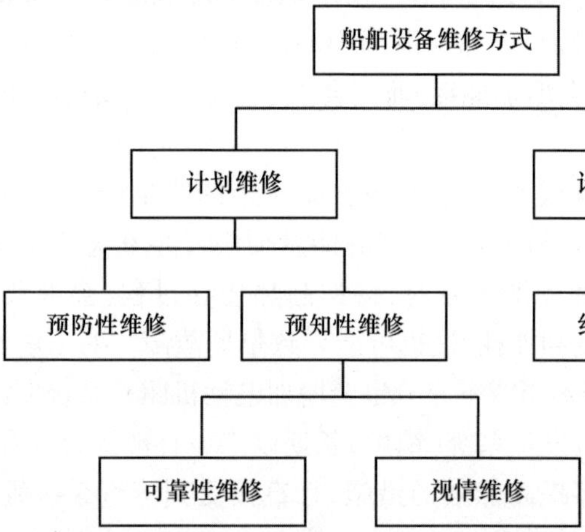

图 1-8 船舶设备维修方式及其关系

(1)计划维修。计划维修是基于设备维修的规定时间表,如后面介绍的CWBT 和 PMS,是当今大多数航运公司的常规做法。根据制造商的建议或使用可靠性分析技术(如平均故障间隔时间(MTBF)分析和可靠性分析)来决定计划的维修时间表。这种方法基于一种故障机制的维修周期间隔时间模型。因此,计划的维修时间表不一定基于固定时间表,但可以基于一种分析方法。该方法考虑了许多因素,如设备的可靠性特征等。

(2) 计划外维修。它又被定义为故障维修。在这种维修策略中,只有在发生故障时才进行维修或更换。然而,在这种类型的维修策略中,基本的预防性维修程序(如润滑和机器调整)定期应用于系统。

(3) 预防性维修。又称为定时维修或定期维修,是计划维修的一个子集。预防性维修通常取决于制造商的建议和过去的经验来安排维修或更换时间。按照设备的使用频度、用途的重要性以及损坏的规律拟定出一个平均安全运行期限和确保这一使用期限而需要的全面维修的内容。在该策略中,维修是在正常固定的计划时间间隔内按计划执行的,它的特征是设备按照预定的维修计划时间,不论实际情况如何必须进行规定内容的维护。因此,预防性维修是时间驱动的,维修是根据运行时间或小时数进行的,预防性计划维修仍然是目前船舶维修的主要策略。除了根据公司以往经验之外,间隔时间还要参考制造商的建议。

(4) 预知性维修。这是计划维修的一个子集,通常是基于可靠性的维修(RCM)或基于状态的维修(CBM)。通常工程师记录系统参数,进行条件/

性能分析,并使用他们的感官或设备来听、看和闻以评估设备的状况,优点是可以避免不必要的维修工作。未来船舶行业将逐渐从预防性维修向预知性维修转变。

(5) 纠正性维修。它是计划外维修的一个子集。纠正性维修可以定义为故障检测后进行的维修,故又称事后维修或故障维修,也就是有坏才修,不坏不修。纠正性维修可细分为“立即纠正性维修”(故障发生后立即开始工作)和“延迟纠正性维修”(根据给定的维修规则延迟工作)。在这种维修策略中,只有在发生故障时才进行维修或更换,它的特征是对某种类型的设备采取能修则修、不能修(或不值得修)即换的政策。现在越来越多的精密电子产品、耐用型设备,其维护价格高昂,但对生产安全影响不大的设备和低值设备,都采用这种事后维修方式。

(6) 可靠性维修。这可以被视为预知性维修的一个子集。它以磨损理论为依据,按照设备主要零部件的磨损率为基础来预测设备或设备中某一部件的维修或更新周期,它的特征是以设备或主要部件的运转小时来推算维修间隔周期的,以检查和更换磨损零部件为维修的主要内容。RCM 这种方法源于飞机工业,是一种确定复杂系统和资产维修需求的结构化方法,最初在 20 世纪 60 年代末开发的。RCM 关注故障的影响,故障的后果比其技术特征更重要,主要目标是通过专注于系统最重要的功能,避免或取消并非绝对必要的维修操作,从而降低维修成本。

(7) 视情维修。它是计划维修的一个子集。该策略以设备的运转工况为依据,以工况数据的趋向分析为基础,决定设备是否需要维修,它的特征是以先进的信息技术进行故障诊断、状态监测。通过检测、比较和分析确定设备或部件的技术状况和需要维修的对象,规定对机器的监控并根据其状况采取行动。在状态监测中使用不同的技术,如视觉检查、性能监测、趋势监测、振动监测、润滑剂监测、温度记录监测和声学监测。如果机器处于良好的工作状态,在计划的机器停机期间的生产损失可以减少,并且部件可以继续使用。

1.2.2 船舶维修保养体系

国际安全管理准则(ISM)规定了影响航运业的维护管理规则和条例,要求每个船舶经营人负责船舶的安全和无污染操作,并应根据适用的规则和条例维护和操作船舶机械设备。船舶维修管理系统的基本部分是数据库,包含需要维护的船舶所有设备的登记,以及维修计划、执行的维修活动等,还提供所执行维修活动的完整记录。目前,我国的船舶维修体系主要是船舶维修保养体系(CWBT)和船舶计划保养体系(PMS)[5]。

1. 船舶维修保养体系(CWBT)

CWBT 是基于机械设备可靠性理论确定部件的维修间隔时间,将传统的船舶设备管理和国际上插卡式船舶设备管理相结合,形成集计划、管理、指导于一体的船舶设备管理模式。CWBT 对船舶设备采用不同的维修方式[6]。

(1) 对船舶设备分 4 个类别,即安全设备、船级设备、重要设备、非重要设备,进行全面"排队",采用不同的维修方式。

(2) 对设备的维修内容和实施按其重要性采用优选和优化方式,使影响运行安全性的维护工作做到及时且不遗漏。

(3) 以宏观安全为目标,重视数据的统计分析、信息的收集与反馈,运用可靠性和概率理论来确定维修内容、维修范围和维修周期。

CWBT 由国家技术监督局于 1996 年 10 月 9 日正式发布,以我国传统的船舶管理技术为基础,吸取国内的先进管理经验和国外的先进管理技术,并结合我国传统的船舶维修管理制度实际情况,对船舶技术管理的内容、方法和手段三方面进行重大改革,建立的一套以机务监督为中心的 CWBT 技术管理体制。

CWBT 对船舶设备进行系统划分和编码,包括设备维修级别的划分和维修工作的分类(表 1-8),以便编制设备卡和工作卡、制订维修计划、实现信息管理和计算机管理。

表 1-8 船舶设备的维修级别

工作类别	维修工作性质	设备卡标志	工作卡标志	
			一卡一级	一卡多级
第一类	含有年检和坞检项目	* * *	红	* * *
第二类	含有特检和巡检项目	* *	蓝	* *
第三类	其他主要维修	*	黄	*或无标志
第四类	一般维修	无标志	白	无标志

CWBT 的系统分类以运输船舶为基本对象,把船舶设备的分类列为 21 个主系统,如表 1-9 所列。

表 1-9 船舶系统的分类及代号

系统代号	系统中文名称	系统英文名称
A	空气系统	AIR SYSTEM
B	海水系统	BITTER WATER SYSTEM
C	装卸货设备	CARGO EQUIPMENT
D	甲板舾装设备	DECK OUTFITTINGS

续表

系统代号	系统中文名称	系统英文名称
E	电力系统	ELECTRIC POWER SYSTEM
F	淡水系统	FRESH WATER SYSTEM
G	发电原动力系统	GENERATOR PRIME SYSTEM
H	船体部分	HULL PARTS
I	证书、文件、资料	INFORMATIONS & CERTIFICATIONS
J	工程机械设备	JOB ENGINEERING FACILITIES
K	防污染系统	ANTI-POLLUTION SYSTEM
L	滑油系统	LUBRICATING OIL SYSTEM
M	主机系统	MAIN ENGINE SYSTEM
N	通信导航系统	NAVIGATION & COMMUNICATION APPARATUS
O	燃油系统	FUEL OIL SYSTEM
P	船舶推进与操纵系统	PROPULSION & MANOUVERINGS SYSTEM
Q	生活设施	LIVING FACILITIES SYSTEM
R	冷藏、空调、通风系统	REFRIGERATION, AIR CONDITION & VENTILATION
S	安全应急系统	SAFETY & EMERGENCY SYSTEM
T	蒸汽系统	STEAM SYSTEM
U	自动化遥测与遥控系统	AUTOMATION & MONITORING SYSTEM

CWBT 的一个主系统中有多个子(次)系统,一个子(次)系统包含若干个部分(UNITE)或组件(GROUP),一个部分或组件是由部件(PART)或设备层层组合而成。根据这个原则采用 5 位制对维修的部件进行编码设计,CWBT 的编码含义如图 1-9 所示。

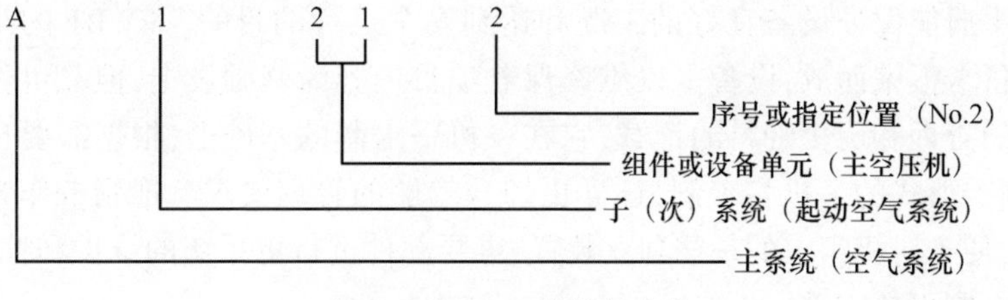

图 1-9 CWBT 的编码含义

代码的第一位:设备所归属的主系统名称,主系统按泛指的功用分类。

代码的第二位:设备所归属的子系统名称,子系统按特指的功用分类。

代码的第三位:系统中的某设备单元或部件组代码。

代码的第四位：设备的某个维修单元。

代码的第五位：设备或部件的序号。

第一位号代表主系统从 A~U 共 21 个，它的划分基本上是按照设备的功能性质进行归类。因此，系统与系统之间线条清楚，考虑到今后的发展和推广，留出 V~Z 这 5 个空位作为备用。

第二位号代表子（次）系统，用数字码 1~9 共 9 个来表示，而用 0 来表示整个分系统，它是按照用途来划分的。例如，A000O 代表空气系统，A1000 代表空气系统中作起动用的空气系统。

第三位号代表组件或部分，第四位号代表部件或设备。例如，空压机组组件是由空压机、电动机、控制箱、热交换器等设备组成，如柴油机的缸盖部分由缸盖、进排气阀、起动阀等部件组成。这两个位号也是用数字码 1~9 来代表不同的组件部分和部件、设备。第三、第四位号也可以合并从 01~99 来表示组成子（次）系统的各单元。

第五位号显示设备或部件所处的位置、序号和指定的内容，它采用计算机十六进制来表示数字的顺序：0，1，2，…，9，a，b，…，f。其中，$a=10$，$b=11$，…，$f=15$。例如，对柴油机在第五位上所指的是第几号机组。如果是 V 型机在一个曲拐上有两根连杆，分主动与从动气缸（或 A 侧与 B 侧），仍属一个缸组，当工作卡需要分开时，为区别起见可在从动缸（或 B 侧）的代号上加一记号即可。

在其他系统中，第五序位则指设备的编号、序号、甲板层次、舱号、左中右，以及特定的部位等。

CWBT 的主要硬件组成部分包括工作计划板、目录索引册、维修手册及设备卡、维修记录和报告、工作卡。

船舶的设备和维修手册是 CWBT 对船舶设备进行全面质量管理的核心，维修手册是贯彻技术部门对船舶设备应进行维修保养的具体指令和要求，高质量的维修手册能保证设备良好的工况和达到安全运行的目的。CWBT 的维修手册由设备卡汇编而成，设备卡以维修保养项目内容为基础设卡，但又可作为技术资料的查询和历史资料的记载，它在一机一卡制的基础上，根据需要也可采用主、副卡形式的一机多卡制，这样更切合船舶的管理要求。把副卡作为主卡的补充，便于对机组上的一些独立装置、重要部件进行更系统的维护和控制，使一机一卡制更趋完善。

CWBT 将设备分类、维修保养分级，使维修保养工作能按照实际情况进行优选和优化。将设备分成 4 类，设备的维修保养分为 8 级（表 1-10）。

第一类：（＊＊＊）安全设备。

第二类：（＊＊）船检项目。

第三类:(＊)非船检项目中的重要设备。

第四类;(　)非重要设备。

表 1-10　船舶设备的保养级别

序号	保养级别	定期保养	定时保养/h	特点
1	A	日常	日常	常规检查
2	B	周	150	常规检查
3	C	月	500	常规检查
4	D	季	1500	部件维修
5	E	半年	3000	部件维修
6	F	1 年	6000	解体检查
7	G	2 年	12000	解体检查
8	H	4 年	24000~30000	特检巡检

CWBT 的工作卡是维修指令的具体化,它按照上述设备或部件的保养级别设卡。根据船舶营运情况,把 A、B 或 C 这 3 个级别的维修列为日常工作而不再立卡。

工作卡所起的作用是提醒管理者对设备做及时维修。如果在一个保养级别工程中涉及两个以上不同编号的部件时,可合并立卡。工作卡的内容是设备卡的维修摘要,原则上一个保养级别一张卡。有时为了减少卡片量,当 H 级的内容与 F 级或 G 级相同时,合并成一张卡,可利用工作卡后面的记录来查询已进行了哪一保养级别。

工作卡分红、蓝、黄、白 4 种颜色,红卡代表安全设施,标记为(＊＊＊);蓝卡是船检项目或涉及船级营运证书有效的工作,标记为(＊＊);黄卡是重要维修工作,标记为(＊);白卡是一般的养护维修工作。年度检验的项目一般是红卡,对运转安全起主要作用的重要维修项目是黄卡,4~5 年定期检验的项目一般是蓝卡。

CWBT 维修计划的特点如下。

(1) CWBT 通过采用工作卡和工作计划板来开展船舶维修计划管理。

(2) 维修计划是一种循环式计划,是维修保养分级标准化、规范化的产物。

(3) 对每个维修对象开展维修的规律是:依“实施顺序”直到其最高级别之后便又开始新一轮的计划循环。

(4) 计划一次排好,长期有效。

(5) 维修工作环环相扣,不致脱节。

(6) 操作方便,既可用计算机管理,也可用人工操作。

2. 船舶计划保养体系(PMS)

PMS也是基于机械设备可靠性理论确定部件的维修间隔时间,根据国家标准《船舶维修保养体系》(GB/T 16558.1—16558.7—1996)和中国船级社《钢质海船入级与建造规范》(1996版)有关规定而编制的。PMS主要由两大部分组成,即PMS的检验标准和PMS的周期维修计划。

PMS的检验标准涵盖了所有保持船级的轮机年度检验、中间检验和特别检验项目。PMS的周期维修计划是由船东根据《钢质海船入级与建造规范》的规定和设备制造厂说明书的要求,并充分考虑船员的维修技能及岸上支持的能力和力度等因素,以及每年度被检项目均布的原则而编制。通过PMS的周期维修计划在船舶上的贯彻和实施,确保船舶机械始终保持在良好技术状态[7]。

船舶保存的资料(PMS台账)包括以下内容:

(1) PMS的设备维修保养计划;

(2) PMS的设备维修工作卡汇总表;

(3) 状态监控设备的维修保养计划(如有);

(4) 轮机长的PMS培训或经历证明;

(5) PMS的设备清单;

(6) 状态监控设备的清单和规格(如有);

(7) 状态监控设备的基准数据(如有);

(8) 船舶机械(包括电气设备)的维修保养说明书;

(9) 船舶机械(包括电气设备)的设备卡或设备维修指南;

(10) 监控机电设备的数据(包括设备说明书规定的日常监测记录和设备最后一次的拆检数据)(如有);

(11) PMS设备维修保养的执行记录;

(12) PMS设备的损坏修理记录(此记录可使用各船公司及修理厂制定的正规表格);

(13) PMS设备的测量记录(此记录可使用各船公司及修理厂制定的正规表格);

年度确认性检验包括以下内容:

(1) PMS检验项目实绩表;

(2) PMS的设备维修保养执行记录;

(3) PMS的设备测量记录;

(4) PMS的设备损坏修理记录。

3. CWBT与PMS的区别

CWBT与PMS的目标是一致的,其实质和管理原则也是一致的。CWBT与PMS的区别仅在于各自的角度和维修内容上。PMS着重于船舶检验的角度,因此内容涵盖了所有船舶机械(包括电气设备)保持船级所要求的内容;而CWBT则着重于船东对船舶设备维修保养及管理的要求,因此除了船检要求的内容外,还包含了船检内容以外的船舶设备维修保养项目。执行PMS的船舶可以替代机械循环检验制度(CMS),所以执行PMS实际上也是为了解决以CWBT制度来代替船级换证检验的另一种方式。

1.3 船舶智能运维体系

1. 传统的船舶维修方式

目前船舶采用的设备维修方式主要有以下4种形式。

(1) 定时维修。以设备主要零部件的磨损率为基础来预测设备或设备中某一部件的维修或更新周期。它的特征是以设备或主要部件的运转小时数来推算维修间隔周期,以检查更换磨损零部件为维修的主要内容。

(2) 定期维修。以设备的使用频度、用途的重要性、损坏的规律为依据,拟定出一个平均安全运行期限和确保这一使用期限而需要的全面维修内容。它的特征是设备按照预定维修计划的日历时间,不论实际情况如何,到时间必须进行规定内容的维护保养工作。

(3) 视情维修。对设备不预先规定其维修期,而是以设备的运转工况为依据,以工况数据的趋向分析为基础来决定设备是否需要维修。它的特征是以先进的信息技术进行状态监测和故障诊断,通过检测、比较和分析确定设备或部件的技术状况和确定是否需要维修。视情维修能够发挥设备的最大效益,可有效减少事故的发生,特别适用于以磨损故障为主的设备。

(4) 事后维修。除了一般检查和保养外,对设备不作任何计划性的维护性修理。它的特征是对某种类型的设备采取能修则修、不能修(或不值得修)即换的政策,适用于某些对生产安全影响不大的设备和低值设备。

如前所述,CWBT的船舶设备维修方针是对主要的动力设备采用预防性定期维修方式,对一些安全风险低的设备采用事后维修方式。随着船舶数字化、信息化、智能化技术的发展,今后的船舶维修体系将向更先进的以视情维修为基础的智能运维方式发展。对船舶主要的动力设备和系统将尽量减少定期维修或定时维修,并逐步向视情维修或智能运维方式转变。

2. 船舶的智能运维

传统维护检修更依赖于人的经验和能力,在设备发生故障后,会进行故障记录分析,但不具备对故障的预测、预警功能。采用智能运维方式,用户能及时发现设备存在的隐患,及时制定维修策略,降低故障发生概率。智能维修方式是基于状态的视情维修方式的升级发展，强调设备管理中的状态感知、监控设备健康状态、故障频发区域和周期。通过数据监控与分析，预测故障的发生，从而大幅度提高运维效率。利用智能传感器、物联网、云技术、大数据等技术手段，自动感知和获取船舶设备、海洋环境、物流、船舶航行等方面的信息和数据，建立数据库，结合计算机技术、自动控制技术和大数据处理与分析技术为船岸互通搭建桥梁，实现船岸一体化和远程服务[8]，这就是船舶智能运维的方式。

船舶智能运维是基于设备信息监测技术，进行设备实时状态监控。通过工业数据分析、系统仿真等技术方法，构建船舶设备诊断决策知识库，快速识别故障源，并依据设备参数的挖掘和智能信息匹配，进行设备维修辅助决策，实现设备状况的健康评估诊断及预测、综合状态分析、远程诊断支持等一系列活动，并为维护工作提供决策，是未来船舶设备运行维护的发展方向[9-10]。

智能维护系统至少应具有以下几方面的能力：

(1) 综合状态分析能力；

(2) 智能健康评估能力；

(3) 视情决策优化能力；

(4) 全寿命周期知识库建设能力；

(5) 远程支持能力等。

基于 CBM 的船舶设备智能运维系统的功能架构如图 1-10 所示[11]。

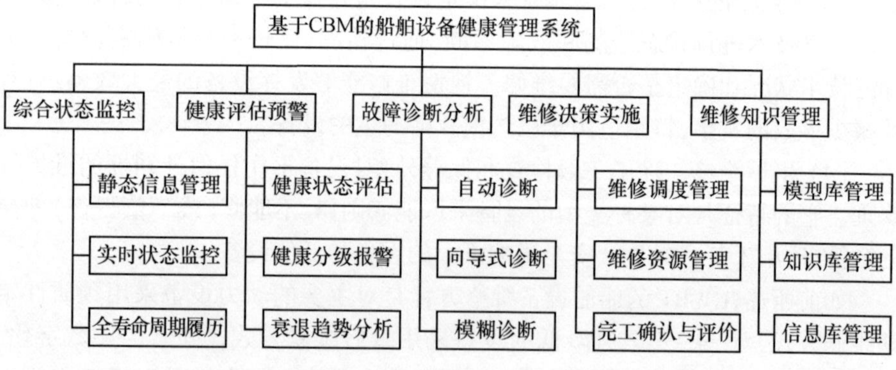

图 1-10　船舶设备智能运维系统的功能架构

(1) 综合状态监控。

设备的状态信息是多层级、多方面和动态的。该功能主要是对船舶的所有设备系统及单设备的静态信息、实时状态和全寿命周期履历进行全方位监测。其中，静态信息包括设备的基本信息，如型号、规格、供应商、责任部门等内容；实时信息主要包括可以通过传感器、仪器仪表、外部监测手段获取的各层级设备的状态;全寿命周期履历包括各层级设备全寿命周期范围内的故障信息、维修信息、位置变更、技术改造和服务通告等历史数据。

(2)健康评估预警。

健康评估预警功能利用船舶设备和系统的在线实时状态数据,结合各层级设备不同级别的健康评估模型(如阈值比较、性能衰退模型),定期或不定期地对各设备的健康级别进行评估。一旦达到临界值,即可主动推送报警,便于维护人员快速采取措施。对于具有性能衰退模型的设备,分析基于历史数据的设备衰退趋势,提前进行维修决策和方案准备等工作。

(3) 故障诊断分析。

设备故障诊断技术的发展是健康管理的基础。如果设备性能的劣化无法被快速隔离和定位,状态维修就无从谈起。就目前的技术而言,设备的故障诊断可分为3类:①对于故障模式机理和逻辑比较清楚的,可将其逻辑过程、故障字典等内容提前定制到系统中,一旦发生某类报警,系统将自动定位到故障部件;②对于故障逻辑比较清楚的,但故障原因和部件会有多种可能时,也可将逻辑过程提前定制到系统中,通过向导的方式引导维修人员快速查找故障部件;③对于故障逻辑不太清楚的,把与故障有关的资料文件、历史履历等信息与故障进行关联,一旦发生故障,将这些内容推送给相关维修人员以供参考。

(4) 维修决策实施。

为实现船舶设备健康评估和维修实施的一体化管控,需在系统中提前预制设备的预防性维修项目、计划和方案以及处罚条件等内容。一旦设备的状态达到维修临界值,系统将自动调度维修项目,并自动推送给相应的维修人员。同时,系统将根据维修方案自动调度维修资源,包括人员、工具和备件。如果缺货,系统将自动发起采购流程。另外,系统将提供标准化的完工模板以供维修人员进行信息录入和确认,并支持基于成本和效率等方面的绩效评估。

(5) 维修知识管理。

维修知识管理功能实现对模型库信息、知识库信息和维修优化信息等内容的管理和更新。其中,模型库主要包括检测诊断模型、劣化分析模型、状态评估模型、状态预测模型和维修决策模型等;知识库信息包括知识更新信息、电子手册信息、案例推理信息和数据挖掘信息等;维修优化信息则包括隐患检查间隔、维修检查大纲、维修检查费用和修理阈值等内容。

3. 智能运维技术

1) 智能运维关键步骤

(1) 数据采集。

信息数据及采集方式是影响船舶设备状态评估、寿命预测和健康管理的关键和基础。在开展数据采集时,应遵循以下步骤。

① 根据船舶设备维修的实际需求,确定开展船舶设备健康管理的对象和范围。

② 确定表征健康管理对象(故障)的指标,包括直接表征或可间接推理判断系统故障、健康状态以及计量信息的指标,构建船舶设备健康管理的指标管理体系。

③ 判断每个指标项应通过哪些参数来表征,每个参数是否有能够从设备中现有的BIT、传感器、仪器仪表、摄像头及其他采集设备中直接获取。如果无法获取,则通过加装和重新部署外置采集设备(如传感器、红外设备、变送器等装置)的方式获取。

④ 如确认安装采集设备,为保证采集各种类型数据信号的可靠性,应注意传感器的安装数量、位置和类型等,关键部位可设置多个冗余传感器。

⑤ 通过向导方式进行采集配置、综合分析与处理。

(2) 状态评估。

状态评估技术是获取船舶各系统当前状态的重要技术手段,也是实现船舶设备健康评估、维修调度、维修实施、资源管控一体化的关键。首先构建设备运行状态的数据库;然后通过对数据库的持续积累和分析,建立产品故障树模型和故障库,如有条件可建立设备状态评估体系和模型并持续优化;最后通过对装备实时运行数据进行分析挖掘,比较设备状态特征参数与规定特征参数,根据经验数据和设备的衰退模型曲线确定评估设备良好、合格、隐患、故障等不同技术状态,进而判断或预测是否将发生故障或已经发生故障;若发生故障,则通过对设备故障进行协同分析或直接调用故障知识库来找出导致故障的可能原因,给出设备状态的故障趋势和需要采取的措施[11]。

(3) 性能预测。

船舶设备的性能预测是实现“视情维修”的重要环节,只有实现了装备的性能预测才可以最大限度地避免“过修”和“漏修”等现象的发生。性能预测的核心是构建船舶各类设备的性能预测模型及其影响因素。根据经验可知,船舶设备的性能预测模型一般受当前状态参数、工作条件、使用环境和历史经验等因素影响。在进行性能预测时,应借助神经网络、蚁群算法、支持向量机等智能算法对船舶设备的历史数据进行自主适应性学习,以获得船舶设备性能预测模型和历史数据的匹配。

(4) 维修决策支持。

维修决策支持是在健康评估和故障预测基础上,结合多种资源信息进行维修决策的快速生成、维修资源的统一调配以及各相关单位的协同保障等。维修决策支持极大提高了维修的效率和精确度,最终实现设备的健康管理。维修决策支持需要评估故障对设备性能影响的严重程度,制定维修决策和提出维修规范,优化出隐患检查间隔、维修检查大纲、维修检查费用、修理阈值等反映具体维修策略和任务的数值。维修决策支持需要积累设备运行的大量数据,并建立运行数据与故障模式甚至故障代码的关系。维修执行的数据不断积累和完善以及专家系统的持续完备及优化是构建故障体系解决方案、形成维修决策专家系统、实现维修决策的基础支撑。

2) 智能运维的内容

智能运维这一概念最初由 Gartner 提出,其目标是将人工智能科技融入运维系统中,以互联网、云计算及机器学习等智能化技术作为运维管理的基础,从多种数据源中收集海量数据信息(包括业务数据、系统信息、网络信息日志等)进行实时或远程离线分析。通过其主动性、人性化和动态的可视化特点,增强传统运维的能力。智能运维能快捷地对海量数据进行分析和处理,并且能够得到有效的运维判断和决策,执行自动化脚本来实现系统的全局智能化分析,有效地对大规模船舶系统进行运维[12]。具体包括以下内容[13]。

(1) 数据采集。

采集传感器输出信号并将其转换为物理量及相关信息数字参数,应适用于船舶设备状态数据采集,使安装在设备上的多种传感器按照规定测量间隔和采样频率获取机舱设备的原始振动、温度、压力信息;应能适用不同传感器的多种有线/无线通信方式,并支持模拟量/开关量的采集和处理;数据采集系统应能适应于电压(±5V 或±12V)、电流(4~20mA)信号的高速采样,最高采样频率不低于 20kHz;针对不同状态参数的采集,数据采集系统应能配置为同步采集;数据采集功能转换原始传感器信号形成的物理量及相关信息数字参数包括数字化数据、时序数据/时间基准数据(通常参考 UTC 或地方时区)、数据质量指标(如好、差、未知、检查中等)。

(2) 数据处理和存储。

数据处理执行信号处理,如滤波、开窗、快速傅里叶变换(FFT)等;执行同步或非同步平均;执行算法计算;执行特征提取等处理操作。可保存采集数据(按时间保存或根据存储空间大小循环覆盖保存),并通过以太网、WiFi 网络上传采集数据。数据存储上传应满足以下要求:足够容量的存储单元/服务器/数据库,实现数据的存储、备份与管理,保存至少一个检验周期的数据(船端保存至少 5 年,建立数据备份机制)。

(3) 事件感知。

事件感知即在设备出现异常情况时,将异常情况主动上报至云端或者通过上位机对设备的巡检来发现需要运维的事件;通过设备运行过程中的异常事件监测、发生故障时的错误决策以及对事件评价指标的预测来对时序数据的异常情况进行自动监测,从而在复杂环境中提前发现潜在的故障及风险,以提高系统应对多重异构环境时的故障检测能力。

(4) 事件预警。

事件预警即在实现智能运维过程中主动进行运维事故预警。为有效提高预警效率,预警可以划分为几个等级,即错误预警、故障预警、提示预警和人工预警等。云端可以根据需要进行分类并且自动提取出所需要的预防和警示等级,针对不同的预警级别采取相应的应对方案。

(5) 事件定位。

事件定位即对设备运行过程中可能产生的动力和辅助系统故障、网络阻塞以及设备的状态偏离进行排查,利用设备常态查询、状态关联查询以及故障的原因查询,在运维大数据库中进行相应的对比分析,从而快速定位设备故障及原因。

(6) 事件完结。

在感知、预警及定位到运维事件之后,基于智能运维知识库,将对应的解决方案和经验推送给运维人员。

3) 智能运维管理

智能运维管理就是基于机器学习等人工智能算法,分析和挖掘运维中的大数据,并且充分利用各类自动化工具做出运维决策。因此,智能化运维系统主要组成部分有运维大数据平台、智能分析和决策组件及自动化工具。

(1) 运维大数据平台。

运维大数据管理平台是专门用于系统实现对管理过程中的运维数据进行实时采集、处理、存储、展示的统一平台。采集的运维数据包含监控系统数据、日志和系统配置数据信息等。按照目前大数据平台的整体架构,运维大数据管理平台主要由数据采集层、数据信息存储管理层、数据处理分析层、信息建模管理层和展示层 5 个部分组成。

(2) 智能分析和决策组件。

智能化的运维系统组件是利用人工智能运维算法,根据具体的运维应用场景、运维业务的规则或专家运维经验等因素来构建的运维系统组件,类似于传统应用程序中的 API 或者公共数据库,具有可被重复使用、能够不断变化演进、易于理解的基本特点。智能运维的各个组件按照其功能结构类型可大致分为两大类。

① 运维知识图谱类,即通过多种运维算法来对运维历史信息资料进行分析

挖掘,从而通过分析计算得出智能运维主体的各类属性信息画像和活动规律,以及各运维主体之间的相互关系,形成一个运维主体知识信息图谱的运维组件。

② 动态决策类,即在已经深入分析挖掘好的运维主体知识信息图谱的基础上,利用实时监测的运维数据做出动态决策,最终形成运维决策数据库。

(3) 自动化工具。

自动化的运维工具是一种以一个确定逻辑为基础的运维工具,对技术系统进行诸如运行过程中的控制、监测、重启、回滚、版本变更、流量控制管理等一系列操作,是对技术系统进行运维的手段,用以保障和维护技术系统的安全、稳定、可靠地运行。自动化工具是人类进行自动化运维的结果和产物,也是人类在智能运维组件做出决策后,实施具体的运维操作必须要依赖的工具。

4) 智能运维模式

文献[13]介绍了一种基于大数据流式结构的船舶运维模式,包含数据采集、流式处理及自动运维应用3个模块。

(1) 数据采集模块。

数据采集模块利用传感器或监控系统采集到的数据,通过无线网络(4G或5G)或专有WiFi局域网传输到事先指定的并行文件系统地址中,并行文件系统对接收到的文件日期及其相应的存储空间进行监控。如果有新增数据传输,则在系统新生成一条数据日志并提交,该日志描述了新接收到的数据是否已经被处理。若这些数据已经处理完毕,则进行删除。

(2) 流式处理模块。

该模块用于检测文件系统中各数据所对应的日志,首先按照键值信息对日志进行查找。如果这些数据未被处理,则将其中的数据所对应的地址信息自动提取出来,在该系统中一个完整的数据可能分成若干子数据,从而存在于不同的并行文件地址中。因此,在获取一个完整的文件地址时,子进程将会被挂起,直到所有的数据已经读取完毕并且被重新复位。对数据进行处理完毕后,将经过处理得到的结果一一保存到Hive数据库中,为上层调用做准备。

(3) 自动运维应用模块。

运维应用模块需要通过中间接口JDBC调用处理Hive数据库,同时通过B/S架构提供交互式的接口查询。其中,B/S架构为浏览器-服务器模式,为数据的读取、查询、展示及字段的设置提供接口,如图1-11所示。

5) 智能运维系统

文献[13]还介绍了一种基于物联网和工业云的远程运维系统,如图1-12所示。该系统主要包括物联网感知层、数据传输层、云平台层和应用层。系统

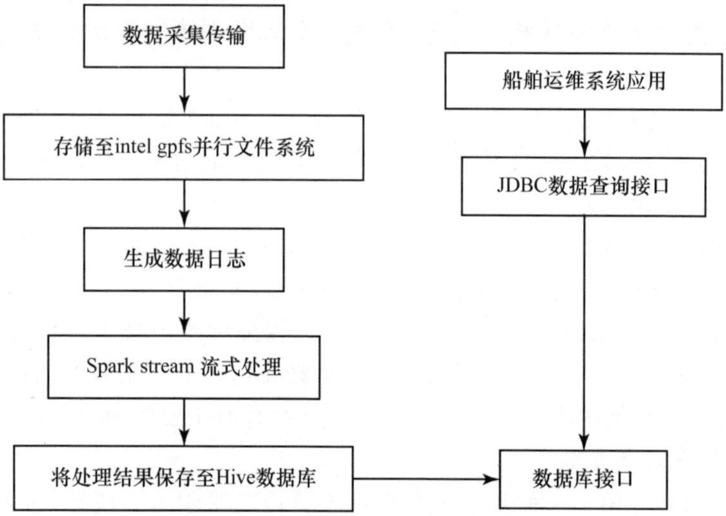

图 1-11 基于流式结构的运维模式

功能的实现借助信息采集技术、网络技术、中间件技术、云计算技术以及一些公共技术的支持。系统通过船舶机舱设备上的传感器对设备信息进行采集，通过4G/5G 网络接入互联网，将数据传输至云平台进行数据的分析处理，并通过应用接口程序进行岸端操作。

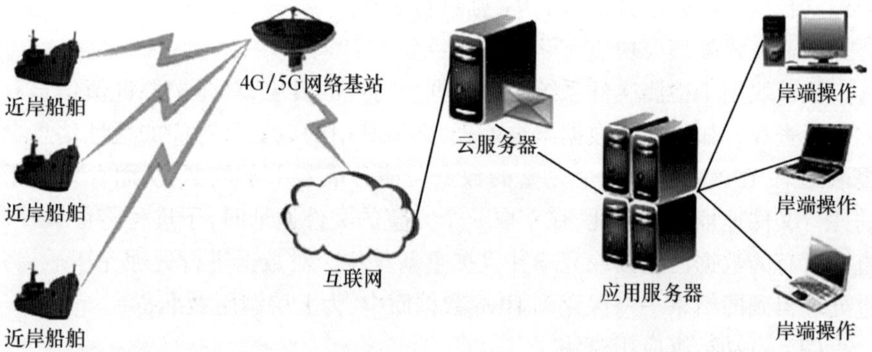

图 1-12 基于物联网和工业云的远程运维系统

(1)物联网感知层。

物联网感知层是系统的物理最底层，在船舶设备远程运维系统中，该层主要由数据采集装置、舵机状态监测系统和轴系振动在线监测系统组成，如图 1-13所示。通过各类传感器，对船舶设备的状态信息进行实时采集，通过现场总线将数据汇集到船舶集成平台并通过通信网关进行数据上传。

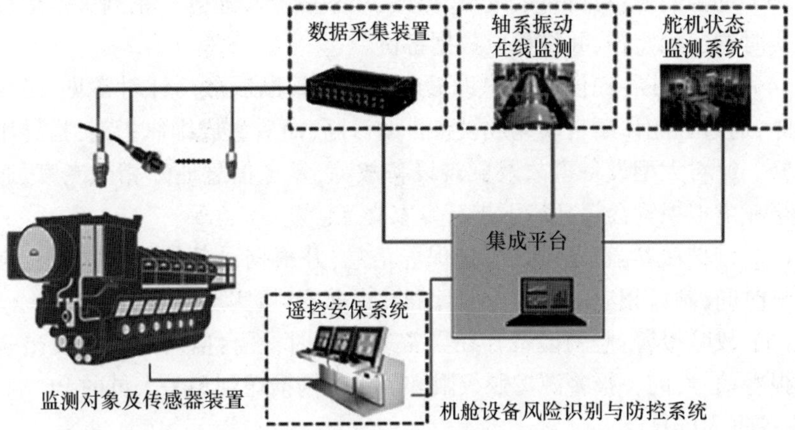

图 1-13　物联网感知层结构

(2) 数据传输层。

通过建立高效、高可靠的数据传输系统,将传感器采集到的船端设备数据传输到工业云计算中心的数据收集集群,并存入云端数据库中。

(3) 云平台层。

其主要在云端服务器(计算/存储/网络)的基础上对由物联网感知层现场采集得到的各类数据进行分析处理,并构建基于智能云服务的 IOT 设备管理平台。船舶设备远程运维系统中,通过物联网平台对船舶设备的各项信息进行采集并上传至云端,构建数据统一的平台,即航运数据平台。

(4) 应用层。

其主要是通过 PC 客户端、Web 客户端、手机 App 等形式提供设备实时状态监测服务、运行统计分析服务、故障/异常工况报警服务、设备故障率分布分析服务、在线故障诊断服务、实时视频监控服务等。

上述远程运维系统将物联网、工业云等技术相结合,通过对设备状态的实时监测和分析,实现对设备的远程诊断和维护,从而降低设备运维成本。并通过各类传感器装置,实现船舶设备的智能运维。

6) 智能运维的功能

一般来说,船舶设备智能运维的主要功能应包括以下几项[10]。

(1) 数字化建模:利用数字化建模技术对船舶环境、关键设备及其部件进行建模。

(2) 性能预测:通过对设备运行状态指标的分析,实现设备性能的预测,对设备故障诊断、设备预测性维修等起到辅助作用。

（3）远程监控：对设备的电流、温度、功率以及转速等一系列关键运行指标进行实时的远程监控，并作相应数据备份。

（4）故障诊断：提供设备自助诊断和交互诊断服务。针对常见、多发的设备故障，通过智能诊断自动完成设备自助诊断，而后生成维修指南，指导用户进行维修。针对大型设备事故及疑难设备故障，发送信息通知相关专家，通过远程网络在虚拟视频会议环境下进行专家交互诊断。

（5）维护保养：管理设备维护保养信息，并根据设备的使用情况及维护保养间隔时间，制订相应的维护保养计划并提前安排，实现自动提醒。

（6）故障报警：监测设备存在异常或故障时，平台监测单元将发出多种形式的报警信号，同一报警源按照权限和等级分别推送到相关人员的 PC 端、移动端、主控室大屏幕等。

（7）知识库：主要包含各类设备的故障诊断规则、分析规则和故障排除规则等，辅助平台进行设备故障智能诊断。

（8）预测性维修：主要对设备的运转状况、效率、热量分布和其他指标进行直接监测，并预测设备有无异常或者有无故障风险，适时安排维修。

（9）备品备件管理：主要对相关船舶设备的备用零部件进行管理，包括备品备件的采购、出入库、盘点等。

在传统的船舶运维管理工作中，需要人工去依次检查船舶航行过程中各设备的运行状况，并且凭借工作经验去预测船舶运维问题，找到问题的原因并采取针对性措施予以应对，人为影响因素较多，整体的运维管理效果一般。而基于互联网和大数据的船舶运维管理系统应用，则可以利用先进的科学技术来自动判断船舶设备是否存在故障隐患，并且告知运维管理人员故障的类型，有效提高了船舶运维管理效率。并且这种相对智能化的运维管理系统具有人工所不具备的时效性及准确性，可以实时获取各设备的运行数据，并实现实时整理，为运维管理提供必要的数据支持。运维管理系统的应用可以实现对设备运行状态参数、工况数据、航线环境参数的实时采集和整理，并分析其数据参数与正常状态下标准的差值，以此准确判断设备运行状况，提前做出预警或安全防护工作。

船舶运维管理系统的有效应用需要使用监测技术和信息通信技术等，以此实现对船舶运维数据信息的实时采集和及时反馈。在应用船舶运维管理监控技术时，其主要管理内容包括用户信息、船舶设备信息、船舶航行信息、船舶相关参数信息等。

目前，基于互联网和大数据的船舶运维管理系统在应用过程中获得了良好的管理效果，已逐步实现船舶运行监控、设备故障实时监测以及报警、设备运维可视化显示等，极大地提高了船舶运维管理的效率与质量。在今后的研究和发展过程中，船舶运维管理系统的应用将会朝着高度自动化、智能化的方向发展，会不断扩大运维管理的覆盖面，实现船舶航行过程中的一体化管理。并且可以通过管理终端的可视化技术、仿真建模技术以及 VR 技术等，对船舶航行的状况以及各设备的运行情况等进行直观显示，让管理人员更加清晰地观察到船舶的实际动态，进一步提高船舶运维管理的智能化和自动化水平，提高船舶航行的安全性和稳定性[14]。

第2章

船体结构状态监测与维护管理

船舶主要由主船体、上层建筑、各种舱室及其他配套设备组成。

1. 主船体

主船体是指上甲板及以下由船底、舷侧、甲板、首尾与舱壁等结构所组成的水密空心结构，为船舶的主体部分，这些结构全部由板材和骨架组成，即由钢板、各种型钢、铸件和锻件等组成。主船体各组成部分包括以下几项。

(1) 船底：为主船体的底部结构，有单层底和双层底两种结构形式。其横向两侧以圆弧形式(称其为舭部)逐渐向上过渡至舷侧。

(2) 舷侧：为主船体两侧的直立部分。两舷舷侧在过渡至船舶前后两端时，逐渐呈线型弯曲接近并最终会拢(该两会拢段部分分别称为船首和船尾)。其中，前部的线型弯曲部分称为首舷，后部的线型弯曲部分称为尾舷。构成船底、舷侧及舭部外壳的板，通常称为船舶外板，俗称船壳板。

(3) 甲板：为主船体垂向上成上下层并沿船长方向水平布置的大型纵向连续板架。按自上而下位置的不同，自上甲板开始向下依次为二层甲板、三层甲板等。

① 上甲板：为船体的最高一层全通甲板，又称上层连续甲板。其他各层甲板统称为下甲板。

② 平台甲板：为沿船长方向布置并不计入船体总纵强度的不连续甲板，如舵机间甲板即为平台甲板。

(4) 舱壁：为主船体内垂向方向上布置的结构，有横舱壁和纵舱壁两种。

2. 上层建筑

上层建筑是上层连续甲板上由一舷伸至另一舷的或其侧壁板离船壳板向内不大于4%船宽 B 的围蔽建筑，即首楼、桥楼和尾楼，其他的围蔽建筑称为甲板室。

(1) 长上层建筑与短上层建筑。长度大于0.15L,且不小于其高度6倍的上层建筑为长上层建筑,不符合长上层建筑条件的为短上层建筑。客船及客货船的上层建筑属长上层建筑,其他船舶的上层建筑一般属短上层建筑。位于首部的上层建筑称为首楼。其作用是减少首部上浪,改善航行条件,首楼的舱室可作藏室用。用来布置驾驶室及船员居住与活动处所的上层建筑称为桥楼。位于尾部的上层建筑称为尾楼。其作用是减少船尾上浪,保护机舱,其内的舱室也可作船员居住舱室或派作其他用途。现代船舶基本都为尾机型或中尾机型船,桥楼直接设在近船尾处。

(2) 长甲板室与短甲板室。长度大于0.15L,且不小于其高度6倍的甲板室为长甲板室。不符合长甲板室条件的为短甲板室。

(3) 上层建筑各层甲板。根据船舶种类、大小的不同,上层建筑(桥楼)所具有的甲板层数及命名方法均有所不同。如有的船舶从上层建筑下部的第一层甲板开始向上按A、B、C、…的方式命名各层甲板;有的船舶则按各层甲板的使用性质不同命名,如罗经甲板、驾驶甲板、船长甲板、高级船员甲板、艇甲板、船员甲板等。

3. 舱室

除上层建筑内具有各种功能不同的舱室外,主船体也由各甲板与舱壁将其分隔成若干舱室,这些舱室按其用途的不同主要有以下几种。

(1) 机舱:用于安装主机、辅机及其配套设备的舱室,为船舶的动力中心。机舱一般位于桥楼正下部的主船体区域。

(2) 货舱:用于载货的舱室。根据船舶种类的不同,有干货舱、液货舱及液化气体货舱等。每一货舱一般仅设置一个货舱口,但对一些大尺寸的货舱,有时设置纵向方向或横向并列的两个货舱口,如集装箱船、油船及大型的杂货船等。

(3) 压载舱:专门用来压载的舱室,如货舱下部的双层底舱以及船舶的首、尾尖舱及边舱等。

(4) 深舱:双层底以外的压载舱、船用水舱、货油舱(如植物油舱)及按闭杯试验法闪点不低于60℃的燃油舱等。深舱由船舶中纵剖面处设置的纵舱壁或制荡舱壁分隔为左右对称的舱室,以减小自由液面的影响。

除上述主要舱室外,还有以下几种辅助舱室。

(1) 燃油舱:是用于储存主、副机所用燃油的舱室,一般为双层底内的若干舱室,大型船舶也有将深舱作燃油舱使用的。

(2) 滑油舱:一般设在机舱下部的双层底内。

(3) 淡水舱:专门用来储存饮用水与生活用水的舱室。

(4) 污油水舱:专门用于储存污油的舱室。

(5) 隔离空舱:用于隔开油舱与淡水舱、油船的货油舱与机舱的专用舱室。隔离空舱一般是仅有一个肋骨间距的狭窄空舱,故又称干隔舱。

4. 其他配套设备

船舶的配套设备主要有主辅机及配套、电气、各种管系、甲板(锚、舵、系泊及起重)设备、安全(消防、救生)设备、通信导航设备及生活设施配套设备等。

无论航行、停泊还是在坞内,船舶都会不可避免地受到各种力的作用,主要有重力、浮力、货物的负载、水压力、波浪冲击力、扭力(如斜浪航行、货载对纵中线左右不对称等)、冰块挤压、水阻力、推力和机械振动及坞墩反力等的作用,这些力的最终效果就是使船舶产生总纵弯曲、扭转、横向及局部变形。因此,船体结构必须具有承受和抵抗上述各种变形的能力,即在保证船体总纵强度、扭转强度、横向强度和局部强度及坐坞强度的基础上,保持船舶的形状空间,保证船舶的水密,安装各种船舶设备和生活设施,载运旅客和货物。不同种类和航区的船舶,在船体结构的设计和建造方面虽有着各自的特点,但不论何种结构均应具备以下几点。

(1) 具有足够的强度、刚度和稳定性,保持可靠的水密性,并能满足营运上的要求。

(2) 构件本身应有良好的连续性,避免应力集中,同时应能保证安装在其上的机械设备具有良好的工作性能。

2.1 船体基本结构形式

2.1.1 船体结构的形式

组成船体的基本结构形式是骨架和板材。按骨架排列形式的不同,可将船体结构分成横骨架式、纵骨架式和纵横混合骨架式 3 种结构形式[15]。

1. 横骨架式

横骨架式船体结构是指在主船体中的横向构件排列密、尺寸小,纵向构件排列的间距大、尺寸大,如图 2-1 所示。其结构简单、建造容易、横向强度和局部强度好,又因其肋骨和横梁尺寸较小,故舱容利用率较高且便于装卸。横骨架式船舶的总纵强度主要由外板、内底板、甲板板以及分布在其上的纵向构件来保证,较长的船舶则需加厚钢板来保证总纵强度,因此增加了船舶的自重,同时这种船舶横向刚性比纵向刚性大,所以横骨架式结构主要用于对总纵强度要求不高的沿海中小型船舶和内河船舶。

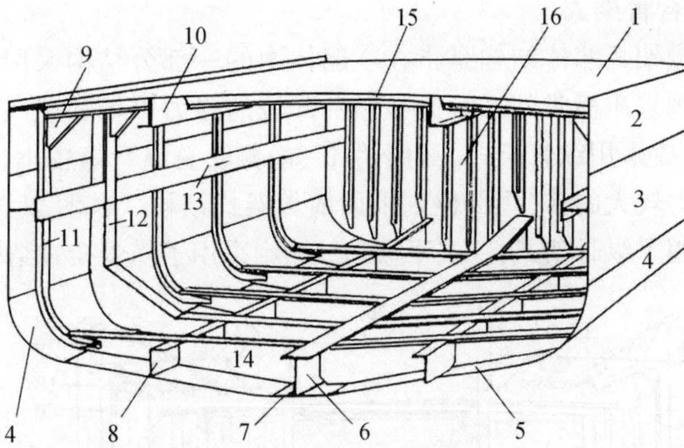

图 2-1　横骨架式船体结构

1—甲板板；2—舷顶列板；3—舷侧板；4—舭列板；5—船底板；6—中内龙骨；7—平板龙骨；8—旁内龙骨；9—梁肘板；10—甲板纵桁；11—肋骨；12—强肋骨；13—舷侧纵桁；14—肋板；15—横梁；16—横舱壁板。

2. 纵骨架式

纵骨架式船体结构是指在主船体中的纵向构件排列密、尺寸小，横向构件排列间距大、尺寸大，如图 2-2 所示。由于纵向构件的增多，大大提高了船体的总纵强度，因此可选用较薄的板材，从而使船舶自重减轻，但施工建造比较复杂，同时由于横向构件尺寸的加大，使货舱舱容得不到充分利用而影响载货量，且装卸也不便。因此，纵骨架式结构常见于大型油船和矿砂船。

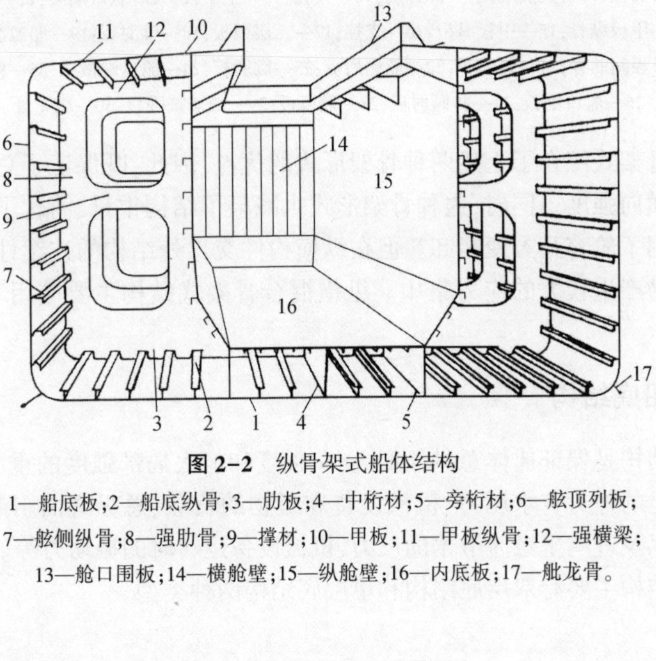

图 2-2　纵骨架式船体结构

1—船底板；2—船底纵骨；3—肋板；4—中桁材；5—旁桁材；6—舷顶列板；7—舷侧纵骨；8—强肋骨；9—撑材；10—甲板；11—甲板纵骨；12—强横梁；13—舱口围板；14—横舱壁；15—纵舱壁；16—内底板；17—舭龙骨。

3. 纵横混合骨架式

纵横混合骨架式船体结构是指在主船体中的一部分结构采用纵骨架式而另一部分结构则采用横骨架式。通常船舯部位的强力甲板和船底结构因所受的总纵弯矩大，故采用纵骨架式。而下甲板、舷侧受总纵弯矩较小，建造施工不便和波浪冲击力较大的首、尾部位则采用横骨架式结构。在图 2-3 中，船底和上甲板结构采用了纵骨架式，二层甲板和舷侧则采用了横骨架式结构。

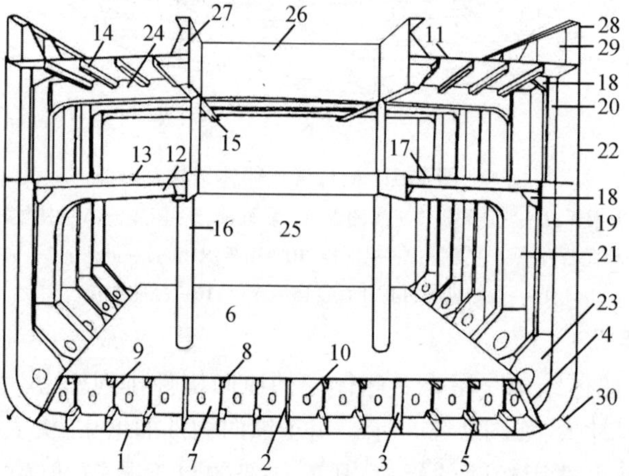

图 2-3　纵横混合骨架式船体结构

1—船底板；2—中桁材；3—旁桁材；4—内底边板；5—船底纵骨；6—内底板；
7—实肋板；8—内底纵骨；9—加强筋；10—人孔；11—上甲板；12—舱口端梁；13—横梁；
14—甲板纵骨；15—甲板纵桁；16—支柱；17—二层甲板；18—梁肘板；19—船舱肋骨；
20—甲板间肋骨；21—强肋骨；22—舷侧列板；23—舭肘板；24—舱口端横梁；25—横舱壁；
26—舱口围板；27—防倾肘板；28—舷墙板；29—舷墙扶强材；30—舭龙骨。

混合骨架式综合了上述两种骨架形式的优点，因此，既保证了总纵强度，又有较好的横向强度。同时，这种骨架形式也减轻了结构重量，简化了施工工艺，并充分利用了舱容且方便装卸。但在纵横构件交界处结构的连续性较差，在连接节处容易产生较大的应力集中。纵横混合骨架式结构主要应用于大中型散装货船。

2.1.2　船底结构

船底结构是保证船体总纵强度、横向强度和船底局部强度的重要结构。作用于船底上的外力有水压力、机械设备和货物的负载、总纵弯曲引起的拉伸力和压缩力以及进坞坐墩时墩木的反力、机械设备运转时的振动力等。

船底结构主要有双层底结构和单层底结构两种类型。

1. 双层底结构

双层底结构是指由船底板、内底板、内底边板、舭列板及其骨架组成的底部空间。根据《钢质海船入级与建造规范》的要求,船舶应尽可能在首防撞舱壁至尾尖舱舱壁间设置双层底。双层底内的油舱与锅炉给水舱、食用水舱之间,应设有隔离空舱。

双层底可以增加船体的总纵强度、横向强度和船底的局部强度;可用作油水舱装载燃油、滑油和淡水;也可用作压载水舱以调整船舶的吃水、纵倾、横倾、稳性和提高空载时螺旋桨和舵的效率,进而改善航行性能;万一船底板意外破损,内底板仍能防止海水进入舱内,从而提高船舶的抗沉性;对液货船也可提高船体的抗泄漏能力;它还能承受舱内货物和机械设备的负载。

双层底按骨架形式的不同,可分为纵骨架式和横骨架式两种,如图 2-4 和图 2-5 所示。其主要组成部分有船底板、肋板、舭肘板、桁材、纵骨、内底板及内底边板等。

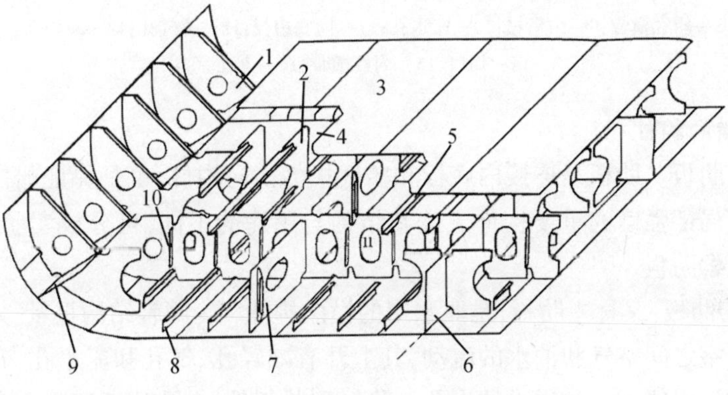

图 2-4 纵骨架式双层底结构

1—舭肘板;2—肘板;3—内底板;4—水密肋板;5—内底纵骨;6—中桁材;7—旁桁材;8—船底纵骨;9—内底边板;10—加强筋;11—人孔。

1) 船底板

船底板是指由平板龙骨至舭列板之间的外板。由于船底板各部位受力不同,因此其板厚也有所不同,其中平板龙骨最厚。平板龙骨位于受力最大的船底纵中线上,并在船最低处易于积水腐蚀。船舶建造规范规定其厚度不得小于船底板厚度加 2mm,且均应不小于相邻船底板的厚度,其宽度在整个船长范围内应保持不变,但其宽度不必大于 1800mm。在船中部由于受总纵弯矩大,因此规范规定在船中部 0. 4L 区域内的船底板厚度不得小于端部船底板厚度,并使船中部 0. 4L 区域以外的船底板厚度逐渐向端部船底板厚度过渡。

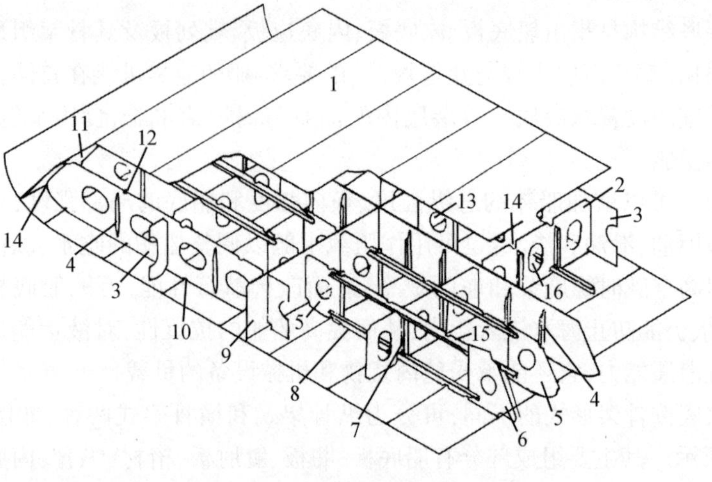

图 2-5 横骨架式双层底结构

1—内底板;2—旁桁材;3—实肋板;4—加强筋;5—肘板;6—组合肋板;7—扶强材;8—船底横骨;9—中桁材;10—流水孔;11—内底边板;12—透气孔;13—减轻孔;14—切口;15—内底横骨;16—人孔。

2) 横向构件

(1) 肋板。肋板是连接内底板和船底板的横向构件,也是保证船体横向强度和船底局部强度的重要构件。按其结构与用途的不同,可分成实肋板、水密肋板和组合肋板。

① 实肋板:又称主肋板,是非水密的横向构件。为减轻结构重量、人员进出及便于舱室之间空气和油水的流动,其上开有减轻孔、气孔和流水孔,有些减轻孔专门设计成便于人员通过的人孔。除轻型肋板外,人孔的高度应不大于该处双层底高度的 50%,且其位置在船长方向上应尽量按直线排列,以便人员出入。为增强实肋板的强度,在其上焊有加强筋。实肋板如图 2-6 所示。

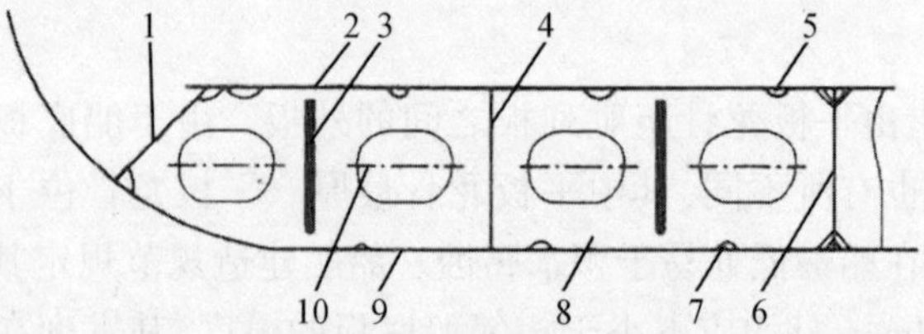

图 2-6 实肋板结构图

1—内底边板;2—内底板;3—加强筋;4—旁桁材;5—气孔;6—中桁材;7—流水孔;8—实肋板;9—船底板;10—减轻孔、人孔。

对横骨架式双层底结构而言,至少每隔 4 个肋距设置实肋板,且间距不大于 3. 2m,机舱、锅炉座下、推力轴承座下应在每个肋位上设置实肋板,横舱壁及支柱下应设置实肋板,距首垂线 0. 2*L* 以前区域应在每个肋位上设置实肋板。

对纵骨架式双层底结构而言,应在机舱区域至少每隔一个肋位上设置实肋板,但在主机座、锅炉座、推力轴承座下的每个肋位处均应设置实肋板。横舱壁下和支柱下应设置实肋板,距首垂线 0. 2*L* 以前区域应在每隔一个肋位上设置实肋板,其余区域实肋板间距应不大于 3. 6m。

② 水密肋板:水密肋板从横向将双层底分隔成若干个互不相通的舱室,其上无开口。一般在水密横舱壁下均设有水密肋板。因它可能会受单面水的压力,因此其厚度比实肋板厚度增加 2mm,但一般不必大于 15mm,垂直加强筋也应设置得密些,其结构如图 2-7 所示。

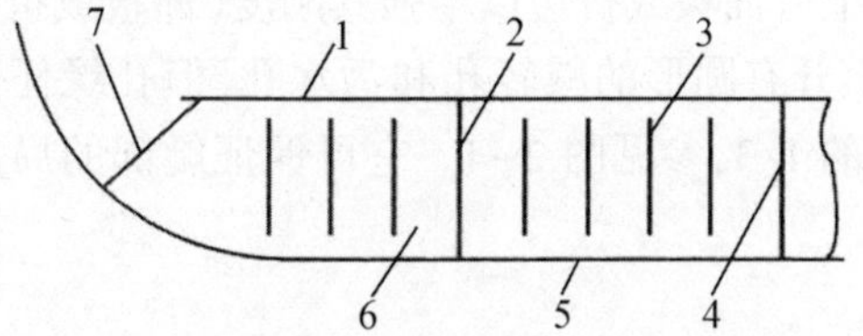

图 2-7 水密肋板结构

1—内底板;2—旁桁材;3—加强筋;4—中桁材;5—船底板;6—水密肋板;7—内底边板。

③ 组合肋板:又称框架肋板,由内底横骨、船底横骨、肘板和旁桁材的扶强材组成。横骨架式双层底结构在不设置实肋板的肋位上设置该肋板,目前已较少采用,其结构如图 2-8 所示。

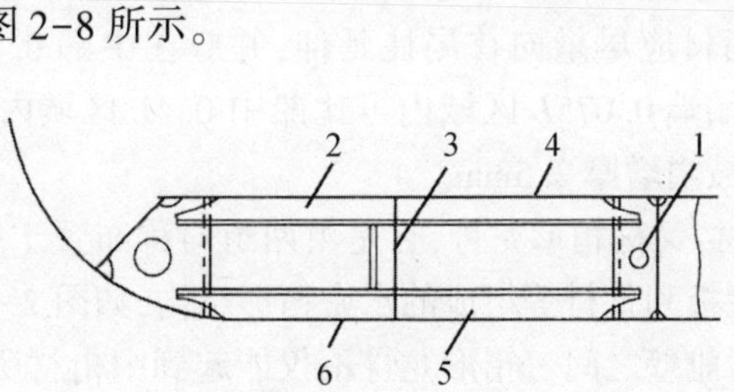

图 2-8 组合肋板结构

1—肘板;2—内底横骨;3—旁桁材;4—内底板;5—船底横骨;6—船底板。

组合肋板可用轻型肋板代替,该肋板的腹板厚度与高度不小于所在区域的实肋板,但允许有较大的减轻孔,且与组合肋板相比,施工方便。轻型肋板结构如图 2-9 所示。

(2) 舭肘板。舭肘板是连接肋板和肋骨使其组成横向框架的一块板材,俗

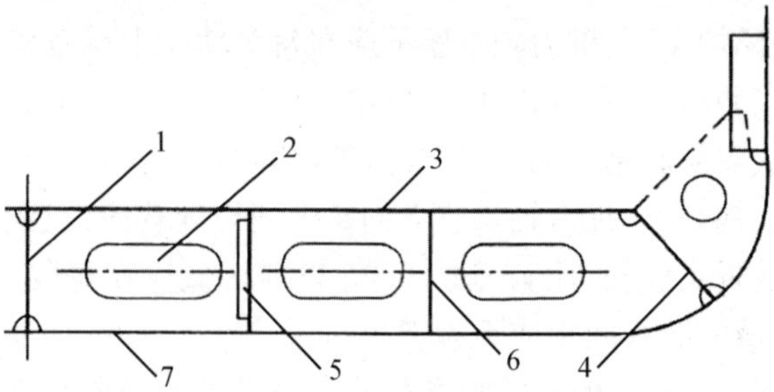

图 2-9 轻型肋板结构

1—中桁材;2—减轻孔;3—内底板;4—内底边板;5—旁桁材;6—加强筋;7—船底板。

称污水沟三角板,应在每个肋位上设置。舭肘板的宽度与高度相同,且其厚度与实肋板相同。其上有面板或折边以增强其刚度(面板或折边的宽度一般为其厚度的 10 倍),板上开有圆形的减轻孔和污水孔,但孔缘任何地方的板宽均应不小于舭肘板宽度的 1/3,参见图 2-4。它可保证舭部的局部强度和船体的横向强度。

3) 纵向构件

(1) 桁材。

① 中桁材:又称中底桁,是置于船底首尾纵中线上的纵向梁,它与平板龙骨、中内底板组成"工"字形纵向构件,是船底结构中重要的强力构件,俗称龙骨。船舶建造规范规定,在船舯 0.75L 区域内,其上不得开人孔或减轻孔,其他区域(舱壁前后一个肋距内除外)可以开孔,但开孔的高度应不大于该处中桁材高度的 40%。中桁材应尽量向首尾柱延伸,并应在中部 0.75L 区域内保持连续,其厚度规定为舶端 0.075L 区域内可比船中 0.4L 区域内减少 2mm,炉舱内应较船舯 0.4L 区域内增厚 2.5mm。

② 箱形中桁材:又称箱形龙骨,它是由两道对称布置于船底纵中线两侧的纵桁、内底板、船底板和骨材等组成的水密箱形结构,如图 2-10 所示,一般设置于机舱舱壁与防撞舱壁之间。箱形龙骨不仅能起到中桁材所能起的作用,同时还能将其用于集中布置各种管路和电气线路,以便于保护和维修这些设备,避免管路穿过货舱而妨碍装卸货。缺点是要占去一部分双层底舱容,故又称管隧。按规定,箱形龙骨的宽度(即侧板之间的距离)不应超过 2m。箱形中桁材设有水密人孔和通向露天甲板的应急出口,其出口的关闭装置能两面操纵,围壁结构与水密舱壁要求相同。

③ 旁桁材:又称旁底桁或旁龙骨,对称设置于中桁材两侧且平行中桁材,并与船底板和内底板相连,其上开有减轻孔、流水孔和气孔等,一般间断于实肋板

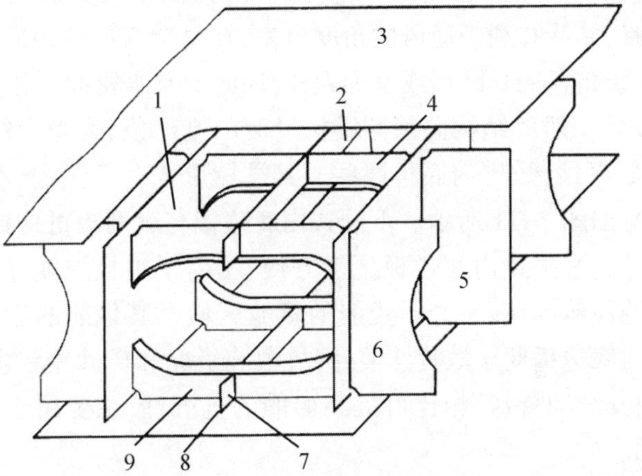

图 2-10 箱形中桁材结构

1—水密纵桁;2—内底纵骨;3—内底板;4—内底横骨;5—主肋板;6—肘板;7—船底纵骨;8—船底中心线;9—船底横骨。

之间。其厚度可比中桁材减少 3mm,但均不小于相应的肋板厚度。旁桁材的数量根据船宽而定,对横骨架式双层底结构而言,当船宽大于 10m 时,中桁材两侧至少应各设一道旁桁材;当船宽大于 18m 时,中桁材两侧应至少各设两道旁桁材,桁材之间的间距一般不大于 4m,距首垂线 0.2L 以前区域,旁桁材间距应不大于 3 个肋距。对纵骨架式双层底结构而言,当船宽大于 12m 但不大于 20m 时,中桁材两侧至少应各设一道旁桁材。当船宽大于 20m 时,中桁材两侧至少应各设两道旁桁材,桁材之间的间距一般不大于 5m。

(2) 纵骨。

这是纵骨架式结构中设置的纵向构件,一般用尺寸较小的不等边角钢制成。有内底纵骨和船底纵骨,分别连接在内底板和船底板上,它是连续构件,穿过实肋板。当船长超过 200m 或纵骨采用高强度钢时,船底纵骨应穿过水密肋板,但也可采用相应的替代结构。内底纵骨的剖面模数为船底纵骨剖面模数的 85%,且船底纵骨的最大间距应不大于 1m。纵骨是保证船体总纵强度的重要构件。

4) 内底板和内底边板

内底板是双层底上面的水密铺板,其两侧边缘与舭列板相连接的一列板叫内底边板。内底板和内底边板构成了双层底的内底,其长度也就是双层底的长度。

横骨架式双层底结构内底板在船端部 0.075L 区域内的厚度为船中 0.4L 区域内厚度的 0.9 倍,对双层底内为燃油舱的区域,内底板厚度应不小于 8mm。其厚度分布特点与船底板相似,即船中部较厚,两端稍薄,而中内底板因与中桁材相接，受力较大，其厚度也稍厚一些。此外，为便于人员进入双层底进行施工、清舱和检修，并从有利于通风的角度出发，在每个双层舱内底板上至少开设有两个成对角线布置的长圆形或圆形人孔，同时配有水密的人孔盖。

内底边板处于船底结构向舷侧结构过渡的舭部位置，受力较复杂，且内底边板处易积水、腐蚀，故比内底板厚些。其结构形式有下倾式、水平式、上倾式和折曲式 4 种，如图 2-11 所示。下倾式内底边板与舭列板可构成污水沟，普通干货船较多采用；水平式内底边板施工方便、舱内平坦且强度好，一般客船、集装箱船、油船的油舱区域、一些干货船的货舱区域及其他船舶近首尾区域较多采用；上倾式内底边板便于散货的装卸，故散装货船和矿砂船较多采用；折曲式内底边板则因其结构特殊，相比可提高船舶的抗沉性，主要用于经常航行在复杂水域的船舶。

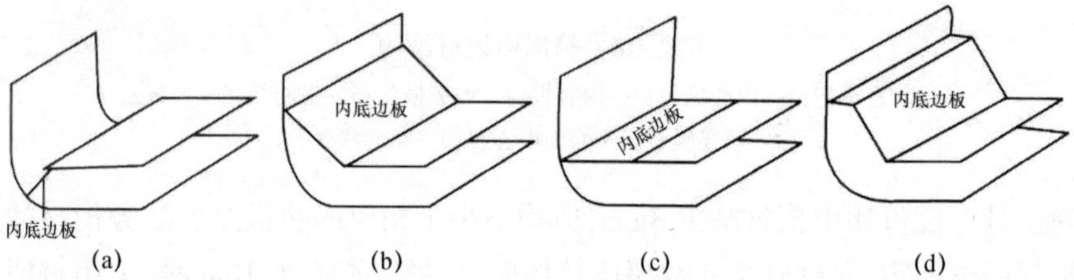

图 2-11　内底边板结构

(a)下倾式；(b)上倾式；(c)水平式；(d)折曲式。

上述 4 种内底边板的结构形式除下倾式外，其他 3 种均只能在舭部设置污水井。

2. 单层底结构

单层底结构主要用于小型船舶、老式油船及内河船舶，其结构简单、施工方便，但抗沉性和防泄漏能力差。主要构件有中内龙骨、旁内龙骨、船底纵骨、肋板及舭肘板等。

2.1.3　舷侧结构

舷侧结构是指连接船底和甲板的侧壁部分，它要承受水压力、波浪冲击力、碰撞力、冰块冲击和挤压力、甲板负荷、舱内负荷、总纵弯曲应力和剪切应力等外力的作用，是保证船体的纵向强度、横向强度，保持船体几何形状和侧壁水密的重要结构。

舷侧结构按骨架排列形式的不同，有横骨架式和纵骨架式两大类，其主要组成部分有舷侧外板、肋骨、强肋骨、舷侧纵桁、舷侧纵骨及舷边等。

1. 舷侧外板

舷侧外板是指舭列板以上的船体外板（包括舷侧列板和舷顶列板），与甲板边板连接的舷侧外板称为舷顶列板。舷侧列板在船中部,较厚,向两端渐薄,靠近舭列板附近的要比上面的厚些。同时在靠近首尾局部受力大的部位和尾轴附近的包板等也要加厚,对航行于冰区的船舶应根据规范的规定对它进行加厚。舷顶列板是受总纵弯矩最大的一列板,规范规定其宽度不得小于 0.1*D*(*D* 为型深),并规定在船中 0.4*L* 区域内,其板厚在任何情况下不得小于强力甲板边板厚度的 0.8 倍,也不得小于相邻舷侧列板的厚度。

2. 肋骨

肋骨是从肋板、舭肘板向上延伸的横向构件,并与梁肘板和横梁组成船体的横向框架。

1) 肋骨的作用

肋骨的作用是支持舷侧外板,保证舷侧的强度和刚性。而与其他横向构件组成的框架,则可达到保证船体的横向强度,防止船舶在摇摆和横倾时产生横向变形。

2) 肋骨的分类

肋骨按其所在位置,一般可分为主肋骨、甲板间肋骨和尖舱肋骨 3 种。对某些需进行局部加强(如冰区加强者)的船舶,还需在位于水线附近每一肋距中间增设一短肋骨——中间肋骨。按肋骨的受力不同,可分成普通肋骨和强肋骨两种。图 2-12 所示为横骨架式舷侧结构。

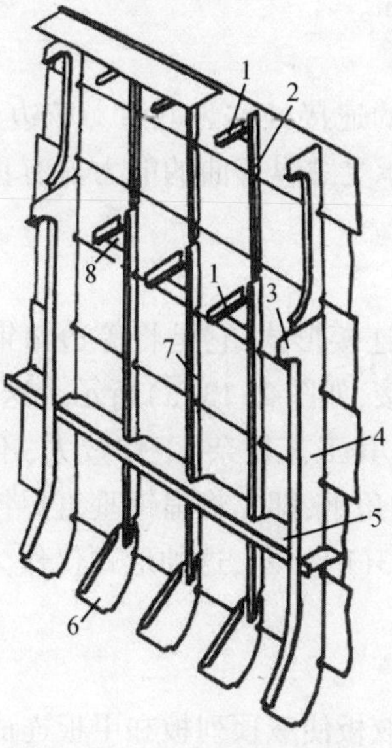

图 2-12 横骨架式舷侧结构

1—甲板横梁;2—甲板间肋骨;3—强横梁;4—强肋骨;5—舷侧纵桁;
6—舭肘板;7—主肋骨;8—梁肘板。

普通肋骨一般可用不等边角钢、球扁钢做成；而强肋骨则由尺寸较大的T形组合材或钢板折边制成。在横骨架式舷侧结构中，一般每隔几个肋位设置一强肋骨（应从内底延伸至上甲板），其目的是增加局部强度，如机舱、货舱的舱口端梁处等；在纵骨架式舷侧结构中，强肋骨是唯一的横向构件，其在支持舷侧纵骨的同时，还起着保证船体横向强度的作用。

3）肋骨编号及肋距

为便于在船舶修造中指明肋骨位置及海损事故后能迅速、准确地报告受损部位，必须对肋骨进行编号。肋骨编号以尾垂线为基准，主要有两种：一种是较普遍采用的编号方法，即以舵杆中心线为0号（无论有无舵柱），向首排列取正号，向尾排列取负号；另一种是少数有舵柱的船舶以舵柱后缘为0号，向首排列取正号，向尾排列取负号。按规范规定，肋骨的最大间距应不大于1.0m。

3. 舷侧纵桁和舷侧纵骨

舷侧纵桁多为横骨架式舷侧结构中设置的纵向构件，通常采用T形组合材，其腹板与强肋骨腹板同高，主要用来支承主肋骨。

舷侧纵骨是纵骨架式舷侧结构中的主要纵向构件，一般用尺寸较小的不等边角钢或球扁钢制成，主要用来保证总纵强度和支持外板。舷侧纵骨穿过强肋骨，其最大间距不大于1.0m。

4. 舷边

舷顶列板与甲板边板的连接处称为舷边。舷边处于高应力区域，受力大，此处的连接强度对于船体承受总纵弯曲的能力具有重要作用，因此有其特殊的连接方法，一般有以下3种。

1）舷边角钢铆接法

这是一种老式的舷边连接形式，它是将等边角钢，即舷边角钢的两边分别与舷顶列板和甲板边板铆接，如图2-13(a)所示。这种方法利用了铆接能重新分布应力和止裂的特点，但其工艺复杂、工作量大，不适合现代化工艺的要求。因此，有些船舶用扁钢代替角钢，即先将扁钢垂直焊接在甲板边板上，再把扁钢与舷顶列板铆接，如图2-13(b)所示，这种形式仅作为过渡连接形式，最终也将会被淘汰。

2）圆弧连接法

这种方法是通过圆弧舷板使舷顶列板和甲板连成一个整体，如图2-13(c)所示。采用这种连接方法能使甲板和舷侧的应力过渡较为顺利、分布均匀，且结构刚性较大。但甲板有效利用面积减少，甲板排水易弄脏舷侧，此外由于线型变化问题，较适用于船中部位。规范规定，圆弧舷板厚度至少应等于甲板板厚度，它的圆弧半径不得小于板厚的 15 倍，且在船中 0.5L 区域内的圆弧舷板上应尽量避免焊接甲板装置。

3）舷边直角焊接法

这种方法是把舷顶列板和甲板直接焊接起来，如图 2-13(d)和图 2-13(e)所示。此种连接法施工简单，但易造成应力集中而产生裂缝，多用于中小型船舶及有舷边水柜的散装货船等。

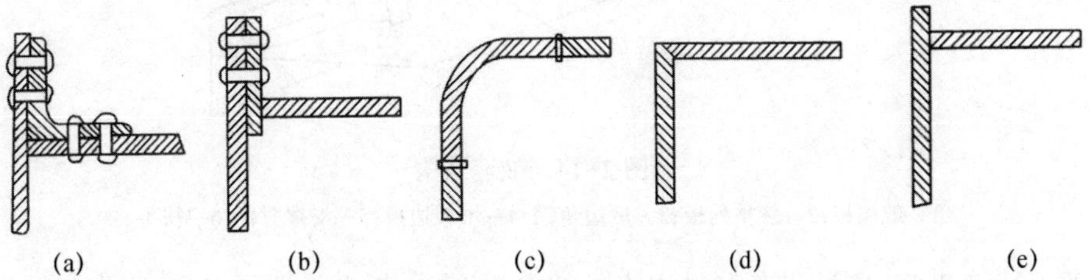

图 2-13 舷边的连接方法

(a)角钢铆接法；(b)角钢铆接法；(c)圆弧连接法；(d)直角焊接法；(e)直角焊接法。

5. 舷墙和栏杆

船舶在露天干舷甲板以及在上层建筑和甲板室甲板的露天部分均设置舷墙或栏杆。按规定，露天干舷甲板以及上层建筑甲板和第一层甲板室甲板的舷墙或栏杆的高度除经特别同意可适当降低高度外，其高度应不小于 1.0m。但对甲板上设计成装运木材的船舶，其舷墙高度至少应为 1.0m。

1）舷墙

舷墙的作用是保障人员安全，减少甲板上浪，防止甲板上的物品滚落入海。图 2-14 所示为舷墙结构示意图，主要由舷墙板、支撑肘板和扶手等组成。在船中部，舷墙板不与舷顶列板相焊接，而是由支撑肘板支撑在甲板边板上，其下端与舷顶列板上端间留有一定空隙以利于排水，上端由扁钢或型钢做成扶手。对船长不小于 65m 的船舶，干舷甲板上的舷墙板厚度应不小于 6mm。舷墙不参与总纵弯曲。

2）栏杆

栏杆的作用主要是保障人员安全，防止甲板上的物品滚落入海。栏杆的最低一根横杆距甲板应不超过 230mm，其他横杆的间距应不超过 380mm。

2.1.4 甲板结构

甲板结构承受总纵弯曲应力、货物负载和波浪冲击力等外力的作用，是保证船体总纵强度、横向强度、保持船体几何形状及保证船体上部水密的重要结

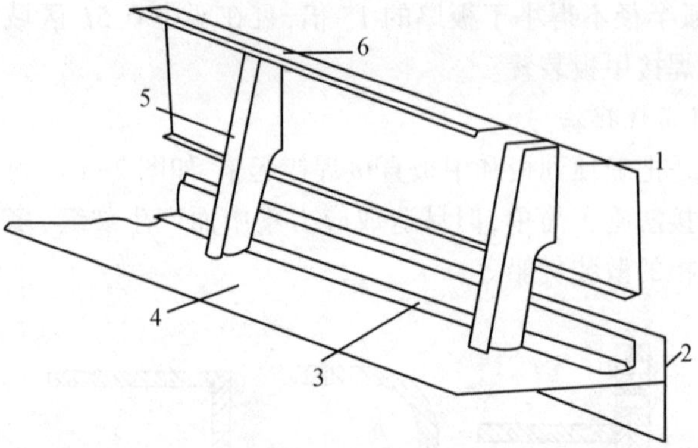

图 2-14　舷墙结构

1—舷墙板；2—舷顶列板；3—舷边角钢；4—甲板边板；5—支撑肘板；6—扶手。

构。由于营运、安装设备和进出人员的需要，在甲板上设置了各种不同的开口，此开口破坏了甲板的连续性，减弱了结构的强度、刚度和稳定性，并在开口的角隅处易造成应力集中。因此，在开口处都要对结构进行加强，使甲板结构显得比较复杂。

按骨架结构形式的不同，甲板结构可分成横骨架式（图 2-15）和纵骨架式（图 2-16）两种，其主要组成部分包括甲板、横梁、甲板纵桁、舱口围板及支柱等。

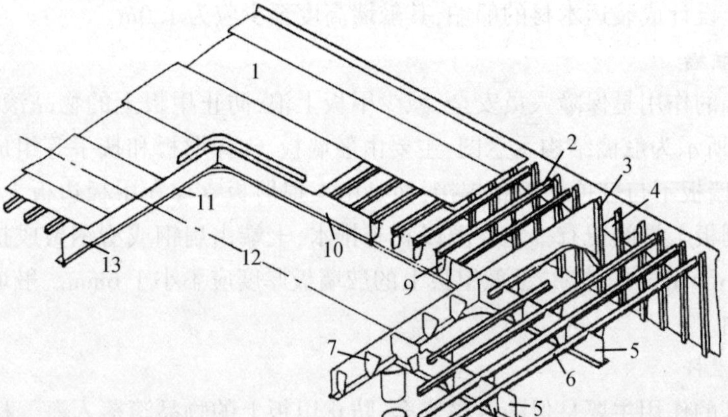

图 2-15　横骨架式甲板结构

1—下甲板；2—半梁；3—主肋骨；4—梁肘板；5—甲板纵桁；

6—横梁；7—防倾肘板；8—支柱；9—肘板；10—舱口纵桁；11—圆钢；

12—甲板纵中线；13—舱口端梁。

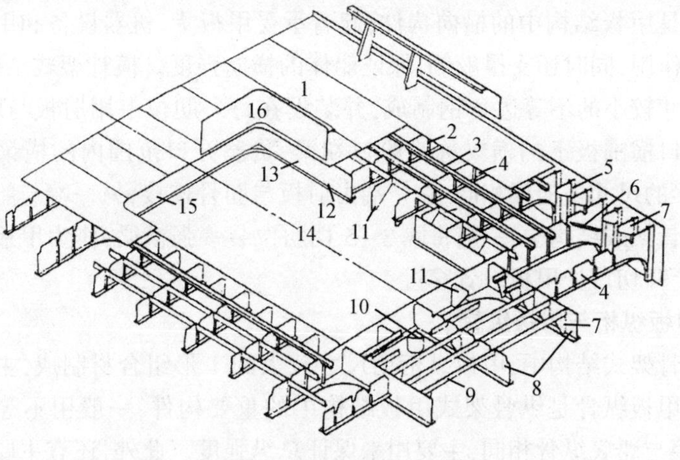

图 2-16　纵骨架式甲板结构

1—上甲板;2—加强筋;3—甲板纵骨;4—强横梁;5—主肋骨;
6—斜置加强筋;7—肘板;8—甲板纵桁;9—横梁;10—管形支柱;11—防倾肘板;
12—圆钢;13—舱口纵桁;14—甲板纵中线;15—舱口端梁;16—舱口围板。

1. 甲板

甲板按其作用可分成强力甲板、遮蔽甲板、舱壁甲板、干舷甲板和量吨甲板等。当船体受总纵弯曲应力时,受力最大的一层甲板叫强力甲板,如上甲板及在船中部 0.5L 区域内长度不小于 0.15L 的上层建筑甲板和此上层建筑区域以外的上层连续甲板均为强力甲板。20 世纪 60 年代建造的某些船舶,在其甲板上设有吨位舱口的开口,并在舱口设暂时性非水密封闭装置,这种甲板间舱既可装货又不计入总吨位和净吨位的甲板叫遮蔽甲板。水密横舱壁上伸到达的连续甲板叫舱壁甲板。按《1966 年国际载重线公约》计量干舷高度的甲板称为干舷甲板,通常是上甲板。按《1969 年国际船舶吨位丈量公约》丈量船舶吨位时的基准甲板称为量吨甲板,通常也是上甲板。遮蔽甲板不可作为干舷甲板和量吨甲板。

上甲板是各层甲板中最厚的一层。规范规定,在船中部 0.4L 区域内强力甲板的厚度应保持相同,并逐渐向端部甲板厚度过渡,强力甲板(包括端部甲板)的最小厚度应不小于 6mm。甲板边板是上甲板受力最大的,且容易被甲板积水腐蚀,因此必须连续,厚度也是上甲板中最厚的一列板。在船中 0.4L 区域内的甲板比首尾两端和大开口线以内区域的甲板厚。为防止甲板开口角隅处因应力集中而产生裂缝,该处应为抛物线形、椭圆形或圆形,并应采取加强措施。

2. 横梁

横梁是甲板结构中的横向构件，起着承受甲板货、机器设备和甲板上浪时的水压力作用，同时还支撑舷侧，保证船体的横向强度。横骨架式结构中，横梁一般用尺寸较小的不等边角钢制成，并装设在每一肋位上用肘板与肋骨连接。位于货舱口横围板下的横梁称为舱口端梁，货舱开口范围内的横梁称为半横梁，半横梁的尺寸与横梁相同，它一端由肘板与肋骨连接，另一端与舱口围板连接。在纵骨架式结构中，一般每隔 3~5 档肋位装一强横梁，作为甲板纵骨的支架，在其上开切口让甲板纵骨穿过。

3. 甲板纵桁与甲板纵骨

在横骨架式结构中，甲板纵桁用尺寸较大的 T 形组合材制成，主要用来支撑横梁。甲板纵骨是纵骨架式甲板结构中的重要构件，一般用不等边角钢制成，其间距与船底纵骨相同，主要用来保证总纵强度。此外，还有主要用来支撑横梁的甲板纵桁。

4. 舱口围板

舱口围板是指设置于露天甲板（上甲板）货舱开口四周的纵向和横向并与甲板垂直的围板，其作用是保证工作人员安全，防止海水灌入舱内和增加甲板开口处的强度。舱口围板在甲板上面的高度是依据《1966 年国际载重线公约》来确定的，最低要求是不小于 450mm。舱口围板上缘一般用半圆钢加强，围板的外侧还有水平加强筋和防倾肘板，以增加围板的刚性和防倾，纵向围板的下部与甲板纵桁处于同一直线上，兼作甲板纵桁的一部分。

舱口角隅处的加强方法有两种：一种是将舱口围板下伸超过甲板；另一种是将围板分成两块，分别焊在甲板开口边缘的上下面，在下面用菱形面板加强，如图 2-17 所示。

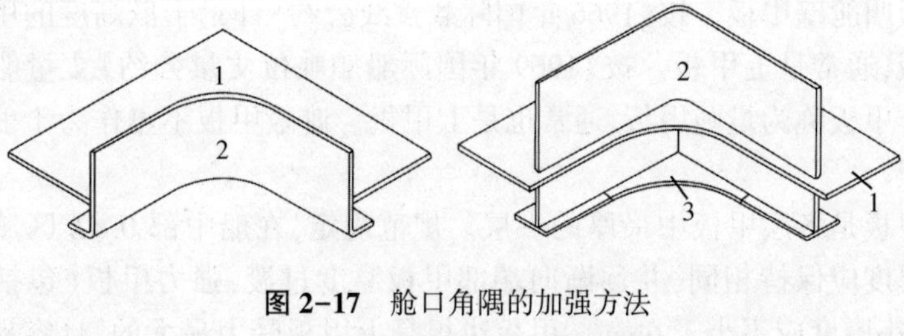

图 2-17　舱口角隅的加强方法

1—甲板；2—舱口围板；3—菱形面板。

5. 支柱

支柱是舱内的竖向构件，作用是支撑甲板骨架，承受轴向压缩力，保持船体竖向形状。

支柱的上端应位于甲板纵桁和横梁的交叉节点处，下端应在船底纵桁与肋板的交叉节点处。多层甲板船上下层甲板间的支柱一般应设置在同一垂直线上。对需载运大件货的舱，为不妨碍装卸货，通常采用悬臂梁的结构形式来代替支柱，如图 2-18 所示。

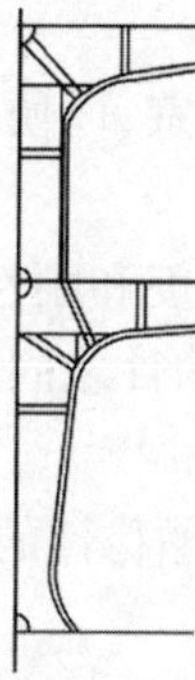

图 2-18　悬臂梁结构

6. 梁拱和舷弧

梁拱是甲板在两舷与舷顶列板交点的连线与纵中剖面线的交点，至横剖面中线与甲板板交点的垂直距离，简称为甲板的横向曲度，如图 2-19(a)所示。梁拱可增加甲板的强度，便于排放甲板积水和增加储备浮力。梁拱的取值范围一般在船宽 B 的 1/100~1/50 之间，干货船的梁拱通常取 $B/50$，客船的梁拱取 $B/80$。

在甲板的纵向上，首尾高而中间低所形成的曲线叫舷弧线。在船长中点处舷弧线最低，从该点画一条与基线平行的直线，则舷弧线上任一点量至该线的垂直距离就称为该点的舷弧，如图 2-19(b)所示。舷弧可增加储备浮力，便于甲板排水，减少甲板上浪和使船体外形更美观。位于首垂线处的舷弧叫首舷弧，位于尾垂线处的舷弧叫尾舷弧，首舷弧是尾舷弧的 2 倍。

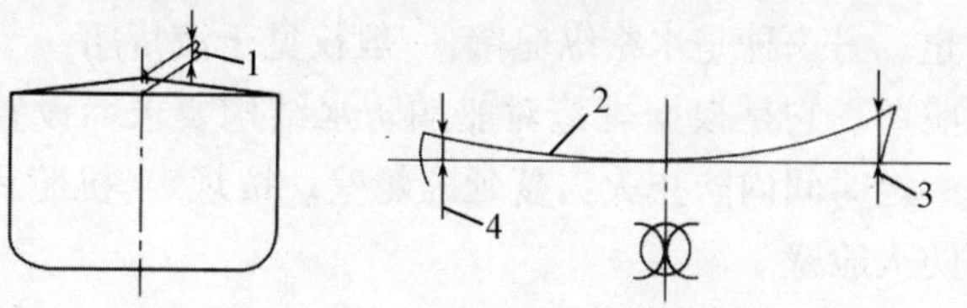

图 2-19　梁拱和舷弧

1—梁拱；2—舷弧线；3—首舷弧；4—尾舷弧。

(1)梁拱；(2)舷弧。

2.1.5 舱壁结构

1. 舱壁的作用

主船体在设计和建造时按要求设置若干的横向和纵向舱壁,这些舱壁所起的作用归纳起来有以下几个方面。

(1) 将船体内部分隔成若干个舱室,以便安装各种机械设备及装载货物、燃油、淡水、备品和压载水等。

(2) 横舱壁对保证船体的横向强度和刚性起很大作用,它是船底、舷侧和甲板等结构的支座,可使船体各部位构件之间的作用力相互传递,其中水密横舱壁是保证船舶抗沉性能的重要结构。

(3) 纵舱壁可减少自由液面对船舶稳性的影响,较长的纵舱壁还可增强船舶的总纵强度。

(4) 某些舱壁采用防火结构,可在一定时间内防止火灾蔓延。

2. 舱壁的分类

舱壁一般按用途和结构形式的不同分为两大类。

1) 按用途分类

(1) 水密舱壁。一般是指自船底(船底板或内底板)至舱壁甲板的主舱壁,它将船体分隔成若干个水密舱室。水密舱壁主要有两种。一种是水密横舱壁,这种舱壁能保证船体因海损事故造成某舱破损进水时不会蔓延至其他相邻舱室,使船舶仍有一定的浮力和稳性,从而提高船舶的抗沉性能,其设置数量依据船长和船型不同而异。万吨级船按规定需设置6或7道,其中位于首尖舱与货舱之间的首尖舱舱壁即船舶最前的一道水密横舱壁又称防撞舱壁,也是最重要的一道水密横舱壁。其上不得开设任何门、人孔、通风管道或任何其他开口,并应通至干舷甲板。位于船尾的最后一道水密横舱壁即为尾尖舱舱壁,水密尾尖舱舱壁应通至舱壁甲板。但当尾尖舱水密平台甲板在水线以上时,可仅通至水密平台甲板为止。另一种是水密纵舱壁,一般仅见于液货船。

(2) 防火舱壁。它是根据规范对船舶防水结构要求而设置的具有一定隔热能力并能在一定时间内防止火灾蔓延的舱壁。按规定,机舱和客船起居处所的舱壁应采用防火舱壁。

(3) 液体舱壁。它是液舱(油舱、水舱等)的界壁,它经常承受液体压力和振荡冲击力,故舱壁板较厚且其上的骨架尺寸也较大,并需保证水密或油密。

(4) 制荡舱壁。它是设于液舱内的纵向舱壁,主要用来减小自由液面的影响,其上开有气孔、油水孔和减轻孔。

2）按结构分类

按舱壁的结构形式来划分，可将其分成平面舱壁、对称槽形舱壁及双层板舱壁3类。

（1）平面舱壁。平面舱壁由舱壁板和其上的垂直与水平骨架组成。大型船舶舱壁板的钢板长边沿水平方向布置，其厚度由下向上逐渐减薄。其上骨架竖向排列的称为扶强材，水平方向排列的称为水平桁。

（2）对称槽形舱壁。对称槽形舱壁由钢板压制而成，以其槽形曲折来代替扶强材。其优点是在保证具有同等强度的条件下，可减轻结构的重量，节约钢材，减少装配与焊接工作量，便于清舱工作。缺点是所占舱容较大，不利于舱容的有效利用，一般用于油船、散装货船及矿砂船。对称槽形舱壁的剖面形状有三角形、矩形、梯形和弧形几种，如图2-20所示，其中梯形和弧形用得较为广泛，图2-21及图2-22所示分别为无底登和有底登对称梯形舱壁。

（3）双层板舱壁。双层板舱壁是指由两层舱壁板及其间的骨架组成的舱壁结构，这种结构通常用于船舶的内部结构中，以提供更好的强度和稳定性。

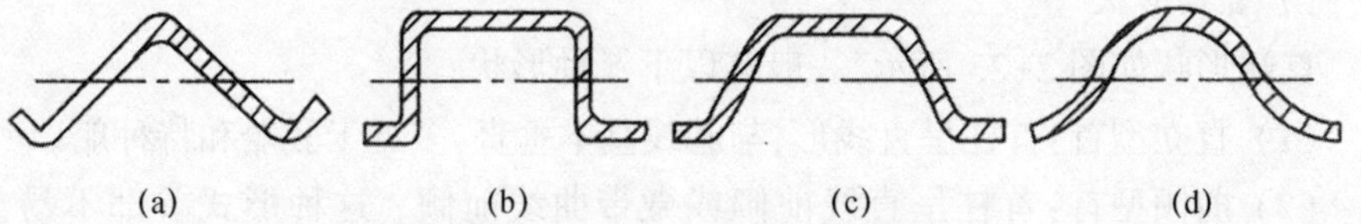

图2-20 对称槽形舱壁的剖面形状

（a）三角形；（b）矩形；（c）梯形；（d）弧形。

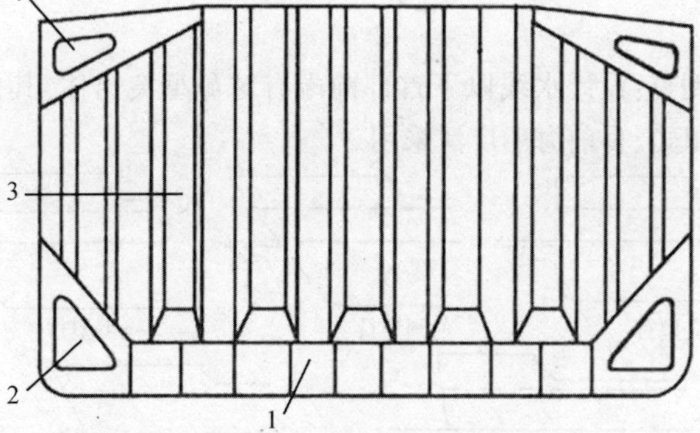

图2-21 无底登对称梯形舱壁

1—双层底；2—底边舱；3—对称梯形舱壁；4—顶边舱。

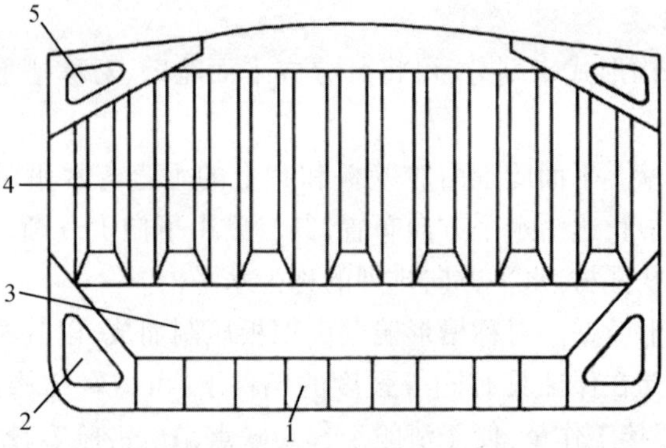

图 2-22 有底登对称梯形舱壁

1—双层底;2—底边舱;3—底登;4—对称梯形舱壁;5—顶边舱。

2.1.6 首尾结构

1. 首、尾端的形状

1) *首端形状*

首端形状如图 2-23 所示,一般有以下 5 种形状。

(1) 直立型首:首柱呈直线形,与基线基本垂直,多见于驳船和特种船。

(2) 前倾型首:首柱呈直线前倾或微带曲线前倾。这种形式首部不易上浪,万一发生碰撞,船首水线以下部分也不易受损。

(3) 飞剪型首:设计水线以上呈凹形曲线,有较大的首楼甲板,有利于锚和系泊设备的布置,船首也不易上浪。

(4) 破冰型首:设计水线以下首柱呈倾斜状,与基线构成 30°夹角,一般多用于破冰船。

(5) 球鼻型首:设计水线以下首部前端有球鼻型突出体,其作用是减少兴波阻力和形状阻力,目前海船广泛采用。

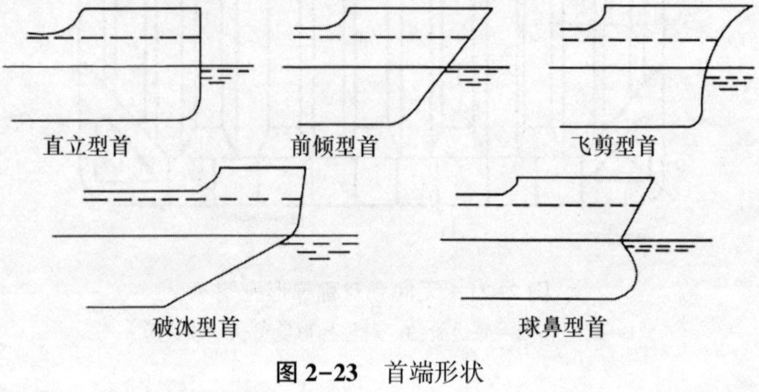

图 2-23 首端形状

2）尾端形状

尾端形状如图2-24所示，一般有以下3种形状。

（1）椭圆型尾：船尾有短的尾伸部，折角线以上呈椭圆体向上扩展。

（2）巡洋舰型尾：有光顺曲面的尾伸部，有利于减少阻力，保护螺旋桨与舵叶，海船广泛采用。

（3）方型尾：尾端有横向的尾封板，以往多用于军舰，近年来商船也采用，如集装箱船。

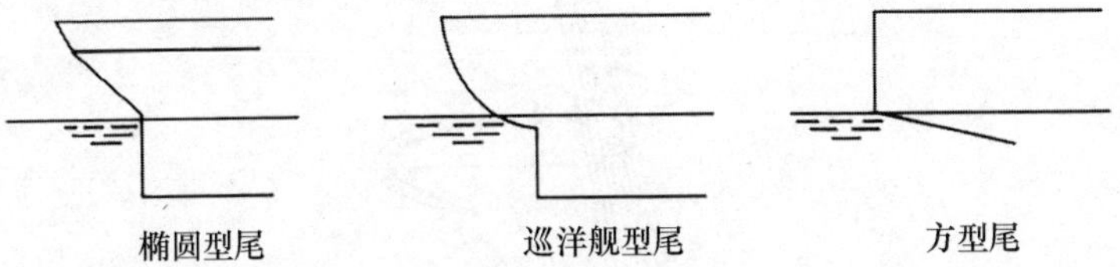

图2-24 尾端形状

2. 船首结构的加强

船首结构通常是指从首部船底平坦部分起向船首部分的船体结构。首部受波浪、冰块的冲击和水阻力的作用，一旦发生碰撞，应有足够的强度保证船舶的安全。同时，船壳外板在此会拢，其外形应尽可能减少水阻力。为此，需对组成船首结构的部分进行加强。

1）首柱

首柱位于船体最前端，是会拢船首外板、保持船首形状及保证船首局部强度的强力构件。首柱有钢板焊接、铸钢和混合型首柱3种，图2-25所示为混合型首柱。

2）首尖舱内的加强

船首结构如图2-26所示，首尖舱内采用下列几种方法加强。

（1）在每档肋位处设置实肋板，因其高度向船首逐渐升高，故又称为升高肋板。

（2）在中纵部面处设置与升高肋板等高、等厚和具有同样面板的中内龙骨，并延伸至与首柱牢固连接。

（3）当舷侧为横骨架式时，应在每隔一档肋位处从肋板的上缘至最下层甲板间垂向设置垂向间距不大于2m的强胸横梁，且至少应达到满载水线以上1m处。在每道强胸横梁处，还应设置具有折边或面板的舷侧纵桁，并用肘板与肋骨连接。当用开孔平台结构代替强胸横梁和舷侧纵桁时，开孔平台的垂向间距应不大于2.5m，设置范围为从肋板的上缘至不低于满载水线以上1.0m，且每一

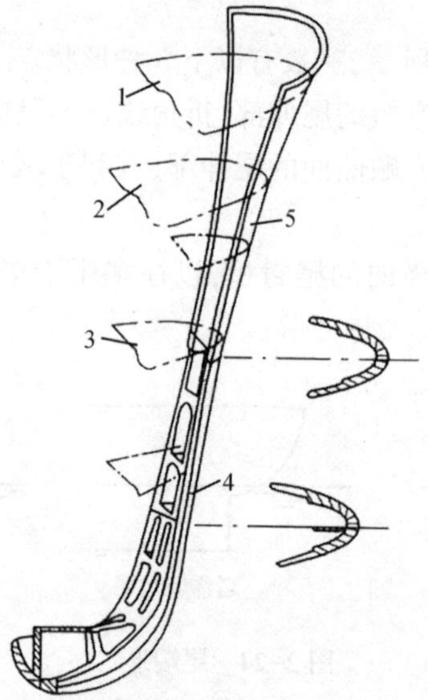

图 2-25　混合型首柱

1—首楼甲板;2—上甲板;3—下甲板;4—铸钢首柱;5—钢板首柱。

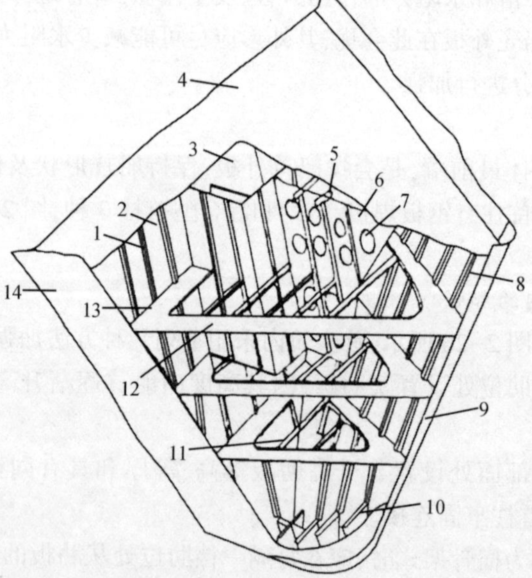

图 2-26　船首结构

1—舱壁扶强材;2—首尖舱舱壁;3—锚链舱;4—甲板;5—横梁;6—制荡舱壁;
7—减轻孔;8—肋骨;9—首柱;10—升高肋板;11—强胸横梁;12—舷侧纵桁;
13—水平桁;14—外板。

开孔平台的开孔面积应不小于总面积的10%。

(4) 当舷侧为纵骨架式且舱深超过10m时,应在适当位置设置一层或多层开孔平台,或者在每根强肋骨处设置一道或多道强胸横梁,并用肘板与强肋骨连接。

(5) 当首尖舱被用作液舱且其最宽处的宽度超过0.5B时,应在中纵剖面处设置有效的支撑构件或制荡舱壁,以支持强胸横梁。当舱长超过10m时,还应在舱内设置横向的制荡舱壁或强肋骨。

3) 首尖舱外的舷侧加强

当舷侧为横骨架式时,对于从距首垂线0.15L至防撞舱壁区域内的舷侧结构,按下列要求加强:

(1) 设置间断的舷侧纵桁,其腹板与肋骨同高且与首尖舱纵桁同厚;

(2) 若不设上述纵桁,则应加厚舷侧外板。

4) 船首底部的加强

当船长不小于65m且航行中最小艏吃水小于0.04L时,应对其从首垂线向后的船底平坦部分进行加强。

(1) 横骨架式的双层底骨架,应在每档肋位处设置实肋板,并应设置间距不大于3档肋骨间距的旁桁材,该旁桁材应尽量向首延伸。

(2) 纵骨架式的双层底骨架,应在每隔一档肋位处设置实肋板,同时应设置间距不大于3倍纵骨间距并尽量向船首延伸的旁桁材。船底纵骨剖面模数应比中部大10%。

(3) 单层底骨架,应设置间距不大于3档肋骨间距且尽可能地向船首延伸的旁内龙骨。

(4) 船底板适当加厚。

3. 船尾结构的加强

船尾结构通常是指尾尖舱舱壁以后的区域。该区域承受水压力、螺旋桨转动时的振动力和水动力、舵的水动力及螺旋桨与舵叶的荷重等作用,因此必须对组成船尾结构的各部分进行加强。

1) 尾柱

尾柱是船尾结构中的强力构件,它位于船尾结构下部的最后端,用来会拢两侧外板,并支撑和保护螺旋桨与舵,同时承受它们工作时的振动力和水动力。因此,尾柱可增强船尾的结构强度。

尾柱的上端应与尾肋板或舱壁连接,底骨应向船首方向延伸至少3个肋距并与平板龙骨连接。尾柱的形状比较复杂,一般采用铸造件,大型船舶尾柱可先分段铸造后再焊接装配,如图2-27所示。

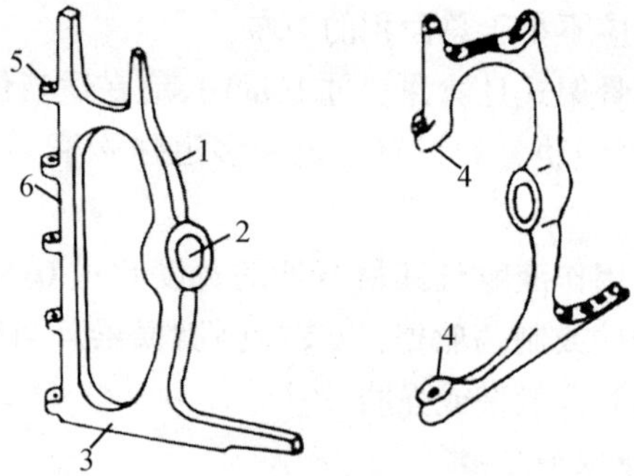

图 2-27 尾柱的形状

1—推进器柱;2—轴毂;3—尾柱底骨;4—舵枢;5—舵枢;6—舵柱。

2) *尾尖舱舱内的加强*

对尾尖舱舱内的加强措施有以下几个。

(1) 每档肋位处设置实肋板,其厚度较首尖舱肋板加厚 1.5mm。

(2) 对单螺旋桨船,其肋板应升高至尾轴管以上足够高度。

(3) 当舷侧为横骨架式时,在肋板以上设置垂向间距不大于 2.5m 的强胸横梁和舷侧纵桁或开孔平台;当为纵骨架式时,应在舱顶设置适当数量的强横梁。

(4) 在尾尖舱上部和尾突出体或巡洋舰尾的纵中剖面处加设制荡舱壁。

3) *尾尖舱上面的舷侧加强*

对尾尖舱上面舷侧结构部分的加强措施有以下几个。

(1) 设强肋骨。

(2) 加设腹板与肋骨同高的间断舷侧纵桁或加厚舷侧外板。

为扩大尾部甲板面积、安装舵机、保护螺旋桨和舵并改善航行性能,在船尾设计时有意将尾部向后悬伸一部分,称尾突出体,其大部分在设计水线以上。图 2-28 所示为采用扇形斜肋骨和斜横梁的巡洋舰式尾突出体。

2.1.7 防火结构

从预防火灾发生的角度出发,船舶建立有一整套完善的防火措施,这些措施主要包括控制可燃物、控制热源(火源)及控制通风等,同时为防止船舶一旦发生火灾事故后能有效地控制火势的任意蔓延。SOLAS 公约及我国船舶建造规范均规定船舶在设计和建造时,应采取一定的防火结构,即用符合规定的耐火材料将船舶划分为若干个主竖区。

1. 相关定义及要求

(1) 主竖区。系指船体、上层建筑和甲板室以“A 级分隔”分成的区段,它

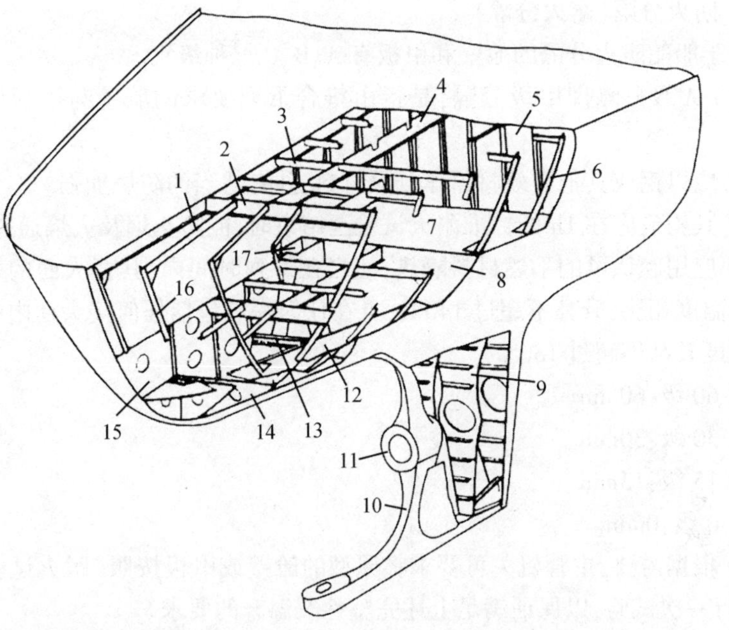

图 2-28 巡洋舰式船尾结构和尾突出体

1—斜横梁；2—强横梁；3—横梁；4—甲板纵桁；5—横舱壁；6—肋骨；
7—舵机舱平台；8—尾尖舱舱壁；9—尾升高肋板；10—尾柱；11—轴毂；12—舷侧纵桁；
13—强胸横梁；14—肋板；15—制荡舱壁；16—斜肋骨；17—舵杆管。

在任何一层甲板上的平均长度和宽度一般不超过 40m。

（2）不燃材料。系指某种材料加热至约 750℃时，既不燃烧，也不发生足量的能造成自燃的易燃蒸汽，这是按照《耐火试验程序规则》确定的。除此以外的任何其他材料均为“可燃材料”。

（3）钢或其他等效材料。系指任何不燃材料本身或由于所设隔热物，经标准耐火试验规定的相应曝火时间后，在结构性和完整性上与钢具有同等性能（如设有适当隔热材料的铝合金等）的材料。

（4）船体上层建筑、甲板室以钢材或其他等效材料制成，客船船体、上层建筑及甲板室应以甲级分隔为若干个主竖区；各主竖区在任何甲板上的平均长度一般不超过 40m；起居处所与相邻的机器、货舱、服务处所之间应采用甲级分隔。

（5）舱壁或甲板必须有不燃隔热层，受火时火焰不能穿过，并要限制背火面的温升。

（6）在任何情况下任一起居处所用 A 级或 B 级分隔的各处所的面积不得超过 $50m^2$。

2. 防火分隔(耐火分隔)

用于船舶防火分隔的舱壁和甲板有 A、B、C 三种级别。

(1) A 级分隔即甲级分隔,是指由符合下列要求的舱壁与甲板所组成的分隔。

① 应以钢或其他等效材料作分隔材料,并有适当的防烧加强。

② 其构造应在 1h 的标准耐火试验至结束时,能防止烟及火焰通过。

③ 应用经认可的不燃材料隔热,使之在下列时间内,其背火面的平均温度与原始温度相比,升高不超过 140℃,且在任何一点包括任何接头在内的温度较原始温度升高不超过 180℃。

A-60 级:60min。

A-30 级:30min。

A-15 级:15min。

A-0 级:0min。

④ 根据需要,主管机关可要求将原型的舱壁或甲板按照《耐火试验程序规则》进行一次试验,以保证满足上述完整性及温升的要求。

(2) B 级分隔即乙级分隔,是指由符合下列要求的舱壁甲板、天花板或衬板所组成的分隔。

① 其构造应在最初 0. 5h 的标准耐火试验至结束时,能防止火焰通过。

② 应具有这样的隔热值,使之在下列时间内,其背火面的平均温度与原始温度相比,升高不超过 140℃,且在包括任何接头在内的任何一点的温度较原始温度升高不超过 225℃。

B-15 级:15min。

B-0 级:0min。

③ 应用认可的不燃材料制成。

④ 根据需要,主管机关可要求将原型分隔按照《耐火试验程序规则》进行一次试验,以保证满足上述完整性和温升的要求。

(3) C 级分隔即丙级分隔,应以认可的不燃材料制成,它们不需要满足有关防止烟和火焰通过以及限制温升的要求,并允许使用厚度不超过 2. 5mm 的可燃装饰板。

2. 1. 8 其他结构

1. 轴隧结构与布置

轴隧主要用来保护推进器轴,同时也可作为机舱至尾室的通道,便于人员对尾轴和轴承进行保养和维修。在尾室后端近尾尖舱舱壁处设有向上直通至露天甲板的应急通道,即逃生孔。故轴隧既可作为应急时逃生之用,也可通风。中机型船的轴隧较长,要经过货舱;尾机型船的轴隧较短。

单桨船的轴隧不对称于中线面,通常偏于船左舷。为便于尾轴的安装和拆卸,轴隧的侧壁离尾轴法兰应有足够的间距。在货舱口下的轴隧顶板应加厚2mm;否则应加木铺板。轴隧必须水密,在机舱和轴隧间舱壁上应设有符合规范规定的滑动式水密门。应急通道的围壁应水密,其关闭装置应能两面操纵。图2-29所示为常见的轴隧横剖面,其中图2-29(a)所示为拱形顶板,图2-29(b)所示为平顶板。

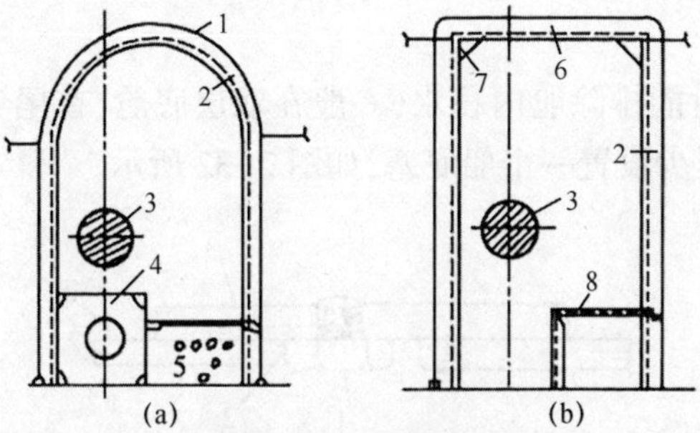

图2-29 轴隧结构

1—拱形顶板;2—扶强材;3—推进器轴;4—轴承基座;5—管;
6—平顶板;7—肘板;8—格子板。

2. 舭龙骨

舭龙骨设在沿船长方向的舭部,用来减轻船舶横摇,故又称其为减摇龙骨,如图2-30所示。

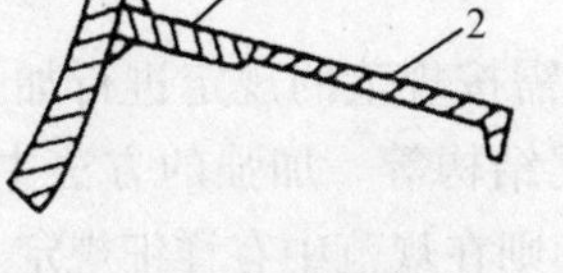

图2-30 舭龙骨结构

1—扁钢;2—球扁钢。

在长度方向,舭龙骨装在船中部,长度为船长的1/4~1/3,宽度一般在200~1200mm之间,其原则是不能超出船的舷侧外板型线与船底板型线所围成的区域,以免靠离码头或进坞时碰坏。舭龙骨与外板应尽可能垂直相交,如图2-31所示。为避免因各种原因造成舭龙骨损坏时引起舭部外板受损,舭龙骨一般焊接在与舭部外板连接的覆板上。舭龙骨不承受船体的总纵弯曲强度。

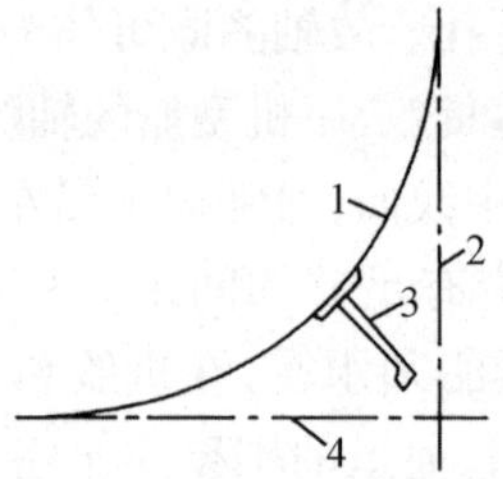

图 2-31　舭龙骨在舭部的位置图

1—舭部外板;2—舷侧型线;3—舭龙骨;4—船底型线。

3. 船底塞

为便于坞修时能排除舱内积水,一般在双层底舱、首尾尖舱及其他紧靠船底的每个水舱内至少设置一个船底塞,如图 2-32 所示。

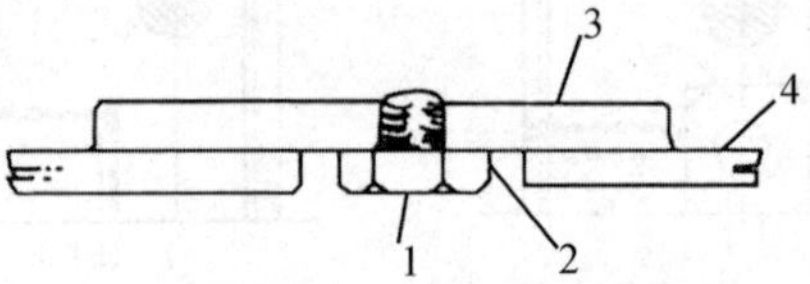

图 2-32　船底塞

1—船底塞;2—垫圈;3—垫板;4—船底板。

船底塞设置在每一水舱后部的水密肋板前一档肋距处,且在平板龙骨的两侧,并离开舱壁一段距离,以免被坞墩堵塞而无法拆装。为防止海水腐蚀及脱落,船底塞一般用锰黄铜或不锈钢制成,并应在拆装完成后出坞前在船底塞外面用水泥封涂成一个半球形的水泥包。

2.1.9　冰区加强

对航行于冰区的船舶需按规范的规定进行加强,其加强部位主要有甲板、船壳外板、舷侧骨架及首尾结构等。加强的方法主要有增加板厚、加大骨架尺寸和缩小骨架间距,具体细则在规范中有详细规定。

1. 冰级

按不同的冰况,航行冰区的加强分为以下 5 个冰级标志:

(1) B1 * 冰级:最严重冰况,相当于 IA Super;

(2) B1 冰级:严重冰况,相当于 IA;

(3) B2 冰级:中等冰况,相当于 IB;

(4) B3 冰级:轻度冰况,相当于 IC;

(5) B 冰级:除大块固定冰以外的漂流浮冰,如中国沿海情况。

Bl＊、B1、B2 和 B3 冰级标志的加强要求分别符合 1985 发布的《芬兰瑞典冰级规则》附件 1 中对 IA Super、IA、IB 及 IC 的有关规定，主要适用于在冬季航行于北波罗的海的船舶。B 冰级适用于中国沿海航行的船舶。

当船舶航行于冰区时，吃水线应不超过 LWL 线（指船首、船中和船尾最大吃水的允许折线连线）；当船舶航行于冰区时，至少应装载至 BWL 线（指船首和船尾最小吃水的连线）。

2. B 级冰区加强

B 级冰区加强要点：冰带外板厚度至少应为船中部外板厚度的 1.25 倍，但不必大于 25mm。如设置中间肋骨，则中间肋骨的垂向设置范围为压载水线以下 1000mm 至满载水线以上 1000mm 处；如不设置中间肋骨，则肋骨间距应为船中部肋骨间距的 60%，但应不大于 500mm。钢板焊接首柱自满载水线 600mm 处以下部分的板厚应为规范值的 1.1 倍，但不必大于 25mm。

船体结构损伤可能引起灾难性的后果，因此在航运实践中进行早期损伤测算非常重要，以便能在必要时采取相应的措施避免造成较大的损失。最常见的破损是焊缝范围内的裂纹、撞击凹痕之类的机械损伤以及腐蚀现象，这 3 类现象有可能同时发生。裂纹一般可用振动应力引起结构疲劳来解释，因此这类损伤在一定的焊接结构细部特别多见。振动应力本身还不是发生裂纹的关键因素。对于裂纹来说，值得注意的是法向拉应力。法向拉应力是由于局部应力升高或固有应力引起的。因为船体不是到处都有同样的情况，所以裂纹损伤在船体上分布非常不同。例如，在主甲板范围内常见的裂纹是在局部的结构细部，如在栏杆支柱和舱口围板支柱上、焊接在舱口围板和支座上的复板上。特别是纵向舱壁上下缘列板，由于其位置在船舶纵向构架中暴露在外，有发生裂纹的倾向。另一范围是外板，特别是靠泊和有拖轮擦过时会有受损的危险，常见的损伤是外壳板的撞击凹痕。撞击损伤在双层底和船首部位也较常见。船首部位的撞击损伤主要是由于超载在海浪中航行引起的，而双层底内底上的这种损伤也可用不合理的堆货来解释。

裂纹的关键部位是主甲板区域，包括船中 0.4L 范围内的舱口围板，也包括舷缘列板、上部外板及底部范围。在该范围内必须特别仔细地检查承受压力负荷船板范围内发生的翘曲现象（图 2-33）[16]。

如果在“中拱”状态下装载时确定主甲板上有裂纹，必须仔细观察裂纹是不是在继续扩大。必要时，可以用泵抽掉燃油或压载水，或重新堆放货物，以减小主甲板的弯矩。也可以在裂纹端部给裂纹钻孔，以阻止裂纹扩大。钻孔可用 8～10mm 的钻机进行，当然事先要通过表面裂纹检查来仔细确定裂纹端部的位置。

腐蚀损伤在几乎所有的船舶中都能找到，特别是压载水舱的腐蚀严重。所

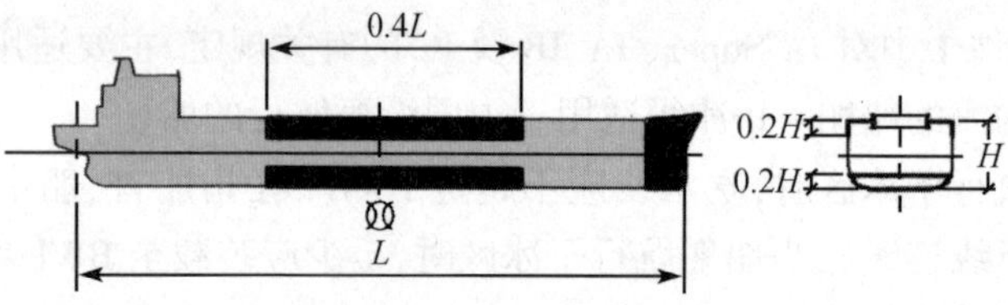

图 2-33 船体特别易受损的区域

以,船级社规范规定每年检查一次。

损伤现象也有针对各种不同船型的典型结构特性,如集装箱船、散货船、滚装船等。

在集装箱船上,特别是甲板范围内的裂纹,以及该处特别是舱口围板和舱口角隅上的裂纹,可能产生灾难性的后果。考虑到结构上的需要,上述范围内必须广泛使用高强度钢。因为高强度钢的焊接结构实际上与标准强度钢具有相同的使用强度,还因为一般情况下集装箱船的主甲板区是高应力区,所以发生裂纹不足为奇。另一个损伤区是肋骨与构架使用角钢连接的部位。因为角钢凸缘只在很小的范围内有效(斜向弯曲),所以在直接靠近角焊缝接头处的应力上升,以至于在相应的动载荷下常常出现振动裂纹。集装箱船是高速船,航速一般为 23.0~25.0kn,因此船首范围内常见由海浪冲击造成的损伤。

典型情况下,散货船上特别是货舱范围内的损伤往往是由于货物和装载引起的。大部分是由抓斗作业造成的双层底内底损伤或肋骨变形,包括肘板端部固定部位的变形。很多情况下还可以观察到严重的腐蚀损伤,腐蚀损伤会决定性地降低结构的耐久强度。因为过去散货船多有损失,所以现在制定了严格的结构设计条款。过去曾出现由腐蚀酿成的外板上的振动裂纹导致货舱进水,然后由于一道货舱舱壁的崩溃,最后损失了整个一艘船。

滚装船典型的损伤是载货甲板上的撞击凹痕。这种损伤是由车辆行驶时引起的,是一种不危及船舶安全的损伤。但这种损伤也不受欢迎,因为叉式装卸车不得不降低其速度,不利于装载和卸载。另外,损伤也经常发生在艏吊门上。横倾时车辆不对称的行驶会导致艏吊门发生扭曲,以至于在关闭时发生故障。

2.2 船体强度及其计算

相较于使用健康监测技术较早的桥梁等结构,船体结构更为复杂。并且船舶是一个运动的载体,航行过程会受到复杂海洋环境中的风、浪、流等各种外部载荷的作用、机舱中各类机械造成的振动,运输不同类型的货物在重力作用下也会对船体结构造成影响。所以在各种载荷的作用下,船体结构的应力应变状态是船舶结构健康监测的重要内容,首先需要了解船体结构的强度要求,包括总纵强度、屈曲强度、局部强度、疲劳强度[17]。

2.2.1 总纵强度

1. 船体梁弯曲强度

船体梁弯曲的强度计算包括船舯剖面模数、船舯惯性矩、设计静水弯矩和总纵弯曲应力的校核,设计中一般基于规范计算出上述4种参数的许用值与实际数值进行比较来判定是否符合规范要求并显示出校核结果。其中:

船舯最小剖面模数 W_0 应不小于按下式计算所得之值,即

$$W_0 = CL^2B(C_b + 0.7) \quad (\mathrm{cm}^3) \tag{2-1}$$

船舯剖面对水平中和轴的惯性矩 I 应不小于按下式计算所得之值,即

$$I = 3W_0L \quad (\mathrm{cm}^4) \tag{2-2}$$

沿船体梁各横剖面处的设计静水弯矩应满足下述条件,即

$$M_S(+) \leqslant \bar{M}_S(+) \tag{2-3}$$

$$|M_S(-)| \leqslant |\bar{M}_S(-)| \tag{2-4}$$

式中:M_S 为计算工况下的设计静水弯矩(kN·m);$\bar{M}_S$ 为许用静水弯矩(kN·m)。

总纵弯曲应力应不大于下式计算所得之值,即

$$\sigma = \frac{|\bar{M}_S + M_W|}{W_C} \times 10^3 \quad (\mathrm{N/mm^2}) \tag{2-5}$$

式中:W_C 为计算点处的船体梁剖面模数(cm^3)。

2. 船体梁剪切强度

船体梁剪切的强度计算包括舱壁剖面和非舱壁剖面的设计静水剪力以及剪切应力的校核,该模块根据剖面参数、剖面位置以及船体主要参数计算出设计静水剪切应力以及剪切应力的许用值,与实际数值比较来判定是否符合规范要求,并显示出校核结果(如果货舱间隔装载或严重不均匀装载,程序会对横舱壁处的静水剪力进行修正)。其中,沿船体梁各横剖面处的设计静水剪切应力应满足下述条件,即

$$F_S(+) \leqslant \bar{F}_S(+) \tag{2-6}$$

$$|F_S(-)| \leqslant |\bar{F}_S(-)| \tag{2-7}$$

式中：F_S 为计算工况下的设计静水剪切应力（kN）；$\bar{F}_S$ 为许用静水剪切应力（kN）。

剪切应力 τ 应不大于下式计算所得之值，即

$$\tau = \frac{|\bar{F}_S + F_W|}{I\delta} \times 10^{-2} \quad (\mathrm{N/mm^2}) \tag{2-8}$$

式中：δ 为计算点所在中和轴一侧的所有纵向构件的静矩（$\mathrm{cm^3}$）。

2.2.2 屈曲强度

船长不小于 90m 的船舶，受船体梁弯曲和剪切应力作用的板格及纵向构件，应按规范进行屈曲强度校核。

1. 板的屈曲强度

受压板格的理想弹性屈曲应力 σ_E 应按下式计算，即

$$\sigma_E = 0.9 K_c E \left(\frac{t_b}{1000s}\right)^2 \quad (\mathrm{N/mm^2}) \tag{2-9}$$

其中，对于具有与压应力平行的纵向加强筋的板，有

$$K_c = \frac{8.4}{\psi + 1.1} \tag{2-10}$$

对具有与压应力垂直的横向加强筋的板，有

$$K_c = C\left[1 + \left(\frac{S}{L}\right)^2\right]^2 \frac{2.1}{\psi + 1.1} \tag{2-11}$$

式中：对于肋板或高腹板梁扶强的板格，$C=1.3$；当加强筋是角钢或 T 形材时，$C=1.21$；当加强筋是球扁钢时，$C=1.10$；当加强筋是扁钢时，$C=1.05$。

受压时的临界屈曲应力 σ_c 按下列各式计算，即

$$\sigma_c = \sigma_E, \quad \sigma_E \leqslant \frac{R_{eH}}{2} \tag{2-12}$$

$$\sigma_c = R_{eH}\left(1 - \frac{R_{eH}}{4\sigma_E}\right), \quad \sigma_E > \frac{R_{eH}}{2} \tag{2-13}$$

式中：R_{eH} 为材料的屈服应力（mm）。

该模块根据选择加强筋布置的样式和加强筋的类型来判定参数 K_c 和 C，计算板格的临界屈曲应力并与真正的工作压应力比较，以判断其屈曲强度是否满足规范要求。

2. 纵骨的屈曲强度

横截面无转动的柱屈曲模式（垂直于板的平面），纵骨的理想弹性屈曲应力

σ_E 应按下式计算,即

$$\sigma_E = 0.001E\frac{I_a}{Al^2} \quad (\text{N/mm}^2) \tag{2-14}$$

对纵骨的腹板,理想弹性屈曲应力 σ_E 应按下式计算,即

$$\sigma_E = 3.8E\left(\frac{t_w}{h_w}\right)^2 \quad (\text{N/mm}^2) \tag{2-15}$$

式中:h_w 为腹板高度(mm);t_w 为减薄后的腹板厚度(mm)。

对于角钢和T形截面的纵骨,面板的屈曲可按下式要求校核,即

$$\frac{b_f}{t_f} \leqslant 15 \tag{2-16}$$

式中:b_f 为对角钢为面板的宽度,对T形截面为面板的半宽(mm);t_f 为面板厚度(mm)。

首先在型材数据库中选择纵骨的型号,该模块根据纵骨型号和所在剖面的剖面参数等计算纵骨的临界屈曲应力,并与其真正的工作压应力比较以判断纵骨以及腹板或面板的屈曲强度是否满足规范要求。

2.2.3 局部强度

局部强度可基于《钢质海船入级规范》(2023版)中相应的计算公式来校核船体主要部位上的板材和骨材的强度。

1. 外板

外板的强度计算包括船底板、平板龙骨、舭列板、舷侧外板和舷顶列板的强度校核,该模块是通过检验外板的宽度和厚度来判定是否符合规范要求并显示出校核结果。以船底板为例,其厚度 t 应不小于按下列两式计算所得之值,即

$$t_1 = 0.043s(L+230)\sqrt{F_b} \quad (\text{mm}) \tag{2-17}$$

$$t_2 = 5.6\sqrt{(d+h_1)F_b} \quad (\text{mm}) \tag{2-18}$$

式中:s 为纵骨间距(m),计算时取值应不小于纵骨的标准间距。

2. 甲板

甲板的强度计算包括强力甲板、甲板边板、下甲板和平台甲板的校核,该模块是通过检验不同种类的甲板板的厚度来判定是否符合规范要求并显示出校核结果。以强力甲板为例,其厚度 t 应不小于按下列公式计算所得之值,即

$$t_1 = 0.06s(L+110)\sqrt{F_b} \quad (\text{mm}) \tag{2-19}$$

$$t_2 = 0.9s\sqrt{L+75} \quad (\text{mm}) \tag{2-20}$$

3. 舱壁板

舱壁板的强度计算包括平面舱壁板和对称槽形舱壁板的校核,该模块是通过检验不同种类的舱壁板的厚度来判定是否符合规范要求并显示出校核结果。以平面舱壁板为例,其厚度 t 应不小于按下式计算所得之值,但应不小于 5.5mm,即

$$t = 4s\sqrt{h} \quad (\text{mm}) \tag{2-21}$$

式中:h 为在舷侧处由列板下缘量到舱壁甲板的垂直距离(m),但取值应不小于 2.5m。

4. 双层底

双层底的强度计算包括中桁材、旁桁材、实肋板、内底板和内底边板的校核,该模块是通过检验桁材的高度、厚度以及双层底板架上其他板材的厚度来判定是否符合规范要求并显示出校核结果。以中桁材为例,其高度 h_0 应不小于按下式计算所得之值,即

$$h_0 = 25B + 42d + 300 \quad (\text{mm}) \tag{2-22}$$

其厚度 t 应不小于下述计算所得之值,即

$$t = 0.0077h_0 + 4 \quad (\text{mm}) \tag{2-23}$$

5. 边舱斜板

边舱斜板的强度计算包括底边舱斜板和顶边舱斜板的校核,该模块是通过检验边舱斜板的厚度来判定是否符合规范要求并显示出校核结果。以顶边舱斜板为例,其厚度 t 应不小于按下列两式计算所得之值,且应不小于 8mm,即

$$t = 4s\sqrt{h} + 2.5 \quad (\text{mm}) \tag{2-24}$$

$$t = 12s \quad (\text{mm}) \tag{2-25}$$

式中:h 为顶边舱斜板下缘量至舱顶的垂直距离(m)。

6. 船体骨材

船体骨材的强度计算包括船底纵骨、底边舱斜板纵骨、顶边舱斜板纵骨、露天/强力甲板纵骨、货物甲板纵骨、舷侧肋骨、舱壁扶强材、舱壁桁材的校核,该模块是根据要校核的骨材或桁材的尺寸、位置和间距来计算其剖面模数,并与许用值比较来判定是否符合规范要求,显示出校核结果。以船底纵骨为例,其剖面模数 W 应不小于按下式计算所得之值,即

$$W = \frac{8.5f}{1.73 - F_b}(d + h_1)sl^2 \quad (\text{cm}^3) \tag{2-26}$$

式中:l 为纵骨跨距,但不小于 1.5m;f 为系数,有中间垂直撑柱时为 0.52,无中间垂直撑柱时为 1.0。

2.2.4 疲劳强度

基于《船体结构疲劳强度指南》,采用名义应力幅值计算方法进行疲劳强度校核。

1. 疲劳载荷

仅考虑下列波浪诱导载荷作为疲劳分析的外载荷:

(1) 船体梁载荷(波浪弯矩);

(2) 海水动压力;

(3) 由船体运动加速度产生的舱内货物压力。

2. 腐蚀量

在计算设计应力幅值时,实际的船体结构尺寸应扣除以下规定的腐蚀余量:

(1) 当厚度 $t \leqslant 10\text{mm}$ 时,腐蚀余量 $t_k = 0.75\text{mm}$;

(2) 当厚度 $t > 10\text{mm}$ 时,腐蚀余量 $t_k = 0.05t + 0.25\text{mm}$,最大为 1.6mm;

(3) 对于压载舱或液货舱的周界,腐蚀余量应不小于 1.25mm。

3. 疲劳校核部位与疲劳工况

该模块主要针对以下船舶部位上的纵骨进行疲劳强度校核:

(1) 纵骨(船底、舷侧、甲板及内壳)与横向强框架的连接部位;

(2) 纵骨(船底、舷侧、甲板及内壳)与横舱壁的连接部位。

选取满载和压载两种载况进行疲劳强度校核。

4. 应力种类

经过简化后应力幅值包括:船体梁垂向波浪弯矩引起的应力 S_V;船体梁水平波浪弯矩引起的应力 S_H;海水动压力作用在板架上的弯曲应力 S_{2e};舱内货物压力作用在板架上的弯曲应力 S_{2i};海水动压力作用在次要构件上的弯曲应力 S_{3e};舱内货物压力作用在次要构件上的弯曲应力 S_{3i};海水动压力作用在板上的弯曲应力 S_{4e};舱内货物压力作用在板上的弯曲应力 S_{4i}。

5. 应力的合成

(1) 总体应力 S_g 应按下式计算,即

$$S_g = \sqrt{S_V^2 + S_H^2 + 0.2S_V S_H} \quad (\text{N/mm}^2) \qquad (2-27)$$

(2) 海水动压力和舱内货物压力引起的应力在合成时应考虑符号。当计算点处的应力为拉应力时,相应的应力取正值;当计算点处的应力为压应力时,相应的应力取负值。局部应力应按下列各式计算。

海水动压力引起的局部应力幅值 S_e,即

$$S_e = S_{2e} + S_{3e} + S_{4e} \quad (\text{N/mm}^2) \qquad (2-28)$$

舱内货物压力引起的局部应力幅值 S_i，即

$$S_i = S_{2i} + S_{3i} + S_{4i} \quad (\mathrm{N/mm^2}) \tag{2-29}$$

局部应力幅值 S_l，即

$$S_l = \sqrt{S_e^2 + S_i^2 + 2\rho_p S_e S_i} \quad (\mathrm{N/mm^2}) \tag{2-30}$$

6. 名义应力计算

对于参加总纵弯曲的构件的名义应力 S_L 应按下列两式计算，并取大者，即

$$S_{L1} = 0.9K(S_g + 0.6S_l) \quad (\mathrm{N/mm^2}) \tag{2-31}$$

$$S_{L2} = 0.9K(0.6S_g + S_l) \quad (\mathrm{N/mm^2}) \tag{2-32}$$

可以计算出某载况下的名义应力范围 S_L 和 Weibull 分布的形状参数 ξ。

7. 累积损伤度及疲劳寿命计算

船体结构的累积损伤度 D_i 按下式计算，即

$$D_i = \frac{N_D \alpha}{K} \frac{{S_D}^m}{(\ln N_L)^{m/\xi}} \mu \Gamma\left(1 + \frac{m}{\xi}\right) \tag{2-33}$$

式中：N_D 为船舶在 20 年营运期间的载荷循环总次数，通常取 0.65×10^8；N_L 为载荷谱回复周期的循环次数，取 10^8；α 为船舶在航系数，取 0.85；K 为 $S-N$ 曲线参数；S_D 为设计应力范围（$\mathrm{N/mm^2}$）；ξ 为 Weibull 分布形状参数；m 为 $S-N$ 曲线反斜率，取 3；Γ 为完全 GAMMA 函数值。

2.2.5 船体强度计算实例

随着计算机技术的发展，船舶结构强度采用直接计算方法成为可能，直接计算已经成为船舶结构强度计算与校核的重要手段，整船结构强度直接计算流程见图 2-34[32]。下面以上海海事大学的教学实习船“育明”轮为例，分别计算船舶的波浪载荷和船体结构强度。

1. 空船重量、静水压力

首先建立“育明”轮有限元模型进行静载荷的加载，保证船舶在海上停泊时受到的载荷与所建立的模型受力一致。加载静载荷需要考虑船体自身的重量，即空船重量；船舶在海面上所受到由海水对船体施加的压力，即静水压力。

空船重量通常需要考虑船体在未装运货物时船体本身的重量、船舶上加载的一系列设备以及人员的重量。较为常见的加载方法有两种：一是密度调整法，二是将船体分为不同的部分，对每个部分整体施加。第一种方法操作复杂，需要根据各个舱室中结构的实际重量分配对节点进行重量单元的施加，由于重量根据实际情况合理加载在各个节点上会导致计算量加大，但这种方法所获得

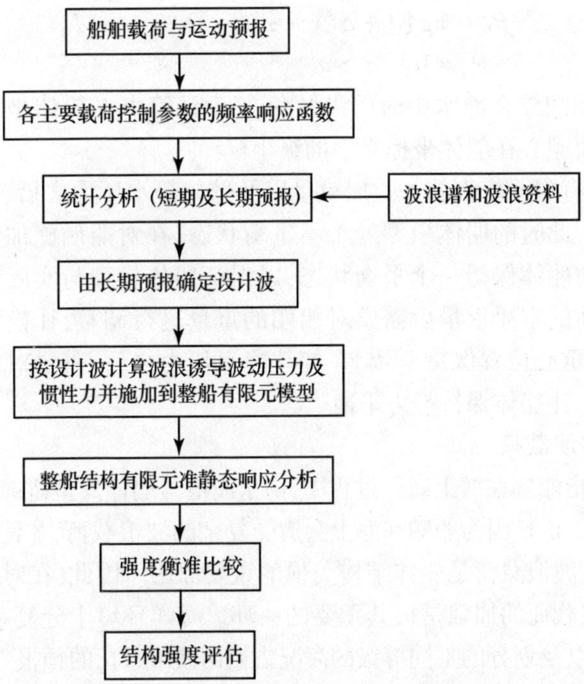

图 2-34 整船结构强度直接计算流程框图

的结果更加精确,贴合实际的船体重量分配情况;第二种方法仅划分出大致的区域,将这个区域的整体质量平均加载在各个节点上,这种方法所得结果有一定误差,但最后计算时由于涉及的节点更少使计算量较少,操作也更加方便。本书结合两种不同的施加方法,仅在容易发生变形的货舱段采用密度调整法,在首尾部、机舱段以及教学区域采用分段加载。

船舶在海上时处于水线以下的船体舷侧外部以及船底会受到来自海水的压力,这个压力被称为舷外静水压力。

根据中国船级社(CCS)规定,船舶的舷外静水压力通常采取以下的公式进行计算,即

$$P = \rho g(d - z), \quad z \leqslant d \tag{2-34}$$

$$P = 0, \quad z > d \tag{2-35}$$

式中:ρ 为海水密度(t/m^3);d 为计算工况下的吃水(m);z 为计算点至船舶基线的垂直距离(m)。

这只是船舶理想运动状态下舷外静水压力。在航行过程中,由于船体结构复杂,船体重量在整体上分布不均,加上运动状态导致船体有不同的倾斜,这种情况可以利用以下公式计算舷外静水压力,即

$$P_0 = \pi g[d + \alpha(x - x_f) - z], \quad z \leqslant d \tag{2-36}$$

$$P_0 = 0, \quad z > d \tag{2-37}$$

式中：α 为船舶漂浮在静水中时的纵倾角；x 为计算点在船体坐标系中的纵坐标；x_f 为水线面漂心在船体坐标系中的纵坐标。

在对船体有限元模型施加空船重量以及舷外静水压力之后，由于重量单元在模型中作用，此时的船体模型处于不平衡状态，在对船舶施加计算所得波浪载荷前，应该使船体保持一个平衡状态，以保证船体模型与实际船舶受力情况一致，加载船体的空船重量后需要对船舶的重量进行调整，让模型的重心位置与实际船舶的重心位置保持一致，在加载静水压力之后，需要对应船舶不同的工况加载载荷，让船体保持静力平衡[18]。

2. 船体波浪载荷

波浪载荷指船舶在海上航行过程中，由于波浪与船体发生碰撞对船体结构产生的响应作用。正是因为船舶在海上会遭受复杂的波浪载荷，才使船舶结构容易产生变形损坏，波浪载荷是船体结构受损的重要原因。因此，在对船体进行有限元分析时，波浪载荷的加载是极其重要的一环。海洋环境十分复杂，只能根据船舶航行的海域以及划分的不同等级的海况去做出波浪载荷的预报[19]。

船舶航区海浪波浪谱和响应谱之间的关系为

$$S_R(\omega) = S(\omega)\,|H(\omega)|^2 \tag{2-38}$$

式中：$S_R(\omega)$ 为响应谱密度函数；$S(\omega)$ 为波浪谱密度函数；$|H(\omega)|$ 为传递函数；$|H(\omega)|^2$ 为响应幅算子 RAO。

通常将波浪载荷预报分为长期预报和短期预报。短期预报，顾名思义指的是在船舶自身条件没有改变的情况下，在几小时内船体结构受到波浪载荷时自身的响应状态。而长期预报通常认为是船舶在以年为单位的情况下，船体结构受到波浪载荷时自身的响应状态。所以，一般计算时通常采用短期波浪载荷预报。

如今，在船舶以及海上平台的有限元计算分析中，加载波浪载荷最常用的方法是等效设计波法[20]。等效设计波法是根据船体的基本结构将船体基本横剖面划分出来，通过得到的波浪载荷预报将会受到的最大波浪载荷值，使用最大值时的波浪作为设定设计波的数据，最终将得到的设计波直接加载到船体的模型中。在波浪载荷长、短期预报时预报出船体剖面的剪力和弯矩后，设计波高值由下式计算，即

$$h = 1.86\,\frac{R_s}{\mathrm{RAO}} \tag{2-39}$$

式中：h 为设计波高；R_s 为预报值；RAO 为响应幅算子。

3. 目标船波浪载荷计算

1) 计算模型

"育明"轮船型参数如表 2-1 所列,"育明"轮水线以下部分的计算模型如图 2-35 所示。

表 2-1 "育明"轮船型参数

参数	数值	单位
总长	189.90	m
垂线间长	183.00	m
型宽	32.26	m
型深	15.70	m
设计吃水	10.30	m
结构吃水	11.20	m
装载量	53000	m^3
载重量(设计吃水)	40600	t
载重量(结构吃水)	45800	t
空船重量	12222	t

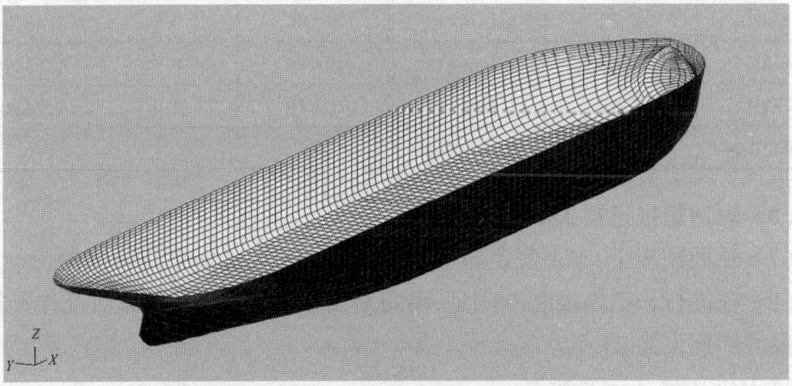

图 2-35 "育明"轮湿表面网格模型(见彩图)

2) 计算工况

(1) 本书计算了"育明"轮在 4 个工况(满载出港、压载出港、满载到港、压载到港)下的波浪载荷响应。

① 满载出港:消耗品 100%,货物 100%。

② 压载出港:消耗品 100%,压载水 100%。

③ 满载到港:压载水 100%,货物 100%。

④ 压载到港:压载水 100%。

（2）计算假设船舶航行在无限水深海域。

（3）在计算波浪传递函数 RAO 时，选用的波频为 0.1~1.8rad/s，步长达到 0.1rad/s，总共 18 个波浪周期。

（4）浪向选择 0°~180°，步长为 30°，浪向角定义如图 2-36 所示。

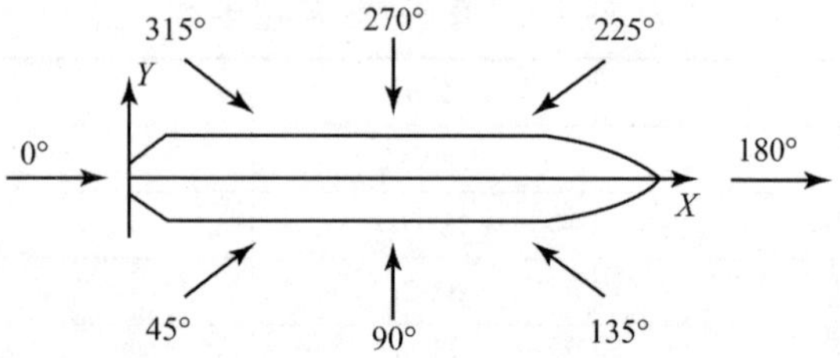

图 2-36 浪向角定义

（5）从船尾向船首依次共划分了 11 个波浪载荷剖面，见表 2-2。

表 2-2 剖面位置

剖面号	位置	*X* 坐标/m	剖面号	位置	*X* 坐标/m
SEC00	0*L*	-3.5000×10^0	SEC06	0.6*L*	1.1043×10^2
SEC01	0.1*L*	1.5488×10^1	SEC07	0.7*L*	1.2942×10^2
SEC02	0.2*L*	3.4476×10^1	SEC08	0.8*L*	1.4840×10^2
SEC03	0.3*L*	5.3464×10^1	SEC09	0.9*L*	1.6739×10^2
SEC04	0.4*L*	7.2452×10^1	SEC10	1.0*L*	1.8638×10^2
SEC05	0.5*L*	9.1440×10^1			

（6）短期预报选择 Jonswap 谱。

（7）长期预报中，本书假定船舶遭受各角度浪向的概率是相同的。

（8）在进行长期预报时，本书采用的是 IACS Rec. 34 标准海浪统计资料，长期预报的周期设为 25 年。

3）HCSR 规范计算结果

采用 HCSR 中的规范公式对目标船舶进行规范计算，为后续的疲劳寿命评估奠定基础。波浪载荷规范计算结果如表 2-3 和表 2-4 所列。

表 2-3 垂向、水平弯矩计算结果

剖面范围：0.4~0.65*L*			
工况	M_v（中拱）/（kN·m）	M_v（中垂）/（kN·m）	M_x /（kN·m）
满载出港	4.10×10^5	-4.10×10^5	2.52×10^5
压载出港	4.15×10^5	-4.15×10^5	1.09×10^5

续表

剖面范围:0.4~0.65*L*			
满载到港	4.09×10^5	-4.09×10^5	2.73×10^5
压载到港	4.12×10^5	-4.12×10^5	1.72×10^5

表 2-4　垂向剪切应力计算结果

F_z/kN						
剖面位置	0.2~0.3*L*		0.4~0.6*L*		0.7~0.85*L*	
工况	正	负	正	负	正	负
满载出港	5.44×10^3	-5.91×10^3	4.14×10^3	-4.14×10^3	5.91×10^3	-5.44×10^3
压载出港	5.30×10^3	-5.77×10^3	4.04×10^3	-4.04×10^3	5.77×10^3	-5.30×10^3
满载到港	5.46×10^3	-5.94×10^3	4.16×10^3	-4.16×10^3	5.94×10^3	-5.46×10^3
压载到港	5.39×10^3	-5.86×10^3	4.10×10^3	-4.10×10^3	5.86×10^3	-5.39×10^3

4）波浪载荷直接计算结果

在波浪载荷预报过程中,通过获取船体在波浪中的运动响应和船体所遭受的波浪载荷(图 2-37,波浪周期 T_p 为 2.11~26.05),从而得到传递函数。由于篇幅所限,这里仅给出一种工况下的垂向弯矩传递函数。通过传递函数和海浪谱(图 2-38),可以获得船体任意横剖面的波浪载荷长期预报。为了将直接计算的结果与规范值进行比较,这里给出了按照规范计算的中拱垂向弯矩 M_v、水平波浪弯矩 M_h、垂向波浪正剪力 F_v_pos、垂向波浪负剪力 F_v_neg 与直接计算结果的对比图,如图 2-39~图 2-42 所示。

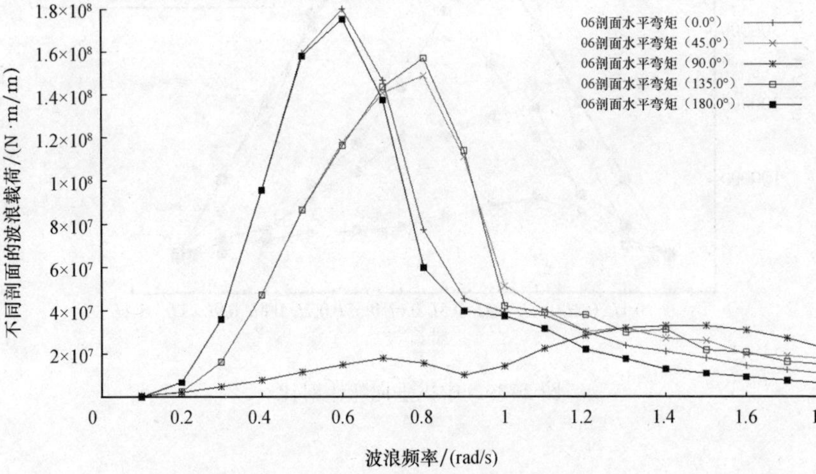

图 2-37　压载出港工况的垂向弯矩

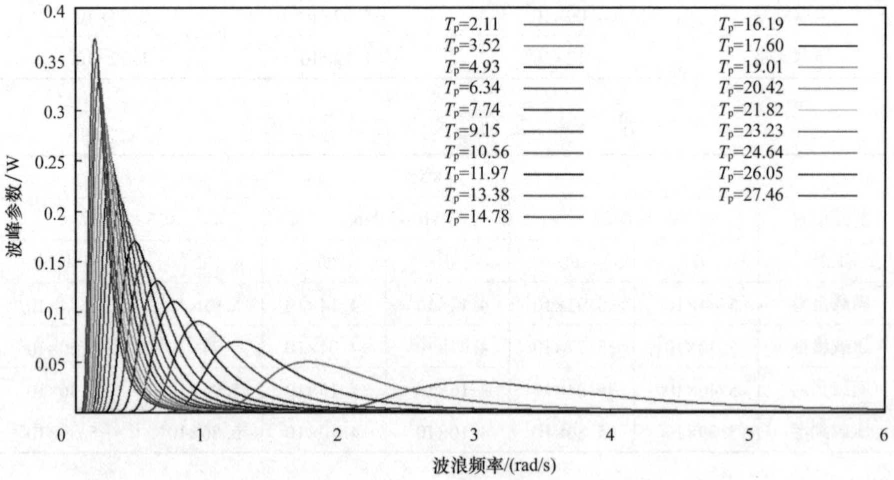

图 2-38　海浪谱(见彩图)

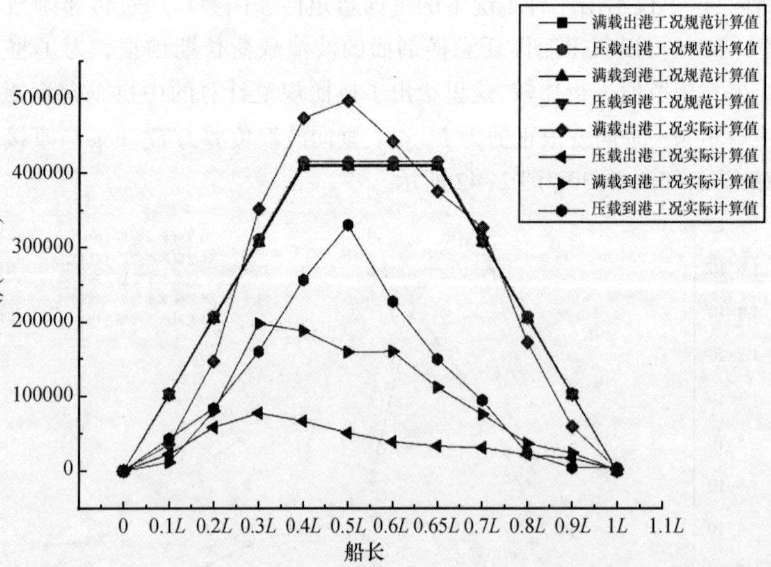

图 2-39　中拱垂向弯矩对比

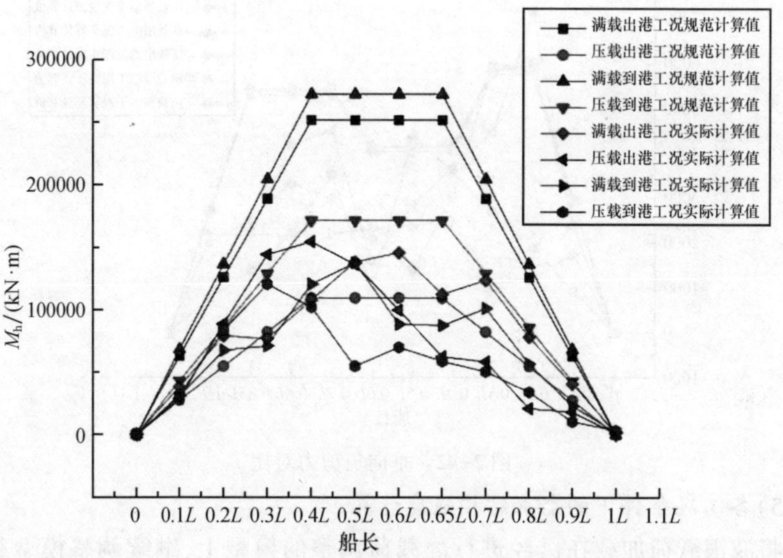

图 2-40 水平弯矩对比

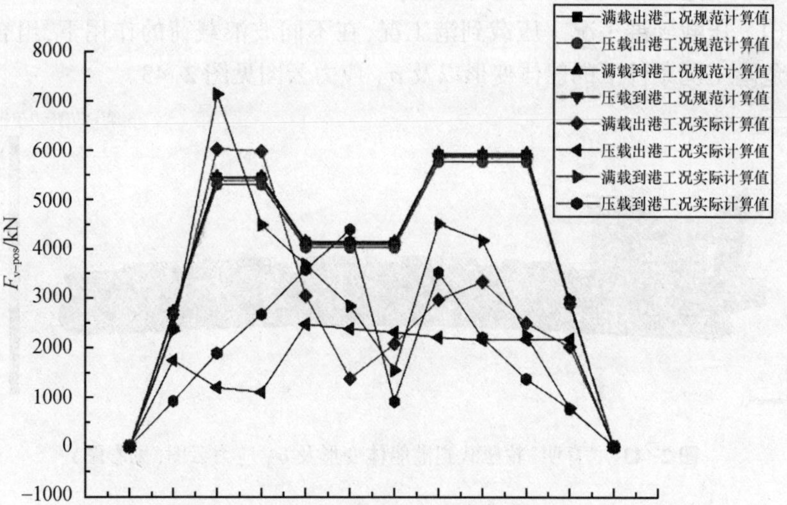

图 2-41 垂向正剪力对比

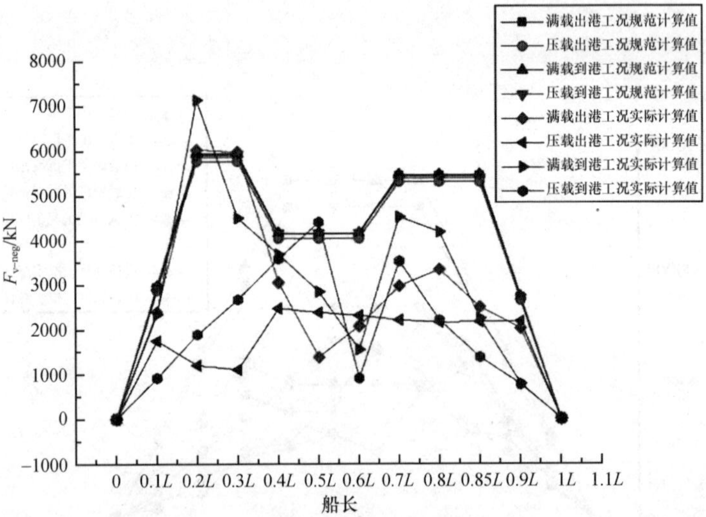

图 2-42 垂向负剪力对比

5)各工况条件下的船舶结构强度计算

将波浪载荷加载在已经进行静载荷调整的模型上,继续调整模型载荷平衡,至此整个模型的载荷加载完毕。开始计算在受到波浪载荷的极值以及静水压力共同作用时,船体结构的变形以及应力状态。限于篇幅,本书选取压载到港和满载出港两个典型工况进行说明。

(1) 压载到港工况。压载到港工况,在不同波浪载荷的作用下,组合成的较为危险工况条件下的船体变形以及 σ_X 应力云图见图 2-43。

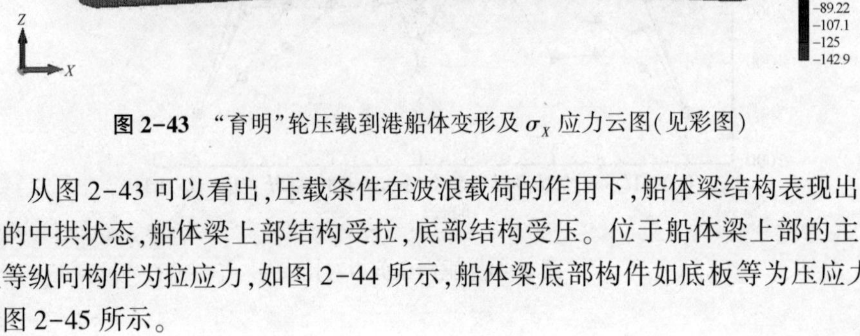

图 2-43 “育明”轮压载到港船体变形及 σ_X 应力云图(见彩图)

从图 2-43 可以看出,压载条件在波浪载荷的作用下,船体梁结构表现出典型的中拱状态,船体梁上部结构受拉,底部结构受压。位于船体梁上部的主甲板等纵向构件为拉应力,如图 2-44 所示,船体梁底部构件如底板等为压应力,如图 2-45 所示。

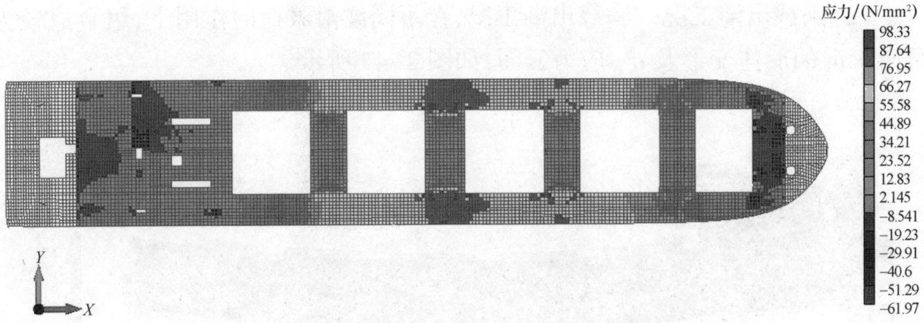

图 2-44 “育明”轮压载到港工况下主甲板应力云图(见彩图)

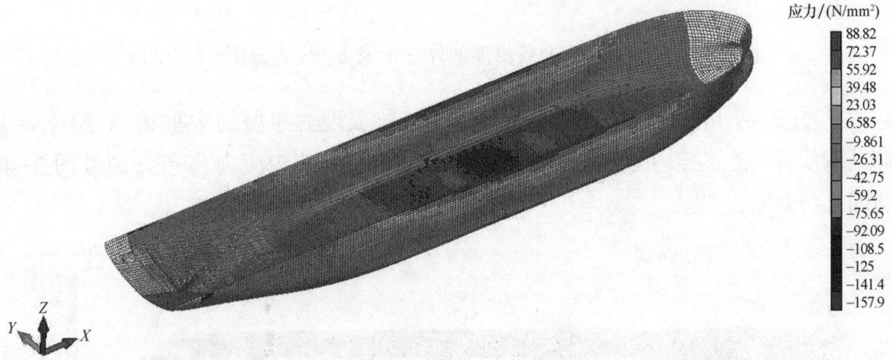

图 2-45 “育明”轮压载出港船体外壳应力云图(见彩图)

截取中间第三个(No. 3)货舱结构,应力分布有其自身特点。除了整体上表现为上部受拉、底部受压外,上边舱区域的甲板应力水平明显高于间甲板处的应力水平,且在舱口围角隅位置出现应力集中现象,如图 2-46 所示。

图 2-46 “育明”轮压载出港第三个(No. 3)货舱应力云图(见彩图)

(2)满载出港工况。满载出港工况,在不同波浪载荷的作用下,组合成较为危险工况的船体变形及 σ_X 应力云图,如图 2-47 所示。

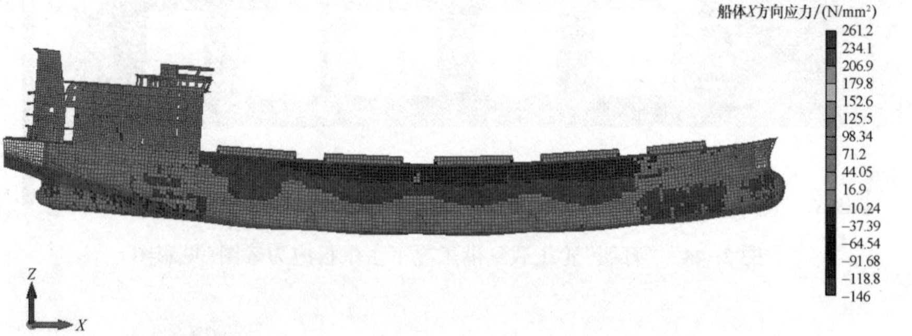

图 2-47 “育明”轮满载出港船体变形及 σ_X 应力云图(见彩图)

从图 2-47 可以看出,该工况条件下船体梁表现为典型的中垂状态,船体梁上部结构受压,底部结构受拉,上部甲板及底部外底板结构应力分布分别见图 2-48 和图 2-49。

图 2-48 “育明”轮满载出港主甲板应力云图(见彩图)

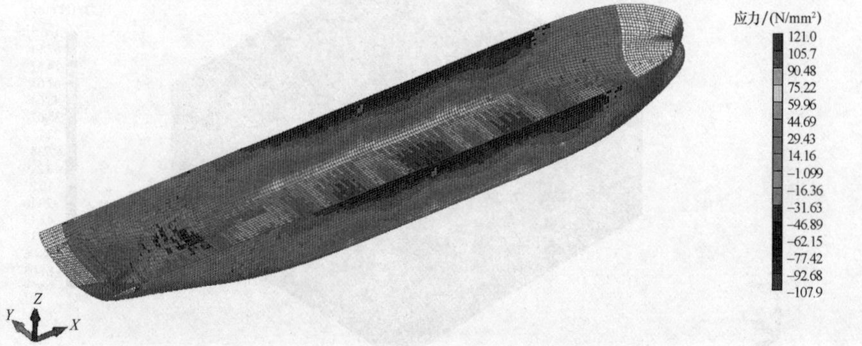

图 2-49 “育明”轮满载出港船体外壳应力云图(见彩图)

从截取中间的第三个(No. 3)货舱结构应力分布来看,上边舱区域甲板的应力水平也是明显高于舱口间甲板处的应力水平,且在舱口围角隅位置出现应力集中,如图2-50所示。

图2-50 “育明”轮满载出港第三个(No. 3)货舱应力云图(见彩图)

2.3 船体结构强度的监测

船舶在海洋中航行经常会遇到大风、大浪、极地冰川等不可预见危险因素。当船体遭遇波浪时,有时船体载荷会比设计载荷大很多,易造成船体结构疲劳损伤甚至严重过载,导致船体结构失效破坏。如果没有及时发现并采取有效措施,将造成巨大灾难。据统计资料表明,造成船舶严重损坏的原因当中,1/3是由于船体结构损坏造成的[21]。

船舶在遭遇恶劣海况时船体结构可能会发生破坏,长期工作后当遭遇各种极端环境载荷时,结构承载能力也由于腐蚀、疲劳、撞击等原因而不断退化,从而对船舶在海上航行的安全性构成严重威胁。长期监测系统能够对船舶的总纵强度和局部强度、船舶6个自由度的运动模态以及船舶的加速度进行实时跟踪测量和分析,为船舶安全状态提供必要的警示。

2.3.1 监测点的选择

一个完整的船舶结构状态监测系统,需要选取正确的监测点,再结合船舶结构特点合理布置传感器,保证结构状态监测系统完成监测任务,测点需要选取在最能反映船体受力状态的位置。根据船体的结构特点,分析、查找船体结构设计相关参数，分析确定承受总纵弯曲应力较大的结构和测点位置。可以结合有限元分析结果对监测点位置的选择进行研究，保证监测系统能够保障船舶的结构安全，并且尽量少地布置传感器以减少系统成本。根据有限元分析结果，结合船级社规定选取出船体整体强度的监测位置，对高应力部分进行分析，选取船体屈服强度监测位置；通过比较各监测点位置的分布，合理地均布监测点位，最终选取船舶结构状态监测点的位置。也可以通过实船勘验结果寻找关键舱段、肋骨和腹板等存在应力集中的构件，分析确定承受局部应力较大的结构和测点位置。一般情况下，在船中剖面的主甲板左右两舷和舱底位置选取 3~4 个承受总纵弯曲应力较大的测点，在主甲板与上层建筑的接合处、承受砰击载荷较大的底板、舷侧板等位置选取 8~9 个局部应力较大的测点，具体测点位置需根据实船勘验情况确定[22]。

1. 监测点选择方法

需要选取的监测点共有两种类型：第一类是通过对船舶进行有限元分析，得到模型中应力应变变化大的位置；第二类根据船级社有关规定对船舶整体强度进行监测的指定危险点位。两种方式得出的监测点再结合筛选即可得出最终的监测点位。

由第一类方式得出的监测点还需要进一步选出更具有反馈意义的监测点位。通常需要将应力变化最大的一部分点位列出，对比监测点在不同工况下的响应，选出在不同工况下都具有反应灵敏、能够切实反映周边结构的载荷水平变化的监测点位。再选出对整船载荷水平变化有更大贡献的监测点位。由第二类方式得出的监测点位也需要进一步筛选，对比该监测点位的具体结构位置，在模型中选出受载荷变化响应更为灵敏的具体点位作为监测点位置。将两种方法所得的监测点位进一步筛选，排除距离过近以及监测范围重复的点位，得出最终监测点位，实际过程如图 2-51 所示。

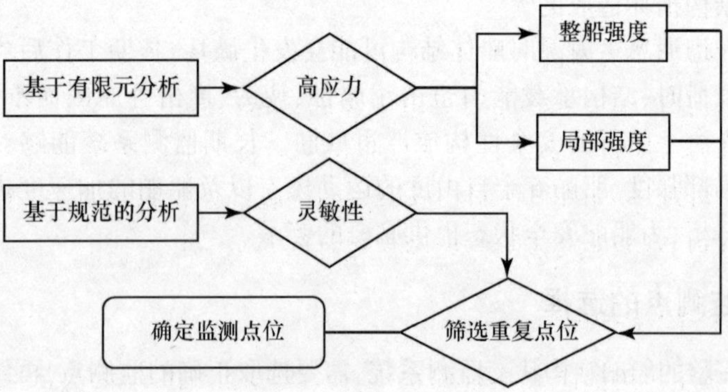

图 2-51　监测点筛选流程框图

对于“育明”轮,需要选取的监测点有以下几处:

① 基于规范监测点位:船中部分,位于 FR60 左右,双层底位置。

② 基于有限元分析监测点位:全船监测点位、局部强度监测点位。

2. 基于规范的监测点位

CCS 发布的《钢质海船入级规范》中有关船体监测的相关规定,应该选取船舯 $1/2L$ 位置作为监测点监测船体纵向变形及应力变化,选取距离船尾约 1/4 位置监测船体总纵变形及应力变化,选取船舯 $1/2L$ 位置船底部分监测船体纵向变形及船底纵向变形和应力变化。

3. 高应力点强度监测点位

在根据有限元分析选取高应力强度监测点位时,需要将选择点位的船体进行不同类型的区分,避免高应力点都选在舱口围板等应力集中处。把各类结构中的高应力点按照其应力大小依次排位,将其中应力大小排在前列的单元选取出来。这些选取出来的单元并不一定是实际应力集中的部位,因为有限元分析求解的特性是一个个子域集合。用计算时高应力位置和应力集中位置周边所有的单元求解得出的应力值平均高于正常位置的应力值,因此这些选取的单元仅仅是高应力或应力集中的幅值。可以通过编写程序找出这些位置,通过规定一个参考距离 D,在幅值 D 内定义,同时存在两个及以上单元比较其应力大小。剔除应力较小的单元后进行一次计算,得到各工况下的高应力部位。采用同样的方式进行第二次计算,就可以减少这种情况带来的误差,得到最终的全船高应力监测部位[23]。

4.“育明”轮监测点的选取

1) 基于规范监测点位的选取

在基于规范计算的监测点筛选中,根据船级社对于监测部位的规定,在规定的监测结构幅值内选取排在应力大小前列的部分单元。按照上文中的筛选方法重复筛选排除,选取尽可能获得总纵应力最大的单元作为规范指定监测点,最终得到基于规范计算的 6 个监测点位置。同时规范计算监测点位更多考量的是对总体应力的监测,所以应避免一些受力情况复杂、作为边界容易出现应力集中的结构(如舱口围板的角隅、板厚线位置板与板连接处等),以免由于应力集中选取的监测点位置影响船体总纵应力监测的准确性。

从应力云图可以看出,高应力区域集中在 No. 2~4 货舱附近。根据响应计算云图的结果,结合船级社规范,选择处于船舷舷侧外板纵桁 608、62922、37584、137940 共 4 个单元,作为船舶舷侧的总体纵向应力监测点的位置。同理选择处于船底双层底板上纵桁上两个单元 60073、2393,作为船舶舷侧的总体纵向应力监测点的位置。

将上述单元提取出来,查看其所在结构类型,结合 FBG 传感器的安装特点将其布置在以下位置,监测点具体位置如表 2-5 和图 2-52 所示。

表 2-5 “育明”轮舷侧监测点位置

监测点号	单元号	所处位置	结构类型
1	608	FR126 左舷	舷侧外板
2	62922	FR126 右舷	舷侧外板
3	37584	FR62 左舷	舷侧外板
4	137940	FR62 右舷	舷侧外板
5	60073	FR58 左舷	船底外板
6	2393	FR58 右舷	船底外板

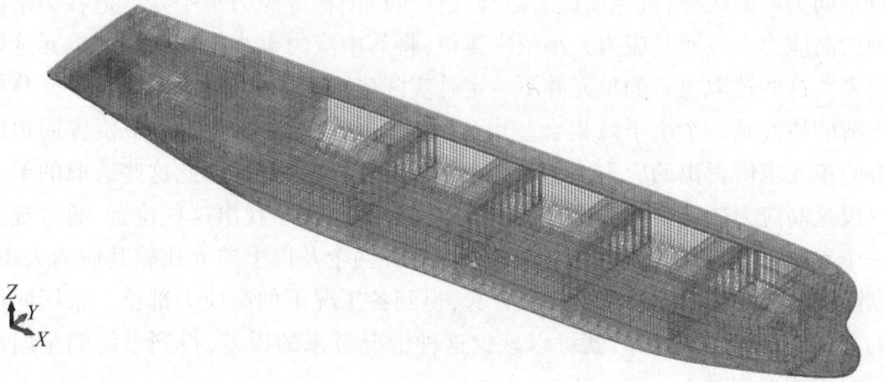

图 2-52 CCS 规范指定监测点示意图

2) 基于高应力分析的屈服强度监测点的选取

以甲板和舱口围板部位为例进行说明,如图 2-53 所示。

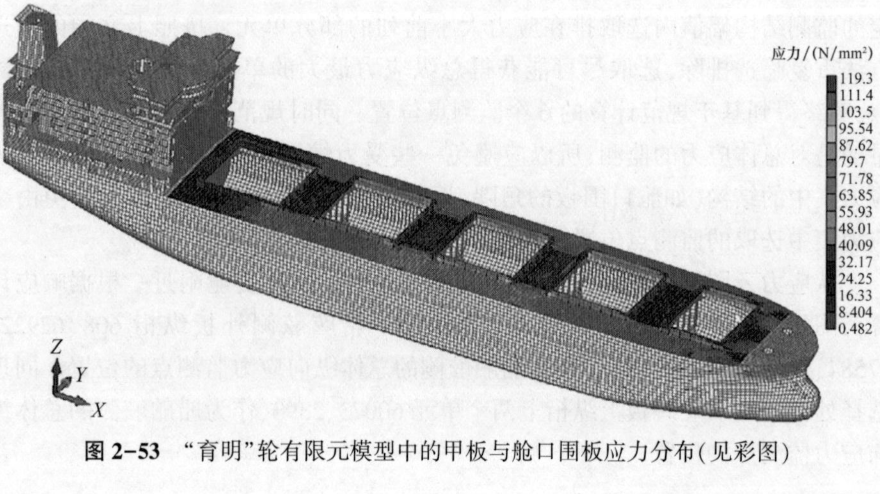

图 2-53 “育明”轮有限元模型中的甲板与舱口围板应力分布(见彩图)

主甲板单元共计29789个，将中拱工况单元应力按从大到小的顺序排序，提出最大主应力值80%之前的单元坐标（最终选取前50个），如图2-54所示。

图2-54 “育明”轮甲板前50个高应力单元

表2-6列出了甲板上应力从大到小各单元的坐标信息。

表2-6 “育明”轮甲板高应力单元

编号	单元号	X轴	Y轴	Z轴	应力
1	25746	93.7	-101.2	161.2	109.4
2	75643	94.5	101.2	161.2	109.3
3	4527	95.3	-93.0	161.2	105.4
4	35796	98.6	93.0	161.2	105.8
5	145687	96.9	-101.2	161.2	104.6
6	56843	100.2	101.2	161.2	102.0
7	5214	101.1	101.2	161.2	100.5
8	68452	93.7	-101.2	161.2	100.5
9	95423	98.6	101.2	161.2	100.4
10	456	93.7	-101.2	161.2	100.4
11	64785	96.9	-93.0	161.2	100.3
12	24669	98.6	-101.2	161.2	100.3
13	42486	100.2	-93.0	161.2	100.3
14	45357	96.9	101.2	161.2	100.3
15	145896	98.6	93.0	161.2	100.3
16	35842	93.7	-101.2	161.2	100.1
17	9856	96.9	-93.0	161.2	100.1
18	963	98.6	101.2	161.2	100.0
19	78545	100.2	-93.0	161.2	100.0
20	68542	100.2	-101.2	161.2	98.3

续表

编号	单元号	X 轴	Y 轴	Z 轴	应力
21	68423	93.7	93.0	161.2	98.2
22	45645	101.1	−93.0	161.2	98.2
23	454	98.6	−101.2	161.2	98.2
24	24644	101.1	93.0	161.2	98.1
25	45634	93.7	101.2	161.2	98.1
26	85432	92.0	93.0	161.2	93.2
27	78542	92.9	−101.2	161.2	94.2
28	5423	102.8	93.0	161.2	91.2
29	45641	103.5	101.2	161.2	91.1
30	45235	103.5	−101.2	161.2	91.0
31	78944	92.0	93.0	161.2	89.3
32	54644	102.8	−101.2	161.2	88.8
33	54267	103.5	101.2	161.2	85.3
34	56487	92.9	101.2	161.2	84.2
35	24562	103.5	101.2	161.2	80.5
36	521	92.0	−93.0	161.2	80.3
37	5415	102.8	−101.2	161.2	79.6
38	54564	92.0	−93.0	161.2	79.5
39	26486	92.9	−101.2	161.2	79.3
40	54236	92.0	−93.0	161.2	78.5
41	51235	74.3	−93.0	161.2	77.4
42	45564	73.2	−93.0	161.2	77.2
43	12312	120.4	93.0	161.2	75.1
44	45896	119.2	93.0	161.2	73.2
45	75621	73.2	93.0	161.2	72.1
46	41351	74.3	−93.0	161.2	71.5
47	21544	119.2	−93.0	161.2	71.2
48	52134	74.3	93.0	161.2	71.2
49	2154	73.2	93.0	161.2	70.1
50	12354	119.2	−93.0	161.2	70.1

通过筛选将船体横向分为 8 个部分，设定每个部分距离为 D（D=4.0325m），将满足要求的部分结构提出，通过一次应力大小对比后选出其中应力最大的部分单元。这些单元号分别为 57650、57634、113768、113756、281734、32336、46628、40812。选取后在模型中查看这些单元所处具体位置，通过筛选计算，将其中监测范围重复的点位去除，得到根据高应力部位选取甲板和舱口围板部位的屈服强度监测点，如表 2-7 所列。

表 2-7　高应力部位选取的甲板和舱口围板部位的屈服强度监测点

监测点号	单元号	所处位置	结构类型
1	57650	FR128 左舷	主甲板
2	57634	FR128 右舷	主甲板
3	113768	FR150 左舷	主甲板
4	113756	FR150 右舷	主甲板

以上监测点位是基于甲板和舱口围板连接部分高应力单元而选取出来的，是必须进行监测的结构位置。接下来需要将 3 种不同工况下所有的候选监测点位置集中筛选，对所有候选监测点中监测范围重复，在一定范围内处于不同结构类型的监测点位置加以排除，得到的监测点位即是全船范围内的高应力监测点位置。同时根据监测点所在的结构类型，考虑该类型结构的应力响应状态（如受力类型为单向、双向受力等），最终结合 FBG 传感器的安装特性得出传感器的实际布置形式（单向或直角三向），结果如表 2-8 所列。

表 2-8　全船高应力屈服强度监测点筛选汇总表

监测点号	单元号	所处位置	结构类型
1	86345	FR144	甲板
2	65732	FR161	舱口围板
3	5432	FR124	舷侧外板
4	78542	FR56	双层底
5	14524	FR46	甲板
6	547	FR59	舱口围板
7	56241	FR42	甲板
8	54765	FR123	舱口围板
9	6741	FR34	舷侧外板
10	68741	FR142	船底纵桁
11	85241	FR175	甲板

续表

监测点号	单元号	所处位置	结构类型
12	85461	FR186	舷侧纵骨
13	54214	FR157	舷侧外板
14	42131	FR201	舱口围板
15	2145	FR212	舱口围板
16	7514	FR194	甲板纵骨
17	54782	FR12	横框架
18	74521	FR26	甲板纵骨
19	68412	FR38	舱口围板
20	64521	FR154	双层底

按照表2-8中所得到的监测点位置,根据传感器布置的实际情况判断,处于甲板上的监测点位置若不是靠近舱口围板,应该采用单向布置;舱口围板上的监测点位往往处于角隅位置,受力情况复杂,应该采用三向布置;处于甲板纵骨上的监测点位置主要受拉、压应力,应该沿着受力方向采用单向布置;处于舷侧的监测位置应该采用单向布置;由于船底的监测点位置受力十分复杂,需要采用三向布置。

上海海事大学金永兴、胡雄等为本校实习船"育锋"轮开发了集装箱船舶结构状态监测与评估系统(CSSMAS),考虑到集装箱船大开口舱口的结构特点、船体侧面结构的局部腐蚀以及船体结构应力较大部位,选取的传感器安装位置:①在距船首1/4L、1/2L和3/4L的横截面纵桁或端部安装应变传感器;②在甲板纵骨、舷侧纵骨和船底纵骨中分别选择1~2根纵骨与横向强框架和横舱壁的连接部位安装应变传感器;③在大开口两端处和船中区域,分别选择一个货舱口角隅安装应变传感器;④船首和船中位置安装振动传感器以监测和评估船舶的运动;⑤船首、船尾和船中位置安装波浪图像传感器以监测和评估波浪对船体受力以及船舶运动的影响关系,具体布置如图2-55所示[24]。

从"育锋"轮的结构状态监测系统传感器布置可以看出,常规的状态监测系统在布置传感器时需要考虑船体的结构特点,保证所选监测点位置能够正确地反映实际情况并尽可能扩大监测范围。在采用光纤光栅传感器进行检测时利用其多路串联、复用等优点,减少传感器数量完成更加精确的监测成果。在布置光纤光栅传感器时,也要考虑传感器本身的一些限制,避免间隔光栅的间距太小,使调解器不能正常寻找到合适的监测环境信息。

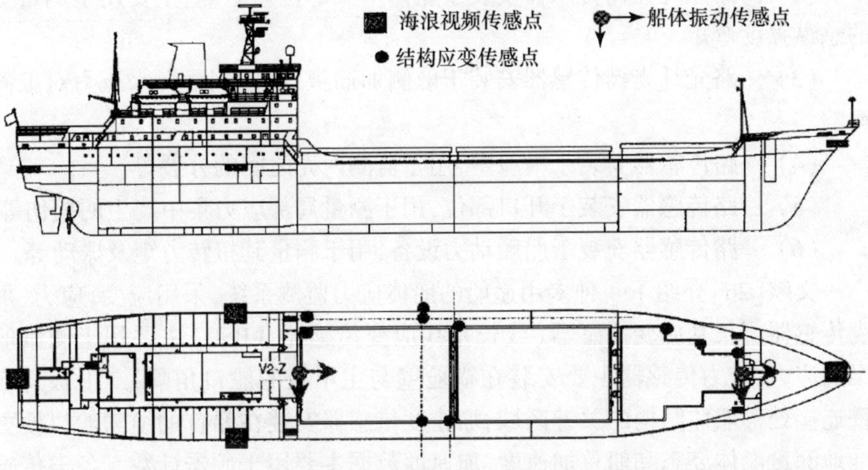

图 2-55 “育锋”轮船舶结构状态监测系统传感器布置

天津大学梁文彬、林玉池等利用光纤光栅传感器开发了一套船舶结构状态监测系统[25]，其组成如图 2-56 所示。

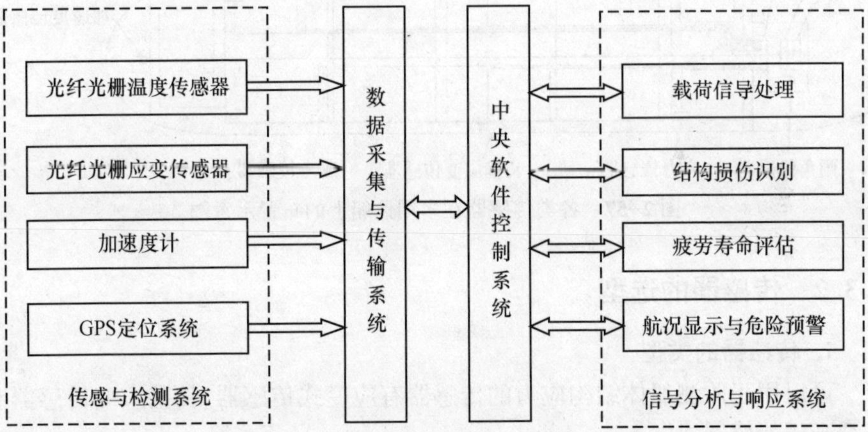

图 2-56 船舶结构状态监测系统组成框图

系统采用 8 路光纤，每根光纤上串接 8 个光纤光栅应变传感器和 1 个光纤光栅温度传感器，组成分布式光纤光栅传感系统，这样系统总共在船体上布设了 72 个光纤光栅传感器。根据大型船舶的特点，采用有限元以及经验分析法，估算整个船舶的结构应力分布，选择应力集中区域和危险破坏区域进行重点监测。确定的监测位置包括以下几处。

（1）两路光纤光栅传感器安装于船首前甲板，分别用于测量波浪砰击载荷和船舶航行加速度。

(2) 两路光纤光栅传感器安装于船体中央部位左右侧,主要用于测量船体的总纵强度弯矩。

(3) 一路光纤光栅传感器安装于舷侧加筋板,用于测量海水压力对舷侧的影响。

(4) 一路传感器安装于横舱壁,用于监测两壳之间的分裂等。

(5) 一路传感器安装于开口部位,用于测量局部应力集中产生的损伤等。

(6) 一路传感器安装于船舶动力设备,用于测量其扭转力矩及振动等。

文献[26]介绍了一种多用途船的船体应力监测系统,采用应变、应力、加速度传感器。长基应变传感器(或长基线应变传感器,LBSG)主要用于测量船体梁的应力;应力传感器主要安装在横舱壁与主甲板的舱口角隅、二甲板与横舱壁连接处等船体结构的关键区域;加速度传感器安装在船首的缆索舱以便更精准地测量船体姿态和船首加速度,加速度数据主要用于砰击计数。各类传感器在多用途船上的布置如图 2-57 所示。

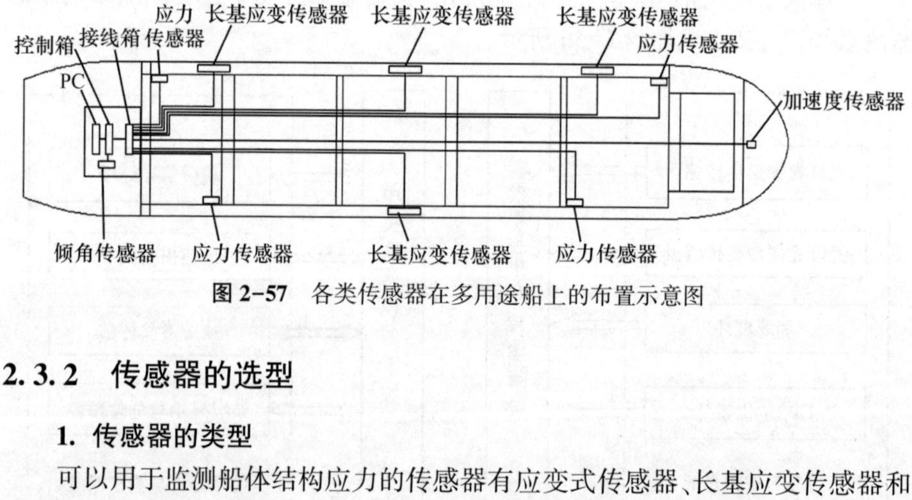

图 2-57　各类传感器在多用途船上的布置示意图

2.3.2　传感器的选型

1. 传感器的类型

可以用于监测船体结构应力的传感器有应变式传感器、长基应变传感器和光纤光栅传感器[21]。

1) 应变式传感器

应变式传感器具有悠久的历史,是应用最广泛的传感器之一,它在航海领域有很广泛的应用。它是将电阻应变片粘贴到各种弹性敏感元件上,将被测参数(如位移、力、力矩、加速度、质量等)的变化转换成与之有一定关系的电阻值变化,再利用一定的电路将电阻值的变化转换成电压或电流的变化,从而实现对上述被测参数进行测量的目的。

2) 长基应变传感器

应变片式传感器主要用于测量船体某区域的局部应变,不能反映该区域的整体应变状态。长基应变传感器主要通过传感器的累计变化位移获得被测区域整体应变量和平均应变量。由于长基应变传感器的长度较长,因而可以克服局部应力偏差的影响。此外,其所使用材料和船体一致,避免由于不同的热膨胀系数导致在温度变化时,材料应变量不同所带来的影响。

3）光纤光栅传感器

在船体长期监测系统中由于其环境复杂,影响因素多,普通传感器如应变式传感器达不到所需要的精度,且易受外界因素的干扰。光纤光栅传感器具有灵敏度高、电绝缘性能好、抗电磁干扰、可挠性以及可实现不带电的全光型探头等独特的优点,除可应用于压力、加速度等物理量测量外,还可进行电、磁、声、射线和气体等物理量的测试。

实践中需要对比分析该类传感器金属基底、聚合物基底等不同基底材质,棒状、片状等不同封装形式,以及埋入式、粘贴式和焊接式等不同安装方式在量程、寿命及施工难度等方面的区别,综合考虑光纤光栅解调仪波长范围、通道数量,以及舰船舱室数量和每个舱室传感器数量等因素,合理选型传感器中心波长,充分发挥光纤光栅传感器和解调仪的性能,满足系统高速、大量程应变数据采集的需求[22]。

光纤光栅传感器是近年来光纤传感器领域最激动人心的发展之一。与传统的光纤传感器相比,光纤光栅传感器具有许多独特的优势,在应变和温度测量的应用方面取得了重大进展,是最有前途的光纤智能结构。光纤传感器属于物理型传感器的一种。作为光纤传感器重要组成部分,光纤的构造如图 2-58 所示。二氧化硅作为光纤的基本材料物质,其质地脆弱,而且光纤应用场景广泛,其安装环境各种各样。为避免光纤传感器受外力因素影响而发生损坏,其外围通常会覆盖一层环氧树脂作为保护材料。光纤的主要作用是作为介质完成光波的反射传递,但单纯用二氧化硅作为光纤材料是不能使光波在光纤中实现全发射的,通常会在以二氧化硅为主要材料制造光纤过程中加入少量二氧化锗来改变折射率。同时,为了尽量减少光波反射过程中的消耗,光纤构造中分

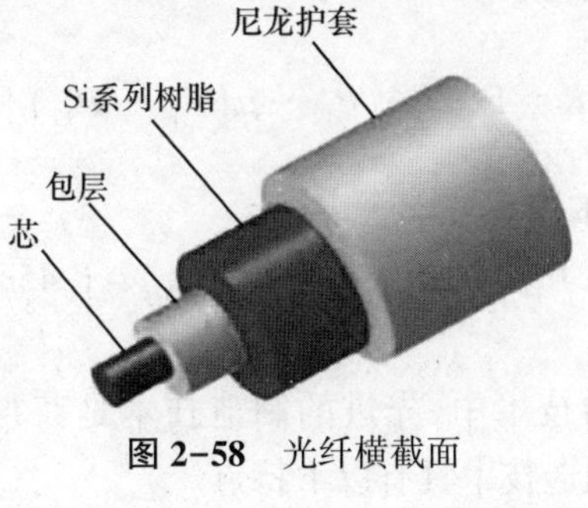

图 2-58　光纤横截面

成了纤芯、包层两部分。纤芯负责光波传递,包层则起到保护作用,使光波能够经过包层再次反射回纤芯,减少光波消耗。

4) 光纤光栅传感技术

光纤光栅传感器由裸光纤刻制而成,光纤的主要成分是二氧化硅,主要由中间部分的纤芯、包裹着纤芯的包层以及防止发生化学变化的涂层等几部分组成。光栅是光纤光栅传感器的传感部分,是传输信号的介质。纤芯和包层通过全反射原理束缚光信号,使光信号能在光纤中保持极低的损耗率传递。菲涅耳折射定律解释了全反射现象,当入射角大于临界入射角 0°时,入射光将不发生折射,并沿着纤芯反射方向传播。菲涅耳折射定律可表示为

$$n_0 \sin\partial_0 = (n_1^2 - n_2^2)^{1/2} \tag{2-40}$$

式中:n_1 为纤芯折射率;n_2 为包层折射率;n_0 为空气折射率。

包层之外的涂层只用于保护包层、过滤杂乱信息,不计入计算。

光纤受到外部的干涉,产生应变使其受到弹性形变,由弹光效应可得

$$\Delta\lambda_{\mathrm{B}} = 2\Delta n_{\mathrm{eff}}\Lambda + 2n_{\mathrm{eff}}\Delta\Lambda \tag{2-41}$$

式中:λ_{B} 为光栅的波长;n_{eff} 为纤芯有效折射率;Λ 为光栅的周期。

能够得出光栅的波长漂移量。再根据胡克定律,建立正确的应变模型,即

$$\sigma_i = c_{ij}\varepsilon_j \tag{2-42}$$

式中:σ_i 为应力张量;ε_j 为应变张量。

通过线性代数转换可得

$$\begin{Bmatrix}\sigma_1\\ \sigma_2\\ \sigma_3\\ \sigma_4\end{Bmatrix} = \begin{bmatrix}\lambda+2\mu & \lambda & \lambda & 0\\ \lambda & \lambda+2\mu & 0 & 0\\ \lambda & 0 & \lambda+2\mu & 0\\ 0 & 0 & 0 & \mu\end{bmatrix}\begin{pmatrix}\varepsilon_1\\ \varepsilon_2\\ \varepsilon_3\\ \varepsilon_4\end{pmatrix} \tag{2-43}$$

通过引用材料的弹光系数 P_{ij} 可得

$$K = 1 - \frac{n_{\mathrm{eff}}}{2}[P_{12} - \mu(P_{11} + P_{12})] \tag{2-44}$$

式中:K 为纵向应变灵敏度系数。

通过计算可以得出 $P_{12}=0.270$, $\mu=0.17$, $n_{\mathrm{eff}}=1.456$, $K=0.784$。

2. 光纤光栅制造

在光纤光栅传感器技术中,先进的制造技术是获得高质量和低成本的关键。理想的光纤光栅制造技术具有以下特点。

(1) 柔性:产生的光纤光栅的反射率和中心波长在准分布测量中应该是可选择的。

(2) 经济的批量生产能力:如果能够高速批量生产,则可以实现低成本制造。

(3) 良好的物理和光学性能:与优质纤维相比,光纤光栅的机械强度在制造后不应显著下降。要实现高分辨率测量,通常需要较窄的谱线宽度和较低的额外损耗。

(4) 良好的重复性:光纤光栅的中心波长和反射率的重复性都应该足够好,以便在批量生产的条件下使光纤光栅传感器成为标准器件,并且无须校准即可互换。

由于通信和传感应用的推动作用,制造技术一直是人们研究的热点。许多方案已经被证明符合上述要求,光纤光栅传感器的制造已经成功商业化。

3. 光纤光栅传感器的组成

光纤光栅传感系统包括以下3个离散的子系统。

(1) 嵌入或连接到被监测结构的光纤光栅传感器的耦合器。

(2) 光纤光栅调节器,一个用于激活传感器网络并记录从每个光纤光栅传感器返回的光学反射的单元。

(3) 处理单元,又称PC。它从询问器获取记录的数据,然后对数据进行一定程度的处理,将数据完善储存其中,并提供用于传输数据的接口使数据正常传输。

光纤光栅传感技术中最重要的是光学信号的调制和解调部分。在光线的照射下,光栅之间的距离会做出有规律的改变,使反射出来的光学信号受到调制,将带有环境信号的光学信息通过解调器后,经由处理单元进行储存分析,解析出所需的变化信号。

4. 光纤光栅传感技术的适用性

随着传感器技术和信息处理能力的不断进步,光纤光栅传感技术受到更多的重视。一系列光纤光栅传感技术更新换代,体现了光纤光栅传感器相对于传统的电传感器技术的显著优势。同时,由于船体自身结构的复杂性,船舶结构健康监测系统在航行时受复杂海洋环境带来的动载荷多变性等影响,对传感器的需求更加迫切,因此将光纤光栅传感技术应用于船舶结构健康监测系统极具发展前景。

5. 光纤光栅传感器的优点

1) *耐受恶劣环境*

光纤光栅传感器基于光学原理,其结构简单,光纤光栅传感器中并不具有容易损坏的电子元件。简单的结构能够使其抵抗极端环境(如极寒、高温),因此光纤光栅传感器的适用范围大，能够应对其他类型电子传感器不能正常运行的极端环境。

2）抗电气干扰

光纤光栅传感器不使用电子元件制造，因此它能抵抗特殊工作环境（如高静电、磁场紊乱以及不同频率的射线）的破坏。所以，光纤光栅传感器能够在一些静电频发的特殊工作场所正常运转。由于光纤光栅没有功率产生，可用于最危险的爆炸性环境，如高压电场、加油站等危险场所。

3）远距离遥感

光纤是一种非常有效的信号载体。正因为如此，电气询问单元可以放置在距离传感位置几十公里的地方，而传统的电气应变计系统需要定期放大以避免信噪比下降。对于监测井孔、立管、管道或隧道等长而深远的结构，相对于其他传统传感器有着巨大的优势。光纤光栅传感器利用光学原理，不受距离的影响，并且测量所利用的是光的波长，并不会由于距离而改变，在长距离传输数据时也不会衰减。

4）具有长期稳定性

光纤光栅传感器为远程监控提供的另一个显著优势是其长期稳定性。作为无源传感器有着零漂移的优点，不用对其校准也能继续得到精确的结果。一般情况下，安装传感器之后不需要进行校准能够间隔几年保持正常使用，得到真实的运动数据，这进一步体现了该技术的经济优势。

5）结构微小

光纤光栅的光纤很小，直径只有0.15mm左右。这么微小的尺寸意味着光纤光栅传感器可以应用在一些极其微小的结构上，甚至能够将传感器直接安装到一些结构的内部进行监测，还能不影响其结构性能。

6）多路串联

一根光纤可写入数十个光纤光栅，一台多通道仪器可同时查询数百个光纤光栅。与每个传感器都有一个专用通道的技术相比，这为密集检测非常大的结构提供了一种成本非常低的机制。此外，光纤比电线更小、更轻，再加上这种多路串联能力，可以进行广泛的光纤光栅传感器安装，而传统传感器由于电缆的质量和体积无法达到这样的效果。

7）安装简便和成本低廉

电压传感器需要安装大量的传统电应变片，需要将每个应变片接合到被测结构上，还需要将每个应变片进行焊接、布线并固定仪器组（图2-59）。传统传感器在开始测量之前，需要平衡与每个仪表相关的电桥，整个过程十分复杂也容易失效。使用光纤光栅应变传感器检测结构，可以使不同数量光纤光栅传感器直接串联,可显著节约成本和时间。

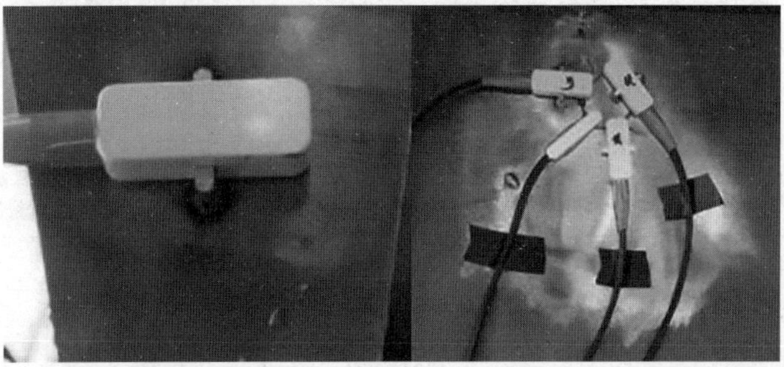

图 2-59 单只传感器安装尺寸及三向应变花安装方式(白色小的为温度计)

6. 光纤光栅传感器的标定

光纤光栅传感器内部含有的布拉格光纤光栅能够进行滤波,即特定波长的光波会由于布拉格光纤光栅滤波作用的影响被反射,起到波长调制的作用。此外,光线光栅会受到外界温度、压力等物理量的影响使栅距发生变化,从而原本特定反射的波长发生改变,以此来推导影响光栅发生变化的物理值。拜安公司提供高灵敏度光纤传感器,光纤传感器具有重量轻、易安装等优点,但是也有缺点,如零漂、光纤的物理连接需特殊设备等。为了提高状态监测系统的可靠性,选取的 BA-OFS30 光纤光栅应变传感器作为测试系统中数据采集最重要的传感器器件,其采集精确度、温度灵敏度、稳定性等是否准确对整个结果影响重大,为此在测试前需对 BA-OFS30 光纤光栅传感器进行标定试验。

1) 量程和线性度试验

其主要测试传感器量程及灵敏度。测试过程如下:将传感器固定于标定工装上,传感器两端固定并可靠夹紧,两个支撑脚应与工装平行(图 2-60)。将工

图 2-60 传感器安装

装结构固定在标定架上，调整标定架，使工装与标定架可靠连接，并记录当前传感器的波长为0状态；通过摇动手柄，实现对工装的拉伸和压缩，记录标定千分表的位移和传感器波长值（表2-9），重复测试3次。传感器标距16mm，根据应变定义 $\varepsilon=\Delta L/L$，则理论应变值 ε=标定架位移/$16\times10^3\ \mu\varepsilon$。

表 2-9　光纤光栅传感器线性度试验记录表

标定架位移/μm	理论应变/με	传感器中心波长 λ/nm	波长变化量 Δλ/nm	测量应变/με
-32	-2000	1532.574	1.098	-2003
-24	-1500	1532.275	0.79	-1478
-16	-1000	1531.902	0.546	-983
-8	-500	1531.734	0.278	-496
0	0	1531.465	0	0
8	500	1531.069	-0.287	502
16	1000	1530.866	-0.463	986
24	1500	1530.638	-0.836	1486
32	2000	1530.162	-1.089	1876

注：με 表示微应变，$1\mu\varepsilon=10^{-6}$。

采用最小二乘法，将记录表中的波长变化量和应变进行拟合，如图2-61所示，得传感器的非线性误差为0.85%。

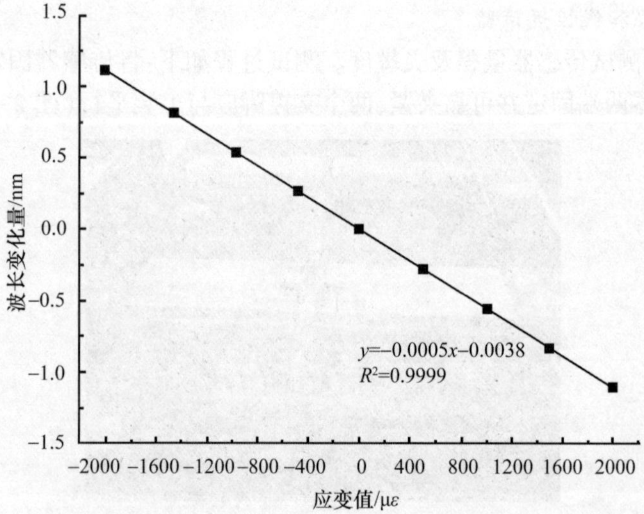

图 2-61　波长变化量与应变值拟合曲线

重复上述试验,数据记录如表 2-10 所列。根据第一次标定 0 载荷波长 1551.354 计算第二次和第三次测量的应变值。

表 2-10 光纤光栅传感器线性度重复试验记录表

标定架位移/μm	第一次测量应变/με	第二次测量应变/με	第三次测量应变/με
-32	-2003	-2001	-2000
-24	-1478	-1469	-1497
-16	-983	-983	-996
-8	-496	-489	-501
0	0	-1	0
8	502	500	499
16	986	986	997
24	1486	1497	1502
32	1876	1975	1996

通过以上试验所得数据,测出传感器测量量程不小于±2000με,传感器的灵敏度为 1810με/nm。

2) 零漂试验

测试说明:选一块材质为 45 钢的钢板,尺寸为 270mm×60mm×7mm。在其表面用打磨机打磨,然后在板正、反面各焊接一只 BA-OFS30 型光纤光栅应变传感器,如图 2 62 所示。

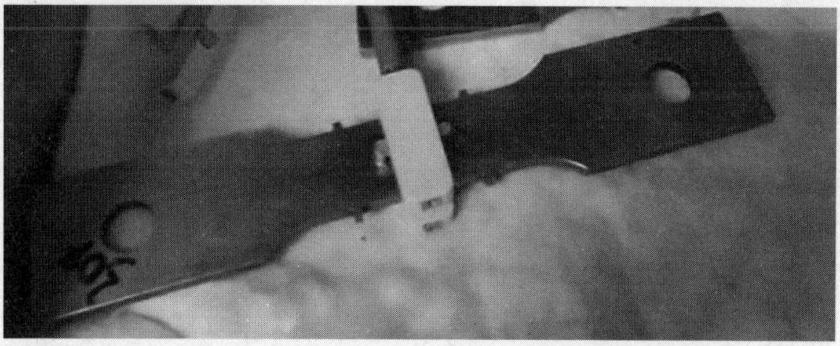

图 2-62 BA-OFS30 光纤光栅应变传感器

零漂测试:主要测试条件为在恒温箱 40℃ 环境中,将测试样件放入,同时放入一只光纤温度计,接入解调仪,记录不少于 60min 数据,每 2s 中保存一次数据。两只焊接式应变传感器零漂性能测试结果如图 2-63 和图 2-64 所示。

BA-OFS30 光纤光栅应变传感器经零漂测试后,所得结论为:传感器焊接后零点稳定不漂移。

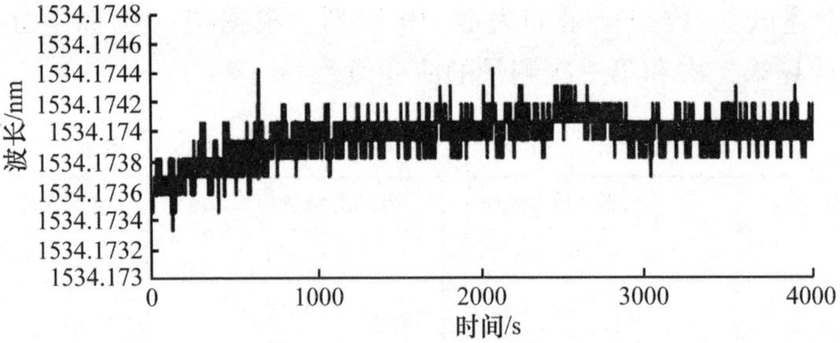

图 2-63 1 号焊接传感器波长变化

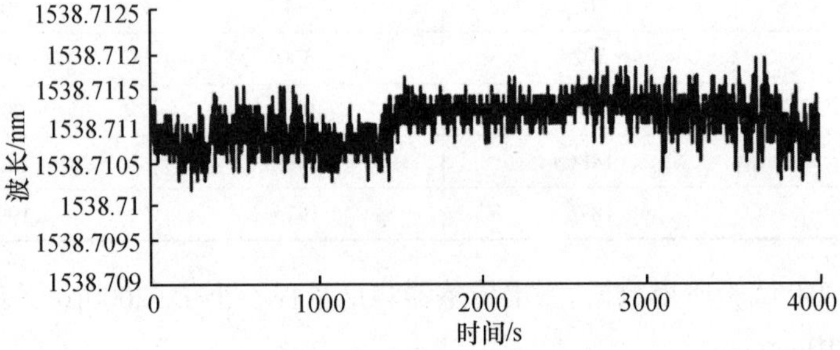

图 2-64 2 号焊接传感器波长变化

3）长期稳定性测试

其主要测试传感器长期稳定性，测试条件为室温环境，累计记录时间为 12 天。每天的测试数据分析均是以第一天的第一条记录数据点为参考，得出的数据都是已焊接应变计温补后的偏移平均值。测试记录见表 2-11。

表 2-11 传感器长期稳定性测试记录表

日期(年.月.日)	1 号偏移平均值/pm	2 号偏移平均值/pm
2022.3.15	2.12	1.64
2022.3.16	1.34	2.14
2022.3.17	1.24	0.18
2022.3.18	2.31	1.23
2022.3.19	0.14	0.32
2022.3.20	1.5	1.24
2022.3.21	1.36	2.31
2022.3.22	2.64	3.18
2022.3.23	0.63	0.32
2022.3.24	0.14	0.64

续表

日期(年.月.日)	1号偏移平均值/pm	2号偏移平均值/pm
2022.3.25	2.12	1.54
2022.3.26	2.10	1.36

通过测试,可得到以第一天的第一条记录数据点为参考,累计记录12天的数据分析,传感器经温补后,最小偏移平均值为0.14pm;最大值为3.18pm;累计12天的平均偏移值:1号为1.47pm,2号为1.34pm。

2.3.3 船体结构的状态监测

船舶结构应力监测与强度评估系统主要用于对船体的重要结构、敏感部位和关键构件中的结构应力实时监测以及船体结构强度的在线评估,从而掌握航行中的船体结构受力状态,保障船舶人员和物资的安全。

1. 船舶结构应力监测与评估系统

哈尔滨工程大学任慧龙、贾连徽、甄春博等设计了一套基于光纤光栅传感技术的船舶结构应力监测与强度评估系统,该系统分为3个层次4个子系统,如图2-65所示[27]。

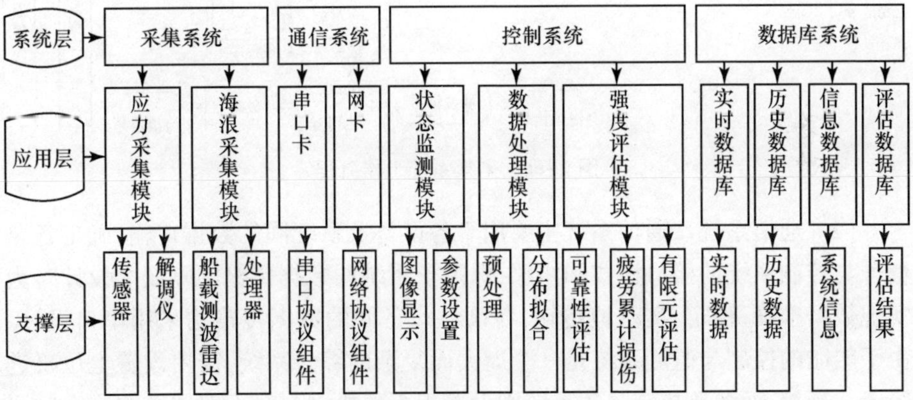

图2-65 系统体系结构框图

1) 3个层次

(1) 系统层。系统层主要由采集系统、通信系统、控制系统、数据库系统等构成,通过调用应用层功能函数访问支撑层进行硬件控制或数据读取,来实现各子系统的主要功能。

(2) 应用层。应用层由应力采集模块、海浪采集模块、状态监测模块、数据处理模块、强度评估模块、实时数据库、历史数据库、信息数据库、评估数据库、串口卡和网卡组成,主要完成信号获取、传输和数据存储、处理,为系统层的功能实现提供服务。

(3) 支撑层。支撑层为应用层各模块提供软、硬件及理论方法和数据的支撑,进而实现系统层的主要功能。

2) 4 个子系统

(1) 采集系统。采集系统主要用于船体结构应力与实时海况数据的采集。应力采集模块利用光纤光栅应变传感器,将船体结构的应变信号转化为波长信号,通过光缆传输到信号解调仪,由解调仪将波长信号转化为电信号并上传至应变信号处理程序。再由应变信号处理程序对信号进行识别并转化为应力信号存储于数据库系统中,最后将应力数据由数据库系统发送至通信系统,通信系统再根据需要将其发送至其他子系统。海浪采集模块利用船载测波雷达,将测得的波面信号交由处理器处理后传输至数据库进行存储,再通过数据库将数据发送至通信系统。安装光纤光栅应变传感器时,先将底座与船体结构焊接,再通过螺栓将传感器固定在底座上。采集系统工作流程如图 2-66 所示。

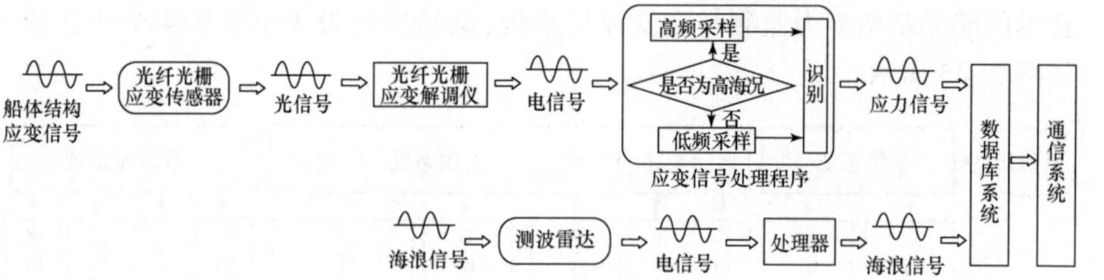

图 2-66 采集系统工作流程

(2) 通信系统。通信系统主要用于各设备及系统间的数据传输,确定各路信号与控制系统的接口格式和协议,保障子系统间数据传输的顺畅。设计时为实现数据准确、稳定、实时地传输,各硬件设备间的数据传输均采用串口设计。由于船舶的控制与监测系统是一个庞大而复杂的综合系统,需要设置上位机进行统一操控,而各监控与采集系统则设置于下位机中。对于船体结构应力监测而言,其控制系统(应力监测与评估系统)位于上位机,应力采集系统则位于下位机。由于上位机与下位机间需要进行应力数据、海浪数据、评估数据、控制参数以及其他信息等多种不同的实时信息通信,因此上位机与下位机之间采用网络接口设计。

(3) 控制系统。控制系统主要用于船体结构状态监测、测量信号处理及船体结构强度评估,它是监测系统的核心。状态监测模块用于数据的实时显示及系统参数的设置,提供直观、简洁的人机交互界面;数据处理模块通过对实时数据和历史数据进行滤波、拟合、校正、拆分、统计分析等处理，为强度评估模块提供数据基础；强度评估模块用于结构的屈服强度、屈曲强度及疲劳强度的评估，控制系统数据核心结构如图 2-67 所示。

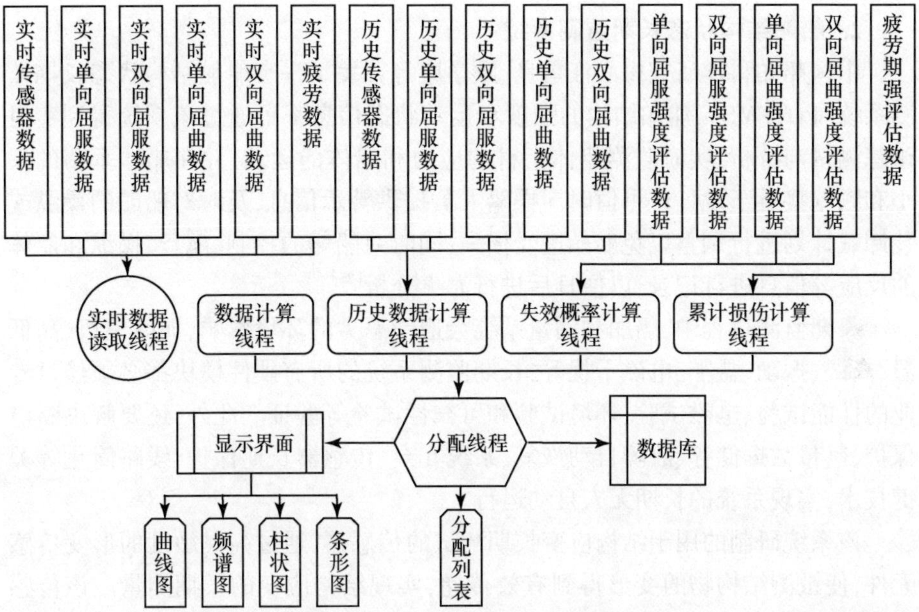

图 2-67　控制系统数据核心结构

（4）数据库系统。数据库系统主要用于系统内各种数据的统一管理，包括数据和信息的存储、查询、调用等功能。数据库结构如图 2-68 所示，分为实时数据库、历史数据库、评估数据库、信息数据库四部分。实时数据库主要用于实测海浪和船体结构应力数据的管理；历史数据库用于历史海浪和船体结构应力数据的管理；评估数据库用于结构的失效概率、累计损伤及有限元分析等结构强度评估结果的管理；信息数据库用于船体结构信息、软件系统参数信息和系

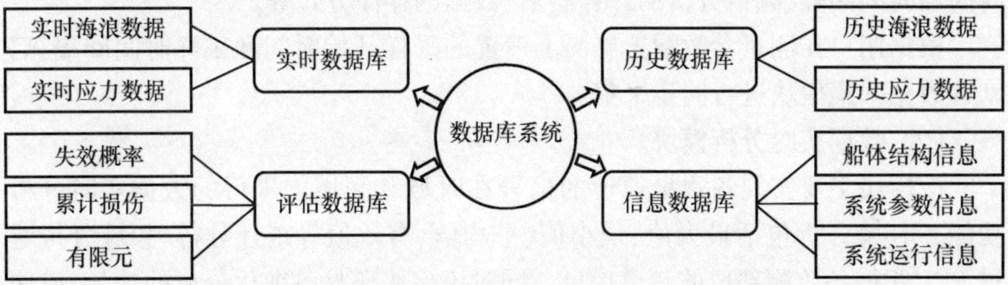

图 2-68　数据库结构

统运行信息的管理。其中船体结构信息包含船舶名称、主尺度、装载工况、结构材料、构件尺寸等信息，软件系统参数包括保存设置、船体材料设置、传感器初值设置、监测点设置等信息，系统运行信息指软件系统开启后的所有操作和自动计算过程的记录信息。

2. 船舶结构状态长期监测系统

中国船舶科学研究中心汪雪良、顾学康等开发了一套船舶结构状态长期监测系统（LOTEMS），船舶结构的强度和运动状态信息都可通过该系统得到实时跟踪测量与分析，实时监测船体桁材的应力和船体的运动，并在船体垂荡的大小和频率接近于设计许可值时向操船人员提供警示信息，及时对船舶的操纵或装卸载计划进行调整以免船舶遭受损失；同时对船舶的控制、航行、操纵和船体的反应等信息进行记录，以便日后进行海事分析[28]。

长期监测过程中，船舶和测量系统会遭受恶劣的环境影响，如高浪级、高低温、高湿、振动、盐雾、电磁干扰等，长期监测系统的所有硬件模块都必须经过专业的性能试验、电磁试验、环境试验和可靠性试验等验证。此外，还要解决断电保护、巨量数据储存、故障自动恢复、系统冗余、传感器长期保护、线路简化等关键技术，实现系统的长期无人自动运行。

该系统研制的用于结构应变长期测试的传感器，通过高灵敏度的形变传感元件，使被测结构物的变形得到有效传递，实现结构应变的长期测量。该传感器可采用栓接或焊接的方式安装，代替了受时效限制的专用胶水粘贴的安装方式，从而实现长期监测。

1）软件方案

（1）定时的数据同步采集模块。

① 系统控制模块。系统控制模块通过路由器为各分布式数据采集模块分配地址，并保持与各模块之间的数据通信和数据传输。

② 测量参数配置模块。该模块通过用户界面，对各测量通道进行测量参数配置，主要包括传感器的灵敏度、数据采集的采样频率和记录长度、采样的开始时间和时间间隔、频谱分析的计算参数、数据的存储方式等。

根据用户在测量参数配置界面上设置的采样开始时间和采样时间间隔，启动各数据采集模块进行同步采集。

（2）数据实时分析模块。

该模块主要实现各测量通道的信号在时域和频域内进行的数据实时分析功能。时域分析包括最大值、最小值、平均值、有效值等统计分析，频域分析通过 FFT 获得各监测部位的频谱信息。同时该模块还具备细化分析的功能，以便进行安全性评估和提示。

(3) 数据的存储与回放模块。

该模块根据用户在测量参数配置界面上对数据存储方式的设置,有选择地保存测量数据,包括时/频信号和分析结果,并实现历史数据的回放功能。

(4) 数据的显示模块。

该模块提供时域波形、频谱图、数据列表等多种数据显示,可根据用户的需求在相应的控件中显示和回放测量数据。

(5) 系统的校准模块。

该模块主要用于对各测量通道的定期周检,以确保测量数据的准确性。周检的内容包括灵敏度、幅值线性度、频响特性等,检定结果将自动应用于检定日期后的测量参数配置中。

2) 监测实例

为验证该系统在船舶结构和运动响应长期监测中的有效性和可靠性,在一艘远洋航行的船舶上安装了该系统,并进行了为期3个月的无人值守自动监测。该船远洋航行过程中穿过两个大洋(太平洋和印度洋)和3个海区(东海、南海和阿拉伯海)。根据监测资料的分析表明,该船在远洋航行过程中遭遇了短期海上试航时不曾遭遇的复杂海况,进一步考核了该船的结构安全性。

监测得到的船体在波浪中运动响应的典型记录曲线如图2-69~图2-71所示。船体结构在波浪中的应力应变记录曲线如图2-72所示,原始记录谱分析的结果如图2-73所示。可以看到,图中的低频部分(0.2Hz左右)有一个较大的峰值,它与遭遇波浪的运动特征相近;高频部分(1.6Hz左右)有一个较小的峰值,它的主要频率为船体梁一阶垂向总振动频率,高频部分的峰值较低,表示砰击次数较少或砰击不强烈。

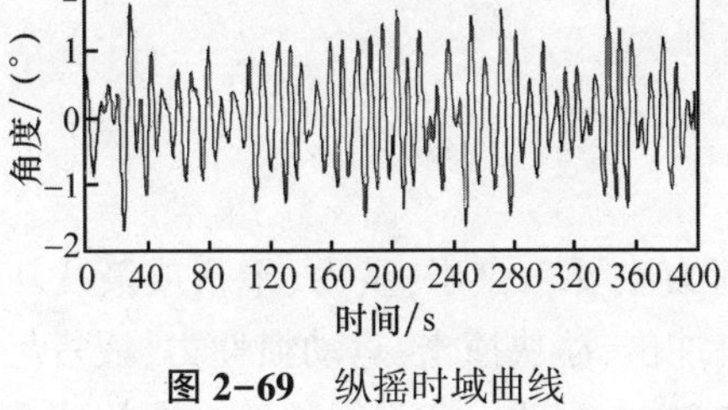

图2-69 纵摇时域曲线

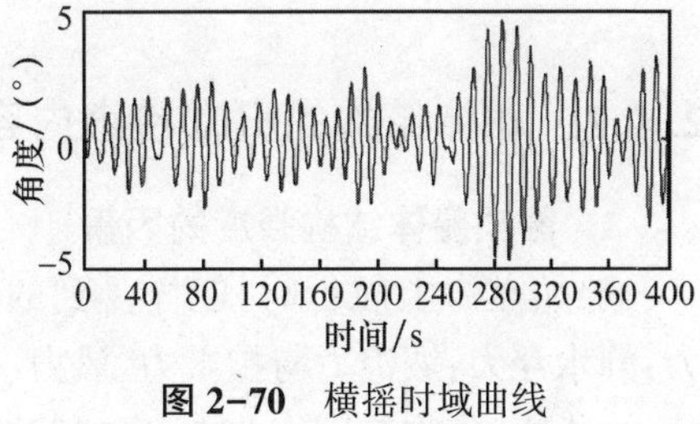

图2-70 横摇时域曲线

尽管船体应力的绝对值对监测船体结构状态非常重要,但文献[29]认为船体结构响应与负载的相对比值也很重要,特别是对于在低海况下航行的船舶。

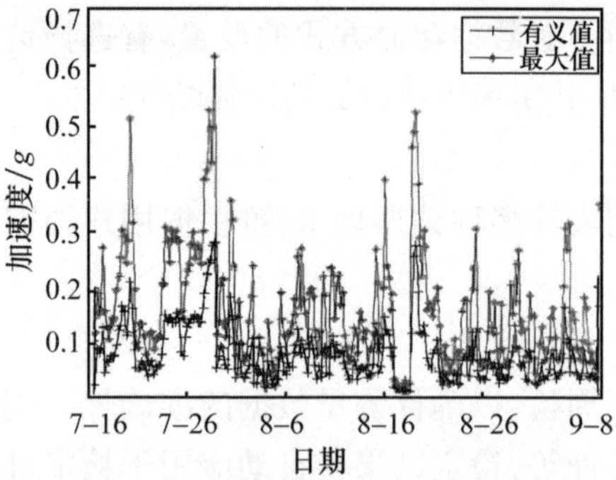

图 2-71　加速度在航行过程中的变化

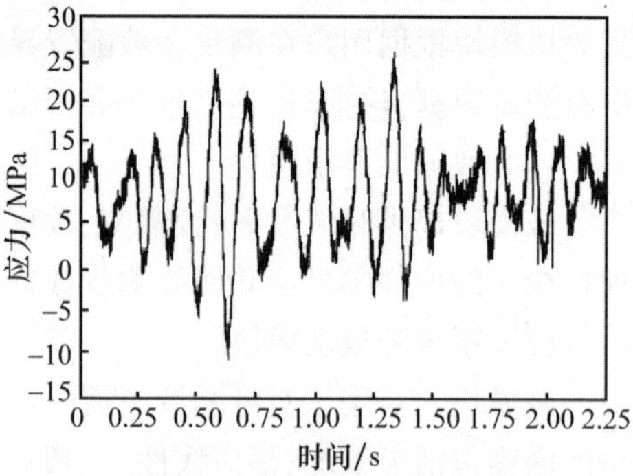

图 2-72　应力时域曲线

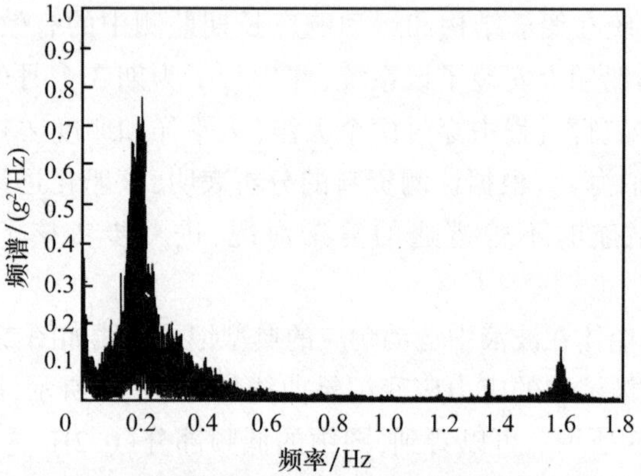

图 2-73　应力响应的频率特征

2.4　船体结构的日常检查

2.4.1　船体结构的日常检查内容

1. 影响船体结构强度的因素

船舶在海上航行时,船体受到的载荷力主要来自于:重力、干货或液货压力;静水浮力;波浪力与拍击力、风力、水流冲击、冰块撞击;运动惯性力、液货晃荡力、货物;货物装卸作业力;事故载荷,如碰撞、搁浅、火灾、爆炸等。这些载荷需要船体有足够的结构强度。船体强度是船体结构抵御内外作用力的能力,包括总纵强度、横向强度、局部强度和疲劳强度。总纵强度是将船体视作一根空心变断面且两端自由支撑的梁,整个船体结构抵御总纵弯曲、总纵剪切和总纵扭转的能力。横向强度是船体结构抵抗静水压力、货物重力、波浪冲击力等可能引起船体横向变形或歪斜的能力,以保持横向形状不变。局部强度是抵抗船体结构中某个构件或部分结构如甲板板、舱壁、舷侧局部的变形或破坏的能力。疲劳强度是船体结构抵抗不断变化的波浪力和各种运动惯性力并在其内部产生交变应力而造成结构疲劳损伤的能力,如剖面几何形状突然变化的折角、开口、不同方向构件相交和穿过的舱口角、骨材端点、肘板趾端等,极易受到疲劳损伤而导致开裂、变形等。影响船体结构强度的因素包括以下几个[30]。

1) 腐蚀、疲劳及维护保养

船体持续不断地与海水、有害物质或气体接触,促使船体结构腐蚀速度加快;船舶的日常操作、货物装卸、气象和波浪等影响因素在使船体结构产生腐蚀的同时,还使船体结构受到交替变化的应力作用而使其产生疲劳损伤。尽管有些部位的腐蚀是船员无法控制的,如水下船体、船员无法到达的地方,但船员对船体不做保养或保养不当都会加速腐蚀和疲劳损伤。腐蚀不但可使船体结构中各种构件的厚度减薄甚至锈穿、强度降低,而且最终可能导致船体断裂、船壳板破损进水或船舶沉没事故。

2) 货物、货物装卸及装卸机械

货物本身的性质是各式各样的,有毒有害的货物如散装货物、液货、渗漏的包装货,会破坏船体结构表面的保护层,加快船体结构的腐蚀。装卸过程中,货物对舱底及其他部位的撞击不但会破坏其表面涂层,而且会损坏它的物理结构。更为严重的是,货物装卸不当会造成船体结构承受过大的弯矩、扭矩或剪力。虽然这种弯矩、扭矩或剪力一般不会立刻使船体结构产生严重损坏,但在它们的综合作用下,可以使船体某些构件受压和受拉面的保护涂层破裂而使船体被腐蚀;同时还能使船体结构的相应构件产生疲劳损伤和一定程度的永久变形。所使用的装卸机械,如抓斗、推土机、叉车,若使用不当,则会损害船体的局部强度,尤其是舱底板的强度。

3) 自由液面

自由液面的产生不仅会破坏舱内表面的涂层、加快船体结构腐蚀的速度,而且还会对船体结构造成严重损坏,特别是在大风浪中航行的船舶。其主要原因之一是船舶摇摆、颠簸以及透气管根部与舱顶内表面之间有一定距离等因素的影响,使舱内总是有气垫存在;原因之二是当船舶摇摆或颠簸时,自由液面便会对舱内的船体结构产生摩擦和冲击作用。

4) 波浪

波浪对船体结构的影响是显然的。轻微的影响使水线附近的船壳外板加速腐蚀,并且波浪的冲击会使外板变形。严重的是船舶在海上航行时,风浪和涌浪各自本身或两者的综合作用都会使船体结构产生一定的弯曲、扭曲变形而形成中拱、中垂或扭曲等状态,特别是在大的涌浪中顶、顺或侧顶顺浪航行且波长接近船长的情况下,波浪持续不断和交替地变化会加大船体的中拱、中垂或扭曲状态,并可能在舱内载荷分布不均匀的情况下危及整个船舶的安全。

5) 航行事故

严重的碰撞、触礁、搁浅、火灾、不可抗力等可使船体结构产生严重损坏的事故。此外,船体还可能与周围的漂浮物体、水下障碍物、海底、船闸、码头、桥墩、船舶等产生轻微的摩擦或碰撞,这虽然不会直接对船体结构造成严重损坏,但可使船体结构产生永久的局部变形,或使其内外部的保护涂层产生裂纹并失效,继而使船体结构被腐蚀。这种较轻微的摩擦或碰撞不会直接产生严重后果,因此,被损坏的涂层或船体结构尤其是在不易观察的船底、双层底内往往容易被忽视而没有得到及时的修复。随着时间的积累,腐蚀速度会逐渐加快,并慢慢侵蚀船体结构强度。船体结构常见损伤包括以下几种:

(1) 总体强度不足——总弯曲力矩过大,甲板开裂;

(2) 甲板板格屈曲;

(3) 上层结构甲板或焊缝开裂;

(4) 散货船横舱壁墩下纵桁过载,外底或内底板开裂(重矿或全舱压载);

(5) 散货船底肋板端过载(内壳或斜底边舱下);

(6) 槽形舱壁下端焊缝开裂;

(7) 集装箱船上、下甲板前后舱口角开裂;

(8) 纵骨穿过肋板或横舱壁端开裂;

(9) 波浪拍击引起首部板格凹陷[30]。

因此,为了保证船舶的航行安全,需要进行船体结构的日常检查和维护保养。虽然船舶设计建造之后的强度已经固定,但如果使用操作和维护保养不当,也会加速船舶的折旧,缩短使用寿命,甚至造成结构故障,诱发海难事故,特别是在货物积载、装卸作业和大风浪航行时。

虽然船体庞大、结构复杂、保养困难,以及受季节、海区状况、航行时间和配员减少等条件限制,船员不可能面面俱到地对船体各部位都进行有效保养。但是,船员日常维护保养工作的好坏在某些方面决定了船体结构的腐蚀速度,如甲板板、水线以上的船壳、舱盖板,尤其是那些应力集中而又容易锈蚀腐烂的地方,如舱口角。如果发现有轻微的裂纹等损坏,应立即采取修补措施,以阻止其进一步扩大[30]。

2. 船舶的日常检查应注意的部位[31]

1) 压载水舱

因压载水舱长期干湿交替的原因,使其容易受到海水的腐蚀,长时间后其上面的涂料会脱落,从而容易导致钢板锈烂。此外,由于舱内纵横梁连接处等死角位的应力比较集中,而且其焊缝比较多,极易受到应力的影响;再加上型材在冷热加工的情况下,容易损害到材质,最终导致其腐蚀或变形损坏。

2) 货舱

货舱极容易受到装卸机械及货物的撞击,并且货舱是应力比较集中的地区,在检查过程中可以经常看到该部位有裂纹出现,并且上、下肘板及肋骨容易遭到变形损坏,肋骨两面都容易受到腐蚀或脱焊,船壳板在强度不足的情况下会有裂纹出现,并且裂纹会慢慢扩大,甚至严重的导致整块壳板掉进水里。货舱在进水之后就会使船舶沉没,所以货舱必须经常检查。

3) 船壳板、主甲板

主要观察钢板有无大面积严重变形、是否平整以及有无出现裂纹及腐蚀等。特别是位于水舱部位的主甲板及船壳板更要进行重点检查。有些钢板出现的裂纹比较分散,所以在检查过程中必须仔细。在检查完之后,要做好审查测厚记录,尤其是记录其腐蚀程度。只有对这些现象做到心中有数,才能在船舶进厂修理时知道哪些部位需要更换。

3. 船体结构日常检查方式

船体结构日常检查的方式一般应包括船体构件的目视检查、厚度测量及测厚分析、强度计算及等级评定[32]。

1) 目视检查

船体结构的目视检查包括一般检查、内部检查和近观检查。船体结构划分为多个舱室/处所/区域,如压载舱、货舱(包括空舱、泵舱等)和外部结构(露天强力甲板和船体外板)等。每个舱室/处所/区域基于其边界及其所属的结构构件在评级时划分为多个结构单元:①甲板结构;②舷侧结构;③船底结构;④内底结构;⑤横舱壁结构;⑥纵舱壁结构;⑦内部结构(包括水平桁、横框架、纵桁、肋板、制荡舱壁等板及其附连的骨材)。

(1) 一般检查。

一般检查的内容可参见《现有船状态评估程序(CAP)指南》。检查甲板时应注意甲板及其开口的完整性,并要特别注意由于结构变化或不连续可能造成应力集中的区域,如舱口开口、上层建筑和甲板室的角隅处、绞车底座和管线等甲板设备下的区域,必要时还要进行测厚,对过度腐蚀的钢板应换新。还应重点检查以下部位,以查明可能存在的裂纹、变形或过度腐蚀现象[32]:

① 起重机底座处的甲板；
② 货舱口围板端部过渡肘板处的甲板；
③ 货舱口角隅处的甲板；
④ 舱口围板扶强材处的甲板；
⑤ 出入口围板与甲板的焊接处；
⑥ 舷墙肘板与甲板的连接处。

对于船壳外板的检查，一般在坞内进行。检查船壳板（包括船底板、舷侧外板和舭列板）及其焊缝等的腐蚀和磨损以及变形情况，注意外板及其开口和相关的关闭设施、舵装置和推进系统的外部元件等总体情况。

（2）内部检查。

内部检查相似于船级部分的全面检验，其详细检查内容可参见《现有船状态评估程序（CAP）指南》。货油舱其甲板下表面包括甲板及甲板纵骨，由于受到货油蒸汽的酸蚀，特别是载运高含硫量货品的油船，货油舱顶甲板容易出现较为严重的点腐蚀，或在构件与甲板连接的焊缝热影响区出现沟槽腐蚀，严重的沟槽腐蚀会导致甲板与结构连接处开裂或甲板局部失稳。此外，装有起重、系泊等设备的甲板，其下安装的加强筋尤其是与甲板纵骨的连接肘板也容易产生裂纹，在检验中需要予以重视。

对于海水压载舱的检验，应注意其内部涂层的状况，还要注意防腐锌块的腐蚀情况，检查锌块的耗蚀量（如剩余的百分数，一般指现有锌块剩余体积和原始锌块体积的比），需在报告中进行量化描述。

（3）近观检验。

近观检验的范围应参见《现有船状态评估程序（CAP）指南》附录2。应注意每次进行CAP检验时近观检验的范围是不变的，不像《钢质海船入级规范》中要求的近观检验范围是随船龄变化的[32]。

近观检验时应对结构的缺陷进行详细记录，包括涂层状况（如有）、裂纹、局部腐蚀（麻点腐蚀、沟槽腐蚀和边缘腐蚀）、变形（弯曲、凹陷）及其他缺陷（包括屈曲、凹槽、脱开或断裂等）。

以上缺陷中麻点腐蚀、沟槽腐蚀和边缘腐蚀，记录时必须进行量化，结构变形弯曲、凹陷的记录应包括位置和大小，裂纹应记录其长度及位置。应特别注意“热点区域”，该区域是由疲劳强度分析确定的。如果检验时发现“热点区域”出现裂纹，说明该区域无法达到使用年限，必须进行优化，应参考“热点区域”出现裂纹时的修理工艺。为了避免重复工作和指导修理工艺，在开始检验时应确保拿到疲劳强度分析报告。

对检查过程中发现的结构单元的裂纹应进行修理，其修理方式也会影响状况评估程序评级，因此修理方式要慎重考虑，对“热点区域”应重点检查（疲劳热点区是否有疲劳裂纹以及其他缺陷）。有关疲劳裂纹需要参考以前的检验历史，判定是否为重复裂纹。当出现裂纹时，该结构单元评级结果应不高于 CAP2 级。对于重复出现的结构单元的重要裂纹（影响船体整体强度和水密完整性的裂纹），如属于设计缺陷所造成的，若没有在结构节点设计上进行改善来避免将来产生新的裂纹或相似缺陷，则该结构单元被评为 CAP3 级。

2）厚度测量及测厚分析

检验中的船体结构测厚，应由船级社认可的测厚公司和人员进行。当进行测厚时，对于近观检验的部位要求同步进行测厚，验船师应对整个测厚过程进行有效的现场监督，并在测厚完成后进行复核，以确认本次测厚的程度和范围满足相应 CAP 检验的要求。

应注意，每次进行 CAP 检验时测厚范围是不变的，不像规范要求的测厚范围是随船龄变化的，测厚范围参见《现有船状态评估程序（CAP）指南》附录 2。

在选取横框架时，应注意上次检验时的范围，尽量错开选取，尽可能反映该船的实际状况。在货物区域内选取至少 3 个横剖面（其中一个在船中部区域），横剖面应选取在怀疑或进行甲板测量后显示厚度减薄最大的区域，并尽可能避开已局部换新或加强的区域。

通常基于建造尺寸的厚度减少量进行测厚统计分析，针对每个检验舱室/处所/区域的测厚数据，按照结构单元进行测厚分析，测厚分析采用 90%可靠性的统计分析方法（S 曲线（S-Curve）方法）。厚度测量评级是基于 90%的水平线与测厚曲线交点所在的评级区间，来确定厚度测量评级结果。

涂层状况评估具体可参考《油船压载舱和液货/压载兼用舱涂层保养和修理指南》（IACS Rec. 87）中相关涂层的技术判定要求。

3）强度计算

强度计算一般由船级社审图中心进行。船体结构强度评估包括总纵强度计算、规范尺寸计算和疲劳强度分析 3 部分内容，其中规范尺寸计算和疲劳强度分析根据申请方的不同要求进行选择。总纵强度计算按照 CCS 颁布的《钢质海船入级规范》，疲劳强度分析按照 CCS 颁布的《船体结构疲劳强度指南》和《船舶结构疲劳计算》（IACS Rec. 56）计算。

船体结构强度评级基于船体总纵强度计算结果进行，参与评级的强度计算包括两方面，即总纵弯曲强度和总纵屈曲强度。总纵弯曲强度评估是基于测厚尺寸分别计算甲板和船底处的实际横剖面模数 W_{act}，总纵屈曲强度评估是基于测厚尺寸分别计算甲板板和船底板的屈曲利用因子 η。

在船体结构检查和数据采集时,应注意以下几个方面。

(1) 反映各舱室全貌(左右各一)的照片,应包括相关典型构件的上、中、下区域;相关典型构件的代表性部位;根据经验一般容易腐蚀和损坏的节点部位。

(2) 各舱室报告中描述的结构和部位,照片应尽可能涵盖。

(3) 每个结构单元不需要太多照片,内部构件照片可以多些。照片要反映该舱室的总体状况,尽量选择结构状况好的照片,不要选太过局部取景的照片,其无法反映该结构单元的状况。

(4) 注意强度评估中有关热点区、关键区,应拍照取证。

(5) 若大面积重新涂装,要注意选择典型涂装前后的对比照片。

(6) 压载舱防腐锌块的状况在检验报告中要描述,注意防腐锌块的拍照取证。

(7) 近观检验范围和测厚范围不能遗漏。

(8) 检验时间应符合逻辑,如船底外板和舷侧外板应该是在进坞后才能检验的。

(9) 特别注意货油舱是否有涂层。

(10) 对疲劳强度中出现的“热点”应该进行描述。

2.4.2 船体结构维护保养辅助软件

在营运船舶的维护保养工作中,对船体结构及机电设备数据的处理是重中之重,是船舶公司实时掌握船舶营运状态,做出保养决策的重要内容。这些数据只有及时、可靠地保存并在船岸间同步,才能使船舶状态的监测更为准确,维护保养工作更为高效,才能为船舶性能状态的评估、营运工作的决策提供有效的信息资源。

1. 船体结构维护保养管理软件的功能模块

1) 设备卡查看模块

该模块实现机务、船员浏览船舶设备的模型和详细信息功能。操作者可以根据设备列表选中要查看的设备,通过查询数据库中该设备代码,获得该设备详细信息。也可以通过选择浏览器中的设备模型,定位到设备列表中对应的设备行。可以实现船舶设备的三维模型查询和浏览、设备信息修改、设备清单打印等功能。

2) 维护保养模块

该模块实现船员对设备维护保养记录的查询、浏览、修改、生成、提交、导出等功能,通过三维模型的选择操作,船员和机务可以快速选择需要查看的船舶设备,船员需要根据维护保养的工作情况填写维护保养纪要,机务可以检查设备维护保养工作的执行情况,并填写反馈意见。

3) 结构状态评价模块

该模块实现舱室结构状态云图显示功能,船员对已发生腐蚀的压载舱进行检查,并将检查结果记录在有三维模型标记的工作单上。然后通过本模块,将检查结果填写到对应的三维模型中。根据查看内容的选择,船员和机务可通过三维模型直观地了解舱室的结构状况,同时输出该舱室的结构状态检查报告,并制订维修计划。

4) 维护保养发现模块

该模块为船员在日常维护保养过程中针对临时发现的结构或设备缺陷提供记录功能,通过操作三维船体结构模型或设备模型,船员可以记录该构件的状况,同时可以添加照片、文本等附件。机务可以根据不同的搜索条件,浏览查看产生缺陷的构件位置,同时可以浏览船员上传的照片或文件,方便机务制订修理计划。

5) 修理计划制订模块

该模块机务根据船员提供的维护保养情况、构件的临时发现情况,通过操作三维结构模型,选择涂层脱落严重或者损坏严重的构件,添加到修理计划列表中。同时定义需要修理构件的修理系数,由数据库中存储的构件重量、涂装面积,根据修理系数计算得到此次修理所需的钢材重量和涂装面积,为修理报价提供依据。

6) 涂装面积计算模块

该模块可基于构件估算涂装面积,也可根据平台计算涂装面积。通过操作船体结构三维模型,选择需要进行涂装的构件,即可估算出此次涂装任务的涂装面积。也可以操作涂层检查模型,选取需要涂装的区域,根据该区域所包含的构件,可估算出涂装任务的涂装面积。

2. 船舶维护保养系统的功能

1) 基本功能

大连理工大学苏静波和上海海事大学沈涛各开发了一套基于三维模型的船舶维护保养软件,它们具备以下基本功能[33]。

(1) 基于船体三维模型的船舶零件查询维护:船舶零件的模型与数据表的相互查询与搜索,对船舶零件的标注和颜色显示,船舶零件的图片显示。

(2) 船舶零件测厚报告:包括船舶测厚报告的生成,船舶测厚数据查询和测厚数据图表显示。

该软件的数据库系统包括用户名表、零件信息表、测厚报告名表、6 种测厚报告表、测厚数据表等。用户名表包括用户名、密码、用户真实姓名和模块名称等字段;零件信息表用于存储零件的基本信息,包括零件名称、零件编号、零件父级、标注信息、零件图片、零件厚度、零件类型等;测厚报告名表用于存储船舶测厚数据,并以零件编号为关键字存储历次的测厚和检验记录,以及规范中常用的船舶测厚报告表。

2）具体功能

(1) 船体三维模型浏览。

① 旋转、缩放、移动、隐藏等。

② 模型标注空间标注、测量面积、重量、剖切等。

③ 定制模型显示的颜色方案。

④ 查看标注的详细信息。

(2) 管理信息的查询。

① 选定一个或多个零件,查询数据库中其属性和管理信息。

② 从管理数据库中定制查询条件,如名称条件、属性条件等查询相应的数据条目。当选择一项或多项数据条目时,模型视图上自动高亮显示相关的零件实体。

③ 查看舱室分区的涂层状态记录。

④ 查询检验、修改记录。

(3) 涂装面积的估算。

① 通过在视图或查询结果项目上选择参与计算的结构,自动计算这些构件的涂装面积即表面积。

② 基于所选构件或指定区域所包含的构件的涂装面积估算。

(4) 修理量估算。

通过在视图或查询结果项目上选择需要修理的构件部分,更换的可以输入更换系数,自动计算出钢料的重量。

(5) 测厚报告计算。

通过从管理数据库中调出标准测厚报告表和厚度测量值,自动计算不同的测厚报告表。

(6) 测厚数据的查询。

通过视图或管理数据表,可以查询需要构件的测厚记录数据,并可以把数据库中的厚度数据导入到图表中,方便查看构件的厚度变化。

(7) 接收维护保养记录更新。

① 保养修理记录更新。

② 测厚数据更新。

部分功能查询界面如图 2-74~图 2-77 所示。

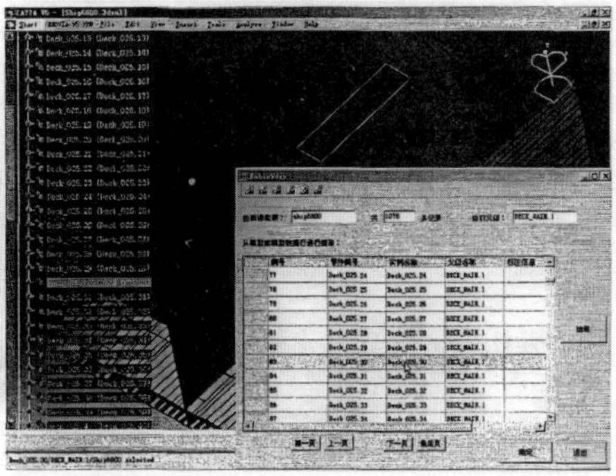

图 2-74 船体构件查询界面

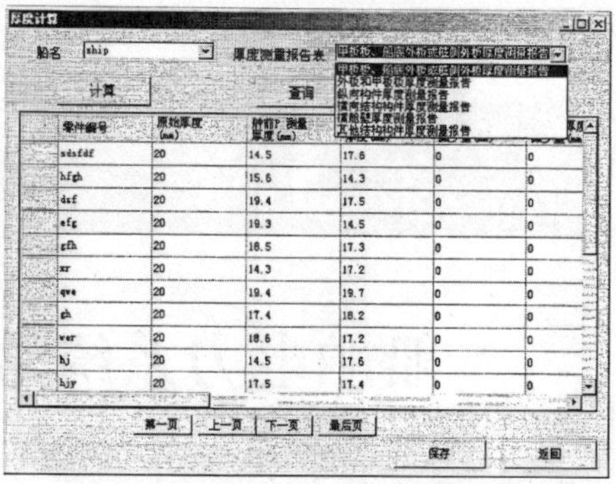

图 2-75 船体板单元测厚信息查询界面

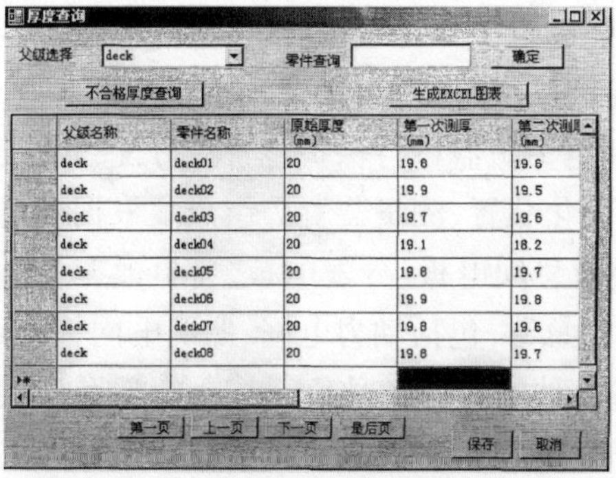

图 2-76 船板不合格厚度查询界面

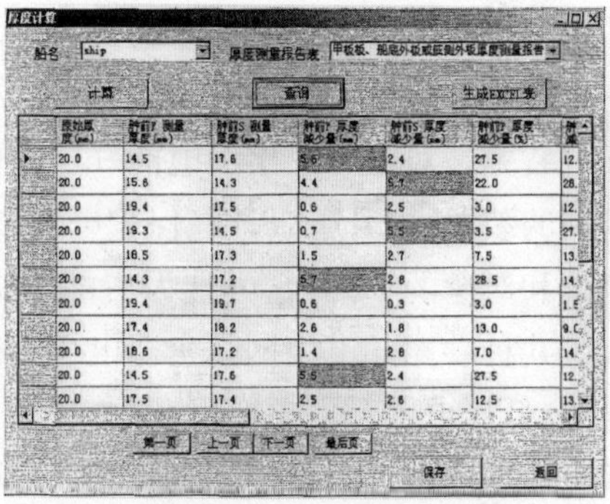

图 2-77 测厚计算界面

第 3 章

船舶电力系统的典型故障与诊断

船舶电力系统主要由电源、配电装置、电力网和负载 4 个部分组成,是向船舶用电负载供给电能的独立电力系统。船舶电源是将机械能、化学能等能源转变为电能的装置,常用的电源装置主要是柴油发电机组、轴带发电机和蓄电池。配电装置是对电源发出的电能、电力网和电力负载进行保护、监测、分配、转换、控制的装置,由开关、母线、保护电器、自动化装置、测量装置等组成。根据供电范围和对象的不同,它可分为主配电板、应急配电板、分配电板、蓄电池充放电板等几种。船舶电力网是全船电缆电线的总称,包括动力电网、照明电网、应急电网、低压电网和弱电电网,其作用是将各种电源与各种负载按一定关系连接起来。船舶电力负载即用电设备,包括为主机和锅炉等服务的辅机,如滑油泵、海水冷却泵、淡水冷却泵和鼓风机等,甲板机械,舱室辅机,空调装置、伙食冷库等辅机和通风机等,照明设备,厨房设备,弱电设备,自动化设备及其他。船舶电力系统的核心是主发电机组和主配电板,船舶主发电机的控制和监测等功能均由主配电板完成,这是船舶电站的特征之一。

3.1 常规船舶电气系统的故障与诊断

常规船舶电站由多个部分组成一个系统,包括燃油发动机、发电机、配电屏和其他附属设备,船舶电站结构如图 3-1 所示。

不同于陆地电力系统,船舶电力系统一般具备容量小、工作条件恶劣等特点。由于船舶电力系统大量使用了变压器、发电机、输电线缆、各类配电板、各类自动化设备(负载)等,经常会出现各种故障。比较常见的故障有过载、短路及断路等。一旦发生电力系统故障,轻则影响船舶自动化系统的正常运行,重则会引发各类设备的损坏甚至火灾。

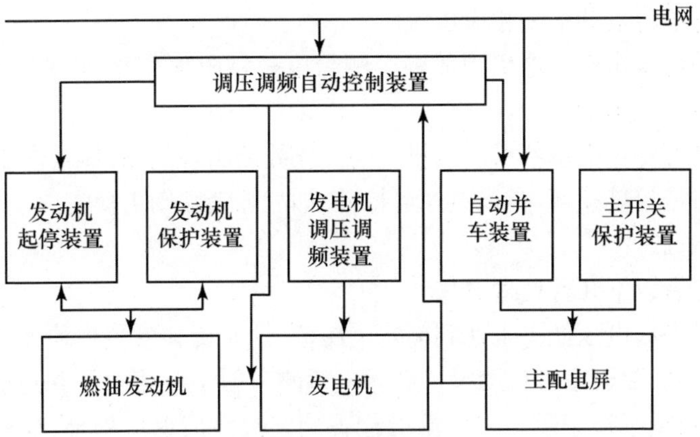

图 3-1 船舶电站结构

船舶电力系统故障产生的原因主要有以下几点:①船舶电站使用的线缆由于老化以及使用环境等因素造成输电线路断路;②输电线路绝缘层老化导致短路;③发电机输出的三相电流不均衡是由于发电机系统中存在短路线匝、发电机及其回路一相断开或一相接触不良、系统单相负载过大等[34]。

3.1.1 发电机的故障分析

柴油发电机组故障现象一般分为电气故障和机械故障两种类型。电气故障又分为不发电、过压、欠压、电压不可调、带载后电压下跌严重、匝间短路等;机械故障则包括转子不平衡、机体振动严重、轴承温度高和转子偏心等。

1. 电气故障

1) 不发电

此故障发生的可能性有两点。

(1) 对于长期闲置的设备,由于失磁而导致无法正常发电,此时可以对电机进行充磁来排除故障。具体方法为:打开励磁箱,将励磁回路中 F1 端子上双线拆开,将其 12V 直流电源的正极与 F1 端子连接并用绝缘胶布包好。将设备怠速运转后,把直流电源负极在 F2 端子短时间接触出现轻微火花即可。

(2) 励磁回路开路。检查方法为将励磁箱拆开,检查端子排 F1、F2 上接线是否松动或脱落,紧固即正常。如接线未松动,测量 F1、F2 间直流阻值并与试验报告数据对比。如引线松动或脱落,将线路恢复即可。如励磁线圈开路,需返厂修理或更换励磁机定子。

2) 电压高

此故障有以下几种可能。

(1) 自动电压调节器(AVR)故障。将备用 AVR 板做更换试验即可,同时将板上设定电位器调整至相应位置。

(2) 外部整定电位器出现故障。测量电位器阻值变化，正常范围应为 0~4.7kΩ，确定后更换即可。

(3) 外部整定电位器与发电机之间连接线路出现问题，检查恢复即可。

(4) 若可控硅损坏，尝试更换可控硅，如故障消除则更换完成。

3) 电压低

此故障有以下几种处理方法。

(1) 励磁后电压低仍未达到额定电压值，这时旋转整流模块及转子绕组都可能存在问题，要逐个进行测量。利用电桥测量转子直流阻值并与试验报告进行对比，如数据不符需通知工厂派员检查确定故障后返厂处理；如测量值正确则对旋转模块逐个拆解检查，确定故障模块后将其更换。

(2) 励磁后电压正常，应对励磁箱内线路及元器件进行检查。

遇此故障后可先进行他励试验，确定故障范围后再做处理。他励方法如下：测量励磁机定子阻值，并参考随机资料中额定电压时的励磁电流，相乘后即是他励直流电压。准备相应的电源，打开励磁箱，将 F1、F2 端子上双线拆掉，F1 接直流电源正极，F2 接直流电源负极。接好后起动发电机至额定转速，如此时电压为额定值则故障点在励磁箱内，这样可以将励磁机定子和转子系统故障可能性排除。

4) 空载电压波动

AVR 板在出厂时各项参数都已调整至最佳值，但由于设备长时间运行这些参数会发生一定的变化，出现电压波动通常情况下可通过调整 AVR 板上可变电阻 K、T 及 R47 来实现排除故障的目的。具体方法如下：首先对 K、T 原有数值进行记录；然后将 K 往数值小的方向适当调整、T 往大的方向适当调整，调整时要随时观察电压的变化情况，直至电压达到稳定为止。

如果调整不能达到电压稳定的目的，则调压板本身可能出现故障需要将其更换，更换后将对应电位器数值调至相应位置。

5) 带载电压波动

重复上述步骤即空载电压波动时的处理方法，如不能将故障排除需检查元器件性能。首先测量电容容量，如不能达到规定值则更换即可。

这种故障与可控硅动态特性不稳定也有很大的关系，可以将其线路打开，将备用件做临时更换试验，如故障消失则将其重新更换安装。

电压波动故障发生后，调整及更换都不能将问题解决时，便知故障点的可能性非常多。如果经上述步骤后仍不能排除，则需全面检查发电机，尤其是线路插接件老化松动均可能导致此故障的发生。所以，检查时如发现有松动现象要加以紧固，接插件金属表面灰暗腐蚀要用清洗液或酒精处理达到排除故障的目的。

6）带载电压下跌

带载电压下跌即空载正常而加载时电压跌落并超过规定范围，通常情况从空载至满载电压下跌不能超过额定电压的3.6%。加载电压下跌超标则判定发电机存在问题，加载时电压下跌不能达到规定值，则可能是由于励磁电流不能满足发电需要，导致此故障有以下可能：元器件性能不稳定，主要包括静止整流桥或3只旋转整流桥的元器件性能不稳定。处理方法为：将各元器件线路拆开逐个进行测量，有些情况下元器件冷态性能很好但无法测量，所以要将其更换后进行试验才能确定故障点。需特别说明的是，在拆装旋转模块时要格外注意螺钉及垫片，确保不要掉落在机体内部导致额外的工作量。

7）发电但电压只有150~200V

此故障通常是由于压敏电阻长期工作老化、负载冲击、并车时操作不当导致耐压等级下降所致。处理方法为：打开通风口盘车找到压敏电阻，将其中任意接线螺钉打开，并在铜环及压敏电阻间垫一层绝缘材料。如电压正常，将其更换即可。

8）转子绕组匝间短路

转子线圈无论什么原因发生匝间短路，由于短路匝不能流过电流，在极对称位置短路匝线圈与槽邻接的齿部温度就比正常部位低，从而产生热弯曲。进而通过N极和S极的安匝差产生磁不平衡，由于磁拉力的作用产生与热弯曲同方向的弯曲。当转子绕组匝间短路故障发生时，转子基频振动增加，定子二倍频振动减小；当转子不平衡故障发生时，转子基频振动增加，定子二倍频振动也增加，不同于转子绕组匝间短路故障时的定子振动特征。在现有振动检测基础上，要同时考虑发电机转子水平方向振动和定子径向振动信号。

图3-2(a)和图3-2(b)分别为发电机正常运行、转子绕组匝间短路12%

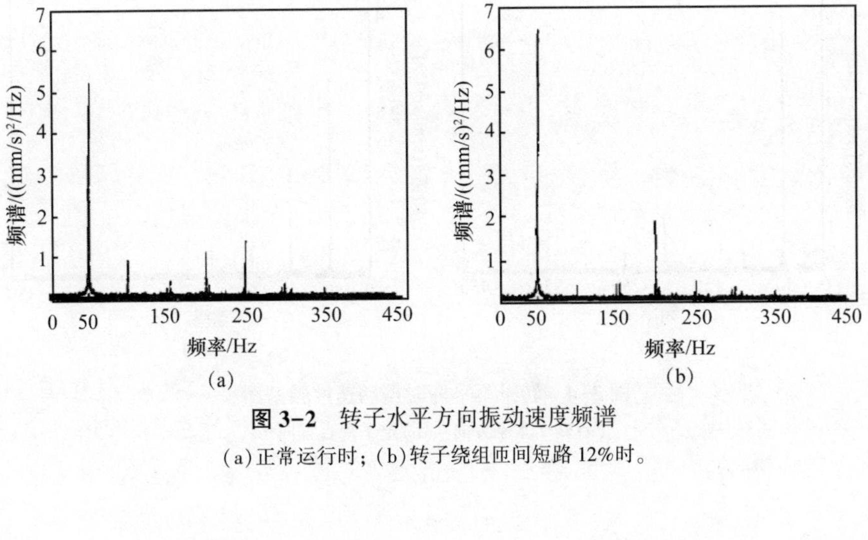

图3-2 转子水平方向振动速度频谱

(a)正常运行时；(b)转子绕组匝间短路12%时。

时，转子水平方向振动速度频谱。图 3-3(a)和图 3-3(b)分别为发电机正常运行、转子绕组匝间短路 12%时，定子垂直方向振动速度频谱。由图可见，发生转子绕组匝间短路后，转子水平方向振动的基频振动增加。当短路 12%时，增加了 23. 08%，且定子垂直方向二倍频振动下降。当短路 12%时，下降了 46. 15%。

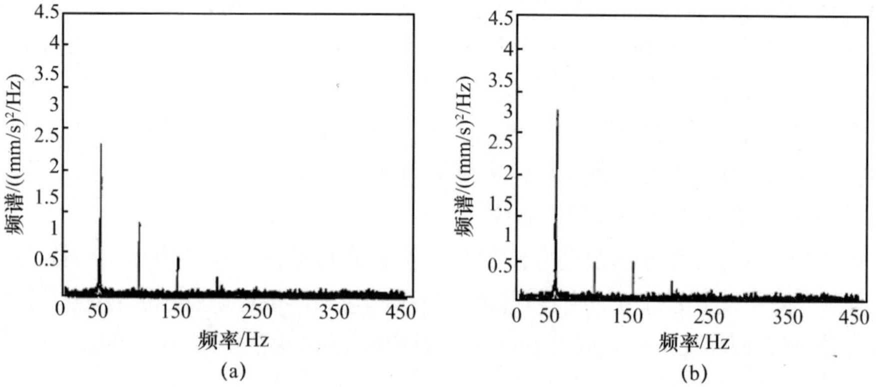

图 3-3 定子垂直方向振动速度频谱

(a)正常运行时；(b)转子绕组匝间短路 12%时。

2. 机械故障

1) 转子不平衡

图 3-4(a)和图 3-4(b)分别为转子不平衡后转子水平方向振动速度频谱和定子垂直方向振动速度频谱。转子基频振动增加 21. 15%，定子二倍频振动上升 30. 77%。

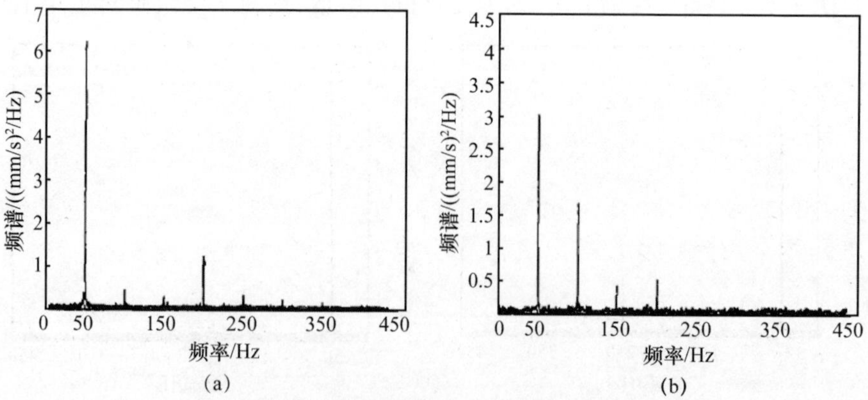

图 3-4 转子不平衡时振动速度频谱图

(a)转子水平方向；(b)定子垂直方向。

2）轴承温度高

机器长时间工作会出现磨损老化，日常保养加注滑油不及时，都可能导致轴承高温寿命缩短而不能正常工作的故障。

对滚动轴承（BS 端，即发电机尾部非驱动端），当机器运转过程中突然发现异常振动、异常声响或温度超过 90℃，都要对轴承进行检查。首先在设备运转后仔细听轴承内部声音，对于双支点发电机可以将其与原动机分离，快速盘车确定故障。

对滑动轴承（BS 端），当机器运转时，如出现温度高且超过 80℃，需对轴瓦进行拆解检查。

3）电机运转时振动严重

由于发电机为被动设备，如出现此问题，通常情况是原动机与发电机之间对中偏差较大所致，应重新对中找正即可。装有滚动轴承的发电机如果长时间运行，维护不当造成轴承损坏或轴承已到寿命而损坏，均可能导致运行中的较大振动，此时可拆解检查并更换即可。

4）转子偏心

原因主要有电机轴承损坏、电机转子和定子配合位置不对、转子出现严重变形及定子铁芯出现移动等。发电机转子偏心故障的判断标准是气隙与气隙偏心的比值达到 10 时，则认为发电机存在偏心故障。发电机转子偏心故障会直接造成电机内部的磁场出现扰动，产生谐波力矩并加剧转子弯曲，在外部表现为柴油发电机出现较大振动和非常大的噪声。这种偏心故障非常严重时会损毁电机，对船舶的正常运行以及人员安全造成非常大的困扰[35]。

3.1.2 异步电动机的故障分析

异步电动机由定子、转子、气隙和轴承等部分构成。其总体构造虽较为简单，但在实际运行中，电动机因其工作负荷重、工作环境恶劣以及电机内部复杂的电磁关系，使电动机在运行过程中极易出现一些早期的故障隐患，最常见故障有定子绕组匝间短路、转子导条断裂、轴承损坏及气隙偏心等[36]。

异步电动机故障常用的诊断参数有电流、电压、功率、转矩、磁通、温度、振动等物理量，其中定子电流信号相对于其他参数受外界环境影响最小，也因为电流传感器安装方便且最容易获取，因此长期以来是电机各类故障诊断的主要参数。温度诊断也是一种常见的诊断方法，即用各种温度检测方法去监测电机各部件的温升。异步电动机的可测温部件包括绕组、轴承、进出口风温等，且测温方法也视对象和环境不同而异。

1. 定子故障

绝缘部分是异步电动机中最薄弱的环节之一，定子故障大部分是由于电机绝缘性能下降引起的定子绕组匝间短路。短路电流将导致电机温度急剧升高，进一步引发定子发生更大面积的绝缘破坏，由此引发接地、相间短路等更严重的故障。定子故障还可能是机械部分的故障，如运行过程中电机发生剧烈振动、电机轴承发生故障等引发定子铁芯损坏。定子铁芯故障会出现环路电流，使电机温度升高，导致电动机绝缘材料老化。

定子绕组的结构形式多为成型绕组，嵌装在定子铁芯内腔的槽内，依靠槽楔固定在槽内，两端则用绑扎绳和绝缘垫将线圈伸出铁芯两端，并用端箍固定在机座上。引起定子绕组绝缘故障的因素非常多，从故障的形式可分为：绕组的破坏、磨损和裂纹引起的绝缘故障；绕组污染引起的绝缘故障；电晕引起的绕组绝缘故障等。其中，第一类故障是由于定子绕组松动、绕组端部支撑环设计制造不当、绕组端部绑扎不紧、电机振动以及端部固定不良等原因引起。电机运行时，如果上述因素存在，电机绕组就有可能与其他部件发生碰磨而导致绕组绝缘损坏，出现绕组绝缘故障。另外，人们在安装使用过程中的轻微碰磨也可能导致绝缘的局部破损。第二类故障主要是由环境因素引起，绕组绝缘结构表面和内部存在不少裂纹、针孔和微泡。当导电性尘埃和液体黏结在绝缘层表面或渗入裂纹和针孔时会构成很多漏电通道，使漏导电流大大增加，降低绝缘的可靠性。第三类故障在定子电压较高时容易发生，高压电机定子绕组在通风槽口和端部出槽口处绝缘电场分布不均。当局部场强达到临界值时，空气发生局部电离，在黑暗处就能看到蓝色火光，即电晕现象。电晕产生的热效应、臭氧和氮氧化物都会对绝缘产生腐蚀，使局部绝缘层耐压强度降低。虽然引起定子绕组绝缘故障的因素不同，但是它们的早期征兆一般都是相同的。泄漏电流增加，局部部位出现放电现象，当故障很严重时，在暗处就能看到电火花。

定子匝间短路是异步电机常见的故障，如不及时发现并采取措施往往会进一步恶化并导致相间短路或接地短路。一般可以通过探测轴向漏磁通，并分析谐波成分对定子匝间短路进行监测与诊断。但是由于漏磁通信号较为微弱，以及空间位置和大小的多变性，给测量带来一定的困难，所以采用测量定子电流的方法比较方便。导致定子匝间短路的原因很多，当电机出现定子匝间短路时，电机定子的三相电流将不再对称。在这种情况下，用信号采集设备对定子电流进行检测并进行频谱分析就可以发现，在定子电流的时域波形上除了主要的正序分量外，还会出现一定程度的负序分量。这一方法同时还需考虑电机供电电压的不平衡、负载变化等因素，因而可靠性一般。

异步电机定子铁芯中的磁通是交变的，铁芯中的磁滞损耗、涡流损耗及表面磁通脉冲损耗都将使铁芯发热而产生铁损。为了减少铁损,通常都在定子冲片两边涂绝缘层以形成隔离层。因此,大容量的同步电机和重要的异步电机,在定子铁芯叠装后须进行铁损试验,检查硅钢片的质量和铁芯是否存在局部过热的短路现象。由于单边磁拉力等原因,可能造成定子和转子相摩擦,使定子铁芯局部区域齿顶上绝缘层被磨去,并因毛刺使硅钢片间相连,致使涡流损耗增大而导致局部过热。局部产生的高温可造成绝缘物质的热分解,在电机外部可嗅到绝缘分解后挥发物的气味,此时电机往往出现空载电流加大,振动噪声也随之增大,有时甚至在机座外壳产生局部高温。

定子故障常常与绝缘失效有关,通常包括相对地故障和相对相故障。这些故障往往是从轻微的匝间短路故障开始,逐渐发展成严重的故障并最终导致保护装置动作。定子故障通常占到电机全部故障的30%~40%。引起定子绝缘失效的主要原因有:定子绕组温度过高;磁叠片间有空隙;绕组端环处松动;电机内部有油污、湿气或脏污;频繁过载起动;冷却系统失效。

定子铁芯松动往往是由于制造时铁芯压装不紧,或是定子铁芯紧固件松脱或失效。主要表征是电磁噪声增大,特别在起动时电磁噪声加剧;振动过大是铁芯松动的另一表征,铁芯松动故障不但使电机的噪声让人难以忍受,长期故障运行将导致绕组绝缘因异常振动而大大缩短寿命。

2. 转子故障

电机转子在高速运行中所承受的强大离心力同样也可能引起转子的本体故障。转了本体故障 般表现为不平衡、不对中、轴弯曲、轴裂纹及偏心等。转子发生不平衡故障时,转子产生同转频的周期性激振力,使振动增大。

笼型异步电机频繁起动、超负荷运行及其他恶劣运行条件使电机的转子温度升高、应力增大,在应力、高温及自身制造缺陷的作用下,转子导条和端环很容易开焊、断裂。如果没有及时检测到故障,电动机继续运行将增大相邻导条的应力,导致故障进一步扩大,出现多根导条断裂甚至危及整个电机。导条断裂还会引发电磁力矩不均衡,使电机振动异常和噪声增大。转子的常见故障是转子断条,分析和试验表明,当异步电动机转子鼠笼条出现故障时,定子绕组电流中会出现基频周围的边频带。

在高温条件下,鼠笼的强度降低,笼条可能出现裂纹。尤其当电机改变运行速度时,笼条必然会向端环施加制动力或加速力。如果由于负荷的长期突变或由于正常负荷的周期性变化引起电机的速度发生波动,则会在笼条和端环的连接处发生高频疲劳断裂故障;如果电机起动频繁,额外的起动力则可能引起笼条产生过热现象。

当电机转子出现断条故障时,将表现出多种故障特征,常用的电机转子故障检测方法也多种多样。依信号参量不同,故障检测方法可分为电流检测法、振动检测法、磁通检测法等,在线检测信号有瞬时功率、电磁转矩、振动、磁通及定子电流等。如对定子电压和电流进行 Hilbert 变换,并在此基础上构建瞬时无功功率,通过对无功功率进行频谱分析来判断断条故障。通过监测转子振动信号,对不同速度和负载条件下振动谱进行比较,找到正常和故障条件下振动谱的关系,判断转子断条故障。通过分析定子电流中是否出现频率为$(1\pm2ks)f_0$的特征分量($k=1,2,3,\cdots$,s 为转差率,f_0 为基波频率),来判断断条故障的发生。但由于异步电动机在运转过程中 s 很小,$(1\pm2s)f_0$ 和 f_0 相差不大,在实际测量中很容易被基波分量湮没。其次,负载发生变化,转差率也会发生变化,在频率谱中凸显出来的分量是否是要找的分量需要进一步判定,定子电流信号中的边频信号容易被主频信号所淹没。

转子端环断裂常常是由于笼条伸出转子槽外而得不到转子铁芯的支撑,以及笼条与转子的相对位移、连续的高温运行或停车,引起鼠笼端环变形,并最终导致端环断裂。下面首先来看一根端环断裂对转子电流的影响。由于电机转子端环断裂后,电机运行的对称性发生变化。所以,转子端环断裂一侧的端环电流改变,进而使导条电流和另一侧的端环电流均发生变化。与导条断裂相类似,端环断裂后引起气隙磁场的改变。图 3-5 所示为转子一根端环断裂后的转子电流,可以看出端环断裂后,断裂侧的端环电流发生了严重的不对称。

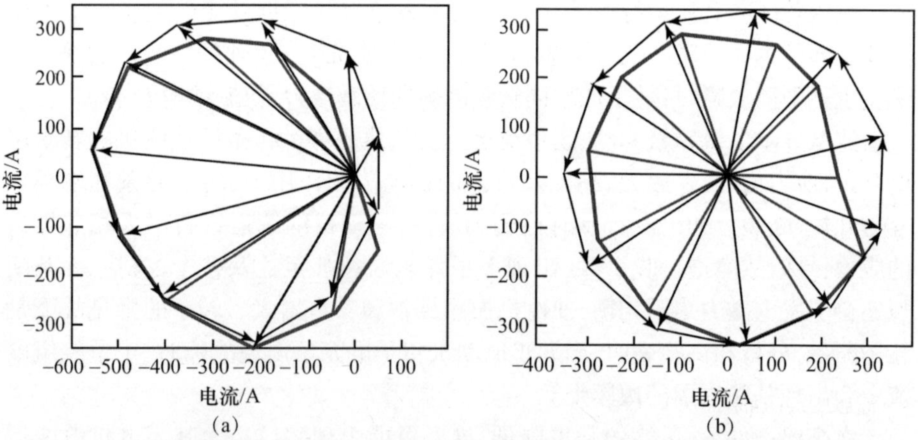

图 3-5 转子一根端环断裂后的转子电流(第 5 根断)

(a)导条电流及端环断裂的端环电流;(b)导条电流及端环未断裂的端环电流。

为便于比较,图 3-6 以模的形式给出了端环断裂前后导条电流和两侧端环电流的对比情况。一根端环断裂后,在转子同一侧相邻段的端环电流减小,相距 2QP 的端环电流也减小,而相距 22QP 的端环电流增大。在转子另一端,与断环段相对的一根端环的电流有所减少,而其他各段的电流总体变化不大(大多数段端环的电流略有减小)。端环断裂后,对导条电流影响不大,大多数较故障前略有减小。由此可以推断,因大多数转子导条电流减小,使电机输出功率减小。

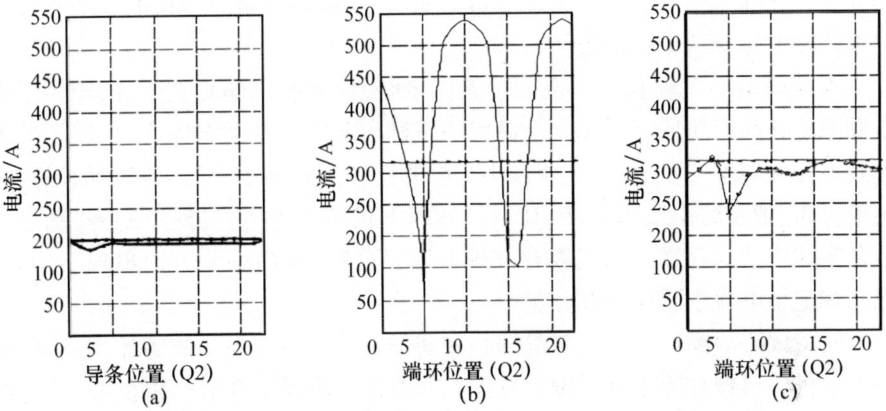

图 3-6 转子一根端环断裂前后的转子电流(模)(第5根断)

(a) 断一根端环时导条电流;(b) 断环侧端环电流;(c) 未断环侧端电流。

电气不平衡故障主要有三相电源不平衡、电机断相运行等,这些故障也较为常见。在负载运行时电机断相,使电机定子电流迅速增大,导致电机过热、绝缘老化、使用寿命缩短,甚至烧毁,这种故障危害极大。

3. 轴承故障

轴承由外圈、内圈、保持架和滚动体组成,起到支撑转子的作用。在电机运转过程中,电机过载、润滑未满足要求、轴承安装不正确及有异物进入轴承都有可能引起轴承的异常运转,使轴承磨损,腐蚀或者表面剥落等。轴承的内圈是最容易发生故障的,内圈随转子一起高速转动,在内外压力作用下很容易出现磨损、破裂等故障。

轴承故障将引起电动机异常振动,通过振动传感器监测轴承的振动信号,从振动信号中提取反映轴承故障的特征频率,是目前最直接的检测异步电机轴承故障的方法。但是,振动特征频率很容易被电动机运行噪声以及电机自身噪声淹没,其次轴承故障的振动特征频率与轴承几何形状尺寸以及电机转速等有关,诸多因素造成了提取振动特征频率的困难。目前定子电流分析法也被应用到检测电机轴承故障诊断中。轴承故障引起气隙振动,使气隙磁通发生畸变,从而在定子绕组电流中出现相对应的谐波分量。因此,从定子电流的波形提取相对应的特征分量,就能实现轴承故障检测。

4. 气隙偏心

气隙偏心有静态偏心和动态偏心。静态偏心是电机自身原因造成的,如由定子铁芯内径的椭圆度及装配不正确等原因,与转子转动位置无关;动态偏心在空间位置上随时间变化,由机械共振、轴承磨损等因素造成的。由于偏心导致的气隙不平衡,产生不平衡的电磁拉力,引起电机的振动,最终导致电机轴承的破坏。在转子受热不均匀时表现得更加明显,偏心严重时电机的定子和转子发生碰撞摩擦导致电机的破坏。

当径向最小气隙长度在空间位置固定时,称为静态偏心,这是由于转子中心椭圆或在既定阶段转子和定子位置不正确引起的。在动态偏心时,转子的中心并不在旋转中心。因此,气隙最小长度的位置随着转子旋转。导致的原因有转轴弯曲、轴承磨损或未对准、在某一转速下机械共振等。静态偏心和动态偏心在实际中共同存在。当气隙存在偏心时,气隙磁导沿圆周方向出现不均匀,从而在定子电流中感应谐波分量。

气隙偏心故障产生的气隙静偏心和动偏心故障虽占电机故障比例不高,但异步电机各机械故障大都与偏心有关。气隙偏心故障主要有气隙磁通、不平衡磁拉力、定子振动及定子电流信号等检测方法。但由于多种因素的制约,目前在线检测气隙偏心故障的广泛依据还是电流及振动信号。电流监测法的局限性在于故障频率受电机结构影响且基波附近的故障信号容易被淹没。振动监测可以弥补电流监测法的一些不足,但易受周围环境的干扰。

由于电机定子与转子之间的气隙很小,气隙偏心往往也会成为电机其他故障的诱因,如振动值超限、定子与转子相擦等。气隙偏心可使沿气隙周围方向的磁导分布不均,造成气隙磁场的不对称分布,这种不对称分布将在定子电流中以谐波的形式反映出来。

另外,利用电机的振动和电流信号,也可以监测电机的不同故障。利用安装在电机减速机的轴部、电机头部、电机尾部、电机底座等部位的加速度传感器来测取原始振动信号,振幅和频率可供测量和分析用,某些故障现象确实与一定的频率有关。但实际上,一种故障往往与一种以上的特定频率的振动有关。

以定子电流为依据,分析其频率成分也可以达到诊断故障的目的。当定子发生故障时,定子电流中将出现谐波分量。尤其是当定子绕组发生匝间短路时,定子电流中将产生较强的谐波。研究表明,这些谐波中 3 次谐波和 5 次谐波增量较为明显,尤其是 5 次谐波增加得最多。这些谐波分量就可以作为电机定子故障的特征量。当三相电流不对称时,定子三相电流相位对称关系遭到破坏,定子三相电流彼此间的相位差也可以作为匝间短路故障的特征量。当电机轴承发生故障时,将引起电机转轴异常振动。这种振动又引起电机内膛气隙振动的异常,使气隙磁通受到调制。经调制的磁通又在定子绕组中感生出相应的谐波电流。因此,可以通过定子电流的波形分析和频谱分析,提取与振动相对应的谐波分量,从而实现轴承故障的诊断。

定子电流的频谱分析是监测和诊断电机故障的有效方法,它可以诊断出电机定子匝间绝缘下降、转子绕组故障、转子气隙偏心以及轴承方面的一些故障。电机各种故障的振动及电流特征频率如表 3-1 所列,电机主要故障及其症状如表 3-2 所列。

表 3-1 各种故障对应的振动及电流特征频率

故障类型		特征频率 f
	正常运转	f_0
转子	气隙偏心故障	$\begin{cases} f_0 \pm f_r & \text{(振动)} \\ \left(kQ_2 \pm n_d \dfrac{1-s}{p} \pm \nu\right) f_0 & \text{(电流)} \\ f_0[(Q_2 \pm n_d)(1-s)/p \pm n_0] & \text{(振动)} \end{cases}$
	不平衡故障	kf_0(振动)
	断条故障	$\begin{cases} [k(1-s)/p \pm s] f_0 \\ f_0 \pm kf_b \\ f_0 \pm f_r \\ (1 \pm 2s) f_0 \end{cases}$ (振动)
定子	绕组故障	$(1 \pm 2s) f_0$ (电流)
		$\begin{cases} f_0 \\ 2f_0 \\ 4f_0 \\ 6f_0 \end{cases}$ (振动)
	匝间绝缘下降故障	$(k \pm 2m(1-s)) f_0$ (电流)
滚动轴承	内滚道故障	$0.5Zf_r\left(1+\dfrac{d}{D}\cos\beta\right)$ (振动)
	外滚道故障	$0.5Zf_r\left(1-\dfrac{d}{D}\cos\beta\right)$ (振动)
	滚珠故障	$0.5\dfrac{D}{d}f_r\left(1-\dfrac{d^2}{D^2}\cos\beta\right)$ (振动)
	非线性特征故障	$\begin{cases} \left(f_r, \dfrac{f_r}{2}, \dfrac{f_r}{3}, \cdots, \dfrac{f_r}{k}\right) \\ (f_r, 2f_r, 3f_r, \cdots, kf_r) \end{cases}$ (振动)
	轴承故障	$f_0 \pm kf_r$ (电流)
	保持架故障	$0.5f_r\left(1-\dfrac{d}{D}\cos\beta\right)$ (振动)

注:f_r 为转子旋转频率;$n_d = \begin{cases} 0, \text{静态偏心参数} \\ 1, \text{动态偏心参数} \end{cases}$;$\nu = \pm1, \pm3, \pm5, \cdots$ 为定子谐波的频率。

表 3-2 电机主要故障及其症状

故障部位	故障类型	故障症状
转子故障	导条断裂 端环断裂 转子不平衡	效率降低 有噪声
定子故障	相绕组开路/短路 绕组匝间短路 铁芯绝缘破坏 铁芯松动	气隙电压和线电流不平衡 转矩脉动 平均转矩减小
轴承故障	轴承部件损坏 轴弯曲 轴不对称	机壳过热 振动增大

3.2 船舶直流综合电力系统的结构及特点

船舶直流综合电力系统(IPS)主要由交流发电机组、整流器、直流配电板、能源管理系统、逆变器、推进电机、储能设备、电力变压器和日常负载等组成。发电机组产生三相交流电,经整流器整流滤波接入直流母线。直流配电板负责为在网所有设备的用电进行分配。推进电机经逆变器从直流母线取电,带动螺旋桨转动。在中压直流电力系统中,日常负载、通信和导航设备等都通过逆变器和变压器从直流母线得到所需的电能,电能质量好、谐波含量少。

尽管不同类型直流组网系统的原理一样,但具体技术路线和细节的不同也会导致性能上的差异,3 种技术方案比较见表 3-3,船舶直流组网系统主要组件选型见表 3-4。同步发电机+晶闸管组合 BlueDrive PlusC 方案必须同时同步地调整转速,而异步感应发电机+全控整流组合电源组(E-PP)方案的发电机组可以各自独立调节转速,使能耗更低。

表 3-3 船舶直流组网技术性能比较

性能	Onboard DC Grid	西门子 BlueDrive PlusC	E-PP
发电机调速范围	一般	一般	广
增机时间	一般	一般	短
冷起动时间	长	长	短
故障选择性	一般	一般	好

表 3-4 船舶直流组网系统主要组件选型

组件	Onboard DC Grid	西门子 BlueDrive PlusC	E-PP
发电机	同步发电机	同步发电机	异步发电机
整流器	晶闸管	晶闸管	绝缘栅双极晶体管（IGBT）
直流保护	隔离开关/高速熔断器/可关断功率器件	电子式母排断路器（ILC）	直流断路器
逆变器	IGBT	IGBT	IGBT
推进电机	异步感应电动机/永磁同步电动机	异步感应电动机/永磁同步电动机	异步感应电动机/永磁同步电动机

船舶的直流电网可以被当作是多个直流链路的延伸，保留了大部分交流电网中的交流发电机、逆变器模块、交流电机等设备，去除了交流系统中的配电板和推进变压器，即把交流电网中的整流器重新布置到发电机输出端，推进电机侧只需要逆变器，其具有以下主要优点。

（1）节能。发电机组仍然采用成熟可靠的交流发电机组，但对其频率不再有要求，因此船舶发电原动机可以变速运行，能够根据船舶所需负荷调整其转速，可使其工作在最优的能耗曲线上，减少油耗和排放。图 3-7 比较了不同负荷下变速和恒速柴油发电机组的油耗，可以发现，变速柴油发电机组油耗趋于稳定且相对较小，而恒速柴油发电机组的油耗随负荷减小而增大。负荷越小，两者油耗相差就越大，但差距随负荷增加而变小，在负荷大于 80%发电量时，两者油耗相当。变速柴油发电机组在低负荷下节省燃油更明显。此外，趋肤效应（电流集中在导体外表薄层的现象）不会发生在直流电缆中。因此，电缆的能耗损失可以减少 15%~20%[37]，同时还可以减轻电缆的重量。

（2）节省体积和重量。省去了配电板和推进电机所需的变压器，直流 IPS

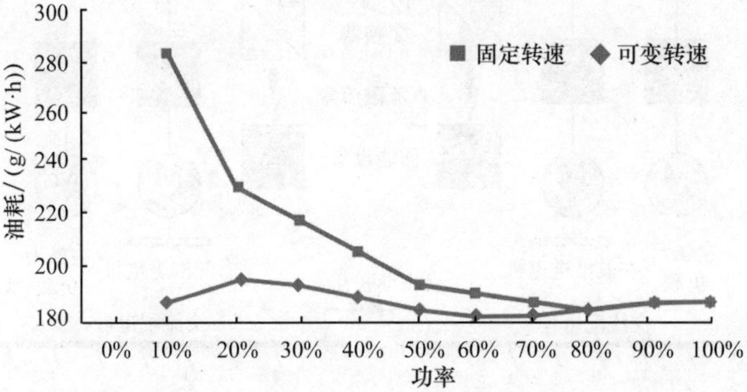

图 3-7 不同负荷下变速和恒速柴油发电机组燃油消耗量对比

减少系统的重量和体积多达 30%[38]。

(3) 安全。直流电对人体更安全,因为直流电放电对人体的伤害低于交流电[39]。

(4) 储能系统(ESS)兼容性好。直流 IPS 与蓄电池、超级电容等储能装置的兼容性好。

(5) 快速并网。消除了交流系统中并网同步问题,发生故障后,应急发电机可以更快速地投入运行。

(6) 电能质量好。采用 SPWM 技术的逆变器直接从直流母线取电,再经过变压器给负载供电,所得到的交流电电能质量比交流 IPS 更高。

船舶直流配电式电力推进系统与传统交流配电式电力推进和柴油机机械推进相比,一个巨大优势是能够通过使用变速发电机组来提高系统效率,减少能源消耗和废气排放。直流 IPS 的配电方式主要有径向结构和环形母线结构。普通渡轮和客轮等采用传统的径向配电结构,发电机组、电力推进系统和通信系统等连接到一个单一的公共直流母线,径向配电结构如图 3-8 所示[40]。这种配电方式可靠性差,直流母线两侧任何设备故障都有可能导致电力系统瘫

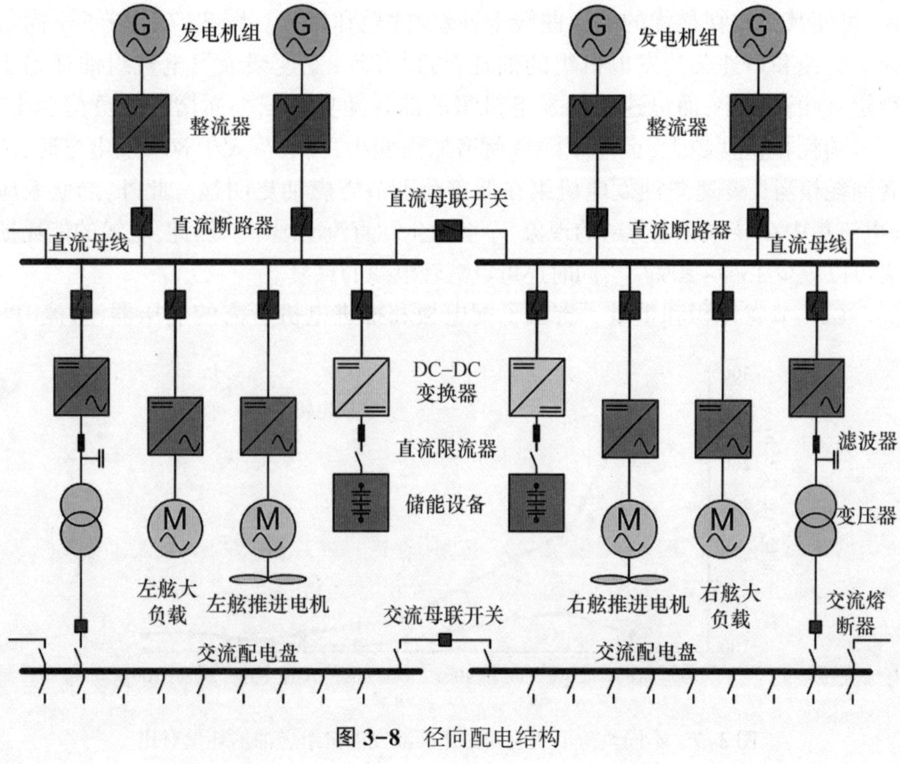

图 3-8　径向配电结构

痪。因此,军舰、科考船等对电网可靠性要求高的船舶采用环形母线配电结构,环形母线配电结构如图 3-9 所示[41]。这种架构采用分区域配电(ZED)方式,特点是直流母线穿过船舶周边,并将直流 IPS 分成多个区域,且每个区域配备独立电源来提高电力系统的可靠性。

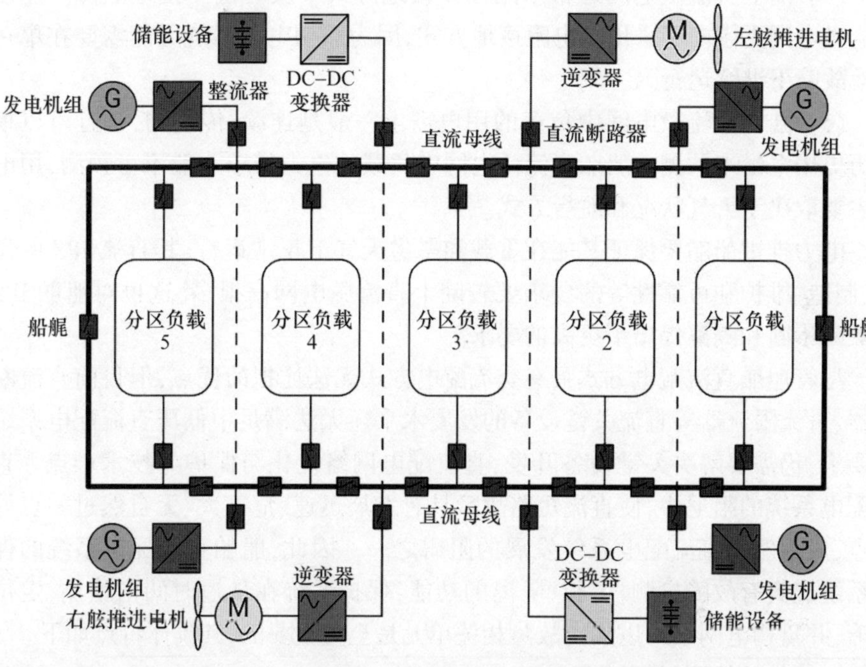

图 3-9　环形母线配电结构

船舶直流 IPS 具有多种形式配电结构,并且以孤岛方式运行,在系统的配电方式、结构和故障表现等许多方面与陆上直流微电网相似。因为都是独立的有限惯性电力系统,具有高渗透率的电力电子接口。虽然可以借鉴陆上直流微电网的技术和经验,但仍存在许多不同之处,具体如下。

(1) 发电机组发生故障时,陆上直流微电网可以连接至稳定的公用电网,保证直流微电网系统内设备的正常运行。然而,采用直流配电系统的电力推进船在码头才能通过“船-岸”接口与岸电连接,且只能以船岸模式运行;离开码头时,只能通过自身的 FMS 保障船舶电力系统正常运行。

(2) 陆上直流微电网可以接入许多新能源,如太阳能、风能等可再生能源。由于船舶设计时对重量和尺寸的要求,以及这些新能源效率低和电能质量差等原因而很少在船舶上应用。目前,船舶直流 IPS 的电源主要采用变速柴油机或燃气轮机作为交流发电机的原动机。

(3) 在某个或几个发电机组因故障而离线时，由于系统供电量不足，陆上直流微电网和船舶直流 IPS 都需要减去部分负荷以维持电力系统正常运转。陆上直流微电网中的各设备优先级和离线顺序是提前设定好的，而 IPS 中各设备离线顺序则需要根据船舶的航行模式而定。

(4) 陆上直流微电网通常采用固体接地方式来及时检测接地故障。船舶直流微电网更倾向于采用高电阻接地方式，因为船舶电力系统可能需要在单一接地故障下继续运行。

(5) 陆上直流微电网中负载的用电需求一般是连续、传统的，并且可以根据历史用电量来预测。船舶直流微电网中负载的电力需求一般不可预测，用电量主要取决于天气状况和航行方式。

电力推进船舶要保证其能在重载和恶劣天气下正常运行，其直流 IPS 的设计、制造、维护和可靠性等的要求要较陆上直流微电网高很多，这也对船舶 IPS 的故障诊断和隔离提出了更高的要求。

尽管船舶直流配电方式具有交流配电方式无法比拟的优点，但目前直流断路器、直流限流器等直流关键设备的发展水平还无法满足中低压直流配电系统的要求，仍需要解决关键设备开发、直流配电网络优化与保护等技术难点。直流配电系统的阻尼小，使直流短路故障具有发展迅速、危害大、无自然过零点等特点，成为船舶直流配电系统发展的阻碍之一。因此，船舶直流配电系统的保护系统应具有故障检测、定位、隔离的功能，保护系统在最短时间内检测、定位故障，并重构电网结构以隔离故障相关单元是至关重要的，其具体特点如下。

(1) 故障检测时间要求。

直流短路电流增长速度非常快，瞬态电流可能会损坏电力电子器件，保护系统必须在极短时间内完成检测和隔离的任务。

(2) 故障检测的要求。

传统的船舶交流配电系统采用单元和非单元保护的选择性协调运行策略，即发电机组部分采用测量输出电压和电流，其余部分的保护通过延时本地点信号的方式，多端系统采取使用各端电流或电压的方式。显然，延时方式不适用于船舶直流配电系统。船舶直流配电系统短路电流是直流链路电容器瞬时放电电流和发电机组、ESS 等提供的稳态电流的总和。目前船舶直流配电系统故障保护系统主要面临的问题有以下几个。

① 快速增加的短路电流。由于直流配电网络低阻尼的特点，故障产生的大电流几乎会影响整个配电网络。

② 直流电流缺乏自然过零点。不同于交流短路故障，直流短路电流的切断会产生电弧，灭弧工作是必需且困难的，因此必须研制能够熄灭电弧并隔离故

障的直流断路器。

③ 电力电子器件的拓扑结构决定短路电流的大小。文献[42]基于晶闸管拓扑结构的电压源整流器,提出交流断路器与快速直流开关的组合,使用交流断路器清除直流短路故障。文献[43]基于IGBT拓扑结构的电压源整流器,IGBT器件在短路期间关闭以进行自我保护,但发电机组仍可以通过整流器中的续流二极管向故障点输送电能,直至交流断路器工作。

④ 滤波器影响故障电流的大小。与直流配电网络连接的滤波器在短路期间储存了非常多的电能,这些能量必须及时耗散或转移。

⑤ 接地方式的影响。船舶直流配电系统有不接地、高电阻接地和单极接地3种,为了提高船舶生存能力,通常采用高电阻接地方式。

⑥ 脉冲负载的影响。空调压缩机、船首侧推器、雷达等脉冲负载具有高瞬态功率特点,正常工作时电流也会短时间内快速增长,导致保护系统很难区分。

(3) 通信的要求。

船舶交流配电系统中的数据传输遵循IEC61850标准,会产生大约3ms的通信延迟,而直流配电系统通信延迟应限制在1ms内。

(4) 电流传感器要求。

合适的传感器在配电系统发生短路时可以快速、准确地跟踪和测量电流波形,有多种类型的电流传感器可以测量短路电流,如传统的磁性电流互感器、霍尔效应传感器、Rogowski线圈等。几种主要电流传感器的特点比较见表3-5。

表3-5 主要电流传感器的特点比较

电流传感器特点	磁性电流互感器	霍尔效应传感器	Rogowski线圈
成本	一般	高	低
测量范围内的线性度	一般	差	好
大电流测量能力	好	好	非常好
饱和及滞后问题	存在	存在	不存在
电流饱和问题	存在	存在	不存在
温度影响程度	低	高	非常低
直流偏移问题	不存在	存在	不存在

传统的磁性电流互感器容易饱和,Rogowski线圈适用于船舶直流配电系统故障电流的检测要求。根据安培定律和法拉第定律快速测量并跟踪高频交流电流和脉冲电流,该传感器具有成本低、非侵入式、无饱和以及可忽略的直流偏移等优点,但也存在需要额外电源、无法测量稳定电流等主要缺点。因此,研究Rogowski线圈的特点,改进其不足之处,最后将其应用在直流配电网络的故障

检测系统中非常重要。

船舶 IPS 不断发展的同时,故障检测和定位方法也在不断完善。传统交流配电系统基于过流的继电器保护和距离保护等方法已经非常成熟,交流断路器(ACB)能够将最小的一部分故障从系统中隔开,但难以实现中压和高压直流配电部分快速可靠的故障定位和隔离,仅适用于整流器交流侧的发电机部分。直流配电部分中直流故障阻尼小、发展速度快、危害大,其短路电流上升非常快,上升速度通常在 kA/ms 量级[44],且短路电流没有零点,这就要求直流系统保护设备能够在极短时间内完成短路故障的检测、灭弧和隔离工作。这些需要直流断路器(DCB)在极短的时间内完成短路故障的诊断和保护,这是一个非常艰巨的任务,而且随着直流电压的升高而变得更加困难。目前,短路故障的诊断和保护已成为中压直流配电系统发展中遇到的瓶颈之一[45],在不同电压等级和不同用途船舶的直流 IPS 上设计与之相对应的故障管理系统(FMS)非常重要。

3.3 船舶直流综合电力系统的典型故障

直流 IPS 系统复杂,设备众多,任何组件都可能发生故障,发生连锁反应引起系统其他部件故障,严重时可能导致全船电力系统崩溃,一个合适的故障管理系统可以预防甚至避免这种情况的出现。故障发生时间非常短但破坏性很强,这对诊断和隔离时间要求更严格。船舶直流综合电力系统组成如下。

1. 变速交流发电机组

1) 变速柴油机

发电机组的原动机通常采用变速柴油机。柴油机主要由曲柄连杆机构(连杆、曲柄、曲轴、轴承和飞轮)、燃烧室部件(气缸、气缸盖、活塞)、燃油系统(喷油器、燃油管)、调速器、机座、机架、贯穿螺栓等。柴油机部件多、振动源多,既有往复运动又有回转运动,工作复杂程度高,故障较多,很容易发生耦合故障。限于篇幅,这里便不再赘述,具体内容可见其他章节。

2) 同步发电机

船舶直流 IPS 主要由无刷同步发电机(SG)供电,励磁机的电枢绕组安装在转子轴上,并通过旋转二极管整流器为主发电机的励磁绕组供电。同步发电机主要由定子、转子、轴承等组成,有机械和电气两种故障,包括相间或匝间短路、定子绕组接地、轴承磨损或开裂、气隙偏心、过磁或失磁等。SG 故障的发生受船舶航行状况和机舱环境等影响,如船舶晃动、负载突变和润滑不良会引起绕组松动、轴承磨损、高温、油污、电压不平衡都会间接或直接加速绝缘层老化。出现故障之前,通常会伴有机械、电磁、声学、电气以及绝缘系统变化的征兆。

定子绕组承受严重的热、电和机械力,其绝缘性能非常重要,一旦发生故障,后果通常是灾难性的。SG 转速降低时,励磁机会向励磁绕组提供过大的励磁电流,使发电机输出电压恒定,这可能会使励磁绕组过热;发电机频率降低会使磁通量增加,这可能导致过磁通,铁芯长期保持过高的磁通密度,会因出现感应涡流而过热,从而损坏铁芯周围的绝缘材料。发电机定子故障主要是电气故障,包括定子绕组相间、匝间短路及绝缘性能的下降。转子故障有机械故障和电气故障,其中电气故障主要是励磁系统,包括励磁绕组匝间或相间短路、旋转整流器短路或开路。机械故障包括转子弯曲或开裂、偏心等;轴承也是容易发生故障的部位,常发生磨损、断裂等故障。

2. 整流滤波器

整流器是直流 IPS 不可缺少的设备,整流器将发电机组恒定的交流电转换为直流电,直接决定了直流电能质量。有多种拓扑结构的整流器可供选择,如二极管、晶闸管、有源整流器和多电平转换器(MMC)。

整流器的故障主要考虑二极管、晶闸管、绝缘栅、双极晶闸管(IGBT)等元件的故障,有短路和开路故障。整流器元件被击穿而发生短路故障是最危险的,一般通过集成在驱动模块的保护电路实现短路故障的监控。对开路故障,由于其往往引起的是系统输入、输出侧信号的变化,因此易导致系统二次故障。

3. 储能设备

脉冲负载是指频繁消耗大量电能的设备,推进电机、空调压缩机、船首侧推器等大功率周期性快速变化的脉冲负载给电网安全和稳定运行带来很大压力,特别是电力推进系统容量高达发电机组总容量的 80%。具有快速充放电的储能设备是有效补偿脉冲负载功率需求,避免 IPS 电压崩溃的唯一解决方案。锂离子电池能量密度高、自放电率低、技术成熟,使用锂离子电池组补偿脉冲负载的功率需求,电池组会产生非常大的放电电流。目前船舶电池采用微循环运行方式,对电池寿命会产生不利影响。船用锂电池组的故障主要有正负极颠倒、自放电过大、漏液等。从使用寿命来看,电池是直流船载设备中最昂贵的部件。超级电容器(UC)被认为是未来最有潜力的储能装置之一,比电池更适合减轻 IPS 中脉冲负载的影响,具有极长的使用寿命、充放电效率高和时间短等优点,但能量密度低。超级电容器故障分为瞬变故障和缓变故障。瞬变故障如爆燃等,缓变故障有电热击穿、容量衰减、外壳软化等。对超级电容器故障检测研究主要是生命周期预测和健康状态检测。应当强调的是,储能设备的电压和内部电阻决定了其故障电流的大小。

4. 直流配电网络

电缆连接电源和负载,承担输送电能的任务。船舶在海上移动的工业环境决定了电气设备运行条件比陆地上恶劣,因此对船舶直流电网的安全要求比陆地上要高。船舶直流 IPS 主要故障有两极短路、开路和正极或负极接地。电缆长期处于含有盐雾、油雾、霉菌等空气中,伴随着过载、老化、人为原因、船舶摇晃、振动和缺乏维护等原因,都有可能造成电缆短路和开路故障。直流电网故障阻尼小,短路故障发生后,直流链路电容器快速向故障点放电,造成故障处电流快速上升和电压快速下降。推进电机、储能设备、变压器等设备连接到公共直流总线,总线故障会损坏这些设备。

5. DC-AC 转换器

DC-AC 转换器是现代直流电力推进船中电能转化和电机驱动必不可少的器件,通常采用传统的两电平或三电平拓扑结构的 DC-AC 变换器。这两种拓扑结构成熟可靠、电路结构简单、控制策略简单。随着系统直流电压水平的提高,传统转换器已达到耐压极限,无法满足直流中压配电系统发展的要求。幸运的是,多电平转换器可以满足高电压和大功率的要求,是未来发展的方向之一。由于频繁导通和关断、大电流冲击、过电压、过电流、过热或错误的驱动信号,使功率开关器件成为转换器中最脆弱的元件之一。逆变器大约一半的故障是功率开关器件的短路和开路故障[45],绝缘栅双极型晶体管(IGBT)是目前使用最多的功率开关器件。功率开关器件的短路故障存在时间非常短(通常在10μs 以内)且电流非常大,会短时间烧毁转换器。目前一般采用成熟的硬件保护措施,应用较广的是在电路中串联快速熔断器,将 IGBT 短路故障转化成开路故障,然后进行故障诊断。功率开关管的开路故障通常会持续一段时间,导致转换器输出交流电压不平衡,推进电机短时间可以正常运行。若转换器长时间开路运行,其余 IGBT 将会流过很大的电流造成二次故障。

6. 电力变压器

船用直流 IPS 省去了推进电机所需的体积大、重量重的变压器,而采用体积小和重量轻的变压器为日用负载、高精度设备等提供高质量交流电源。电力变压器结构复杂,主要由铁芯、绕组、绝缘油箱、分接开关等部分构成。复杂的结构和耦合关系使得无论其哪个部分发生问题都会导致变压器的故障发生。绝缘油在电场下为变压器提供绝缘和散热,浸于其中的铁芯、绕组等发生故障会产生一氧化碳等特征气体,溶解于绝缘油中。电力变压器内部铁芯损坏或硅钢片之间绝缘老化,会产生循环涡流,使铁芯过热。电力变压器受到外部短路电流冲击、过负荷长时间运行、绕组绝缘老化或损坏等情况时,会造成绕组匝间短路,同相的初级和次级绕组短路故障,会造成变压器损坏。铁芯和绕组故障都会产生热量,并伴随着绝缘油成分的改变。因此,绝缘油中溶解的气体含量和成分能够反映电力变压器绝缘老化和故障程度。

7. 推进电机

电机是船舶推进系统的核心,承受着螺旋桨传递来的脉动转矩。船舶采用的推进电机主要有两种类型,即感应电动机(异步)和永磁同步电机(PMSM)。异步感应电机具有结构简单、维护成本低、寿命长等优点,克服了直流电机易损器件换向器和滑环的失效,目前已成为船舶工业的主力。感应电机存在的问题之一是起动电流比较大,通常为额定电流的4~7倍。传统交流配电方式的电力推进船大多采用异步感应电机作为推进电机,为防止起动时引起电网崩溃,通常采用转换器将电流限制在特定值以下,从而平稳起动。目前应用在电力推进船舶的单台感应异步电机功率达到20MW。PMSM的转子为永磁体,转子无电能损耗,具有更高的能效和功率密度。在航运业节能减排的背景下,PMSM成为电力推进船的首选。得益于其无法比拟的优点,更大功率的PMSM也逐渐应用于船舶,如西门子为新造船舶提供5~23MW的电动吊舱系统SISHIP SiPOD-M/-T的电力推进方案。这种吊舱式推进器方案是电力推进船发展的一个趋势[46],推进电机安装在船尾下方可旋转的吊舱中,进一步节省了船舶空间。PMSM主要有定子故障、转子故障和轴承故障。定子故障主要是定子绕组的开路和匝间短路,这是由绝缘层老化、过载、负荷冲击、潮湿等引起的。短路故障是PMSM最危险的故障,会导致拖曳扭矩、电机过热、永磁体退磁等;转子故障主要有转子偏心、永磁体退磁等,转子高温是造成退磁的主要原因,磁动势会因永磁体退磁而不再对称,这是一种不可逆的磁通损耗。轴承故障主要是润滑不良、负荷冲击或过载等因素引起的。

3.4 船舶直流综合电力系统的故障诊断

船舶直流IPS是一个规模小、安全要求高的小型独立电网,采用先进的变速发电装置和直流配电方式,系统组件紧密耦合,布置在狭小的机舱内,尤其是系统的直流电压和功率不断增加,多终端配电网更加复杂,这对系统内不同组件故障的准确快速检测、定位和隔离是个巨大的挑战。直流IPS故障检测、诊断、隔离和重构方案还处于早期发展阶段,目前主要的故障诊断方法包括以下几种。

3.4.1 变速发电系统的诊断

1. 变速柴油机

自柴油机问世以来,人们便一直研究能够准确、快速、便捷地检测柴油机运行状态的技术。通过获取柴油机的振动、噪声、温度等状态参数,使用振动和噪声分析、油液分析、热工参数分析等方法，评估设备的健康状况。一个好的柴油机检测技术能够在故障早期或损坏之前发出预警。热工参数（温度和压力）监测只能检测后期故障[48]，而滑油分析和振动监测技术能够检测早期故障。柴油机监测技术已经相对成熟，时域、频域和时频域的分析方法在柴油机的故障诊断上取得了很好的效果。柴油机既有回转运动又有往复运动，振动和噪声源多且复杂，故障原因和特征参数值之间表现为复杂的非线性映射关系，这增加了故障诊断的困难。

2. 同步发电机

ABB 公司推出的 Onboard DC Grid 和西门子公司推出的 BlueDrive PlusC 直流组网技术都采用同步发电机和晶闸管组合的方案。目前对发电机的故障诊断研究主要集中在感应式发电机，而同步发电机由于结构复杂等原因研究相对较少。据统计，定子绕组故障为 60%，转子绕组和轴承故障分别为 13%。可见，定子故障发生率最高，也是最危险的故障。

1） 定子

定子绕组长期承受高温、机械应力、磁力等，会导致绝缘退化或短路，甚至损坏定子铁芯。定子绕组故障主要有相间短路、相接地短路和匝间短路，约是同步发电机总故障的 39%[47]。相间短路和相对地短路虽然比匝间短路故障严重得多，但匝间短路故障不会显著影响发电机的输出电流，是定子故障中最难检测的故障。人们专注于探索短路故障检测的新技术，而很少研究监测绝缘退化的方法。目前，船舶上大多采用定期离线检测方式来确定绝缘情况，常用的离线检测方法有绝缘电阻（IR）测试、局部放电（PD）测试、极化指数（PI）/介电吸收（DA）、电容（C）或损耗因数（DF）tanδ 测量、浪涌测试、HiPot 测试等。IEEE 也针对不同测试方法制定了相应的标准，如 IR 测试（标准 IEEE 43—2000）。这些检测方法都具有一定的局限性，大多无法检测匝间短路故障。浪涌测试和 HiPot 测试虽然可以检测匝间短路，但测试环境严酷，可能会损坏绕组。PD 测试是检测定子绕组绝缘情况最有效的方法之一，既可以离线检测，又可以在线检测。

目前，普遍使用磁通量、电压、电流或它们的组合来检测定子绕组故障。电机中几乎所有的故障，都会引起磁通的变化。发电机无故障时气隙中的气隙磁动势（MMF）在时间和空间上是正弦曲线，短路故障发生后，气隙 MMF 会出现失真现象。通常，通过搜索线圈（SC）磁力计、霍尔效应传感器等测量气隙磁通量的总谐波失真（THD）来诊断短路故障。

基于电气特征分析（ESA）（主要是定子电压和电流）的方法更受欢迎，这种方法不需要额外的传感器，对设备无影响，并且更可靠。短路故障直接体现在电流和电压上,大型同步发电机定子故障非常严重,传统的过电压继电器和过电流继电器属于后期故障保护,并且会造成停机,通常将其作为最终保护。适用于早中期保护方案的有电流差动保护、3次谐波差分电压保护、中性线过电压保护等。电流差动保护的基本原理是无故障时发电机的三相电流差几乎为零,定子绕组出现短路故障时,差值会增加。这种方法可以检测定子绕组相间故障和匝间故障。然而船舶发电机通过高阻抗接地,故障产生的电流很小,很难准确检测到定子绕组接地故障。振动、转子电流的偶次谐波等也可以检测定子绕组故障。

2) 转子

转子中的故障主要是绕组短路、旋转整流器短路或开路、气隙偏心,绝缘老化、过热和机械应力等是转子绕组短路的原因。转子绕组中的励磁电流为直流电流,因此许多定子绕组短路故障的检测方法对其已不再适用。由于绕组位于旋转的转子上,无法获得相电流和整流电压,增加了检测难度。转子绕组匝间短路后,受影响极的总安培匝数将减少,气隙磁通密度分布也因此变得不对称,磁通量和振动信号是目前检测转子绕组短路的主要参数。相比于采用侵入式传感器的磁通检测方法,采用SC磁力计、射频传感器等非侵入式传感器的杂散磁场检测方法更受欢迎,因为传感器安装方便且对机器本体无破坏,杂散磁通频谱中的频率可以诊断转子绕组故障。

过压、过流、高温和旋转引起的离心力等容易造成旋转整流器损坏,其主要故障是二极管的短路和开路。文献[49]依据检测二极管故障所采用的信号类型,将监测参数分为以下3类。

(1) 额外的搜索线圈。通过安装在定子槽或磁轭上探测线圈感应出的电压或磁通,采用电压频谱特征或极磁通的谐波含量等方法来检测整流器故障。但基于搜索线圈的诊断方法仅能检测二极管故障,而无法定位故障。

(2) 主励磁机和发电机的电压/电流。这些参数包含整流器的故障信息,能够测量到。

(3) 主励磁机转子电流。主励磁机的转子绕组连接旋转整流器,转子电流包含整流器所有的故障信息。主励磁机转子采用无刷结构,转子电流无法直接测得,必须估计。但计算量较大,难以应用在变速发电机中。

应该注意的是,目前对变速发电机的自动电压调节器(AVR)研究较少。一个性能好的AVR能够在发电机转速变化时可以快速调节励磁电流,恒定地输出设定电压而不会损坏机器本身。然而,为了在转速减小时还能输出预先设定的恒定电压值,AVR会促使励磁系统产生非常大的励磁电流和磁通量,这可能会使绕组产生过热现象。目前配备在船用恒频恒压交流发电机中

基于 V/f 比的磁通限制器已不再适用。变速发电机的保护应当与励磁系统和AVR 相配合，励磁系统在安全范围内提供最大的励磁电流和磁通，AVR 适当调整参考电压。

3）轴承

目前已经研究出多种方法来诊断同步发电机的轴承故障，振动分析仍然是轴承故障诊断最常用的方法，因为无须拆卸轴承便可方便地获取振动信号。FFT、均方根（RMS）、熵（E）、局部均值分解（LMD）等时域、频域和时频域技术已经广泛应用在振动特征提取上，其中时频域被认为是先进可靠的方法。应该注意的是，船舶振动源较多，振动信号中含有较多的干扰成分，在对振动信号分析之前，应当对其进行预处理，以减少或者去除这些干扰。

3.4.2　整流器的诊断

所有电力电子电路故障的检测都很困难。功率转换器是直流 IPS 中最脆弱的器件之一，基于晶闸管和 IGBT 的整流器均应用于直流 IPS，但更多的是采用晶闸管方案的整流器，常见的故障是短路和开路故障，基于晶闸管方案的整流器中晶闸管的故障率高达 60%[50]。

整流器故障诊断主要依据器件的电压或电流信号，这些信号通过测量或估计获得[50]。诊断方法主要采用基于模型的方法、基于数据的方法和人工智能方法。短路发生时间极短，针对短路故障的研究成果很少，目前通常采用硬件的方式进行保护，如每个晶体管安装快速熔断器和整流器配备故障限流器等硬件保护措施。但文献[51]提出，安装熔断器的方法保护时间长，且无法避免晶体管遭受高瞬态电应力的冲击。故障限流器是整流器短路保护最有效的方式之一，通过限制短路电流上升速度和容量的方式减少故障产生的危害，这也使算法检测、定位和隔离短路故障成为可能。

晶闸管开路故障使直流母线电压产生纹波，允许短时间运行，系统有充足的时间检测并隔离故障，因此人们重点研究针对开路故障的诊断方法。基于模型的整流器诊断方法其模型很难精确建立，且鲁棒性差。数据驱动方法和人工智能方法广泛应用在整流器的故障诊断中。基于模型的方法和数据的方法大多属于残差的思想，即故障时晶闸管的测量值与参考值之间的差值会增加。目前整流器故障诊断方法中的故障特征提取主要有两大类：一类是直接晶体管故障特征参数提取，如利用晶体管故障前后电流变化、电阻变化、电压变化等，需要较多的电压和电流传感器来探测整流器内部的电气信号，增加了系统成本和复杂程度，同时也降低了系统的可靠性；另一类是利用整流器故障对输入和输出特性的影响，如利用交流网侧相电流、直流侧电压等系统已有的监测信号。

从这些信号中提取出故障特征信息,再采用不同的分析方法诊断故障类型和严重程度。与 DC-AC 逆变器相比,对 AC-DC 整流器的故障检测研究很少,两种变换器的功能和工作模式不同,因此故障现象区别也很大。

基于数据的诊断方法有以下几种。

1. 最小-最大平均法

该方法需要测量每相直流电流值。整流器在没有故障的情况下每相平均值为零且最大值与最小值相等。故障发生后,故障相电流平均值不再为零,最大值或最小值也会发生改变。该方法可以同时检测晶体管短路和开路故障,计算量小,但故障检测需要一个基本周期,且需要安装较多的电流传感器。

2. 门极电压检测法

晶闸管每一种开关组合对应唯一的一个相电压值。文献[52]根据此理论仅采集门极信号和对应线电压的变化信号,通过比较正常和故障情况下门极信号和线电压的变化,并将线电压的变化信号作为故障特征向量,实现了功率开关管的开路故障诊断和定位。该方法需要安装较多的电压传感器,且交流侧电压波动会影响诊断的准确性。

3. 电流相角检测法

该方法即 Park 矢量法,将网侧三相交流电流进行 Park 矢量变换,得到复域中交流电流的幅值和相角。正常无故障情况下,一个周期内电流空间矢量轨迹为圆,电流平均值为零,平均电流 Park 矢量的模为零。某功率管发生开路故障时,电流空间矢量轨迹近似为半圆,空间矢量数值不再为零且大于某个阈值(阈值主要作用是为消除电流噪声和瞬变等的干扰),则会检测到故障,再通过表来定位故障功率管。

该方法仅利用已知的交流侧三相电流信号,因此得到了广泛研究。但至少需要一个周期,直流侧负载的变化可能会导致交流侧电流突变,从而影响诊断效果,且无法检测早期故障。阈值的选择影响诊断的准确性,选取过大会造成漏诊,选取过小则会出现由于三相电源不平衡等原因导致的误诊,并且该方法得到的矢量图无法展现开路故障规律。

4. 归一化直流电流法

Im[53]开发的归一化直流电流法解决了 Park 矢量法依赖负载的问题,采用离散傅里叶变换(DFT)获得三相相电流的基波电流分量,然后再得到一阶 DFT 系数。直接分量除以 DFT 系数便得到每相所需的诊断变量,最后通过定位表和阈值来诊断故障类型。

归一化直流电流法在低负载下的诊断效果好,高负载下由于计算的两个诊断变量绝对值很接近,很难判断故障。文献[53]通过大量试验和数据分析后认为,逆变器的阈值最好为 0.45,而选取 0.05 的阈值应用在整流器的开路故障诊断上效果最好。

5. 直接电流检测法

采用脉冲宽度调制(PWM)或空间矢量脉宽调制(SVPWM)的整流器中的功率开关管,如果发生开路故障,故障桥臂对应的交流侧相电流负半周会发生明显的畸变,出现电流正、负半周不对称情况。文献[54]根据功率开关管开路故障后交流侧电流的变化,提出将相电流平均值不为零作为判断依据。该方法数据量和计算量小,但受直流侧负载波动影响,无法实现多功率开关管的故障识别和定位。

时域分析方法计算量少,容易实现。但信号容易受到噪声干扰,所包含的信息有限,诊断方法往往需要设置阈值,阈值的选取也决定了诊断结果。

6. 基于信号处理的方法

基于信号处理方法的诊断效果依赖于特征提取算法和具体诊断问题的专业知识。利用信号处理工具将信号从时域转换到频域或时频域,可以从中获得更丰富的故障特征信息。船舶直流 IPS 是一个相互耦合的系统,整流器开路故障会导致交流侧交流电流失真。文献[55]提出了基于电流核密度估计(KED)的整流器开路故障诊断方法,首先通过 KED 来判断是否故障,再计算任意两相电流 KED 的欧几里得距离(ED)来定位故障电路。仅需要交流侧电流信号,能够诊断多功率开关管故障。但容易受电流瞬变的影响,且计算量较大,诊断时间至少一个电流周期。

7. 人工智能的方法

传统的故障诊断方法依赖于故障模型和机理,基于人工智能(AI)的故障诊断方法仅需要历史数据或仿真数据,受到越来越多研究人员的关注,是故障检测发展的趋势。基于电压/电流特征,结合模糊逻辑、支持向量机(SVM)、多层感知器(MLP)、学习向量化网络(LVQ)、误差反向传播神经网络(BPNN)、概率神经网络(PNN)等人工智能技术的智能故障诊断系统已经用于同步发电机的故障检测。如 Monia Ben Khader Bouzid 等[56]采用定子故障下的同步发电机负序电压相角和频率作为故障特征,结合前馈多层感知人工神经网络(ANN),实现了定子故障的自动精准定位。这些方法都有各自的优、缺点,如模糊逻辑诊断误差较大,神经网络依赖于大量的历史数据等。人们提出很多方法来减少甚至弥补这些不足,取得了很好的效果。例如,引入自适应调节学习率法的神经网络(BPNN),改善了该算法训练慢的问题。文献[57]提出了基于主成分分析(PCA)和支持向量机(SVM)的诊断方法,采用 PCA 方法提取故障特征,使用

SVM 方法进行故障识别和定位。该方法训练时间短，具有很好的抗噪声干扰能力。文献[58]提出了一种新的策略来设计基于稀疏自编码器(SAE)的深度神经网络(DNN)智能诊断方法，使用整流器故障仿真模型验证了该算法的效果，每种故障的准确性都达到了 100%。文献[59]提出了基于小波变换(WT)和 BPNN 的 MMC 智能故障诊断方法，使用 WT 分解交流侧三相电流，将分解后每层的能量作为故障特征，采用 BPNN 进行训练和检测，准确率达到100%。文献[50]提出了基于神经网络(NN)的两电平三相整流器的离线智能故障检测方法，以三相交流电流 1ms 后的预测值和实际测量值之间的差值作为故障特征，其中电流预测采用基于动态神经网络的预测器实现，诊断神经网络使用遗传拓扑结构，利用列文伯格-马夸尔特(Levenberg-Marquardt)方法确定权重。诊断时间最短可达 4.4ms，准确率高，不受负载的影响，但仍然基于电流变化的思想，受电流瞬变的影响，且神经预测器的准确性直接决定了诊断方法的性能。因此，该方法推荐用于低功率、简单拓扑结构的整流器，不适用于大功率或复杂拓扑结构的整流器。文献[60]提出了基于随机森林(RF)的在线监测方法，仅仅将交流侧三相电流的电流值做归一化处理后作为故障特征，分别在 RF、ANN 和 SVM 上进行训练和测试。结果表明，基于 RF 的方法不仅计算量小，而且诊断准确率更高。

整流器的各种智能诊断技术各有优劣，不能单一从某一方面评价诊断技术的好坏，应从技术应用的领域、诊断效率和诊断结果等方面进行综合评价。

目前整流器的故障诊断具有以下几个特点。

(1) 大部分方法需要设定故障阈值，容易受负载或电流/电压瞬变影响。

(2) 最快的诊断方法通常能在一次采样时间内检测和定位整流器故障，但通常需要额外的电压/电流传感器。

(3) 提取的故障特征参数应该不受负载和电流/电压瞬变的影响。

(4) 相比于逆变器，对整流器的故障诊断研究较少。

(5) 由于控制策略和故障机制的差异，应用于逆变器的故障诊断方法很难在整流器中使用。

(6) 基于人工智能的整流器故障诊断方法能够实现自动检测和定位，是未来的重点研究方向。

3.4.3 能量储存系统的诊断

能量储存系统(ESS)为船舶 IPS 提供电能存储和补偿，元件的短路和开路故障对于长期使用的船用 ESS 很难避免。超级电容器是新的船用 ESS 储能器件，具有许多传统储能设备无法比拟的优点。超级电容主要由电极、隔膜、电解质和流体收集器等组成，可分为三大类，即双电层电容器（EDLC）、赝电容器（PC）和混合超级电容器（HSC）。超级电容中电能的存储不涉及化学反应，整个充放电过程高度可逆，第三代双电层电容器的循环寿命达到约 100000 次。尽管其能量密度低于锂电池和燃料电池，但仍以极长的循环寿命等优点受到航运界的青睐。目前针对超级电容器的研究主要集中在提高功率密度上，故障诊断相关的文献相对较少。超级电容器的故障诊断系统应包含故障检测和健康状态评估，主要监测信号有电压、电流和温度等。

故障检测针对超级电容器的一些瞬变故障，主要有过压、欠压、过流、过温、开路、内部或外部短路等。这类故障发生时间短，属于保护系统研究范围。瞬变故障保护系统通常会配备专用的保护电路避免瞬变故障，如德州仪器（TI）公司推出的型号为 bq33100 的超级电容管理器，可以为 2~5 个串联的超级电容提供过压、泄漏电流、短路、过热等检测和保护。超级电容的瞬态故障诊断方法也分为：①阈值法；②数据分析法；③基于模型的方法。阈值法通过设置合适的阈值来检测故障，这也是应用最广泛的。故障检测完成后，应当采取合适的重配置方案隔离故障单元，将故障影响降低到最小，尽量保证超级电容器无故障部分的正常工作。文献[61]提出了针对超级电容器短路和开路故障的在线故障检测方法和容错框架，所提出的重配置算法可以隔离所有故障单元，减少了91%的系统性能影响。

电池能够提供的最大电能与新电池的电能之比（SOH）反映了超级电容器的老化情况，高温和高电压是加速超级电容器老化的重要因素，通常超级电容器达到标称电容的 80%或串联等效电阻增加 100%以上时，便可认为该超级电容器寿命终止。由于影响超级电容器循环寿命的因素很多，SOH 的准确评估仍然是一项艰巨的任务。制造商通常会给出超级电容器在特定条件下的预测寿命，但实际运行环境是多变的，该预测值无法反映实际剩余使用寿命（RUL）。SOH 的评估方法大致有 3 类，包括基于试验的诊断方法、基于模型的诊断方法和数据驱动的诊断方法。

1) 基于试验的诊断方法

这类方法包括直接测量方法和间接分析方法。直接测量法有容量测试、AH 测试、阻抗测试等，这些测试参数直接反映了超级电容器的老化情况。容量测试方法最简单、最精确，应用也最广泛，但测试只能在满电的情况下以离线的方式进行，无法实现实时健康状况监测；AH 测试通过高精度电流传感器设备获得超级电容器完全充放电所转移的电荷量，从而粗略得出剩余容量，但需要长期监测和存储每次完全充放电情况，评估的准确性严重依赖测量设备，时间、经济和人力成本较大，目前主要用来检验其他方法的准确性。内部电阻定义了超级电容器放电时的外部电压压降,阻抗值也是指示超级电容器老化程度的典型参数之一,但温度等因素会影响内部阻抗值。文献[62]详细介绍了基于电化学阻抗谱和基于充放电响应的阻抗测量方法,并应用在新、旧两个超级电容器上,从频域和时域两个角度分析阻抗的变化。循环次数计数也是一种容量评估方法[63],通过统计完全放电次数来评估 SOH,结果依赖于制造商给出的总生命循环次数,且评估准确性受环境影响较大。

间接分析方法通过分析相关参数,推导出超级电容器容量或阻抗与这些参数的关系,从而评估超级电容器的 SOH。充电曲线能够评估超级电容器的 SOH,因为该曲线会随着超级电容器的性能下降而变化,充电曲线还可以估计超级电容器的剩余使用寿命(RUL),但需要采集大量的数据和耗费大量的时间。基于试验的评估方法能够获得较为准确的 SOH,但大多是离线评估方式,无法实时获得老化情况。

2) 基于模型的诊断方法

基于模型的诊断方法使用超级电容器的等效电路模型,采用滤波器、观测器等算法估计等效电路中各元器件的参数。等效电路的电阻、开路电压(OCV)等确定后,便可以通过查表法得到超级电容器的 SOH[63]。文献[64]基于观测器的估计方法,提出了卢恩伯格观测器(LSO)算法来估计超级电容器的荷电状态(SOC)和预测等效电路模型的端电压,但不能很好地处理随机出现的噪声。基于滤波的方法能够消除测量噪声和等效电路模型的不确定性问题,具有很高的精度。另外,还有一些估计方法,如文献[65]提出一种在线监测和诊断方法,把等效串联电阻(ESR)和双层电容(CDL)作为超级电容器的故障特征,采用递归扩展最小二乘法(RELS)估计等效串联电阻和电容,实现了超级电容器组的检测诊断。

3) 数据驱动的诊断方法

这类方法仅需要采集老化数据便可以预测超级电容器的 SOC 和 SOH,基于经验和拟合的方法依赖于经验模型和拟合模型,计算简单和快速[63],但模型几乎完全依赖试验结果,需要大量试验,且拟合结果无法综合所有变量。机器学习逐渐应用于超级电容器的 SOC 和 SOH 估计,文献[66]提出基于 ANN 的 SOC 估计方法,该网络将 3 个影响超级电容器性能主要因素的电压、电流和温度作为网络的输入,SOC 是唯一输出,结果表明 ANN 能准确预测 SOC。此外,SVM、模糊逻辑等机器学习方法用于估计 SOC 和 SOH,通常都取得了很好的结果。基于机器学习的超级电容器 SOC 估计方法可以得到很好的结果,虽然存在如数据训练时间长等问题,但随着大数据技术和人工智能技术的发展,一旦建立船用超级电容器组的大数据监控平台,实时监控和保存其运行情况,就可以在海量数据中分析老化特征和挖掘故障信息。

3.4.4 直流配电网络的诊断

船舶直流配电系统的故障检测、定位和隔离方法可以借鉴陆上直流电网技术。但由于直流船舶具有长期远离陆地、配电系统紧凑等特点，故障后果通常比较严重，因此保护系统的设计要求更高、更谨慎。现有的船舶直流配电系统故障检测方法包括以下几个。

1. 过流检测方法

该方法的基本思想是当所检测的电流超过预先设定的阈值后，保护系统便会启动。ACCB 断路器将发电机组与故障直流配电网络分离，这是最简单的直流保护方法。交流保护技术传统且比较成熟，但 ACCB 至少需要一个周期才能动作，这对于直流配电系统的保护来说太长了，无法定位故障，且具有全船失电的风险，这种保护方法通常作为后备保护。船舶直流配电系统中每个发电机组的断路器都会配备过流继电器，过流继电器的协调运行是一项困难的任务。Qiu Deng 等[67]采用集中故障管理系统（CFM）来协调各过流继电器的工作，但 CFM 过于依赖完整的通信网络。Kuntal Satpathi 等[68]提出了一种基于电流方向的定向故障检测方法，该方法通过继电器、断路器、电流传感器、电压传感器等多个智能设备（ID）来确定电流方向和大小、母线电压幅值，并配合与之相连的断路器实现故障定位和隔离。该方法对电流传感器精度要求低，且仅需要低带宽通信，降低了对传感器精确度和通信系统的要求，但存在电阻负载的电流方向无法确定、故障电流可能的欠阻尼或过阻尼等问题。直流配电系统各部分距离较近，使系统中故障电流幅值相似，该方法更适合用于多端直流配电系统的后备保护。

2. 差分方法

差分方法的核心思想是基尔霍夫电流定律，即电路中的某一节点，电流的流入等于流出。若某一节点的电流流入与流出不相等，则系统发生了故障。由于故障时直流电流增长速度非常快，该方法的准确性高度依赖电流传感器的快速和高保真，以及差动继电器之间通信。差分方法在电缆较短的系统中也有非常高的准确性和灵敏性，但船舶直流配电系统包含非常多的负载和设备，为每个器件配备差动继电器是不现实的，因此该方法仅适用于关键设备的保护。

3. 基于直流电流变化率（$\mathrm{d}i/\mathrm{d}t$）的方法

针对过流检测方法的不足，基于 $\mathrm{d}i/\mathrm{d}t$ 的方法在直流配电系统故障检测和定位中非常受欢迎。该方法可以检测和定位直流配电系统故障。通过将 $\mathrm{d}i/\mathrm{d}t$

值与预先设置的阈值对比来检测故障,文献[69]通过保护设备的瞬态电压、电流和 di/di 信号来估算与故障点之间的等效故障电感,无须通信,仅利用估计电感与原始电感差来检测和定位故障。但该方法等效电感估计误差较大,会降低故障定位的准确性。在保护系统中添加电感,可以进一步识别船舶多端直流配电系统的馈线故障。文献[70]提出基于电流变化率并增加电感的故障检测和定位方法,在每个节点之间加入小型电感器,利用电感器对 di/dt 的阻碍作用来检测和定位故障。基于电流变化率的方法在径向架构的直流配电系统的故障检测和定位具有很好的效果,但该方法受故障电阻影响比较大,且依赖高宽带电流传感器,在环形架构系统的应用中还存在许多问题,这将是该方法研究的重点和方向之一。

4. 基于电流数据的方法

信号处理技术通过对电流/电压信号进行分析处理,得到与系统故障相关的特征。直流配电系统常采用 WT、短时傅里叶变换(STFT)、FFT 等信号处理方法来检测电压和电流特征的突然变化。WT 将非平稳的电压和电流信号分解为特定的时频分辨率,是直流配电系统故障检测最有效的方法之一,兼顾了时间分辨率和频率分辨率,在时域和频域都具有良好的局部特性。文献[71]比较了小波变换方法和基于 di/dt 方法在直流故障检测中的性能,采用 WT 获得直流电流的小波系数,利用直流故障小波系数高的特点来检测故障。结果表明,基于 WT 的方法更可靠、检测时间更短,但需要设置合适的系数阈值,灵敏度也会随着电阻增加而降低。文献[72]提出采用故障电压小波系数和故障电流小波能量的直流配电系统故障检测和定位方法。目前,基于 WT 的直流配电系统故障检测还需要解决以下两个问题[73]。

(1) 直接采用 WT 系数的方式会占用很大的存储空间和计算时间,因此,通常选取数量少且能还原信号特征的特征向量。

(2) 选择合适的小波函数和分解层数,做到故障检测准确性和计算效率之间的平衡。

传统的 FFT 方法也可以用于故障检测和定位。文献[74]提出了快速递归离散傅里叶变换(FRDFT)来跟踪直流系统的电流和电压信号。STFT 方法由于存在时频分辨率的问题,时间和频率的分辨率是相互矛盾的,限制了其在直流配电系统中的应用。文献[75]提出了基于 STFT 的高压直流配电系统的极到极故障检测方法,该方法引入一个新参数,即幅频特征中边际部分的标准偏差(SD),故障时 SD 值会急剧增加,解决了 STFT 方法中时间分辨率和频率分辨率相互矛盾的问题,并且对故障参数不敏感。此外,S-变换、Hilbert-Huang 变换(HHT)等也应用于直流配电系统故障检测和定位。

5. 基于 AI 的方法

AI 算法能够帮助保护系统快速检测和定位故障,避免阈值设置的困难。基于 ANN 的高精度故障分类方法已经应用于直流配电系统,WT、STFT 等特征提取方法提取的故障特征作为 ANN 的输入,存在的问题是计算量大和网络训练时间长。文献[73]提出了基于 WT 和 ANN 的故障检测和定位方法,采用直流母线电流在不同分辨率下的能量变化作为故障特征参数并输入 ANN,利用 ANN 自动检测故障。文献[76]提出了基于离散小波变换(DWT)和 ANN 的 MMC 直流配电系统在线故障检测方法,既能够检测直流母线和直流线路故障,还可以判断故障极。采用直流线电压和直流母线电压的第一层 DWT 的瞬态能量值和正负电压变化量作为 ANN 的输入,在线检测时间小于 2.5ms。

3.4.5 推进电机的诊断

相比于交流异步电机,永磁同步电机因具有更高的效率和可靠性等优点,逐渐主导船用推进电机,其最常见的故障是定子绕组短路和转子不可逆退磁。

1. 定子绕组故障

定子绕组匝间短路故障一直是电机最常见和最严重的故障。永磁同步电机定子结构与同步发电机的高度相似,因此很多检测和诊断方法一致,如极化测试、局部放电测试、浪涌电压测试等,本节就不再重复叙述。主要诊断方法包括以下几个。

1) 基于电气信号的诊断方法

短路故障最直接的表现是在电气信号中,通常采用 STFT、HHT、WT、FFT 等频域或时频域的信号处理方法。电流的 3 次谐波幅值可以作为故障特征,故障会导致定子电流中出现 3 次谐波,其幅值与短路成正比。但在轻负载下故障谐波幅值较小,且基波与故障谐波的比值随电机转速变化而不断变化,因此不适用于船舶推进电机的诊断。在 dq 坐标系中,q 轴的 2 次谐波幅值也可以用来检测故障。此外,电流的 Park 矢量轨迹在故障时会变成椭圆形,但在故障初期这种形变很微小,不易察觉。一些高频谐波也能反映故障。负序电流可以检测故障,无故障时定子每相电流的幅值是相等的,故障会破坏这种平衡,导致电流中产生负序分量,且故障越严重,负序电流的幅值越大。但该方法受负荷变化的影响,且无法定位故障所在相。发生故障后,电机所需相电流与逆变器提供的电流不同,造成定子电流出现过冲和下冲现象,这也反映了故障信息。基于零序电压分量的方法不受逆变器的影响,准确性高,但需要在电机的中性点引出测量点,这可能会影响电机的性能。

2）基于振动和噪声的诊断方法

无故障时电机的振动频率应是电源频率的两倍，但定子短路故障会引起磁场的不平衡，导致振动加剧，产生4倍和8倍电源频率的谐波分量。同时，故障在声音信号中也会有所体现。船舶振动源和声源较多，信号必须预先处理，去除干扰成分，才能保证分析的准确性。文献[77]同时分析振动和噪声信号的频谱来诊断短路和退磁故障。由于噪声信号受环境影响较大，且包含的故障信号很微弱，因此很少有研究和实际工程利用噪声来诊断电机故障。

3）基于转矩的诊断方法

短路故障引起磁场的不平衡，使电机转矩中产生一些低频分量，导致转矩脉动增加。转矩传感器比较昂贵，通常采用分析转矩曲线中故障谐波分量的方法来避免使用转矩传感器。

所有的检测方法中，采用故障特征谐波的诊断技术都会受电机转速和负荷的影响，基于零序电压分量的方法具有很好的灵敏性和可靠性，基于搜索线圈的方法最可靠。信号处理技术中，FFT最经典，但无法反映信号变化的时间和剧烈程度。HHT具有自适应性的优点，但分辨率又不高。DWT能够根据信号选择合适的尺度进行分解，计算量相对较小，检测速度较快，因此更适合定子故障的检测。

2. 转子退磁故障

电机设计时通过采用多级磁极、增加永磁体厚度等多种措施来防止永磁体退磁，然而转子仍无法避免永久性失磁故障。主要诊断方法包括以下几种。

1）基于电气信号的故障检测

电机中定子与转子相互耦合，转子失磁故障也会体现在定子电流或电压中。部分失磁会导致空间磁场分布不均匀，并在电流基波附近出现一些低频分量。研究表明，0.25、0.5和0.75次谐波是部分退磁故障的特征。均匀退磁会导致磁通量减少，但空间磁场分布仍然是均匀的，因此电流中不会存在故障频率分量。反电动势可以检测均匀退磁故障，因为会导致其幅值下降。

2）基于磁通量的诊断方法

退磁最直接的表现是磁通量的降低和分布不均匀，直接检测磁通量可以诊断出故障，高斯计（Gaussmeter）和霍尔效应传感器是目前测量磁通量最精确的设备。但直接测量磁通量的方法无法实现在线检测，且不能应用于内置式永磁同步电机。

3）基于振动和噪声的诊断方法

部分退磁故障使内部产生不平衡的径向力，加剧电机的振动和噪声。这种诊断方法需要在电机外壳上的故障敏感部位安装振动传感器。文献[78]研究表明,部分退磁故障还会增加转子位移。

电流中包含丰富的故障信息,是最容易获取的信号,但采用电流的诊断方法在准确性和可靠性方面不理想,零序电压分量的方法则具有很好的灵敏性和可靠性。目前的研究集中在中度和高度退磁故障,且这些方法大部分无法诊断初期的退磁故障。为此,提高诊断方法的可靠性,研究故障初期的诊断方法是非常重要的,这是未来工作中需要解决的问题。

3.4.6 逆变器的诊断

ABB、西门子和德国 E-MS 等主流船舶直流电力推进系统方案的逆变器均采用基于绝缘栅双极型晶体管(IGBT)的功率开关,具有高额定电压和电流的特点,可靠性和稳定性较好。与整流器一样,逆变器常见的故障同样是短路和开路故障。栅极电路退化、过载等因素会造成器件的短路,这是逆变器最严重的故障,往往通过断路器或内部保护电路来阻断。整流器和逆变器的故障诊断方法也大多相同,如 Park 向量法、归一化直流法等。虽然诊断方法基本原理相同,但由于两种设备的电流模式不同,整流器的很多方法需要加以改动才可以应用于逆变器中。例如,归一化直流电流法在整流器和逆变器的应用中,文献[53]认为,整流器中的最佳阈值是 0.05,而逆变器中的阈值应是 0.45。此外,门极电压检测法、电流相角检测法等都需要根据逆变器电流模式做相应的调整。

归一化直流电流法与负载变化无关,具有很好的抗干扰性。短路故障期间,控制逆变器关闭是最有效和损失最小的,但这需要极快的检测速度。此外,通过快速熔断器将短路故障转变为开路故障是一个很好的选择,因为开路故障并不会立即造成破坏,有充足的时间来诊断故障。相对于两电平和三电平逆变器,模块化多电平转换器具有更高的可控性、更低的开关损耗和更好的电能质量等优点,逐渐成为电能变换装置的主流类型,但存在功率开关器件数量较多、拓扑结构复杂等问题,给保护系统的设计带来挑战。这是一个新的领域,未来针对模块化多电平转换器的故障诊断是电能转换装置的重点研究方向之一。

德国 E-MS 公司最先于 2007 年研发出直流综合电力系统(DCIPS),在 2009 年首次应用于“维京”号邮轮。随后,采用 ABB 公司和西门子公司直流 IPS 方案的船舶也在 2013 年前后相继投入使用,后来越来越多的船舶柴油机公司推出了适用于直流 IPS 的变速柴油机,如 MAN 公司推出的 MAN 175D 柴油机。ABB 公司推出的 Onboard DC Grid 和西门子公司推出的 BlueDrive PlusC 直流组网技术都采用同步发电机与晶闸管组合的方案,德国 E-MS 公司推出的 E-PP 直流组网技术采用异步感应电动机与全控型 IGBT 组合的方案。Onboard

DC Grid 技术采用直流母线分布式配置方案,最著名的应用案例是获得 2013 年节能奖的 Dina Star 平台供应船,较长的直流母线增加了设备接入的灵活性,但使系统集成度低。BlueDrive PlusC 技术中直流母线的配置采用集中式方案,整流器集成到发电机中,主配电盘、直流母线和逆变器集成在一起,系统集成度高。E-PP 技术将整流器、直流母线和逆变器集成在一起,集成度更高。E-PP 技术的典型应用是中国首艘直流组网电力推进船"沈括"号双体型科考船。据报道,与交流组网系统相比,该船的电气设备重量减少约 53%(11.8t),体积减小约 40%(9.5m^3)。目前直流 IPS 主要应用在中小型电力推进船,也是未来船舶电力推进系统的发展趋势。

虽然船舶直流 IPS 相比交流 IPS 具有很多优点,但在大规模使用之前,还需要解决许多问题。一些船舶的直流 IPS 接入了清洁能源(风能和太阳能等)和储能设备(蓄电池和超级电容等),这些设备通过电力电子设备与直流母线连接,系统的配电方式发生改变,同时增加了保护和控制的难度。作为船舶电力推进系统、导航系统等船舶系统的能量来源,其安全可靠性能决定了船舶的生存能力,因此对 IPS 的要求之一便是能够快速地对自身故障进行诊断、定位、隔离、重新配置和重新配电。IPS 中各器件彼此靠近,故障传播迅速;且船舶重载航行时,电力推进系统消耗大部分的发电量,恶劣天气下的用电曲线变化较大,这更增加了诊断和保护难度。

3.5 永磁同步电机故障的智能诊断[47]

永磁同步电机(PMSM)具有高转矩密度和功率密度等优点,已成为电动船舶主流的推进电机,是电力推进系统的重要组成部分。然而,过载、频繁起停、大负载冲击等恶劣运行条件和制造缺陷等因素均可能导致 PMSM 故障,影响电力系统的正常运行,其中匝间短路和永磁体不可逆退磁故障是 PMSM 最常见的两种故障。

目前设备故障诊断方法可分为基于机理模型的诊断方法和基于数据驱动的智能诊断方法两种。基于机理模型的方法需要对设备运行机理有深入了解并建立精确的数学模型,通过分析模型输出与实际输出之间的差异来诊断故障。这种方法灵活性和泛化能力比较差,无法适应复杂的真实应用场景。特别是需要非常多的设备运行参数,诊断性能受到模型准确性和工况变化的限制;阈值的选取也需要一定的经验,很难在灵敏性和可靠性之间取舍,导致故障的诊断准确性较差。基于数据驱动的方法无须完备的系统模型,而是依赖于大量数据,能够通过大量历史数据建立信号和故障之间的映射关系,实现设备的智能故障诊断,具有非常好的鲁棒性和泛化性,非常适用于复杂环境下的设备诊断。传统数据驱动的方法往往结合现代信号处理技术使用,即先从时域、频域或时频域提取设备的故障特征,再使用支持向量机(SVM)、人工神经网络(ANN)等传统机器学习算法来诊断故障。基于深度学习的故障诊断方法是新的数据驱动方法,相比于传统机器学习算法,多个非线性层的深度学习算法具有多层特征学习能力,能够从大量数据中挖掘出更多高质量的特征信息,改善传统机器学习中的固有问题。深度自动编码器、深度信念网络、递归神经网络(RNN)和卷积神经网络 (CNN)等典型的深度学习架构已经广泛应用于故障诊断领域,其最大的优点是隐藏层的特征是从输入数据中自动学习,特别是 CNN 和 RNN 是近年来研究较多的架构。

3.5.1 电机故障模拟及数据处理

为分析 CNN 结构对永磁同步电机(PMSM)典型故障识别的影响,搭建了 PMSM 故障模拟试验平台,如图 3-10 所示。同时采集电机的振动和三相电流信号,电流传感器安装于控制器和电机之间的接线中,振动传感器安装于输出端轴承端正上方。电机每相线圈包含 120 匝,匝间短路采用重新绕组电机,通过从三相线圈中不同位置分别引出 5 匝和 12 匝短路短接点,引出线汇集于接线盒,分别模拟 4.6%和 10.3%两种短路故障。为模拟均匀退磁故障,将原电机转子中的两对永磁体取出,再把相同材质、厚度和宽度但不同长度的永磁体放入原位置,即改变了永磁体的磁场强度,分别模拟 80%、60%和 45%的剩磁,并保证电机的动态平衡。试验模拟了 13 种电机运转状态,即 1 种正常状态、6 种匝间短路、3 种退磁故障和 3 种耦合故障,分别测试了电机输出端端盖正上方的振动信号和电机 UVW 三相电流信号,故障设置工况如表 3-6 所列。

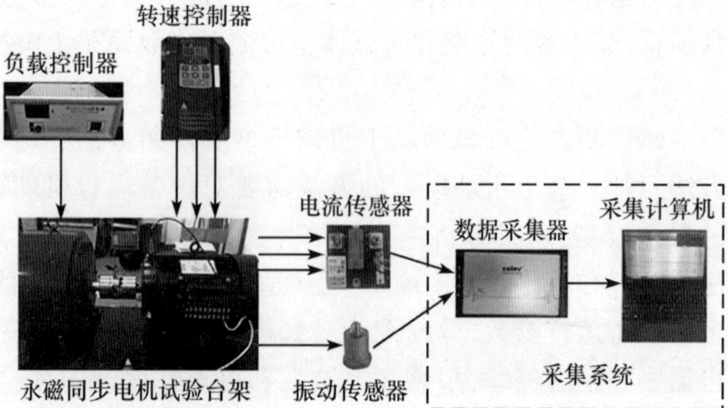

图 3-10 永磁同步电机故障模拟试验平台

表 3-6　永磁同步电机故障设置工况

电机运转状态	运行工况	状态代码
正常	n=300r/min,M=2N·m n=300r/min,M=6N·m n=600 r/min,M=2N·m n=600 r/min,M=6N·m n=900 r/min,M=2N·m n=900 r/min,M=6N·m n=1200 r/min,M=2N·m n=1200 r/min,M=6N·m n=1500 r/min,M=2N·m n=1500 r/min,M=6N·m	H
U 相 4.6%短路		U4.6%
V 相 4.6%短路		V4.6%
W 相 4.6%短路		W4.6%
U 相 10.3%短路		U10.3%
V 相 10.3%短路		V10.3%
W 相 10.3%短路		W10.3%
剩磁 80%		RM80%
剩磁 60%		RM60%
剩磁 45%		RM45%
剩磁 80%或 U 相短路 4.6%		RM80%或 U4.6%
剩磁 80%或 V 相短路 4.6%		RM80%或 V4.6%
剩磁 80%或 W 相短路 4.6%		RM80%或 W4.6%

为利用 CNN 方法进行故障诊断,先将一维的原始信号转化成图像。选取 CWT、SSWT、FSST 这 3 种时频域,频域选取持久频谱,时域图选取灰度图和原始信号波形。图 3-11 是电机 V 相短路 4.6%故障时,在 600r/min、6N·m 工况下振动信号的几种图像处理结果。

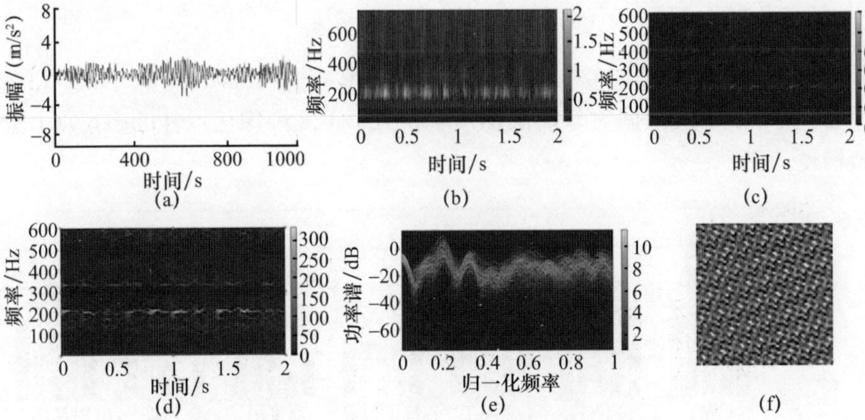

图 3-11　振动信号的几种图像化处理(见彩图)

(a)振动波形图;(b)CWT 图;(c)SSWT 图;(d)FSST 图;(e)持久频谱图;(f)灰度图。

3.5.2　基于卷积神经网络的电机故障诊断

1. 多尺度卷积神经网络结构的故障诊断

采用图 3-12 所示的多尺度 CNN 结构。数据进入网络后,分别经两列不同尺度的 3 层 CNN 网络提取全局特征和局部特征，模块 1 的卷积核尺寸依次为 11、7 和 11，用于提取信号中的全局信息。采用 ReLU 作为激活函数后接最大池化层，池化大小依次为 3、2，最后一层为全局平均池化。模块 2 的卷积核尺寸均为 3，用于提取信号中的详细信息。采用 ReLU 加最大池化结构，池化大小均为 2，最后一层为全局平均池化。通过特征融合层合并两分支提取的特征，使用全局平均池化降低特征参数的数量，最后使用全连接层和分类层进行故障识别。

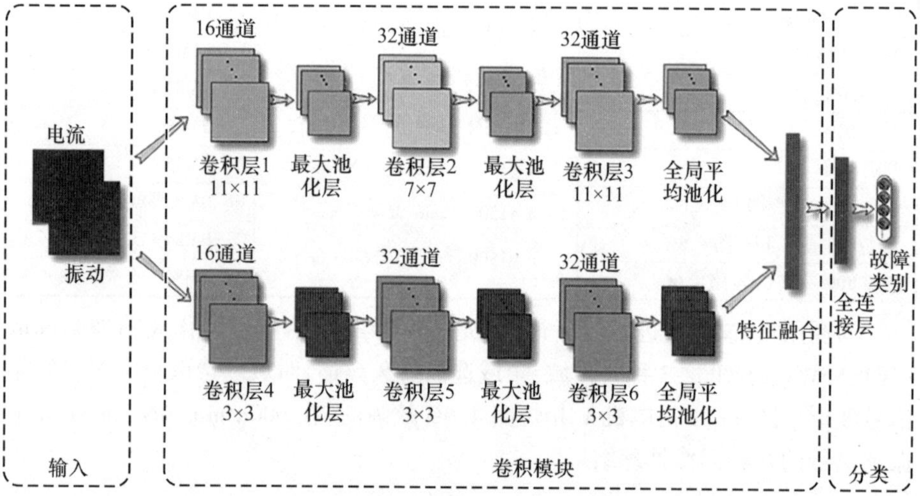

图 3-12 多尺度 CNN 结构

使用两列不同尺度的卷积核提取图像的局部特征和细微特征。图 3-13 和图 3-14 显示了不同数据集分别在 64×64 和 128×128 图像化尺寸的多尺度 CNN 诊断精度。

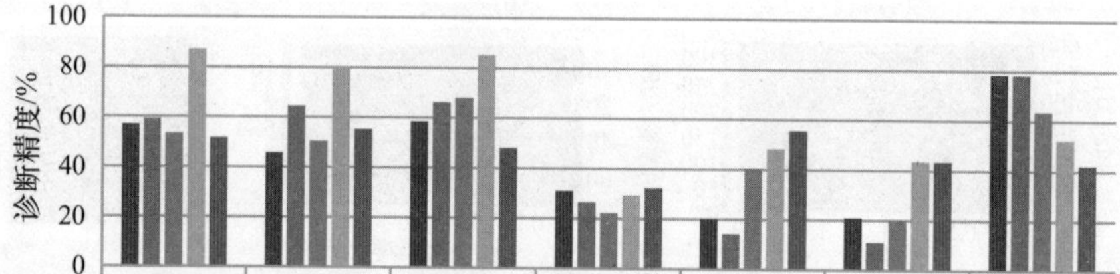

	CWT	FSST	SSWT	持久频谱	灰度图	时域图1	时域图2
U,V,W,诊断	56.92	45.71	58.36	31.21	20.31	21	78.46
U,V,W	59.16	64.41	66.09	26.62	14.31	11.34	78.25
W,诊断	53.36	50.44	67.97	22.35	40.52	20.06	63.54
W	87.28	80.32	85.38	29.49	48.41	43.62	52.36
诊断	51.69	55.31	48.05	32.46	55.51	43.5	42.31

图 3-13 64×64 尺寸图像化的多尺度 CNN 诊断精度（见彩图）

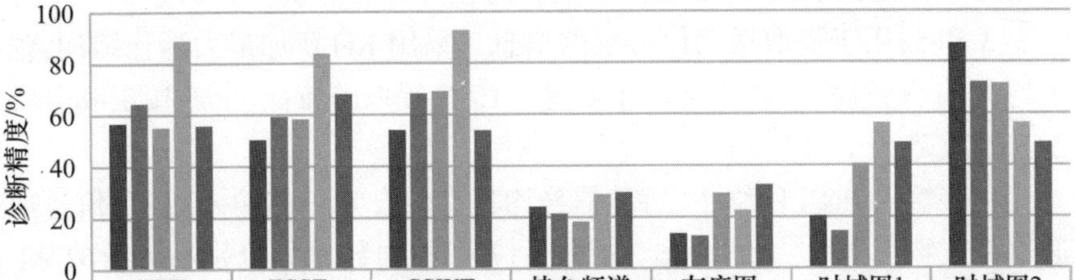

	CWT	FSST	SSWT	持久频谱	灰度图	时域图1	时域图2
U,V,W,振动	56.79	50.35	54.08	24.17	13.4	20.31	87.36
U,V,W	64.41	59.35	68.26	21.35	12.46	14.31	72.15
W,振动	55.15	58.32	69.03	18.31	29.24	40.52	71.62
W	88.92	83.97	92.9	28.95	22.64	56.5	56.5
振动	55.74	68	53.79	29.69	32.51	48.85	48.85

图 3-14 128×128 尺寸图像化的多尺度 CNN 诊断精度(见彩图)

可见,CWT、FSST、SSWT 时频域图像和时域图在多尺度 CNN 中具有较好的诊断精度。然而,持久频谱图在多尺度 CNN 下的诊断精度远低于单通道 CNN。除时域图外,采用单相电流信号要比振动信号和多信号的诊断精度高。

2. 多输入 CNN 结构的故障诊断

多输入 CNN 允许网络有多个输入,是解决多传感器融合问题的一种有效途径。图 3-15 是这种多输入 CNN 结构,每个传感器的数据均有单独的 CNN 模块进行特征提取,模块 1 的卷积核尺寸依次为 7、5 和 7,用于提取电流信号中的信息。采用 ReLU 作为激活函数并后接最大池化层,池化大小依次为 3、2,最后

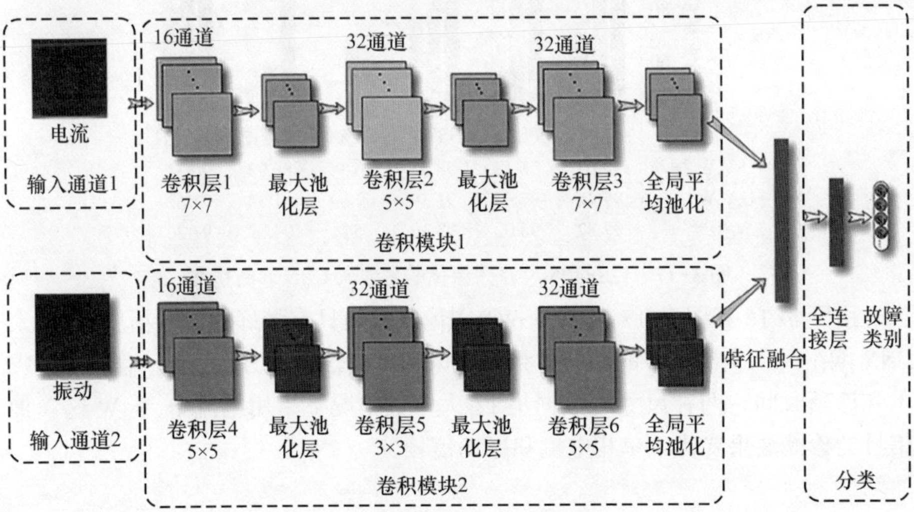

图 3-15 多输入 CNN 结构

为全局平均池化,用于降低数据参数和防止过拟合。模块 2 的卷积核尺寸依次为 5、3 和 5,用于提取振动信号中的信息。采用 ReLU 加最大池化结构,池化大小均为 2。通过特征融合层合并多输入 CNN 提取的特征,全连接层和分类层用于识别故障。

在多输入 CNN 网络中,每种信号均具有各自唯一的输入通道,信号通过该通道完成特征提取。图 3-16 和图 3-17 是不同数据集分别在 64×64 和 128×128 尺寸图像化的多输入 CNN 诊断精度。与多尺度 CNN 网络的诊断效果相比,无论是何种信号图形化的方式,还是图像的尺寸大小,多输入 CNN 网络的诊断精度较高。

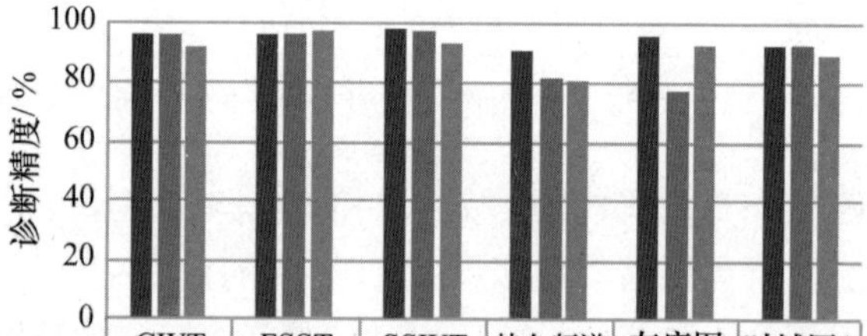

	CWT	FSST	SSWT	持久频谱	灰度图	时域图1
▪U,V,W,振动	96.35	96.25	98.10	91.13	95.77	92.41
▪U,V,W	96.13	96.36	97.49	82.36	78.15	93.35
▪W,振动	92.15	97.61	93.44	81.38	92.69	89.82

图 3-16 64×64 尺寸图像化的多输入 CNN 诊断精度(见彩图)

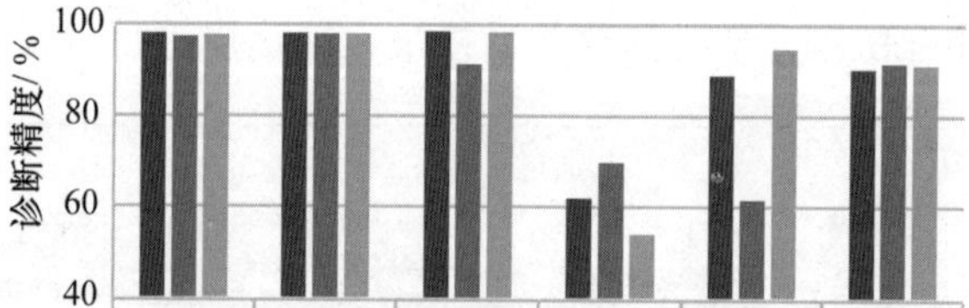

	CWT	FSST	SSWT	持久频谱	灰度图	时域图1
▪U,V,W,振动	98.07	98.13	98.52	61.9	88.92	90.31
▪U,V,W	97.46	97.97	91.38	69.69	61.54	91.62
▪W,振动	97.82	98.02	98.36	54	94.82	91.26

图 3-17 128×128 尺寸图像化的多输入 CNN 诊断精度

由图 3-16 和图 3-17 可知,SSWT 图像数据集具有最好的诊断精度,多输入 CNN 网络采用全部信号的诊断效果好于采用部分信号的方式,但会增加计算成本和诊断时间。两种尺寸的数据集下,大多数情况下采用电流 U、V、W 这 3 种信号的诊断效果要优于单相电流和振动信号。

第4章

船舶柴油机的性能监测与分析

远洋船舶机舱包含了众多的机电设备和系统，如主推进柴油机、推进轴系、柴油发电机组、燃油系统、滑油系统、冷却水系统、液压油系统、起动和控制空气系统、进排气系统、压载水系统、舵机、锅炉、消防、水处理、遥控及安全报警系统等，任何重要设备的故障都会引发船舶机损事故。其中，主机系统是事故发生率最高的部位，特别是活塞、缸套、气阀、喷油器这些燃烧室周围的部件。船舶电站的事故率也较高，特别是发电柴油机，而电机的故障大多是由于短路引起的。辅助系统中以润滑系统和冷却系统的故障率最高，且这两个系统的故障会直接引发主机的较大事故。根据相关资料统计，主机各部件的损伤占船舶机损事故的35%~45%，活塞的损伤占全部损伤的30%左右。在四冲程机中，曲柄销轴承及主轴瓦磨损和擦伤等，大多是润滑不良造成的。从统计的400多个船舶机损事故看，主机事故188例，占47.4%；电站事故79例，占19.9%；辅机系统74例，占18.6%。日本海难厅对600例机损故障的分析表明，船舶主、辅机都可能发生故障，其中以柴油机的故障为主，约占全部机损事故的85%，其次是轴系，占9.3%。在主机故障中，活塞、缸套、曲轴、气阀故障86例，占主机故障的45.7%；燃油喷射系统故障36例，占19.1%；增压器故障28例；起动和换向系统故障28例；调速器故障10例。在电站故障中，发电柴油机故障51例，占电站故障的64.6%，电机故障23例，配电板故障3例。在辅助机械中，润滑系统故障29例，冷却系统故障28例，燃油系统故障9例，压缩空气和进气系统故障4例。这些故障多为磨损、疲劳、老化、破裂或破损、断裂、变形和错位、锈蚀或咬着、松动、卡死、松脱或剥落、缺水或缺油、烧损或短路、转子失衡、漏油/漏水/漏气等泄漏、堵塞或脏堵、劣质燃油等造成。可见，在船舶机舱设备中主机系统仍是故障发生率最高的部位。据统计，在二冲程柴油机中，活塞的损伤占全部损伤的30%左右。在四冲程柴油机中，曲柄销轴承以及主轴承的轴瓦磨损及擦伤故障,大多是滑油管理不当造成的。

智能船舶技术的关键之一是装备的智能化。对于未来的智能船舶,如何根据以往船舶机损事故发生的频率、事故的后果、设备的重要性等因素确定智能机舱需要重点监测的关键故障,是需要解决的首要问题。另外,目前的监测参数主要用于设备的日常运行管理,还不能满足设备状态监测和故障诊断的需要。应该针对关键故障类型和使用的诊断技术,确定需要监测的具体参数,作为船舶智能机舱监测标准的补充内容。

目前较为成熟的可用于船舶机电设备故障诊断的技术主要有:热力参数分析法;振动信号分析法;油液成分分析法。

热力性能参数具有外界干扰小、信息质量好、诊断范围广及可用性强的特点,可以进行柴油机的性能监测,涡轮增压器、中冷器、空气滤清器、进排气口污垢性能诊断,喷油系统结构诊断,各缸功率不平衡的诊断等,是最早应用于船舶设备工况监测的技术。但船用柴油机是一个零部件组成复杂的系统,故障激发源多、热力参数量大、内在关系复杂,又受到船舶航行条件和主机运行工况的影响,综合诊断难度很大。振动信号包括整体结构振动、表面局部振动和轴系扭转振动,利用振动信号分析法进行柴油机故障诊断具有速度快、精度高、范围广、信号易于测取、易于实现早期预报和在线监测等优点,特别适用于活塞-缸套、燃油喷射系统、气阀机构、连杆轴承和滑动主轴承、涡轮增压器、轴系等柴油机主要运动部件和辅机泵浦的结构诊断,但需要先完成标准建模。油液分析法可用于监测主机滑油、尾轴滑油和填料函残油等,但在油样的制取、试样的制备、监测数据的获取、诊断结论的形成方面需要专业人员,诊断结果受人为因素的影响,不能确定具体的磨损部位,给检修带来困难。

柴油机热力性能参数蕴含着与发动机工作性能相关的丰富信息,利用柴油机工作时热力参数的变化判断其工作状态,可直接反映柴油机的健康状况。通过该方法获取船舶柴油机工作时的气缸压力示功图、排气温度、转速、滑油温度、冷却水进出口温度等热力参数的变化,实现工作状态的监测和故障预测。为此,本章首先介绍利用热力参数分析法进行船舶柴油机的性能监测和故障诊断,常用的热力参数包括以下几种。

(1) 燃油喷射系统:包括燃油流量、喷油提前角、喷油时间、高压油管压力、针阀升程、燃油喷射压力等。

(2) 增压换气系统:包括增压器转速、压气机进出口温度、压差、空冷器进出口温度等。

(3) 缸内燃烧系统:包括气缸压力、缸内温度、增压空气温度、排气温度、烟度、排气化学成分等。

(4) 冷却系统:包括冷却水进口压力、冷却水温度等。

(5) 润滑系统:包括滑油进口压力、温度等。

(6) 柴油机整机:包括平均转速、运行功率、油门齿条位置、空气滤清器压差、燃油消耗量、滑油消耗率等。

4.1 燃油喷射系统

船舶柴油机燃油喷射系统是柴油机的重要组成部分,平稳运行的喷射系统是柴油机正常工作和船舶安全航行的重要保障。柴油机燃油喷射系统的良好运行决定了船舶柴油机的性能,而柴油机燃油喷射系统又是柴油机的主要故障源,所以对柴油机燃油喷射系统的诊断极为重要[79]。

4.1.1 典型燃油喷射系统及故障特点

1. 燃油喷射系统的类型

典型的柴油机燃油喷射系统主要有以下 4 种类型。

1) 泵管嘴型喷射系统

该燃油喷射系统是目前应用最广泛的柴油机燃油喷射系统,主要由喷油泵、高压油管、喷油器组成。喷油泵提供燃油压力,最后从喷油器中喷射进入气缸,这种结构在我国路用、船用交通工具上使用均较多。它是一种柱塞式喷射系统,凸轮轴由曲轴带动,使滚轮推动柱塞上升。当其上升至一定高度时,出油孔关闭,燃油压力增大,将出油阀顶开,压力油泵入高压油管,此为供油始点。当高压燃油克服喷油器弹簧预紧力开始喷油时,柱塞的斜槽到达泄油的位置使燃油排出,压力减小,出油阀相继落座,此为供油终点。当柱塞下行时柱塞腔内重新开始进油。

2) 泵嘴一体型喷射系统

将喷油泵与喷油嘴合为一体,可以自适应改变喷油提前角,使柴油机负荷变化时适时地做出相应调整。这种系统使结构得到简化,是一种方便、经济的喷射系统,但是目前应用范围比较小。

3) PT 燃油喷射系统

PT 燃油喷射系统的油量调节由喷油泵完成,没有高压输油管路。高压输油管路容易导致燃油被不良压缩,高压输油管路的取消使这一弊端得以完全消除。与此同时,它可以使燃油以更高的压力喷入气缸中,使燃油可以与空气更好地混合、燃烧效率提升,最终提高整个柴油机的工作效率。

4) 电控燃油喷射系统

船舶柴油机电控燃油喷射系统主要由控制单元(ECU)、传感器、执行机构三部分组成。执行机构分为两种:一种是利用电控信号控制喷油泵调节供油;另一种是控制调速器控制供油。相关资料显示,欧美地区的柴油机电控燃油喷射系统使用第一种执行机构的较多。电控燃油喷射系统具体运行方式为利用安装于柴油机上的各传感器实时采集运行参数,将参数汇总至 ECU 中。ECU 对相关参数进行整理、分析,得出最佳燃油喷射方式,最终对喷油泵进行调节,控制喷油量、喷油定时,达到柴油机经济、环保、高效运行的目的。

2. 燃油喷射系统的组成部件

传统的大功率低速二冲程船舶柴油机的燃油喷射系统就属于泵管嘴型喷射系统,加上燃油供给的组成部件包括燃油箱、滤器、输油泵、喷油泵、调速器、高压油管等,它们的互相配合可以将适量的燃油在合适的时间用准确的压力喷入气缸中,保证燃油的良好燃烧,使柴油机能够正常运转。

1) 喷油泵

喷油泵是柴油机最重要的部件之一,它的功能是按照所需要的规律适时、适量地向各喷油器供给高压燃油。喷油泵主要由出油阀及阀座、卡簧等部分组成。由齿条带动柱塞旋转调节出油量,控制柴油机的进油量,保证柴油机的正常运行。

2) 喷油器

喷油器主要由针阀偶件、喷油器机体、喷油器紧帽等部件组成。其中,俗称喷油嘴的针阀偶件为精密偶件,对配合要求极高,在维修过程中必须成对更换。在工作过程中,喷油嘴有预设的弹簧压力。当高压油管中的燃油压力较大时,燃油压力克服喷油嘴的弹簧预紧力,喷油嘴开启,将燃油喷射进入气缸中,使其在气缸中雾化和燃烧。燃油的雾化情况决定了燃油的燃烧。雾化得越好则燃烧越充分,雾化较差则会影响柴油机的正常运行,导致拉缸、燃烧不充分等问题发生,影响柴油机寿命,严重时会导致柴油机怠速或停车。

3) 高压油管

高压油管将喷油泵和喷油嘴连接起来。喷油泵将燃油泵出后通过高压油管将燃油输入喷油嘴中,当高压油管内的喷油压力达到一定值后,喷油嘴开启将燃油喷入工作空间中。

目前,中小型船舶柴油机仍然采用凸轮轴驱动的燃油喷射系统,其结构如图 4-1 所示。主机运转时,燃油经雾化加热器加热降低黏度后进入喷油泵。喷油泵在压缩行程时柱塞上升,至出油孔完全闭合时腔内燃油压力逐渐升高,达到出油阀开启压力时顶开出油阀,燃油被泵送至高压油管中。出油阀开启时即

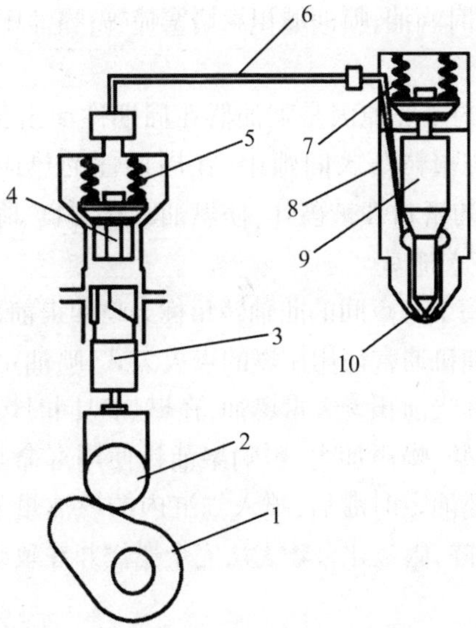

图 4-1 凸轮轴驱动的燃油喷射系统结构图

1—燃油凸轮;2—滚轮;3—柱塞;4—出油阀;5—弹簧;
6—高压油管;7—针阀弹簧;8—喷油器;9—针阀;10—喷油孔。

喷油泵供油瞬时与气缸活塞至上止点时的曲轴转角称为供油提前角。随着柱塞不断升高,高压油管内的燃油压力随之升高,根据启阀压力的不同,当达到启阀压力后燃油压力克服喷油器针阀弹簧预紧力,针阀被顶开。此时喷油器开始工作,将燃油以高压形式呈一定角度喷射至气缸中。高压燃油在喷油器的作用下呈雾化形态,使挥发性较差的燃油能够与空气充分混合,提高燃烧效率。针阀开启时与活塞上止点间的曲轴转角称为喷油提前角。活塞到达上止点时燃油以压燃方式燃烧,释放热能。当喷油泵停止供油时,柱塞下落,燃油经出油孔泄出。此时高压油管内部分燃油被喷射至气缸内致使管内压力降低。由于系统本身的节流作用、管内低压导致的管径收缩以及燃油的可压缩性,喷油器仍保持开启,燃油在低压情况下继续向气缸喷油。因此,会产生短暂的燃油雾化不良现象。随着高压油管内燃油压力不断下降,针阀落座,喷油器停止工作,喷油过程结束。

3. 燃油喷射系统的常见故障

燃油喷射系统的常见故障包括以下几个。

1) 喷油器喷嘴堵塞

喷油器喷嘴堵塞会造成燃油的雾化不良,喷油角度欠佳,进而导致燃烧不良、柴油机输出功率降低、排放污染增加,影响船舶正常航行。喷油嘴堵塞的主要原因有燃油中有杂质、高压油管内不够清洁导致针阀关闭不严,燃烧室内燃气烧毁针阀偶件;喷油器关闭时滴油,喷油嘴积炭堵塞喷嘴;喷油压力过低使燃气反窜。

2)喷油器喷嘴磨损

喷油器喷嘴磨损的主要原因是喷油器在周期性冲击负荷下,精密偶件的贴合面被破坏,燃油中的颗粒落入间隙中,在周期性的热应力、冲击力下导致裂痕、剥落,最终使针阀的密封性被破坏,使燃油雾化不良、降低燃烧质量。

3)喷油定时提前或滞后

针阀开启时活塞与上止点间的曲轴转角称为喷油提前角,喷油提前角过大即为喷油定时提前。柴油机通常使用压燃的点火方式,喷油定时提前会导致气缸内压力达到燃油燃烧条件之前积聚大量燃油,在燃烧时同时爆燃,导致气缸内压力、温度急剧升高,工作粗暴、噪声加大,影响柴油机使用寿命并增加污染物排放量。喷油提前角过小称为喷油定时滞后,喷入气缸内的燃油量不足,缸内燃烧延伸至膨胀行程,燃烧效率下降,碳氢化合物无法完全燃烧并导致柴油机功率下降。

4)供油量不足

柴油机供油量不足的原因可能有出油阀失效、膜片破裂、油路系统有漏气、漏油的情况,依据供油量不足的程度不同,会产生不同程度的柴油机功率下降、运转不平稳现象。

以上常见故障中,喷油器喷嘴堵塞、喷油器喷嘴磨损均会导致燃油雾化不良,喷油不正时、供油量不足均会使柴油机输出功率下降。因此,以上几种故障形式不仅在柴油机燃油喷射系统中较为常见,并且故障引起的参数变化也有相似之处,容易混淆。

4.1.2 常规燃油喷射系统的故障模拟及分析[80]

MAN-B&W MC/MCE 等大功率船舶柴油主机常配用“一泵二嘴四针阀”循环式燃油系统,具有无冷却、尺寸小和重量轻的特点。为便于使用劣质燃油,它在结构上取消了喷油泵传统的出油阀,而设有常闭贯通型套筒式吸油滑阀,在每个喷油器中设有内、外两个针阀,喷油器结构如图 4-2 所示。在停机或工作循环的不喷油期间,经加热的燃油在循环泵 1MPa 压力的作用下,仍然可以在油泵-油管-喷油器内部不断循环,免去了单独的冷却系统。因此,与一般船用柴油机燃油系统相比,在燃油喷射期间,内、外两个针阀先后开启和关闭,其燃油压力波形具有一定的特点。

燃油系统的状态信息主要体现在燃油压力波形中。为研究循环式燃油系统的故障特征,在保持主机转速和功率不变的前提下,对该系统 12 种典型故障和不同燃油密度、黏度下共 16 种状态的内针阀燃油压力波形进行模拟计算,得到供油提前角、供油持续时间、喷油始点、喷油持续时间、嘴端压力、启喷压力、

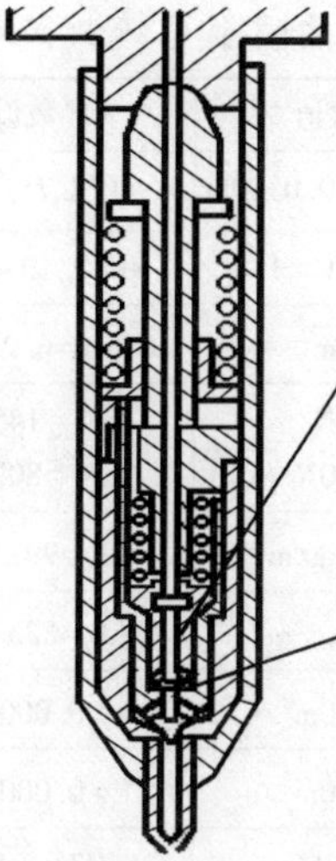

图 4-2 喷油器结构

残余压力、峰值压力、喷油率、每循环喷油量、喷油定时、喷射压力等特征参数如图 4-3 所示。各故障的初始参数设置如表 4-1 所列[80]。

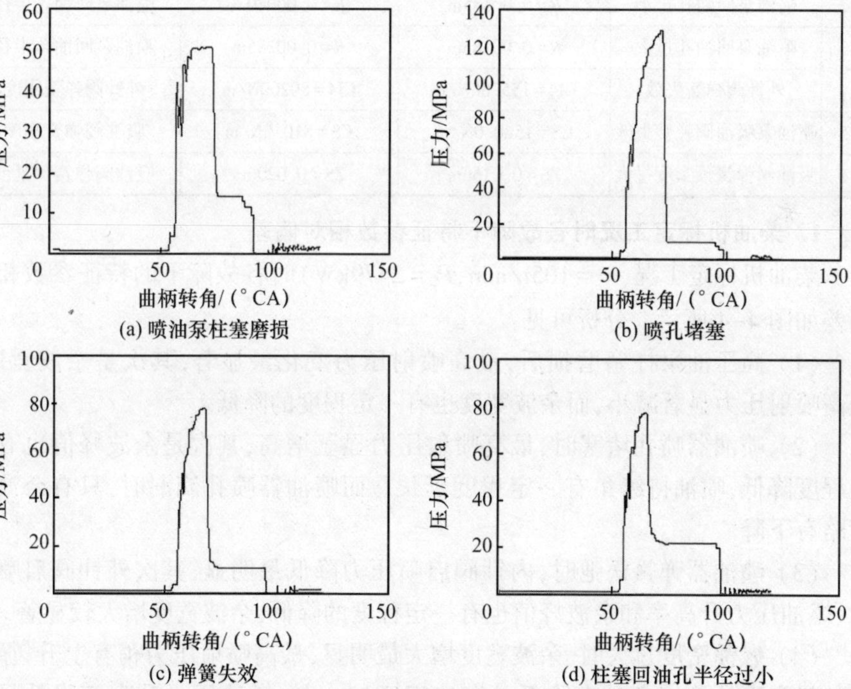

图 4-3 不同故障下内针阀燃油压力波形

表 4-1 MC 柴油机燃油喷射系统故障模型的参数设置

序号	故障模型	参数正常值	参数设置值	参数说明
1	喷油泵柱塞磨损	$U_p=0.0$, $D_{pl}=0.0510$m	$U_p=0.1$, $D_{pl}=0.05077$m	泄漏系数,柱塞直径
2	喷油器喷孔堵塞	NI=4,HGQFC=1.0	NI=2,HGQFC=0.7	喷孔数,喷孔结构系数
3	喷油器喷孔滴漏	UI5D=0m^2	UI5D=6.25×10^{-8}m^2	喷油器滴漏间隙
4	喷油器弹簧失效	CI3=29500N/m, CI4=155200N/m	CI3=14500N/m CI4=80200N/m	内针阀弹簧刚度 外针阀弹簧刚度
5	燃油密度过大	LE=950.0kg/m^3	LE=991.0kg/m^3	燃油密度
6	燃油密度过小	LE=950.0kg/m^3	LE=823.0kg/m^3	燃油密度
7	燃油黏度过大	V=0.000030m^2/s	V=0.000062m^2/s	燃油运动黏度
8	燃油黏度过小	V=0.000030m^2/s	V=0.000006m^2/s	燃油运动黏度
9	针阀弹簧预紧度过大	ZI3=0.00365m ZI4=0.01073m	ZI3=0.00715m ZI4=0.01248m	内针阀弹簧预紧度 外针阀弹簧预紧度
10	针阀弹簧预紧度过小	ZI3=0.00365m ZI4=0.01073m	ZI3=0.00125m ZI4=0.00800m	内针阀弹簧预紧度 外针阀弹簧预紧度
11	内针阀弹簧失效	CI3=29500N/m	CI3=14500N/m	内针阀弹簧刚度
12	喷油泵回油孔过小	R=0.00185m	R=0.00080m	喷油泵回油孔半径
13	喷油泵回油孔过大	R=0.00185m	R=0.00285m	喷油泵回油孔半径
14	外针阀弹簧失效	CI4=155200N/m	CI4=80200N/m	外针阀弹簧刚度
15	喷油泵吸油阀弹簧失效	CS=1560.0N/m	CS=810.0N/m	吸油阀弹簧刚度
16	吸油阀弹簧预紧度过大	ZS=0.0166m	ZS=0.0206m	吸油阀弹簧预紧度

1. 柴油机标定工况时各故障下特征参数相对偏差

柴油机标定工况($n_e=105$r/min,$P_e=2479$kW)时各故障下的特征参数相对偏差如图 4-4 所示。分析可见:

(1) 高压油泵柱塞磨损后,最高喷射压力变化最显著,其次是余波宽度。最高喷射压力显著减小,而余波宽度也有一定程度的降低。

(2) 喷油器喷孔堵塞时,最高喷射压力显著增高,其次是余波峰值也有一定程度降低,喷油持续角有一定程度延长。而喷油器喷孔滴漏时,只有余波宽度略有下降。

(3) 喷油器弹簧松弛时,内针阀启喷压力降低最明显,其次外针阀启喷压力、燃油压力升高率和余波峰值也有一定程度的降低,余波宽度增大较显著。

(4) 燃油密度过大时,余波宽度增大最明显,最高喷射压力稍有上升,循环喷油量和喷油持续角稍有降低。燃油密度过小时,燃油压力升高率降低最明显,而余波宽度、喷油持续角和循环喷油量也有不同程度的增大,最高喷射压力

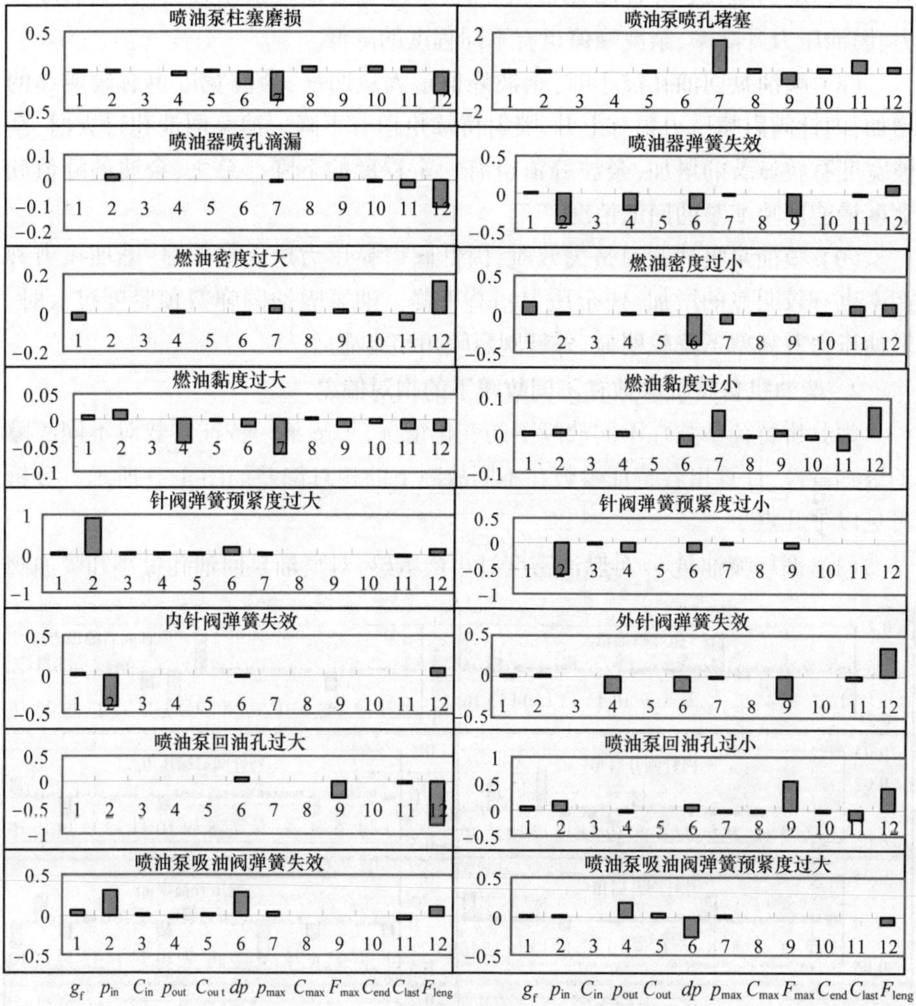

图 4-4　各故障下的特征参数相对偏差值

稍有下降。

(5) 燃油黏度过小时,最高喷射压力和余波宽度稍有增大。燃油黏度过大时,则最高喷射压力稍有减小,但总的来看,燃油黏度对喷射过程的影响较小。

(6) 针阀弹簧预紧度过大时,内针阀启喷压力有最明显的增大,燃油压力升高率也有一定的增大。针阀弹簧预紧度过小时,内针阀启喷压力有最明显的降低。可见,针阀启喷压力最能反映针阀弹簧的预紧度情况。

(7) 内针阀弹簧失效时,内针阀启喷压力下降最明显,其次是余波宽度也有一定程度的增大。外针阀弹簧失效时,余波宽度增大最明显,外针阀启喷压力、燃油压力升高率、余波峰值也有不同程度的降低。

(8) 喷油泵回油孔过小时,余波峰值增大最明显,余波宽度也有较明显的增加,内针阀启喷压力稍有上升,喷射持续角稍有下降。油泵回油孔过大时,余波宽度有较显著的增加,余波峰值也有一定程度的下降。总之,余波的峰值和宽度最能反映油泵的回油情况。

(9) 喷油泵吸油阀弹簧失效时,内针阀启喷压力增大最明显,燃油压力升高率也有较明显的增加,残余压力稍有下降。油泵吸油阀弹簧预紧度过大时,燃油压力升高率下降较明显,外针阀启喷角稍有滞后。

2. 柴油机各特征参数在不同故障下的相对偏差

为分析特征参数在不同故障下的变化情况,了解某一特征参数对不同故障的敏感特性,计算出各特征参数在不同故障下的相对偏差如图 4-5 所示。分析可见以下几点。

(1) 循环喷油量 g_f 对燃油密度过小最敏感,对喷油泵回油孔过小和吸油阀

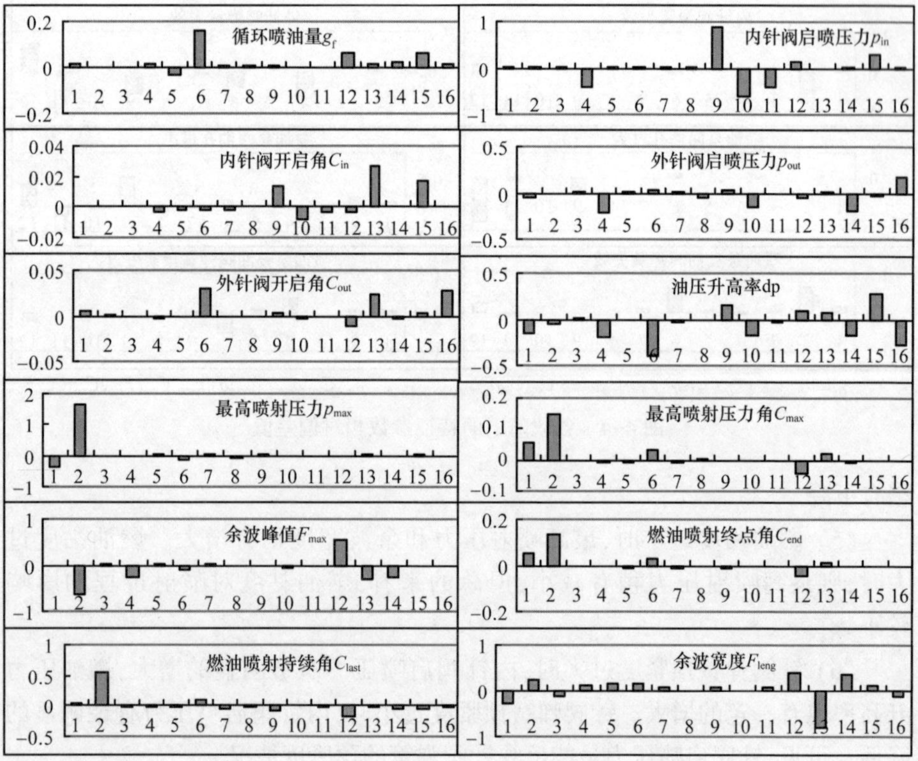

图 4-5 各特征参数在不同故障下的相对偏差

弹簧失效也有一定程度的反映。

(2) 内针阀启喷压力 p_{in} 对针阀弹簧预紧度过大故障最敏感,同时对喷油器针阀弹簧失效、针阀弹簧预紧度过小、内针阀弹簧失效和油泵吸油阀弹簧失效等故障也很敏感。总之,它是表征内针阀弹簧状态的最敏感特征参数。

(3) 外针阀启喷压力对喷油器弹簧失效、针阀弹簧预紧度过小、外针阀弹簧失效和吸油阀弹簧预紧度过大很敏感。而相比之下,内、外针阀开启角 C_{in}、C_{out} 在各种故障下的变化都很小。这是由于循环式燃油系统的针阀内部喷射压力升高得很快,在各种故障下变化不明显。

(4) 油压升高率 dp 对油泵柱塞磨损、喷油器弹簧失效、燃油密度过小、内外针阀弹簧预紧度、外针阀弹簧刚度、油泵吸油阀弹簧刚度都较敏感。

(5) 最高喷射压力 p_{max} 对喷油器喷孔堵塞最敏感,对油泵柱塞磨损故障也较敏感,它可以作为这两种故障的征兆参量。最高喷射压力角 C_{max} 除对这两种故障敏感外,对燃油密度和油泵回油孔的大小也有所反映。

(6) 余波峰值 F_{max} 对油嘴喷孔堵塞、喷油器弹簧失效、油泵回油孔大小和外针阀弹簧失效故障都较敏感,它反映了供油结束后的回油情况。余波宽度 F_{leng} 除对以上故障敏感外,对油泵柱塞磨损故障和燃油密度也较敏感。

(7) 燃油喷射终点角 C_{end} 对油嘴喷孔堵塞、油泵柱塞磨损、油泵回油孔大小都较敏感,其变化特征与最高喷射压力角 C_{max} 非常相似。

(8) 喷射持续角 C_{last} 对油嘴堵塞故障最敏感,另外对燃油密度过小、油泵回油孔过小故障也略有反映。总之,它与燃油喷射终点角 C_{end} 一样,可以表征燃油循环油路的通畅状态。

4.1.3 电控燃油喷射系统的故障特征及分析

迫于越来越严苛的排放法规,越来越多的大型船舶柴油机都采用电控燃油喷射系统,其具有不同于常规喷射系统的工作原理,如图 4-6 所示,主要包括电动液压泵、轴带液压泵、共轨管、蓄压器、燃油喷射和阀门驱动(FIVA)阀、燃油升压器、高压油管、喷油器和气缸控制单元气缸控制单元(CCU)等。柴油机起动初期,由电动液压泵建立起动柴油机所用滑油压力,起动完成运转平稳后,自动切换到轴带液压泵维持共轨管中滑油压力。CCU 是燃油控制系统的中枢,通过综合分析曲柄转角传感器、转速传感器、滑油压力传感器等参数确定喷油压力、喷油定时、喷油量和喷油规律等参数,继而控制 FIVA 阀阀芯的位移来完成上述动作,使柴油机时刻保持最佳的工作性能。

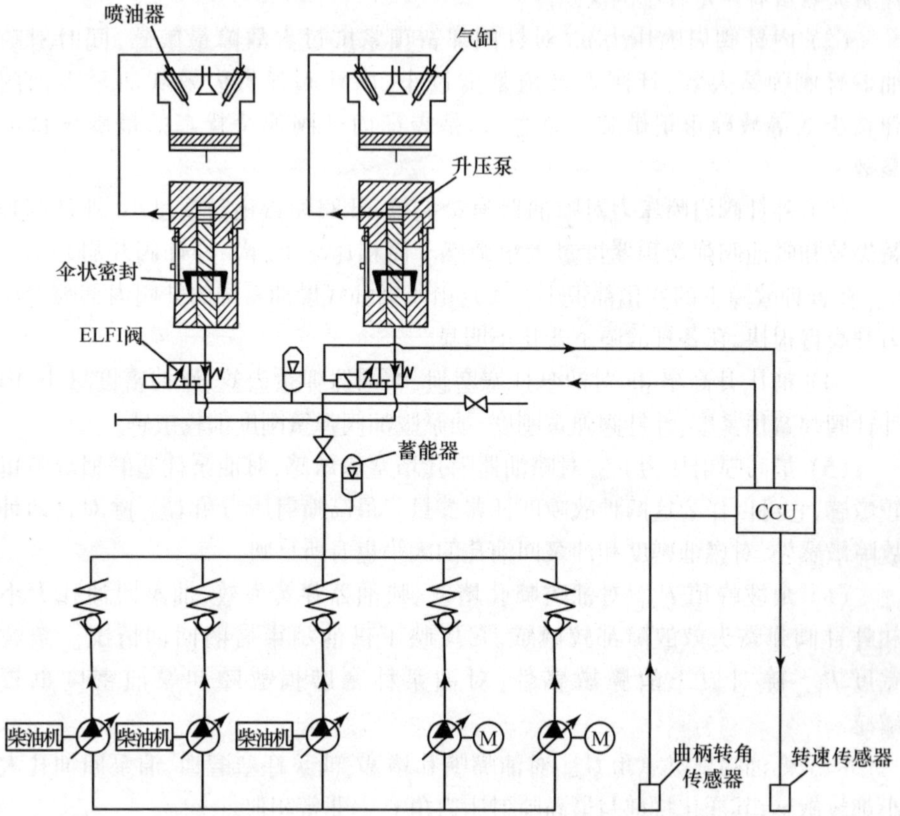

图 4-6 6S35ME-B 船用柴油机燃油喷射系统工作原理

ME 柴油机有下列关键部件：①液压动力单元（HPS）；②液压气缸单元（HCU）；③角度编码器；④机器控制系统（ECS）。液压动力单元的作用是提供 200～300bar（1bar = 10^5Pa）的高压液压油；液压气缸单元由燃油增压泵、排气阀执行器和气缸电子注油器组成；角度编码器是检查柴油机的曲柄转角，并把曲柄转角信号提供给 ECS；ECS 控制机器的起动、换向、燃油喷射、排气阀启闭和转速等，同时也控制辅助设备（如液压泵和鼓风机）。ME 电控柴油机起动时，由曲柄角度编码器检测曲柄转角，曲柄转角信号发至机器控制系统，ECS 再发出 4～20mA 的电流信号控制相应的气缸起动电磁阀，从而控制压缩空气进入相应的气缸，完成起动转动。ME 柴油机的燃油增压泵和排气阀执行器的动力机构为 200～300bar 的高压液压油（高压液压油承担了 MC 柴油机的凸轮顶升作用），ECS 根据曲柄转角提供的转角信号打开相应的电磁阀，从而控制高压液压油在不同的时刻分别作用于燃油增压泵和排气阀执行器的下部，从而完成燃油喷射和排气阀启闭。

图 4-7 所示为 ME 电控柴油机的液压系统示意图,主滑油泵的一部分滑油经过自清滤器后,由电子驱动液压泵或主机驱动液压泵增加至 200~300bar 后输送至 HCU,HCU 在 ECS 的控制下于不同时刻分别控制高压液压油至燃油增压泵、排气阀执行器和气缸油电子注油器。

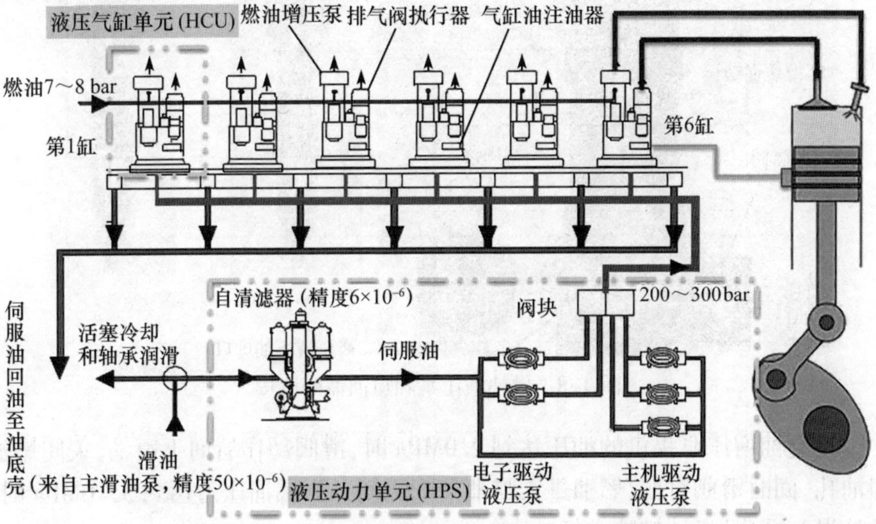

图 4-7 ME 电控柴油机的液压系统示意图

图 4-8 所示为燃油增压泵和喷油器之间的系统连接,燃油增压泵主要由顶盖、柱塞筒、燃油柱塞和液压促动器组成。MC 主机的高压油泵靠旋转喷油泵柱塞改变喷油始、终点来改变喷油量,喷油泵柱塞的行程在主机任何负荷下都是最大的。但是 ME 主机的高压油泵的喷油泵柱塞行程可以直接由 FIVA 控制,柱塞行程与单缸的油门刻度成正比,是可以变化的,并且柱塞不旋转[81]。

ME 部分机型装配 ELFI 阀和 ELVA 阀,其中,ELFI 阀控制高压液压油流向燃油增压泵,ELVA 阀控制高压液压油流向排气阀执行器。大部分机型装配 FIVA 阀,FIVA 阀可单独完成 ELFI 阀和 ELVA 阀的所有功能。

主机处于停车状态下,燃油被燃油供给泵升压到 0. 8MPa 后经燃油增压泵进油阀进入燃油增压泵,再经高压油管进入喷油器。0. 8MPa 的燃油压力不足以顶动滑阀式喷油器的滑阀,所以滑阀顶部处于关闭状态。滑阀下部的回流孔开启,燃油由此流出并经喷油器上的回油孔回油,保持燃油流动循环,防止油路堵塞和保持油温,同时阻止燃油进入喷油滑阀空间。因此,停车状态下,燃油在整个喷油系统组件内是流动的。

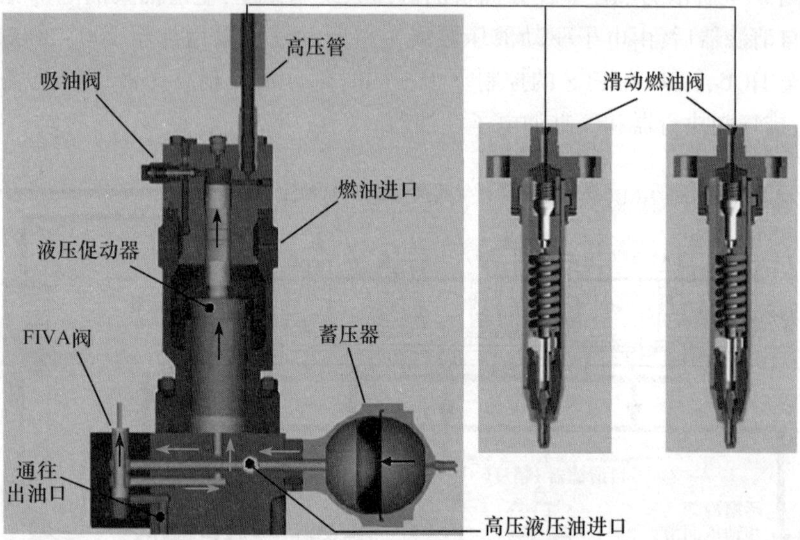

图 4-8　燃油增压泵和喷油器的连接

当燃油增压泵提供的油压达到 2.0MPa 时，滑阀动作后向下滑动，关闭燃油回油孔，同时滑阀打开，燃油进入喷油滑阀空间。当燃油压力达到 35.0MPa 时，喷油滑阀开启，燃油被喷入气缸。

图 4-9 所示为 ELFI 阀控制燃油增压泵示意图：①喷油结束时，气缸控制单元给 ELFI 阀一个关闭信号，ELFI 阀向下，升压器活塞下部液压油失压，活塞往下运动；②活塞下行，活塞上部腔内燃油压力减小，活塞经过燃油进口后，燃油进入升压器内；③升压器活塞下行，活塞下部失压的液压油通过 ELFI 阀（处于

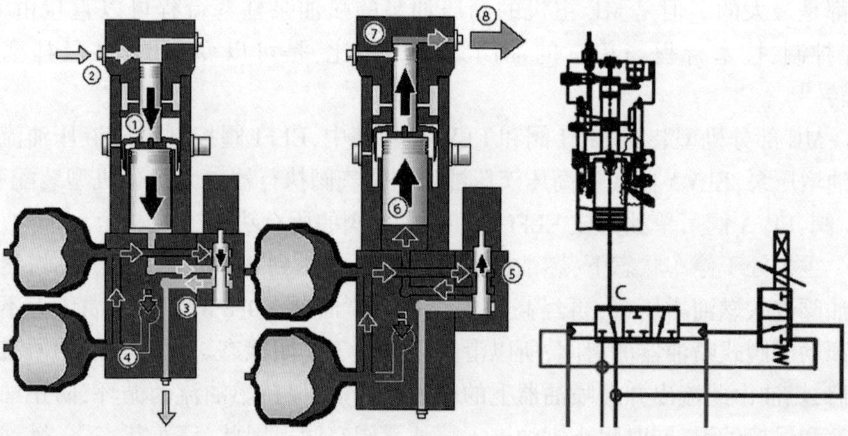

图 4-9　ELFI 阀控制燃油增压泵工作示意图

关闭位置)离开液压油腔室;④因ELFI阀关闭,200bar液压动力油的进油通道受到抑制;⑤在喷油时刻,ELFI阀受CCU激活向上运动,关闭回流,打开液压动力油通道,液压动力油通过ELFI阀充满升压器下部液压腔室;⑥200bar的液压动力油推动活塞向上运动;⑦活塞上行,关闭燃油进口;⑧活塞上部燃油压力增加,当压力超过缸内燃油喷油器启阀压力时,喷油器喷油。

先导阀是一个二位三通比例节流型换向电磁阀,它接收来自CCU的电流信号(4~20mA),电磁线圈产生的磁力与阀芯下端的弹簧弹力进行比较,电流大小不同,阀芯位置不同。主阀是一个三位五通比例节流型换向阀。主阀阀芯在中位时,燃油升压器驱动油缸和排气阀驱动油缸分别连通至回油油路,确保燃油升压器和排气阀驱动活塞复位。阀芯右移,主阀工作在左位,控制该缸喷油动作,包括对喷油定时及油门大小的控制。阀芯左移,主阀工作在右位,控制该缸排气阀打开,包括对开阀定时及开阀力量的控制。由于左、右两端控制的目标不同,因此主阀设计成非对称结构,即控制喷油的右移行程大于控制开阀的左移行程。主阀的"中位"仅指工作位置,并非实际上的中间位置,如图4-10所示。

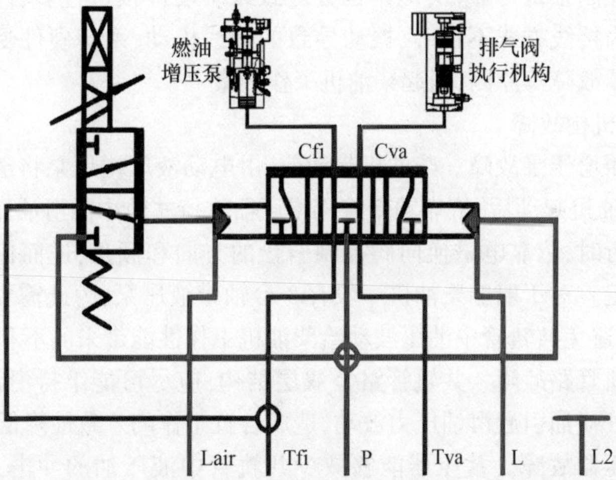

图4-10 FIVA阀的工作原理

Cfi—进入燃油增压泵;Cva—进入排气阀执行机构;Lair—控制油节流泄放至油柜;Tfi—控制燃油喷射的液压回油;P—高压液压油;Tva—控制排气阀开启的液压油回油;L—控制油节流泄放至油柜;L2—控制油节流泄放至油柜。

除了传统凸轮驱动式燃油喷射系统常见的喷油器结炭、磨损和润滑不良等故障外,ME电控燃油喷射系统的主要故障如图4-11所示。

1) 控制系统故障

ME型柴油机的控制单元主要由主机控制单元、主机界面控制单元、辅助控

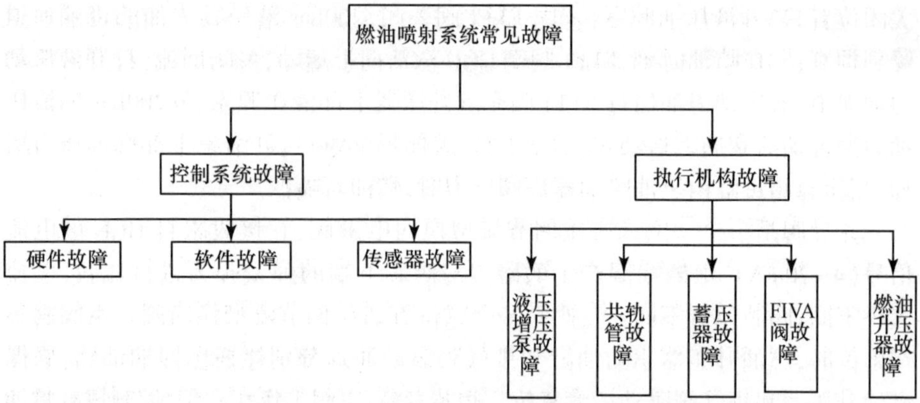

图 4-11 ME 型电控燃油喷射系统常见故障

制单元和气缸控制单元等组成,这些控制单元通过传感器采集柴油机的运行转速、油压、温度等参数,完成相应的控制作用。控制单元的硬件都是采用相同的多功能控制器构成,通过安装不同的软件实现不同功能。这种通用性布置方式有利于提高控制系统可靠性,但是也会导致系统硬件接口过多、体积增大。该部分常常因为接线方式不正确、振动导致的接线松动、系统硬件受到灰尘油液污染和传感器故障等原因,引起柴油机工作异常[81]。

2) 执行机构故障

(1) 液压增压泵故障。柴油机起动前,由电动液压增压泵将滑油压力升至225bar,等柴油机起动后,依靠轴带液压增压器维持共轨中的滑油压力。当柴油机变工况运行时,依靠电磁换向阀控制斜盘的方向和倾角,进而保持共轨管中液压油压稳定。对于船舶柴油机一般有 3 台轴带液压泵,为此需要更加先进的控制策略,来避免共轨管中油压波动给柴油机工作性能带来的不利影响。

(2) 共轨管路故障。共轨管路是双层结构,应尽可能维持滑油压力恒定,避免因为单缸喷油引起滑油压力波动,造成各缸工作的一致性降低。

(3) 蓄压器故障。蓄压器能够减少共轨管中液压油的冲击,保持油压稳定,有利于柴油机各缸均衡稳定运行。蓄能器一般是膜片式结构,由两个钢制半球构成的密闭球体,上半球储存氮气,下半球储存液压油。系统稳定时,蓄能器膜片处于球体中间位置。当蓄能器泄漏导致氮气压力过低或过高时,容易引发液压气缸单元的噪声,并影响柴油机的相关喷油参数。

(4) FIVA 阀故障。FIVA 阀是 ME 型电喷柴油机的喷油控制执行器,由先导阀和主阀两部分组成。通过控制 EIVA 阀的通电时刻来控制喷油量、喷油脉宽、喷油规律等参数。当 ELFI 阀阀芯位移传感器故障,或者高压滑油脏污引起阀芯卡阻,会引起 FIVA 阀控制不精确,影响柴油机喷油压力、喷油量等参数。

并且柴油机振动会引起FIVA阀接线松动,同样会引起柴油机工作性能恶化。

(5)燃油升压器故障。燃油升压器依靠液压油的压力通过增压活塞将燃油从8bar升至600~1000bar,然后通过高压油管进入喷油器中。燃油升压器柱塞行程直接受FIVA阀控制,并且燃油升压器柱塞容易受到燃油清洁度的影响而发生磨损和结炭等故障,进而直接影响喷油相关参数。

另外,Flex电控柴油机故障的特点是高压共轨和电子控制,常见故障表现在以下两方面[82]。

(1)高压共轨泄漏。燃油共轨油压通常是100MPa左右,伺服滑油共轨油压也有20MPa,难免漏泄。时常出现漏泄的地方有以下几个:

① 共轨油泵的轴封;

② 油管、管路接头、焊接处和弯头薄弱处;

③ 阀件的密封处,包括活动部件阀杆密封等。

(2)电子控制系统。油轨的油压、燃油喷射、排气阀启闭、气缸油注入、起动和换向等均由电子控制系统控制,而电控系统由控制单元、传感器、电磁阀等组成,时常出现以下故障。

① 传感器故障。

a. 振动,极易引起各种传感器的接线插头松动。

b. 探头脏污,会影响传感器检测精度,造成控制系统误动作。

c. 曲轴转角传感器,会因振动和侧推力而损坏。

喷油量测量传感器,常见的有测量柱塞运动受阻或咬死,主要原因是燃油杂质多、黏度大,测量油缸的内外温差大、油温过高(导致积炭而污染传感器)等。

② 电磁阀故障(燃油电磁阀和排气电磁阀),表现为动作频率高、过电流(可能烧毁电磁阀)等。原因可能有以下几个:

a. 工作环境振动剧烈,导致电磁阀接头松动、复位弹簧断裂等,烧坏线圈;

b. 油质不洁,加剧电磁阀磨损,甚至阀芯卡死。

③ 单缸喷油控制单元的喷油量测量器故障往往导致喷油时间太长或太短,原因可能有以下几个:

a. 燃油不洁导致测量柱塞咬死;

b. 控制元件故障造成测量柱塞无法运动;

c. 弹簧失效引起测量柱塞不返回等。

④ 伺服滑油排气共轨阀驱动器电子模板(VDM)故障。各气缸均有VDM,安装在各缸共轨箱下的铁箱中。该模板工作在振动、高温且没有通风的环境,容易发生故障,导致共轨阀通电时间过长、排气阀打不开或关闭太晚等。

⑤ 气缸油电子单元模板(CCM)故障。各气缸均有 CCM,分别安装在各缸共轨箱下的铁箱中。该模板工作在振动、高温且没有通风的环境,也容易损坏,导致气缸油供给异常。

文献[83]收集并整理了 101 个船舶电控柴油机机损案例,对各事故的发生现象、故障部件、故障类型、发生原因、机型、故障部位和排除措施等进行了详细的统计分析,也发现了与常规燃油喷射系统不同的故障特征,部分案例如表 4-2 所列。

表 4-2　部分船舶电控柴油机电控系统的机损案例及故障分析

序号	事故现象	故障部件	故障类型	发生原因	机型	故障部位	排除措施
1	FIVA 阀反馈信号故障报警,主机自动降速	FIVA 阀反馈线外部绝缘层及金属屏蔽层	电磁干扰	安装不正确	ME	FIVA 阀	更换反馈线
2	FIVA 阀位置信号报警,主机自动降速	HUC-JB 接线盒	接线错误	安装不正确	ME	FIVA 阀	查新接线
3	高排温偏差报警,机旁有异常声音	FIVA 阀接线	松动或脱落	日常维护不到位	ME	FIVA 阀	重新接线
4	燃油柱塞行程过高信号报警	喷油器高压油管接头	松动或脱落	金属疲劳	ME	燃油柱塞	更换油头
5	燃油升压器柱塞行程太大报警	液压柱塞套筒上部 2 道密封环	油水气漏泄	日常维护不到位	ME	燃油柱塞	更换燃油升压器和 3 个喷油器
6	柱塞行程异常报警	防油罩与柱塞连接螺纹	松动或脱落	日常维护不到位	ME	燃油柱塞	焊补修复
7	排气阀敲击,主机减速时自动消失	阀杆与导套处密封圈	磨损或破裂	设计不合理	ME	排气阀	将节流孔直径扩大到 0.7mm
8	排气阀异常敲击	排气阀顶部阻尼活塞	脏堵或脏污	金属疲劳	ME	阻尼活塞	更换 2 号缸排气阀
9	排气阀关闭过快报警	驱动油泵进油单向阀	异常关闭	设计不合理	ME	驱动油泵	停车复位
10	排气阀行程短	排气阀位置探头传感器接线	电磁干扰	安装不正确	ME	控制线路	停机更换整段线路
11	排气阀关闭时间长	卡簧	磨损或破裂	安装不正确	ME	排气阀	更换卡簧
12	排气阀打开行程低,阀关闭位置改变	空气弹簧密封件	磨损或破裂	日常维护不到位	ME	空气弹簧	换新与空气弹簧密封有关的密封件

续表

序号	事故现象	故障部件	故障类型	发生原因	机型	故障部位	排除措施
13	正常起动失败,倒车起动成功	缸头起动空气引导阀线圈	电磁干扰	安装不正确	ME	控制线路	整体更换缸头起动空气引导阀
14	微速进,驾控慢转起动失败	曲轴角度编码器A固定螺栓	松动或脱落	日常维护不到位	ME	角度编码器	调整角度编码器A的紧固螺栓
15	正车3次起动失败	空气管路	锈蚀或咬着	日常维护不到位	ME	电磁阀	反向起动,向电磁阀铁芯喷入清洁剂疏通
16	机带液压泵控制失败故障	比例阀、液压泵位置反馈传感器	油水气漏泄	日常维护不到位	ME	机带液压泵	换新比例阀、液压泵位置反馈传感器
17	主机控制系统绝缘低报警	飞轮端转速探头接线	电磁干扰	安装不正确	ME	控制线路	逐个插拔MPC相应通道插头
18	MOP“电噪声干扰”报警	FIVA 5号接线盒	电磁干扰	安装不正确	ME	控制线路	紧固处理
19	气缸注油器断油	气缸注油器反馈探头	磨损或破裂	金属疲劳	ME	气缸注油器	更换反馈探头
20	单缸敲缸	MPC板端口的接线处	短路或烧损	安装不正确	ME	控制线路	重新接线
21	排气关闭行程低报警	排气阀促动器缓冲活塞	锈蚀或咬着	配合间隙	ME	排气阀	用细砂布对其进行打磨
22	网络故障	MOP处网络插头	电磁干扰	安装不正确	ME	控制线路	将MOP插头A网的外壳拆除
23	主机单缸或多缸不发火	遥控系统11号阀端盖密封垫床	脏堵或脏污	安装不正确	ME	遥控系统	更换新的密封件
24	主机自动减速,气缸注油器故障警报	注油器传动活塞和注油柱塞机械机构	脏堵或脏污	异物卡塞	ME	气缸注油器	将注油器输油管进行彻底清洗吹净
25	单缸排温高,单缸温差警报	喷射控制单元(ICU)滤器	磨损或破裂	安装不正确	Flex	滤器	更换滤器
26	喷射时间过长报警,触发主机降速	油量活塞杆	卡阻	操作不当	Flex	油量活塞	清洁活塞杆

续表

序号	事故现象	故障部件	故障类型	发生原因	机型	故障部位	排除措施
27	喷油量活塞卡在最大位置	油量活塞	卡阻	操作不当	Flex	油量活塞	清理活塞
28	单缸排温低，温差报警	高压油管	油水气漏泄	安装不正确	Flex	高压油管	重新上紧螺帽
29	燃油共轨压力极低，主机自动停车	ICU	油水气漏泄	维修过失	Flex	ICU	更换ICU模块
30	排气阀关闭停滞时间过长	空气弹簧补气单向阀中心节流孔	孔径不同	加工不良	Flex	空气弹簧	扩孔
31	排气阀延迟/未关闭	控制滑阀	锈蚀	日常维护不到位	Flex	控制滑阀	更换滑阀
32	排气阀延迟/未关闭	空气弹簧克服油压关闭排气阀	油量过多	设计不合理	Flex	空气弹簧	增加闷头
33	排气阀故障	滑油反冲洗滤器	堵死	日常维护不到位	Flex	滤器	清洁滤筒
34	排气阀故障，机组停止着火	共轨阀接头	松动	管理失误	Flex	排气阀	紧固线路及接头连接
35	伺服油压高	绝缘层	磨损或破裂	操作不当	Flex	伺服油系统	更换比例阀接线绝缘层
36	滑油压力下降，黏度下降，液位不变	燃油喷射控制阀	油水气漏泄	操作不当	Flex	伺服油系统	更换燃油控制阀
37	主机超速停车	转速探头	失效	日常维护不到位	Flex	传感器	更换探头
38	喷油时间过长报警	油头喷孔	堵塞	日常维护不到位	Flex	喷油器	拆检油头，清通喷孔

从机损事故的故障部位来看，阻尼或油量活塞4例、油路1例、遥控系统3例、伺服油系统5例、扫气道1例、软件1例、蓄压器1例、燃油喷射泵5例、气缸注油器4例、起动阀2例、喷油器3例、排气阀9例、滤器3例、流量控制阀2例、控制线路8例、角度编码器4例、机带液压泵2例、高压油管1例、电源系统1例、电磁阀4例、传感器3例、MPC板6例、MOP 1例、ME-V阀及活塞3例、ICU 1例、HCU 3例、FIVA阀10例，如图4-12所示。

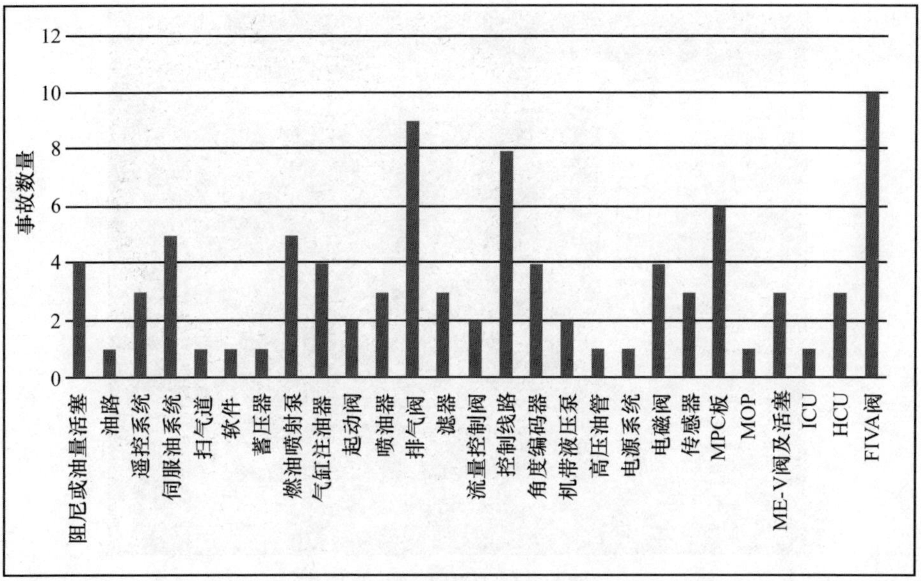

图4-12 机损事故的不同故障部位

可见,在所有的机损事故中,FIVA阀、排气阀和控制线路的故障率最高,伺服油系统、燃油喷射泵、多功能控制(MPC)板、油量活塞、气缸注油器、角度编码器、电磁阀的故障也较高,这与传统柴油机的故障特征有很大的不同。如果将油量活塞、角度编码器、位置活塞都作为传感器,则传感器的故障高达14例,说明控制模块的故障率还是很高的,对这些关键器件一定要保证足够的备件。当然,机械故障也较多,特别是液压排气阀、燃油喷射泵、伺服油系统等,对机械部件还要保持足够的重视。

电控柴油机取消了常规的凸轮轴驱动机构,使柴油机的起动、换向事故大大减少,在经济性、排放物性和可靠性方面都优于常规的二冲程柴油机,但电控单元和线路故障却有所增加,如FIVA阀、MPC板、角度编码器、控制线路等。

现代大型船舶柴油机的燃油喷射系统还设计了Troubleshooting界面,用于帮助管理人员监视HCU和HPS相关信号的运动表现,可以用于诊断电器元件和机械组件的故障,该界面用于对HCU、HPS的故障排除。HCU的故障事件和HPS的故障事件用于显示FIVA阀/ELVA的动作以及柱塞位置,排气阀动作以及斜盘的位置趋势。图4-13所示为HCU Events界面,可以通过FIVA或者ELFI/ELVA动作来执行高压油泵和排气阀的动作,检查HCU系统是否正常。通过将MPC模式更改为测试模式并激活工具栏中显示的按钮,可以激活FIVA或ELFI/ELVA[81]。

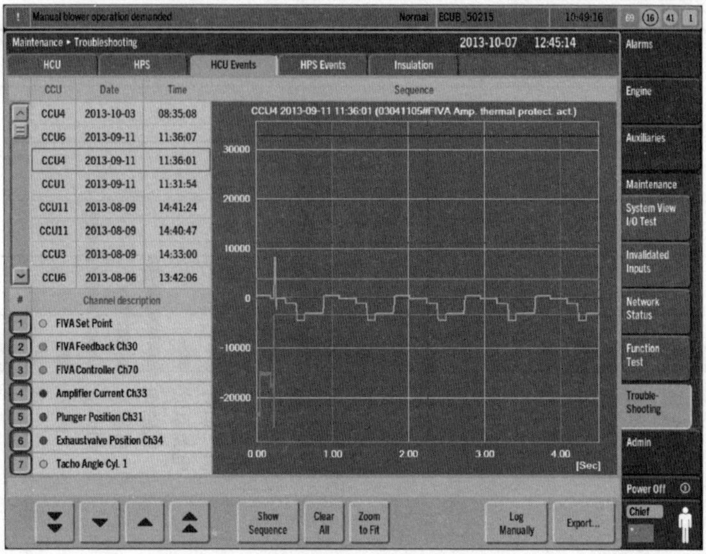

图 4-13　HCU Events 界面

4.2　增压换气系统

如果说燃油喷射系统是为柴油机的缸内燃烧提供定时、定量、定质的燃料，那么增压换气系统就是为缸内燃烧提供充足的新鲜空气并及时排出废气，对保证柴油机的正常工作同样重要。船舶柴油机的增压换气系统是利用柴油机排出气体中的能量驱动废气涡轮增压器，再带动压气机使进入柴油机气缸的空气压力增加，一般由废气涡轮增压器、空气中间冷却器(简称中冷器)、辅助风机、进气管、气缸、排气管等组成，如图 4-14 所示。

4.2.1　正常工况的模拟计算

为了解热力参数在不同故障下的变化规律，利用 GT-Power 软件搭建柴油机工作过程计算模型，其中增压换气系统的模块如图 4-15 所示。柴油机增压换气系统分为空气滤器、压气机、中冷器、扫气箱、缸内燃烧、排气阀、排气总管及涡轮 7 个子模块，系统主要模块的热力学模型逻辑如图 4-16 所示[84]。

模拟对象为一台 MAN 6S35 ME-B9 船用二冲程柴油主机，该柴油机使用 MAN 公司的 TCR 22 型涡轮增压器，并配有一台 18.5kW 的辅助风机。该机缸径/行程为 350/1550mm，额定转速 142r/min，额定功率 3570kW，压气端出口管

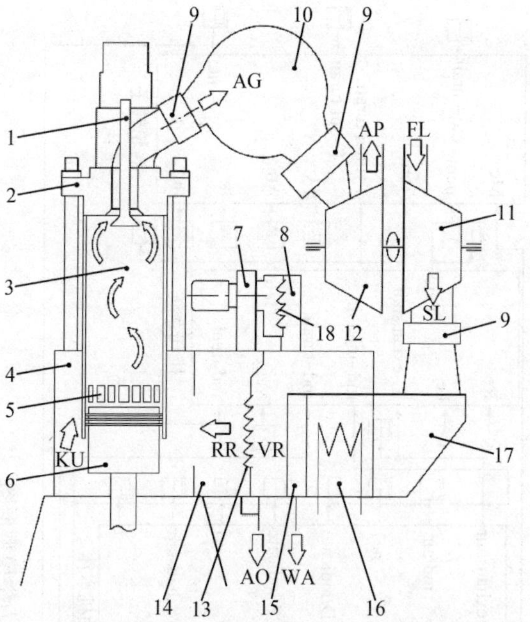

图 4-14 柴油机增压换气系统示意图

1—排气阀；2—气缸盖；3—气缸套；4—气缸体；5—进气口；6—活塞；7—辅助风机；8—进气箱；9—膨胀接头；10—排气总管；11—压缩机；12—涡轮机；13—风门；14—扫气箱；15—脱水器；16—扫气空气冷却器；17—空气管；18—辅助风机前的风门；AG—缸后排气；AO—油水分离器；AP—涡轮排气；FL—压气机进气；KU—底部活塞；RR—扫气空间；SL—扫气空气；VR—风门前扫气空间；WA—泄水。

径 290mm，扫气箱容量 167L，排气总管直径 796mm，排气总管长度 604.6mm，涡轮端最大压缩比 5，中冷器冷却系数取 0.89，涡轮流量系数取 0.7。

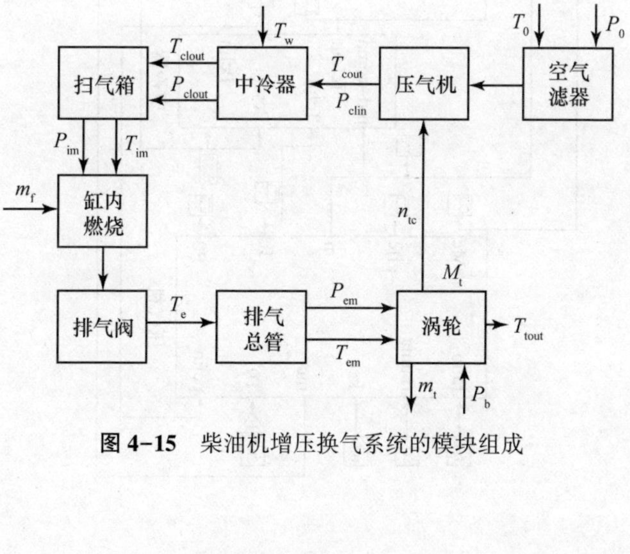

图 4-15 柴油机增压换气系统的模块组成

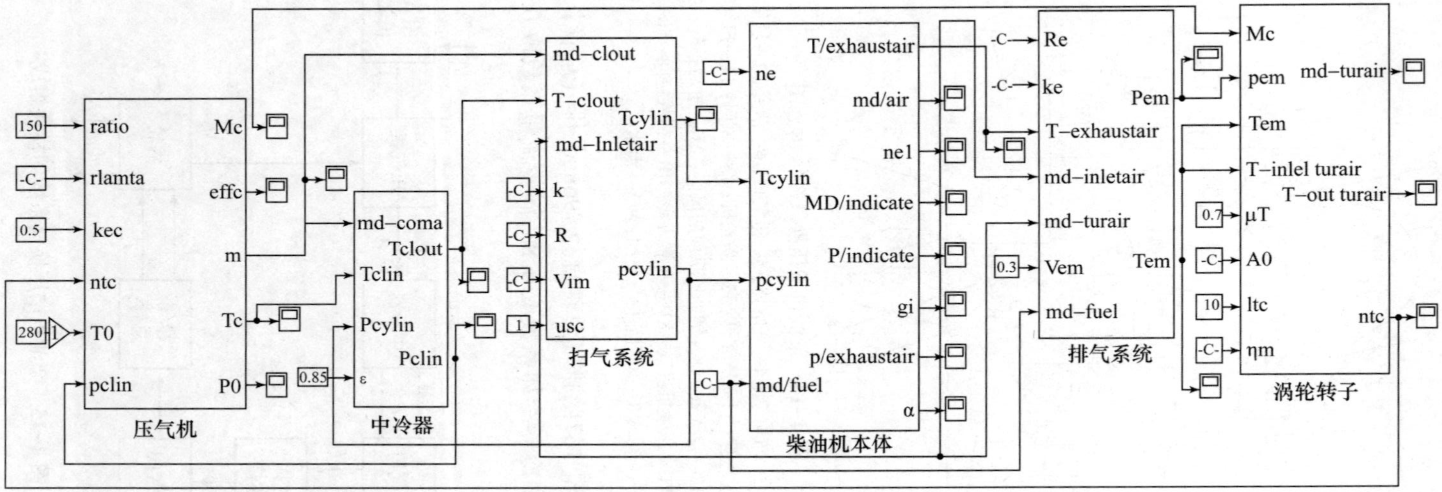

图4–16 柴油机增压换气系统热力学模型框图

1. 空气滤清器

将其简化为一维定常流动，主要损失分为局部阻力损失 ΔP_1 和沿程阻力损失 ΔP_2，有

$$\Delta P_1 = \frac{1}{2}\varepsilon\rho v^2 \tag{4-1}$$

$$\Delta P_2 = \frac{1}{2}\lambda\rho\frac{l}{d}v^2 \tag{4-2}$$

$$\Delta P_0 = \Delta P_1 + \Delta P_2 \tag{4-3}$$

式中：ΔP_1、ΔP_2、ρ、l、d、P_0 分别为进口处的局部损失、沿程阻力损失、空气密度、管道长度、管道直径和压气机进口压力；ε 为损失系数，取值为 0.5；λ 为黏滞空气系数，取值为 0.00001983Pa · s，$v = m_c/(\rho \cdot A_r)$ 为空气流速，由压气机的质量流量获得，压气机的进口当量面积 A_r 取值为 0.039。

空气滤器的 Matlab/Simulink 模拟计算模型如图 4-17 所示[85]。

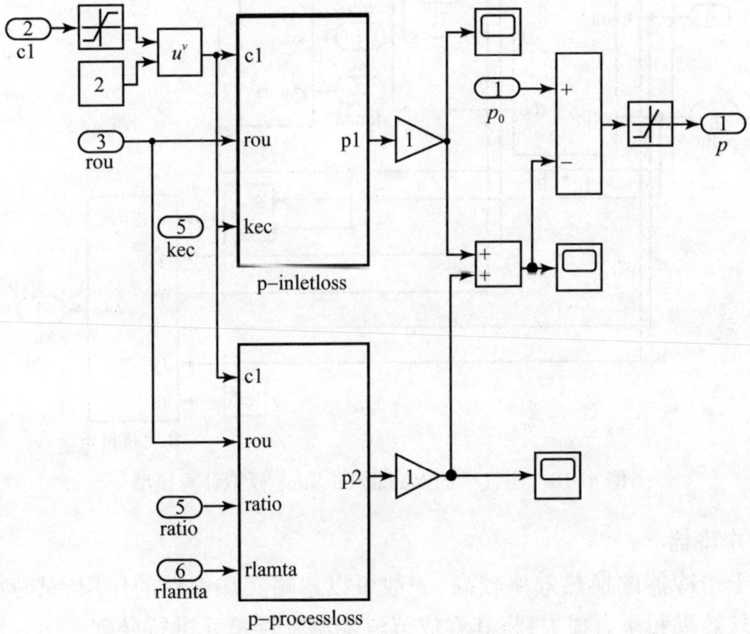

图 4-17　空气滤器的 Matlab/Simulink 模拟计算模型

2. 压气机

按照一维绝热压缩过程，结合压气机特性曲线，得出压气机出口温度为

$$T_{cout} = T_{cin}\left[1 + \left(\pi_c^{\frac{k-1}{k}} - 1\right)\frac{1}{\eta_{cs}}\right] \tag{4-4}$$

压气机吸收扭矩为

$$M_c = 30\dot{m}_c kRT_{cin} \frac{\pi_c^{\frac{k-1}{k}} - 1}{\pi\eta_{cs}n_{tc}(k-1)} \tag{4-5}$$

式中：T_{cin}、T_{cout} 分别为压气机进出口温度；n_{tc}、π_c 分别为增压器转速和压气机压比，$\pi_c = P_{clin}/P_0$；η_{cs}、$\dot{m}_c$ 分别为压气机的绝热效率和空气流量，通过输入（n_{tc}、π_c）可得；k、R 为多变压缩指数和气体常数。

压气机的 Matlab/Simulink 模拟计算模型如图 4-18 所示。

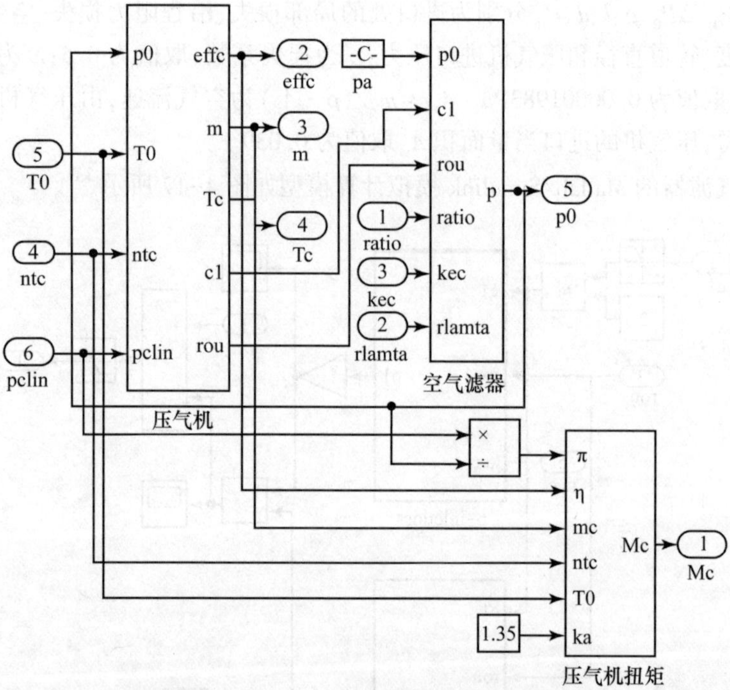

图 4-18　压气机的 Matlab/Simulink 模拟计算模型

3. 中冷器

由于中冷器的换热效率较高，一般可以忽略其热惯性的作用，只考虑中冷器的冷却效果和压力损失，将其看成节流降温降压单元进行处理。引入冷却系数，可得中冷器的气体出口温度为

$$T_{clout} = T_{clin} + \varepsilon(T_{wi} - T_{clin}) \tag{4-6}$$

中冷器的压降与其冷却的气体流量相关，可得中冷器气体出口压力为

$$P_{clout} = P_{clin} - \Delta P_0 \frac{\dot{m}_c}{\dot{m}_{c0}} \tag{4-7}$$

式中：T_{clin}、T_{clout}、P_{clin}、P_{clout} 分别为中冷器进出口温度和压力；T_{wi} 为中冷器水路进口温度；ε 为冷却系数；$\dot{m}_{c0}$ 为中冷器设计气体流量；ΔP_0 为中冷器最初的压力损失，取值为 400Pa。

冷器的 Matlab/Simulink 模拟计算模型如图 4-19 所示。

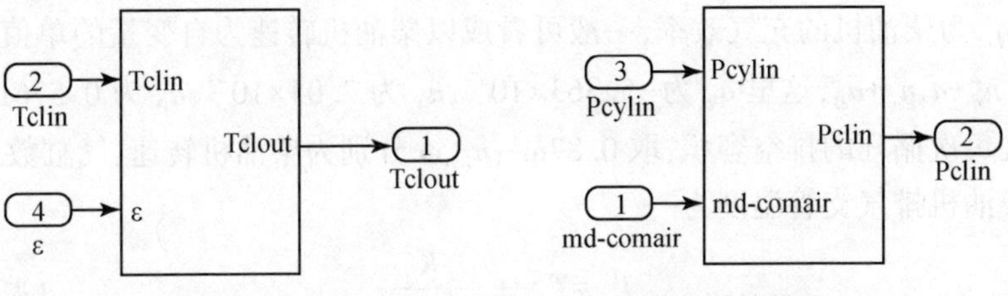

图 4-19　中冷器的 Matlab/Simulink 模拟计算模型

4. 扫气箱

扫气箱采用"容积法"建模，结合能量、质量守恒方程和理想气体状态方程进行微分求解，得扫气箱内压力为

$$\dot{P}_{im} = \frac{kR(\dot{m}_c T_{clout} - \dot{m}_d T_{im})}{V_{im}} \tag{4-8}$$

由理想气体状态方程得扫气箱出口温度为

$$T_{im} = \frac{P_{im} V_{im}}{m_d R_g} \tag{4-9}$$

式中：P_{lm}、T_{im} 分别为扫气箱内压力和温度；V_{im} 为扫气箱容积，本书通过 MAN B&W 6S35ME-B9 型船用低速柴油机结构参数计算其值为 1.67m^3；$\dot{m}_d$ 为柴油机进气流量。

扫气箱的 Matlab/Simulink 模拟计算模型如图 4-20 所示。

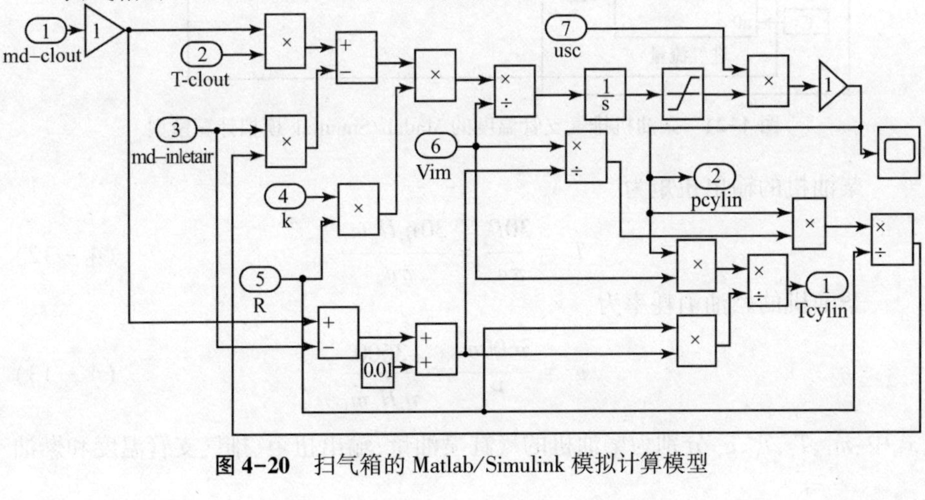

图 4-20　扫气箱的 Matlab/Simulink 模拟计算模型

5. 缸内燃烧

通过计算充满柴油机气缸的理论空气流量,得柴油机的进气流量为

$$\dot{m}_{\mathrm{d}}=\frac{\eta_{\mathrm{v}}\dot{P}_{\mathrm{im}}V_{\mathrm{d}}n_{\mathrm{e}}\phi}{60RT_{\mathrm{im}}} \tag{4-10}$$

式中:η_v 为柴油机的充气效率,一般可看成以柴油机转速为自变量的单值函数,$\eta_v=a_2 n_e^2+a_1n_e+a_0$,这里 a_2 为-5.363×10^{-7},a_1 为 2.04×10^{-3},a_0 为 0.576107;V_d 为气缸每次循环的排空容积,取 0.87m³;n_e、ϕ 分别为柴油机转速、气缸数。

柴油机排气支管温度为

$$T_{\mathrm{e}}=T_{\mathrm{im}}+\frac{K}{1+L_0\alpha} \tag{4-11}$$

式中:K、α 分别为排气温度升高因子、过量空气系数;T_e 为排气支管温度;L_0 为单位燃油所需空气量,取 14.3。

排气温度升高因子 K 是空燃比的函数,将其与过量空气系数进行插值得出,柴油机排气支管温度的 Matlab/Simulink 模拟计算模型如图 4-21 所示。

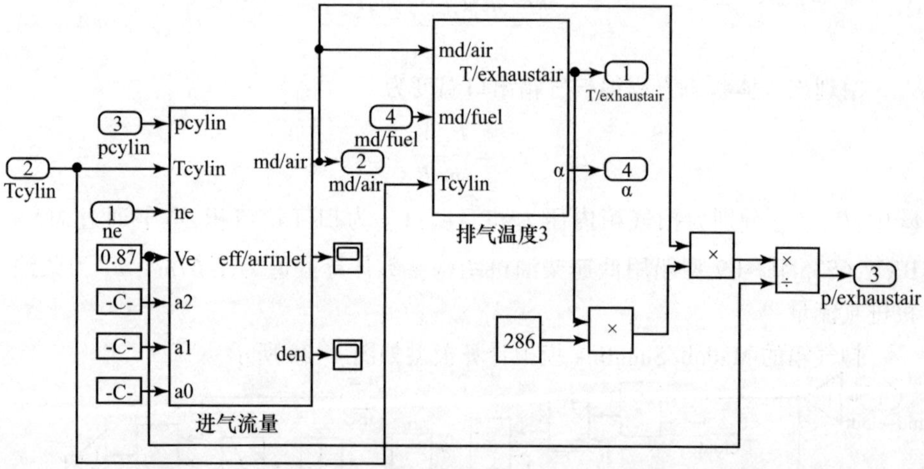

图 4-21 柴油机排气支管温度的 Matlab/Simulink 模拟计算模型

柴油机的输出扭矩为

$$T_{\mathrm{i}}=\frac{30P_{\mathrm{i}}}{\pi n_{\mathrm{e}}}=\frac{30\eta_{\mathrm{i}}H_{\mathrm{u}}\dot{m}_{\mathrm{f}}}{\pi n_{\mathrm{e}}} \tag{4-12}$$

柴油机的燃油消耗率为

$$g_{\mathrm{i}}=\frac{3600\dot{m}_{\mathrm{f}}}{P_{\mathrm{e}}}=\frac{3600}{\eta_{\mathrm{i}}H_{\mathrm{u}}\dot{m}_{\mathrm{f}}} \tag{4-13}$$

式中:$\dot{m}_f$、T_i、T_e、g_i 分别为柴油机的气缸喷油量、输出扭矩、排气支管温度和燃油

消耗率；H_u 为燃油低热值，取 42700kJ/(kg/K)；η_i 为柴油机的指示效率。

缸内燃烧动力学和热力学的 Matlab/Simulink 模拟计算模型如图 4-22 所示。

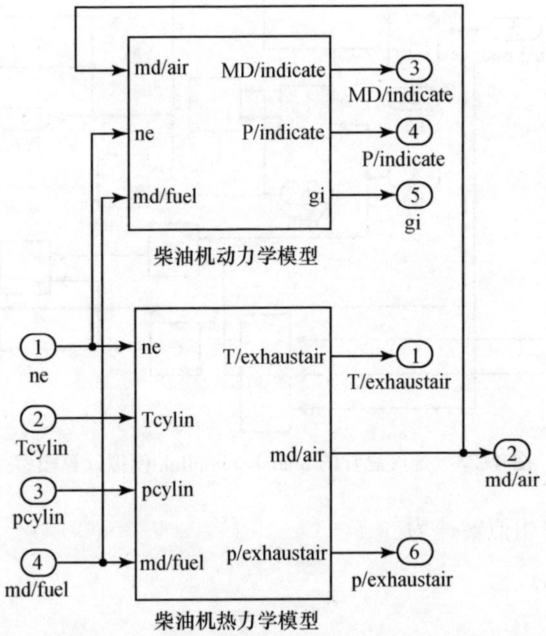

图 4-22　缸内燃烧动力学和热力学的 Matlab/Simulink 模拟计算模型

6. 排气总管

排气总管也采用容积法建模，得排气管内压力为

$$\dot{P}_{em} = \frac{k_e R_e(\dot{m}_{out} T_e - \dot{m}_t T_{em})}{V_{em}} \tag{4-14}$$

由理想气体状态方程得排气总管内温度为

$$T_{em} = \frac{P_{em} V_{em}}{m_{em} R_e} \tag{4-15}$$

式中：P_{em}、T_{em} 分别为排气总管内压力和温度；$\dot{m}_{out}$ 为进入排气总管的混合空气流量，$\dot{m}_{out} = \dot{m}_d + \dot{m}_f$；$V_{em}$ 为排气总管容积，取 3.0m^3。

排气总管的 Matlab/Simulink 模拟计算模型如图 4-23 所示。

7. 涡轮

涡轮效率通过涡轮特性曲线采用 s-function 调用 Matlab 内置的 RBF 函数拟合得出。

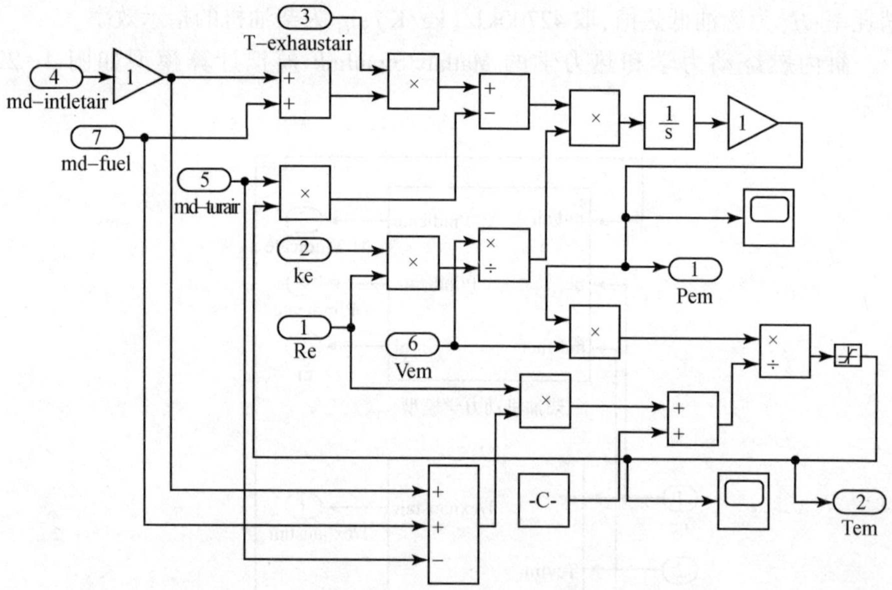

图 4-23　排气总管的 Matlab/Simulink 模拟计算模型

涡轮特性的相似转速为

$$n'_{tc}=\frac{n_{tc}}{\sqrt{T_{em}}} \tag{4-16}$$

涡轮出口温度为

$$T_{tout}=T_{em}\left[1-\eta_{ts}\left(1-\pi_t^{\frac{1-k_t}{kt}}\right)\right] \tag{4-17}$$

涡轮输出扭矩为

$$M_t=\frac{30\dot{m}_t\eta_{ts}k_tRT_{em}\left(1-\pi_t^{\frac{1-k_t}{kt}}\right)}{\pi n_{tc}(k_t-1)} \tag{4-18}$$

涡轮等效成节流喷嘴进行简化计算，按照一维等熵膨胀过程得涡轮流量为

$$\dot{m}_t=\frac{\mu_T F_{res}\psi P_{em}}{\sqrt{R_T T_{em}}} \tag{4-19}$$

当 $\pi_t<\left(\frac{k_t+1}{2}\right)^{\frac{k_t}{k_t-1}}$ 时，有

$$\psi=\sqrt{\frac{2k_t}{k_t-1}\pi_t^{\frac{2}{k_t}}\left(1-\pi_t^{\frac{k_t-1}{k_t}}\right)} \tag{4-20}$$

当 $\pi_t \geqslant \left(\frac{k_t+1}{2}\right)^{\frac{k_t}{k_t-1}}$ 时,有

$$\psi = \left(\frac{2}{k_t+1}\right)^{\frac{k_t}{k_t+1}} \sqrt{\frac{2k_t}{k_t+1}} \tag{4-21}$$

式中:T_{tout}、M_t、$\dot{m}_t$、η_{ts}、F_{res}(即图 4-24 中的 A0)分别为涡轮出口温度、输出扭矩、涡轮流量、涡轮效率和流通面积;$\pi_t = P_{em}/P_b$ 为涡轮膨胀比;ψ、μ_T 分别为流通函数和流量系数;F_{res} 取 0.039;μ_T 取 0.7。

涡轮的 Matlab/Simulink 模拟计算模型如图 4-24 所示。

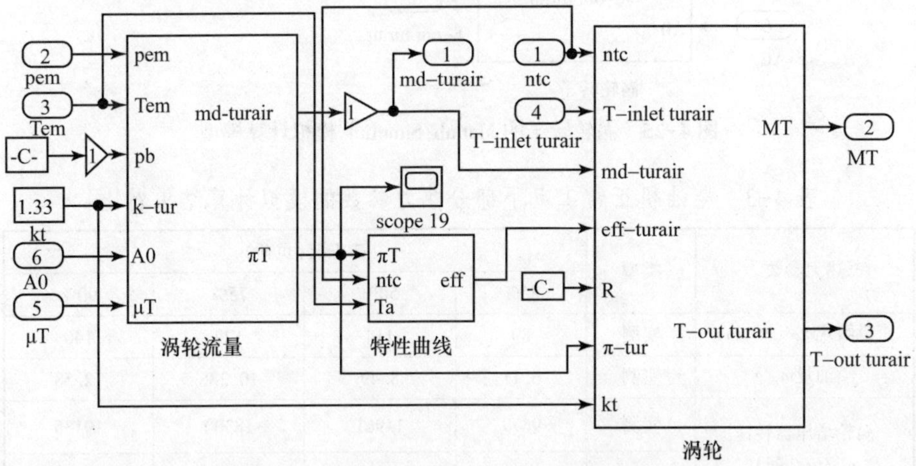

图 4-24　涡轮的 Matlab/Simulink 模拟计算模型

根据达伦贝尔原理,可得涡轮增压器转速为

$$\dot{n}_{tc} = \frac{30(\eta_m M_T - M_c)}{\pi I_{tc}} \tag{4-22}$$

式中:η_m、I_{tc} 分别为增压器机械效率和涡轮增压器转动惯量,分别取 0.89 和 16。

涡轮转子的 Matlab/Simulink 模拟计算模型如图 4-25 所示。

在自动化机舱记录柴油机在 25%、50%、75%和 90%工况下的转速、功率、机舱温度等热力参数,与模拟计算结果比较如表 4-3 所列。经对比分析表明,除少数参数外,大部分实测参数与计算参数的误差在 5%以内,说明所建立的柴油机温度、压力、转速、燃油消耗率等热力参数模型可基本反映柴油机 4 种工况下的热力参数的变化。

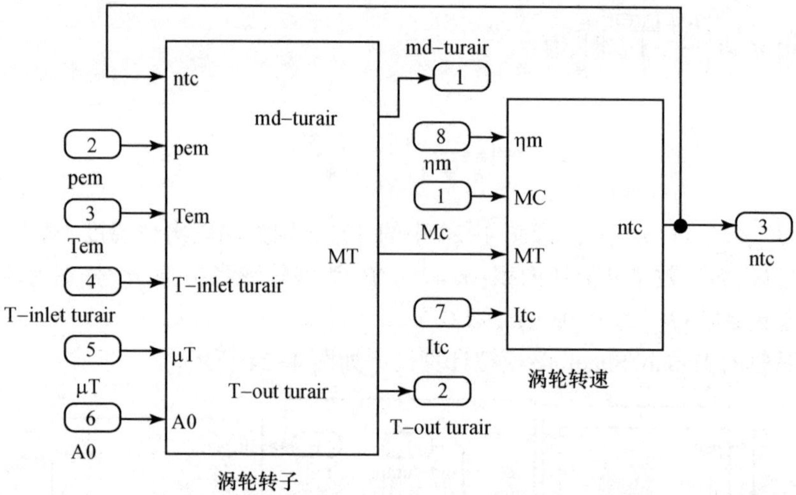

图 4-25　涡轮转子的 Matlab/Simulink 模拟计算模型

表 4-3　柴油机正常工况下部分热力参数的模拟计算结果对比

热力参数	类型	工况(负荷)			
		25%	50%	75%	90%
主机转速n_e/(r/min)	实测	89	114	129	140
喷油量m_f/g	实测	6.11	8.49	10.285	12.58
涡轮增压器转速 n_{tc}/(r/min)	实测	9679	14961	18300	19135
	计算	9985	14890	18030	19370
涡轮出口温度 T_{tout}/K	实测	540.7	541.1	523.6	542.0
	计算	563.2	532.0	490.8	536.4
涡轮进口温度 T_{em}/K	实测	590.7	636.4	649.0	685.3
	计算	602.7	612.1	619.3	700.6
排气温度 T_e/K	实测	592.03	635.47	601.13	675.9
	计算	581.2	624.2	604.0	671.4
压气机进气温度 T_{im}/K	实测	313.46	315.53	317.74	320.82
	计算	315.9	319.1	323.2	325.8
压气机出口温度 T_{cout}/K	实测	339.325	399.91	447.56	469.56
	计算	342.8	396.2	443.8	474.5

续表

热力参数	类型	工况(负荷)			
		25%	50%	75%	90%
扫气压力 P_{im}/kPa	实测	144	211	270	300
	计算	153.2	229.4	305.2	340.3
燃油消耗率 g_i/(kg/(kW·h))	实测	218.6	221.3	199.1	192.4
	计算	209.9	207.4	196.1	194.8

4.2.2 性能故障的模拟及分析

基于上述柴油机热力学模型,通过改变模型参数来模拟增压换气系统的一些性能故障,以揭示不同故障状态下各热力参数的变化规律。此外,柴油机边界条件的变化也会影响其工作性能和热力参数,如压气机进气温度、中冷器冷却水进口温度等。为表述方便,这里统称为性能故障,部分故障状态的性能故障及模型参数的设置如表4-4所列。

表4-4 性能故障及其模型参数的设置

故障名称	模型参数	正常状态	故障状态1	故障状态2	故障状态3	故障状态4	故障状态5
机舱温度升高	环境温度 T_{cin}/K	286	300	315	329	343	357
空气滤器脏堵	长径比 l/d	3	300	600	900	1200	1500
中冷器水侧污垢	中冷器冷却系数 ε	0.89	0.85	0.80	0.75	0.70	0.65
中冷器冷却水温过高	冷却水温度 T_W/K	300	315	330	345	360	375
扫气口脏堵	进气流量系数 u_S	0.40	0.38	0.36	0.34	0.32	0.30
涡轮喷嘴脏堵	喷嘴流通系数 u_T	0.70	0.67	0.63	0.61	0.58	0.55
增压器轴承磨损	涡轮转子机械效率 η_m	0.89	0.85	0.80	0.75	0.70	0.65
涡轮排气道脏堵	涡轮背压 P_b/Pa	111400	116970	122540	128110	133680	139250

除了单一的热力参数外,这里还提出几个组合参数来反映柴油机系统的性能故障,包括压气机系数 N_{c1}、透平系数 N_{t1}、压气机系数 N_{c2}、透平系数 N_{t2}、中冷器冷却系数 N_c、中冷器流通系数 N_{cf} 和透平流通系数 N_{tf}。

$$N_{c1}=\frac{(T_{cout}-T_{cin})P_{m}}{n_{tc}} \tag{4-23}$$

$$N_{t1}=\frac{n_{tc}}{(T_{em}-T_{tout})_{P_{em}}} \tag{4-24}$$

$$N_{c2}=\frac{P_{m}}{n_{tc}} \tag{4-25}$$

$$N_{t2}=\frac{n_{tc}}{T_{em}} \tag{4-26}$$

$$N_{c}=\frac{(T_{clin}-T_{clout})}{(T_{clin}-T_{win})} \tag{4-27}$$

$$N_{cf}=P_{clin}-P_{clout} \tag{4-28}$$

$$N_{tf}=P_{em}-P_{b} \tag{4-29}$$

不同工况和不同性能故障下柴油机热力参数的变化用相对偏差表示[84],即

$$\varepsilon=\frac{x-x_0}{x_0} \tag{4-30}$$

式中:x、x_0 分别为柴油机模型在故障工况和正常工况下的热力参数。

柴油机增压换气系统各性能故障在不同运行工况下的热力参数模拟计算及分析结果如下。

1. 机舱温度过高

在船舶航运期间,由于受不同海域的影响,机舱温度的变化对柴油机性能的影响不容忽视,不同转速和机舱温度下热力参数相对偏差值如图 4-26 所示。可见,机舱温度上升时,因为空气密度下降导致进气量下降,会使缸内混合气体燃烧恶化,柴油机排气温度 T_e、排气总管温度 T_{em}、涡轮出口温度 T_{tout} 明显上升,而中冷器空气进口压力 P_{clin}、扫气箱压力 P_{im}、排气总管压力 P_{em} 反而下降,最明显的是压气机出口温度 T_{cout} 的上升。从组合参数来看,透平系数 N_{t1} 增加最明显,而压气机系数 N_{c1}、压气机系数 N_{c2}、透平系数 N_{t2}、中冷器流通系数 N_{cf} 和透平流通系数 N_{tf} 都有不同程度的下降。

对比图 4-26(a)和图 4-26(b)可以看出,不同工况下各参数的变化规律非常相似,仅仅变化程度不同,其他性能故障的参数特征也是这样。说明用热力参数相对偏差来描述性能故障特征,其变化规律是基本一致的,与柴油机的运

行工况关系不大，这为故障诊断提供了方便。

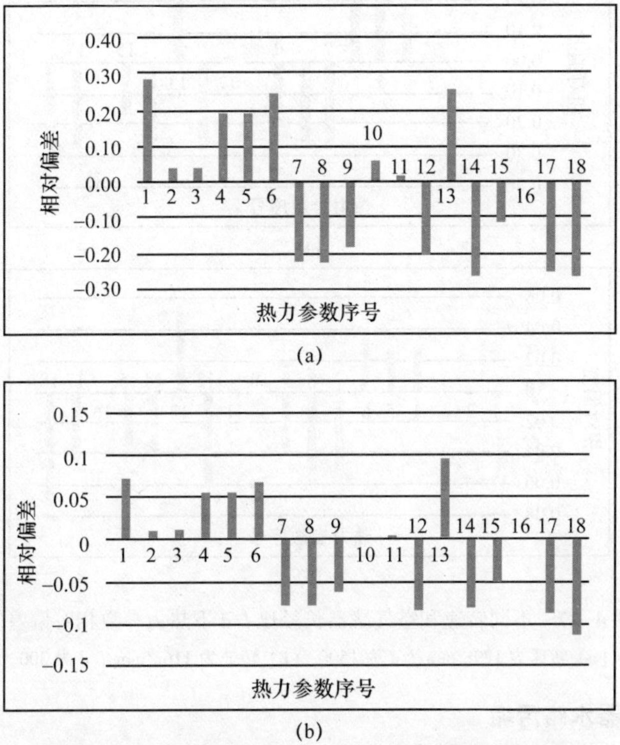

图 4-26 不同转速和机舱温度下热力参数相对偏差值

(a) 转速为 129r/min、机舱温度为 400K；(b) 转速为 116r/min、机舱温度为 315K。

2. 空气滤器脏堵

通过改变滤网的长径比 l/d 来模拟滤网压降(沿程阻力损失)，以模拟柴油机空气滤器脏堵故障。图 4-27 是在 129r/min 转速和 116r/min 转速下，空气滤器的长径比 l/d 分别为 1500 和 300 时所对应的柴油机各热力参数的相对偏差。从图中可以发现，当空气滤器发生脏堵时，中冷器空气进口压力 P_{clin}、中冷器空气出口压力 P_{clout}、排气总管压力 P_{em} 会随着空气滤器脏堵而下降，柴油机排气温度 T_{e}、排气总管温度 T_{em}、涡轮出口温度 T_{tout} 反而升高，而压气机出口温度 T_{cout}、中冷器空气出口温度 T_{clout}、扫气温度 T_{im} 并没有明显的变化，同时压气机系数 N_{c2}、透平系数 N_{t2}、中冷器流通系数 N_{cf}、透平流通系数 N_{tf} 都有明显的下降。可见，空气滤器发生堵塞时，其直接影响的特征参数为压气机的进口压力，造成流经压气机的流量不足，导致缸内不完全燃烧，从而使柴油机的排气温度升高。

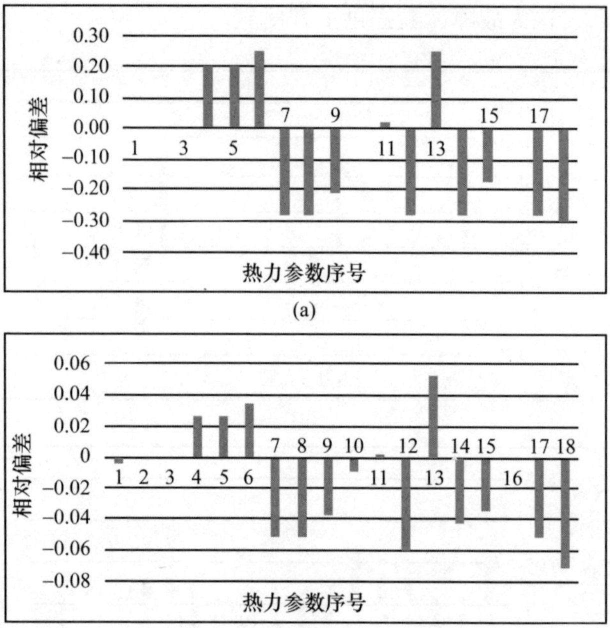

(b)

图 4-27 不同转速和空气滤器长径比 l/d 下热力参数相对偏差值

（a）转速为 129r/min、l/d 为 1500；（b）转速为 116r/min、l/d 为 300。

3. 中冷器水路污垢

中冷器水路污垢也会对柴油机的缸内进气产生直接影响。如图 4-28 所示，由于中冷器水侧污垢使冷却系数下降，空气不易与外界实现热交换，使中冷器空气出口温度 T_{clout}、扫气温度 T_{im}、柴油机排气温度 T_{e}、排气总管温度 T_{em}、涡轮出口温度 T_{tout}、中冷器空气进口压力 P_{clin} 和扫气箱压力 P_{im} 都有明显升高。另外，压气机系数 N_{c1}、压气机系数 N_{c2} 也有明显升高，而透平系数 N_{t1}、透平系数 N_{t2}、冷却系数 N_{c} 下降，增压器转速略有上升，其特征与中冷器冷却水温度高很相似，所不同的是，中冷器冷却系数 N_{c} 有明显下降，而在其他故障中 N_{c} 基本保持不变。因此，中冷器冷却系数 N_{c} 可以作为中冷器水路（或气路）污垢故障的特征参数。

4. 中冷器冷却水温过高

中冷器对柴油机的进气状态特别是缸内进气温度有直接影响。当中冷器冷却水进口温度上升时，柴油机的进气流量会略微下降，压气机出口温度 T_{cout}、中冷器空气出口温度 T_{clout}、扫气温度 T_{im}、柴油机排气温度 T_{e}、排气总管温度 T_{em}、涡轮出口温度 T_{tout}、中冷器空气进口压力 P_{clin} 和扫气箱压力 P_{im} 都有明显升高。另外，压气机系数 N_{c1}、压气机系数 N_{c2} 也有明显升高，而透平系数 N_{t1}、透

平系数 N_{t2}、中冷器流通系数 N_{cf} 下降,增压器转速略有上升,如图 4-29 所示。

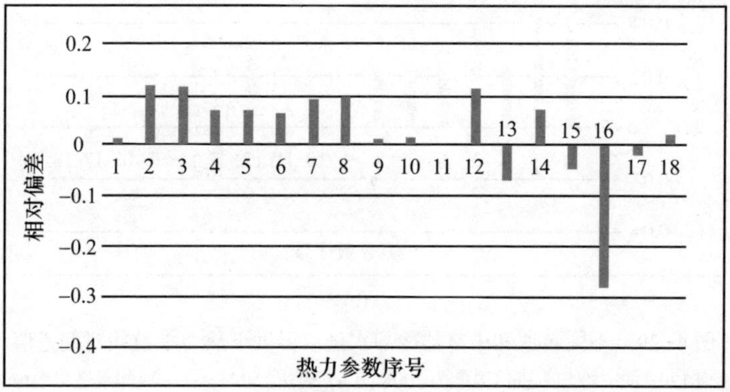

(a)

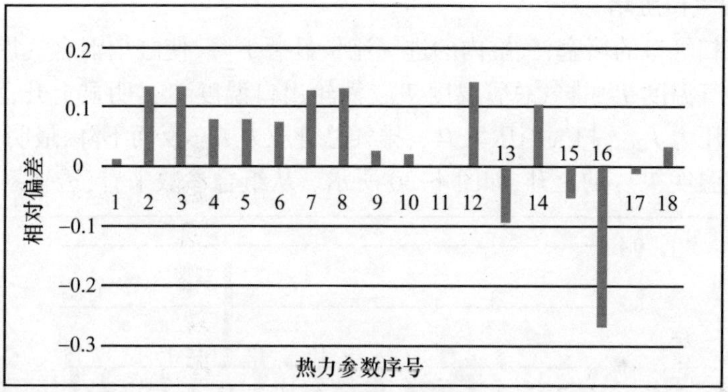

(b)

图 4-28 不同转速和中冷器冷却系数下热力参数相对偏差值

(a) 转速为 137r/min、冷却系数为 0.69;(b) 转速为 140r/min、冷却系数为 0.65。

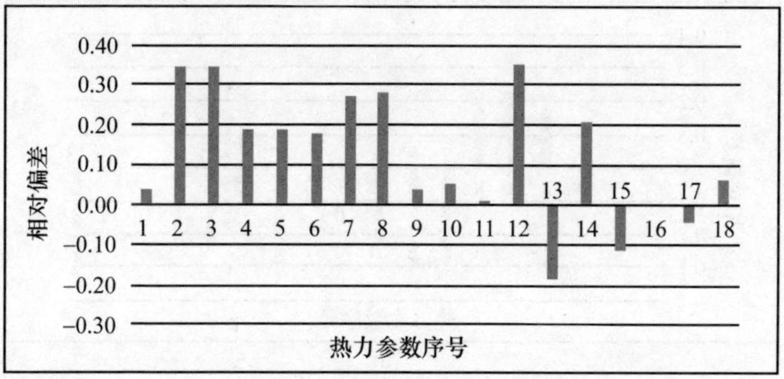

(a)

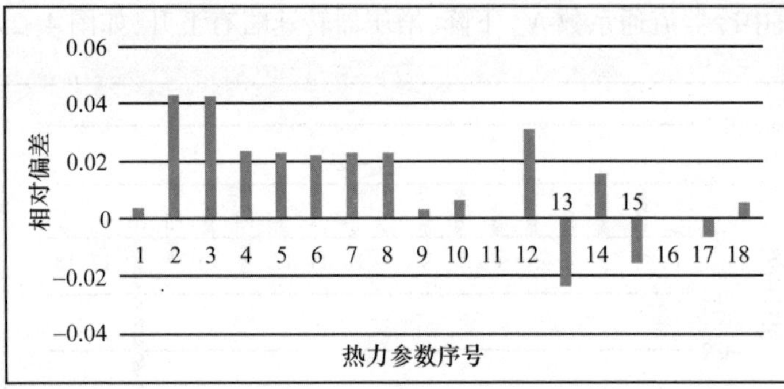

(b)

图 4-29 不同转速和中冷器冷却水进口温度下热力参数相对偏差值

(a) 转速为 129r/min、冷却水进口温度为 300K；(b) 转速为 114r/min、冷却水进口温度为 315K。

5. 扫气口脏堵

随着扫气口的堵塞，气缸内的进气流量显著下降，使缸内混合气燃烧恶化，柴油机排气温度 T_e、排气总管温度 T_{em}、涡轮出口温度 T_{tout} 明显上升，而中冷器空气进口压力 P_{clin}、扫气箱压力 P_{im}、排气总管压力 P_{em} 反而下降，最明显的是压气机出口温度 T_{cout} 的上升，如图 4-30 所示。从组合参数来看，透平系数 N_{t1} 增

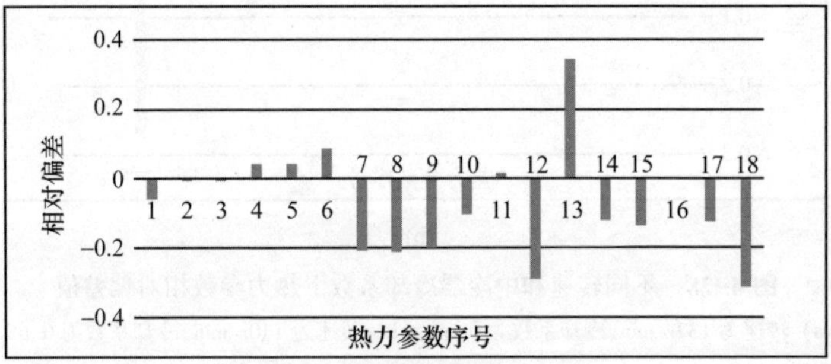

(a)

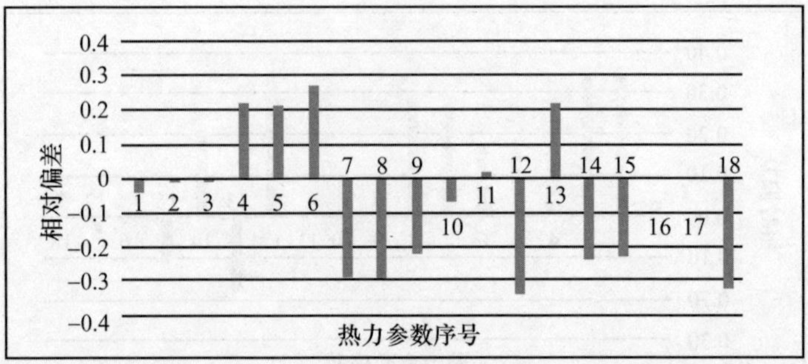

(b)

图 4-30 不同转速和扫气口流量系数下热力参数相对偏差值

(a)转速为 119r/min、流量系数为 0.36；(b)转速为 126r/min、流量系数为 0.28。

加最明显，而压气机系数 N_{c1}、压气机系数 N_{c2}、透平系数 N_{t2}、中冷器流通系数 N_{cf} 和透平流通系数 N_{tf} 都有不同程度的下降，症状与空气滤器脏堵、增压器轴承磨损和机舱温度过高很相似。

6. 涡轮喷嘴脏堵

涡轮喷嘴脏堵时会导致涡轮气体流通不畅，使排气总管压力 P_{em} 明显增加，而柴油机排气温度 T_e、排气总管温度 T_{em}、涡轮出口温度 T_{tout} 略有下降。与涡轮排气道脏堵相比，涡轮前压力对涡轮喷嘴脏堵故障更加敏感。因此涡轮喷嘴脏堵时，最直接的影响是排气总管压力 P_{em} 和透平流通系数 N_{tf}，这两个参数可以作为涡轮喷嘴脏堵故障的特征参数，如图 4-31 所示。

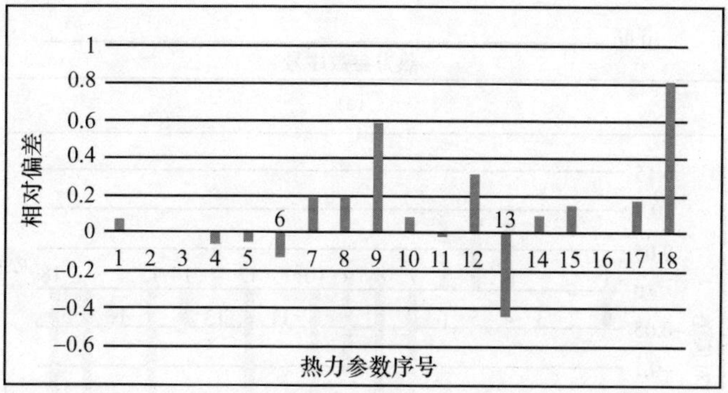

(a)

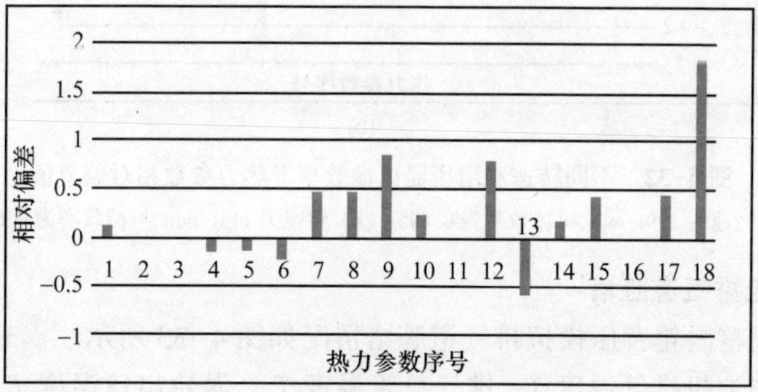

(b)

图 4-31 不同转速和涡轮喷嘴流通系数下热力参数相对偏差值

(a) 转速为 132r/min、流通系数为 0.35；(b) 转速为 110r/min、流通系数为 0.35。

7. 增压器轴承磨损

当涡轮转子发生机械磨损时，其压气机的压缩能力和压气机流量会下降，导致柴油机排气温度 T_e、排气总管温度 T_{em}、涡轮出口温度 T_{tout} 上升，而中冷器空气进口压力 P_{clin}、扫气箱压力 P_{im}、排气总管压力 P_{em}、增压器转速 n_{tc} 反而明显下降，其症状与涡轮排气道脏堵时基本一致，如图 4-32 所示。另外，通过振动信号也可以判断增压器轴承的磨损故障。

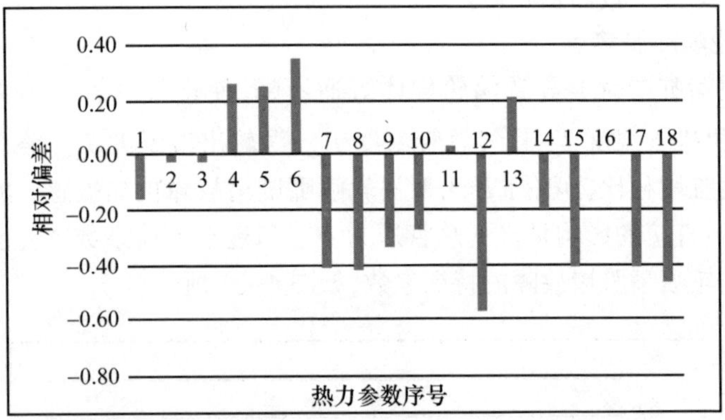

(a)

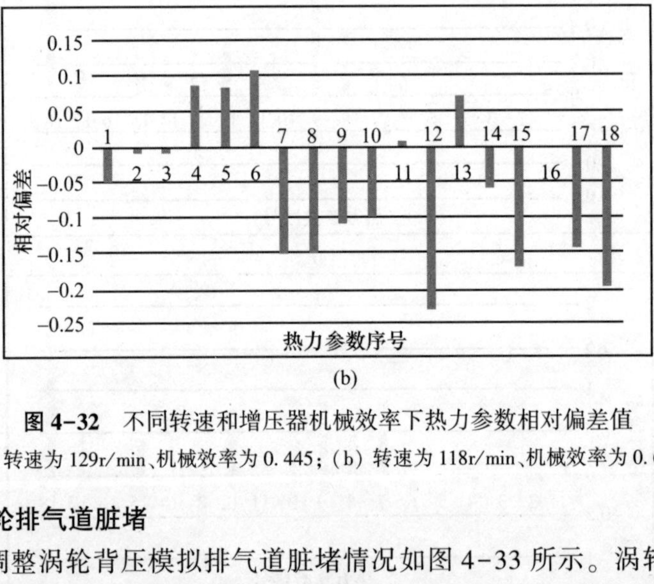

(b)

图 4-32 不同转速和增压器机械效率下热力参数相对偏差值

(a) 转速为 129r/min、机械效率为 0.445；(b) 转速为 118r/min、机械效率为 0.668。

8. 涡轮排气道脏堵

通过调整涡轮背压模拟排气道脏堵情况如图 4-33 所示。涡轮排气道脏堵会导致柴油机排气温度 T_e、排气总管温度 T_{em}、涡轮出口温度 T_{tout} 上升，而其影响最直接的是涡轮做功能力下降，使增压器转速 n_{tc}、中冷器空气进口压力 P_{clin}、中冷器空气出口压力 P_{clout}、扫气箱压力 P_{im}、排气总管压力 P_{em} 降低。从组合参数来看，透平系数 N_{t1} 增加最明显，而压气机系数 N_{c1}、压气机系数 N_{c2}、透平系数 N_{t2}、中冷器流通系数 N_{cf} 和透平流通系数 N_{tf} 都有不同程度的下降。

综上所述，在柴油机不同的运行工况下，机舱温度高、空气滤器脏堵、排气背压高、增压器轴承磨损、扫气口脏堵故障的热力参数变化规律都很相似。但

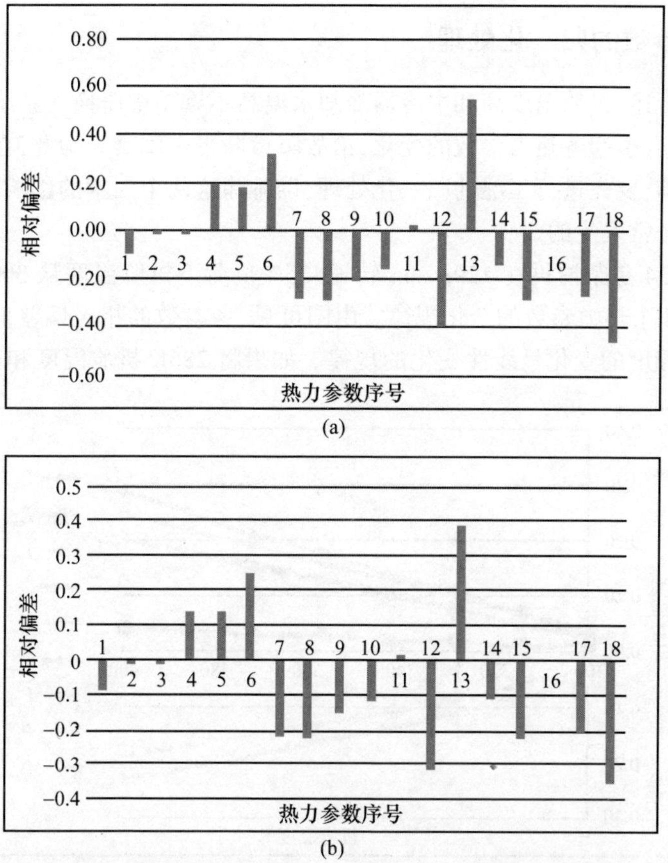

图 4-33　不同转速和涡轮排气背压下热力参数相对偏差值

（a）转速为 129r/min、排气背压为 155960Pa；（b）转速为 135r/min、排气背压为 155960Pa。

机舱温度高时压气机出口温度 T_{cout} 会明显上升，而其他故障则有一定的降低，这是区别于其他故障的主要特征。机舱温度可以直接测量，空气滤清器脏堵可以测取进气滤网的压差，排气背压也可以直接测取涡轮排气压力。另外，增压器轴承磨损可以从振动信号或滑油温度来判断，扫气口脏堵可以从中冷器气体出口压力与扫气箱压力差来判断出来，从而可以确定不同的故障类型。中冷器冷却水温高与中冷器水侧结垢故障的特征非常相似，但中冷器水侧结垢故障可直接用中冷器冷却系数 N_c 来判断，中冷器冷却水温度可以直接测取冷却水进口温度，这两个故障最容易分辨。涡轮喷嘴脏堵故障最明显的特征就是排气总管压力 P_{em} 和透平流通系数 N_{tf} 明显增大，这在其他故障中是没有的现象，也很容易判别出来。总之，如果借助其他一些参数和信息，可以实现对柴油机增压换气系统性能故障的诊断。

4.2.3 参数的归一化处理

如前所述,机舱温度高和中冷器冷却水温高不算是增压换气系统的性能故障,但同样会引起各热力参数的变化,给故障诊断带来困难。为此,在进行性能故障诊断前,要先进行工况的归一化处理,以排除这两个因素的影响,因为其温度变化是经常发生的。

图 4-34 是柴油机在 129r/min 转速、75%负荷下机舱温度从 300K 升高到 400K 时 18 个热力参数的变化规律。由图可见,各参数的相对偏差值基本上是随着机舱温度的变化呈线性变化的规律。如果将 286K 机舱温度和 300K 中冷

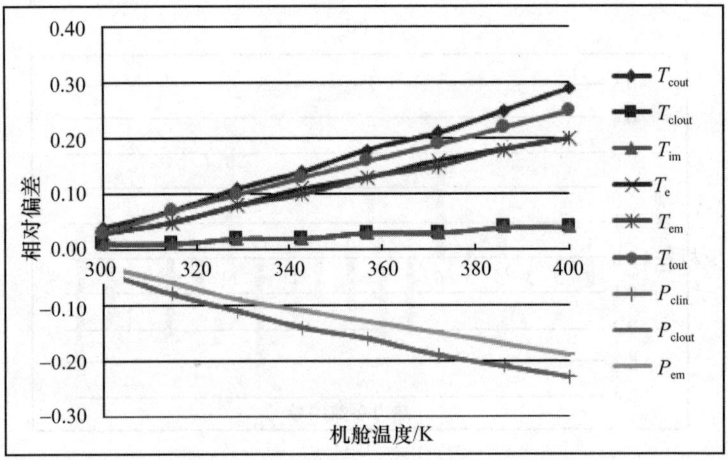

(a)

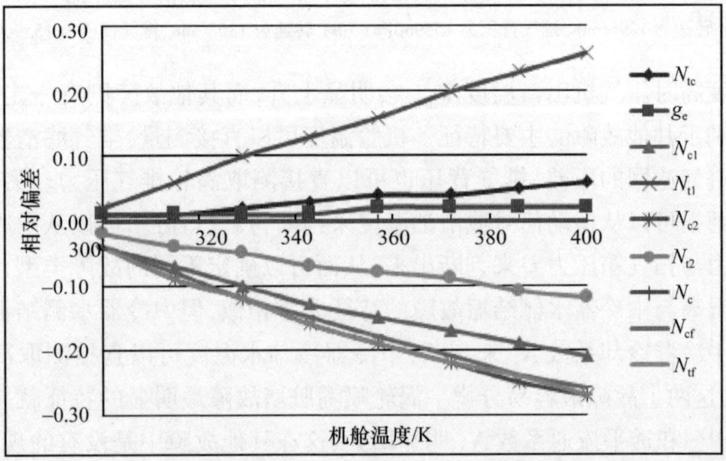

(b)

图 4-34 不同机舱温度下各热力参数相对偏差值(见彩图)

器冷却水温度设为基准工况,不同工况的热力参数先根据实际的机舱温度和中冷器冷却水温度归一化到这个基准工况,再进行特征参数的相对偏差分析和故障诊断。具体方法是:先利用牛顿插值公式计算出在某机舱实际温度 zK 时的相对偏差值 ε,再根据式(4-32)求出热力参数 x 在归一化到基准工况后的热力参数 x'。

若实际的机舱温度为 zK,以 286K 和 400K 机舱温度为已知的两个插值点,其热力参数相对偏差值分别为 0、ε,则归一化后的热力参数相对偏差值为

$$\varepsilon' = (z - 286)\frac{\varepsilon}{114} \qquad (4-31)$$

归一化后的热力参数为

$$x' = \frac{x}{1+\varepsilon'} \qquad (4-32)$$

最后以归一化后的热力参数 x' 与柴油机在该工况正常状态下的热力参数 x_0 进行对比,得到热力参数相对偏差值,根据相对偏差值的变化规律诊断故障,从而避免机舱温度的变化对诊断结果的影响。

同样的办法也适用于对中冷器冷却水温度的处理。图 4-35 是柴油机在 129r/min 转速、75%负荷下中冷器冷却水温度从 315K 升高到 420K 时 18 个热力参数的变化规律。可见,各参数的相对偏差系数基本上也是随着中冷器冷却水温度的变化呈线性变化的规律。利用上述方法进行不同中冷器冷却水温度下热力参数的归一化处理,从而消除中冷器冷却水温度的影响。

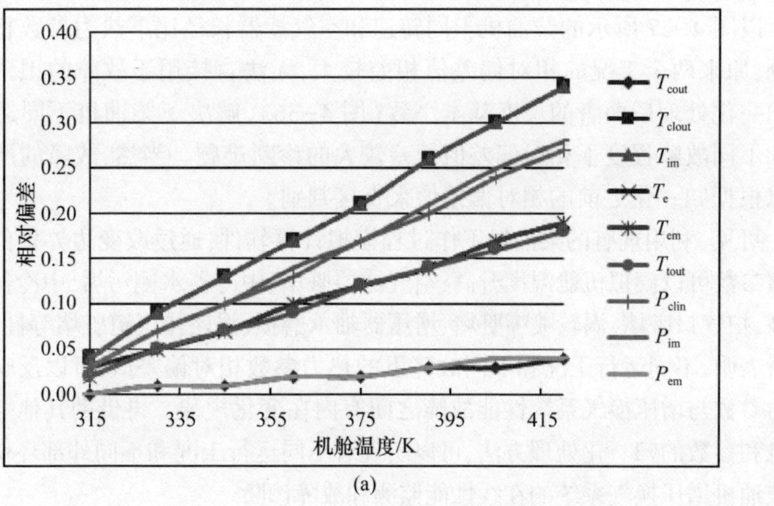

(a)

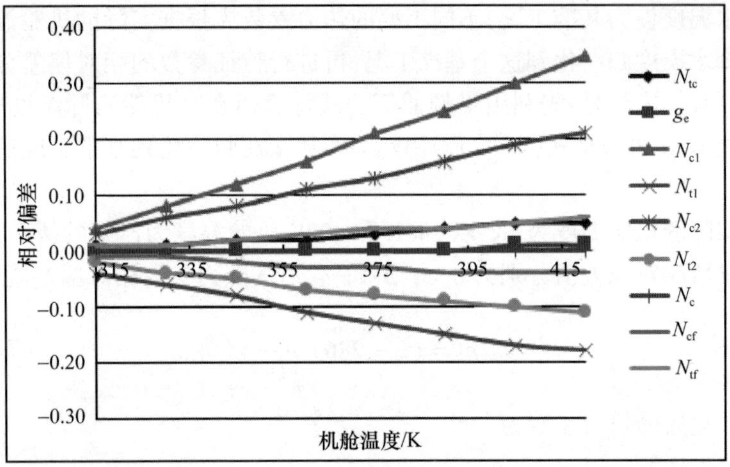

(b)

图 4-35 不同中冷器冷却水温度下各热力参数的相对偏差值(见彩图)

另外,对于同一种性能故障来说,虽然不同的运行工况下和不同的故障程度下其相对偏差的变化规律是非常相似的,但变化幅度是不一样的,如图 4-26~图 4-33 所示。因此,在进行性能故障诊断前,也要先进行相对偏差的归一化处理,以消除不同运行工况和故障程度的影响,具体方法是将所有 18 个相对偏差值统一到以±1.0 为最大值的尺度内。假设 18 个相对偏差值中绝对值最大的相对偏差值为 ε_1,先将其归一化为 1.0,则其他相对偏差值 ε_0 归一化后的值为 ε,且有

$$\varepsilon = \varepsilon_0 \frac{1.0}{\varepsilon_1} \tag{4-33}$$

以图 4-27 所示的柴油机不同转速和空气滤器长径比下热力参数相对偏差为例,原来两个工况的相对偏差值相差较大,无法直接用于故障的识别。但经过归一化处理后两者的尺度基本一致(图 4-36),解决了柴油机不同运行工况下和不同故障程度下相对偏差值相差较大的诊断难题。当然,故障的严重程度可以根据归一化之前的相对偏差值来直接判别。

可见,利用现有的柴油机工作过程模拟计算软件,通过改变边界条件和相关模型参数可以模拟机舱温度升高、空气滤器脏堵、中冷器水侧污垢、中冷器冷却水温高、扫气口脏堵、涡轮喷嘴脏堵、增压器轴承磨损、涡轮排气道脏堵等性能故障。分析表明,不同运行工况和不同故障下的热力参数相对偏差值,可以反映柴油机热力参数与增压换气系统性能故障之间有内在变化规律。再借助其他一些参数信息和参数的归一化处理方法,可以实现对不同运行工况和不同外部环境条件下的柴油机增压换气系统的在线性能监测和故障诊断。

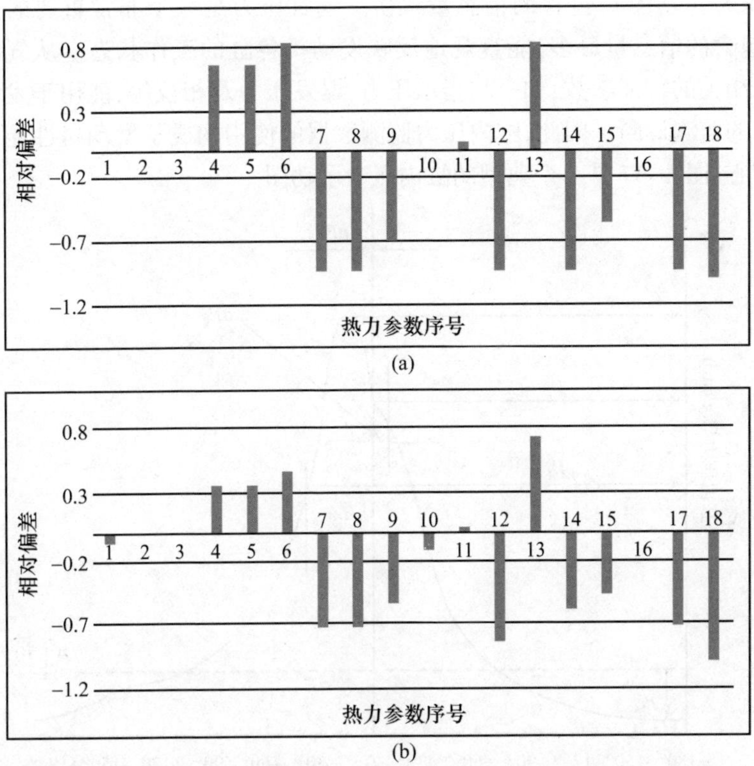

图 4-36 归一化后不同转速和空气滤器长径比下热力参数相对偏差值

(a) 转速为 129r/min、l/d 为 1500；(b) 转速为 116r/min、l/d 为 300。

4.3 缸内燃烧系统

柴油机缸内燃烧系统是由缸盖及进排气气阀、活塞及活塞环组、缸套围成的一个封闭空间，是柴油机进行燃料燃烧转化为动力的核心部分，对柴油机的动力性、经济性和排放特性有直接的影响，也是进行柴油机性能监测的主要手段。同时，缸内燃烧状况也反映了燃油喷射系统和增压换气系统的工作状态，因为这两个系统的故障都直接影响缸内燃油的正常燃烧。因此，实际诊断时应首先排除这两个系统的故障，最后再考虑缸内燃烧系统问题。通过对发动机性能进行适当的监测，可实现对一些重要的发动机故障进行诊断，如活塞环的磨损或断裂、喷射系统故障、气阀磨损、气阀高温烧蚀、活塞顶烧蚀、缸套磨损、扫气口脏堵、涡轮增压器流道脏堵、空气滤器脏堵、空气冷却器脏堵等。

发动机的性能监测主要依靠对发动机缸内工作状态的监测，尤其是气缸压力图(又称示功图),包含的信息量最多。气缸压力是一个非常重要的热力参数,其包含的信息量最多,能直观地反映发动机各缸的工作状态。从气缸压力中提取相关的特征参数,如平均指示压力、爆发压力及相位等,能用于发动机做功状态的监测诊断。因此,缸内压力监测数据的使用构成了发动机性能监测系统的核心,图4-37是一个典型的缸内压力示功图。

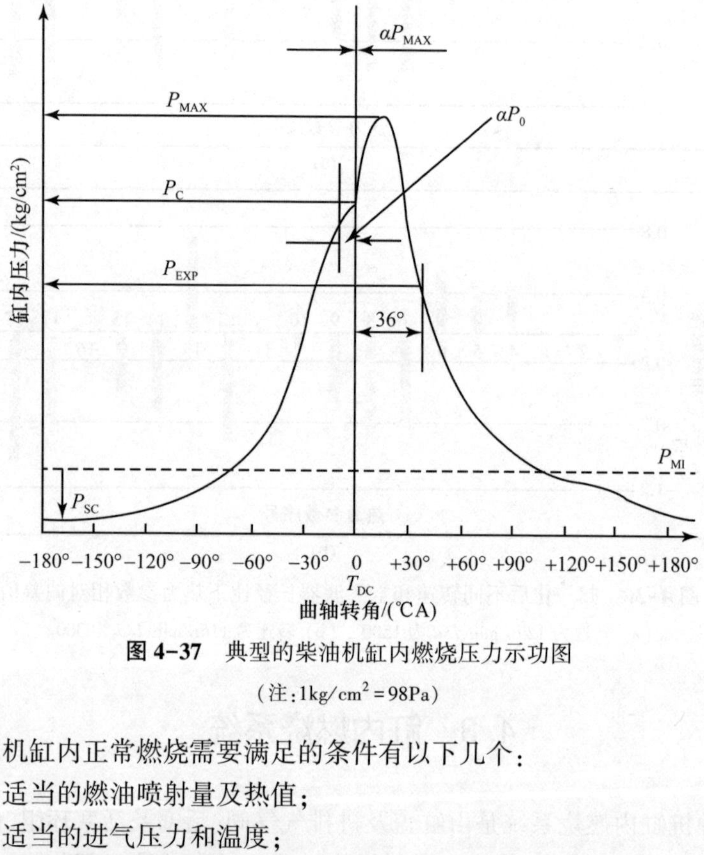

图4-37 典型的柴油机缸内燃烧压力示功图

(注:$1kg/cm^2 = 98Pa$)

柴油机缸内正常燃烧需要满足的条件有以下几个:

(1) 适当的燃油喷射量及热值;

(2) 适当的进气压力和温度;

(3) 适当的燃油雾化质量;

(4) 活塞环环形衬垫密封正常;

(5) 燃油阀或排气阀密封正常;

(6) 合适的空/燃比;

(7) 准确的喷油正时;

(8) 燃油凸轮正时正确。

如果以上条件不能满足,就会出现异常示功图。通过分析示功图,可以提取以下信息[86]。

(1) 气缸纯压缩压力:当活塞在上止点位置时的非燃烧气缸压力。

(2) 发火始点角:燃烧开始的曲柄角度。

(3) 进气压力和工作过程各阶段的多变指数:判断封闭燃烧室内燃气的传热情况和气缸密封性等。

(4) 平均指示压力:从实际循环角度评价柴油机气缸工作容积利用率高低的一个参数,是衡量柴油机实际循环动力性能的一个重要指标。

(5) 平均指示功率:指柴油机单位时间内所做的指示功。

(6) 爆发压力及其对应的曲轴转角:爆发压力即气缸内最高燃烧压力。爆发压力是计算和评判内燃机零部件强度的主要依据,后者是评判燃烧放热及时性程度的重要依据。

(7) 最大压力升高率及其所在的曲轴转角位置:最大压力上升率可以衡量柴油机工作粗暴程度,对应的曲轴转角是衡量燃烧放热及时性的重要依据之一。

(8) 根据压力转角曲线图,还可以得到放热规律图和放热加速度图,从而可以得到最大放热率及所对应的曲轴转角(图 4-38)。最大放热百分比及其所对应的曲轴转角,可以获得燃烧放热率、燃烧始点、燃烧持续期、喷油始点、喷油持续期等柴油机本质工作状态的相关信息。

(9) 根据示功图可以得到气缸最高压力概率密度分布图和最高压力值所对应的曲柄转角概率密度分布图,进一步评价燃烧过程的稳定性。

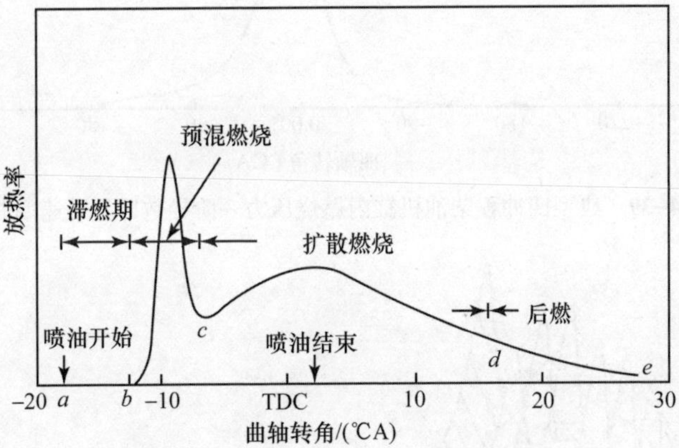

图 4-38 柴油机缸内燃烧的放热率曲线

4.3.1 示功图特征参数的信息分析

柴油机缸内燃烧的 4 个阶段,可以用放热率曲线表示如下。

阶段 1——滞燃期阶段:燃油开始以较高的压力进入气缸,着火延迟是燃油输送开始和燃烧开始之间的时间。

阶段 2——预混燃烧阶段:燃料点燃并快速燃烧,导致压力突然上升。

阶段 3——扩散燃烧:燃烧由燃料喷射率控制。该阶段在燃油喷射结束时终止。

阶段 4——后燃阶段:停止喷油,随着氧气与富含燃料的燃烧产物和部分燃料接触,热量继续释放到膨胀冲程。

柴油机缸内燃烧压力示功图有几种不同的表达方式,图 4-39 是典型柴油机缸内燃烧压力图及一阶导数即上升速率曲线,图 4-40 是典型四冲程柴油机缸内燃烧压力瀑布图,图 4-41 是典型四冲程柴油机缸内燃烧压力排列图,表 4-5 是典型二冲程柴油机缸内压力参数。

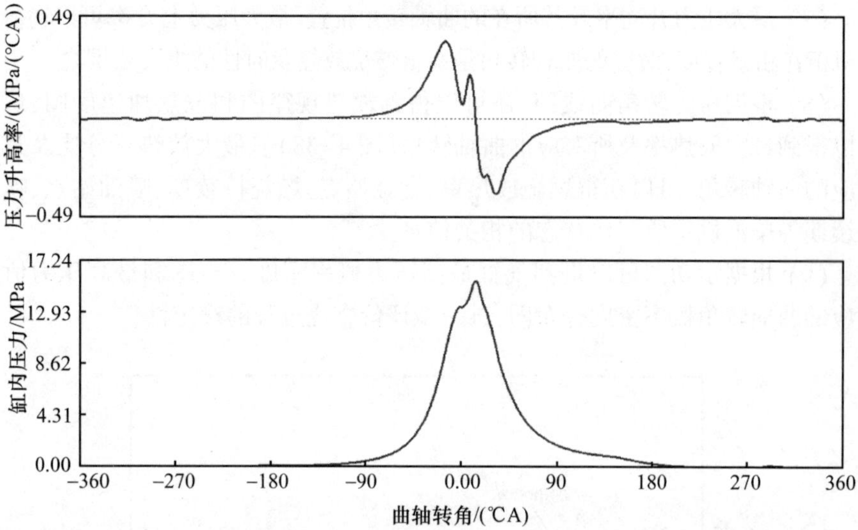

图 4-39 典型四冲程柴油机缸内燃烧压力一阶导数即上升速率曲线

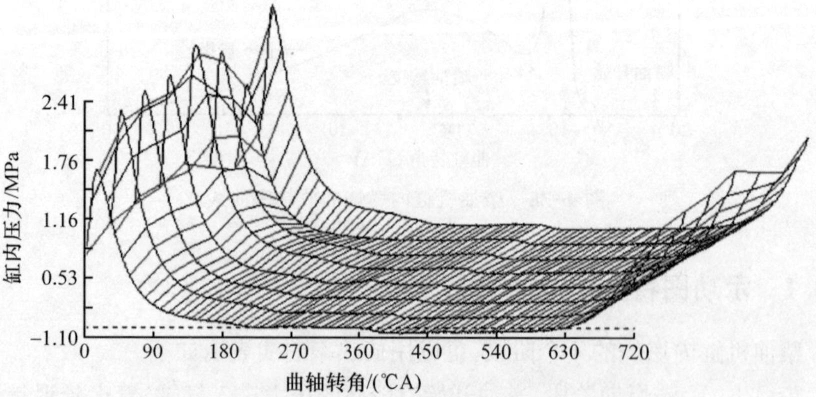

图 4-40 典型四冲程柴油机缸内燃烧压力瀑布图

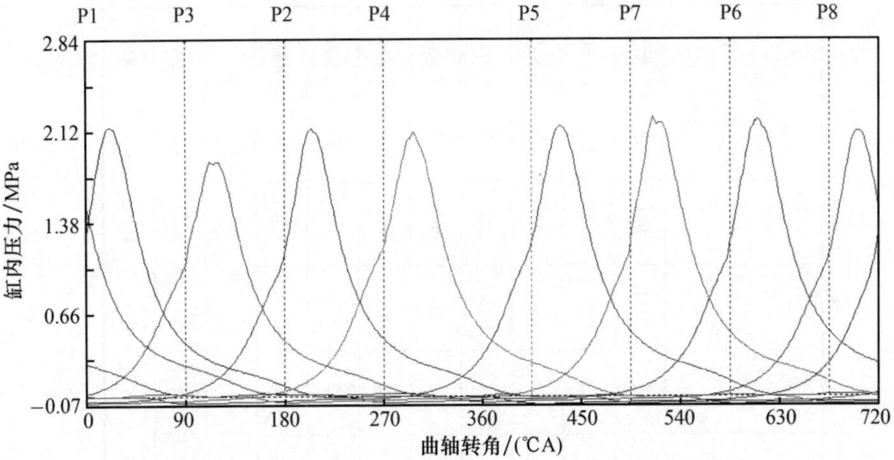

图 4-41 典型四冲程柴油机缸内燃烧压力排列图(见彩图)

P1—1#缸缸内燃烧压力；P2—2#缸缸内燃烧压力；P3—3#缸缸内燃烧压力；P4—4#缸缸内燃烧压力；P5—5#缸缸内燃烧压力；P6—6#缸缸内燃烧压力；P7—7#缸缸内燃烧压力；P8—8#缸缸内燃烧压力。

通过对不同形状示功图的分析,可以诊断燃油喷射故障的参数及其特征,包括以下几个:

(1) 燃烧上升率(最大压力上升率);

(2) 压力曲线一阶导数;

(3) 输出功率;

(4) 平均有效压力 /平均指示压力;

(5) 燃烧开始角度;

(6) 缸内爆压角度。

喷油器泄漏的特征:

(1) 不同周期燃烧性能偏差大;

(2) 燃烧提前,尤其是四冲程柴油机。

喷油器卡阻或变脏的特征:

(1) 后燃期延长;

(2) 燃烧不稳定或雾化不良。

燃油泵出油阀泄漏的特征:

(1) 喷射延迟/ 缸内爆压角延迟;

(2) 燃烧延迟。

燃油雾化不良的特征:

(1) 不同周期燃烧性能偏差大;

(2) 缸内爆压角延迟。

表 4-5 典型二冲程柴油机缸内压力参数表

缸号	循环次数	齿条位置	平均有效压力/psi	指示功率/hp	燃烧始点上止点前(BTDC)/(℃A)	最大压力升高率 psi/(℃A)	最高燃烧压力/psi					上止点后爆压角度/(℃A)	上止点前20度压缩压力/psi	上止点后75度膨胀压力/psi	上止点后150度膨胀压力/psi	排气温度/℉
							平均值	标准差	最大值	最小值	回差					
1	3	32	239	648	2	40	1496	16	1534	1462	14	12	523L	260	76	872
2	30	32	242	657	3	41	1524	19	1568	1495	42H	12	527	267H	79H	886
3	30	32	233	633	3	36	1479	18	1516	1437	−2	12	532	256L	75	855
4	30	32	234	634	4	38	1496	15	1525	1464	14	11	542H	262	77	904H
5	30	32	239	649	3	38	1502	17	1535	1472	20	12	534	263	76	889
6	30	32	237	642	2	36	1457	18	1493	1428	−25	12	524	261	74L	864
7	30	32	238	644	3	36	1446	13	1476	1425	−36L	12	526	264	77	897
8	30	32	238	646	3	35	1454	18	1489	1411	−28	12	530	262	76	823L
辅助鼓风机功率									0							
平均值			237	5154	3	37	1482	17			23	12	530	262	76	874
偏差			4%	4%	2	17%	5%	32%				1	4%	4%	6%	81

注：1psi = 0.00689MPa，1hp = 0.746kW。

H 表示过高，L 表示过低。

根据各缸燃烧压力的曲线特征,可以判断燃烧系统的故障,包括以下几种:

(1) 不燃烧(失火);

(2) 燃烧过早;

(3) 燃烧过迟;

(4) 燃烧爆燃。

燃烧过早的特征:

(1) 在上止点前压力升高比正常压缩更快;

(2) 更早的和更高的燃烧爆压;

(3) 排气温度较低,或缸盖温度较高;

(4) 排气管压力低;

(5) 发火提前。

燃烧过早的缸内燃烧压力图如图 4-42 所示。

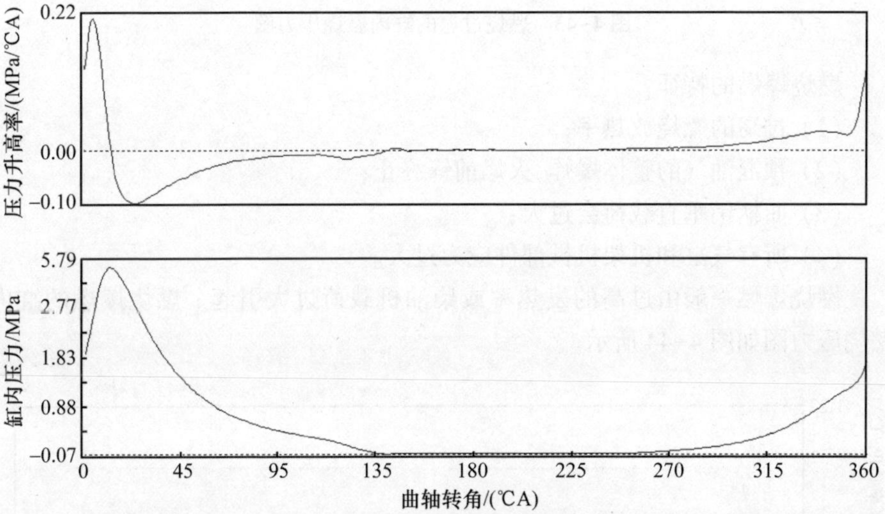

图 4-42 燃烧过早的缸内燃烧压力图

燃烧过迟的特征:

(1) 燃烧爆压低,爆压延迟;

(2) 排气温度升高;

(3) 更高的排气管压力;

(4) 较低的缸盖温度。

燃烧过迟一般由延迟喷射、雾化或燃烧室温度问题引起。燃烧过迟的缸内燃烧压力图如图 4-43 所示。

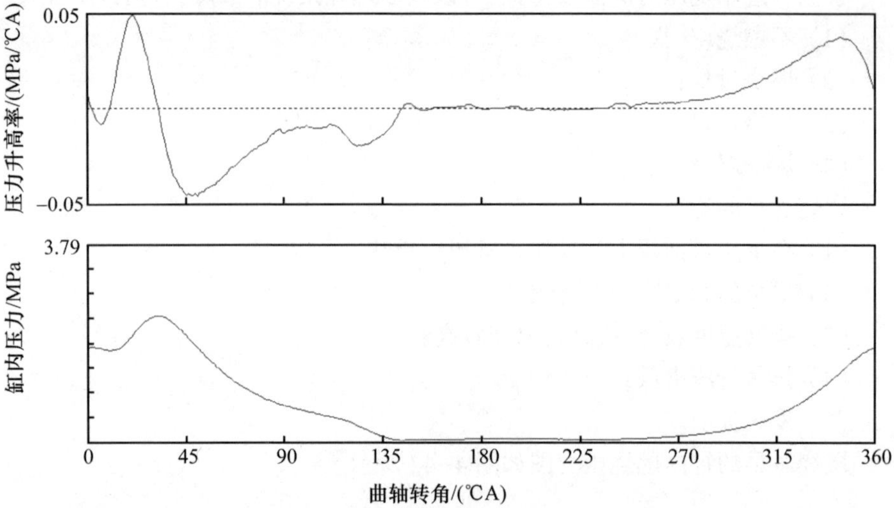

图 4-43 燃烧过迟的缸内燃烧压力图

燃烧爆燃的特征：

(1) 过高的燃烧放热率；

(2) 预混油气的整体爆炸,火焰前锋终止；

(3) 曲柄销垂直载荷会过大；

(4) 所有气缸和机架机械部件应力过大。

燃烧爆燃一般由过高的发热率或柴油机载荷过大引起。燃烧爆燃的缸内燃烧压力图如图 4-44 所示。

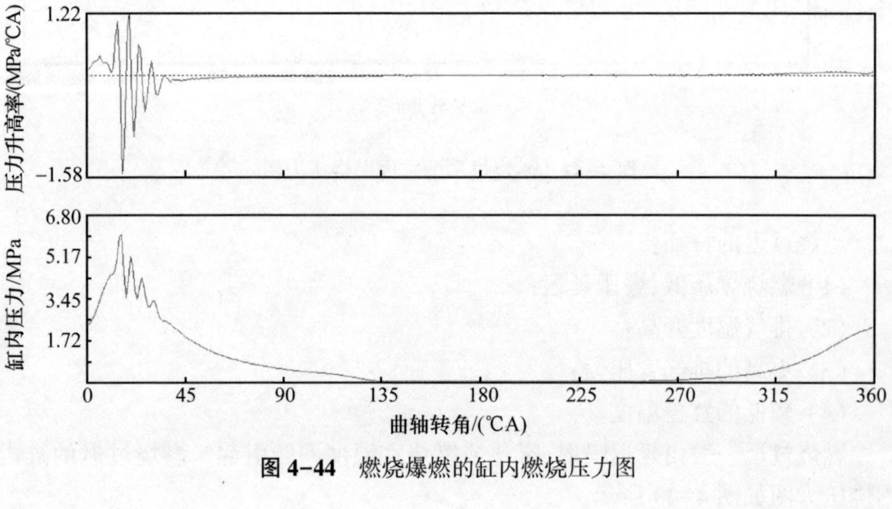

图 4-44 燃烧爆燃的缸内燃烧压力图

实际上，柴油机缸内燃烧过程是一个有随机特性的高速化学反应过程，且受到燃油喷射系统、增压换气系统和缸内燃烧条件的影响。测取的缸内燃烧压力图是来自平均的压力曲线图，包括燃烧爆压也是多个循环周期的统计数据。通过对比各缸的统计数据，可以了解柴油机燃烧性能和各缸燃烧的均衡性。燃烧压力和爆压的限值如下，超过这些限值就说明柴油机燃烧性能有异常。

各缸燃烧压力的均衡性限制值如下。

（1）发动机均衡性限制值。

① 通常为10%或更少（±5%）。

② 或者不大于100psi（1psi=6.895kPa）或150psi的差值（从最高到最低）。

③ 燃烧开始角的角度分布10%。

④ 最大压力上升率，正常情况下为35~60psi/（℃A）。

（2）各缸燃烧压力升高率的限制值。

① 最大升高率超过75psi/（℃A）或更高，表明喷油过早或燃烧过快。

② 如果压力升高率太高，表明燃油提前喷射、机械部件有磨损、较低的排气温度或较高的缸盖冷却水温度、滑油降解。

③ 如果压力升高率太低，表明燃油喷射延迟、燃油喷射压力低。

典型二冲程柴油机缸内燃烧爆压统计箱线图如图4-45所示。

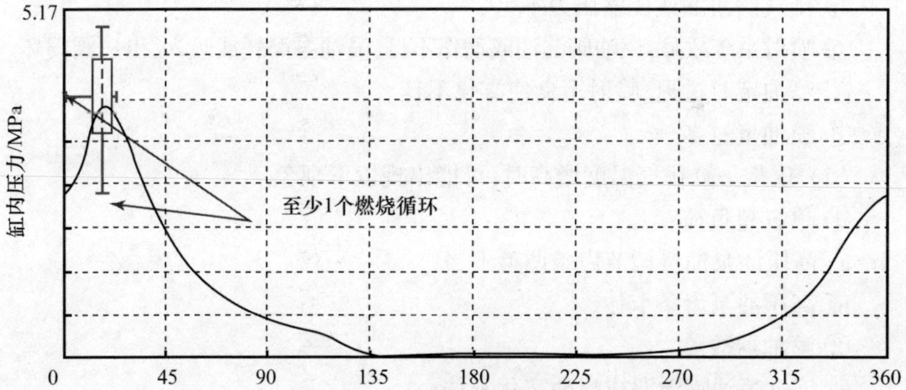

图4-45 典型二冲程柴油机缸内燃烧爆压统计箱线图

4.3.2 热力参数对柴油机性能的影响

柴油机缸内燃烧过程是一个复杂的化学反应，受到多种因素的影响，同时这些参数又对柴油机性能产生直接的影响。通过分析这些热力参数，可以判断柴油机的一些故障。

1. 排气温度

柴油机的热负荷是燃烧室受热部件接触高温燃气引起的,一般用单位面积的热流量、热应力或温度场来表示。当柴油机的循环喷油量增加或燃料燃烧不完全时,热负荷也相应升高,因此柴油机通常采用排气温度来判断负荷的高低,并用排气温度最高值作为限制热负荷大小的标准。因此,排气温度在规定范围内时,排气温度越高对柴油机的技术状态性能越不利。

(1) 在相同工况下,各缸排气温度均升高时,可能出现以下现象。

① 柴油机负荷过大:

a. 柴油机拉缸;

b. 曲轴和轴承烧熔;

c. 调速器故障。

② 燃油加热不够或质量不佳或燃油黏度太大造成燃烧延迟。

③ 柴油机吸入空气压力低、排气背压过高:

a. 增压器吸口滤器脏堵、涡流端脏污或压气机端脏污;

b. 扫气箱漏气;

c. 排气道脏堵。

④ 空气冷却器污染或部分阻塞使冷却水冷却效果差。

⑤ 排气阀泄漏或压缩压力不足。

⑥ 喷射系统故障,燃油阀漏油或动作不良,喷油泵磨耗或吸入/出口阀损坏。

⑦ 喷油定时过迟、喷射不良使雾化不佳。

⑧ 喷油量过多。

(2) 仅某一缸排气温度增高时,可能出现以下现象。

① 单缸超负荷:

a. 高压油泵油量调节齿条调整不当;

b. 高压油泵齿条卡住。

② 喷油器故障:

a. 该缸喷油嘴泄漏或喷油雾化不佳;

b. 喷油嘴启阀压力调整不当。

③ 高压油泵故障。

④ 燃油喷油定时滞后。

⑤ 气缸压缩压力低:

a. 活塞环失效;

b. 排气阀泄漏或开度不够;

c. 喷油泵凸轮受损或调整不当;

d. 排气阀定时不正确;

e. 活塞头部烧蚀;

f. 气缸套过度磨损。

2. 柴油机气缸压缩压力

柴油机气缸实际的压缩过程是相当复杂的。为分析压缩压力与柴油机技术状态的关系,可以用一个理想化的压缩过程公式代替实际的变指数压缩过程,即 $PV=mRT$,即它们起始状态参数 P_{ca}、T_{ca} 和终点状态参数 P_{cb}、T_{cb} 相同或基本相同。它们的起始状态参数导出绝热压缩的压力与容积变化为

$$P_{ca}V_{ca}^{n_1}=P_{cb}V_{cb}^{n_1} \tag{4-34}$$

式中:n_1 为压缩多变指数,n_1 与压缩过程和压缩过程的散热程度有关,理想状态下的 n_1 为1.4。

压缩终点的压力、温度用下式估算,即

$$P_{cb}=P_{ca}\varepsilon_{ca}^{n_1} \tag{4-35}$$

式中:ε_{ca} 为压缩比。

根据上述公式及实际经验总结可以发现,导致压缩压力下降的原因包括:气缸压缩比的改变;气缸扫气压力降低;气缸套磨损;活塞环磨损而导致泄漏;活塞顶烧损;排气阀烧损;排气阀定时不当。

分析压缩压力 P_c 偏低的原因是区别扫气压力偏低还是气缸部件故障的依据,是绝对压缩压力与绝对扫气压力的比值,对一台既定的柴油机,其在绝大部分功率范围内是一个恒量。

3. 燃烧爆发压力

最大爆发压力 P_{max} 是燃油在气缸内燃烧产生的最大压力,是决定柴油机主要固定件和运动件机械负荷的主要依据,其值明显受柴油机的负荷、压缩比及喷射定时等因素影响。造成最大爆发压力降低的因素有以下几个:

(1) 燃烧喷射设备的性能劣化,包括喷油阀、高压喷射泵及喷射定时等;

(2) 气缸性能的劣化,包括气缸套、活塞及活塞环等部件的过度磨耗;

(3) 排气阀性能劣化,包括烧蚀、磨损、胶着或定时不良;

(4) 增压器的性能劣化,包括污垢、过度磨损及轴承损坏等;

(5) 中冷器性能工况不佳,包括气、水侧污垢及冷却水量不足;

(6) 劣质燃油处理及加温不当。

4. 扫气压力和温度

根据理想气体公式 $PV=mRT$,如扫气压力及容积 PV 保持不变,则扫气温度 T 越低其扫气质量越大,扫气温度越低也可使排气温度降低。相对而言,扫气温

度越高,对柴油机技术状况越不利。但扫气温度也不能太低,若低于露点温度将产生凝水进入气缸。故扫气温度需控制在露点温度以上,以免产生凝水。

进入增压器的新鲜空气往往被油气、烟灰及灰尘所污染,当经压缩的空气进入冷却器后,其污染物往往如一层炭渣的积聚物分布在冷却器管的散热片上,阻碍中冷器的热量交换。并且污物积聚造成严重闭塞,导致空气的流通受到影响及扫气温度提高。

5. 冷却水温

柴油机气缸内燃烧气体的最高温度可达2000℃以上,整个工作循环缸内气体的平均温度也可达600~1000℃。气缸盖、气缸套、活塞、气阀和喷嘴等部件,将被剧烈地加热,导致燃烧室周围结构部件承受较高的热负荷。如果这些运动部件长时间过热或不均匀的受热,必将使滑油被烧掉或被高温分解而失去润滑能力,从而加速机件的磨损,因此活塞、气缸套及气缸盖的冷却是必不可少的。长期的经验积累表明,气缸活塞组的磨损和主机的油耗率都与冷却水的温度有关。随着冷却水温度的提高,气缸活塞组的磨损和主机的油耗均能降低。一般随着缸套冷却水温度升高,油耗率下降,特别是主机在部分负荷低速运转工况下,油耗率的下降更加明显。若进一步提高冷却水温度,则由于滑油条件恶化,将使摩擦功率增加、机械效率下降。对于大部分船用低速柴油机,冷却水出口温度最好保持在80~90℃。

6. 润滑油温

对船舶柴油机来说,传动装置内滑动轴承的机械负荷和热负荷都比较高,须对这些运动部件进行润滑以降低热量。船舶柴油机的传动部件都是通过压力循环油来润滑的,滑油通过压力总管供给分流连接的主轴承、连杆轴承、活塞销或十字头轴承,进一步连接凸轮轴、调整器、减速器等运动件的润滑。不充分的润滑和滑油的脏污会加速传动部件的磨损,磨损导致轴承的间隙增大,直至导致轴承材料的崩裂和薄壳材料的损害。柴油机的运行方式以及可能存在的加工误差或安装误差对轴承损坏都有很大影响,而上述部件的磨损将使传动部件摩擦加剧。通过摩擦释放的热能主要通过导出的滑油热能,决定了润滑油温的升高。为此,润滑系统在船舶柴油机中占有很重要的位置,滑油温度的过高将带来不良后果。一般情况下,低速机的滑油温度不得高于65℃,油温越高对柴油机的技术状态越不利。

1) 滑油压力低的原因

(1) 滑油滤器脏堵。

(2) 柴油机各轴承润滑表面的工作间隙过大。

(3) 滑油温度过高。

(4) 滑油中含水。

2) 滑油温度高的原因

(1) 滑油冷却器冷却水侧结垢严重。

(2) 柴油机超负荷运行。

(3) 轴承润滑表面烧熔。

对于船舶柴油机来说,柴油机运转期间技术状态和性能恶化是难免的。其技术状态变差直至发生故障往往是一个逐渐积累的过程,同时必然引起有关参数的变化。通过对这些参数(如温度、压力等)的变化进行综合分析,可以及时判断船舶柴油机故障的发生。

4.4 基于支持向量机的性能故障诊断[87]

4.4.1 支持向量机

支持向量机(SVM)是一种基于统计学理论的模式识别方法,在解决小样本、非线性及高维模式识别问题中表现出特有的优势。SVM 包含两类分类和多类分类。本书把换气系统的故障诊断归为两类分类问题:1 代表正常状态;-1 代表故障状态。SVM 方法是从线性可分情况下的最优分类超平面提出的,对于 n 个样本的训练集 $D=\{(x_i,y_i)|i=1,2,3,\cdots,n\}$,$x_i\in R^n$,$y_i\in\{1,-1\}$ 能被一个超平面 $H:\boldsymbol{w}\cdot\boldsymbol{x}+\boldsymbol{b}=0$ 有效地分开,并且离超平面最近的向量与超平面之间的距离是最大的,该超平面就称为最优超平面。如图 4-46 所示,实心点和空心点分别代表两类样本。

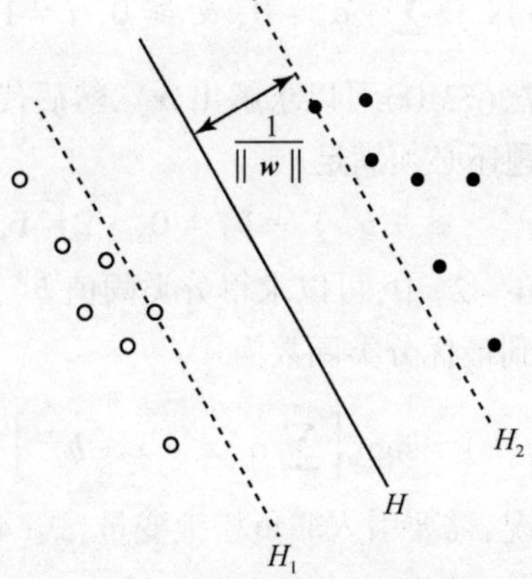

图 4-46 支持向量机最优超平面示意图

定义两个标准超平面：$H_1: \boldsymbol{w} \cdot \boldsymbol{x}+\boldsymbol{b}=-1$ 和 $H_2: \boldsymbol{w} \cdot \boldsymbol{x}+\boldsymbol{b}=1$，其中 H_1 和 H_2 分别为过各类中离分类超平面最近的样本且平行于分类超平面的平面，它们之间的距离就是分类间隔。则 H_1 到分类超平面 $H: \boldsymbol{w} \cdot \boldsymbol{x}+\boldsymbol{b}=0$ 的距离为 $|\boldsymbol{w} \cdot \boldsymbol{x}+\boldsymbol{b}| / \|\boldsymbol{w}\| = 1/\|\boldsymbol{w}\|$，$H_1$ 与 H_2 之间的距离为 $2/\|\boldsymbol{w}\|$。使间隔最大等价于使 $\|\boldsymbol{w}\|$（或 $\|\boldsymbol{w}\|^2$）最小[87]，并且保证 H_1 与 H_2 之间没有样本存在，即训练集 D 中所有的 n 个样本 (x_i, y_i) 都应该满足

$$y_i = [\boldsymbol{w} \cdot \boldsymbol{x}_i + \boldsymbol{b}] - 1 \geqslant 0, \quad i = 1,2,3,\cdots,n \tag{4-36}$$

由上述可知，在线性可分条件下，构造最优超平面的问题可以转化为求解下式的最值问题，即

$$\min \boldsymbol{\Phi}(\boldsymbol{w}) \ \frac{1}{2}\|\boldsymbol{w}\|^2 = \frac{1}{2}(\boldsymbol{w} \cdot \boldsymbol{w}) = \frac{1}{2}\boldsymbol{w}^{\mathrm{T}}\boldsymbol{w} \tag{4-37}$$

式(4-37)为一个凸二次规划问题，可以定义以下拉格朗日函数将其转化为对偶问题处理，即

$$L(\boldsymbol{w},\boldsymbol{b},\boldsymbol{\alpha}) = \frac{1}{2}\boldsymbol{w}^{\mathrm{T}}\boldsymbol{w} - \sum_{i=1}^{n} \alpha_i \{y_i[\boldsymbol{w} \cdot x_i + \boldsymbol{b}] - 1\} \tag{4-38}$$

式(4-38)中 $\alpha_i \geqslant 0$ 为拉格朗日乘子，分别对 $\boldsymbol{w}$ 和 $\boldsymbol{b}$ 求偏导，可得

$$\boldsymbol{w} = \sum_{i=1}^{n} \alpha_i y_i x_i, \quad \sum_{i=1}^{n} \alpha_i y_i = 0 \tag{4-39}$$

将式(4-39)代入式(4-38)，得优化函数 $\psi(\boldsymbol{\alpha})$，即

$$\psi(\boldsymbol{\alpha}) = \sum_{i=1}^{n} \alpha_i - \frac{1}{2}\sum_{i=1}^{n}\sum_{j=1}^{n} \alpha_i \alpha_j y_i y_j (x_i \cdot x_j) \tag{4-40}$$

根据对偶理论，构建最优超平面的问题可以转化成一个对偶二次规划问题，即

$$\max.\ \psi(\boldsymbol{\alpha}) \text{ s. t. } \sum_{i=1}^{n} y_i \alpha_i = 0,\ \alpha_i \geqslant 0,\ i = 1,2,\cdots,n \tag{4-41}$$

由序列最小优化算法(SMO)可以求解出 $\boldsymbol{\alpha}^*$，然后代入求出最优的 $\boldsymbol{w}^*$。根据 KKT 条件，该优化问题还必须满足

$$\alpha_i^* [y_i(\boldsymbol{w}^* \cdot x_i + \boldsymbol{b}^*) - 1] = 0, \quad i = 1,2,\cdots,n \tag{4-42}$$

将不为零的 $\boldsymbol{\alpha}^*$ 代入式(4-42)中，可以求得分类阈值 $\boldsymbol{b}^*$。

求解上述问题后得到最优分类函数为

$$f(x) = \operatorname{sign}\left[\sum_{i=1}^{n} \alpha_i^* \boldsymbol{x}_i \cdot x + \boldsymbol{b}^*\right] \tag{4-43}$$

对于线性不可分情况，需要引入非负松弛变量，式(4-38)问题就转变为

$$\min.\ \boldsymbol{\Phi}^*(\boldsymbol{w}) \ \frac{1}{2}\|\boldsymbol{w}\|^2 + c\sum_{i=1}^{n} \xi_i \tag{4-44}$$

式中：$\xi_i \geqslant 0$ 为引入的非负松弛变量；$c(c \geqslant 0)$ 为惩罚因子。

为了避免在高维特征空间进行复杂的运算，还需要引入核函数，式(4-41)就转换成下式对偶二次规划问题，即

$$\max \text{ s.t. } \sum_{i=1}^{n} y_i \alpha_i = 0,\ \alpha_i \geqslant 0,\ i = 1,2,\cdots,n \tag{4-45}$$

$$\text{s.t. } \sum_{i=1}^{n} y_i \alpha_i = 0,\ 0 \leqslant \alpha_i \leqslant c,\ i = 1,2,\cdots,n \tag{4-46}$$

本书选用 Matlab 中的 libsvm 工具箱对模拟故障数据进行训练，其核函数选择 RBF 函数，即

$$K(x_i, x_j) = \exp(-g \| x_i - x_j \|^2) \tag{4-47}$$

式中：$K(x_i \cdot x_j)$ 为引入核函数。

4.4.2 支持向量机模型的参数寻优

用支持向量机作分类时，由于惩罚因子 c 和核函数参数 g 对分类效果影响较大，选择合适的 c 和 g 直接关系到 SVM 模型分类的准确率。现有常用的参数寻优方式主要有交叉验证方法(K-CV)、粒子群算法(PSO)、网格搜索算法(GR)、遗传算法(GA)这 4 种常用方法。具体算法见有关资料，这里不再赘述。本书选取这 4 种方式分别对仿真数据进行训练来寻找最佳参数(c,g)，提高支持向量机对样本分类的准确性。

分别对柴油机换气系统 7 种故障类型的参数样本进行参数选优和 SVM 分类，基于 4 种算法寻优后 SVM 对各故障类型样本分类准确率对比如表 4-6~表 4-12 所列。

表 4-6 机舱温度过高故障样本分类效果

T_{cin} 上升	最优 c	最优 g	训练效果	测试效果
交叉验证	0.5	0.1436	83.33%	100%
网格搜索算法	1.0	0.125	83.33%	100%
粒子群算法	8.8272	0.01	75%	90.9091%
遗传算法	1.3412	39.1798	66.67%	45.46%

表 4-7 空气滤器脏堵故障样本分类效果

l/d 上升	最优 c	最优 g	训练效果	测试效果
交叉验证	0.7579	2.0	90.9091%	100%
网格搜索算法	1.0	2.0	90.9091%	90%

续表

l/d 上升	最优 c	最优 g	训练效果	测试效果
粒子群算法	2.2732	3.7634	90.9091%	90%
遗传算法	3.2569	4.3783	90.9091%	80%

表 4-8 中冷器水侧污垢故障样本分类效果

ε 下降	最优 c	最优 g	训练效果	测试效果
交叉验证	0.5743	0.0947	90.9091%	90%
网格搜索算法	0.6598	0.25	90.9091%	100%
粒子群算法	2.41	0.01	81.8182%	80%
遗传算法	1.79	0.3786	81.8182%	60%

表 4-9 中冷器冷却水温过高故障样本分类效果

T_w 上升	最优 c	最优 g	训练效果	测试效果
交叉验证	0.4353	0.1895	91.667%	81.82%
网格搜索算法	1.0	0.125	91.667%	83.33%
粒子群算法	3.2134	0.01	91.667%	72.73%
遗传算法	39.5131	2.9306	83.33%	72.73%

表 4-10 扫气口脏堵故障样本分类效果

η_v 下降	最优 c	最优 g	训练效果	测试效果
交叉验证	0.5743	0.5	100%	100%
网格搜索算法	1.0	1.0	100%	100%
粒子群算法	10.9705	1.1807	100%	88.8889%
遗传算法	13.4902	1.2398	100%	88.8889%

表 4-11 增压器磨损故障样本分类效果

η_m 下降	最优 c	最优 g	训练效果	测试效果
交叉验证	0.4353	0.6598	100%	100%
网格搜索算法	0.5	1.0	100%	100%
粒子群算法	61.9112	0.8502	100%	100%
遗传算法	11.0545	0.8678	100%	100%

表 4-12　涡轮排气道脏堵故障样本分类效果

P_b 下降	最优 c	最优 g	训练效果	测试效果
交叉验证	0.4353	0.3299	90.9091%	100%
网格搜索算法	1.0	0.0625	90.9091%	100%
粒子群算法	1.6702	0.01	90.9091%	100%
遗传算法	8.3386	0.6027	90.9091%	100%

由表 4-6~表 4-12 可以看出，交叉验证和网格搜索算法总体上还是比较稳定的，准确率也相对较高。虽然在个别故障情况下，粒子群算法和遗传算法寻优后 SVM 故障数据分类准确率也能达到与交叉验证和网格搜索算法参数寻优的准确率。但是由于前两者寻优的参数对比，惩罚因子 c 与核函数参数 g 相对较大，惩罚因子 c 较大，会出现过学习的情况。从经验来看，选择 c、g 较小的参数值比较合理。所以在这种情况下，优先考虑交叉验证方法和网格搜索算法进行支持向量机的故障诊断。鉴于网格搜索算法的基本原理是让惩罚因子 c 和核函数参数 g 在一定范围内划分网格，并且遍历了在搜索范围内的所有参数组合，搜索到最优参数，对于较小样本数据的识别预测有较好的优势。

4.4.3　支持向量机分类验证

以中冷器水侧污垢故障为例，利用传统的交叉验证方法、网格搜索算法、粒子群算法和遗传算法寻优结果和验证的效果如图 4-47~图 4-50 所示。从各种方法寻优结果图可以看出，不同寻优方法得到的 c 和 g 各异。比较各种方法得到的训练效果准确度，交叉验证和网格搜索算法的训练准确度达 90.91%，高于粒子群算法和遗传算法训练 81.82%的准确度。利用这 4 种方法寻优等到 c 和 g，形成 4 个 SVM 模型。采用样本空间的测试集法，比较各种方法的验证效果。可以看出，使用网格搜索算法的验证效果达到 100%，高于基于交叉验证方法 90%的验证效果，粒子群算法和遗传算法的验证效果分别为 80%和 60%。可见本书提出的热工参数相对偏差，在经过归一化处理之后，可以充分利用不同性能故障下各热工参数的相对偏差关系。再利用支持向量机方法进行柴油机的故障诊断，充分考虑了柴油机不同运行工况下热工参数的变化，可有效解决柴油机不同运行工况下性能故障的诊断问题。

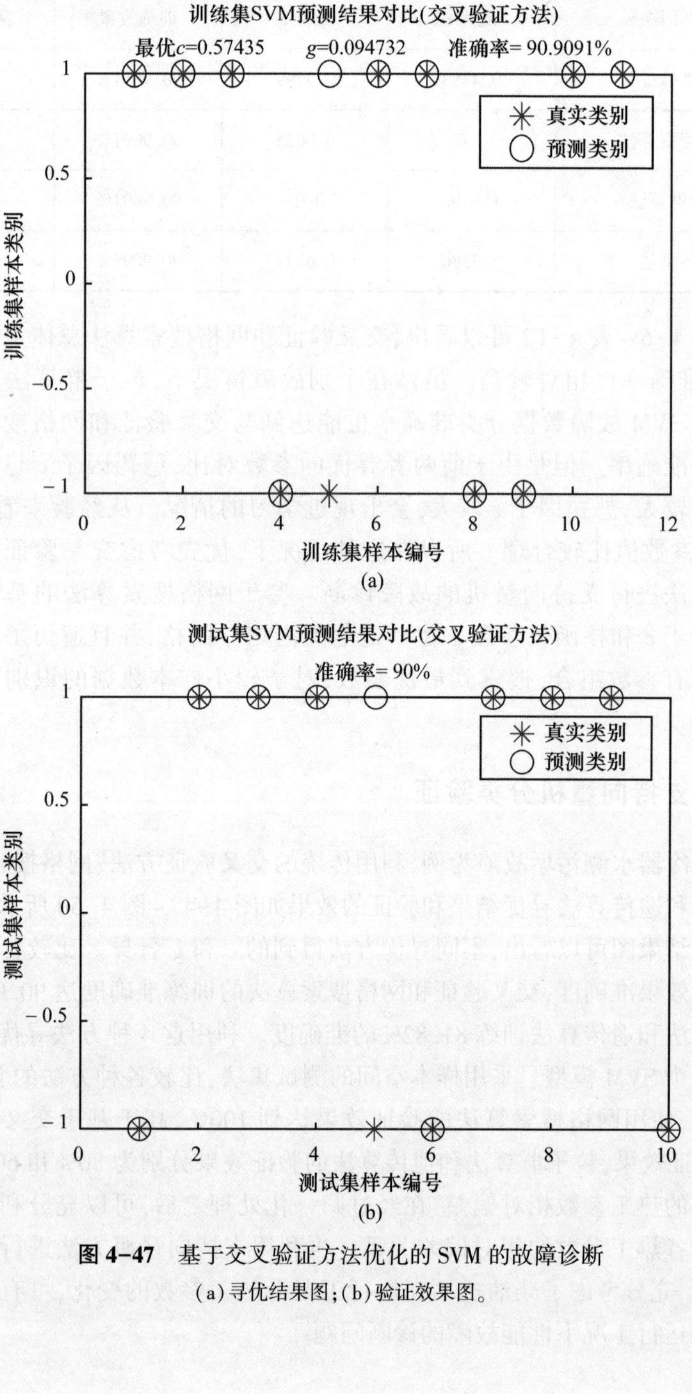

图 4-47　基于交叉验证方法优化的 SVM 的故障诊断

(a)寻优结果图;(b)验证效果图。

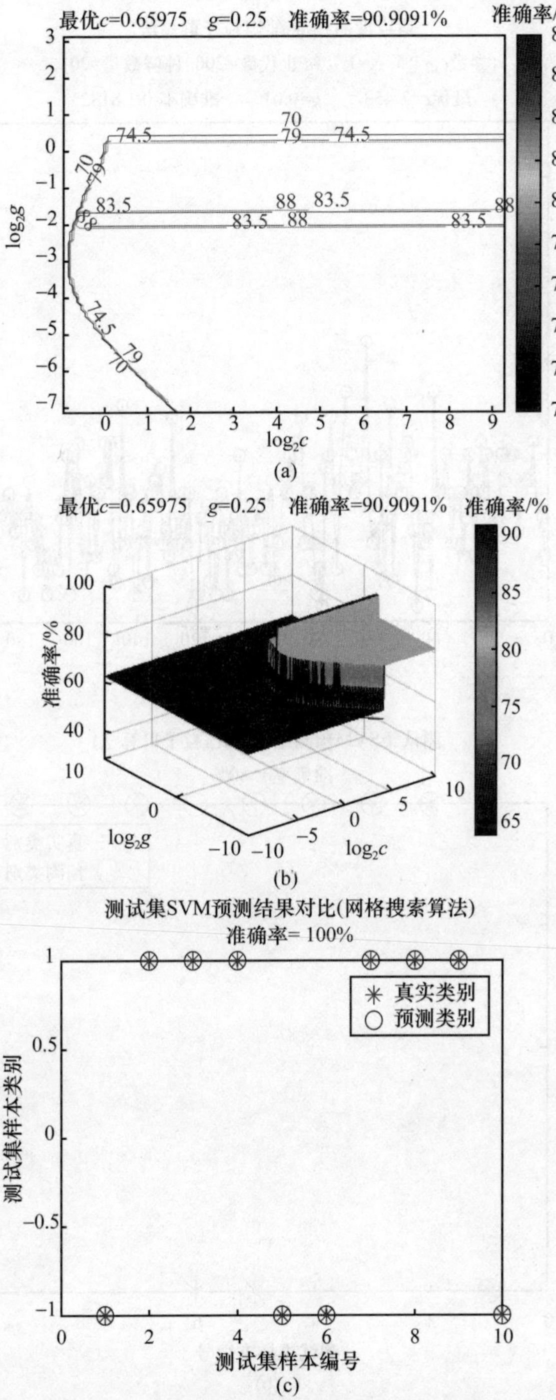

图 4-48 基于网格搜索算法优化的 SVM 故障诊断(见彩图)

(a) 寻优结果图(等高线图); (b) 寻优结果图(3D 视图); (c) 验证效果图。

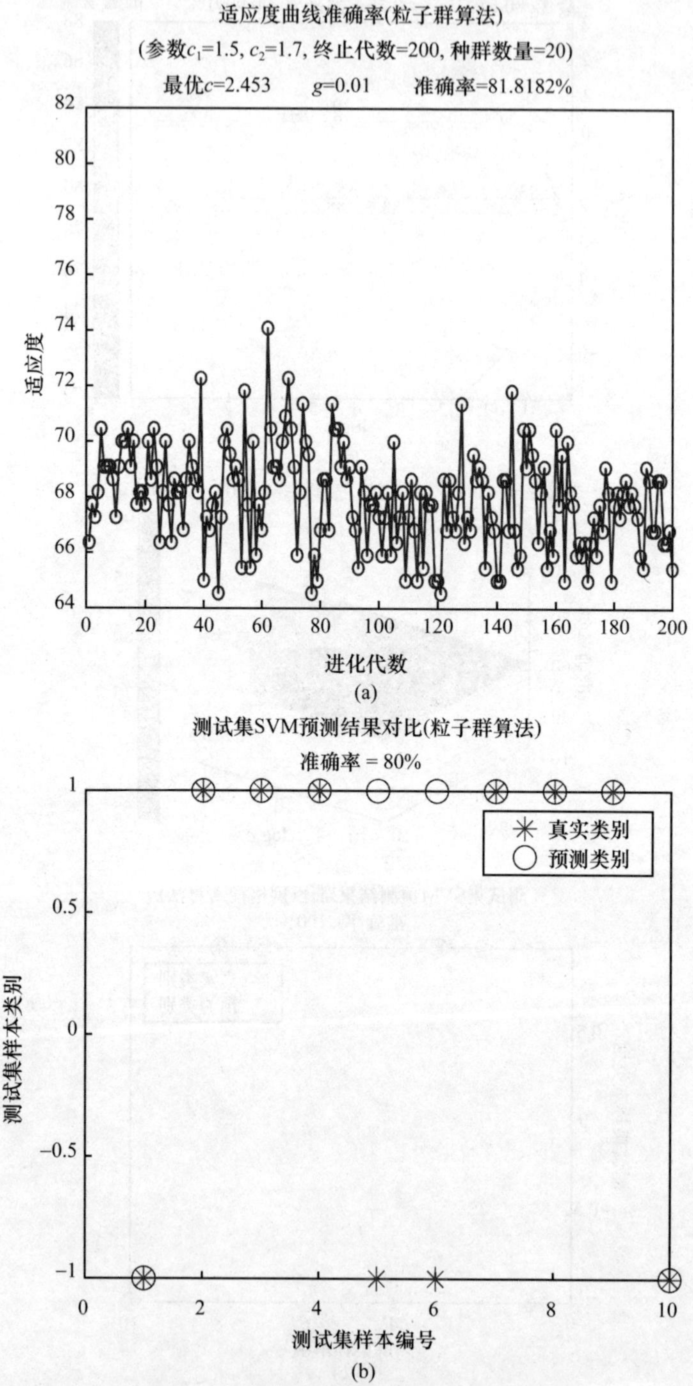

图 4-49 基于粒子群算法优化的 SVM 故障诊断

(a) 寻优结果图；(b) 验证效果图。

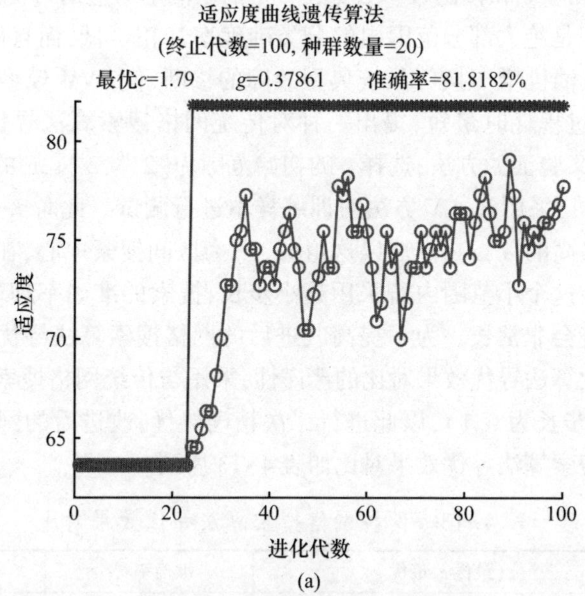

(a)

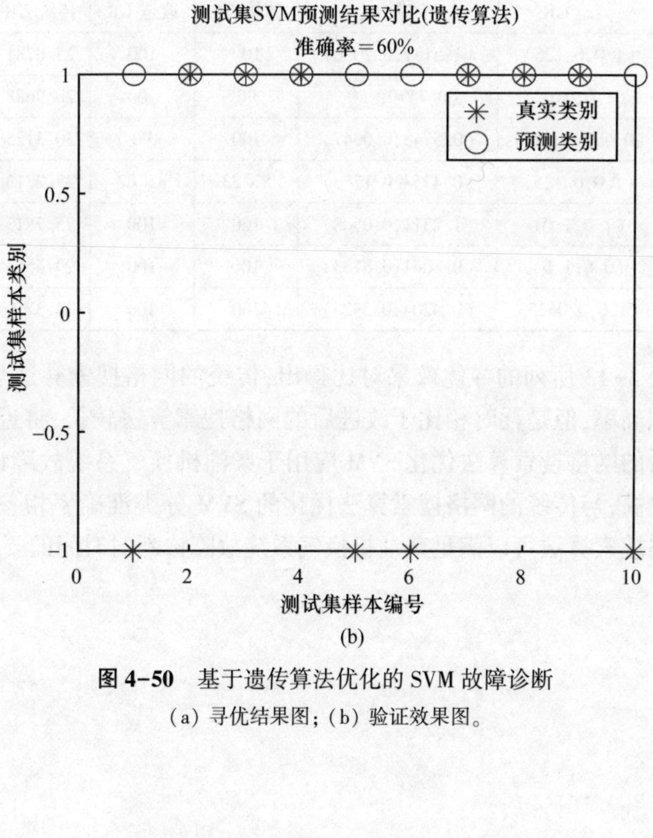

(b)

图 4-50 基于遗传算法优化的 SVM 故障诊断

(a) 寻优结果图；(b) 验证效果图。

从图 4-48(a)和图 4-48(b)中可以看出,基于传统网格搜索算法进行的参数寻优,惩罚因子 c 和核函数参数 g 在一定的区间上对应的分类准确率较高,达到 90.91%,但是绝大部分范围内的分类准确率却相当低,而且用时相对较长。为了实现对柴油机增压换气系统典型故障的诊断,使 SVM 模型的参数寻优结果最佳,寻优过程耗时最短,提出一种对传统网格搜索算法寻优的改进思路。首先,使用交叉验证的方法,选择 c 的初始范围为$[2^{-10},2^{10}]$,g 的初始范围也设置为$[2^{-10},2^{10}]$,采用 K-CV 方法对训练样本进行测试。此时 K 选择为 3,得到此时准确率最高的(c,g);然后以这组(c,g)为区间搜索中心,在其附近选择一个小区间。在这个小范围内若采用越小步长,搜索的准确率理论上也越高,相应地耗时也将会非常长。为了提高改进后的网格搜索算法寻优效果与采用传统的网格搜索算法寻优效果对比的严谨性,采用与传统网格搜索算法中相同的中等步长(即步长为 0.1),以此进行二次精确寻优,改进后的网格搜索算法和传统的网格搜索算法寻优效果对比如表 4-13 所列。

表 4-13　两种网格搜索算法寻优效果对比

参数设置	(最优 c,最优 g)		准确率/%		寻优耗时/s	
	传统 GR	改进 GR	传统 GR	改进 GR	传统 GR	改进 GR
T_{cin} 上升	(1.0,0.125)	(1.5157,0.2036)	100	100	25.0781	9.4374
l/d 上升	(1.0,2.0)	(0.7579,2.0)	90	100	28.9688	12.0397
ε 下降	(0.6598,0.25)	(0.5743,0.0947)	100	90	30.3125	10.7813
T_w 上升	(1.0,0.125)	(0.4353,0.1763)	83.33	81.82	29.2813	10.1063
η_v 下降	(1.0,1.0)	(1.2311,0.0508)	100	100	25.7813	8.6876
η_m 下降	(0.5,1.0)	(0.4061,0.8133)	100	100	29.6563	10.8907
P_b 上升	(1.0,0.0625)	(0.4204,0.3923)	100	100	24.3750	8.5000

通过表 4-13 所列的寻优效果对比得出,传统的网格搜索算法虽然能够得到较高的准确率,但是耗时相比于改进后的网格搜索算法较长,将近 3 倍左右。而且改进后的网格搜索算法优化 SVM 应用于柴油机换气系统故障诊断的分类准确率也较高,与传统的网格搜索算法优化的 SVM 分类准确率相差不大,这种改进的网格搜索算法可以满足柴油机换气系统故障诊断对时间的要求。

第 5 章

机舱设备的振动监测与分析

机器工作时必然会产生振动，其内部零部件的性能状态信息通过一定的传递途径反映到表面振动信号，机械设备故障特征提取的依据是振动信号中包含着振源信息及系统状态等信息，故利用振动信号对机械设备进行不解体故障诊断是行之有效的方法。运动机械的早期故障可通过振动值的骤增表现出来，加之它具有诊断速度快、精度高、敏感性好、信号易于测取、易于实现早期预报和在线监测等优点，已成为一种主要的设备诊断手段。振动监测与分析就是利用设备在工作时产生的振动信号，经测试、数据分析及处理，对内部零部件状态进行诊断的方法。实践证明，振动信号变化对于机器故障的敏感性远高于温度、压力等参数，特别适用于船舶轴系和柴油主、副机的关键运动部件。

柴油机作为一种往复式运动机械，其内部结构的故障往往会影响柴油机表面局部振动的激励特性和传递特性，并在柴油机表面局部振动和噪声信号中表现出来。船舶泵浦和发动机燃烧室及相关运动部件工作过程中的瞬态冲击可反映各部件工作状态，通过表面振动信号提取其瞬态冲击特征，可以诊断运动件的磨损状态和结构故障。利用表面振动信号进行设备故障诊断的出发点是建立在机械动力特性分析、信号特征分析的基础上，需研究发动机缸盖、机身、机座振动信号的采集和特征提取方法，振动信号的分离技术、振动信号与燃烧室相关部件监测诊断特征参数提取、振动检测在机舱辅机设备状态监测中的应用技术，以确定船舶设备需要监测的振动信号的采集参数和方式。

现有的分析方法一般包括时域分析法、频域分析法、时频分析法、时间序列分析法、瞬时转速分析法等方法。

(1) 时域分析法。由于柴油机运行时各执行机构的动作有一定的相位关系和周期性，故表面振动信号具有一定的时域特性。结合其工作原理，从时域波形上可以对设备的运行状态做出粗略判断，这也是利用振动信号对柴油机进行状态监测与故障诊断的早期方法。为了提高诊断的可靠性,应尽可能多地提取反映振动幅值大小的参数,如最大值、最小值、均值、均方根值等,以及一些表达波形变化的无量纲指标,如波形因子、峰值因子、脉冲因子、峭度因子、裕度因子等。

(2)频域分析法。这是目前信号分析中较常见的一种方法。它借助变换把错综复杂的时域信号转换到频域中,然后根据信号的频域分布特征和变化趋势来判断故障类型和故障程度。这种方法在特定条件下或对某一类故障有一定的效果,但是不适用于整体性能的判断。由于其理论基础是变换,只适用于平稳信号的分析,对于柴油机表面非平稳振动信号的分析存在较大的局限性。为了解决这个问题,通常对柴油机表面信号采用加窗处理,认为窗内信号近似为平稳信号,这就是时频分析方法的理论基础。频域分析除了频谱分析外,还包括倒谱分析、包络分析、共振解调、细化谱分析、相干分析及局域波边界谱分析等多种分析方法。

(3) 时频分析法。从理论上讲,时域分析对信号来说时间分辨率是无穷的,但对频率的分辨率为零。而频域分析的频率分辨率是无穷的,但时间分辨率为零,因此时域分析、频域分析都不适合于对突变、非平稳、时变信号的分析处理。在信号分析中,一般情况下人们想要了解的不仅仅是信号的频率成分,还要了解某频率出现的时刻。在以柴油机振动信号为状态变量进行状态监测与故障诊断时,由于设备运行转速的不稳定、负荷的变化、设备故障产生的冲击、摩擦导致表面振动信号的非平稳性,从而使基于平稳过程和线性系统的传统信号处理理论难以发挥作用。这种情况下,人们就需要利用非平稳信号分析的数据处理方法。于是,提出了对时间和频率分辨率均衡的时频分析方法,如短时傅里叶分析、Wigner-Ville 分布(WVD)、小波分析及局域波时频分析。目前人们对小波分析的研究较多,由于小波变换的时间和频率分辨率随着尺度变化,对信号高频部分有较高的时间分辨率,对低频部分有较低的频率分辨率,是柴油机表面非平稳信号分析处理的一种较为有效的工具。局域波时频分析方法是一种新的信号分析方法,尤其适用于非平稳信号的分析处理,与其他方法相比具有较突出的优点,因此探索和开拓该方法在柴油机故障诊断中的应用具有一定的应用前景。

(4) 时间序列分析法。它是从先后有序的信号数据中提取有用信息的一种分析方法。同时它作为一门学科是数理统计学的一个分支,形成了自身的一套理论和方法,并具有一定的特色和优点。例如,以自回归模型为基础的现代谱分析,具有谱峰尖锐、频率定位准确、对采样点数没有严格限制等优点。最具特色的就是可以通过少量数据建立起系统的数学模型,并且可以用此模型进行系统状态预测。不过时间序列分析的理论基础是序列的平稳性,在柴油机故障诊断应用中受到一定的限制。

(5) 瞬时转速分析法。对于多缸柴油机来说,柴油机曲轴的瞬时转速波动信号能反映发动机各缸的工作状态,通过对瞬时转速波动信号的分析,可以得到发动机运行状态和相关故障的丰富信息。正常情况下,各缸的动力性能基本一致,柴油机运转平稳,各缸瞬时转速波动虽有差异,但在一个不大的范围内,并呈现某种规律性。但当某气缸由于故障引起工作不正常时,动力的一致性遭到破坏,柴油机运转平稳性变差,瞬时转速波动信号就会产生变形,据此可以判断柴油机缸内工作过程的好坏。这种方法同样适用于螺旋桨的状态监测,当螺旋桨发生叶片断裂、缠渔网、碰擦等故障时,也会引起螺旋桨轴瞬时转速的变化。

目前振动监测主要用于以下船舶设备的监测诊断。

(1) 活塞-缸套磨损的振动监测。根据活塞-缸套在不同磨损状态下机身振动响应,可以用功率谱峰值和总能量作为判别活塞-缸套磨损状态的特征参数。

(2) 气阀机构故障的振动监测。根据气缸盖振动响应的时域波形图和气阀定时规律及上止点信号,可以从气缸盖表面的振动响应中识别主要激励源的振动响应。从气缸盖表面振动响应的功率谱判别气阀间隙异常和漏气状态。

(3) 柴油机主轴承磨损故障的振动监测。可以对振动信号经过功率谱分析后再进行倒频谱分析,从而判别柴油机主轴承磨损状态。

(4) 螺旋桨推进轴系的振动监测。

(5) 船舶旋转机械的振动监测。

5.1 柴油机气阀机构的振动监测

5.1.1 气阀机构的常见故障

船舶柴油机的气阀非常容易出现问题,这是由于随着柴油机增压度越来越高,随之而来气阀的热负荷会越来越大,特别是有的船舶选用劣质燃油,使气阀尤其是排气阀工作条件更为严酷,因此气阀尤其是排气阀仍是船舶轮机故障率最高的部件之一。最常见故障包括以下几个。

1. 排气阀的烧损

其主要原因是排气阀密封不严,造成高温燃气漏泄,使该处严重过热,严重时可使该处熔穿一个缺口。造成排气阀密封不良的原因有以下几个。

(1) 阀盘不同部位受热、散热条件不同,阀盘圆周上的温度分布不均匀,即靠气缸中心的部位温度高,而靠缸盖外侧的温度低,大温差会造成阀盘变形翘曲而漏气。

(2) 排气阀阀盘及阀座密封锥面沉积一层混有炭粒的脆性玻璃状物质,主要来自重油中的杂质。当沉积厚度较大时,在闭阀的撞击下沉积物会产生裂纹,反复撞击后剥落形成高温燃气喷口使气阀烧损。

(3) 普通气阀密封锥面在工作温度下硬度并不很高,沉积的硬质燃烧产物颗粒在闭阀的撞击下,使密封面出现凹坑,可能造成漏气。

2. 排气阀的高温腐蚀

劣质燃油中含有钒、钠和硫等元素,这些燃油燃烧后的生成物对金属有腐蚀作用,特别是钒盐。钒盐作为氧的载体把氧带入金属,会促使金属氧化。钠系化合物通过钠的硫酸盐使金属硫化,在高温下转变为金属氧化物。如果排气阀的温度过高,呈熔融状态的生成物黏附到排气阀上,使非常耐腐蚀的硬质合金或合金钢也受到腐蚀,结果在密封锥面上形成麻点凹坑造成漏气。

3. 气阀密封锥面的磨损

在爆发压力作用下,阀座及阀盘弹性变形,气阀落座撞击也会造成阀座及阀盘弹性变形,使阀盘锥面反复楔入,密封锥面产生相对运动,造成密封锥面磨损。气阀间隙过大时气阀落座的加速度变得很大,撞击力会大大增加。阀盘和阀座刚度不足;气阀和阀座材料性能达不到要求;重油含有较多的钒、钠和硫;超负荷运行或燃烧恶化;冷却不良;阀杆与导管间隙过大;气阀机构振动使气阀落座速度过大等都会使磨损速率变大。

增压柴油机的进气阀也容易发生快速磨损。这是因为增压柴油机进气阀密封锥面不像排气阀会形成一层非金属层而不发生金属接触,也不像非增压柴油机气阀导管下端气压为负,进气阀密封锥面得到润滑。增压柴油机进气阀密封锥面的润滑条件恶劣,容易发生金属接触。而燃用劣质重油的柴油机进气阀容易发生废气倒流导致其低温腐蚀。

4. 阀盘和阀杆的断裂

对于凸轮轴驱动的四冲程柴油机气阀机构来说,断裂主要发生在阀盘与阀杆过渡圆角处和阀杆装卡块的凹槽处。阀杆装卡块的凹槽处是气阀最薄弱部位,如该凹槽加工不良或闭阀冲击力较重,会产生疲劳断裂。阀盘与阀杆过渡圆角处断裂的原因有:阀杆与导管的间隙过大;阀盘或阀座变形使局部受力过大;气阀间隙过大;气阀机构振动。

5.1.2 四冲程柴油机气阀间隙异常的振动监测[80]

1. 气阀运动的理论分析

四冲程柴油机的气阀机构采用凸轮轴驱动的顶杆-摇臂机构,配气机构的顶杆在进、排气凸轮驱动下，推动摇臂使气阀及时开启，换气完毕后再依靠气阀弹簧的弹性恢复关闭状态，其单自由度振动系统简化模型如图5-1所示，气阀运动微分方程为

$$\begin{cases}\dfrac{d^2H}{d\varphi^2}+\dfrac{r_1+r_2}{M\omega}\dfrac{dH}{d\varphi}+\dfrac{K+K_s}{M\omega^2}=\dfrac{K}{M\omega^2}H_T+\dfrac{r_1}{M\omega}-\dfrac{P_0+P_g}{M\omega^2}\\ H\Big|_{\varphi=\varphi_0}=H(\varphi_0)\ \dfrac{dH}{d\varphi}\Big|_{\varphi=\varphi_0}=v(\varphi_0)\end{cases}\tag{5-1}$$

气阀反跳模型为

$$\begin{cases}\dfrac{d^2H}{d\varphi^2}+\dfrac{r_2}{M_r\omega}\dfrac{dH}{d\varphi}+\dfrac{K_s(Z+H)}{M\omega^2}=0\\ H\Big|_{\varphi=\varphi_f}=0\\ \dfrac{dH}{d\varphi}\Big|_{\varphi=\varphi_f}=V_0\end{cases}\tag{5-2}$$

式中：H为气阀升程；H_T为挺杆升程；Z为气阀弹簧预紧变形；r_1为内阻尼系数；r_2为外阻尼系数；M为配气机构当量质量；M_r为气阀组质量；K为配气机构刚度；K_s为气阀弹簧刚度；P_0为气阀弹簧预紧力；P_g为气缸压力；φ_0为气阀实际开启角；φ_f为气阀落座角。

由图5-1可见，气阀运动规律主要决定于柴油机配气凸轮型线。由于在阀杆和摇臂之间存在着气阀间隙Δ，配气凸轮必须先转过一过渡角φ_0，使驱动部件走过气阀间隙Δ后气阀才真正开启，因此气阀的实际启闭角也与气阀间隙有关。当由于某种原因使气阀间隙过大时，随着气阀间隙的扩大，气阀的开启时刻滞后，关闭时刻提前，气阀的落座速度与落座加速度则取决于气阀落座点在凸轮型线上的位置。因此，气阀的落座冲击与配气凸轮型线、气阀间隙和柴油机转速都有关系。如果气阀间隙过大，使气阀落座点进入凸轮型线的工作段，势必引起气阀落座的很大冲击。这种冲击经缸盖结构传到表面，激起缸盖表面的冲击振动。

2. 气阀热态间隙的振动监测

柴油机运行中的气阀间隙称为热态间隙，它是缸盖和配气机构尺寸链上各构件变形的综合结果。不仅决定于运行初始的冷态间隙，而且随柴油机工况处于动态变化过程中，对柴油机性能有直接的影响。因此，对气阀热态间隙的在线监测更具实际意义。

图5-2是2135Ca柴油机第2缸进气阀间隙分别设置为0.75mm、0.55mm、0.16mm、0.02mm和排气阀间隙分别设置为0.15mm、0.35mm、0.50mm、

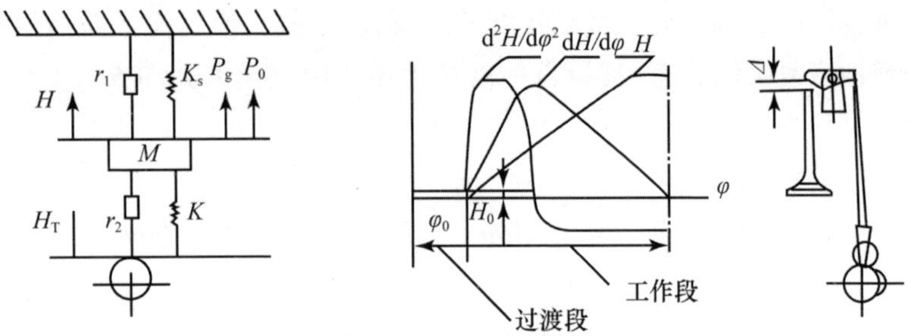

图 5-1　四冲程柴油机气阀机构的单自由度振动系统简化模型

0.70mm 时,缸盖表面的整周期振动信号。可见,缸盖振动信号一个周期内通常有 4 个振动冲击特征,分别对应于排气阀开启、排气阀关闭、缸内燃烧爆压和进气阀关闭的位置。随着气阀间隙的扩大,相应位置的气阀落座冲击都有不同程度的增强,冲击相位也相应滞后。

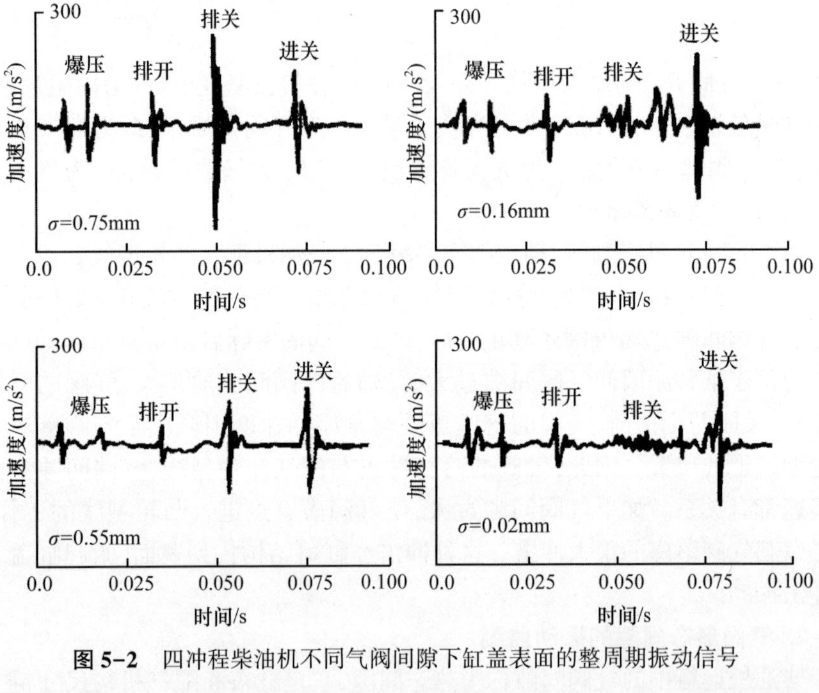

图 5-2　四冲程柴油机不同气阀间隙下缸盖表面的整周期振动信号

现有柴油机气阀间隙异常故障的振动诊断是利用振动信号的时域或频域信息来监测气阀冷态时的磨损情况。理论分析和试验表明,气阀落座相位与热态间隙与凸轮型线有着确定的数量关系(图 5-3),而且这种关系不受柴油机转速和负荷等因素的影响。利用气阀落座相位可以实现柴油机气阀热态间隙的在线监测,具体步骤如下:

(1) 获取气阀升程曲线;

(2) 从缸盖表面振动信号中识别气阀落座相位;

(3) 利用气阀升程曲线确定气阀热态间隙。

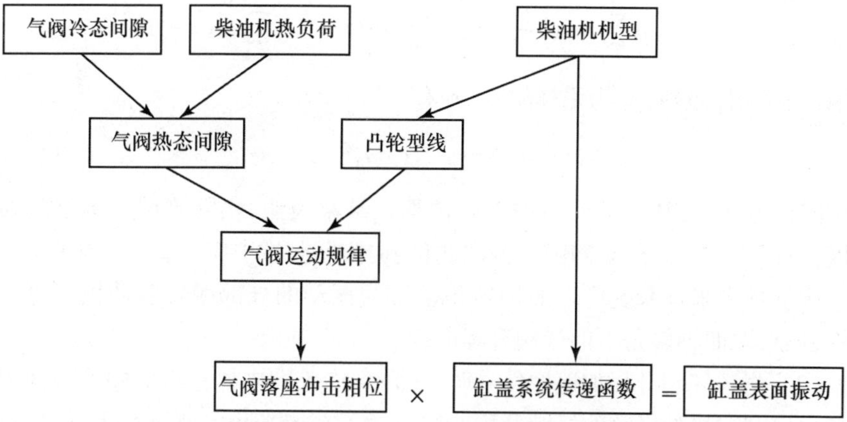

图 5-3 影响缸盖振动因素的内在联系

这种方法适用于各种机型的柴油机在不同工况下气阀热态间隙的在线监测,不必进行大量的建模试验,但关键是气阀升程曲线的获取。目前获取气阀升程曲线的方法主要有理论计算法和实际测试法两种。理论计算法需要已知凸轮型线和配气机构当量质量、刚度和阻尼等参数,由气阀运动微分方程解得,实际应用有一些困难。而实际测试法则是通过布置在气阀摇臂上体小量轻的加速度计测取气阀升程加速信号,经链分式数值积分和数值处理后得到气阀升程曲线,简便、实用。

3. 气阀位移信号的获取

一般情况下,离散加速度振动信号的数值积分得不到真实的速度和位移信号,必须经过一定的数值处理。设加速度振动信号为 $a(t)$,则速度和位移振动信号为

$$v(t) = \int_0^t a(t)\,\mathrm{d}t = v_0 + v'(t) \tag{5-3}$$

$$s(t) = \int_0^t v(t)\,\mathrm{d}t = s_0 + s'(t), \quad t = t_1, t_2, \cdots, t_n \tag{5-4}$$

对离散加速度信号 $a(t)$ 进行数值积分,得 $v'(t) = 0$,则有

$$v'(t) = v(t) - v_0 \tag{5-5}$$

对 $v'(t)$ 进行数值积分,则 $v''(t)$ 为

$$v''(t) = \int_0^t v'(t)\,\mathrm{d}t = \int_0^t v(t)\,\mathrm{d}t - v_0 t, \quad t = t_1, t_2, \cdots, t_n \tag{5-6}$$

由此得速度初值为

$$v_0 = -\frac{n\sum_{i-1}^{n} \mathrm{d}t(i-1)v''(t_i) - \sum_{i=1}^{n} \mathrm{d}t(i-1)\sum v''(t_i)}{n\sum_{i=1}^{n} \mathrm{d}t^2(i-1)^2 - \sum_{i=1}^{n} \mathrm{d}t(i-1)\sum_{i=1}^{n} \mathrm{d}t(i-1)} \tag{5-7}$$

式中:n 为采样点数;$\mathrm{d}t$ 为采样间隔,则有

$$v(t) = v' + v_0, \quad t = t_1, t_2, \cdots, t_n \tag{5-8}$$

依照同样方法,可从速度信号中得到位移。结果表明,实际测试法具有足够的精度,可以用于气阀热态间隙的振动测试,但实际测试中应注意以下几点:

(1) 数据采集系统应以曲轴转角信号为振动的外部触发脉冲进行等区间采样,以获取曲轴转角下的气阀升程曲线。

(2) 测试气阀升程加速度信号时,应在允许范围内尽量将气阀冷态间隙调到最小以测取尽量完整的气阀升程曲线。为了获取平稳的测试结果,应尽量选择较低的柴油机转速为测试工况。

(3) 测试缸盖振动时也应以曲轴转角信号为外部触发脉冲,以便确定气阀落座相位角。

5.1.3 二冲程柴油机缸盖振动的监测[88]

二冲程柴油机采用液压驱动的排气阀机构,而且排气阀是单独安装在阀壳里以便于拆卸。以一台 MAN 6S35ME 二冲程柴油机为试验对象,对柴油机同工况下不同测点振动信号进行测试,图 5-4 是在转速为 90r/min、功率为 987.0kW 工况下 1 号缸排气阀液压油管-缸盖-缸套表面的振动信号。可见,二冲程柴油机一个工作周期内缸盖表面振动有 3 个冲击,除了第 1 个冲击对应于缸内燃气爆发外,另外 2 个冲击分别对应于液压排气阀开启和关闭的落座冲击,但强度都不是很强。说明缸盖的振动对液压排气阀不是很敏感,缸套表面振动也有 3 个振动冲击,这与四冲程柴油机缸套表面的振动明显不同。排气阀液压油管的振动比较复杂。除了上述 3 个冲击外,在排气阀开启和落座之间还存在一个冲击,尤以燃气爆发冲击最大。

转速为 130r/min、功率为 2640.0kW 的运行工况下柴油机 1 号缸排气阀壳、缸盖、排气阀液压油管的振动信号如图 5-5 所示。可见,一个工作周期内排气阀壳表面、缸盖表面和排气阀液压油管处的测点都有 3 个振动冲击,分别对应于缸内燃气爆发、排气阀开启和关闭时刻,这里排气阀壳的气阀开启和落座冲击特征最明显,可作为监测柴油机液压排气阀状态的主要振动参数。

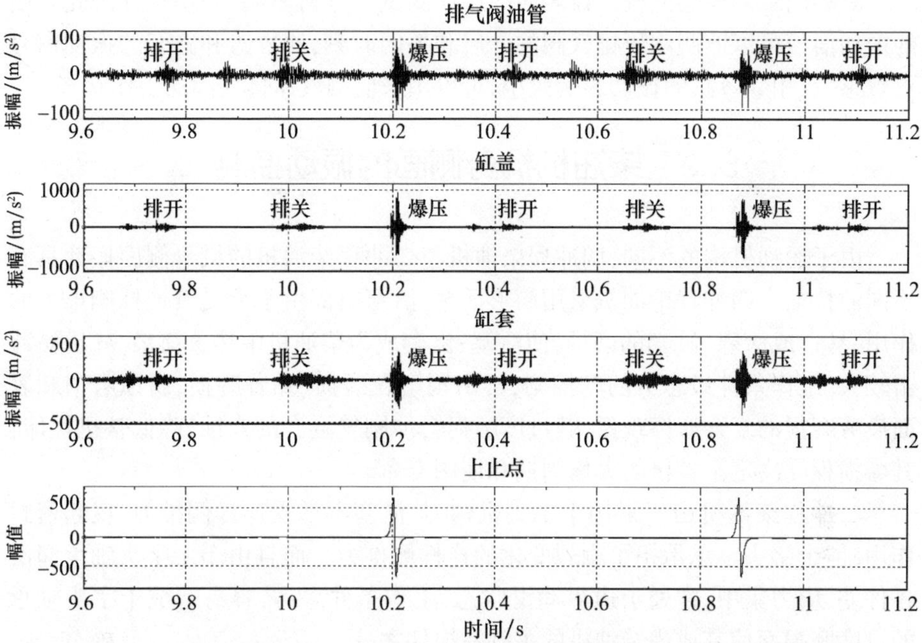

图 5-4　二冲程柴油机 90r/min 转速下 1 号缸排气阀油管-缸盖-缸套的振动信号

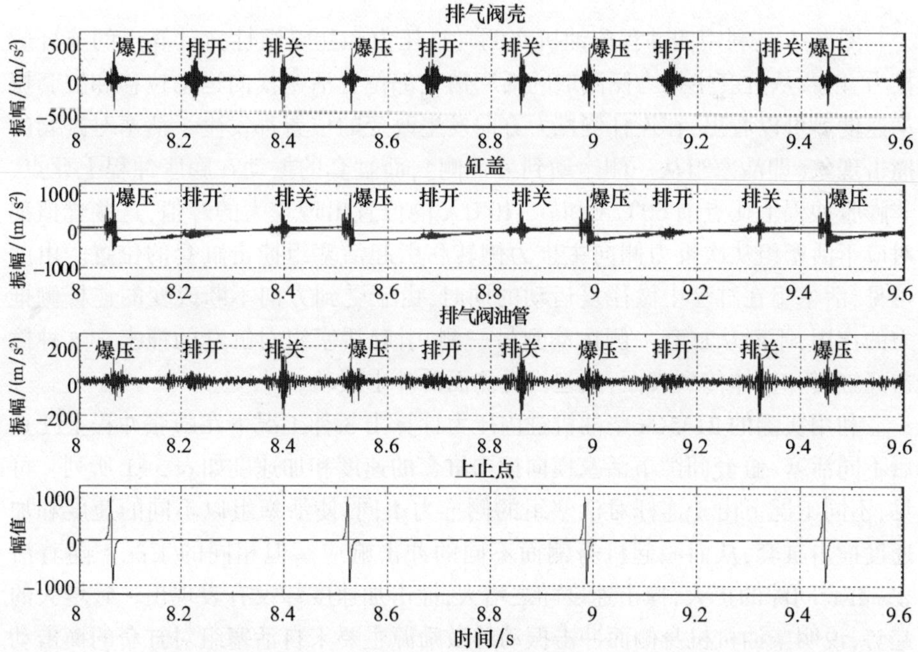

图 5-5　二冲程柴油机 130r/min 转速下 1 号缸排气阀壳-缸盖-排气阀油管的振动信号

对船用二冲程柴油机缸盖表面的振动测试与分析表明,利用排气阀壳表面的振动信号可以监测液压排气阀的开启和关闭时刻,比缸盖和缸套的振动信号更敏感,且相邻各缸的振动影响较小,可以用来监测液压排气阀的工作状态。

5.2 柴油机机身侧面的振动监测

由于运动机构的不同,四冲程柴油机与二冲程柴油机的机身侧面振动具有不同的特征。四冲程柴油机采用筒形活塞,活塞裙部由于承受着连杆侧推力的作用,易造成活塞-缸套的磨损,使活塞-缸套成为柴油机中热负荷最高、机械冲击较大、工作条件最恶劣的摩擦副,常出现磨粒磨损、黏着磨损、腐蚀磨损和表面疲劳磨损的复合摩擦现象,其过度磨损会加剧气缸套的穴蚀、降低整机性能,其磨损程度决定了整机的大修周期和使用寿命。

二冲程柴油机由于采用十字头机构,其活塞不承受连杆侧推力,仅起密封作用,但十字头轴承承担了剧烈变化的连杆侧推力。而且由于十字头轴承润滑条件差,应力集中,常处于边界润滑状态,工作条件恶劣,容易造成十字头轴承的过度磨损而使其成为柴油机的关键易损件之一。

5.2.1 活塞-缸套磨损故障的振动诊断[80]

图 5-6 是利用四冲程柴油机实测气缸压力和往复惯性力计算出的连杆侧推力,以及从缸套主推力侧测取的活塞销上部位置活塞横向运动位移和缸套振动速度。可以看出,在连杆侧推力方向发生改变的位置都发生了活塞对缸套的撞击现象(即活塞组从一侧运动到另一侧),而缸套的振动在膨胀冲程上死点、非膨胀冲程上死点前 60℃A 和后 110℃A 的位置出现较大的峰值,这些峰值都对应于活塞组从次推力侧向主推力侧转移引起活塞组撞击缸套的位置。由此可见,活塞组在缸套中做往复运动的同时,由于受到方向不断改变的连杆侧推力的作用,不断从缸套一侧运动到另一侧,引起活塞组对缸套的撞击。这种撞击经缸套和机体传到表面,激起机身侧面的冲击振动。

利用实测的 2135Ca 柴油机缸内压力计算出 3 种工况下在膨胀冲程上死点后不同活塞-缸套间隙下活塞横向撞击缸套的速度和加速度如表 5-1 所列。可见,不同工况下由于连杆对活塞组的侧推力不同,使活塞组以不同的速度和加速度撞击缸套,从而激起机身侧面不同的冲击响应。但相同的工况下随着活塞-缸套间隙的扩大,撞击速度随之增大,撞击加速度却没有表现出一致增大的趋势,说明柴油机机身侧面冲击振动的激励源主要来自活塞组对缸套的撞击动量而不是撞击惯性。

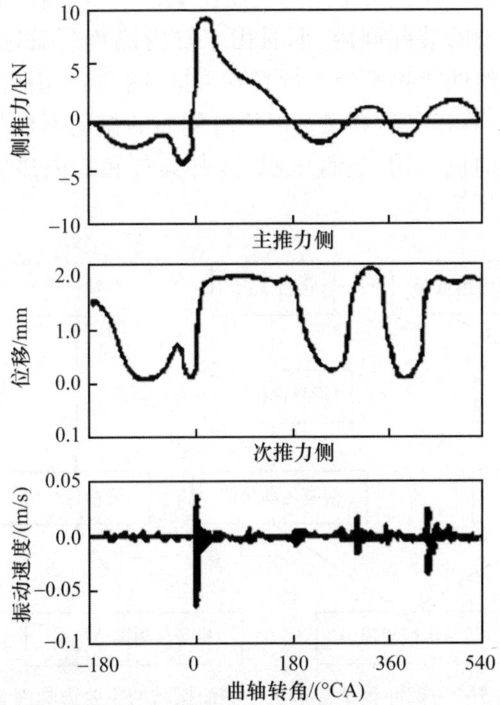

图 5-6 连杆侧推力及活塞、缸套运动图

表 5-1 四冲程柴油机的活塞组横向撞击速度和加速度

运行工况	活塞-缸套间隙 /mm	撞击速度 /(m/s)	撞击加速度 /(m/s^2)
$n_e=900r/min$ $P_e=0kW$	0.39006 0.54053 0.71498 0.85385 0.97272	0.39338 0.48458 0.53208 0.57797 0.60998	218.3052 191.5794 183.5796 163.9989 150.1098
$n_e=1200r/min$ $P_e=8.38/kW$	0.37874 0.53881 0.68125 0.84290 0.96194	0.50663 0.60759 0.71412 0.79863 0.85254	310.2026 366.7978 407.3278 437.6758 399.1378
$n_e=1200r/min$ $P_e=17.66kW$	0.37874 0.53881 0.68125 0.84290 0.961.94	0.53658 0.66399 0.75950 0.85809 0.92805	463.4890 480.2896 483.8830 512.0034 534.3764

运行中柴油机活塞-缸套工作间隙是缸套和活塞组各部件变形的综合结果,不仅取决于冷态的装配间隙,而且由于缸内热负荷而处于动态变化过程中,对柴油机的工作性能和安全运行有着直接的影响。因此,活塞-缸套工作间隙的在线监测更具有实际意义。但机身侧面的振动不仅与活塞-缸套磨损状态有关,还受柴油机结构、运行工况、冷却条件和缸内热负荷的影响,其关系如图 5-7 所示。

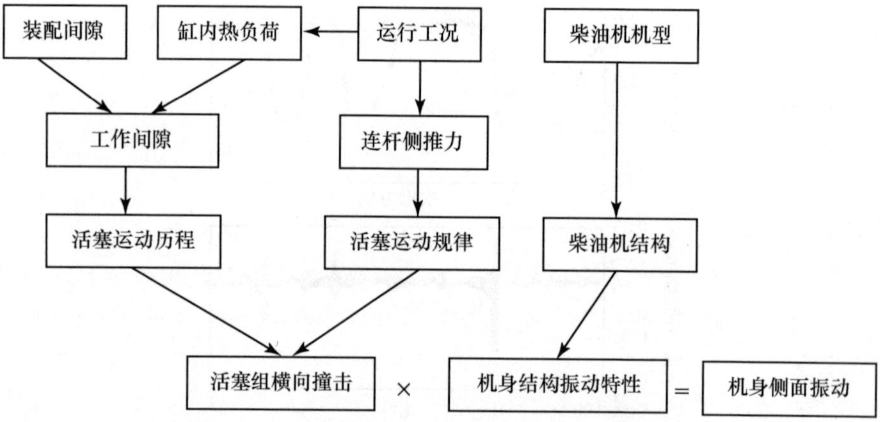

图 5-7 四冲程柴油机机身侧面振动的主要影响因素

如果利用振动激励力识别方法直接识别出活塞组横向撞击动量,可以实现对活塞-缸套工作间隙的在线监测,具体步骤如下:

(1) 确定各工况下活塞-缸套工作间隙与活塞组横向撞击动量关系;

(2) 在线识别活塞组横向撞击动量;

(3) 计算活塞缸套工作间隙。

不同工况下 2135Ca 柴油机活塞-缸套工作间隙识别如表 5-2 所列。计算表明,振动激励识别法可以准确识别出较高工况下柴油机活塞-缸套的工作间隙,可以适用于不同运行工况下的四冲程柴油机活塞-缸套的工作间隙的在线监测。

表 5-2 活塞组撞击动量撞击惯性及表面振动峰值

运行工况	工作间隙估算值/mm	撞击动量/(kg·m/s)	撞击惯性/kg	振动峰值/(m/s^2)	振动峰值/(m/s^2)	振动峰值/(m/s^2)	工作间隙识别值/mm
$n_e=900r/min$ $P_e=0kW$	0.1524	1.42	124.6	250.0	252.0	220.0	0.1206
	0.4878	2.76	121.2	1334.0	246.0	770.0	0.2817
	0.7259	3.38	101.3	1634.0	205.0	1097.0	0.5355

续表

运行工况	工作间隙估算值/mm	撞击动量/(kg·m/s)	撞击惯性/kg	振动峰值/(m/s²)	振动峰值/(m/s²)	振动峰值/(m/s²)	工作间隙识别值/mm
n_e=1200r/min P_e=8.38kW	0.1322 0.4662 0.6962	1.62 3.54 4.49	201.7 233.4 258.8	783.0 1711.0 2171.0	409.6 473.0 524.0	632.0 1150.0 1984.0	0.1179 0.3091 0.6454
n_e=1200r/min P_e=17.66kW	0.1160 0.4487 0.6922	1.64 3.70 4.84	209.2 312.4 306.9	793.0 1789.0 2340.0	425.0 633.0 622.0	769.0 1677.0 2305.0	0.1002 0.3720 0.6537

5.2.2 十字头轴承磨损故障的振动监测[89]

为了解二冲程柴油机十字头轴承磨损与机身侧面振动的关系,在自动化机舱实验室进行了振动试验。试验对象为一台 MAN 6S35ME 型船用电控柴油主机,其额定转速为142r/min,额定功率为3400kW,发火顺序为1-5-3-4-2-6。该型柴油机十字头采用双导板结构,依靠十字头轴承两边的滑块承受侧推力,如图5-8所示,故机身侧面的振动测点都布置在各缸上止点位置时十字头轴承两边滑块的对应位置,机身侧面1号、2号、3号振动测点的布置如图5-9所示。这样,1号振动测点可以监测1号缸十字头轴承左侧滑块的振动冲击,2号测点可以监测1号缸十字头右侧滑块和2号缸十字头左侧滑块的振动冲击。

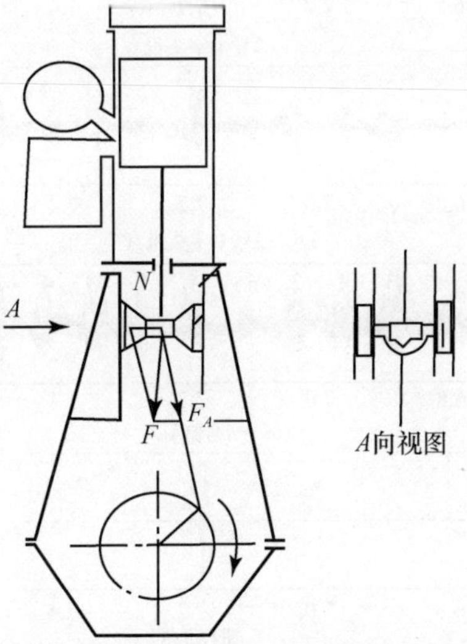

图5-8 二冲程柴油机十字头结构示意图

图 5-9 二冲程柴油机机身侧面的测点布置

首先在转速为 90r/min、功率为 987.0kW 运行工况下，对该柴油主机进行了振动测试试验。柴油机 1 号、2 号和 3 号机身测点的振动波形如图 5-10 所示。可见，1 个工作周期内机身侧面有 6 个振动冲击。从图 5-10 还可以看出，1 号测点由于最靠近 1 号缸十字头左侧滑块，其 1 号缸对应的振动冲击最强。2 号测点最靠近 1 号缸十字头右侧滑块和 2 号缸十字头左侧滑块，故其 1 号缸和 2 号缸对应的振动冲击最强。3 号测点最靠近 2 号缸十字头右侧滑块和 3 号缸十字头左侧滑块，故其 2 号缸和 3 号缸对应的振动冲击最强。这些现象充分证明，机身侧面的振动冲击来自于十字头轴承滑块对导板的撞击。

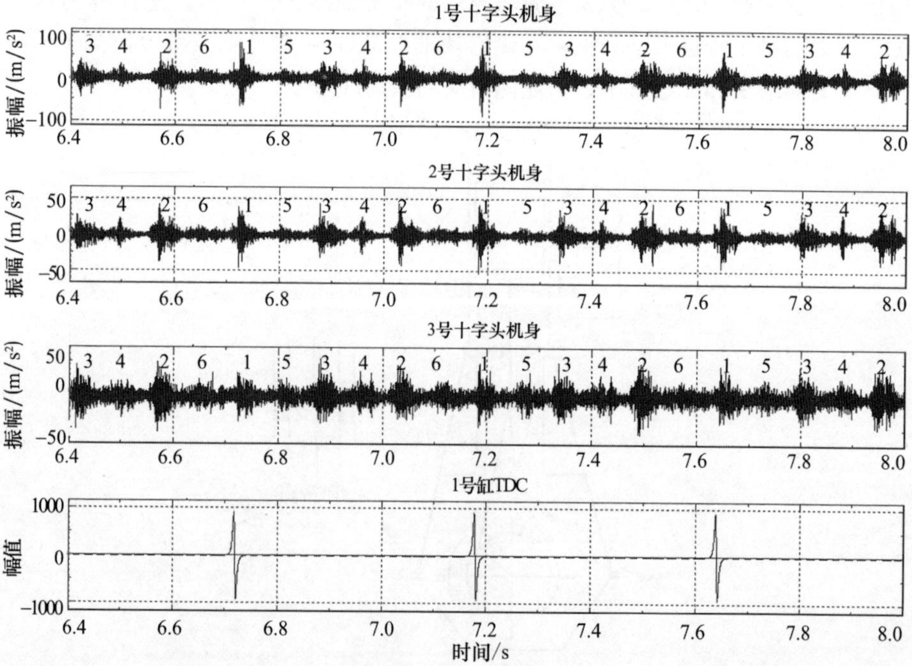

图 5-10 二冲程柴油主机 90r/min 转速下机身侧面 1 号、2 号和 3 号测点的振动响应

然后在柴油机转速为 130r/min、功率为 2640.0kW 运行工况下进行了振动测试,1 号、2 号和 3 号十字头处机身侧面的振动信号如图 5-11 所示,图 5-12 是

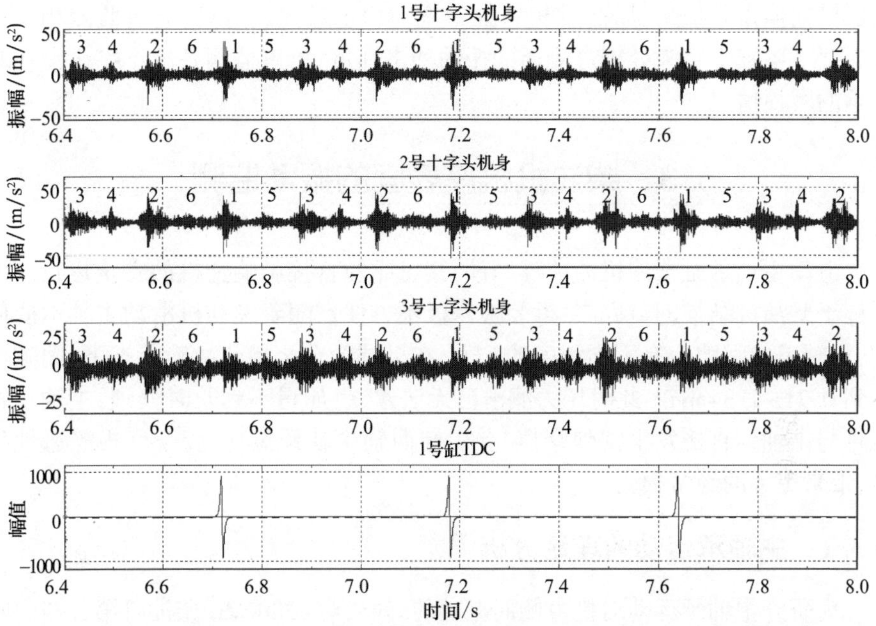

图 5-11 二冲程柴油机 130r/min 转速下机身侧面 1 号、2 号和 3 号测点的振动响应

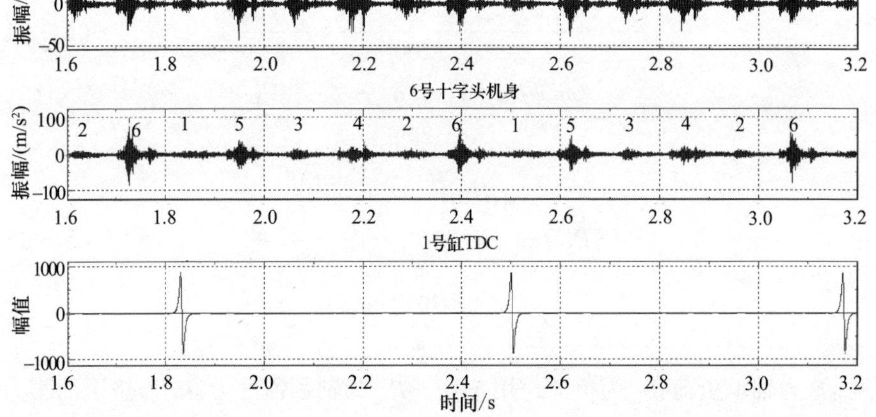

图 5-12 柴油机在 130r/min 转速下机身侧面 4 号、5 号和 6 号测点的振动响应

相同工况下4号、5号和6号十字头处机身侧面的振动信号,进一步证实了该6缸柴油机1个工作周期内机身侧面有6个振动冲击,都分别对应于各缸十字头滑块横向撞击导板的位置,且相邻缸的振动冲击最强。可见,通过监测相同运行工况下各缸十字头处机身侧面的振动冲击强度,可以监测各缸十字头滑块和轴承的磨损情况。

5.3 柴油机机座表面的振动监测

滑动主轴承是柴油机的关键部件,其可靠性直接影响整机的安全运行。但它位于柴油机结构的最底层,拆装检修极不方便。随着发动机滑动主轴承的使用,主轴承的间隙会有不同程度的扩大,在极端的合金熔化故障状态下,间隙可达到0.71~1.34mm。此时压力润滑已无法建立,如得不到及时处理,主轴承轴瓦将与主轴颈直接发生剧烈摩擦,会引起曲轴主轴颈拉伤、胶合磨损等恶性故障,带来更大的经济损失。

5.3.1 主轴承运动的理论分析[80]

为研究主轴颈运动对机身侧面振动的影响,对6200GZC柴油机第2挡中间主轴承的轴心运动轨迹进行计算。考虑到主轴颈惯性对轴心运动轨迹的影响,在轴承负荷计算的基础上根据图5-13所示轴颈动平衡条件$F_H=0$、$F_V=0$建立轴心运动方程组,即

$$P\sin(\delta_{co}-\beta_c)+P_{jx}\cos\delta_{co}-P_{jy}\sin\delta_{co}-P_t\sin\theta=0 \tag{5-9}$$

$$P\cos(\delta_{co}-\beta_c)-P_{jy}\cos\delta_{co}-P_{jx}\sin\delta_{co}-P_r-P_t\,\mathrm{sgn}(\delta_{co}-\beta_c)\cos\theta=0 \tag{5-10}$$

$$P_{jx}=\frac{6m_j\psi Dn_e[V\sin(\delta_{co}+\zeta)-V_{ox}]}{200f} \tag{5-11}$$

$$P_{jy}=\frac{6m_j\psi Dn_e[V\cos(\delta_{co}+\zeta)-V_{oy}]}{200f} \tag{5-12}$$

$$P_t=\frac{S_{OT}BD\eta\left(\dfrac{\omega-2V\sin\xi}{\varepsilon_0}\right)}{\psi^2} \tag{5-13}$$

$$P_r=\frac{S_{OR}BD\eta(V\cos\xi)}{\psi^2} \tag{5-14}$$

式中:P为轴承负荷;β_c为负荷作用角;P_{jx}、P_{jy}为轴颈惯性力;P_t为挤压油膜力;P_r为旋转油膜力;ψ为轴承相对直径间隙;δ_{co}为轴心初始偏心角;ω为曲轴旋转

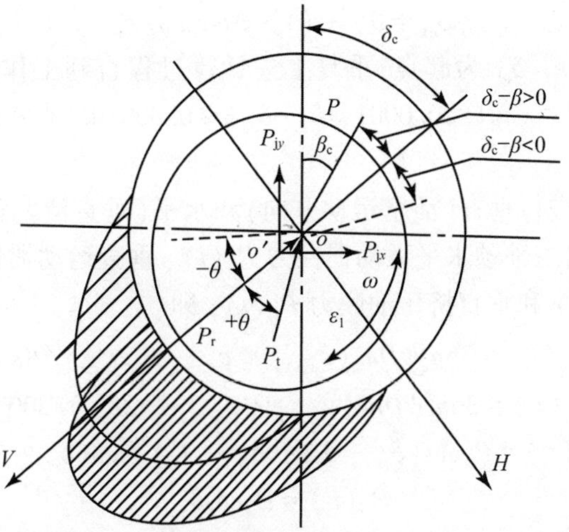

图 5-13 轴颈动平衡条件

角速度;S_{OR} 为挤压索莫菲尔特数;S_{OT} 为旋转索莫菲尔特数;B_B 为主轴承有效宽度;D 为主轴承名义直径;η 为滑油动力黏度;n_e 为曲轴转速;m_j 为主轴颈质量;f 为计算步长;sgn 为符号函数;θ 为旋转油膜力与偏心线的夹角;V 为主轴颈的运动速度。

解此方程组,得主轴颈该时刻的运动速度 V 及运动方向角 ζ,则有

$$V = \frac{a_1}{a_2 \sin\zeta} \tag{5-15}$$

$$\zeta = \arctan\left(\frac{a_1 a_3}{a_2 b_1 + a_1 a_4}\right) \tag{5-16}$$

其中

$$a_1 = 6m_j\psi Dn_e(V_{ox}\cos\delta_{co} - V_{oy}\sin\delta_{co})/200f - P\sin(\delta_{co} - \beta_c) + S_{OT}BD\eta\omega\sin\theta/\psi^2$$

$$b_1 = P\cos(\delta_{co} - \beta_c) + 6m_j\psi Dn_e(V_{oy}\cos\delta_{co} + V_{ox}\sin\delta_{co})/200f - S_{OT}BD\eta\omega\cos\theta\,\mathrm{sgn}(\delta_{co} - \beta_c)/\psi^2$$

$$a_2 = 6m_j\psi Dn_e/200f + 2S_{OT}(BD\eta\sin\theta)/\varepsilon_0\psi^2$$

$$a_3 = 6m_j\psi Dn/200f + S_{OR}BD\eta/\psi^2$$

$$a_4 = 2S_{OT}BD\eta\cos\theta\,\mathrm{sgn}(\delta_{co} - \beta_c)/\varepsilon_0\psi^2$$

式中:ε_0 为轴心初始相对偏心距;δ_{co} 为轴心初始偏心角;V_{ox} 为轴心初始水平运动速度;V_{oy} 为轴心初始垂直运动速度。

则新的轴心相对偏心距 ε_1 及偏心角 δ_{c1} 为

$$\varepsilon_1 = \varepsilon_0 + V \cdot \Delta t\cos\zeta \tag{5-17}$$

$$\delta_{c1} = \delta_{co} + (V \cdot \Delta t \sin\zeta)/\varepsilon_0 \tag{5-18}$$

以轴心新坐标点 ε_1、δ_{c1} 为起点,重复上述计算过程直到工作过程终点 ε_s、δ_{cs}。当满足闭合条件 $|\varepsilon_s-\varepsilon_0|\leqslant 0.0001$、$|\delta_{cs}-\delta_{co}|\leqslant 0.0001$ 时结束计算,获得主轴颈轴心运动轨迹。

对轴颈运动进行垂直(活塞运动方向)和水平(垂直活塞运动方向)的运动分解,分别计算出主轴颈水平运动惯性力 $P_{jx}(t)$、垂直运动惯性力 $P_{jy}(t)$、垂直旋转油膜力 $P_{ty}(t)$ 和垂直挤压油膜力 $P_{ry}(t)$,即

$$P_{jx}(t_i) = 36n_e^2\psi Dm_j(\varepsilon_{x,i+1} + \varepsilon_{x,i-1} - 2\varepsilon_{x,i})/200f^2 \tag{5-19}$$

$$P_{jy}(t_i) = 36n_e^2\psi Dm_j(\varepsilon_{y,i+1} + \varepsilon_{y,i-1} - 2\varepsilon_{y,i})/200 f^2 \tag{5-20}$$

$$P_{ty}(t_i) = P_{ti}\cos[\delta_{ci} - \theta\mathrm{sgn}(\delta_{ci} - \beta_{ci})]\mathrm{sgn}(\delta_{ci} - \beta_{ci}) \tag{5-21}$$

$$P_{ry}(t_i) = P_{ri}\cos\delta_{ci} \tag{5-22}$$

其中:$\varepsilon_{x,i}=\varepsilon_i\cos\delta_{ci}$;$\varepsilon_{y,i}=\varepsilon_i\sin\delta_{ci}$;$P_{ti}=S_{OT}(\omega-2\delta'_{ci})BD\eta/\psi^2$,其中 $\delta'_{ci}=(V_i\sin\xi_i)/\varepsilon_i$;$P_{ri}=S_{OR}\varepsilon'_iBD\eta/\psi^2$,其中 $\varepsilon'_i=V_i\cos\xi_i$。

图 5-14 是 6200GZC 柴油机第 2 挡中间主轴承轴心运动轨迹 ε_x、ε_y 及水平方向的运动惯性 α_x 和垂直方向的运动惯性 α_y 计算的结果(满负荷工况,轴承间隙为 0.304mm)。可见,主轴颈垂直运动的最大惯性力来自缸内燃气爆发压力,当轴承间隙较大时,垂直挤压油膜力明显大于垂直旋转油膜力。与轴心运动轨迹相比,轴颈垂直方向的运动惯性可以更直接地反映主轴颈在轴承油膜中的运动特性及其与轴承故障的内在联系。

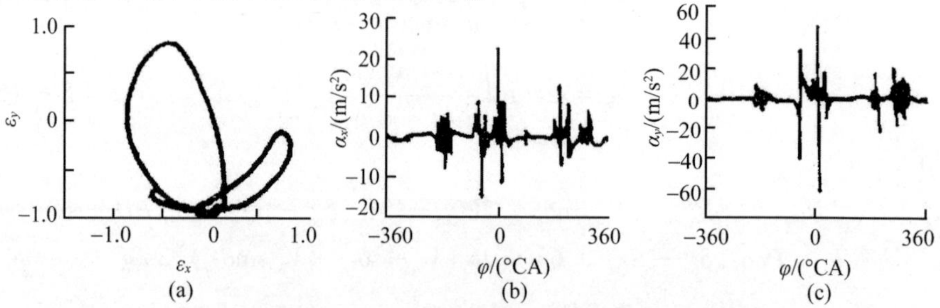

图 5-14 主轴承轴颈运动轨迹及运动惯性

(a) 轴心运动轨迹;(b) 水平方向惯性;(c) 垂直方向惯性。

其他参数保持不变,轴承相对间隙 ψ、柴油机转速 n_e、缸内燃气爆压 P_{max}、滑油温度 T 不同时,主轴颈垂直运动最大加速度 a_{jy} 如表 5-3 所列。计算结果表明,柴油机工况、滑油温度和主轴承间隙对轴颈的运动惯性都有很大的影响。缸内爆压越高、柴油机转速越快、滑油黏度越低、轴承磨损越严重,主轴颈的运动惯性就越大。

由以上分析可知,柴油机主轴颈在轴承动载荷作用下在轴承油膜中以一定

的轨迹运动,当轴承间隙因磨损而扩大时,轴承油楔合理的几何形状受到破坏,影响了旋转油膜力的建立,使主轴颈垂直运动加剧,主轴颈就会与轴瓦直接接触,并以一定的惯性在油膜最薄处与轴瓦直接撞击,这种撞击经轴承座传到表面,激起机身侧面的局部振动。另外,柴油机工况影响主轴承负荷、滑油温度影响滑油黏度,它们对主轴颈的垂直运动都有很大的影响,这就是柴油机滑动主轴承磨损故障振动诊断的理论基础,它们之间的关系可以用图5-15表示。

表5-3 柴油机主轴颈的运动惯性与各因素的关系

相对间隙 ψ	加速度 a_{jy} /(m/s²)	缸压爆压 P_{max}/MPa	加速度 a_{jy} /(m/s²)	转速 n_e /(r/min)	加速度 a_{jy} /(m/s²)	滑油温度 T/℃	加速度 a_{jy} /(m/s²)
0.00100	10.7	6.0	26.0	300	7.6	35	14.2
0.00125	30.0	7.2	26.1	400	14.9	55	14.8
0.00150	33.0	8.0	33.2	500	17.5	75	19.5
0.00190	52.0	12.0	33.5	600	33.0	95	33.0
不变参数: P_{max}=12.0MPa n_e=600r/min T=95℃		不变参数: ψ=0.00150 n_e=600r/min T=95℃		不变参数: ψ=0.00150 P_{max}=12.0MPa T=95℃		不变参数: ψ=0.00150 P_{max}=12.0MPa n_e=600r/min	

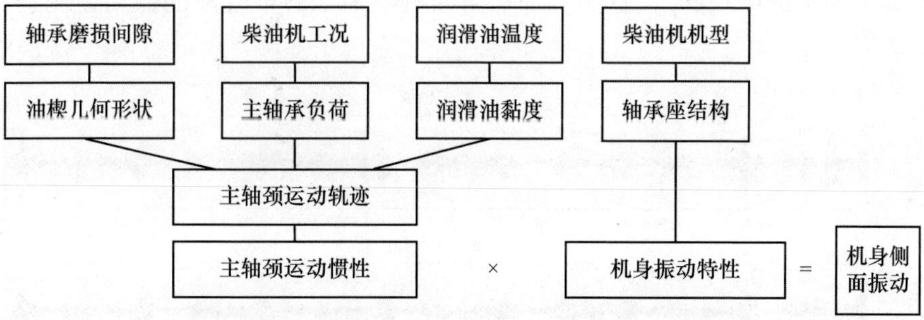

图5-15 影响柴油机机座表面振动因素的内在联系

5.3.2 柴油机机座表面的振动试验

为验证柴油机机座表面振动与主轴承运动的内在关系,在两台四冲程柴油机上进行了振动对比试验。图5-16是新、旧两台S195型号柴油机主轴承轴套外壳表面4个工作周期的振动信号。可见,尽管满负荷下两台柴油机工况相同,但表面振动信号却截然不同,旧柴油机由于主轴承磨损严重表现出很强的冲击振动特征,证实机座表面冲击振动的激励源来自主轴颈对轴瓦的撞击惯性而不是油膜力。因为相同工况下的轴承油膜力大致相同,证明柴油机机座表面的振动信号对滑动主轴承磨损故障较敏感,可以用于主轴承磨损状态的振动监测。

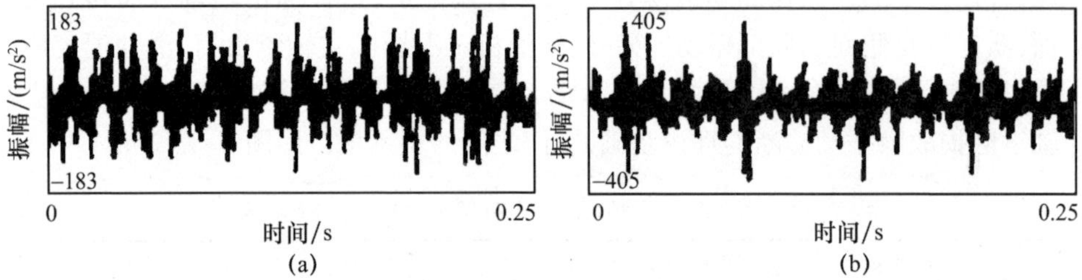

图 5-16 新、旧柴油机主轴承外壳表面振动信号

(a) 新柴油机振动信号;(b) 旧柴油机振动信号。

另外,在一台 MAN 6S35M 型船用电控二冲程柴油机上也进行了振动测试,图 5-17 和图 5-18 分别是柴油机不同运行工况下主轴承处机座表面的振动信号。可见,一个工作周期内机座表面都有 6 个振动冲击,分别对应于各缸燃气爆发所对应的主轴颈冲击振动最强的位置,而较远挡主轴颈的冲击相对较弱。当主轴承因磨损而间隙扩大时,这种冲击就会增强,与四冲程柴油机主轴承的振动特征非常相似。监测各挡主轴承座表面的这种振动冲击,就可以了解主轴承的磨损状态,这为二冲程柴油机主轴承磨损故障的振动监测提供了依据[90]。

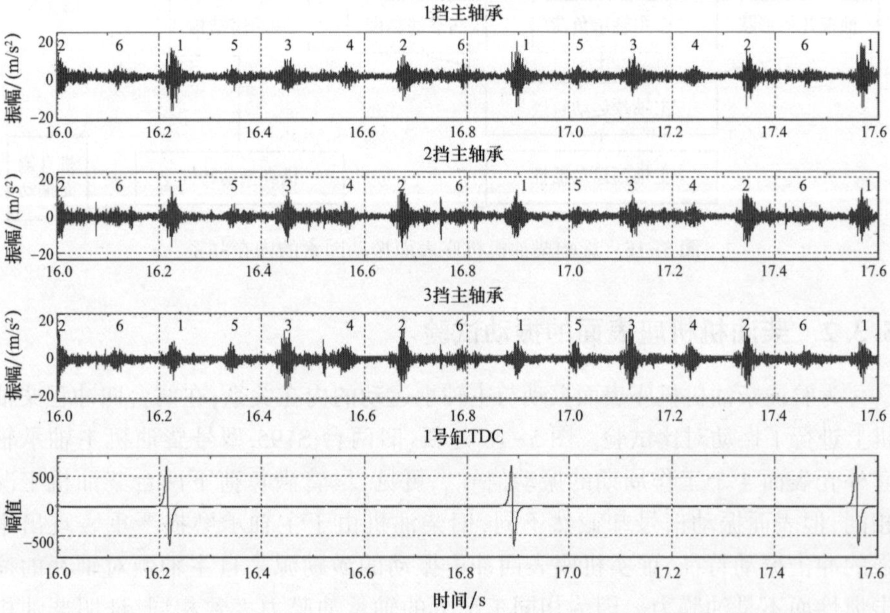

图 5-17 柴油机 90r/min 转速下 1 挡、2 挡、3 挡主轴承机座表面的振动信号

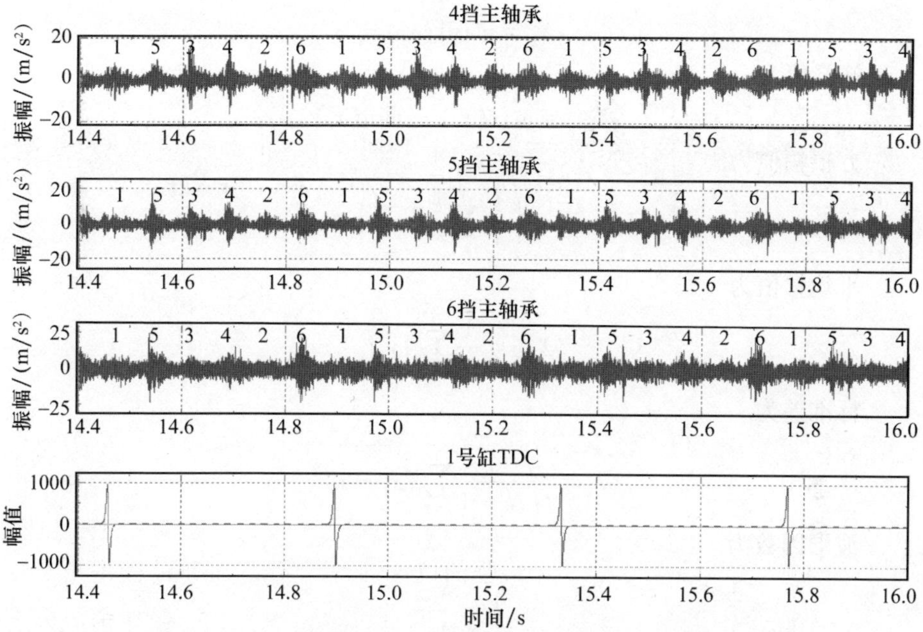

图 5-18 柴油机 137r/min 转速下 4 挡、5 挡、6 挡主轴承机座表面振动信号

5.4 船舶旋转机械的振动监测

除了船舶柴油机外，船舶机舱还有不少旋转机械，如各种泵浦、发电机、电动机、齿轮箱、风机、推进轴系等。对于旋转机械，可以采用振动信号的时域分析方法。

信号的时域参数一般表示信号幅值的变化、波动的大小以及能量分布规律，常用的时域参数有均值、均方值、有效值、方差、标准差、峰值、峰峰值等[91]。

设振动信号的采样所得离散数据 $x_1, x_2, x_3, \cdots, x_n$，则这些参数的指标表示如下。

均值为

$$\bar{x} = \frac{1}{N}\sum_{i=1}^{N} x_i$$

均方根值为

$$X_{\mathrm{rms}} = \sqrt{\frac{1}{N}\sum_{i=1}^{N}(x_i - \bar{x})^2}$$

峰值为

$$X_{\mathrm{p}} = \max|(x_i)|$$

峰峰值为

$$X_{\mathrm{p-p}} = \max(x_i) - \min(x_i)$$

方根幅值为

$$X_{\mathrm{r}} = \left(\frac{1}{N}\sum_{i=1}^{N}\sqrt{|x_i|}\right)^2$$

平均幅值为

$$X_{\mathrm{pm}} = \frac{1}{N}\sum_{i=1}^{N}|x_i|$$

标准差为

$$\sigma_x = \sqrt{\frac{1}{N-1}\sum_{i=1}^{N}(x_i - \bar{x})^2}$$

波形因数为

$$K = \frac{X_{\mathrm{rms}}}{X_{\mathrm{pm}}}$$

脉冲因数为

$$I = \frac{X_{\mathrm{p}}}{X_{\mathrm{pm}}}$$

峰值因数为

$$C = \frac{X_{\mathrm{p}}}{X_{\mathrm{rms}}}$$

裕度因数为

$$L = \frac{X_{\mathrm{p}}}{X_{\mathrm{r}}}$$

偏态因数为

$$S = \frac{\frac{1}{N}\sum_{i=1}^{N}x_i^3}{\sigma_x^3}$$

峰态因数为

$$S = \frac{\frac{1}{N}\sum_{i=1}^{N}x_i^4}{\sigma_x^4}$$

峭度为

$$X_{\text{kurtosis}} = \frac{E(x_i - u)^4}{\sigma_x^4}$$

歪度为

$$X_{\text{skewness}} = \frac{E(x_i - u)^3}{\sigma_x^3}$$

这里,峭度表示波形的尖翘程度以及有无冲击,它对冲击脉冲型故障比较敏感。歪度是一无量纲指标,以平均值为中心,表示波形的对称性。

时域波形作为最原始信号,其包含的信息量大。对于某些设备故障振动信号,其波形有明显的特征,可以利用时域波形初步判断设备的健康状况。但是对于多数信号特征,还需要进一步分析它的频域特征,即频域分析。

5.4.1 齿轮箱的振动监测[91]

在船舶的实际运行过程中,齿轮箱的运行状态和故障征兆主要体现在温度、振动方面,而齿轮振动是目前公认的最佳征兆特征量,它对齿轮箱的状态变化反应迅速、真实、全面,能较好地反映出齿轮、轴承、轴系故障的性质、范围。分析振动信号的时频成分,对于齿轮箱故障诊断有着重要的意义。

齿轮箱振动系统是一个复杂的非线性系统。现把齿轮传动系统简化为图 5-19 所示的振动系统,则齿轮副传动系统非线性动力学方程为

$$M\ddot{x}(t) + C\dot{x}(t) + Kx(t) = F_t \tag{5-23}$$

式中:F_t 为外界激励;M 为当量质量;C 为齿轮啮合阻尼;K 为啮合刚度;x 为沿啮合线上齿轮相对位移。

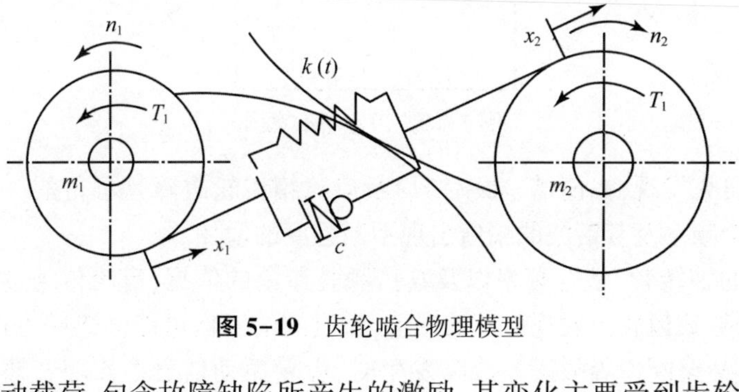

图 5-19 齿轮啮合物理模型

F_t 为动载荷,包含故障缺陷所产生的激励,其变化主要受到齿轮刚度和传动误差变化的影响。

式(5-23)还可以表示为

$$M\ddot{x}(t) + C\dot{x}(t) + Kx(t) = kE_1 + kE_2 \tag{5-24}$$

式中：E_1 为齿轮受载荷的平均静弹性变形；E_2 为齿轮误差和故障造成的两个齿轮的相对位移，又称为故障函数；kE_1 为齿轮正常工作时的正常振动力；kE_2 取决于齿轮综合刚度与故障函数。

齿轮箱中一对齿轮在啮合运转过程中，参与工作的齿数将会由一对变为两对，然后再由两对变为一对，从而齿轮形成单双齿啮合的交替变化，导致对齿轮施加了周期性冲击，形成齿轮啮合振动。齿轮箱示意图如图 5-20 所示。正常情况下，啮合频率及其谐波成分为

$$X_e(t)=\sum_{m=0}^{M}A_m\cos(2\pi f_z+\phi_m) \tag{5-25}$$

$$f_z=\frac{nNz}{60} \tag{5-26}$$

式中：f_z 为齿轮啮合频率；m 为齿轮啮合频率谐波数，取 1,2,3,4,…；N 为齿轮轴的转速；z 为齿轮齿数；M 为齿轮啮合频率谐波的最大数。

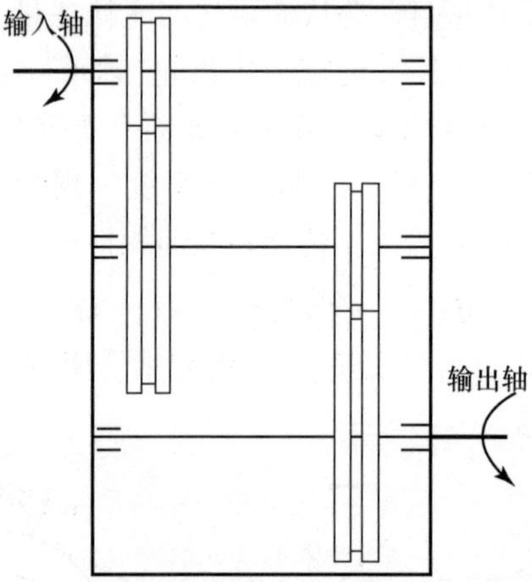

图 5-20 齿轮箱示意图

试验研究发现，幅值谱、功率谱诊断齿轮箱齿轮故障是可行的。齿轮磨损较正常啮合频率及其谐波的幅值出现不同程度的增加。

齿轮的轴转频、啮合频率以及其倍频是诊断的依据，齿轮传动过程中周期性的啮合，导致齿轮出现规律性的振动，长时间的工作可能会造成齿轮的磨损、点烛、剥落甚至断齿等故障。故障发生时，齿轮振动信号中伴随着幅值调制与频率调制现象，频谱上表现的特征频率为啮合频率周围出现边频带，齿轮箱特征频率如下。

轴的转频：$f_n=r/60$，其中 r 为输入（出）轴的转速。

转子频率：$f_0=n\cdot r_0/60$，其中 n 为叶片数，r_0 为轴的转速。

啮合频率：$f=r \cdot z/60$，其中 r 为输入(出)轴的转速，z 为齿轮齿数。

以某齿轮箱为例，其传动结构如图 5-20 所示。齿轮箱状态分为输入轴齿轮正常以及齿轮磨损两种状态，分别在输入轴转速 1800r/min、21000r/min、27000r/min、30000r/min 工况下进行试验。故障模拟为输入轴齿轮磨损，齿轮箱在转轴不同输入转速下，振动时域特征值分析计算结果如图 5-21～图 5-24 所示。

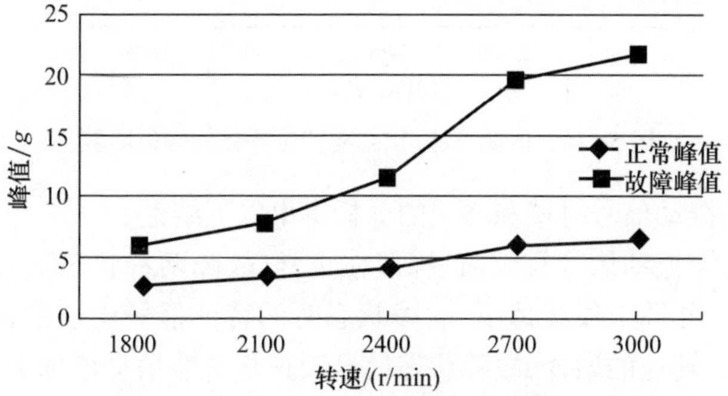

图 5-21 正常、故障状态随转速变化的峰值

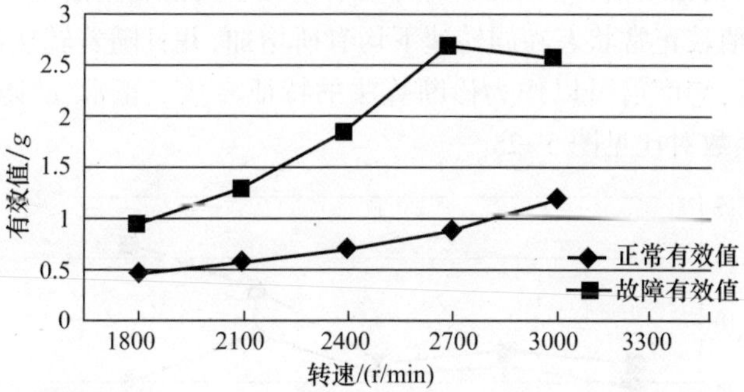

图 5-22 正常、故障状态随转速变化的有效值

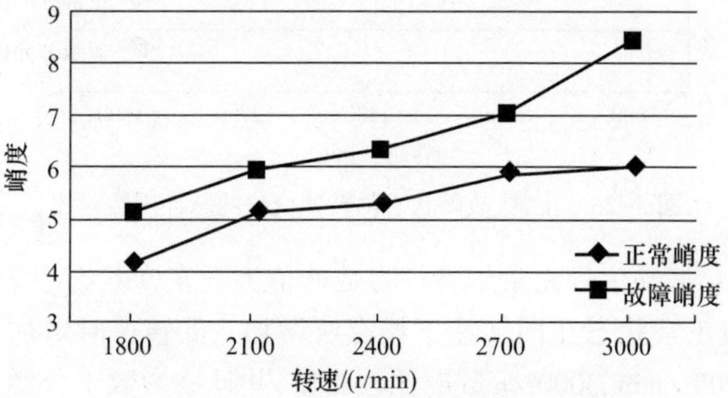

图 5-23 正常、故障状态随转速变化的峭度

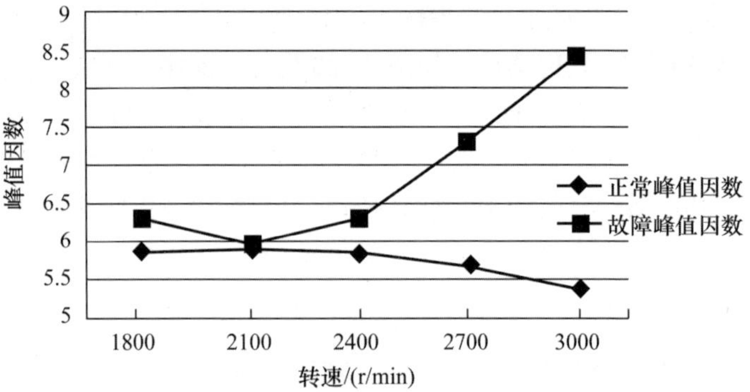

图 5-24　正常、故障状态随转速变化的峰值因数

对齿轮箱振动信号时域和频域的分析得出以下结论。

(1) 齿轮箱振动信号有效值、峰值在正常、故障两种状态下分别随着转速的增加而增大,相同工作转速下,故障状态时的特征信号比正常状态的信号大很多,并且随着转速的增加,故障状态信号较正常状态信号增加更加明显,其可以作为工程实际中的诊断参数。

(2) 齿轮箱振动信号正常状态,无量纲特征参数峭度值在 4~5 之间。故障状态时,峭度值较正常状态在同转速下均有所增加,并且随着转速的增加,增加趋势更加明显,峭度值可以作为诊断算法的特征参数。正常、故障状态随转速变化的脉冲因数对比见图 5-25。

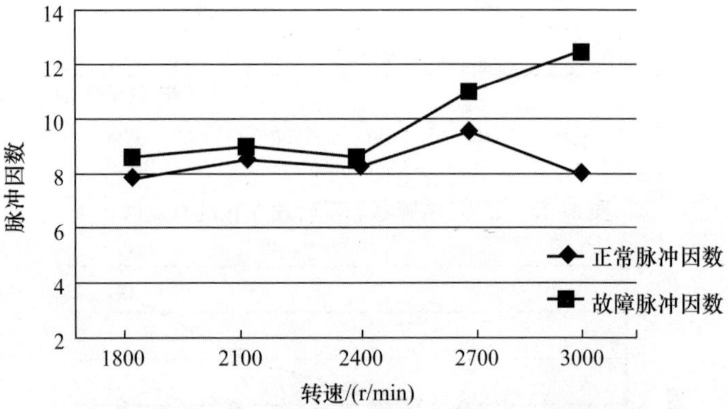

图 5-25　正常、故障状态随转速变化的脉冲因数对比

(3) 齿轮箱振动信号无量纲特征参数峰值因数正常状态小于 6,故障状态时峰值因数较正常状态在同转速下均有所增加。低转速时增加并不明显,在 2400r/min、2700r/min、3000r/min 时比较明显,并且该参数十分敏感,可以作为诊断算法的特征参数。

(4) 齿轮箱振动信号无量纲特征参数歪度和裕度值故障状态较正常状态时均增大,但两者自身并没有表现出一定的特征规律,可作为一种辅助监测参数。

(5) 通过频域细化谱分析,齿轮箱频域信号的特征频率表现在啮合频率及倍频处,故障状态齿轮磨损较正常状态时特征频率幅值增加明显,啮合频率及其倍频处幅值可以作为故障特征的识别参数。

5.4.2 往复式空压机的振动监测[92]

空压机是一种提供气源动力的现代化工业基础机械和通用机械,也是船舶提供主机、副机气动起动所需的高压空气动力设备,同时为气动遥控系统和甲板作业提供气源。因为其零部件较多、结构复杂,又是往复式机械,所以故障时有发生,给船舶系统的正常运行带来隐患,特别是当船舶在港内机动航行时。

压缩机故障可分为结构故障和性能故障,结构故障主要影响压缩机的动力传递,包括活塞销磨损、连杆轴承磨损、连杆疲劳断裂、主轴承磨损、地脚螺栓松动等,主要表现在异常的振动、噪声。性能故障主要影响压缩机的工作性能,包括进气阀片断裂、排气阀片断裂、活塞环断裂、活塞磨损等,主要影响压缩机的工作性能。

往复式压缩机通过改变气缸容积和控制气阀开闭进行空气压缩。一个完整的工作循环包括膨胀、进气、压缩和排气 4 个基本过程,每个工作循环各零部件都会受到活塞运动的往复惯性力及缸内气体冲击力作用,在长期、高频的交变应力及气流冲击力作用下,会发生各种故障。常见的故障有地脚螺栓松动、一级活塞环断裂、二级活塞环断裂、二级吸气阀片断裂、二级排气阀片断裂等。

故障模拟试验在一台 WP135 型二级往复式压缩机上进行。该压缩机运行转速为 970r/min,功率为 20kW,排气压力为 3.0MPa,充气瓶容积流量为 118m^3/h,实际转速为 985r/min。振动传感器分别布置在压缩机缸盖顶部垂直方向、机身右侧面上部水平方向、机身左侧面下部水平方向及机身底部垂直方向,具体布置如图 5-26 所示。

图 5-27 所示为压缩机正常工况下各测点的振动信号时域波形。可以看出,各测点的振动信号具有明显的周期规律,周期为 0.0618s(运行转速为 970r/min)。一个工作循环内振动信号出现 3 个较为明显的振动冲击,估计是气体由一级压缩转为二级压缩和缸内零部件撞击造成的,但幅值均不高。

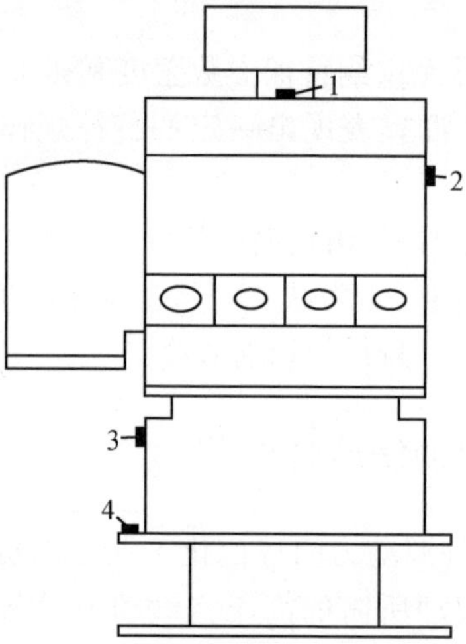

图 5-26　振动传感器布置

1—缸盖表面测点；2—机身右侧上部测点；3—机身左侧下部测点；4—机身底部测点。

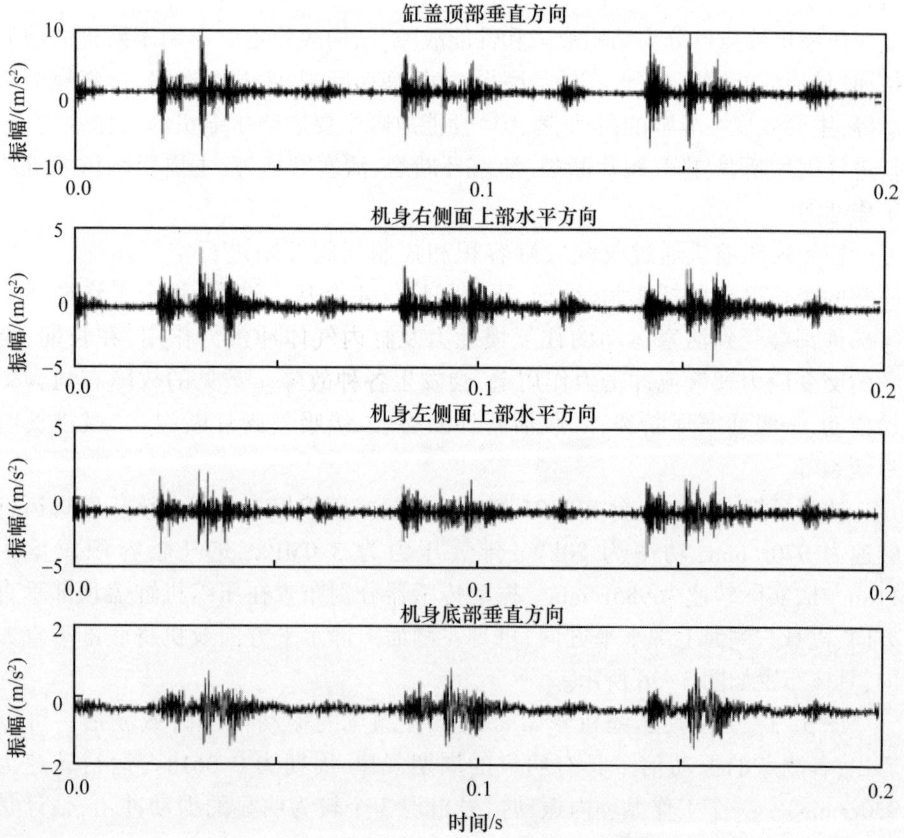

图 5-27　正常工况各测点振动信号时域波形

图 5-28 所示为地脚螺栓松动故障下各测点的振动信号时域波形。可以看出,各测点的振动都有明显的增加,机身底部测点振动幅度有所增加,局部出现轻微波动。限于篇幅,其他 4 种故障的振动信号时域波形图不再显示,各状态下振动信号的时域特征参数如表 5-4 所列。

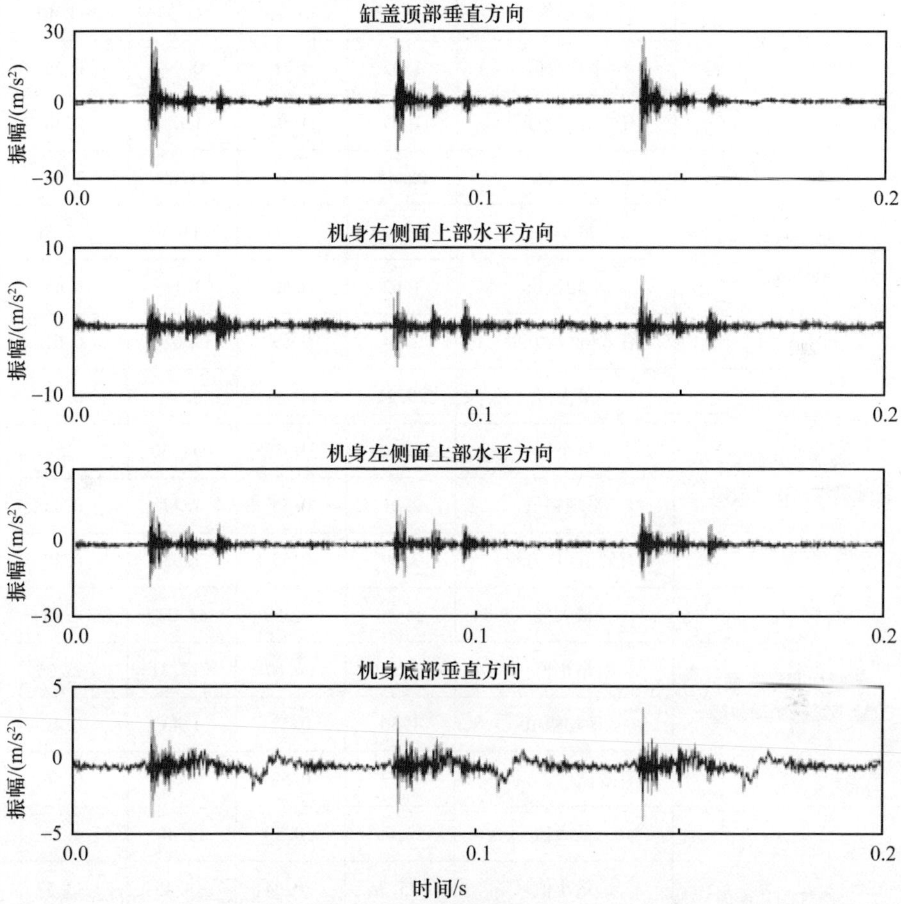

图 5-28 地脚螺栓松动故障各测点的时域波形

可以看出,压缩机表面的振动以缸盖顶部垂直方向的振动最为剧烈,其次是机身左侧面水平方向的振动,而机身底部垂直方向的振动最小,说明缸盖顶部受缸内压气和气阀冲击最大。地脚螺栓松动故障下缸盖顶部测点振动平均幅值较正常工况提高 23%,有效值提升 27%,峰值增加 85%。而机身右侧上部测点振动平均幅值略有降低,机身左侧下部测点振动平均幅值、有效值均显著降低。一级活塞环断裂故障(伴随地脚螺栓松动)下缸盖顶部测点振动平均幅值较正常工况提高 52%,有效值提升 100%,峰值增加 141%。机身右侧(次推力

表 5-4　各状态下振动信号的时域特征参数

故障类型	振动特征参数/(m/s²)	缸盖顶部	机身右侧面	机身左侧面	机身底部
正常工况	最大值	12.11	3.65	1.92	0.73
	最小值	-8.12	-3.76	-3.93	-1.40
	平均幅值	1.32	0.71	0.99	0.36
	有效值(均方根)	1.69	0.88	1.08	0.40
地脚螺栓松动故障	最大值	22.45	4.37	11.09	1.38
	最小值	-19.46	-4.74	-11.49	-2.24
	平均幅值	1.62	0.66	1.16	0.48
	有效值(均方根)	2.14	0.89	1.67	0.61
一级活塞环断裂+地脚螺栓松动故障	最大值	29.21	-0.51	8.99	0.98
	最小值	-23.09	-0.57	-11.30	-2.75
	平均幅值	2.01	0.55	1.47	0.45
	有效值(均方根)	3.39	0.55	1.95	0.59
二级活塞环断裂+地脚螺栓松动故障	最大值	24.40	-0.50	11.24	0.88
	最小值	-27.10	-0.67	-12.31	-3.06
	平均幅值	1.56	0.58	1.43	0.42
	有效值(均方根)	2.77	0.58	2.01	0.56
二级吸气阀片断裂+地脚螺栓松动故障	最大值	22.65	-0.50	11.40	1.18
	最小值	-15.34	-0.64	-8.45	-3.57
	平均幅值	1.61	0.57	1.25	0.52
	有效值(均方根)	2.70	0.57	1.66	0.66
二级排气阀片断裂+地脚螺栓松动故障	最大值	29.57	-0.41	8.78	1.09
	最小值	-24.25	-0.55	-8.17	-3.91
	平均幅值	1.84	0.49	1.06	0.52
	有效值(均方根)	3.00	0.49	1.48	0.67

侧)上部测点振动信号出现“零漂”现象,主要原因是由于空压机受到活塞组垂直方向的往复运动加剧了机器垂直方向的振动,而机身侧面水平方向依靠磁座安装的传感器出现了松动所致。同时,机身左侧(主推力侧)下部测点振动平均幅值提高48%,有效值提升81%。机身底部测点振动幅度增强,波形出现明显波动,这是由于地脚螺栓松动故障没有完全消除。

二级活塞环断裂故障(伴随地脚螺栓松动)下缸盖顶部测点振动平均幅值较正常工况提高19%,有效值提升64%,峰值增加102%。机身右侧上部测点的“零漂”现象仍然存在,机身左侧下部测点振动平均幅值增加44%,有效值提升86%。机身底部测点振动幅度仍保持增强并有明显波动,原因同上。二级吸气阀片断裂故障(伴随地脚螺栓松动)下缸盖顶部测点振动平均幅值比正常工况提高22%,有效值提升60%,振动峰值增加87%。机身右侧上部测点“零漂”现象还是存在,机身左侧下部测点振动平均幅值增强26%,有效值提升54%。机身底部测点振动幅度增强,波形波动明显,原因同上,证明地脚螺栓故障还没有消除。二级排气阀片断裂故障(伴随地脚螺栓松动)下缸盖顶部测点振动平均幅值比正常工况增加40%,有效值提升78%,峰值增加144%。机身右侧上部的“零漂”现象仍然存在,机身左侧下部测点振动平均幅值增加7%,有效值提升37%。机身底部测点振动幅度增强,波形出现明显波动。

图5-29所示为正常工况下缸盖表面测点、机身左侧下部测点位置振动信号频谱,图5-30所示为地脚螺栓松动故障下缸盖表面、机身左侧下部测点位置的振动信号频谱。可以看出,缸盖表面垂直方向的振动低频部分能量较小,振动能量主要集中在6.5kHz以上的高频部分,机身左侧下部测点的振动能量也主要集中于7.5~9.5Hz高频部分,这与往复机械的振动特征相似。在地脚螺栓松动故障下,缸盖表面测点振动在低频部分出现了一个小峰值,机身左侧下部测点振动在0~500Hz频段出现了2个峰值,在4~5kHz频段出现了1个局部峰值,估计是压缩机横向振动的固有频率。

同样,对其他故障的各测点振动信号频谱进行了分析。以机身左侧下部测点振动信号为例,一级活塞环断裂故障下振动频谱在3.0~10.0kHz内有6个局部峰值,最高峰值位于4.0~5.0kHz。二级活塞环密封不良故障下振动频谱在4.0~5.0kHz内出现1个局部峰值,在6.0~10.0kHz范围出现3个局部峰值。二级进气阀片断裂故障下振动频谱峰值出现在4.2~4.5kHz,其他区域局部峰值差距不大。二级排气阀片断裂故障下的振动频谱在4.1kHz达到峰值,其余部分能量分布均匀。可见,不同故障的频谱都具有不同的特征频率,可以用于压缩机的故障诊断。

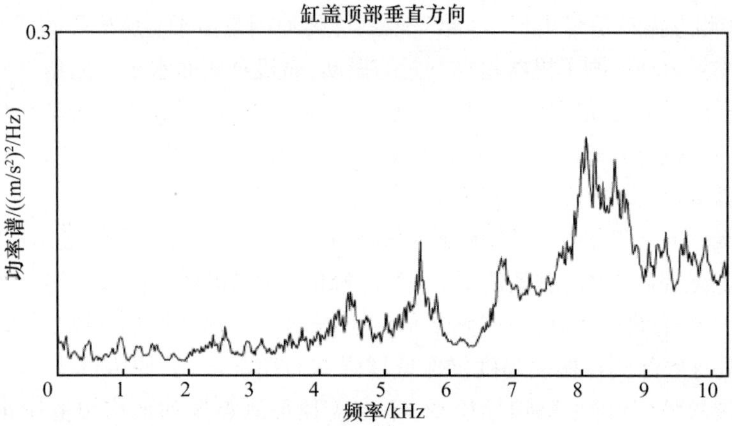

(a)

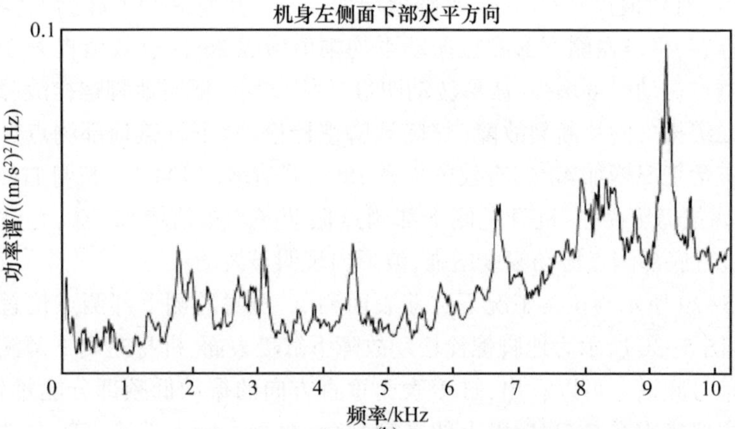

(b)

图 5-29 正常工况下的振动频谱

(a) 缸盖表面测点；(b) 机身左侧下部测点。

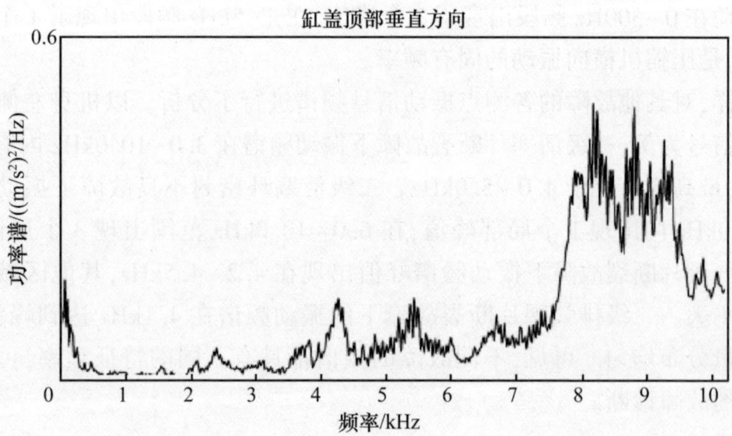

(a)

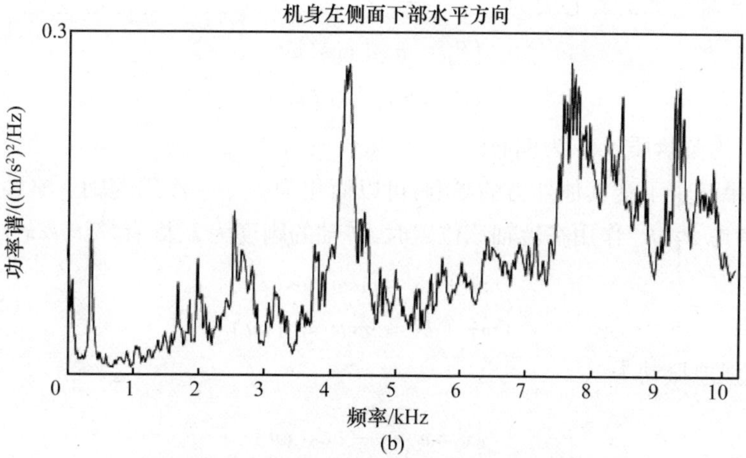

图 5-30　地脚螺栓松动故障下的振动频谱

(a) 缸盖表面测点；(b) 机身左侧下部测点。

5.4.3　推进轴系的振动监测[91]

现假设转子系统上安装有圆盘，并且转轴中心与圆盘的重心不重合，即转子回转几何轴线与圆盘重心不重合。圆盘在旋转过程中，圆盘的离心力作用使转子发生较大振幅的振动，即转子系统的振动加剧。

设一根垂直转轴，转轴以及轴承在 x、y 两个坐标方向上的刚度相等。令圆盘重心相对于转轴回转几何轴线的偏心距为 e，圆盘质心位置如图 5-31 所示。

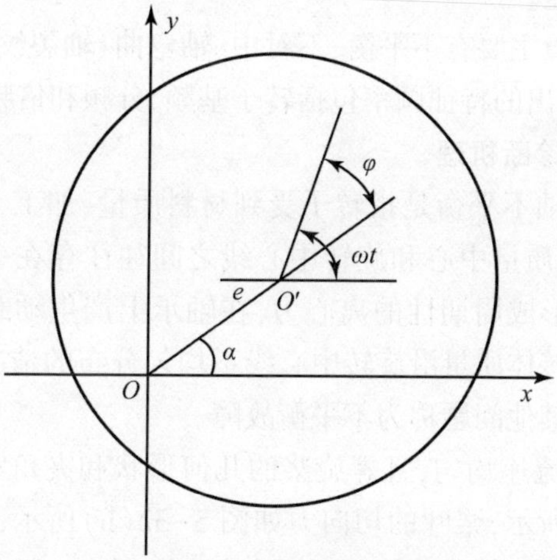

图 5-31　圆盘质心位置

使转轴弯曲的离心力为

$$\begin{cases}P_x = me\omega^2\cos(\omega t)\\P_y = me\omega^2\sin(\omega t)\end{cases}\tag{5-27}$$

式中:m 为圆盘质量;e 为偏心距。

如果转子不受其他外力的影响,可以简化为 P_x、P_y 作用的轴。略去转轴质量,只考虑 P_x、P_y 作用在转轴该位置时,转轴的刚度为 k,则有

$$\begin{cases}m\ddot{x} + kx = me\omega^2\cos(\omega t)\\m\ddot{y} + ky = me\omega^2\sin(\omega t)\end{cases}\tag{5-28}$$

其强迫振动为

$$\begin{cases}x = e\dfrac{c^2}{1 - c^2}\cos(\omega t)\\[2ex]y = e\dfrac{c^2}{1 - c^2}\sin(\omega t)\end{cases}\tag{5-29}$$

式中:$c=\dfrac{\omega}{\omega_n}$为频率比;$\omega_n=\sqrt{\dfrac{k}{m}}$为静止轴上圆盘的固有频率。

圆盘重心相对于轴承的偏移量为

$$z = e + \sqrt{x^2 + y^2} = \frac{e}{1 - c^2}\tag{5-30}$$

当 c 为常数时,转轴重心的运动视为一个半径为常数 z 的圆。因此,转轴会产生变形,这种运动称为转子的横向振动。当 $c=1$ 时会发生共振,这时 $\omega=\omega_n$,称为转子的临界转速。

转轴常见的故障主要有不平衡、不对中、轴弯曲、轴裂纹、油膜振荡、油膜涡动等,转轴振动表现出的特征频率包括转子基频、分频和倍频。

1. 转轴不平衡诊断机理

旋转机械的转轴不平衡是指转子受到材料质量、加工、装配以及运行环境等多种原因影响,其质量中心和旋转中心线之间往往存在一定量的偏心距,使转轴在工作过程中形成周期性的离心力,在轴承上产生动载荷,从而导致机械振动的现象。把旋转体质量沿旋转中心线不均匀分布的情况称为不平衡,由此引起的设备振动或其他问题称为不平衡故障。

当螺旋桨盘面流速均匀,且螺旋桨的几何形状和夹角完全相同时,桨的轴向力如图 5-32(a)所示,桨叶的切向力如图 5-32(b)所示,即总轴向力是一个不变的值,切向合力为零,这种情况下不会产生激振力。但由于制造误差(如质量不均匀、各桨叶夹角不等、桨叶几何形状误差等)或安装误差,使桨叶的重心

不在回转轴心线上,或重心虽在回转轴线上,但各桨叶重心不在同一盘面上,则螺旋桨旋转时将产生偏心离心力和离心力矩。正常桨叶机械不平衡产生的激振力一般较小,当转轴损坏时才会产生较大的影响。

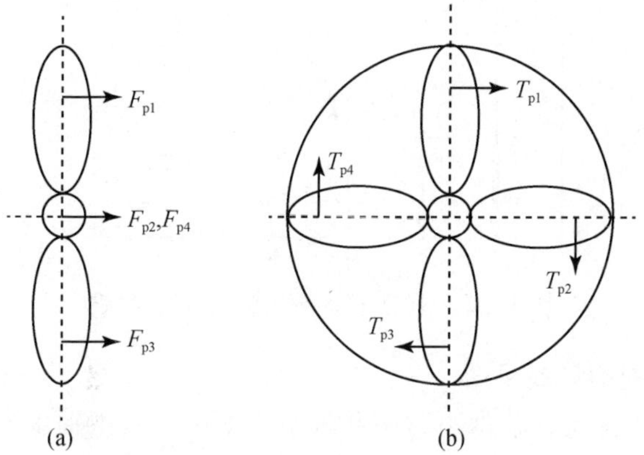

图 5-32 螺旋桨的轴向力与切向力

(a) 轴向力;(b) 切向力。

设转轴质量为 M、偏心质量为 m、偏心距为 e,如果转轴的质心到两轴承连心线的垂直距离不为零,具体扰度为 a,不平衡的力学模型如图 5-33 所示。

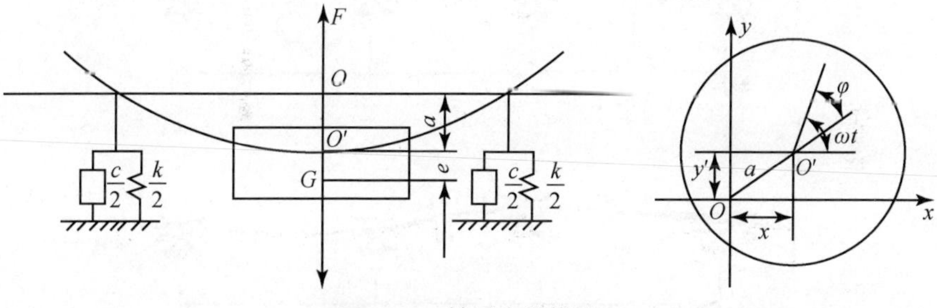

图 5-33 转子力学模型

由于偏心质量和偏心距的存在,转轴在旋转过程中交变的力(方向、大小均周期性变化)会引起不平衡振动。转轴转动一周,离心力方向将会改变一次,不平衡振动的频率与转速相一致。从图 5-33 可以看出,离心力的大小与偏心质量 m 和偏心距 e 及旋转角速度 ω 有关,即 $F=me\omega^2$。因此,不平衡振动的频率与转速频率相一致,属于轴频激振力。

(1) 振动时域波形近似正弦波。

(2) 频谱图中,谐波能量主要集中在基频,会出现比较小的高次谐波,如图 5-34 所示。

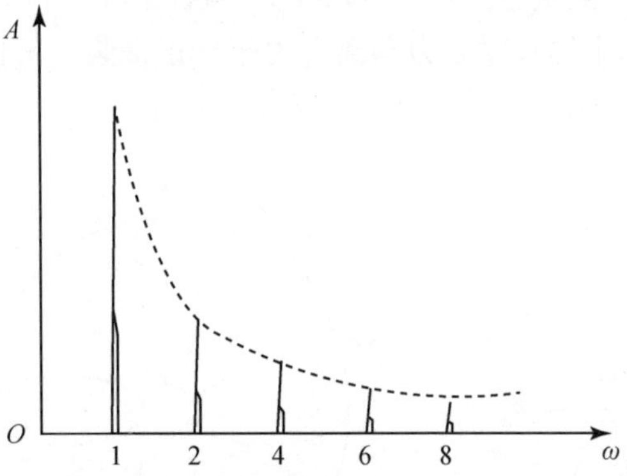

图 5-34　转轴不平衡故障频谱阶次特性

2. 转轴不对中诊断机理

转轴不对中主要有轴承不对中和轴系不对中。其中轴承不对中指的是轴颈在轴承中偏斜。轴系不对中指的是机组各转轴之间用联轴器连接时，工作过程中转轴不再处于同一直线上时的情况。

实际的工程应用中遇到的多是轴系不对中，图 5-35 所示为转子不对中的受力情况。

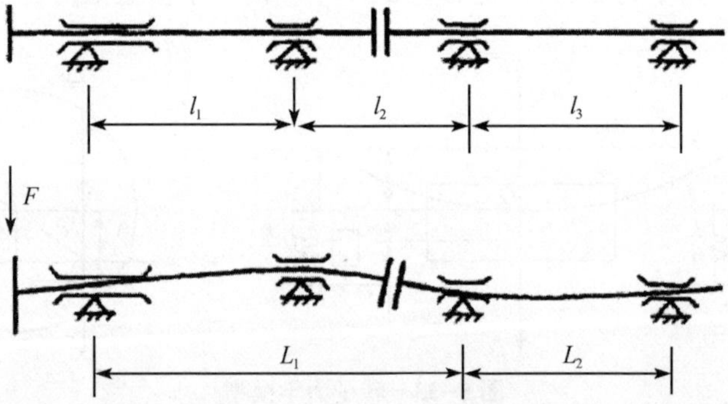

图 5-35　转轴不对中受力情况

实际的船舶工程机械中，转轴不对中故障特征及频谱如图 5-36 和图 5-37 所示，频谱特征表现如下：

(1) 具有较大的轴向和径向振动；

(2) 在 1 倍频、2 倍频、3 倍频处出现稳定的峰值；

(3) 在 4~10 倍频处谐波成分较低。

由转轴转速 n 可得转轴基频 $f=n/60$，通过分析基频、分频和倍频的特征，可以诊断转轴状态如图 5-36 和图 5-37 所示。

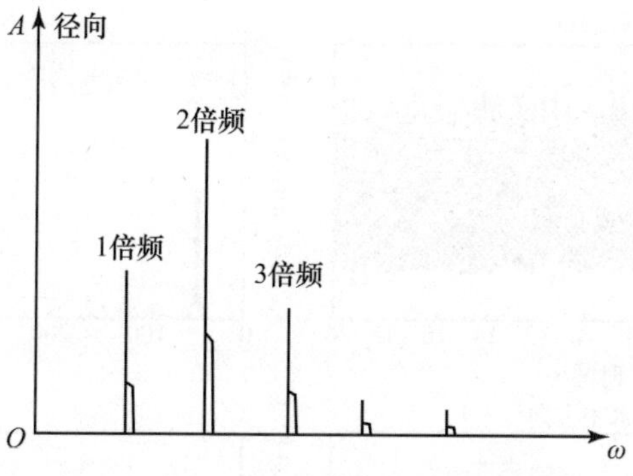

图 5-36　平行不对中引起的典型频谱

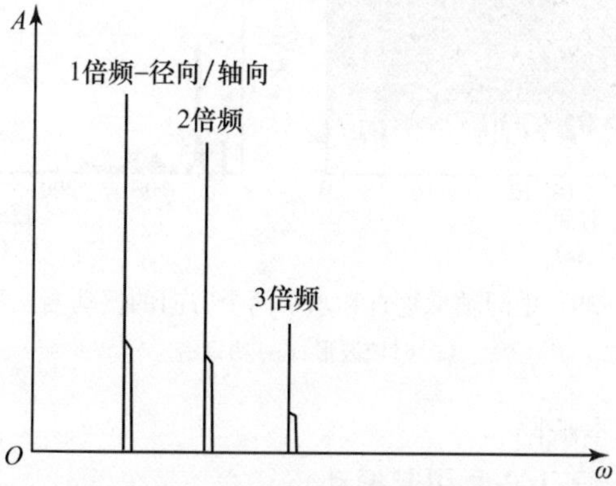

图 5-37　角度不对中引起的典型频谱

对主推进轴系中间轴承垂直和水平两个方向的振动进行测试,测试分析结果如图 5-38 所示。可见,两个方向的振动幅值和频率特征都非常相似,都存在 41Hz 的基频成分。中间轴承的振动基频,除了与转速有关外,还与主机的缸数、螺旋桨叶片数有关。如果频谱图中有 1 倍基频,有时有 2 倍或 3 倍基频的线谱,且轴向振动较大,则轴系出现了联轴器或轴承不对中、轴弯曲故障。如果频谱中最大的线谱频率是 4 倍或以上基频时,则很可能是中间轴承的磨损故障。

5.4.4　旋转机械的振动监测

船舶机舱内除了船用柴油机和往复式空压机外,大部分设备是旋转机械,如推进轴系、增压器、分油机、各式泵浦、辅助鼓风机、机舱风机等。对于旋转机械的振动检测,可利用 FFT 快速傅里叶变换的方法,进行机器表面振动的频谱分析,提取设备的故障信息。风机的空气动力性振动、失中和磨损可以用振动分析法检测出来,也可对船舶所有的电动机、发电机及类似旋转机械进行振动分析,检测失衡、电励振动、轴承磨损和机械失中等故障[93]。

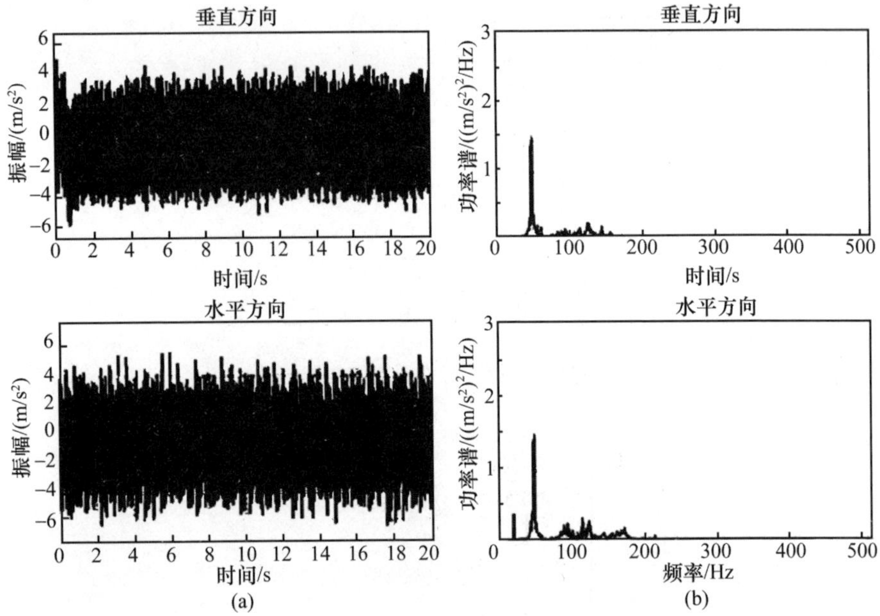

图 5-38 中间轴承垂直和水平两个方向的振动测试结果

(a)时域波形;(b)功率谱。

旋转机械的基本缺陷:

(1) 不平衡(转子上重物引起振动);

(2) 未对准(机械零件不对齐);

(3) 松动(机器与其底座没有正确连接);

(4) 轴承缺陷(轴承磨损、组装不良、润滑不良或过载)。

1. 常见的机械故障和与之相关的振幅、频率特性

1) 机械失衡

这是导致振动的最常见原因,可通过振动以旋转频率发生且径向振幅大于轴向振幅两倍以上的现象判断出来。通常可通过切断电源,看振幅是缓慢下降还是突然下降,来确定是否为电气故障。缓慢下降表示机械失衡;突然下降则表示电气失衡。频闪相位测量仪可显示一个单一稳定的参考标志。

2) 失中

当采用自对中轴承和柔性联轴器时,这是导致振动的第二大原因。振动以轴的旋转频率出现,也可能以旋转频率的 2 倍或 3 倍出现。轴向振幅是径向振幅的 50%或 50%以上。相位显示为单一参考标记,轴承座上转轴四周读取的轴向相位读数几乎恒定不变。轴承失中及联轴器上转轴失中,可能导致这些振动特性。

3）转轴弯曲

这种故障可以表现出与失中相同的振动特性。但当转轴以轴向测量相位时，其将近相差180°，特别是当弯曲靠近轴承时，其相位差更大，失中的球轴承和滚轴轴承也表现出这些特性。能进一步表明是转轴弯曲的，是相对两端轴向振动间的相位差大约为180°。

4）球轴承和滚珠轴承故障

其振动是以存在许多高频振动峰值，以及许多上下波动图线的脉冲频率区域为特征的。其低频通常不是转轴旋转频率的整数倍，但可从轴承尺寸及轴转速粗略计算出来。由轴承发出的高频振动则不容易计算出来。

5）齿轮轮齿故障

齿轮以转轴旋转频率与轮齿齿数的乘积为频率振动，边带频率等于轮齿啮合脉冲频率增、减齿轮旋转的频率。

6）机械松动（轴套、轴承座、机座等）

振动以转轴频率的2倍出现，平衡和对中的变化常常影响其振动。

7）皮带传动不良

振动常以皮带旋转频率的3倍和4倍发生，也以其2倍发生。由于皮带滑移，其频率和振幅有点不稳定。

8）空气/液压动力脉冲

振动以转轴频率与叶片数或是叶轮叶片数的乘积为频率出现，振幅通常较低，除非是发生共振的振幅。

9）摩擦

当摩擦持续时，振动可发生在多个频率，每一频率的振动都同时带有波动的振幅（即随机振动）。当摩擦是间歇发生时，振动以转轴频率的1倍或2倍出现。

10）共振

振动出现在部件振动的单一自然频率，它是部件容易发生振动的一种频率。比如，当轴转速达到其临界频率时，共振就发生了。让机器从运行速度减速下行，便可检测出共振。观察振幅和频率，如果振幅开始时下降，然后上升，然后又下降，则上升处的频率即为自然频率。当机器在与自然频率相等的速度运行时共振就会发生。

旋转机械的振动特征见表5-5。

2. 振动测试

1）分油机的振动测试

对一台ALFA LAVA滑油分油机外壳的前侧和右侧径向测点和输油泵径向

测点进行试验，分油机前侧的振动测点布置如图 5-39 所示，采样频率为 2048Hz。该分油机的运行转速为 9512r/min，3 个测点的振动测试频谱分析结果如图 5-40 所示。

表 5-5　旋转机械的振动特征识别表

故障类型	特征频率 F_{max}	振幅	备注
机械不平衡	$F_{max}=F$	与不平衡大小成正比，径向振动最大	振幅随转速升高很快，如分油机、涡轮增压器等
联轴器或轴承不对中，轴弯曲	通常为 1*F*，有时为 2*F* 或 3*F*	轴向振动较大，50%或以上径向振动	最常见于大型轴向振动，如船舶推进轴系
轴承磨损	$F_{max}>4F$（1～5 kHz）	振幅不稳定，滚动轴承高频振动大	离最高频振动最近点的振动很可能是由轴承失效导致的，如增压器轴承
轴颈偏心	1*F*	通常不大，但振幅随转速增加很快	齿轮最大振动与其中心一致；马达或电机的振动在断电后会消失，如船舶泵浦、电动机等
齿轮磨损或损坏	$F_{max}>F$×齿轮轮齿		通常伴随有齿轮噪声，如推进轴系的减速齿轮箱等
基础松动	2*F* 或更高	上下转动加剧	通常伴有不平衡或不对中，如发电机组、空压机等
电气故障	*F* 或 1*F*、2*F*×磁极对	切断电源，振动即消失	如船舶发电机、电动机等
空气动力或液压动力	1*F* 或 *F*×风机/叶轮叶片数	振幅随负载变化	如货油泵、机舱风机等
滑动轴承油膜振荡或压气机喘振	0.5*F*	振动强烈	轴承转速高时，压气机有啸叫的噪声

注：*F*—机器的基频（Hz）；F_{max}—谱值最大的特征频率（Hz）。

图 5-39　分油机的前侧振动测点布置图

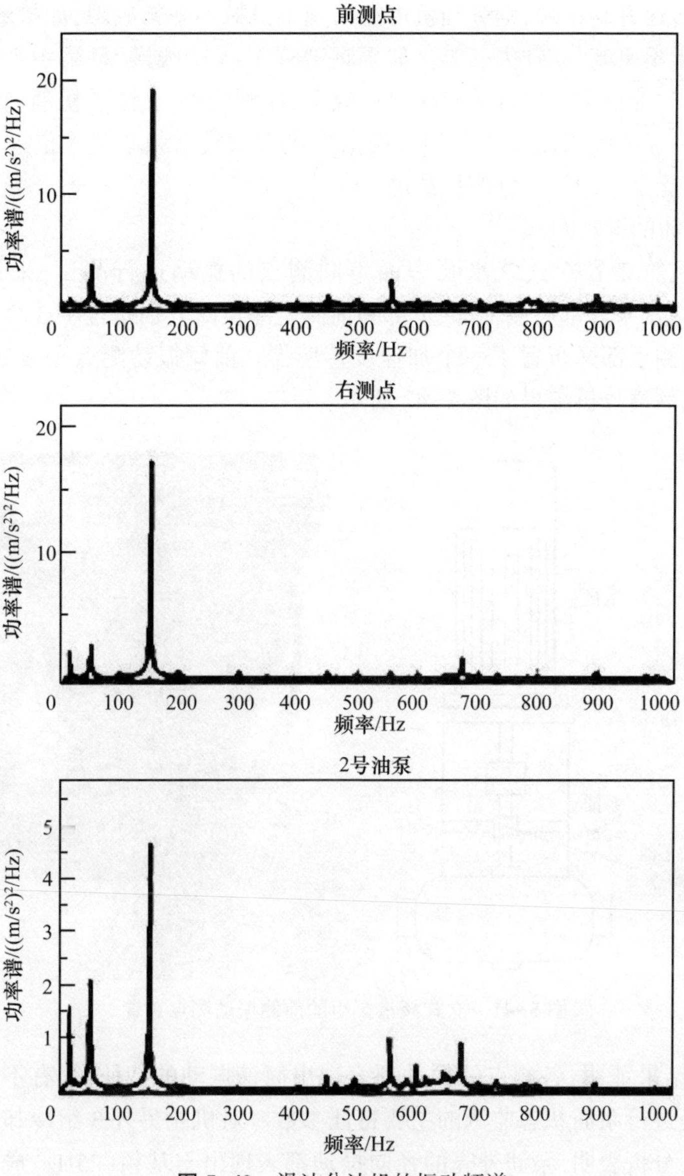

图5-40 滑油分油机的振动频谱

由此可见,不同测点的振动信号尽管幅值略有不同,但基频(158.5Hz)的振动都占主要成分。为了提高采样的频率分辨率,曾取1024Hz采样频率对另一台ALFA LAVA滑油分油机进行振动试验,发现分油机表面的振动信号仍然包含有明显的基频振动特征。监测分油机振动的这个基频特征,可以了解分油机立轴磨损或分离碟盘不平衡等故障。如果频谱图中只有一个主要的基频线谱,且振幅随转速升高很快,则分油机可能出现了机械不平衡故障,如排渣不净、分离碟盘质量不平衡、立轴失衡等。如果频谱有 3~4 个线谱,且第 1 个线谱对应于基频,则分油机可能出现了机械松动故障,如螺栓松动、法兰松动、底座松动、紧固件与机盖或配水盘擦碰。如果频谱中最大的线谱频率是 4 倍或以上基频时,则很可能是分油机立轴磨损故障。

2) 泵浦的振动测试[94]

对某机舱 2 号立式淡水泵表面不同测点的振动进行测试,采样频率为 2048Hz。在水泵外部右侧上部、下部和前侧上部径向分别布置了 3 个加速度传感器,在前侧下部又布置了一个加速度传感器。前侧振动测点布置如图 5-41 所示,测试频谱分析结果如图 5-42 所示。

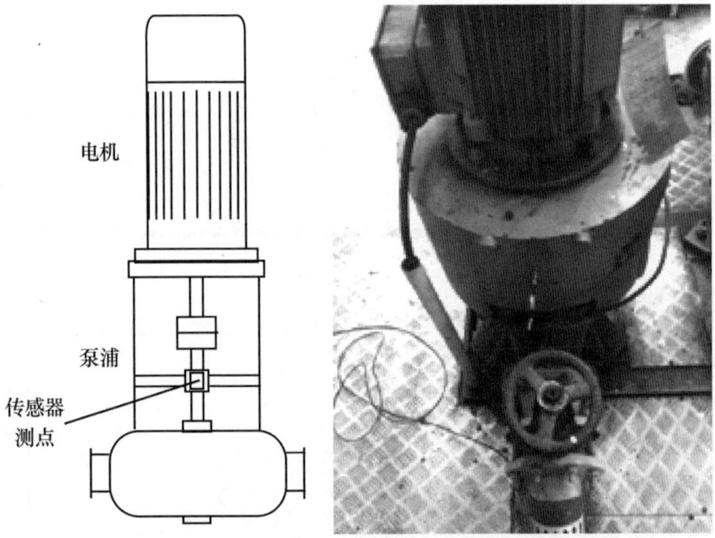

图 5-41 立式淡水泵组的前侧振动测点布置

测试结果证明,各测点的振动都表现出简谐振动的特征,都有不同的特征频率,这是进行泵浦状态监测的主要特征参数。对机舱另外 3 组冷却水泵进行振动测试,分析表明,泵浦外壳的径向振动都表现出与基频(25Hz)成整数倍的振动特征,反映了旋转机械的振动特点,这些特征频率都可以作为机舱泵浦的振动监测依据。如果频谱图中只有一个主要的基频线谱,且振幅随转速升高很快,则泵浦可能出现了机械不平衡故障,如电动机转子质量偏心、轴颈偏心、转子与定子摩擦等。如果频谱有 3~4 个线谱,且第 1 个线谱对应于基频,则泵浦可能出现了机械松动故障,通常伴有不平衡或不对中,如安装螺栓松动、底座松动、基础不平。如果频谱中最大的线谱频率是 4 倍或以上基频时,则很可能是

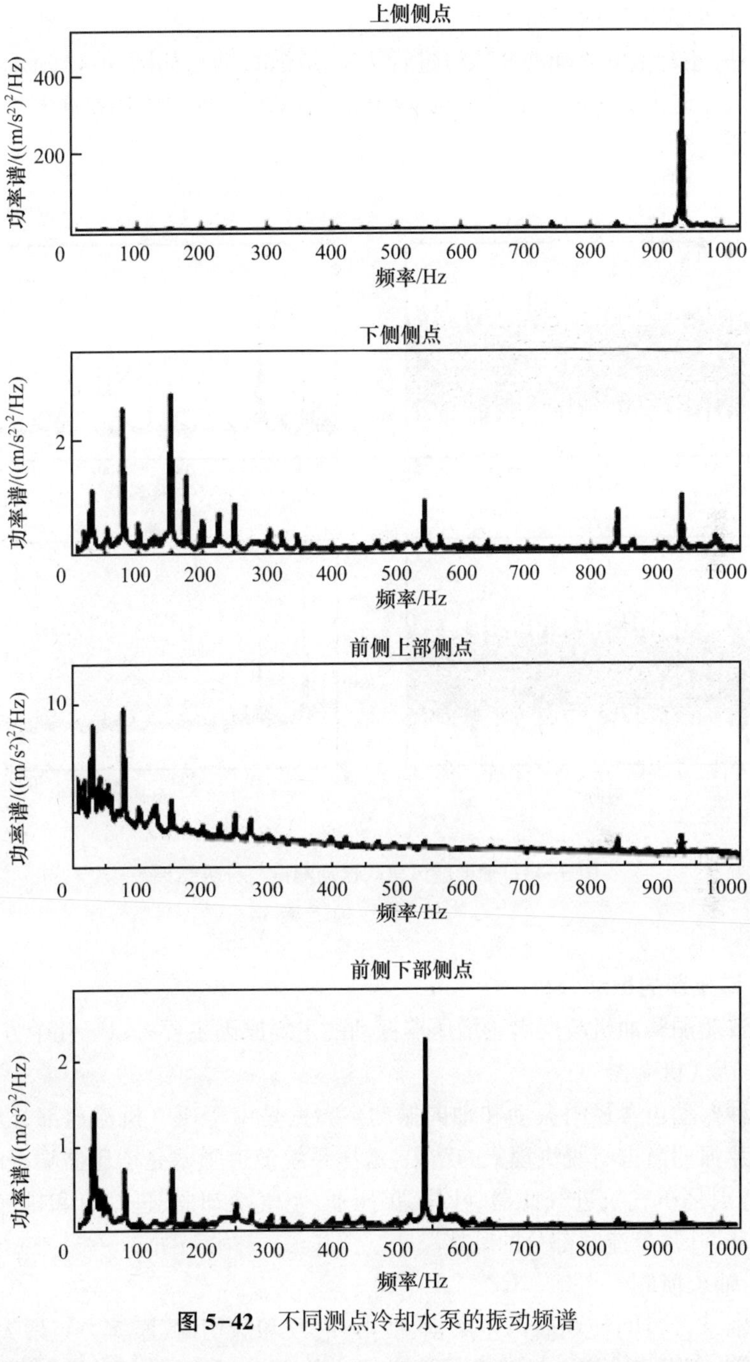

图 5-42 不同测点冷却水泵的振动频谱

轴承磨损故障。如果出现的线谱是 1~2 倍基频×电机磁极对的关系，切断电源后振动即消失，则很可能是电气故障。

3）辅助鼓风机的振动测试

另外，还对主机的辅助鼓风机进行了振动测试，结果如图 5-43 所示。该鼓风机运行转速为 2945r/min，基频为 49Hz，从图中可以明显看出基频及 2 倍频的振动特征。

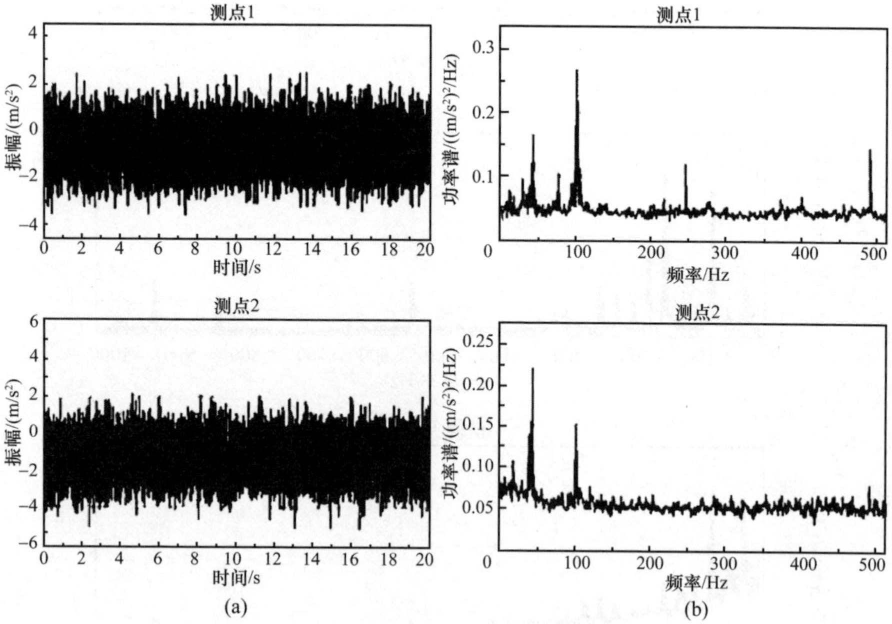

图 5-43　辅助鼓风机的振动测试与分析结果

（a）时域波形；（b）功率谱。

3. 增压器的振动分析

导致船舶柴油机废气涡轮增压器振动的主要原因主要有以下几个方面。

1）压气机喘振

这种振动包含径向振动和轴向振动。喘振是由于压气机流通部分出现气流与叶片强烈撞击与脱流现象的结果，增压系统流道阻塞是增压器喘振的常见原因，特别是压气机进气滤器、叶轮、扩压器、空气冷却器、进气口和排气口、涡轮喷嘴环、叶片等流通部分的脏堵。

2）轴承损坏

当轴承长时间使用后产生磨损、变形、裂纹和烧伤时，摩擦力矩增大，转速下降，振动和噪声大增。轴承中减振弹簧片的磨损、变形或断裂等会使转子安装位置发生变化，转子对中不良产生强烈振动。

3）转子弯曲变形

增压器转子轴上安装着压气机和涡轮的叶轮等部件，重量大、结构复杂。若船舶停航时间较长，增压器转子就会由于长期不运转使其因自重产生弯曲变形，破坏转子与壳体、气封等的配合间隙，使转子失中。严重时转子转动困难，摩擦严重。这样，运转时产生很大的离心力使增压器产生剧烈振动。

另外，增压器经过一段时间的运转，由于涡轮叶片上严重积炭或叶片变形、折断；压气机叶轮、叶片变形或损坏等都会使转子质量分布发生变化，改变转子原有的重心位置，破坏转子原有的动平衡精度，即偏心距超过规范要求，造成转子不平衡。当增压器运转时，由于转子动态不平衡也产生剧烈振动，工作不平稳。

4）增压器装配、修理质量差

增压器进行自修或厂修时，如修理质量差或修后装配不良时，会造成增压器运转时转子与壳体或气封相碰，产生摩擦导致振动。例如，气封、轴封安装不正，轴承安装不正确或轴承间隙不符合要求，转子轴线不对中等。特别是轴承安装问题，如VTR型增压器压气机端采用双列滚珠止推轴承，涡轮端为单列滚柱轴承。在轴承座内装有弹性减振装置，滚动轴承装于其上。如果减振弹簧片安装不正确或产生变形、断裂或轴承在减振装置内安装不正确等，都直接影响轴承的位置，因而与转子轴线对中不良，各配合间隙不符合标准，增压器运转时便会产生振动。

为了解增压器故障的振动特征，对某船舶主机增压器3个不同测点进行了振动测试，测点1、测点2是两个径向测点，如图5-44所示，测点3是一个轴向测点，采样频率为5120Hz，增压器运行转速为18000r/min，测试与分析结果如图5-45所示。尽管3个测点的振动幅值不同，但频率特征还是非常相似的，都表现为简谐振动的特点，基频为300Hz。如果频谱图中只有一个主要的基频线谱，且振幅随转速升高很快，表明增压器出现了机械不平衡故障，如转子失衡、叶轮与外壳碰擦、涡轮或叶轮变形、涡轮或叶轮变形断裂、透平局部积灰、叶片脱落等。如果频谱中最大的线谱频率是4倍或以上基频时，则很可能是增压器转子轴承磨损故障。如果频谱有0.5和多个倍频线谱，且增压器有明显的啸叫声，则可能出现了压气机喘振故障。

在15800r/min增压器转速下，以2.048kHz为采样频率又进行了振动测试，振动波形及其频谱如图5-46所示。可见，尽管两个测点的振动幅值不同，但频谱特征非常相似，都分别在14Hz和263Hz附近出现了两个峰值。14Hz的频率成分主要来源于机器基础的振动，而263Hz正好对应于15800r/min的增压器转速。该频率成分可以用来监测增压器的转子失衡、涡轮叶片损坏、轴承磨损等故障。

图 5-44　涡轮增压器径向测点布置

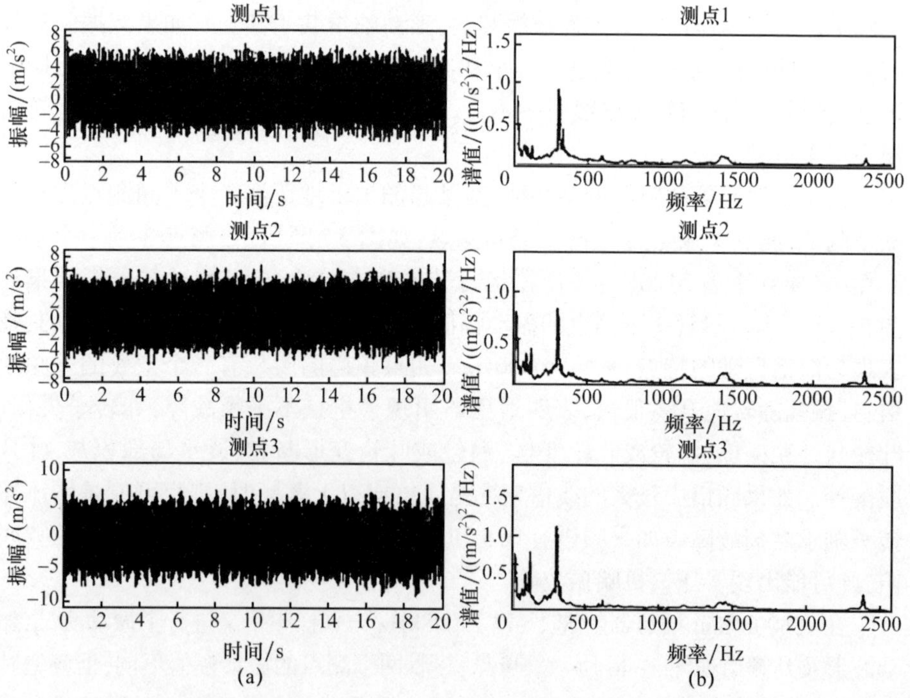

图 5-45　增压器 3 个不同测点的振动测试与分析结果

(a) 时域波形;(b) 功率谱。

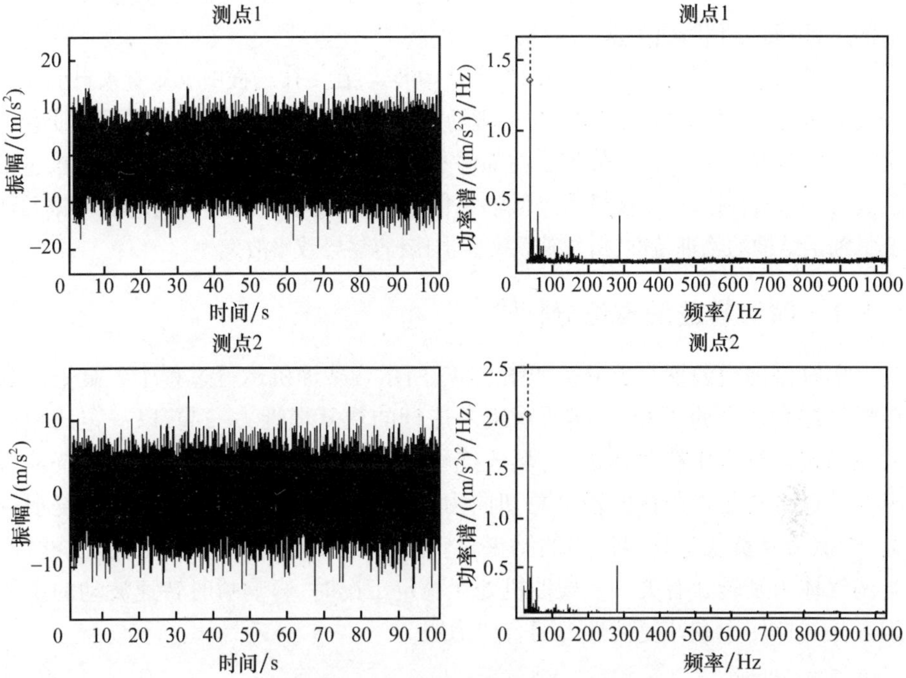

图 5-46 增压器端面振动波形及频谱

5.5 轴系瞬时转速的振动监测

远洋船舶推进系统主要由柴油主机、推进轴系和螺旋桨构成。在船舶航行过程中，由于螺旋桨变形、折断、剥蚀、磨损等故障引起螺旋桨质量不平衡和水动力不平衡，会引发船体和轴系的异常振动，进而引发重大的机损事故。推进轴系作为船舶动力传递的主要结构形式，在工作过程中承受着来自柴油主机气缸内气体压力的激励力矩、曲柄连杆机构往复运动的惯性力矩，以及螺旋桨等受功部件不均匀阻力矩作用，其瞬时转速包含了柴油主机、轴系传动机构和螺旋桨等丰富的状态信息，可作为船舶推进装置状态监测和故障诊断的信息源。监测推进轴系的瞬时转速，不仅可以了解主机的缸内燃烧状态，还可以了解螺旋桨的机械状态[95-100]。

对于多缸柴油机来说，曲轴的瞬时转速可以反映柴油机各缸的工作状态。在处于正常工况时，柴油机运转平稳，各缸瞬时转速波动范围不大，并且呈规律性变化，各缸的动力性能基本一致。当柴油机某缸处于非正常工作状态时，各缸动力的一致性会发生很大改变，由于此时柴油机的运转不如正常运转时平稳,转速波动信号会由此发生明显变化,通过分析瞬时转速波动信号可获得丰富的柴油机运行状态信息。

推进轴系作为船舶动力传递的主要结构形式,在工作过程中承受着来自船舶柴油机工作气缸内气体压力变化产生的激励力、曲柄连杆机构运动时往复运动质量产生的惯性力矩。同时,螺旋桨等受功部件不能均匀吸收主机输出扭矩,导致推进轴系极易产生扭转振动,不仅严重降低轴系传递效率,更重要的是长期的扭转振动降低了轴系结构的物理特性,引发轴系疲劳损伤,容易导致事故发生。

5.5.1 瞬时转速的理论分析[101]

单缸柴油机曲柄受力分析如图 5-47 所示。柴油机运行过程中各缸缸内高压燃气爆发产生的压力,连同活塞组及连杆的往复惯性力一起,以一定的相位关系通过连杆作用在曲柄销上,形成连杆对曲轴的切向合力矩。因此,柴油机瞬时转速波动是作用在曲轴上总切向力矩的直接反映,是气体压力、往复惯性力、摩擦力及负载等共同作用的结果。转速变化率与曲轴转角、燃油燃烧时产生的气体力及转速有关。在柴油机处于稳定工况时,影响瞬时转速波动的主要因素是气体压力和往复惯性力的合成力矩。

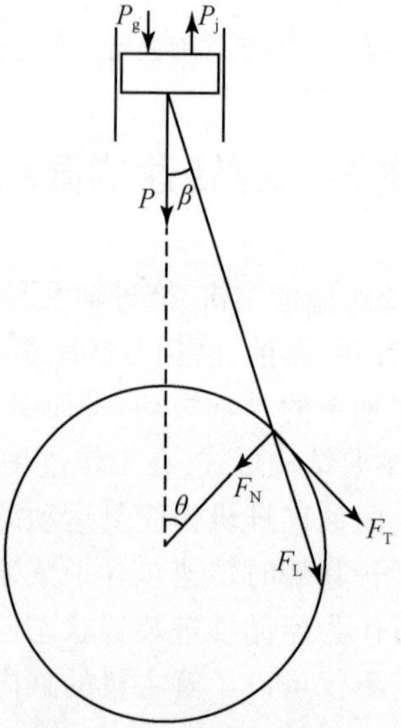

图 5-47 曲柄连杆受力分析

多缸柴油机的瞬时转速诊断模型如图 5-48 所示,根据曲轴飞轮系统的动力学分析,扭振平衡方程为

$$J\ddot{\theta} = T_e(\theta) = T_p(\theta) - T_r(\theta) - T_L(\theta) \quad (5-31)$$

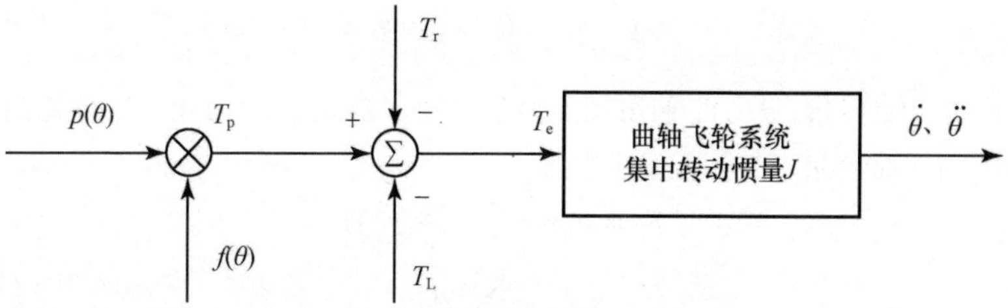

图 5-48　柴油机瞬时转速诊断模型

式中:曲轴转角加速度 $\ddot{\theta}$ 为时间 t 的函数; J 为整个轴系旋转运动部分的有效集中转动惯量,包括自由端、飞轮、负载机构和所有各缸曲柄连杆机构旋转运动部分的转动惯量; $T_e(\theta)$ 为整个轴系的旋转惯性扭矩; $T_p(\theta)$ 为各缸总的气体力力矩; $T_r(\theta)$ 为各缸总的往复惯性力矩; $T_L(\theta)$ 为总的阻力扭矩,包括外加负载和各种阻尼在内的扭矩损失。

上述模型把整个飞轮机构当作一个“参考”系统,其系统输入为整个轴系的转动惯性扭矩,系统输出为瞬时角速度和瞬时角加速度。该模型包括 4 个重要假设:①整个曲轴飞轮系统是刚性轴;②T_p 和 T_r 为 N 个气缸相应力矩按照发火相位的总和;③不考虑阻力扭矩 T_L 随着转角的波动,即把 T_r 当作常数处理;④柴油机在稳定工况下,不考虑循环间波动的影响,据此可得到各缸气体压力与瞬时转速之间关于时间 t 的二阶非线性微分方程为

$$\left\{J + mr^2 \sum_{k=1}^{N} [f(\theta - \phi_k)]^2\right\}\ddot{\theta} + \left\{mr^2 \sum_{k=1}^{N} [f(\theta - \phi_k) g(\theta - \phi_k)]\right\}\dot{\theta}^2$$

$$= A_p r \sum_{k=1}^{N} [P_g^{(k)}(\theta) f(\theta - \phi_k)] - T_L \tag{5-32}$$

式中: $P_g^{(k)}(\theta)$ 为第 k 缸内气体压力; A_p 为活塞面积; r 为曲轴半径; m 为单个曲柄连杆机构中往复运动换算的集中质量; ϕ_k 为第 k 缸相对于第 1 缸的发火相位; $f(\theta)$ 和 $g(\theta)$ 均为 θ 的函数,且有

$$f(\theta) = \sin\theta + \frac{\lambda \sin 2\theta}{2\sqrt{1 - \lambda^2 \sin^2\theta}} \tag{5-33}$$

$$g(\theta) = \cos\theta + \frac{\lambda \cos 2\theta}{\sqrt{1 - \lambda^2 \sin^2\theta}} + \frac{\lambda^3 \sin^2 2\theta}{4\sqrt{(1 - \lambda^2 \sin^2\theta)^3}} \tag{5-34}$$

式中: λ 为曲柄连杆比, $\lambda = r/l$; l 为连杆长度; r 为曲柄半径。

柴油机的运动部件多,运动形式复杂多样,可以对其运动形式进行不同程度的简化,建立一定的数学模型。

根据动力学原理和简化的数学模型,可以得到以下方程,即

$$J\frac{\mathrm{d}^2\theta}{\mathrm{d}t^2}=J\ddot{\theta}=T_x-T_{\mathrm{L}} \tag{5-35}$$

式中：θ 为曲轴转角；$\ddot{\theta}$ 为曲轴角加速度；T_x 为多缸机总动力矩；T_{L} 为总阻力矩，包括螺旋桨、轴带泵、轴系摩擦扭矩等。

$$T_x=F_{\mathrm{T}}r=(F_{\mathrm{p}}+F_{\mathrm{r}})r \tag{5-36}$$

$$F_{\mathrm{p}}=\sum_{i=1}^{N}f_{\mathrm{p}}^{i} \tag{5-37}$$

$$F_{\mathrm{r}}=\sum_{i=1}^{N}f_{\mathrm{r}}^{i} \tag{5-38}$$

式中：$f_{\mathrm{p}}^{i}=\dfrac{p_iA}{\cos\beta_i}\sin(\beta_i+\theta_i)$，为第 i 缸气体力的切向分力；$f_{\mathrm{r}}^{i}=\dfrac{-\mathrm{m}\ddot{x}_i}{\cos\beta_i}\sin(\beta_i+\theta_i)$ 为第 i 缸往复惯性力的切向分力；$\ddot{x}$ 为第 i 缸活塞运动加速度。

对式(5-35)左侧项进行分解，有

$$J\frac{\mathrm{d}^2\theta}{\mathrm{d}t^2}=J\frac{\mathrm{d}\dot{\theta}}{\mathrm{d}\theta}\frac{\mathrm{d}\theta}{\mathrm{d}t}=J\frac{\mathrm{d}\dot{\theta}}{\mathrm{d}\theta}\dot{\theta}=J\frac{\mathrm{d}\dot{\theta}}{\mathrm{d}\theta}\omega \tag{5-39}$$

将式(5-39)代入式(5-35)并化简，得到关于曲轴转角 θ 的一阶非齐次线性微分方程，即

$$\frac{\mathrm{d}\dot{\theta}}{\mathrm{d}\theta}=\frac{1}{J\omega}(T_x-T_{\mathrm{L}}) \tag{5-40}$$

通过对式(5-40)进行数值积分，得到柴油主机飞轮端或推进轴系的瞬时角速度。利用瞬时角速度与瞬时转速之间的关系，即可得到柴油主机飞轮端或推进轴系的瞬时转速波形。

5.5.2　瞬时转速的检测方法[102]

实际工程中，一般在推进轴系上安装齿数为 Z 的测速齿盘来进行推进轴系瞬时转速的监测，齿盘的齿数 Z 将 360°轴系转角均分，通过选择合适的传感器间接测取每个轮齿经过传感器的时间，从而计算瞬时转速。所以，推进轴系瞬时转速的测量是间接的，包括原始信号的采集和瞬时转速信号的提取两个部分。

目前，推进轴系瞬时转速原始信号的采集方法主要有光电法和磁电法两种。光电法一般是在推进轴系上安装反光胶带，通过光电编码器将反射光的信号转化为电信号。其输出信号一般为矩形脉冲信号，受环境干扰大，实际工程中很少应用。磁电法是船舶推进轴系瞬时转速测量中一种常用的方法，通过将磁电式传感器正对齿盘安装，利用齿盘随轴系一起旋转产生的磁通量不均来感

应出近似正弦电压信号。磁电式传感器因安装方便、抗干扰能力强等优点，在实际船舶中被普遍采用。原始电压信号的提取方法有硬件计数法和软件计数法两种。

1. 硬件计数法

硬件计数法一般是指采用高频计数器对矩形脉冲电压信号进行计数，计算其脉冲宽度，即测速齿盘一个齿度经过传感器的时间，硬件计数法测量原理如图 5-49 所示。

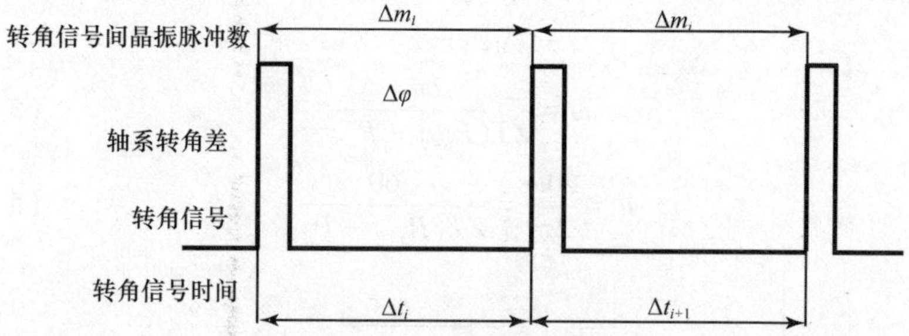

图 5-49　硬件计数法测量原理

将磁电式传感器安装在正对测速齿盘刻度端。当船舶主机运转时，传感器输出信号发生周期性变化，通过信号调理电路板对输出信号进行滤波、整形放大得到脉冲信号。每个脉冲信号对应齿盘上的一个齿，记录两个脉冲信号之间的时间即可得到齿盘每个齿对应的瞬时转速。

相邻脉冲信号之间的时间差为 Δt，在同一计数频率下，如果推进轴系转速升高，则对应该齿盘的 Δt 必然减少；反之，转速降低则对应的值增大。设齿盘的总齿数为 Z，计数时钟的周期为 T，那么瞬时转速 ω(rad/s) 和 n(r/min) 的计算公式为[103]：

$$\omega = \frac{2\pi}{Z \cdot T \cdot \Delta t} \tag{5-41}$$

$$n = \frac{60\omega}{2\pi} = \frac{60}{Z \cdot T \cdot \Delta t} \tag{5-42}$$

在利用硬件计数法进行推进轴系瞬时转速信号采集时，由于相邻脉冲信号之间相隔时间不一定对应晶振周期的整数倍，计数器计数时必然存在±1 的误差，相对计数误差随计数值的增加而减少。为减少相对计数误差引起的瞬时转速采样不准确，就要求计数器具有很高的计数频率。由此可知，该方法主要依靠硬件来完成瞬时转速信号的采集，使用方便快捷、实用性好，但需要专门的整形放大电路和高频时钟计数器。

2. 软件计数法

对于不具备高频时钟计数器，只有简单时域采样功能的 A/D 采集卡，软件计数法则弥补了这一不足。软件计数法是通过 A/D 转换器将原始的模拟信号转化为数字电压信号，得到离散后的采样序列。由于采样间隔造成采样点不一定都恰好在零点，此时会对瞬时转速的计算造成一定的误差，通常采用零点法和拟合法对采样序列进行处理。

零点法通过用插值的方法找到原始波形与零线的交点 $\{P_1, P_2, P_3, \cdots, P_m\}$，如图 5-50 所示，第 n 个分度时的瞬时转速 ω(rad/s) 和 n(r/min) 计算公式为

$$\omega = \frac{2\pi}{ZT(P_{n+2} - P_n)} \tag{5-43}$$

$$n = \frac{60\omega}{2\pi} = \frac{60}{ZT(P_{n+2} - P_n)} \tag{5-44}$$

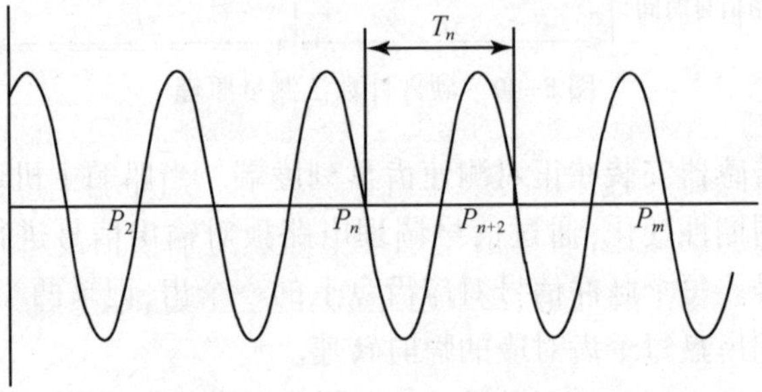

图 5-50　零点法求瞬时转速示意图

若测出推进轴系转过第 i 个齿和第 $i+1$ 个齿之间的时间差为 Δt_k，轴系转动 τ 转的平均时间为 T $\left(\text{转动一个齿的平均时间为 } \bar{t} = \frac{T}{Z \cdot \tau}\right)$，其平均角速度为 $\bar{\omega} = \frac{2\pi\tau}{T}$，则角加速度的计算公式为

$$j = \frac{\omega_{k+1} - \omega_k}{\Delta t_k} = \frac{2\pi}{Z} \cdot \frac{\Delta t_k - \Delta t_{k+1}}{(\Delta t_k)^2 \cdot \Delta t_{k+1}} \tag{5-45}$$

随着轴系的转动，测速齿盘轮齿的齿顶与齿底依次经过磁电式传感器，利用产生的磁通量不均匀而感应出近似正弦信号的电压信号，图 5-51 所示为磁电法瞬时转速测量原理系统示意图。

根据电磁感应原理，磁通量的反复交替变化使磁电式传感器产生近似正弦波的电压信号 E，电压信号 E 的一个周期就相当于测速齿盘的一个轮齿所对应

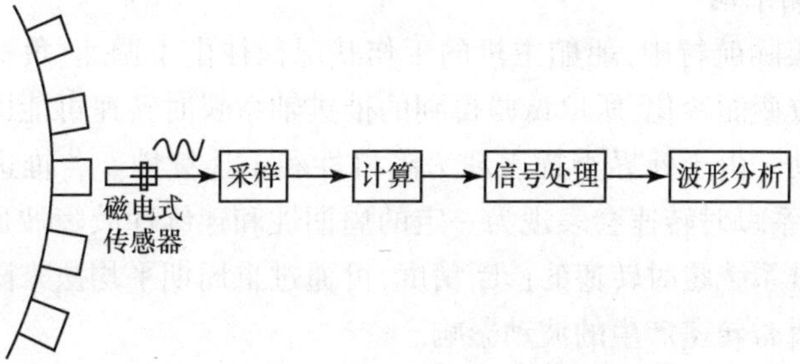

图 5-51 磁电法瞬时转速测量原理示意图

的时间。当齿盘上一个轮齿旋转经过磁电式传感器时,若柴油机转速高,则所需时间就短,即电压信号 E 在该分度处的周期变小、频率变高,幅值也大;反之,频率降低,幅值减小。所以,电压信号 E 的频率变化对应于推进轴系的瞬时转速的波动。

5.5.3 瞬时转速信号的提取[104]

原始模拟电压信号经 A/D 转换器转换后,最终得到一系列的数字电压信号-时间序列值 $\{x_1, x_2, x_3, \cdots, x_i, \cdots, x_n\}$,其中某些点会落在对应的零值点序列 $\{\cdots x_{j-1}, x_j, x_{j+1} \cdots\}$ 上。对于不会落在对应零值点序列中的绝大多数点,采取通过最靠近 x_j 的两个采样点 x_{j-1} 和 x_{j+1} 连线,计算连线与横轴的交点,即近似为该处的零值点 P_j ,当满足 $x_{j-1} \cdot x_{j+1} \leqslant 0$ 时, P_j 为

$$P_j = j - 1 + \frac{|x_{j-1}|}{|x_{j-1}| + |x_{j+1}|} = j - 1 + \frac{x_{j-1}}{x_{j-1} - x_{j+1}} \tag{5-46}$$

按式(5-46)分别求出零值点序列 $\{P_1, P_2, \cdots, P_m\}$,将其代入式(5-44)中,可计算得到瞬时转速序列 $\{n_1, n_2, \cdots, n_{m-1}\}$ 。

在轴系瞬时转速的测量试验中,由于采集的瞬时转速信号夹杂着振动和噪声信号,为便于后期进行轴系故障诊断方法研究,需要对测取的瞬时转速信号进行一定的处理来去除信号中的噪声和振动等干扰信号。通常采用数字滤波、整周期平均和齿平均的方法来滤去瞬时转速波形中的振动和噪声成分。

1. 数字滤波

滤波是指通过使用数字设备,按照程序设计将信号与窗函数在时域上进行卷积运算,剔除或减弱噪声,提取有用信号,从而达到滤波的目的,是去除或减弱噪声信号的常用手段之一。通常利用高斯窗函数,具有相对较好的时频特性。通过选择合适的参数,将高斯窗函数与推进轴系瞬时转速信号在时域上进行卷积,相当于在频域上加窗,达到滤去噪声和干扰的效果。

2. 整周期平均

在船舶实际航行中,船舶主机的工作状况往往由于调速、负荷变化及其他外部原因的改变而变化,所以试验得到的推进轴系瞬时转速可能因上述原因出现较大的波动。由于外界干扰表现为随机性和不连续性。若推进系统出现故障,则推进轴系瞬时转速会表现为一定的周期性和连续性故障波形波动。为提高对船舶推进系统瞬时转速的诊断精度,可通过整周期平均法来降低外界干扰对推进轴系瞬时转速产生的波动影响。

当测速齿盘与推进轴系同步转动时,齿盘上每个齿经过磁电式传感器,就会感应出一个周期的近似正弦波的电压信号。该波形与时间轴有 3 个零值点(包括与下一周期共用的一个零值点),可计算出一个瞬时转速值。对主柴油机来说,每个周期内曲轴转的圈数是一定的,即安装在轴系上齿盘转动的圈数也是一定的(6S35ME-B9 型柴油主机为二冲程机,每个工作循环曲轴转一圈),所以每个周期计算得到的推进轴系瞬时转速序列 N 是一定的。以 6S35ME-B9 型柴油机为主动力推进装置的船舶推进轴系为例,满足

$$N = Z \tag{5-47}$$

式中:Z 为齿盘齿数;N 为齿盘在一个工作循环内转过的齿数,对于二冲程柴油机而言,就等于齿盘齿数 Z 。

若取 M 个周期平均,得到的轴系瞬时转速序列 n 计算公式为

$$n = \frac{1}{M}\sum_{j}^{M} n_{i+(j+1)Z}, \quad i = 1,2,3,\cdots,N \tag{5-48}$$

式中:n_i 为瞬时转速在每个周期内第 i 个点的值。

3. 齿平均

由船舶推进轴系瞬时转速计算原理可知,测速齿盘分度越小,则齿数越多,计算得到的推进轴系瞬时转速瞬时性越好。由图 5-50 可知,采用相邻的两个零值点来计算推进轴系瞬时转速时,若用半个齿时间间隔内的平均转速来近似表示该时段推进轴系的瞬时转速,理论上瞬时性更好,但齿盘在实际加工过程中,由于轮齿分度加工精度等原因,往往会造成较大的误差。

由船舶推进轴系瞬时转速测量原理可知,感应电动势的正半周期和负半周期分别对应磁路中磁阻的减小和增大过程。计算齿盘转动一个分度轮齿的时间,通常认为测速齿盘分度绝对均匀。但在实际生产过程中,轮齿的齿顶宽度和齿根宽度不可能完全一致,分度也不是绝对均匀,存在随机误差。若计算时所取的时间间隔太小(如采用半个周期间隔),可能会给推进轴系瞬时转速的计算结果带来较大误差。因此,在推进轴系瞬时转速计算中,不能过分追求瞬时性而取太小的时间间隔。合理地增大时间间隔,能减小随机误差的影响,提高

推进轴系瞬时转速的计算精度。若采用齿平均法进行推进轴系瞬时转速处理，选取的齿数过多，造成时间间隔变大，就会失去瞬时的意义。在保证测速齿盘合理的时间间隔前提下，进行齿平均处理时，为避免计算所取的齿数固定不变，不应选取齿数的约数。

由于推进轴系瞬时转速的测量属于间接测量，所以在测量过程中，每一个环节的误差都会对推进轴系瞬时转速的测量产生影响，主要有轮齿分度精度、测速齿盘安装误差、采样频率、气缸最大爆发压力的波动以及外界干扰等方面影响。测速齿盘的分度误差对推进轴系瞬时转速有直接影响。对于低速柴油主机，由于瞬时转速的波动本来就小，测速齿盘分度误差很可能将推进轴系瞬时转速的波动信息覆盖。因此，进行轴系瞬时转速的测量时，必须要保证足够高的轮齿分度精度才能获得较高的瞬时转速波动信息。测速齿盘的安装误差也会导致偏心误差，从而影响推进轴系瞬时转速测量精度。实际工程中，通过保证齿盘的加工及安装精度来减小偏心距 e 。在轴系瞬时转速条件十分恶劣的情况下（如齿盘的加工、定位、安装精度达不到要求），可采用差动布置，即采用两个传感器对置布置。由于推进轴系瞬时转速与磁电式传感器的输出电压大小无关，与测速齿盘上每个齿对应的时间间隔有关，采用差动布置方法，可将两个传感器测量误差成分抵消，然后将两个磁电式传感器测取的轴系瞬时转速做平均处理，即可得到轴系瞬时转速。

在推进轴系瞬时转速的测量中，磁电式传感器输出的电压模拟信号须经过A/D 转换器转化为数字信号才能传给计算机做进一步处理，采样频率对检测结果也有很大影响。根据采样定理，采样频率 f_s 必须满足 $f_s \geqslant 2f_{max}$（f_{max} 为采样信号的最高频率），才能保证采集到的信号不失真。当采用线性插值求零点的方法进行瞬时转速计算时，假定原始的电压信号频率为 f_v ，若采样频率取 $f_s = 2f_v$ ，则不能保证瞬时转速的计算精度。若轴系平均转速为 n_{ave} 、齿盘齿数为 Z ，采样信号近似正弦波，每个周期对应齿盘上的一个齿，以其波形前后过零点的时间长度 Δt 作为齿盘相对于磁电式传感器转动一个齿的时间，则

$$\Delta t = \frac{60}{n_{ave} \cdot Z} \tag{5-49}$$

采样频率为 f_s ，每个齿的平均采样点数可表示为 $\Delta t \cdot f_s$ ，则测量精度为

$$r = \frac{1}{\Delta t \cdot f_s} \tag{5-50}$$

由此可知，若轴系平均转速为 142r/min、飞轮齿数为 120 个齿、采样频率为45kHz 时，误差仅为 0.63%。

提高采样精度的途径主要有以下两种。

(1)减小计数时钟周期 T,增大计数时钟频率 f。计数频率越高,采样精度就越高,但这受自身硬件条件的限制。

(2)减少测速齿盘的齿数,采用齿数较少的齿盘。若齿数太少,则不能保证测取的轴系转速瞬时性;若齿数过多,会导致测量的瞬时转速中夹杂较多的噪声信号,通常选取的齿数为每个齿对应 2° ~ 3°,有时会采用齿平均的方法来达到减少齿数的目的。假设对 Z 个齿进行齿平均处理,则测量误差将相应地减少至原来的 Z 倍。

5.5.4 轴系瞬时转速的实际应用[102]

试验以 6S35ME-B9 型柴油机为研究对象,传感器布置如图 5-52 所示。

(a) (b) (c)

图 5-52 自动化机舱实验室磁电式传感器布置

(a) 上止点测点;(b) 主机飞轮端测点;(c) 水力测功器端测点。

分别测取柴油机在 25%、50%、78%、90%正常状态下的瞬时转速信号。在对原始信号进行数字滤波、齿平均、整周期平均后得到瞬时转速时域波形,78%和 25%两个工况下正常状态的瞬时转速如图 5-53 和图 5-54 所示,图中各波峰从左到右的顺序为 4-2-6-1-5-3。对其进行相应的快速傅里叶变换后得到对应的频谱如图 5-55 和图 5-56 所示。

从图 5-53 和图 5-54 中可以看出,由于水力测功器距离主机只有 2.0m 左右,水力测功器端的转速波形变化在时间相位上与飞轮端基本一致。正常状态下一个工作循环内瞬时转速波形都有 6 个明显的波峰,分别对应于 6 缸的燃气爆发冲击。但在 25%工况下水力测功器端转速波形有明显不同,其一个周期内的转速波动次数是飞轮端转速波动次数的 2 倍。这主要是由于水力测功器涡壳与测功器飞轮凹坑之间存在强烈的水涡流,对推进轴系产生较强的扰动冲击作用,使水力测功器端瞬时转速的波动幅值较飞轮端处更大。

从图 5-55 和图 5-56 中可以看出,转速频谱中主要成分在 6.0 谐次,但由于各缸做功不是绝对均匀,还有其他一些相对较小的谐次峰值。由于内部的水涡流作用,水力测功器端瞬时转速频谱中还存在部分高频分量,特别是在 25%

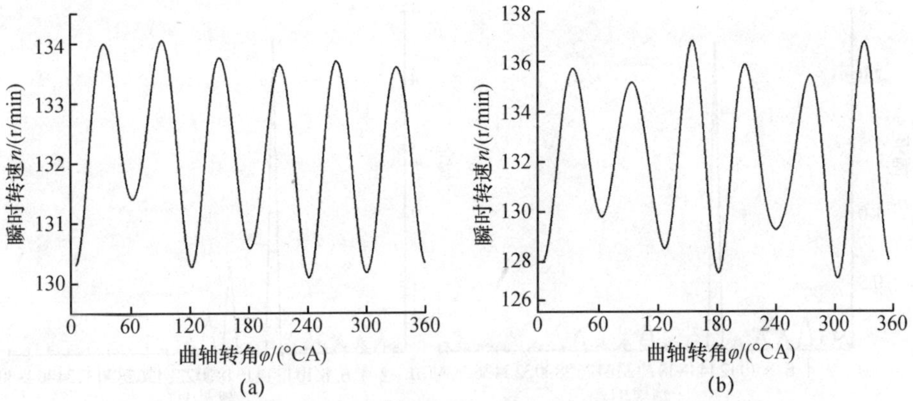

(a) (b)

图 5-53 78%工况下主机飞轮端和水力测功器端的轴系瞬时转速波形

(a) 飞轮端;(b) 水力测功器端。

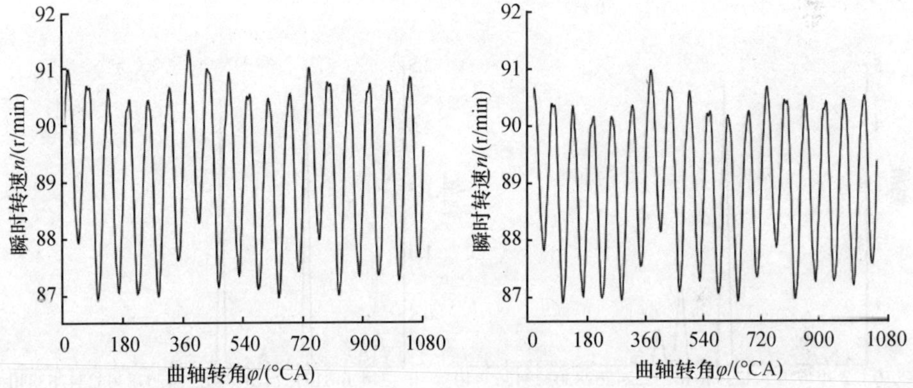

(a) (b)

图 5-54 25%工况下主机飞轮端和水力测功器端的轴系瞬时转速波形

(a) 飞轮端;(b) 水力测功器端。

工况下,水力测功器轴系端瞬时转速频谱图在基频的 6 倍、12 倍频处出现较大幅值。这是因为测量时水力测功器出现了功率吸收不稳定故障,两个叶轮的水力测功器,合成了一个 12 倍频的振幅矢量,导致瞬时转速出现二次波动。

另外,在上海海事大学"育明"轮实习船上也进行了测试,测点布置如图 5-57 所示。

该船主机型号是 6S50ME-C8,发火顺序为 1-5-3-4-2-6,配有一只四叶定距桨。分别在主机正常工况 65%、57%、44%、30%、11%负荷下测取柴油主机飞轮端和轴系艉轴段的瞬时转速及 1 号缸上止点信号。在对原始信号进行数字滤波、齿平均、整周期平均后得到瞬时转速时域波形,115r/min、65%负荷和

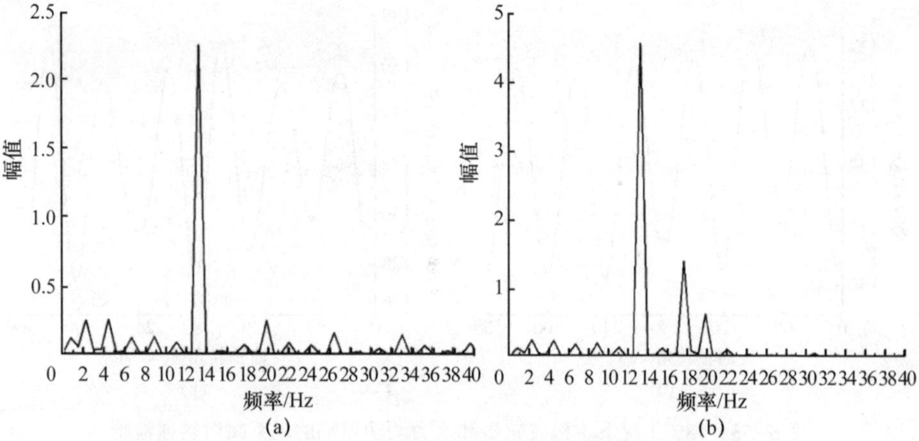

图 5-55 78%工况下主机飞轮端和水力测功器端的轴系瞬时转速频谱

(a) 飞轮端;(b) 水力测功器端。

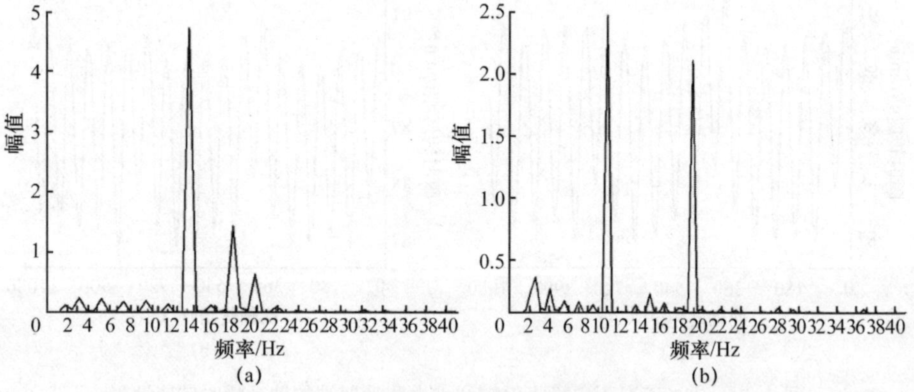

图 5-56 25%工况下主机飞轮端和水力测功器端的轴系瞬时转速频谱

(a) 飞轮端;(b) 水力测功器端。

90r/min、30%负荷两个工况下正常状态的瞬时转速如图 5-58 和图 5-59 所示。图中含有 3 个周期的瞬时转速,各瞬时转速波峰从左到右的顺序为 4-2-6-1-5-3,分别对应于各缸的缸内燃烧压力波。

从图 5-58 和图 5-59 中可以看出,由于艉轴段距离主机飞轮较远,特别是在中间轴系安装有弹性联轴器,艉轴段的转速波形与主机飞轮端差别较大。飞轮端一个工作循环内瞬时转速波形都有 6 个明显的波峰,而艉轴段的瞬时转速并没有出现 6 个明显的波峰,说明艉轴段的转速波形受主机的影响较小,受螺旋桨的影响更大,因此可以利用艉轴段的瞬时转速信号监测船舶

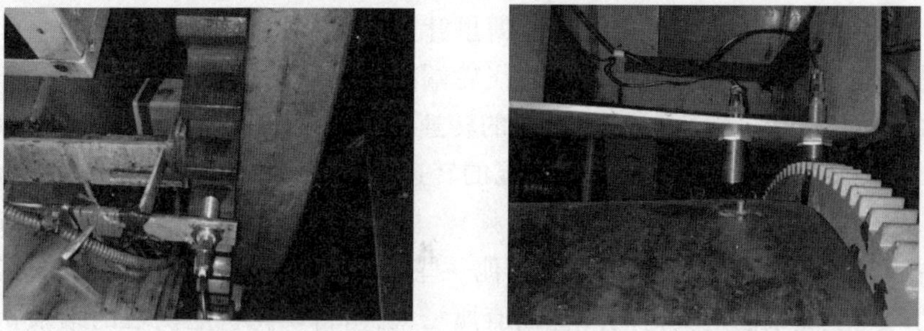

图 5-57 “育明”轮实习船推进轴系磁电式传感器布置

(a) 飞轮端测点；(b) 1号缸上止点和艉轴测点。

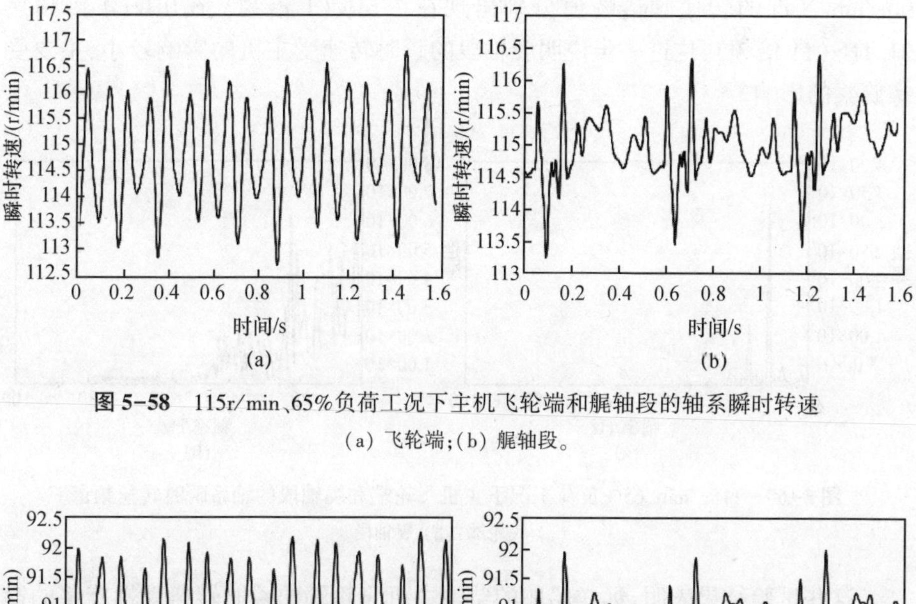

图 5-58 115r/min、65%负荷工况下主机飞轮端和艉轴段的轴系瞬时转速

(a) 飞轮端；(b) 艉轴段。

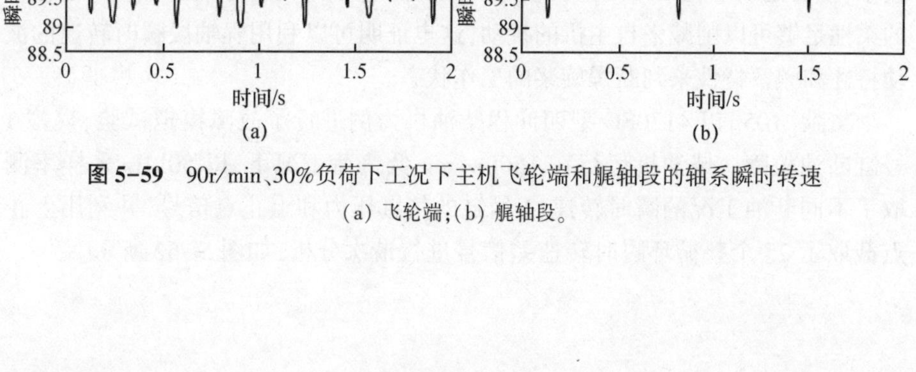

图 5-59 90r/min、30%负荷下工况下主机飞轮端和艉轴段的轴系瞬时转速

(a) 飞轮端；(b) 艉轴段。

螺旋桨的工作状态。

对各轴段瞬时转速再进行快速傅里叶变换后，得到对应的频谱如图 5-60 和图 5-61 所示。从图中可以看出，飞轮端的转速频谱与艉轴段的转速频谱有很大不同。115r/min 工况的飞轮端的转速频谱峰值分别出现在 11.5Hz(6 倍频)、17.25Hz(9 倍频)；90r/min 工况的转速频谱峰值分别出现在 9.0Hz(6 倍频)、13.5Hz(9 倍频)、22.5Hz(15 倍频)。可见，各工况下飞轮端的瞬时转速频谱主要成分在 6.0 倍频处，但还有其他一些相对较小的谐次峰值。柴油机各缸做功均匀度随柴油机负荷的降低而有所增大，与自动化机舱测取的结果相似，可以用 9 倍频处幅值与 6 倍频处幅值之比来表征柴油机各缸做功均匀性。比值越低，柴油机做功越均匀。艉轴段的转速频谱峰值较多，115r/min 工况的转速频谱峰值分别出现在 1.9Hz(1 倍频)、7.7Hz(4 倍频)、19.2Hz(11 倍频)，90r/min 工况的转速频谱峰值分别出现在 1.5Hz(1 倍频)、6.0Hz(4 倍频)、21.1Hz(11 倍频)，这进一步说明艉轴段的瞬时转速受主机的影响较小，主要受螺旋桨的影响。

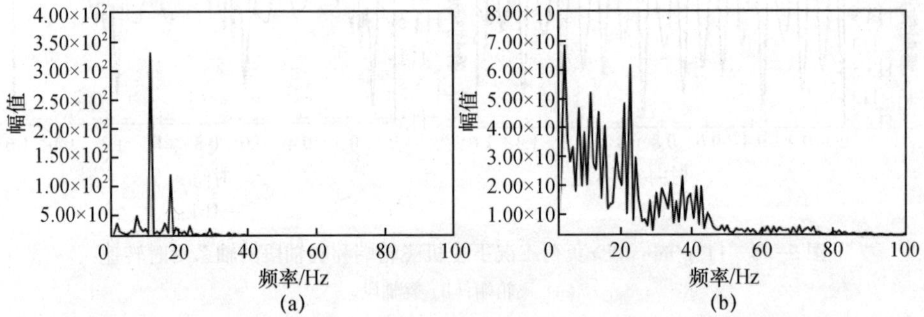

图 5-60 115r/min、65%负荷工况下主机飞轮端和艉轴段的轴系瞬时转速频谱

(a) 飞轮端；(b) 艉轴段。

这些试验结果表明，远洋船舶的柴油主机飞轮端的瞬时转速受螺旋桨的影响较小，可以反映柴油机各缸的燃烧状况。而艉轴段的瞬时转速受主机的影响较小，主要是由于艉轴距离主机较远，特别是当轴系安装有弹性联轴器时，轴系的柔性足够可以削减来自主机的扰动，这也证明可以利用艉轴段瞬时转速的波动特性和频率特性来判断螺旋桨的工作状态。

文献[105]以 4120SG 型四冲程柴油机为例进行了故障模拟试验，模拟 1 号缸断油故障。柴油机运行在 1500r/min 低负荷工况下，以 50kHz 采样率测取了不同断油工况的瞬时转速、4 号缸的气缸压力和上止点信号，并利用上止点截取了 25 个整循环瞬时转速差信号进行谐次分析，如图 5-62 所示。

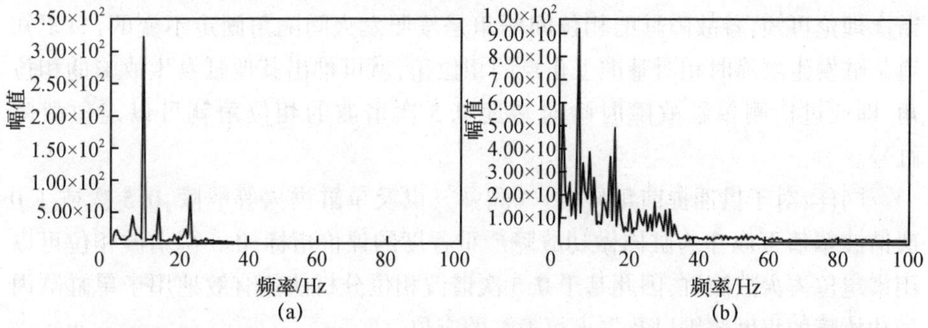

图 5-61　90r/min、30%负荷工况下主机飞轮端和艉轴段的轴系瞬时转速频谱

（a）飞轮端；（b）艉轴段。

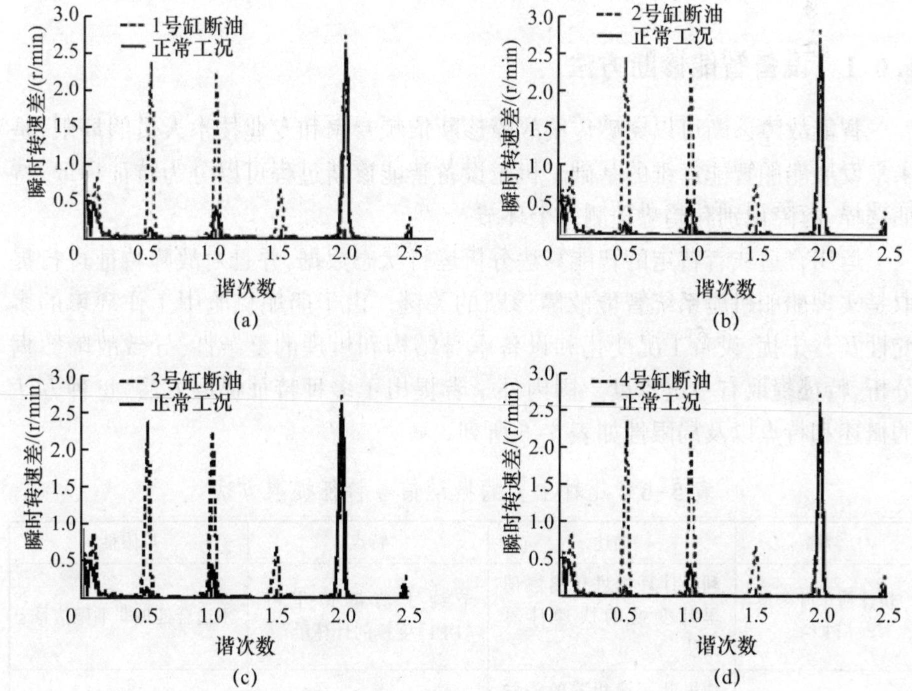

图 5-62　各缸断油谐次图

（a）1 号缸断油谐次图；（b）2 号缸断油谐次图；

（c）3 号缸断油谐次图；（d）4 号缸断油谐次图。

由图 5-62 可知，单缸断油时除了主谐次略微下降外，其余谐次幅值均增大，尤其是 0.5 次、1.0 次谐波增幅最为明显，分别增至 2 次和 2.5 次，其次是 1.5 次谐波，这与扭转谐次矢量分析结果基本吻合。考虑到 0.5 次谐波变化规律简单、故障特征明显,因此选用 0.5 次谐波幅值作为故障特征量。根据扭振谐次理论可知,各故障缸的相位间隔角是按照发火间隔角固定不变的,只要知道某缸发生故障时相对基准上止点的相位角,就可推出其他缸发生故障的相位角,即通过检测单缸故障时瞬时转速 0.5 次谐波的相位角就可以定位故障缸号。

同样,对于供油提前角异常、气阀漏气以及单缸失火等故障,0.5 次或 1.0 次谐波幅值可以作为缸内做功故障严重程度的评价指标,0.5 次谐波相位可以用来定位失火故障缸,因此基于 0.5 次谐波相位分析法能有效地用于单缸缸内做功故障的程度辨别以及失火故障缸的定位。

5.6 利用振动信号的智能诊断方法[106-107]

5.6.1 设备智能诊断方法

智能故障诊断可以突破传统故障诊断依赖专家和专业技术人员的局限,是未来发展船舶智能运维的基础。机舱设备智能诊断过程可以分为特征提取、特征选择、故障识别和趋势预测 4 个环节。

运用合适或者特定的智能算法分析运行状态数据,并且对故障特征进行提取是实现船舶机舱系统智能故障诊断的关键。由于船舶机舱中工作环境的多变性及其干扰、设备工况变化和设备本身结构和机理的复杂性,导致故障数据分析、特征提取有一定难度。国内外学者提出了多种特征提取方法,每种方法的概述和特点以及局限性如表 5-6 所列。

表 5-6 几种主要的振动信号特征提取方法

名称	描述	特点	局限性
快速傅里叶变换(FFT)	利用计算机进行离散傅里叶变换的快速计算方法	节约了离散傅里叶(DFT)变换的计算量	不适合处理非平稳信号
短时傅里叶变换(STFT)	傅里叶变换相关的一种数学变换,可用于确定时变信号中局部区域正弦波的频率与相位	可以处理非平稳信号,利用窗函数计算出各个不同时刻的功率谱	窗口大小不随频率变化,时间与频率分辨率不能同时达到最优
小波变换(WT)	继承和发展了短时傅里叶变换	克服了窗口大小不随频率变化等缺点,能够提供一个随频率改变的“时间-频率”窗口	需要选择小波基函数,在处理信号和噪声频带混叠的情况时效果不理想

续表

名称	描述	特点	局限性
经验模态分解(EMD)	一种自适应信号时频处理方法,特别适用于非线性、非平稳信号	可以依据数据自身的时间尺度特征进行信号分解,无须预先设定任何基函数。适用于分析非线性、非平稳的信号序列,具有很高的信噪比	难以解决信号中出现的模态混叠现象
集合经验模态分解(EEMD)	针对 EMD 方法的不足,提出了一种噪声辅助数据分析方法	一定程度上克服了 EMD 中模态混叠现象	辅助噪声幅值大小需要人为经验确定
变分模态分解(VMD)	基于维纳滤波、希尔伯特变换分解信号的自适应方法	克服了 EMD 的模态混叠问题	辅助分析噪声幅值时,需要利用个人经验

通过将数据特征项的重要性进行排序,筛除不太重要的特征项,或者只选择几个相对重要的特征项来达到降低数据维度的目的,这种方法称为特征参数选择,主要有过滤式、封装式、嵌入式和集成式 4 种方法。过滤式特征选择,通过检查特征项的一致性和排它性,把评价较低的特征筛选出去。这种特征选择方法与分类器的训练相互独立,对数据的特征项进行筛选并评估。封装式通过机器学习算法测试待选特征集的性能,包含了机器学习模型,用分类器的准确率作为评判标准。如果所选特征子集不能使分类器产生理想分类结果,则在下一次迭代中重新选择另一个子集,直到分类器得到最理想的分类准确率,那么当前特征子集就是所选特征子集。相比于过滤式算法,封装法准确率更高,但同时计算难度也更高。由于重复利用机器学习算法,封装式的计算速度远比过滤式慢,并且无法对大规模的高维数据集进行特征选择。嵌入式方法通过测试特定特征的有效性,算法寻求把测试数据分成一些子集。通过对分类器的优化增加正则化项来进行特征选择,并在分类器训练完成后自动选定特征集。但这种方法对机器学习方法的依赖度过高,对机器学习算法有一定的要求,只能配合特定的分类器算法,某些简单的分类器并不适用。集成式方法是将上述几种方法结合利用的特征选择方法,通常将过滤式算法和封装式算法结合使用。先利用过滤式算法对特征集进行预处理,再用封装式算法保证分类器的准确性,可有效提高封装式算法的计算速度。

故障识别主要利用模式识别的一些方法进行智能诊断,有人工神经网络算法(ANN)、基于极限学习机算法、基于 Dempster-Shafer 理论的多类支持向量机算法(DSMSVM)、基于粒子群算法优化支持向量机算法、基于固有时间尺度分解(ITD)算法、卷积神经网络(CNN)等。趋势预测是利用一些方法对设备未来的状态进行趋势分析，了解故障的发展进程，有灰色预测理论、卡尔曼滤波器、贝叶斯框架、神经网络算法、多类多核相关向量机模型、基于贝叶斯框架的算法、多核极限学习机算法、非支配排序遗传算法等。

5.6.2 柴油机缸盖振动信号的连续小波变换

连续小波变换(CWT)的小波母函数是满足紧支撑性、波动性和容许条件的函数集合，其紧支撑性表现为

$$\exists a > 0, \forall |t| > a, \psi(t) = 0 \tag{5-51}$$

式中：ψ 为一个小波母函数，也称为小波基函数。

这个性质描述的是小波母函数在定义域内只有一小部分不为0，其余均为0。利用这样具有紧支撑性的小波母函数作为基函数在原信号的时域上平移就相当于对原信号进行加窗操作。

小波母函数的波动性可以描述为

$$\int_{-\infty}^{+\infty} \psi(t)\mathrm{d}t = 0 \tag{5-52}$$

容许条件描述为

$$c_\psi = 2\pi \int_{-\infty}^{+\infty} \frac{|\tilde{\psi}(f)|^2}{|f|} \mathrm{d}f < +\infty \tag{5-53}$$

式中：$\tilde{\psi}(f)$ 为 $\psi(t)$ 的傅里叶变换的共轭。

这个条件使变换可逆，并且基于该条件可知 $\tilde{\psi}(0) = 0$，即函数具有零均值。

对于振动信号 $s(t)$，其连续小波变换可以表示为

$$c_s(a,b,t) = s * \psi_{a,b}(t) = \frac{1}{\sqrt{|a|}} \int_{-\infty}^{+\infty} s(t) \overline{\psi_{a,b}\left(\frac{t-b}{a}\right)} \mathrm{d}t \tag{5-54}$$

式中：c_s 为振动信号 $s(t)$ 小波变换后的小波系数；$s * \psi_{a,b}$ 为以 $\psi_{a,b}$ 为基对振动信号 $s(t)$ 进行小波变换；$\psi_{a,b}$ 为小波函数，是由小波基函数 ψ 伸缩和平移后得到的子波簇，两者的关系为

$$\psi_{a,b}(t) = \frac{1}{\sqrt{a}} \psi\left(\frac{t-b}{a}\right) \tag{5-55}$$

式中：a、b 分别为伸缩因子和尺度因子，a、$b \in R$ 且 $a > 0$。增加或者减小 a 的值可以提高或者降低频率，调整 b 的值可以调整子波的位置。式中的系数 $1/\sqrt{a}$ 是对小波能量归一化处理。

从式(5-54)中可以看出，小波系数与 s 和 $\psi_{a,b}$ 的内积相关，也就是说 c_s 衡量的是信号与小波的相似性，c_s 越大表示相似度越高。所以，为了对信号特征成

分进行有效分析，就需要选择合适的小波基函数。信号经过连续小波变换后，结果可以展示在一个二维的频率-时间平面中。合适的小波基可以使信号中相应特征在结果中表现为特定频域和时域下的高能量区域，而与小波基不相似的能量在时域上表现为发散状态。

常用的小波基有 Haar、dbN（Daubechies）、symN（Symlet）、coifN（Coiflet）、Morlet 等。其中 Morlet 小波是一簇精确解析小波，对幅度和频率不稳定的时变信号较为敏感。该小波用于分析呈非平稳非线性特征的往复机械振动信号十分实用。Morlet 小波也被广泛应用于轴承故障诊断等领域。

Morlet 小波定义为

$$\psi_{P,\gamma}(t) = U(t)\alpha_{P,\gamma}t^{\frac{P^2}{\gamma}}\mathrm{e}^{-t^\gamma} \tag{5-56}$$

式中：$U(t)$ 为单位步长；$\alpha_{P,\gamma}$ 为归一化系数，是一个常数；P^2 为时间带宽的积；γ 体现 Morlet 小波的对称性。

对实际信号处理时，可以用带衰减的紧凑性参数 β 代替时间带宽积，且 $P = \beta\gamma$，则式(5-56)可以写为

$$\psi_{\beta,\gamma}(t) = U(t)\alpha_{\beta,\gamma}t^{\beta}\mathrm{e}^{-t^\gamma} \tag{5-57}$$

在往复机械振动信号中，振动激励多表现为瞬态冲击信号。基于式(5-57)可知，Morlet 小波可以通过调整衰减参数拟合冲击信号特征。所以，利用这种小波基进行往复机械振动信号分析是比较适合的，以该小波为基的小波变换可以很好地提取相应的故障特征。

以 4135 四冲程柴油机缸盖振动信号为例，进行设备的智能诊断，该柴油机缸盖振动信号如图 5-63 所示。先利用连续小波变换进行振动信号的特征提取，对得到的结果取模并基于振幅大小转换成采样点序号-频率的 RGB 图像，两种工况下正常和异常的连续小波变换结果如图 5-64 所示。

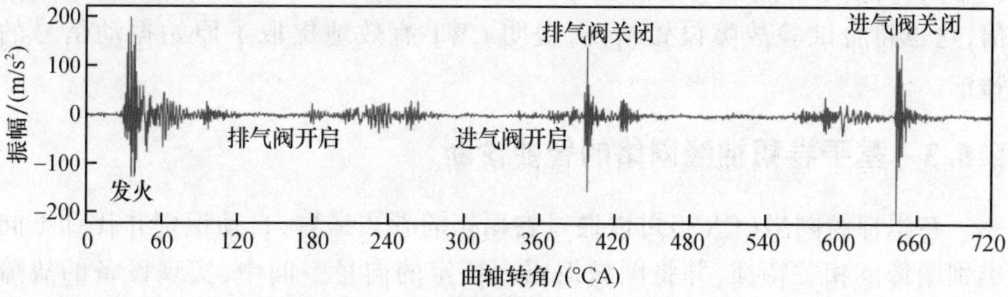

图 5-63 柴油机运行时振动响应

与正常状态相比，气阀间隙异常的信号 CWT 结果高频部分有明显能量

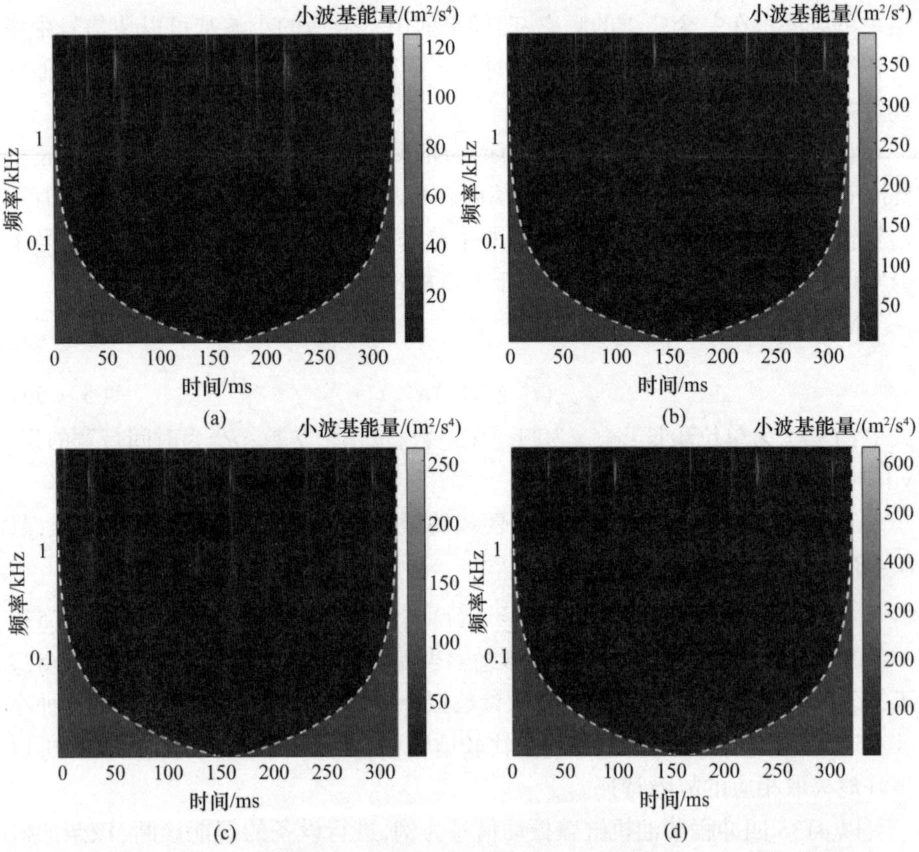

图 5-64 连续小波变换结果(见彩图)

(a) 700r/min 气阀间隙正常;(b) 700r/min 气阀间隙异常;

(c) 900r/min 气阀间隙正常;(d) 900r/min 气阀间隙异常。

聚集的特征,而正常状态下能量相对分散。并且异常状态幅值明显高于正常值,这也符合试验故障设置情况,说明 CWT 有效地提取了原始振动信号的特征。

5.6.3 基于卷积神经网络的智能诊断

卷积神经网络(CNN)可以通过卷积核的卷积运算,自动识别并找到不同类别图像的相关特征,并将图像编码到特定的向量空间中,实现设备的故障智能诊断。这种神经网络层结构与传统网络层结构不同,它具有两种独特的网络层结构、卷积层和池化层。卷积神经网络通过卷积层图片数据转换到高维特征空间中,再配合不同的池化方法来提取图片特征,如图 5-65 所示。

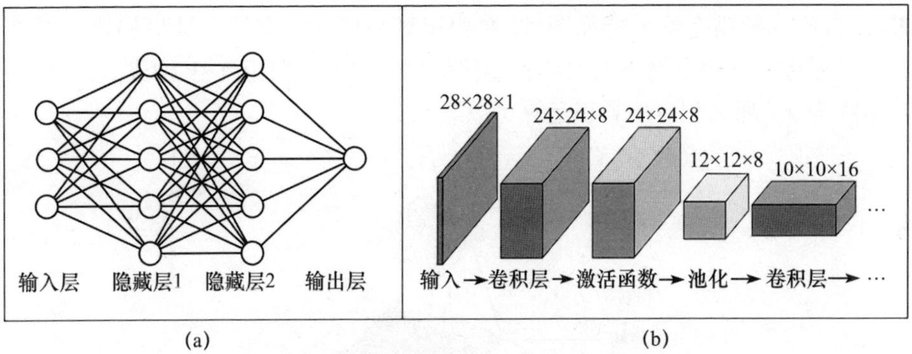

图 5-65 卷积神经网络与传统神经网络对比

(a) 传统神经网络;(b) 卷积神经网络。

典型的卷积神经网络主要由输入层、多个卷积层和池化层、全连接层和输出层组成。在网络中一般会利用多个卷积层和池化层构建网络,图 5-66 所示为卷积神经网络典型结构。

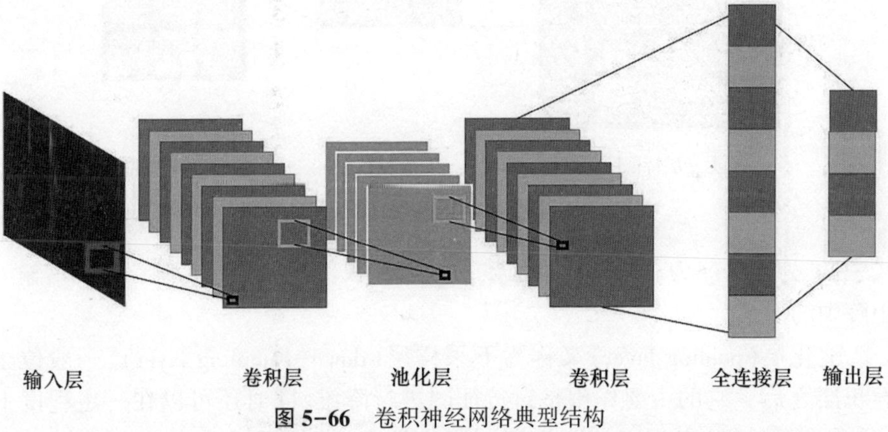

图 5-66 卷积神经网络典型结构

区别于传统神经网络层中神经元的排列方式,卷积层中的神经元具有一种空间排列,层内神经元被组织成二维网格形式,这种结构称为特征图(feature map),它的神经元通过卷积核与上一层的特征图中某个局部区域链接。这种由多个特征图构成的神经网络层称为卷积层(convolutional layer)。

卷积核是一个二维权值矩阵,通过卷积运算对上一层局部区域的特征进行提取,卷积的基本原理如图 5-67 所示。图中描述卷积层中的某一个卷积核对上一个卷积层中的特征图的卷积过程,其中阴影部分为一个在特征图上滑动的窗口。该窗口大小与卷积核相同,每次滑动以选取部分输入值与卷积核进行卷积运算。卷积运算符号通常以⊗表示。卷积核的每一次卷积运算产生一个结果,窗口滑动扫描完整个特征图后,卷积运算完成。所有特征结果构成一个新的特征图传入下一个网络层中。若卷积核由 $i \times j$ 的权值矩阵 $\boldsymbol{W}$ 构成,且窗口输入矩阵为 $\boldsymbol{X}_t$,那么相应的卷积运算可以表示为

$$y_t = f(\boldsymbol{W} \otimes \boldsymbol{X}_t + \boldsymbol{b}) = f(w_{1,1}x_{1,1} + \cdots + w_{i,j}x_{i,j} + \boldsymbol{b}) \qquad (5-58)$$

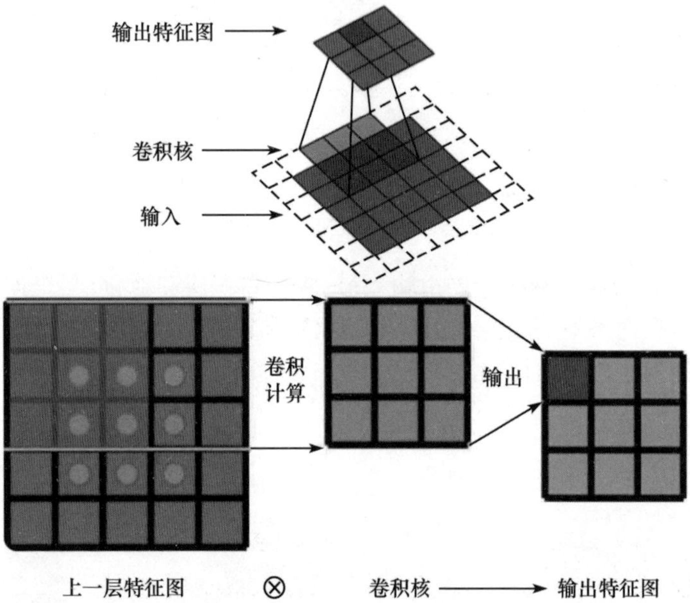

图 5-67　卷积示意图

式中:y_t 为输出;f 为非线性激励函数;$w_{i,j}$ 表示权值矩阵中的元素;$x_{i,j}$ 表示输入矩阵中的元素。

池化层(pooling layer)又称为下采样层(down-sampling layer),一般位于卷积层之后。它的主要作用是对特征图进行降维,同时还可以在一定程度上维持特征图的尺度不变。池化的方法比较多,主要可以分为最大池化(max pooling)、均值池化、重叠池化和空间金字塔池化等,其中最大池化方法简单并且效果较好,得到广泛应用。经过池化层可以有效减少下一层网络中神经元的作用,对降低模型复杂度和减少网络计算量有十分重要的帮助。

全连接层和输出层基本结构与原理与传统神经网络相同,但是卷积层或者池化层不能与全连接层直接相连,因为卷积层的输出为高维的特征图,而全连接层是一维的神经网络层结构。所以,连接两个网络层之前需要对特征图进行转换,以一定的规则将高维特征图转换为一维向量,这个操作称为平铺。

为此,设计了25层的CNN故障诊断网络模型,模型结构如图5-68所示。该网络主要由输入层、6个卷积层、8个reLu激活函数层、3个池化层、2个DropOut层、3个全连接层、Softmax层和输出层组成,可学习参数共为130800个。模型的参数设置及详细信息如表5-7所列,其中DropOut层是按一定比例丢弃上一层的输入结果,主要目的是为了防止网络出现过拟合问题。网络中的激活函数层和Softmax层没有需要调节的参数,所以未在表中显示。卷积层的步长设置主要是考虑图片是31×500的长扁形图片,所以纵向和横向步长分别设置为1和2。前两个卷积层的卷积核大小设置为3×3,后几层的设置为2×2,主要考虑经过多次卷积后特征在特征图中比较集中,所以缩小卷积核的大小和步长防止特征丢失。同时为了避免可学习参数过大,在最后两层的卷积层中将卷积核的数量减少到16个。

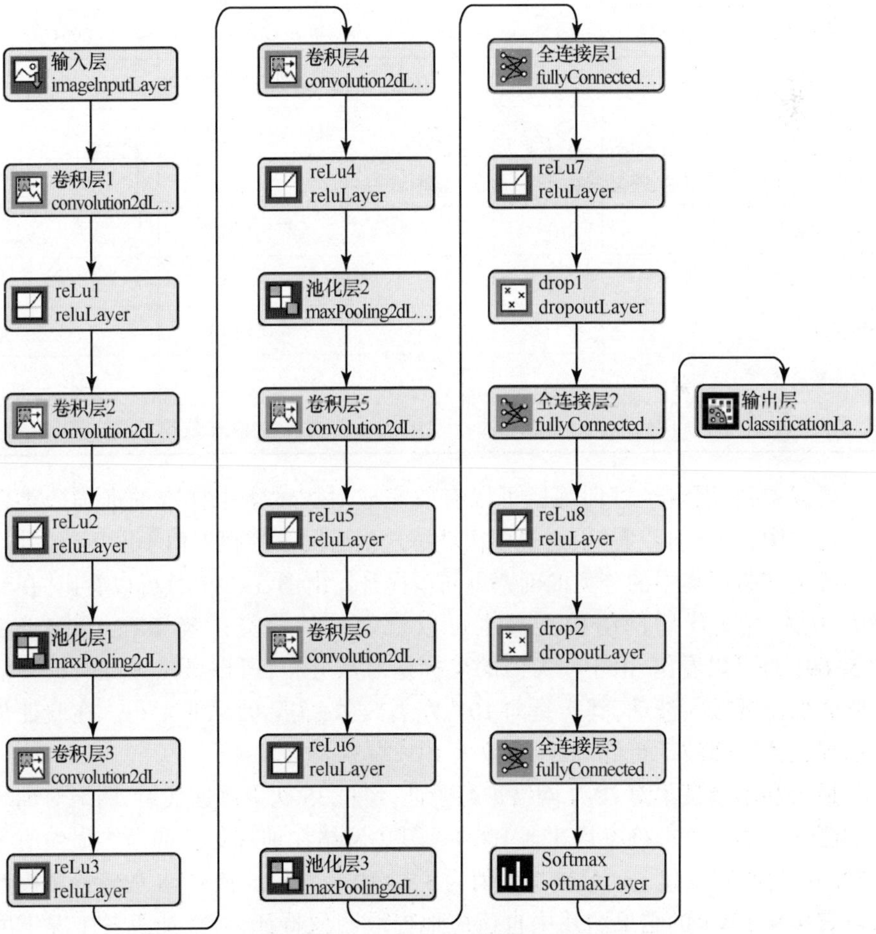

图5-68 CNN故障诊断模型结构

表 5-7 模型的各层参数设置及详细信息

名称	输出大小	步长	卷积核数量	其他参数	可学习参数数量
输入层	31×500×3	—	—	zerocenter 归一化	—
卷积层 1	31×250×32	[1,2]	32	卷积核大小 3×3	896
卷积层 2	31×125×32	[1,2]	32	卷积核大小 3×3	9248
池化层 1	15×62×32	[2,2]	—	窗口 2×2 最大池化	—
卷积层 3	15×62×32	[1,1]	32	卷积核大小 2×2	4128
卷积层 4	15×62×32	[1,1]	32	卷积核大小 2×2	4128
池化层 2	7×31×32	[2,2]	—	窗口 2×2 最大池化	—
卷积层 5	7×31×16	[1,1]	16	卷积核大小 2×2	2064
卷积层 6	7×31×16	[1,1]	16	卷积核大小 2×2	2064
池化层 3	3×15×16	[2,2]	—	窗口 2×2 最大池化	—
全连接层 1	128	—	—	—	92288
DropOut 层 1	—	—	—	丢弃比例 10%	—
全连接层 2	128	—	—	—	16512
DropOut 层 2	—	—	—	丢弃比例 10%	—
全连接层 3	4	—	—	—	516
输出层	4	—	—	交叉熵损失函数	—

可以看到,网络经过训练后可以有效完成对测试集中样本的准确分类任务。通过图 5-69 可以看到,通过多次训练迭代后网络的损失值不断下降,并且在训练集和验证集中的分类准确率也同步提升。由图 5-69(a)可以看出,在经过 10 次左右迭代后网络模型基本可以稳定维持分类准确率在 100%。由图 5-69(b)可以看出,由于损失值的坐标是对数分布,所以虽然训练时损失值下降看似出现较大波动,其实是向 10^{-4} 左右收敛,实际波动非常小。在验证集上的损失值下降波动更低,最终收敛于 10^{-7} 左右。

最后利用测试集对 CNN 网络进行验证,经过 35 次训练迭代后,网络对训练集和测试集的预测准确率均达到 100%。其中网络在训练集上的最终损失值为 2.77×10^{-4},在测试集上的最终损失值为 3.6×10^{-7}。可见,该 CNN 故障诊断模型可以直接从 CWT 的结果图片中自适应地提取图像特征,对柴油机各工况下的正常和异常做出判断,从而实现故障智能诊断的目的。

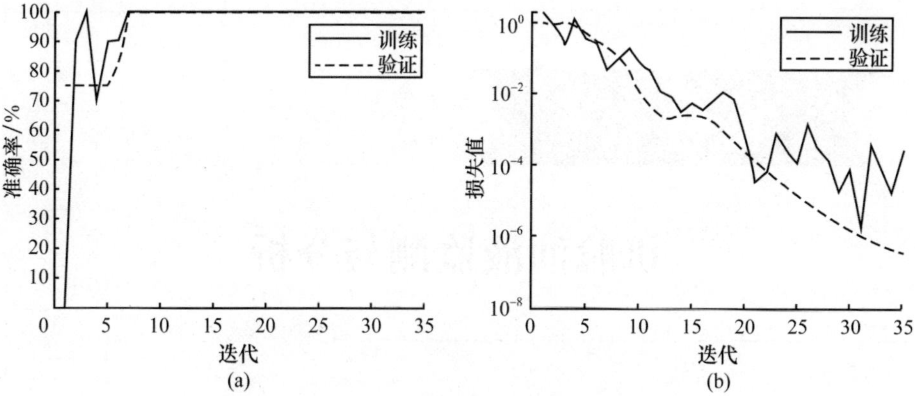

图 5-69 CNN 故障诊断模型训练与验证结果

（a）网络准确率；（b）网络损失值。

第 6 章

机舱油液监测与分析

滑油是发动机的“血液”，具有冷却、润滑、密封、防腐、清洗、消除冲击负荷等作用，其质量好坏直接影响到发动机的工作性能。随着发动机工作时间的延续，滑油在高温下氧化，机械零件的磨损物、使用过程中的燃油以及水分的混入等因素，都将使滑油受到污染，导致品质下降和有效使用量减少，甚至丧失滑油应有的效能。据统计，机器因润滑不当和滑油品质不良发生的故障率分别占25.7%和14.3%[108]。

油液监测与分析法是通过获取船舶机械设备滑油中的磨粒浓度、磨粒形状及大小的变化、油质的变化、含铁量的变化，来实现对设备整体磨损状态的分析，进而判断设备的磨损状态及故障状态。目前已形成铁谱分析、光谱分析、理化试验、污染度分析等油液监测方法，并具有在线、离线和在线/离线相结合的模式。为了推动油液监测技术在船舶机械中的应用，CCS 先后组织编写了《螺旋桨轴状态监控系统指南》和《柴油机滑油状态监控系统指南》等指导性文件，详细规定了采用油液分析方法监测螺旋桨轴、柴油机状态的具体要求。

柴油机运动件含有多种材料的摩擦副，包括缸套-活塞、曲轴柄-连杆大端、活塞销-连杆小端以及曲轴-轴承座等。这些摩擦副在相对运动时必然会产生一定的磨耗，磨损掉的金属微粒会进入润滑液中。通过定期对润滑液中金属微粒的成分及含量测量，就可以对机体内部磨损程度和磨损部位做出判定。目前一般采用的测试手段有油液的油品理化分析、铁谱分析、光谱分析等[109]。

6.1 油品理化分析

油液性能的好坏直接影响机械设备工作的可靠性，因此必须定时或不定时地对在用油液进行性能检测。油液的性能检测分为理化性能检测和使用性能检测。评价油液理化性能的项目有黏度、酸值、倾点、闪点等。常用的油液使用性能有抗腐蚀性、氧化安定性、抗泡沫性、抗乳化性等。对滑油的性能指标进行检测分析,保证船舶在用滑油的油质,并通过滑油性能指标诊断设备的故障及其原因。

滑油在使用过程中会逐渐发生变质和油品质量的劣化现象,主要包括两方面:一是由于油液自身的氧化、凝聚、分解等作用使油品发生永久性变质;二是滑油中添加剂的消耗和变质。另外,来自外界的污染如水、燃油、灰尘、砂石、金属磨损颗粒等,也会使滑油性能下降甚至失效。油液监测的理化性能分析技术即是通过监测滑油质量评价指标来确认滑油本身的有效性,从而保证机械设备始终处于良好的润滑状态,防止因润滑问题而导致的故障。对滑油理化性能进行检测分析是监测机器设备磨损和油液污染情况的最简单、最直接的方法。滑油的常规理化性能指标主要包括黏度、水分、闪点、总碱值和机械杂质等。

(1) 黏度。黏度是滑油最重要的理化性能指标,反映滑油流动黏滞性的大小,是决定油膜厚度的主要因素之一。衡量油液黏度大小的方法主要有动力黏度 η(或称为绝对黏度)、运动黏度 v 以及相对黏度,其中运动黏度为动力黏度与介质密度的比值。动力黏度的国际单位为 $N \cdot s/m^2$,运动黏度常用的单位一般为 m^2/s 或 mm^2/s。由于柴油机工作环境恶劣,滑油很容易被氧化和污染而造成使用性能下降,而这些往往表现为滑油黏度的升高或降低。若滑油发生氧化、混入水分以及某些不溶物(如积炭、油泥、污染杂质)会导致黏度增高。滑油黏度过高会增大流动阻力导致润滑不良,滑油散热速度降低引起摩擦表面温度升高,设备低温运动性能变坏而导致柴油机轴瓦、气缸套等部件的异常磨损。若由于柴油机喷油器故障使燃油混入滑油,那么滑油会被稀释且黏度下降,导致润滑油膜变薄、强度降低而容易被破坏,使摩擦副表面容易产生磨损或被擦伤。

(2) 水分。滑油的水分指标是指滑油中含有水的质量分数。水一般呈3种状态存在于滑油中,即溶解水、游离水及乳化水。机械设备在运行过程中,由于水封的失效或损坏,冷却系统设备的腐蚀或损坏,潮湿空气等种种原因,水侵入滑油系统是不可避免的,从而引发一系列异常的油质衰败,导致不同程度的润滑系统故障,造成经济损失。柴油机冷却系统密封垫渗漏、冷凝水污染及串气严重等原因都会使水进入滑油,使油液中的水分含量升高。滑油水分含量超标引起的危害主要表现为:①滑油乳化,生成极难破坏的乳化液;②加剧有机酸对润滑系统部件的腐蚀和锈蚀;③加速油液的氧化过程;④滑油中添加剂的保护能力降低,甚至导致添加剂失效并沉淀;⑤改变油液黏度,影响油膜的连续形成使油膜失效,从而加剧磨损;⑥使污染物聚集形成油泥,堵塞油滤、油路和调节设备。因此，滑油中的水分应越少越好。

(3) 闪点。闪点是表征滑油蒸发性的指标，是指在规定的条件下，对油液进行加热处理，当油液温度达到某值时，油液蒸汽与周围空气形成混合气。一旦与火焰接触，即发生闪燃现象。发生闪燃时油液的最低温度称为闪点。滑油的闪点在通常情况下应该比实际工作温度高。当柴油机发生燃油泄漏污染滑油，将导致滑油闪点下降，同时使滑油黏度下降，会加速滑油的氧化变质。

(4) 总酸值(TAN)。代表滑滑油中酸或类酸类物质的数量。滑油的酸性标志着其使用能力，可用于鉴别油品是否变质。滑油的酸值随着油液的氧化程度和燃烧副产物的引入而增大，酸值过高将导致滑油变稠从而加剧摩擦副的磨损，而且会加速对机械设备的腐蚀。

(5) 总碱值(TBN)。体现滑油中有效添加剂的指标，表征滑油的清净性与分散能力。滑油中碱性添加剂的作用主要体现在两个方面：使滑油中的胶状物、积炭等不溶物悬浮在油液中，而不易沉积在部件表面；清洗已沉积在部件表面上的胶质和积炭等。若滑油的清净分散性能差，滑油中的积炭、胶质和油泥等不溶物质就很容易沉积并覆盖在机件摩擦副表面，使摩擦副的磨损加剧，严重时甚至会发生拉缸、烧瓦等重大故障。因而，总碱值为滑油的重要质量指标，在滑油使用过程中，分析其总碱值的变化，可以反映滑油中添加剂的消耗情况。

(6) 机械杂质。滑油中的机械杂质是指各种不溶于油的沉淀物或胶状悬浮物，如泥沙、尘土、金属颗粒以及某些不溶性盐类。存在于滑油中机械杂质会破坏油膜而增加磨损，而且可能堵塞油路及滤器，并促进积炭的生成等。因此，对滑油中的机械杂质进行测定很有必要，它反映滑油的纯洁度。

6.2 光谱分析

由于物质都有其特定的发射光谱和吸收光谱，因此通过测定物质的发射光谱或吸收光谱的波长和强度就可以测定对应物质的元素组成成分和含量。滑油的光谱分析就是利用原子和分子的发射光谱与吸收光谱来检测滑油中磨粒的化学组分及磨粒的浓度大小，据此判断和识别被监测对象的磨损状态。光谱分析方法按照原理的不同分为原子吸收光谱分析、原子发射光谱分析和X射线荧光光谱分析等方法，如原子发射光谱技术是利用电能或热能激发物质辐射出的特征谱线来测定物质的组成。

油液的光谱分析技术是设备状态监测与故障诊断领域里应用最早、最成功的现代技术之一。光谱分析技术可以有效地检测在用滑油所携带磨粒的元素成分及浓度,同时能对滑油中添加剂的使用状况及滑油被污染程度进行比较准确地检测。因此,油液的光谱分析技术已成为监测机器运行状态重要方法之一。在柴油机监测诊断中,根据组成柴油机摩擦副的各零部件材料不同的特点,可利用光谱分析技术检测滑油中所携带的元素成分及浓度,从而比较有效地诊断出柴油机故障的发生部位。

通过油液光谱分析,可以得到以下几点基本信息:①磨损微粒总量,判断磨损程度,预报可能的失效和磨损率;②添加剂损耗,滑油中常加有各种用途的添加剂,用于清净分散、减摩、抗磨、抗泡、抗氧化等,这些添加剂中通常含有磷、锌、钙、钡等元素;③污染,在滑油中,常出现一些本身不存在或本身含量很少的元素,如燃油、海水、灰分等,在油中相应元素含量突然增加,标志着油料可能被污染。船舶主机的滑油取样间隔周期为4个月,铁、铜、铅和锡均为大型低速二冲程柴油机主轴瓦的磨损特征元素,铁为缸套、活塞环和轴瓦的磨损特征元素,铜、铅则为高速四冲程柴油机轴瓦的磨损特征元素(取样间隔周期为4个月),而铁、铜、铅和锡均为尾轴的磨损特征元素(取样间隔周期为6个月)。

光谱分析通过分析滑油中金属磨损微粒的材料成分和数量,对比设备使用过程中金属磨损微粒数量的变化速度,了解设备摩擦副的磨损情况,以正确判断设备异常和预测故障,为设备检修提供依据。具体地讲,就是根据不同时期各种金属磨损微粒所含金属元素的数量,判断摩擦副磨损程度,预报可能发生的故障。根据金属磨损微粒的材料成分及浓度的变化,判断出现异常现象的部位及原因。一般地,柴油机中各种金属磨损微的可能来源如表6-1所列。

表6-1 柴油机中各种金属磨损微粒的可能来源[110]

名称	材料
气缸衬套	铸铁、铬、铝、硅
活塞环	铸铁、铬、铝、铜
活塞	钢、铝、硅合金、可锻铸铁、锡铅
曲轴	钢、铬、铝、锰
轴承	铅-锡、铜-铅-锡、铝-硅、铝-锡、镉、铜、铟
止推轴承	磷青铜、铝-锡、铜-铅
凸轮轴	铸铁、钢
阀门组件	高合金钢、镍、铬、硅、钨
辅助驱动装置	磷青铜、低碳合金钢

续表

名称	材料
减磨环	铜、铅
十字头	钢
滑块	铅、锡、锑
导板	铸铁、钢
滚动轴承	铬、钢
连杆衬套	铜、铅、锡
连杆轴瓦	铝、铜、铅、锡、锑
主轴瓦	铝、铜、铅、锡、锑
活塞销	铬

油样光谱分析一般具有以下几个基本特点。

(1) 灵敏度高,是油液中金属颗粒一种比较精确的检测方法。

(2) 元素化学成分分析速度快、准确度高。

(3) 试样用量小,应用范围广。

(4) 只能用来分析含量较低且颗粒尺寸很小的磨粒,因此故障预测趋于保守,并且只能提供元素成分及其含量的信息,不能提供磨粒形貌的信息。

(5) 设备价格昂贵,且未用于在线监测。

6.3 铁谱分析

设备从开始工作到损坏的磨损过程,往往经历 3 个阶段,且其磨损量与时间的关系图呈“浴盆状”。

第一阶段:磨合阶段,这一阶段微粒尺寸较大(为 10~50μm)且较厚、较多,磨粒表面比较粗糙,呈麻点、凹坑、裂纹。

第二阶段:稳定磨损阶段,产生大量的正常滑动磨损微粒,少量切削性磨损微粒,一般都在 10μm 以下,个别尺寸达 50μm。

第三阶段:剧烈磨损阶段,产生粗大的切削磨粒。呈弯曲条状、块状、片状,尺寸在 30~100μm 甚至以上,伴有大量黑色氧化物。

铁谱技术的基本原理就是利用高梯度、强磁场的作用,从所采集的油样中分离出铁磁性磨粒并按其粒度大小有序地在基片上沉积下来制成铁谱片,然后借助不同仪器对这些磨损颗粒的形貌、大小、数量、成分、浓度等方面进行定性定量分析检测,以获得机器摩擦副表面磨损情况的信息,从而对设备运行状态以及磨损状态进行诊断。这种从润滑系统中取样,对设备磨损状况做出分析与诊断的技术,称为铁谱技术。铁谱分析技术的出现,为设备的故障诊断和工作过程的状态监测提供了一种比较有效的手段。

铁谱分析技术对磨粒的分析项目主要分为定性和定量两个方面。定性分析是对磨粒的形貌、颜色、尺寸进行观测,并分析磨粒形貌特征、颜色特征、尺寸大小和差异程度,据此对机器摩擦副的磨损类别、磨损部位和严重程度进行判别;定量分析是通过检测沉积在铁谱片上磨粒的百分覆盖面积来确定大小不同的磨粒的相对含量,从而给机件的磨损进程以量的说明。

铁谱分析是油液监控技术中比较复杂的一种,它的优势是监测范围大并能够确定磨粒的形貌特征。油液中磨粒的尺寸在 5~15μm 向几十甚至上百微米的过渡期,一般正是设备从稳定磨损向严重磨损转化的标志。铁谱技术可以通过对磨粒的形貌分析,确定设备的主要磨损类型、故障原因等,同时像腐蚀磨损这种磨粒细化的磨损形式,在直读铁谱中也有特殊的表现形式。

铁谱分析技术获得的信息量最大,可根据磨粒的成分判断磨损部件或部位,可根据磨粒的形状、分布及尺寸等特征信息推测磨损机理,但技术要求也最高。

目前铁谱分析主要有分析式铁谱技术及直读式铁谱技术两种方式,其主要的定量分析指标如下。

磨粒数量(磨损度),即 D_L+D_S;磨粒尺寸分布(磨损严重度),即 D_L-D_S;磨损严重度指数(IS),即 $D_L^2-D_S^2$。其中:D_L 为大磨粒读数,无量纲;D_S 为小磨粒读数,无量纲。

直读铁谱仪为了直接测出油样中大磨粒(大于 5μm)和小磨粒(1~2μm)的浓度,测量沉积管中相应的两个测点的光强。由于穿过磨粒沉积层的光信号的衰减量与磨粒沉积量在一定条件下成正比关系,因此经过电路处理后,可以直接读出与磨粒沉积量呈线性关系的读数 D_L 和 D_S。

应用油液铁谱分析技术来监测与分析机器的磨损状况,一般从以下 4 个方面进行。

(1) 获取磨粒形貌、颜色和尺寸等特征信息,根据这些信息来确定摩擦副部件所处的磨损阶段,以及在相应阶段发生的磨损类别及磨损程度。

(2) 检测和分析磨粒数量的变化,绘制磨损曲线,对机器及有关零部件的磨损进度进行量的判断。

(3) 确定磨损严重度。根据对磨粒尺寸分布的检测结果,确定机器及有关零部件磨损的剧烈程度。

(4) 根据磨粒的材质成分对磨粒的来源进行确定,进而诊断机器的磨损部位及磨损零件。

如对于柴油机，借助铁谱分析技术可以得出以下几种磨损分析结果：

(1) 铸铁磨损——活塞环/缸套的过度磨损；

(2) 钢的磨损——曲轴的磨损失效；

(3) 腐蚀磨损——为中和酸性产物而加在滑油中的碱性添加剂被耗尽后柴油机发生的典型磨损；

(4) 磨料磨损——由于污染颗粒造成的切削磨损而使发动机失效；

(5) 有色金属磨损——止推环等铜零件失效前会有铜合金磨粒存在，活塞等磨损有铝合金磨粒存在。

根据不同的磨损形式会产生不同特征的磨粒种类这一原则，借助铁谱图像分析获得的磨粒种类信息来识别被监测船舶柴油机具有的磨损形式。由大量的油样分析结果，总结出磨粒种类与磨损类型的关系，如表 6-2 所列。

表 6-2 磨粒种类与磨损类型的关系

磨粒种类	黏着磨损	磨粒磨损	表面疲劳	腐蚀磨损
正常滑动磨粒	大量	中等	中等	少量
严重滑动磨粒	中等	少量	少量	无
球状磨粒	少量	少量	中等	无
疲劳剥落磨粒	少量	无	大量	无
层(片)状磨粒	无	无	中等	少量
切削磨粒	少量	大量	无	无
黑色氧化物	中等	无	无	无
红色氧化物	少量	无	无	中等
亚微米腐蚀磨粒	无	无	无	大量
外界污染物	少量	中等	无	无
摩擦聚合物	少量	无	无	少量
结炭	少量	少量	少量	少量

不同的磨损机理产生的磨粒具有不同的形状和尺寸。根据磨粒形态、产生机理可以将磨粒分为 7 类，即正常滑动磨损微粒、切削磨损微粒、疲劳磨损微粒、球形磨损微粒、层状磨损微粒、严重磨损微粒和氧化物微粒。它们的形态参数及磨损机理如表 6-3 所列。

表6-3　典型磨粒的形态参数及磨损机理[110]

磨粒类型	磨粒形态	磨损机理	机器状态
正常滑动磨粒	薄片状,具有光滑的表面,长轴方向的尺寸范围从15μm小至0.5μm或更小,厚度范围为0.15~1.0μm,较大磨粒的形状因子(长轴尺寸/厚度)为10∶1,较小磨粒的为3∶1	磨损表面的切混层发生局部疲劳剥离(在磨合期内,磨损表面的波峰被压平且沿其峰顶形成褶皱,随之褶皱被破碎呈长条形片状磨粒)	一般为正常磨损微粒,但磨粒的显著增加可以预测出机器的运行状态趋近于不正常磨损
切削磨粒	长条形,较粗大,平均宽度为2~5μm,长度为25~100μm。偶尔也可能产生长约5μm、厚约0.25μm的小磨粒	较硬的零件因安装不良或表面开裂等缺陷使坚硬锐利的刃边穿入到较软的表面内,并对其产生切削作用	存在极个别的切削磨粒属于正常情况,但是连续出现许多甚至上百的切削磨粒,表示机器存在严重的切削磨损
	磨粒尺寸较小,一般宽度小于5μm,长度仅数微米且与磨粒的粒度成正比,也可能产生极细的厚度低于0.25μm的线性磨粒	系统的污染物(颗粒、碎削等)嵌入较软的表面内产生切削作用	
球状磨粒	滚动疲劳产生的球形磨粒直径几乎不大于3μm,其他机理产生的球形颗粒的直径一般都在10μm以上	产生于滚动轴承内部,由在疲劳裂纹的内表面上形成的切混层剥离而产生的小磨粒和随滑油进入裂纹的其他正常小磨粒在裂纹内被反复揉搓变形而成。其他机理也可形成,如穴蚀、焊接和磨削工序	这类球形磨粒的大量出现是机器趋于不正常磨损的体现
层状磨粒	极薄,呈不规则形状,表面光滑,且常有空洞和开裂等缺陷,长轴尺寸在20~50μm之间,形状因子约为3∶1	因磨粒黏附在滚动件表面之后又通过滚动接触的碾压作用而形成,也可能是次马氏体层和调和马氏体层之间出现裂缝而形成	层状磨粒可能在轴承的整个运行期内产生,一旦出现疲劳裂纹,其数量即会增加,它的大量出现表明在旋转接触轴承内部存在严重磨损
块状磨粒	呈片状,具有光滑平坦或雕刻似的表面,轮廓线不规则,如有时呈锯齿形,初始尺寸约为10μm,后逐渐增大,最大可达100μm甚至以上,形状因子约为10∶1	相对滚动的表面产生疲劳裂纹并发展到造成材料剥离而形成	块状磨粒的大量出现表明轴承过载或者转速过高

续表

磨粒类型	磨粒形态	磨损机理	机器状态
疲劳剥离磨粒	扁平片或稍厚块状磨粒，具有光滑的表面和不规则的轮廓，轮廓不规则，有一定厚度，表面高低不平。尺寸在几微米至上百微米，片状形状因子约为10，块状形状因子小于5	由表面疲劳裂纹扩展引起剥落形成，或由黏着磨损产生	摩擦副表面出现裂纹，剥落出的块状磨粒，常出现在疲劳中期或者末期
严重滑动磨粒	常有直的棱边，有的磨粒表面有相对滑动引起的划痕，磨损越严重，质变和划痕特性越显著，长轴尺寸在20μm以上，形状因子约为10∶1	由于负荷和速度的增加使磨损表面切应力过高，切混层变得不稳定，出现了局部的黏着和严重的表面塑性流动，较大的游离金属磨粒从表面剥离下来而形成	这类磨粒的出现表明机器的润滑薄膜破裂，大量的这类磨粒出现表明机器处于严重磨损状态，容易发生故障
氧化物磨粒	红色氧化物，平滑的团粒状磨粒	产生于润滑不良的磨损条件，系统滑油中含有水分，是磨损接触产生的滑动磨粒	滑油中含有水分，或滑油不足。锈蚀颗粒或因润滑不良发生氧化磨损产生
	黑色氧化物，表面粗糙不平的堆积物，在白色反射光下表面有蓝色或橘黄色的小斑点，是吸光体，偏振光下不发光	比红色氧化物磨粒更为严重的润滑不良的磨损状态下形成的	机器润滑严重不良

国内铁谱分析与应用大致分为3个阶段，如图6-1所示[111]。

第一个阶段;铁谱数据管理、分析阶段。磨粒识别与磨损状态评估全由人工完成，由计算机完成铁谱分析数据的记录、整理、统计。即对铁谱分析的原始数据进行管理为主，兼有一些简单的数理统计、曲线绘制及基于定量参数的机械状态评定等方面的功能，相应的软件多以“信息管理系统”的形式出现。目前，国内这一类铁谱用户最多，相应的管理软件较多，同时也比较成熟。

第二阶段:磨粒图像的计算机辅助分析识别阶段。以计算机图像处理、模式识别及人工智能为手段，完成对铁谱磨粒图像的定量、定性及机械状态评定、失效分析等工作，部分工作仍需领域专家完成。相应的铁谱分析软件主要有人机交互式、半自动式。

第三阶段:铁谱智能化、自动化监测与诊断阶段。磨粒图像分割、特征提

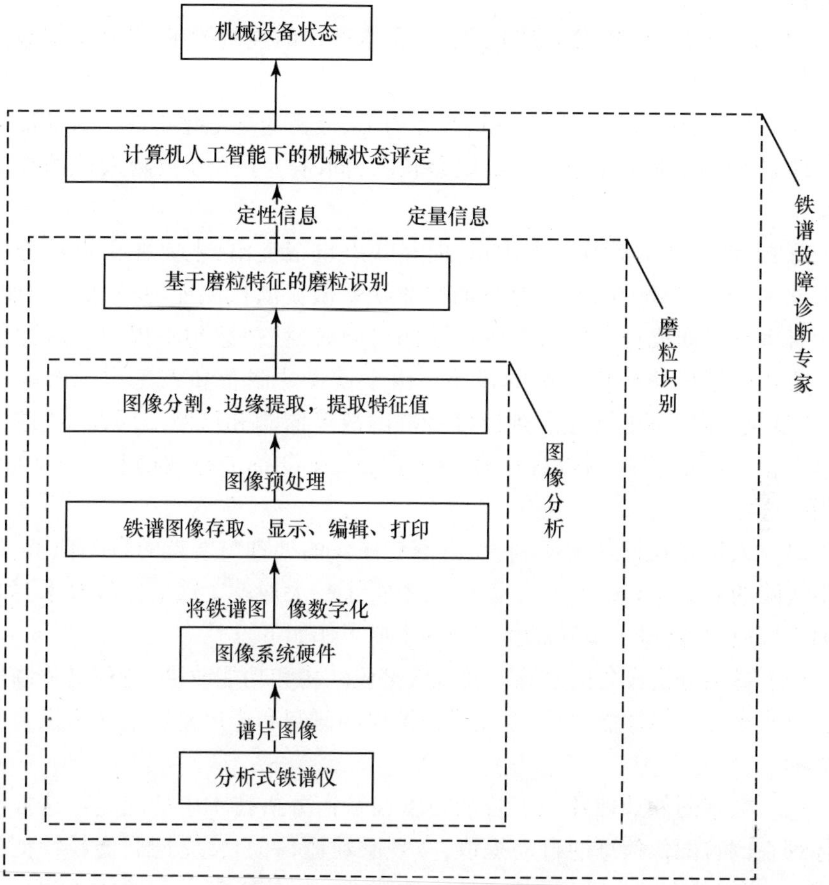

图 6-1 铁谱故障诊断的 3 个阶段

取、磨粒识别与统计、磨损状态监测与诊断全由系统自动完成,不需领域专家参与,是铁谱磨粒识别和磨损状态识别的发展方向和目标。

铁谱分析技术在摩擦机理研究中的应用以及机器状态监测等方面的应用中有以下几个优、缺点。

(1) 具有很宽的磨粒尺寸检测范围和较高的检测效率,能有效地检测从几微米到几百微米甚至毫米级的磨粒数量变化。相比之下,光谱分析技术所检测磨粒的有效尺寸范围在 10μm 以内,而磁塞检测法只能有效地检测出上百微米至毫米级的磨粒。大量检测表明,大多数机器摩擦副磨损产生的磨粒尺寸范围即是几微米到几十微米,因此铁谱分析更加适用于监测及分析机器摩擦副的磨损状态。

(2) 与其他滑油磨粒分析技术相比,铁谱分析技术能同时对磨粒进行定性分析和定量检测。

(3) 能准确地诊断出机器中某些不正常磨损的轻微征兆,具有磨损故障早期诊断与预测的效果。

(4) 对滑油中非磁性颗粒的检测能力低,分析的规范化不够。对油液取样及处理需求较高,随机性大,定量误差较大,同时过于依赖检测人员的技术与经验。

总之,铁谱技术具有很多优点,但其缺点也很突出,主要在于定量分析结果不准确、数据离散性较大、对滑油中非铁系微粒的检测能力较低。例如,在对含有多种材质摩擦副的机器进行监测诊断时,往往感到不得力。对磨粒识别至今仍较多依赖操作人员的经验。由于铁谱片制备和人工识别磨粒耗时多、速度慢,所以不能适应大规模设备群的故障监测和诊断。因此,铁谱分析当前在正常的油液监测过程中较少采用,多在设备进行故障诊断和验证时采用。

研究人员在铁谱仪的研制、铁谱磨粒图像的处理与磨粒的自动识别、设备磨损故障的智能诊断中做了大量工作,取得了较大成就。铁谱分析技术要真正走向工程应用,需进一步发展和完善的主要工作如下。

(1) 铁谱分析设备的改善。通过铁谱仪结构和功能改进,提高谱片制作的自动化水平和整体性能,智能型在线铁谱仪的研制和应用是铁谱分析设备的发展方向。

(2) 数字图像处理及人工智能技术在铁谱分析技术中的应用。这方面主要体现在磨粒图像信息的自动提取,实现磨粒图像的自动分割、磨粒特征的自动提取、磨损状态的自动识别,这是推动铁谱分析技术在设备性能监测与故障诊断中应用的关键。

(3) 利用数据库技术开发铁谱分析信息管理系统,构建工程实用的智能化信息平台,实现铁谱分析数据、铁谱磨粒图像处理应用程序与信息管理数据库之间的互联,真正将铁谱分析技术应用于装备监测和故障诊断工程。

由于磨粒图像复杂多样,距离真正实现铁谱分析技术的在线化和整体智能化仍然有很多问题有待解决:①目前的铁谱磨粒识别过程分为两个明显的阶段,即分割和识别过程复杂,难以实现端到端的对同一背景下多个磨粒目标进行有效分割和识别;②目前的磨粒分割方法需要对铁谱图像进行复杂的预处理过程,此类处理方法难以适用于不同环境条件下拍摄的铁谱图像,分割结果依旧存在过分割或者欠分割的问题,影响后续的磨粒识别过程;③目前的基于模式识别方法得到的磨粒特征不具有代表性,难以表征复杂的磨粒特征,相似度高的严重滑动磨粒和疲劳剥块的分类识别依旧是技术难点;④目前的铁谱磨粒识别过程复杂、模型难以整体调优和设备造价高等缺点，导致铁谱分析技术难以实现在线化和普及应用到工业生产中。

6.4 在线监测与分析

实践表明，利用油液监测技术辨识摩擦学系统的状态特性，在信息处理方法方面存在以下问题。

(1) 油液监测的隐性信息多，造成对操作者经验和水平的过分依赖。

(2) 油液监测获得的信息种类多、表达形式各异，很难用单一的方法和模型加以描述。

(3) 油液监测信息处理的智能化水平低。

为此，需要采用一些计算机图像处理技术以在线识别磨粒特征，主要表现在以下几个方面。

(1) 磨粒原始图像获取质量的进一步改善。包括图像分割、去噪、滤波等，这是为了提高磨粒的识别效率。

(2) 磨粒的图像处理。主要表现在提取谱片上磨粒的信息。颜色特征的提取工作至今仍没有形成一套很好的办法，还不能提取有效的描述磨粒颜色的特征参数。

(3) 磨粒的识别方法。磨粒的多样性和复杂性决定了在其识别过程中输入输出的高度非线性映射，故神经网络成为目前最佳的磨粒识别方法。

铁谱图像识别技术是通过图像处理技术(如滤波、锐化、图像分割等)，把所获取的磨粒图像进行适当预处理以提取磨粒的典型特征，用图像识别技术对铁谱中的磨粒进行识别，获得磨粒信息，从而判断设备的运行状态及磨损趋势。由于铁谱图中磨粒形貌特征的复杂性和一定的随机性，不可能找到两个完全一致的磨粒图像，且各种磨粒在铁谱图像中的分布也具有随机性，不可能完全一致，所以一般模板匹配的图像识别方法(如句法模式识别法)对于铁谱磨粒的识别不是很有效。为了进行故障诊断与分析，需要识别铁谱图像中磨粒的种类及数量等信息，这使模糊聚类、神经网络等方法在铁谱磨粒的识别中方便且有效。

铁谱图像磨粒处理识别的步骤有以下几个。

(1) 获取铁谱图像：如以数码摄像的方式将铁谱图像转化为数字形式，并将其存储于计算机以供分析使用。

(2) 对铁谱数字图像进行预处理，从而达到抑制噪声、提高对比度便于分割的目的。

(3) 以阈值将图像进行二值化分割,把磨粒从背景中分离出来。

(4) 提取磨粒的各种特征参数,如面积、周长等。

(5) 基于所提取的数字特征参数,应用相关理论进行模式识别,将图像中的磨粒归类。

1. 铁谱图像处理

油液中杂质、尘埃等干扰因素众多,磨损微粒图像十分复杂,对其进行预处理是十分必要的,采用的磨粒图像处理过程如图 6-2 所示[110]。

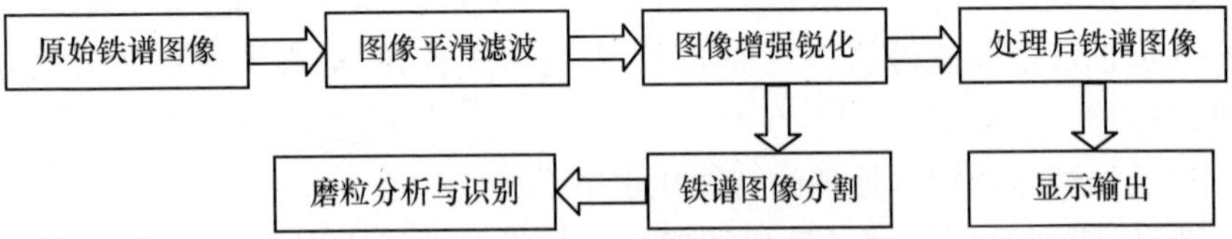

图 6-2 铁谱磨粒图像预处理过程结构框图

1) 图像平滑、滤波

在灰度连续变化的图像中,如果出现了与相邻像素的灰度相差很大的点,这种情况被认为是一种噪声。灰度突变在频域中代表了一种高频分量,低通滤波器的作用就是滤掉高频分量,从而达到减少图像噪声的目的,也可以通过低通滤波来清除噪声。一般地,平滑方法是将原图中每一点的灰度和它周围 8 个点的灰度相加,然后除以 9,作为新图中对应点的灰度,即使用平滑模板 $\frac{1}{9}\begin{bmatrix}1 & 1 & 1\\ 1 & 1^{*} & 1\\ 1 & 1 & 1\end{bmatrix}$(* 表示重点关注的区域),这种方法比较简单。模板虽然考虑了邻域点的作用,但并没有考虑各点位置的影响,对所有的 9 个点都一视同仁,因此平滑效果并不理想,原图像会变得柔和、模糊。因此,引入加权系数,使原模板变为 $\frac{1}{16}\begin{bmatrix}1 & 2 & 1\\ 2 & 4^{*} & 2\\ 1 & 2 & 1\end{bmatrix}$。这种模板也是一个常用的平滑模板,称为高斯(Gauss)模板,可以达到平滑的目的。

同时,还采用中值滤波法,对噪声的去除有很好的效果。这是一种典型的低通滤波器,目的是保护图像边缘的同时去除噪声。中值滤波就是指把以某点 (x,y) 为中心的小窗口内的所有像素的灰度按从大到小的顺序排列,将中间值作为 (x,y) 处的灰度值(若窗口中有偶数个像素,则取两个中间值的平均)。

2) 图像增强、锐化

图像锐化的目的是为了突出图像的边缘信息,增强其轮廓特征,以便人眼和机器的识别。从目的看,它是一种与图像平滑相反的处理过程。图像锐化的方法有梯度算子法、拉普拉斯算子法、模板卷积锐化等方法。本书采用梯度算子法锐化,该方法的计算公式为

$$G[f]=\{[f(x+1,y)-f(x,y)]^2+[f(x,y+1)-f(x-1,y)]^2\}^{1/2} \tag{6-1}$$

为了考虑加速运算,式(6-1)可以简化为

$$G[f]=|f(x,y)-f(x+1,y+1)|+|f(x+1,y)-f(x,y+1)| \tag{6-2}$$

式(6-2)称为罗伯特梯度算子。用这种方法只能反映点与其邻域的差分关系,十分简单地达到了锐化的目的。但是,由于$f(x,y)$在所有灰度变化缓慢的区域内差值很小,$g(x,y)$会变得很暗。解决的办法是设置一个阈值T,从而得到下面的形式,即

$$g(x,y)=\begin{cases}G(f), & G(f)\leqslant T\\ f(x,y), & \text{其他}\end{cases} \tag{6-3}$$

适当选择T值,既可以保持灰度未变化区域的特征,又能有效地增强图像的边缘。

3) 铁谱图像分割

由于采集得到的是彩色的磨粒图像,彩色显微磨粒图像的分割其实是一个典型的单阈值分割问题,其目标是在显微镜的透射光和反射光作用下呈现的区域内将金属磨粒和玻片背景分离开来。

这里的图像分割采用最大类间方差阈值分割法。它是建立在最小二乘原理基础上的聚类分割,其基本原理是:将直方图在某一阈值处分割成两组,当被分成的两组的方差为最大时,决定阈值。

设图像灰度级分布为$0\sim L_i$,图像直方图为$p(i)\,(i=0\sim L)$,表示灰度级为i的像素在整幅图中的比例。设图像由暗目标和亮背景组成,按灰度级用阈值t将图像划分为两类,即$C_0(0\sim t)$和$C_1(t+1\sim L)$。因此,C_0和C_1类的出现概率及均值分别为

$$w_0=p(C_0)=\sum_{i=0}^{l}p_i=w(t) \tag{6-4}$$

$$u_0=\sum_{i=0}^{l}\frac{ip_i}{w_0}=\frac{u(t)}{w(t)} \tag{6-5}$$

$$w_1=p(C_1)=\sum_{i=t+1}^{L}p_i=1-w(t) \tag{6-6}$$

$$u_1=\sum_{i=l+1}^{L}\frac{ip_i}{w_i}=\frac{u_T-u(t)}{1-w(t)} \tag{6-7}$$

其中

$$u(t)=\sum_{i=0}^{l} ip_l,\quad u_T=u(L)=\sum_{i=0}^{l} ip_l \tag{6-8}$$

定义 C_0 和 C_1 类间方差为

$$\sigma_B^2(t)=w_0(u_0-u_T)^2+w_1(u_1-u_T)^2=w_0w_1(u_1-u_0)^2 \tag{6-9}$$

式中，$\sigma_B^2(t)$为阈值选择函数。从 0 到 L 改变 t 值，求式(6-9)为最大值时的 t 值，即求 $\max\sigma_B^2$ 时的 t^* 值。然后用 t^* 值作为分割阈值来分割图像，灰度值小于 t^* 的像素点即认为是目标点，灰度值大于 t^* 的像素点即认为是背景点。但是，该方法针对的对象是图像的灰度直方图。为了进行彩色磨粒图像的分割，系统选取的彩色图像特征是一组适用于多种彩色图像分割的正交特征 I_1、I_2、I_3，即

$$\begin{cases} I_1=\dfrac{R+G+B}{3} \\ I_2=\dfrac{R-B}{2}\text{或}\dfrac{B-R}{2} \\ I_3=\dfrac{2G-R-B}{4} \end{cases} \tag{6-10}$$

显然，I_1、I_2、I_3 为 R、G、B 的线性变换，I_1 反映了图像的灰度特征，I_2 和 I_3 反映了图像的彩色特征。因此，根据不同的图像选取不同的特征，在利用最大类间方差法进行图像分割时，只需将灰度直方图用 I_1 或 I_2 或 I_3 的直方图代替即可进行有效分割。由于玻片图像可以靠其灰度加以区分，因此玻片图像可以选取特征 I_1 作为分割特征。对于有色金属(如铜、铝及其合金等)的膜片图像，一般选取 I_2 和 I_2 作为分割特征。

2. 铁谱磨粒的特征参数描述

铁谱图像十分复杂，干扰因素众多，对整幅铁谱图像进行描述比较困难，而且铁谱技术研究的对象是铁谱图上的磨损微粒。因此，仅需要识别出磨粒的种类、颜色等信息。而磨粒的识别是以磨粒的参数描述为前提，为了进行磨粒识别，对铁谱图上的各磨粒进行特征参数描述是十分必要的，表 6-4 所列为磨粒形态学参数描述。

一般磨粒的特征参数可以分为尺寸参数、形状参数、颜色参数、灰度梯度参数、矩参数、熵与分形参数和其他参数。各类参数具体包括如下。

(1) 尺寸参数：面积、等效直径、综合直径、长轴、短轴、周长等。

(2) 形状参数：长宽比、圆形度、体态比、相位角、细长度、散射度、凹度等。

(3) 颜色参数：R 均值、R 标准差、G 均值、G 标准差、B 均值、B 标准差等。

(4) 灰度梯度参数：灰度均值、灰度方差、梯度均值、梯度方差、灰度能

量等。

（5）矩参数：一阶矩、二阶矩、三阶矩、惯性矩等。

（6）熵与分形参数：熵、灰度熵、梯度熵、分形维数等。

（7）其他参数：磨粒孔隙率、对比度、角二阶矩等。

对磨粒进行目标提取后，就可以计算各磨粒的具体参数值，表6-4列出了部分参数的计算方法及公式。

表6-4　磨粒形态学参数描述[110]

<table>
<tr><th>项目</th><th colspan="2">参数</th><th colspan="2">定义</th></tr>
<tr><td rowspan="4">尺寸</td><td colspan="2">面积 A</td><td colspan="2">$A = \iint_{\Omega} \mathrm{d}x \cdot \mathrm{d}y$</td></tr>
<tr><td colspan="2">等效直径 D</td><td colspan="2">$D = \sqrt{4 \cdot A\pi}$</td></tr>
<tr><td colspan="2">长轴长度 a</td><td>$a = \left(\frac{4}{\pi}\right)^{1/4} \frac{I_{\eta}^{3/8}}{I_{\zeta}^{1/8}}$</td><td rowspan="2">$I_{\eta}$、$I_{\zeta}$ 是二阶要素</td></tr>
<tr><td colspan="2">短轴长度 b</td><td>$b = \left(\frac{4}{\pi}\right)^{1/4} \frac{I_{\zeta}^{3/8}}{I_{\eta}^{1/8}}$</td></tr>
<tr><td rowspan="3">形状</td><td colspan="2">圆形度 R_{b}</td><td colspan="2">$R_{\mathrm{d}} = P_{\varepsilon}^{2}/4\pi A$（$P_{\varepsilon}$ 为磨粒参数）</td></tr>
<tr><td colspan="2">长宽比 R_{l}</td><td colspan="2">$R_{1} = a/b$</td></tr>
<tr><td colspan="2">凹度 C_{V}</td><td colspan="2">$C_{\mathrm{V}} = L/Z$，Z 为磨粒面积的最小参数</td></tr>
<tr><td>结构</td><td colspan="2">孔洞率 E''</td><td colspan="2">$E'' = \frac{n(0)}{n(1)}$，$n(0)$、$n(1)$ 分别为磨粒上白点和黑点的数量</td></tr>
<tr><td>灰度</td><td colspan="2">灰度均值 G_{m}、灰度方差 G_{V}</td><td colspan="2">在磨粒区域，根据统计结果计算</td></tr>
<tr><td rowspan="3">边缘</td><td colspan="2">零点展开的结构圆函数 $H(r)$</td><td colspan="2">$H(r) = S(A-B) = H(0) + H'(0)r + H''(0)r^{2}/2 + \cdots$</td></tr>
<tr><td colspan="2">周长 P</td><td colspan="2">$P = H'(0)$</td></tr>
<tr><td colspan="2">傅里叶边界曲折度 A_{n}</td><td colspan="2">$A_{n} = H''(0)$</td></tr>
<tr><td rowspan="4">分维</td><td>灰度纹理 F_{gl}</td><td>$F_{\mathrm{gl}} = 1 - D_{\mathrm{g1}}$</td><td colspan="2" rowspan="4">设 L_{k} 是对应计数步长 k 时的边界长度，作 L_{k} 对 k 的线性回归，得斜率 D，则分形维数 $F=1-D$。小步长为纹理分维，大步长为结构分维，灰度区域的分维，方法类似</td></tr>
<tr><td>灰度结构 F_{gs}</td><td>$F_{\mathrm{gs}} = 1 - D_{\mathrm{g2}}$</td></tr>
<tr><td>边缘纹理 F_{pt}</td><td>$F_{\mathrm{pt}} = 1 - D_{\mathrm{p1}}$</td></tr>
<tr><td>边缘结构 F_{pb}</td><td>$F_{\mathrm{pb}} = 1 - D_{\mathrm{p2}}$</td></tr>
</table>

3. BP 神经网络在磨粒特征识别中的应用

磨粒识别过程实质上是模式识别过程，即根据磨粒的特征判断磨粒的种类。神经网络磨粒识别过程就是要模拟磨粒特征空间到磨粒类型空间的非线性映射。由于神经网络的并行计算结构，自学习功能及高度的非线性，决定了它非常适合于磨粒识别。神经网络进行磨粒识别时，只需在网络的输入节点处输入磨粒的特征参数，网络即可判断该磨粒的类型。

陶辉等提出了一种融合在线铁谱图像特征信息的磨粒诊断方法，通过对在线铁谱图像进行处理，得到磨粒的相对磨损浓度，再融合熵、惯性矩、能量等纹理特征对图像进行分析、诊断，最后采用 RBF 神经网络技术实现对磨粒的自动识别。广州机械科学研究院结合国内外相关油液监测技术，开发了油液在线监测系统，用于监测滑油黏度、水分、污染度及在线磨粒图像、磨损浓度等参数。南京航空航天大学研发了一套静电传感器和显微图像相结合的油液在线监测系统，通过静电传感器测定磨粒浓度并提供预警信号，利用计算机进行图像采集、处理与磨粒识别，适合于 5μm 以上的磨粒在线监测[112]。

另外，也有采用一些传感器实现在线监测，具体如下。

1）黏度在线监测传感器

ViSmart 是一种在线浸入式黏度传感器，可实时连续测量黏度和温度。深圳先波科技有限公司已成功开发了多种用于油液在线监测的黏度传感器，其中 PQM-1 型复合传感器能实时监测滑油中黏度和磨损颗粒量的变化。基于超声波振动技术研发了 FWS-3、FWS-4 型在线黏度监测传感器，能达到国际先进、国内领先水平，具有精度高、稳定性好、无运动部件等特点。

2）水分在线监测传感器

德国 HYDAC 公司开发的 AS 系列水分测量传感器，广泛应用于液压和滑油系统中，其中 AS3000 还配有数显功能，可以测试温度和水饱和度。Kavlico Lubrigard 公司开发的水分传感器是通过测量油液中介电常数来反映油液含水率的变化。西安交通大学采用 CMOS 摄像头获取滑油彩色图像，从彩色图像的色饱和度分析滑油的含水率。该方法具有可靠性好、抗干扰能力强，适用于含水率 0~5%范围的船舶、海洋、航空、车辆等设备的润滑系统监测和分析。深圳先波科技公司利用电阻抗分析法（EIS）研发的 FWD-1 型传感器，可用于滑油品质和含水量分析。深圳亚泰光电技术有限公司利用以分子薄膜为湿敏分离激励元件的探头，测试油液中微量水分含量。

3）磨损颗粒计数器

颗粒计数技术是通过测定单位体积内不同粒度污染物的数目或重量来对油液污染度进行评定的一种技术。目前油液中磨粒监测方法多种多样，如电磁法、静电法、电感测量法、光散射法、电阻法等。

（1）电磁法。

美国 MACOM Technologies 公司研发的 TechAlert20 型铁颗粒在线监测传感

器，适用于任何尺寸的铁颗粒数量监测，颗粒俘获率可达90%。西安交通大学润滑理论与轴承研究所2005年研发的一种电磁永磁混合励磁的在线式数字图像铁谱传感器，已开始投入应用。该传感器可以调节磁场，实现磨粒的反复沉积，相比单独使用电磁铁励磁可大大减小传感器的体积，并且可以采集铁谱磨粒图像，进而对磨粒尺寸、形貌、颜色等信息进行图像处理分析，从而判断设备运行状态。

(2) 静电法。

应用最为广泛的是加拿大Gas TOPS公司生产的Metal SCAN在线油液监测传感器，它能够全流量在线监测铁磁颗粒，提供被监测颗粒的尺寸范围、颗粒的总质量、超限报警等功能，并已在管道天然气压缩机组、发电厂、船舶推进主机等方面得到应用。南京航空航天大学安全与保障技术研究所设计了一种油液磨粒在线监测静电传感器，可直接安装在油液的回流管道中，适用于不同粒径磨粒的在线监测。

(3) 电感测量法。

美国MACOM公司开发的TechAlert10型传感器，用于测试铁磁性颗粒和非铁磁性颗粒的尺寸和数量，其中铁磁性颗粒的监测范围在50μm以上。中南大学研制了双激励螺旋管式磨粒传感器等，范红波等利用滑油中铁磁质磨粒特性与电感线圈之间耦合关系开发了一种新型的电感式传感器。深圳亚泰光电技术有限公司推出了YM8-D00型金属磨粒传感器。南京航空航天大学研发了基于电感测量的铁磁性颗粒监测传感器，其体积小、灵敏度较高，为油液在线监测提供了一种新的有效监测元件。

颗粒计数技术具有使用简便及检测准确、快速的优点，与铁谱分析技术相比，对技术人员的个人经验没有依赖性。但是由于颗粒技术只进行磨粒含量的测定，只能提供油液的污染度信息，不能识别磨粒的形态以及磨粒的种类，其在故障诊断方面存在着明显的不足。

6.5 油液监测技术的实船应用

铁谱和光谱分析已成为机械故障诊断和工况监测的一种有效手段，在诸多柴油机状态监测手段中滑油的铁谱和光谱分析是可行而又有效的方法。以往的试验和经验表明，铁谱和光谱由于其本身的特点，在监测功能上有各自的优势和不足。因为机械设备运动件含有多种材料的摩擦副，而每一对摩擦副又会出现各种不同的磨损状态，产生于不同摩擦副的磨粒是以不溶的颗粒形式存在于滑油中。光谱可以准确地测定滑油中磨损元素的含量，但不能了解其存在的形状，而且其监测灵敏度又受到磨粒本身粒度的影响，因此无法判断磨损的类型。铁谱可以直观地了解磨粒的形状、大小、成分等重要磨损信息，但对有色金属就不具有与铁系磨粒相同的灵敏度，而且分辨能力不如光谱分析仪。

可见，油样分析的方法有很多，如光谱分析、铁谱分析、磁塞检测谱分析、放射性同位素检测分析等，它们各有其适用范围：光谱分析法仅限于小尺寸微粒（0.1~10μm）；磁塞检测谱分析法仅限于大尺寸微粒（大于 100μm 甚至毫米级）；放射性同位素检测分析法适合于测量极微量的磨损。而最能显示机器磨损特征的微粒尺寸是从几微米到几十微米，在这一磨粒尺寸范围内，铁谱分析法可以胜任。图 6-3 所示为磨粒光谱分析、铁谱分析及磁塞的检测效率与磨粒尺寸的关系。显然，光谱分析对小颗粒比较有效，铁谱分析的大颗粒技术使光谱分析技术对磨粒尺寸的有效范围得到了扩展。所以，联合采用铁谱和光谱技术，可以获得取长补短、相得益彰的效果。表 6-5 所列为不同油液监测方法的检测信息特征，表 6-6、表 6-7 所列为常用的几种油液分析技术的性能比较，以及用不同方法得出结果的可靠性统计[110]。

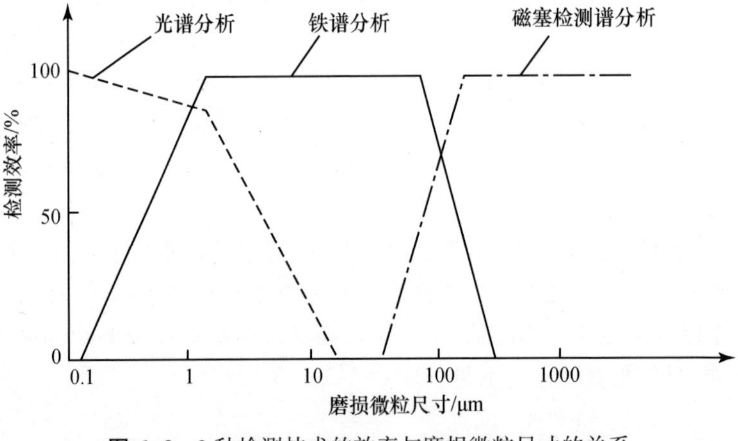

图 6-3 3 种检测技术的效率与磨损微粒尺寸的关系

表 6-5 不同油液监测方法的检测信息特征

检测方法	信息特征
理化分析	机械杂质增加、酸值增加、碱值降低、黏度下降
光谱分析	黑色金属、有色金属磨损状态异常
铁谱分析	铁磨粒、铝磨粒、黑色氧化物、细小亚微米腐蚀磨粒、切削磨粒、红色氧化物、疲劳剥离磨粒、正常滑动磨粒、疲劳剥落磨粒、严重滑动磨粒

表 6-6　油液分析技术的性能比较

项目	铁谱分析	光谱分析	磨粒计数	滤器检测	磁塞
磨粒浓度	好(铁磨粒)	很好	好	好	好(铁磨粒)
磨粒形貌	很好			好	好
尺寸分布	好		很好		
元素成分	好	很好		较好	好
磨粒尺寸范围/μm	大于1	0.1~10.0	1~80	大于2	25~400
局限性	局限于铁磨粒及顺磁性磨粒，元素成分的识别有局限性	不能识别磨粒的形貌、尺寸等	不能识别磨粒的元素成分和形貌等	可采集全部微粒，不能识别磨粒的尺寸分布	局限于铁磨粒，不能做磨粒识别
检测用时间	长	极短	短	较长	长
评价	磨损机理分析及早期失效的预报	磨损趋势监测效果好	用作辅助分析、污染度分析	用作辅助简易分析	可用于监测不正常磨损
分析方法	实验室分析、现场及在线分析	实验室分析、现场分析	实验室分析、现场分析	现场分析	在线分析

表 6-7　各种油液监测分析技术的比较[113]

项目	理化分析	铁谱分析	光谱分析	颗粒计数
定量	准	较准	准	准
微粒形态分析	不可	可	不可	不可
成分分析	不可	可(局限于铁磁微粒)	可	不可
尺寸分布	—	好	—	很好
适用粒度范围	—	1~1000	1~8	1~1000
检测速度	一般	直读式快， 分析式一般	快	较快
分析方式	实验室/在线	实验室/在线	实验室	实验室
实验室条件	一般	一般	高	一般
投资成本	低	一般	高	高

目前,市场上的油液分析仪器包括以下几种:

(1) 油品理化性能分析仪器,如黏度计、滴定仪等;

(2) 光谱仪,如直读发射光谱仪、红外光谱仪等;

(3) 铁谱仪,如分析式、直读式、旋转式等。

油液分析技术涉及的机理、分析内容及使用的仪器见表 6-8,应根据实际需要选择合适的分析仪器[114]。

表 6-8 油液分析技术及仪器

油液分析技术	工作原理	分析内容	典型仪器
油品理化指标及污染度监测	油品物理、化学性能指标的变化,反映油品的劣化变质程度,表明滑油的润滑性能下降,超过一定数值,滑油成为废油。	黏度、酸值、碱值、闪点、水分、机械杂质、颗粒数、积炭、硝化、硫化、氧化、乙二醇	振荡式黏度计、滴定仪、闪点计、T-IR 红外光谱仪(美国 BioRad 公司、PE 公司)、粒计数器、便携式数显污染监测仪、ITS 润滑测试工具箱
油液光谱分析	通过测量物质燃烧发出的特定波长、一定光强度的光,从而检测磨粒的元素成分及含量、浓度监测设备运转状态、磨损趋势,判断磨损部位	金属磨粒元素成分及含量、浓度值、添加剂元素成分浓度、杂质污染元素成分及浓度	直读式发射光谱仪,超谱 M 型、Jr 型、Jr+型光谱仪,ICP 超谱型光谱仪(美国 SPEC-TRO 公司),FAS-2C 型 MOA 型光谱仪(美国 Baird 公司),帕尔金 ICP 光谱仪(美国 PE 公司)
油液铁谱分析	借助高梯度、强磁场的铁谱仪将油液中的金属磨粒有序分离出来进行分析,从而监测设备运转状态、磨损趋势,判断磨损机理	磨粒尺寸、磨粒数量、磨粒形貌、磨粒成分	分析式铁谱仪、直读式铁谱仪、旋转式铁谱仪

总之,理化分析主要通过测量油品的黏度、闪点、总碱值等指标来分析滑油的状况。光谱分析能快速、准确地提供滑油中多种元素浓度,对小于 10μm 的磨粒反应灵敏,每种元素都精确到 10^{-6};铁谱分析对摩擦学故障机理有较强的解释性。铁谱分析通过对机械设备中磨损磨粒的形状、尺寸、颜色、数量及分布等方面进行定性、定量监测,能够获得大量丰富的故障隐患信息,尤其对异常磨损故障机理分析和早期、突发性故障的预防有较大的优势。由此可见,油液综合分析方法对机械设备故障诊断的准确度可以大大提高。图 6-4 是一个比较完整和成熟的油液分析综合诊断技术的工作流程。

实船应用中,一般的做法是先对同一设备在不同换油期内的油样进行原子光谱分析,并依据油液中磨粒元素的浓度建立监测基准线。在以后的监测过程中若发现元素浓度偏离基准线过多,则结合铁谱技术对磨粒的成分及形态进行

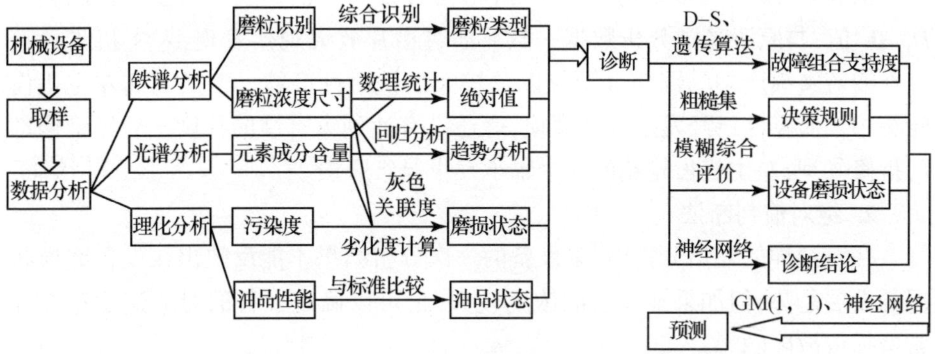

图 6-4 油液分析综合诊断技术工作流程框图

分析,以探明磨损部位及磨损机理、诊断设备的失效类型。一般采用以下几种分析方法[115]。

1. 横向比较法

横向比较法适用于在相同工作环境下的同类运行设备,比如同一艘运输船的相同型号的主机、辅机、空压机、齿轮箱和尺寸型号相同的轴承等。

2008 年 10 月 5 日对某运输船左、右主柴油机的两台齿轮箱通过原子光谱分析得出的有关元素的浓度(质量分数)数据见表 6-9。从表 6-9 中可以发现,左主机齿轮箱的铜元素含量比右主机齿轮箱的铜元素含量高出近 5 倍,这足以断定左主机齿轮箱的磨损程度大于右主机齿轮箱的磨损程度。为确定左主机齿轮箱磨损的程度和机理,又对油样进行了铁谱分析,直读式铁谱分析数据见表 6-10。

表 6-9 原子光谱分析数据

单位:μg/g

元素	Fe	Cr	Pb	Cu	Sn	Al	Ni	Ag	Si	B	Na	Mg	Ca	Ba	P	Zn
左主机齿轮箱	8.4	0	11.0	108	0.2	0.3	0	0	2.7	1.1	6.6	1.1	61.0	332	1465	950
右主机齿轮箱	4.1	0	5.0	21.8	0.1	0.3	0	0	4.5	3.6	6.3	0.8	21.9	177	588	359

表 6-10 直读式铁谱分析数据

读数	D_L	D_S	$(D_L-D_S)/D_S$	$(D_L-D_S)/(D_L+D_S)$
左主机齿轮箱	35.7	16.4	1.176	0.3704
右主机齿轮箱	16.9	10.0	0.689	0.2502

从表 6-10 中可以看出,左主机齿轮箱的 D_L、D_S 值均大于右主机齿轮箱的 D_L、D_S 值,与原子光谱分析数据一致。通过谱片放大观察发现,左主机齿轮箱存在疲劳磨损产生的铜合金颗粒以及较大的铁磁性磨粒。于是判断左主机齿轮箱中铜质零件已经发生异常磨损,但还没有达到灾害性的程度。后经维修部门拆修发现,左主机齿轮箱的一个轴承发生异常磨损。

2. 绝对值判断法

在对油样的光谱分析中,某设备的一次分析结果不能反映出该设备磨损状况的发展趋势,但如果某元素的浓度较大,也可以确定设备的对应部位存在异常磨损或故障隐患。

如某船柴油机滑油的光谱分析结果中,发现钠、镁元素质量分数分别为 890μg/g 和 250μg/g,由此初步判断油样中混入海水。为了进一步验证分析结果,对该油样进行水分检测,检测结果中的质量分数为 3.7102%,从而断定柴油机滑油中混入了海水。后经拆修发现,柴油机冷却管路泄漏,海水由齿轮进入到润滑系统中。

如 CCS 和 NK 对油样光谱分析的监测元素及参数标准极限值做出了具体要求,两家船级社要求的分析项目和参数标准参考值如表 6-11 所列。

表 6-11　光谱分析项目及标准参考值

分析项目	金属含量(CCS)/(mg/kg)	金属含量(NK)/(mg/kg)	
铜(Cu)	50	50	ICP(SOAP)
铁(Fe)	30	50	ICP(SOAP)
锡(Sn)	10	20	ICP(SOAP)
镍(Ni)	10	10	ICP(SOAP)
铬(Cr)	10	10	ICP(SOAP)
锑(Sb)	10	—	—
硅/矽(Si)	40	—	—
钠(Na)	50	80	ICP(SOAP)
铅(Pb)	40	20	ICP(SOAP)
40°时黏度/(m^2/s)	至少 70	—	—
水(H_2O)	0.5%	1%	沉淀 24h
铁谱分析/(WPC①/mL)	—	30	直读式

注:①WPC 表示磨损颗粒计数。

对于螺旋桨轴的状态监测,劳氏船级社给出了极具参考价值的评估分析结果,如表 6-12 所列,此系列结果对螺旋桨轴的趋势分析是很重要的。当该表和最近 3 次分析结果结合使用时,对机械设备和滑油工况的合理评估很有帮助。

表 6-12 螺旋桨轴滑油分析化验及警戒量

油化验状况	可能的原因	可能产生的问题	警戒量
黏度增加/cSt	氧化、不溶解、重油污染	润滑效能下降,沉淀物	大于 25%
黏度下降/cSt	轻油污染	润滑低劣,油泄漏	—
水分增加/%(体积分数)	艉部密封泄漏	乳化、油沉淀、生锈、微生物侵蚀、滑油低劣	大于 1%
酸性增加/(mgKOH/g)	氧化,因为过度加热、污染、磨屑	黏度增加、润滑低劣、沉淀物、腐蚀	大于 1%
不溶性增加/(mg/kg)	氧化、磨屑、污物	黏度下降、磨损	大于 0.15%
金属成分增加/(mg/kg)	污染物及磨屑	可能的来源: 轴承 轴/铁锈 轴承 艉部密封 沙粒/灰尘 盐水 盐水/滑油添加剂 艉部密封/轴承 轴	锡大于 10 铁大于 10 铅大于 10 镍大于 10 硅大于 10 钠大于 10 镁大于 10 铜大于 10 铬大于 10
微观分析	非金属轴承磨损	轴承磨损及过热	*

注:* 推荐进行颗粒的微观分析以说明失效过程,并且若可能,则使用非金属轴承或密封材料。

3. 摩擦副主要元素判断法

对于不能进行参考比较的设备,仅从原子光谱的元素含量浓度值很难确定设备的磨损状态。如在对某船柴油机进行原子光谱分析发现,作为摩擦副的主要元素铁、铜、铅质量分数都在 100μg/g 以内。于是对油样进行了铁谱分析,在谱上发现大量铁磁性金属磨粒,有的可以看见明显划痕,从形态上分析这些磨粒是严重滑动磨损所致。这种磨粒的存在说明柴油机产生了异常磨损的迹象,并有恶化的趋势,后经工厂抢修找到了故障隐患及原因,并及时排除。

相关研究表明,在机械设备运行期间,油液中的磨粒粒径 d 为 2~20μm 时,设备从正常运行开始慢慢出现轻微磨损;当磨粒粒径为 20~70μm 或者更大时,会出现异常磨损。金属平均磨粒尺寸大于 100μm 时,可以认为液压系统中出现了严重磨损,且随着磨损加剧,磨粒的尺寸和数量都有所增大。通过感知磨损过程中的摩擦学特征信息,包括摩擦因数、液压油中磨粒尺寸、磨损形貌、磨损体积、振动信号等特征,可以评估或预测转叶式舵机叶片密封件的磨损状态,从而判断其故障形式,为延缓故障、指导更换密封件提供理论依据,最终防止液压油泄漏、转舵失灵等功能性故障[116]。

4. 前次数据比较法

对于油液原子光谱分析数据的评判,应该比较前次数据才能得出正确的结论,特别是远洋货船,对其主要的设备应该定期进行监测分析。例如,对某远洋货船的滑油油样共做了 28 次原子光谱分析,表 6-13 所列为柴油机第 28 次、27 次、26 次油样原子光谱分析数据。从表 6-13 中可以看出,这 3 次油样各元素浓度值都比较低且十分接近,表明柴油机磨损状态正常[117]。

表 6-13 柴油机 3 次油样原子光谱分析数据 单位:μg/g

元素	Fe	Cr	Pb	Cu	Sn	Al	Ni	Ag	Si	B	Na	Mg	Ca	Ba	P	Zn
第 28 次	10.9	0	4.7	1.9	1.0	2.1	1.6	0.1	9.2	0.2	21.4	0.1	3.012	20.6	417	524
第 27 次	8.7	0.2	3.8	2.7	2.2	0.3	0	0.3	7.6	0.3	20.0	0.2	1987	17.9	398	550
第 26 次	20.2	0.4	4.4	2.4	1.5	1.3	0.1	0.0	6.0	0.4	22.3	0.3	2312	19.7	452	495

为了做到万无一失,对这 3 次油样分别进行了铁谱分析,从 3 张谱片上可以看出磨粒浓度比较低。主要磨粒是正常磨粒和片状磨粒,加热后大多数呈草黄色,少数呈蓝紫回火色,表明柴油机为正常磨损状态。

或者利用光谱分析中的某元素含量的相对变化率,如

$$R_{c1} = P_{t1+1}/P_{t1}$$
$$R_{c2} = P_{t2+1}/P_{t2}$$
$$\vdots$$
$$R_{cn} = P_{tn+1}/P_{tn}$$

式中:R_{c1} 为光谱分析的特性参数;P_{t1} 为机械设备第 1 种磨粒的第 t 次的光谱分析数值(mg/kg);P_{t1+1} 为机械设备第 1 种磨粒的第 $t+1$ 次的光谱分析数值(mg/kg);n 为机械设备的磨损特征元素种类。

通过试验研究认为,当某光谱特征参数 R_c 超过 3 后,机械设备发生故障的可能性将大大增加。

表 6-14 所列为某船主机的油液检测光谱分析磨损特征元素数值和特征参数,滑油取样间隔周期为 4 个月。铁、铜、铅和锡均为大型低速二冲程柴油机主轴瓦的磨损特征元素。当第 5 次取样光谱分析发现,磨损特征元素的数值出现突变,并且光谱特征参数 R_c 超过 3,立刻建议船东拆瓦进行检查。经检查发现,主机第 5 缸的连杆大端轴瓦出现严重龟裂,从而及时避免了主机发生抱瓦的严重事故[118]。

表 6-14　某船主机的油液检测光谱分析磨损特征元素数值和特征参数

磨损特征元素	第 1 次		第 2 次		第 3 次		第 4 次		第 5 次	
	数值	R_c	数值	R_c	数值	R_c	数值	R_c	数值	R_c
铁(Fe)	12	0	15	1.25	25	1.7	30	1.2	100	3.3
铜(Cu)	2	0	3	1.5	4	1.3	5	1.25	17	3.4
铅(Pb)	3	0	3	1	5	1.7	6	1.2	18	3
锡(Sn)	1	0	1	1	2	2	4	2	13	3.3

表 6-15 所列为某船发电机的油液检测光谱分析磨损特征元素数值和特征参数,滑油取样间隔周期为 4 个月。铁为缸套、活塞环和轴瓦的磨损特征元素,而铜、铅则为高速四冲程柴油机轴瓦的磨损特征元素。第 4 次取样光谱分析发现,轴瓦的磨损特征元素的数值变化正常,而缸套活塞环的磨损特征元素的数值出现突变,并且光谱特征参数 R_c 超过 3,立刻建议船东吊缸进行检查。检查发现,第 4 缸的活塞环和缸套磨损已超过说明书的极限标准,及时更换活塞环使发电机的运转状况得到恢复。

表 6-15　某船发电机的油液检测光谱分析磨损特征元素数值和特征参数

磨损特征元素	第 1 次		第 2 次		第 3 次		第 4 次	
	数值	R_c	数值	R_c	数值	R_c	数值	R_c
铁(Fe)	21	0	28	1.3	36	1.3	136	3.8
铝(Al)	3	0	3	1	4	1.3	14	3.5
铅(Pb)	3	0	3	1	5	1.7	6	1.2
铜(Cu)	2	0	3	1.5	4	1.3	5	1.25

表 6-16 所列为某船艉轴的油液检测光谱分析磨损特征元素数值和特征参数,滑油取样间隔周期为 6 个月。铁、铜、铅和锡均为艉轴的磨损特征元素。当第 4 次取样光谱分析发现,磨损特征元素的数值出现突变,并且光谱特征参数 R_c 超过 3,立刻建议船东拆艉轴管进行检查。检查发现,艉轴管及密封环出现异常磨损,从而消除了艉轴的严重故障隐患。

表 6-16　某船艉轴的油液检测光谱分析磨损特征元素数值和特征参数

磨损特征元素	第 1 次		第 2 次		第 3 次		第 4 次	
	数值	R_c	数值	R_c	数值	R_c	数值	R_c
铁(Fe)	5	0	8	1.6	13	1.6	53	4.1
锡(Sn)	2	0	3	1	5	2	16	3.2

续表

磨损特征元素	第1次		第2次		第3次		第4次	
	数值	R_c	数值	R_c	数值	R_c	数值	R_c
铅(Pb)	3	0	3	1	5	1.7	18	3.8
铜(Cu)	2	0	3	1.5	4	1.3	13	3.25

5. 不确定数据重点跟踪

取样是油液监测工作的重要组成部分,获取正确的油样可以得到表征油液性能变化和设备磨损状况的真实信息,为设备故障诊断与决策提供科学依据。油液取样应根据不同设备的结构、监测目的、使用状况,明确取样范围、取样位置、取样时机、取样周期、取样方法和注意事项等。取样应由专人负责,根据设备不同的监控要求,采取不同种类的油样。不当取样会造成油液监测中的不确定数据,消除不确定数据影响的方法只能是重新采样并重新监测。

采样工作一般由船上轮机人员完成,柴油机润滑系统不是每处都一样,因此油液的采样必须满足两个基本原则:一是所取油样能够代表整个系统油液的品质和污染状况,即确保分析结果有代表性。基于这一点,船舶柴油机选在冷却器(或过滤器)至柴油机之间的管路采样,采样频率定为1次/1000工作小时,每次取样点尽量做到一致以利于趋势分析;二是整个采样过程中确保滑油不被污染。油液采样是否规范,直接影响到对机械设备的工作状态与油液品质的预测结果,甚至会产生误导作用,严重影响分析结果的可靠性。

取样时应注意以下几点。

(1) 取样点应尽量选择在滑油过滤之前,并且不能从油管的死角、底部、侧部取样;

(2) 由于大多数磨粒的密度大于油液,为防止磨粒沉淀,取样时应尽量选择在柴油机运转时或刚停机时取样;

(3) 取样时应始终在同一位置、同一条件下进行,由于是在运转过程中取样,所以取样时保持柴油机的转速和负荷不变。

具体取送油样时,应注意的事项有以下几点。

(1) 每次取样都应在机械设备运行一定时间,待系统中油液的工作参数达到额定值后进行。一般情况下,取样应在设备运行状态下进行。特殊情况必须停机取样时,应在停机后立即取样,最长不应超过1h。

(2) 每次取样前要先清洁取样阀的外部,防止污染物落入样液中,同时必须保证取样口周围清洁,无污染杂质。

(3) 每次取样前先打开取样阀放出1L左右的油液冲洗取样阀,然后再将油液放入油样瓶中,以保证送检油样的均匀性与代表性。

(4) 取样时要防止取样管下端接触油样。取样后应立即将样品瓶外表擦干净,贴牢标签,防止脱落,并保持标签清洁、字迹清楚,尽量避免油渍污染。

(5) 专用油样瓶和标签纸由油液检测实验室统一提供。油样瓶内部的清洁度应高于油液的清洁度,以防影响油液分析结果的正确性。

(6) 取油样的数量应满足油液分析所需。对有特殊要求的或异样的样品可增加油样。对新油进行检测时,油样量需根据检测项目另定。

(7) 取油样的同时应记录机械设备当时的各种参数,以便日后对其进行综合分析。

(8) 为避免油样在船存放时间过长影响分析结果,正常情况下应选择在到港前一天进行。

(9) 若首次对设备进行油液监测取样送检时,还应提供一个与该设备所取油品牌号完全相同的新油作比较用。当该设备更换不同牌号的油品时,应重新送一该牌号新油油样,以确保监测结果的连续性与准确性。

日本船级社对船舶螺旋桨轴油液取样时的注意事项也作了要求,包括周期(至少6个月)、尽量在正常航行中取样、取样数量大概在200mL并在充分放残后于同一位置取样,还对取样位置做了要求。同时,NK要求在取样时记录以下参数,包括循环油液温度、艉轴管轴承温度、取样日期、滑油型号、滑油使用时间、总油量和滑油消耗率等。

CCS则对油品理化分析的作用给出了具体说明:①能够测量并评定滑油品质变化,如氯化物含量、氧化、硫化及添加剂劣化等;②能够测定滑油中杂质,如尘垢、燃油稀释及水分稀释等;③能够测定滑油性能的变化,如黏度、总酸值、总碱值等。同时明确规定,油样分析时一定要进行油品理化分析。

第7章

机舱的日常管理与智能运维

要实现船舶机舱的智能运维,首先要了解现有船舶的日常运维与维修管理工作,以便探讨未来船舶智能运维的可能性。众所周知,船舶维修保养工作对船舶航行安全非常重要,体现在以下3个方面[119]。

1. 船舶航行的安全保障

据海事数据网统计可知,20世纪世界范围内发生的海难事故中,船舶海损、机损以及海洋污染事故的发生80%与人为因素有关,而人为因素中,最主要因素是海上船舶检查和维护不当。例如,在航行过程中,因检查和维护工作存在疏漏,在船舶进入航运前,未能及时发现船舶强度不足、机器设备的缺陷问题或救生设备和通信设备工作不正常等问题,这些问题给航运安全埋下了潜在的隐患,均可能直接或间接引发海难事故。此外,检查和维护工作的疏漏还会导致船舶故障和险情发现太晚,错过最佳维修保养时期,进而酿成无法挽回的海损事件。由此可见,做好船舶的维修保养工作,对于保证航运安全具有十分重要的意义。

2. 提升船舶营运率

在船舶航行期间,维修保养工作越到位维修期越短,营运率就越高。长期处于可有效使用状态,设备故障率以及各种安全事故的发生率均将得到有效控制,并大幅度降低。这样,船舶在厂维修时间也将大幅度缩减,营运率自然会相应提高。

3. 降低船舶营运成本

作为航运企业营运成本控制的重要组成部分,船舶维修保养成本可直接通过良好的管理来进一步控制和压缩。船舶维修保养得当,可使船舶的性能长期处于稳定状态,使用寿命得以有效延长,船舶修理项目也会相应减少,船舶设备将处于高效率运转状态中。船舶管理不善的企业花费的船舶维修保养费用比船舶管理良好企业增加很多,做好船舶维修保养工作对于降低船舶营运成本具有重大意义。

7.1 船舶机舱的常规运行操作

7.1.1 开航前的工作

1. 开航前的检查

船舶在开航之前需要做许多的准备工作,需要特别注意如下几点。

(1) 在船舶开航之前,要做好机舱的备车准备。首先要起动发电机组,以保证电气供应以满足不同的负载需求,具体包括起动原动机、将发电机并入电网、均分交流发电机的负载、对电源和运行中用电设备进行安全和操作检查。

(2) 在起动长时间停机或大修后的发动机之前,必须将曲轴箱、空气和排气总管、进气口等发动机重要位置上的工具、吊环螺栓、起吊装置、破布和碎屑等清空。对于换装了新活塞环的发动机,需要磨合以使新活塞环适应气缸套。带有一个或多个装有新环活塞的发动机应该起动并在磨合模式下运行,至少6h以上时间逐渐增加负载。在带有单独的气缸油润滑注油器的发动机上,应在磨合期间逐渐增加给油量,将纯矿物气缸油输送到再循环气缸中。

(3) 必须验证液位和质量。如果冷却液、滑油或燃料的状况有任何异常或不确定,则应将系统排空并重新充满。在主发动机上,滑油应通过净化器进行循环保持在正常温度。

(4) 在安装电动冷却泵的大型发动机上,起动的一个冷却泵(在每个回路中)会使冷却水加热到工作温度,冷却系统中的气泡在高点被排出。海水冷却泵起动时,冷却液在其海水侧排出。

(5) 在安装了独立的滑油循环泵的情况下,起动其中一台循环泵,并确保所有轴承和维修点的流量。在带有预润滑泵的发动机上,这些泵应该一直运转到所有轴承都浸润滑油。手动操作十字头发动机气缸润滑器,直到所有气缸都接收到油。

(6) 空气和排气总管中排气管都打开,每个气缸上的指示器旋塞都打开。如果有的话应该使用压缩释放装置。如果发动机直接连接,则动车需要先得到驾驶室的同意。在检查确认所有部件都正常后,发动机通过盘车器或盘车机转动数圈,以确保不受干扰并在轴承上建立油膜,还要确保油缸和总管不含水。然后必须脱开盘车器或盘车机。如果可能的话,应手动旋转涡轮增压器以确保其能自由旋转。

(7) 燃油系统已就绪并排气。大多数重油运行的发动机都是在轻油燃料的基础上起动的,只有在起动后才转入重油。如果发动机直接使用重油起动,引擎会通过增压泵在再循环管路打开的情况下起动。蒸汽进入加热器,蒸汽跟踪加热燃料管路,并且在适当的情况下连接到冷却回路。燃料通过加热器(和一些发动机上的喷射器)再循环,直到喷油嘴处有预热燃料,或者系统需要时会尽可能加热燃料。在用压缩空气起动的发动机上,起动空气瓶应充满并释放水分。

(8) 进行检查以确保所有的计量阀都打开,所有传感器就位并连接,并且备用泵全部可控且处于待机状态。确保安全装置,包括互锁装置和警报都经过测试。

(9) 在起动直接连接螺旋桨的推进发动机之前,必须获得驾驶室许可。此外,如果螺旋桨固定不动,主机应立即停机,以避免对船舶造成冲击并拉紧停泊线和系船柱。

(10) 主机倒车时,凸轮轴和起动空气分配器设置在所需的方向上。油门设置为起始位置,通常约为最大值的 25%。起动空气进入起动阀,当起动阀打开时,发动机将在着火之前旋转 1~2 圈。随着发动机加速,油门重新定位到怠速状态。如果安装并使用减压装置,则恢复到正常设置。

(11) 如有可能,应允许发动机在轻载状态下预热。如必须立即施加高负荷时,应该施加最低的初始负荷并逐渐增大负荷。应遵循发动机制造商的建议,起动后立即检查所有系统是否正常运行。

(12) 在装有附加泵的发动机上,起动时应启用独立的电机驱动泵,直到发动机稳定运行并且车钟上显示"全开"才可以停止。如果电动泵配备自动待机功能,则应将电动泵转到自动待机状态。

2. 起动柴油发动机前的检查

在起动柴油发动机之前需要以下几个步骤,特别是第一次起动柴油机,最好能一直遵循该步骤。

(1) 检查发动机的所有运动部件是否经过调整、对齐和润滑,包括阀门、凸轮、阀门齿轮、燃油泵、燃油喷射系统、调速器、润滑器、油泵和水泵以及主要的驱动机械。

(2) 检查整个发动机和机器是否存在松动、螺栓断裂、连接松动、冷却水接头或阀门的泄漏。切记,所有应该上紧的部件都不应松动,所有活动部件都不应锁死。

(3) 检查工具板上的所有工具,确保没有遗漏任何工具。当发动机运转前,可能需要使用这些工具,如果遗漏并放置在发动机上,它们很可能会脱落并损坏发动机运动部件。

(4) 检查燃油、滑油、水和空气以及所有管道和阀门是否堵塞,并调节、清洁等。如果发动机闲置了一段时间或刚刚投入使用,则必须特别小心地检查管道系统中是否存在异物。在后一种情况下,建议用压缩空气喷吹整个管道系统。

(5) 对润滑系统进行全面检查,以确保所有位置均有滑油存在,注油器和所有单独上油的轴承都有足够多的清洁油,所有滑油箱都已充满。应检查注油器的功能是否正常,以及输送油量的多少,并注入适量的滑油。应该用手推动注油器,保证其供油部件都已被充分润滑,确保发动机在开始转动的瞬间能够获得充分的润滑。

(6) 检查冷却系统,如果是电动泵则应事先启用;在起动之前,必须打开吸入管路将水排出发动机。之后应正确调整水的循环量,同时预热发动机。

如果发动机有油冷活塞,并通过专用泵输送滑油,则起动滑油泵并将压力调整至铭牌上标明的压力或者在发动机制造商的说明书中找到对应的压力。

(7) 必须全面检查燃油系统,确保管路清洁,泵都正常工作,并且油箱中有足够的燃油。然后给燃油喷油泵注油,并从相应的阀口中排出空气和水,一到两个冲程就足以将油泵注到燃油喷油泵中。应小心不要让太多的燃油进入燃烧室或气缸,以免在第一次着火时产生过高的压力导致安全阀爆裂,并且不应让燃油进入曲轴箱。但是,燃油泵必须充分注入燃油,以便每个喷油嘴的输油管都注满油。燃油控制杆设置为开放状态,以便立即开始喷射使燃油泵控制器应处于 FUEL-ON 位置。

(8) 应检查每个气缸盖上的安全阀。根据发动机允许的最大压力,这些阀门设定在 5.17~8.62MPa 压力下弹出。阀门暴露在高温气体下会有黏着的可能,可以用撬棍压缩弹簧,或拧下盖子并取出阀门来检查。

(9) 如果一段时间没有运行,发动机应该先转动 1~2 圈。要做到这一点,必须打开示功考克或安全阀,手动用杆插入飞轮中,或用盘车机或气动马达(视情况而定)将发动机转动几圈。然后,示功考克应该在发动机起动位置时关闭。一个气缸的起动气阀打开,活塞在顶部上止点后约 10°。

(10) 必须检查空气瓶内的起动空气,以确保其达到所需的压力。如果压力不足则必须升压。在检查主控制阀关闭之后,必须打开从空气瓶到起动主控制阀的起动空气系统。

(11) 发动机负载应该关闭。如果发动机带着发电机,开关应该打开;如果装有摩擦离合器,离合器应该处于空挡位置。如果发动机驱动泵或压缩机,旁路应打开。

3. 起动发动机

做到了上述预备起动的11个步骤以后,即可使用压缩空气起动。

(1) 打开主起动空气阀,按照发动机说明书中的说明操作起动杆。

(2) 监控主机,不应使用多余的起动空气。在出现第一次着火迹象后,应切断起动空气并打开通风阀。处于良好状态的发动机通常在曲轴旋转2~4圈时起动。

(3) 如果发动机在曲轴旋转4~5圈后仍不能起动,表明发动机出现问题,应停止转动发动机,并调查故障原因。

当发现压缩空气压力过低时,无论是接头泄漏导致起动空气损失,还是发动机第一次起动失败导致的起动空气压力低,在没有空气压缩机泵压的情况下,可以使用以下几种方法得到必要的起动压力,但绝不应使用纯氧作为起动空气:使用分空气瓶中的压缩空气输送到发动机中,或者使用干冰气瓶中的二氧化碳为空气瓶充压。这种气体在常温和约800psi(1psi=6.895kPa)的压力下是液体,需要加热将液态二氧化碳气化,这种热量可以通过将热水倒在气瓶上或通过热抹布来施加。

7.1.2 机动航行

当船舶在港内或内河航行时,需要经常调整航速、航向,频繁改变主机的工况。推进主机可能受到直接机械联动或气动机构、液压或电动伺服电机的控制,并且可以在发动机的本地控制台或集控室或驾驶台上的远程控制台上进行控制。一旦发动机准备好起动,在辅助系统正常运行的情况下,可以将控制权转交给远程控制台。基于远程控制台和发动机之间的自动化设备,当控制台的操作员改变速度或方向时,不需要了解完成改变所需的程序细节,只要有足够的设备支持就可以完成操作。

柴油发动机的转速和负荷控制是通过控制燃油泵的油门大小来实现的,这些燃油泵机械连接以同步运行。在某些安装中,油门大小可能由操作员直接控制,但在大多数情况下,它们由调速器控制,调速器的设定值由操作员调整。但需要运行大负载电动装置如侧推器时,应优先卸载非必要用电设备,并在电网正常时恢复其供电。

发动机直接驱动定距桨时有时处于倒车状态。为了遵守停车命令,必须通过将油门移动到零位来停止发动机本身。然后,当要求正车或后退时,凸轮轴和起动空气分配器应控制在适当的方向上,油门设置在起始位置,压缩空气允许重新起动发动机。如果为响应停车命令而切断燃油时船未停船,直到使用反向起动空气停止发动机,或直到使用轴制动器刹车前,发动机将继续由螺旋桨带动旋转。

在定距桨装置中，将反转的发动机紧固在螺旋桨轴上（通常在传动装置上），发动机可在操纵前预热。正常的操纵可以如上所述，离合器始终接合；或者可以用轴制动器将传动轴固定，并松开发动机使其空转来实现停止。然而，如果要反转螺旋桨，必须先停止发动机，将凸轮轴和起动空气分配器换向后将发动机再次反向起动，并接合离合器。

不可反转式发动机通过反向传动装置驱动定距桨时，必须安装轴制动器。通过将发动机转速降至怠速，松开啮合齿轮，使用轴制动器停止轴的转动，将离合器接合在后退齿轮系上，然后将发动机转速提高至所需的设定值来实现倒转。在这种布置中，通常将离合器的接合和制动器的制动编程一套用一个操纵杆控制的程序。

每次使用起动空气后，压缩机通常会自动起动，为空气瓶重新充气。在紧张的机动期间，压缩机可能会持续运转，使气瓶完成充放气循环。在大多数情况下，空气瓶和油水分离器会安装自动排水阀。如果未安装，必须经常手动排水。

最低发动机转速通常为额定转速的25%~40%，除非传动系统中包含滑动离合器或使用电驱动；否则发动机最小转速将决定最小轴转速。为了保持大多数使用定距桨的船舶低速航行，要求发动机能够停止后重复起动，或者在装有离合器的情况下，重复进行离合。如果有禁用转速范围，发动机应尽快通过该转速范围。

带有调距桨的船舶可完全通过桨距控制进行操纵，发动机转速在操纵期间应保持恒定，为额定转速的75%~90%。

在机动期间，所有支持系统和发动机仪表都应受到监控。根据目前自动化的程度和条件，需要进行调整以将温度和压力保持在正常范围内。二冲程发动机上的辅助鼓风机应该在发动机输出功率较低时运行。

如果发动机空转或长时间在低负荷下运行，增压空气冷却水会自动（或手动）调节以保持充气温度高于进气温度以避免在总气管中发生冷凝。在增压空气冷却器被冷却水冷却的情况下，通常可以将增压空气温度提高到远高于环境温度，以帮助确保及时着火，帮助燃烧并避免硫酸在气缸中发生低温腐蚀。对于使用重油操作的发动机，如发动机长时间空转，建议切换到轻油燃料，但这通常是通过混合油柜逐渐完成的，因为燃料温度突然降低会导致注油泵堵塞。

在离港操作完成后，发动机应在海上航行至少1h以上再逐渐增加负荷。

7.1.3 定速航行

当船舶驶离港口或内河并进入海上航行时,就进入稳定运行状态。在稳定运行期间,定期监测所有发动机指示器和所有支持系统,并根据需要进行调整。即使在拥有众多自动化设备的船舶,轮机员也应定期在发动机周围检查,查看发动机异常噪声,寻找是否有泄漏和异常振动,并检查观测孔和液位。趋势记录对于常规维护和避免意外故障的发生非常重要。

在海上,燃料每天都会被转移到燃油沉淀柜。船舶有两个沉淀柜,分油机会将其中的油净化并输送到另一个。在使用重油的情况下,日用柜会有油箱加热和蒸汽伴热。应每天从沉淀柜中排出水和沉积物,其他储油罐至少每周检查一次。

在十字头发动机装置中,每天气缸油计量罐都会重新填满,并记录注入前后的水平以计算消耗量,然后根据需要调整气缸油喷射器。

每天从增压空气冷却器和排气总管排出水分。

在燃烧重油的发动机上,涡轮增压器涡轮机通常按照制造商的说明每天进行水洗。压缩机则不需要频繁清洁。

至少每周或每次短途航行时在低速发动机上使用指示卡,在高速发动机上使用最大压力读数,以确认气缸之间的负荷是否平衡。

每天计算燃油消耗量,并且应经常检查滑油排放槽(即油池)液位。

分油机必须按照经验确定的时间间隔进行手动清洁。在没有经验之前,应至少每周检查一次重油分油机,至少每月检查一次滑油和柴油分油机。旧型号分油机不会排出积聚的污泥,需要更频繁的清洗,至少一天清洗重油分油机一次,其他分油机要一周清洗一次。

当遇到发动机故障需要临时维修时,要切断一个或多个气缸,或者封闭涡轮增压器。详细的程序和注意事项因发动机不同而异,应参考使用说明手册,但有些一般性原则需要遵守,具体如下。

(1) 根据问题的性质,从发动机平衡的角度来看,最好能将需要切断气缸的活塞和传动装置保持在位。在这种情况下,应确保足够的润滑。

(2) 如果必须吊起或拆除活塞,则必须隔离起动空气阀。

(3) 应减小负荷以避免其他气缸超负荷,如果运行参数接近极限时,应进一步减小负荷。

(4) 对于经常无人值守的机器应设置巡逻查看。

(5) 必须确定在气缸数量减少的情况下是否存在禁用转速范围,并且必须避免在这些范围内操作。无论如何,如果维修过程中振动加剧则必须改变转速和负荷。

7.1.4 停航

当船舶进入港口并停航后,短期内不再需要动车,即进入完车状态,主机要停止运行。在使用柴油起动燃烧重油的发动机停机之前,必须将其转换为柴油,但是柴油可能需要半小时的高功率运行操作才能将燃油通过燃油系统输入到喷油嘴。即使对于通常以重油起动的发动机,也可以进行这种操作,因为它将简化许多燃油系统的维护。

当蒸汽不再需要用于燃油加热器和燃油管线伴热时,蒸汽是安全的。在具有独立冷却水和滑油循环泵的发动机上,这些循环泵应在发动机停止后持续运行约半小时。

发动机停机后,燃油泵停止,起动空气阀关闭,使盘车机啮合以防止发动机意外转动。气缸示功考克、空气冷却器的排水管、空气和排气总管全部打开并保持打开状态。滑油分油机在发动机停机后应至少运行12~24h。电气卸载,停发电机组并将空闲的发电机转到待机状态。由于曲轴箱存在爆炸的危险,必须冷却后才能打开曲轴箱门。

如果发动机要关闭相当长的时间,那么缸套水必须完全排空,以防止生锈和气候温度过低,同时防止机舱温度低于零度时缸套水冻结导致爆裂。当然,注油器也应停止,切断所有开关,并将摩擦离合器置于空挡位置。

7.2 船舶的日常维护

船舶日常维护工作分为日保养、月度保养和停航检修3种,停航检修又分为半年度检修和年度检修。日保养每天进行;月度保养每月进行一次,每次一天;半年度检修按主机运转500~600h或半年进行一次,每次3~5天;年度检修按主机运转1000~1500h或一年进行一次,每次3~7天。

主要船舶设备的维修保养工作见文献[120]的附表,日常维修保养的主要内容如下。

(1) 船舶日常维修保养内容和计划的确定应依据船舶维修保养体系(CWBT)思想和原则,并借鉴和引用CWBT管理技术中四类八级维修制及与之相对应维修周期的概念。日保养、月度保养沿用CWBT管理技术中A、B、C级保养的表格管理形式,停航检修则按船舶技术状况并主要针对D、E、F级保养要求编制维修计划。

(2) 日保养。以日保养工作计划表形式进行A、B级维修保养,其主要内容为:搞好船舶环境和设备的清洁卫生,对设备进行检查并排除“三漏”(水、油、气),检查蓄电池及电解液相对密度,检查滑油柜、发动机、齿轮箱等的滑油液位、膨胀水箱冷却水液面高度等。

(3) 月度保养。以制订月度保养工作计划表形式进行 C、D 级维修保养。其主要内容为:检查甲板设备的紧固情况以及防水、防晒装置的有效性,检查窗、门、盖水密性能(风雨);清洗或更换燃油、滑油滤器及空气滤清器;检查主机等设备润滑状态;对各设备按规定定时加注滑油等。风油切断、火灾报警、集中监控常规检查;检查液压舵机管路密封性能、油质;检查泵水封、尾轴油、水封密封性等;其他必要的维护保养工作。

(4) 半年度检修。计划检修项目由船舶负责编制 D、E 级维修保养,报批后执行。其主要内容为:检查舱室、甲板、护舷等锈蚀情况,局部除锈、补漆;检查轴系、管系;拆检主/副机、电气设备或更换部件;检查舵系统及其他航行设备;其他必要的检修。

(5) 年度检修。计划检修项目由船舶负责编制 E、F 级维修保养,报批后执行。其主要内容为:上层建筑壁板、各层甲板、船体外板、甲板机械及其管系除锈、油漆等。主、副机等设备的检修保养按其“保养手册”执行,其他项目参照半年度检修项目执行。

机器必须进行维护以保持良好状态,从而减少发生意外故障的可能性。预防性维护是根据发动机和辅助设备制造商推荐的时间表进行的,并根据操作员的经验加以修正。同时,还需要对设备的性能数据进行观察和分析,随时了解设备的状态。

7.2.1 性能数据分析[121-122]

性能数据分析不止限于从温度计和压力表读取并记录在日志中的压力和温度的变化趋势,许多复杂的方法正在越来越广泛地得到应用。这些方法通常可以使建议的维护间隔时间更加合理,或者可以警告早期故障。例如,一些新型发动机在气缸和高压燃油管路上安装了电子压力传感器,并在喷油器和阀杆上安装了位置传感器。测量曲轴角度是关键因素,可以准确、快速地生成指示卡、曲轴角度图、燃油管路压力图及针阀和阀门升程图。

必须注意的是,为了数据分析用途的广泛性,数据必须是相当精确的。必须定期检查和校准传感器和仪器,保持仪表刻度线清洁并测试电路。在读数有问题且时间允许的情况下,传感器或仪器可以在气缸之间互换以确认读数。

提供发动机状态指示的最重要参数之一是排气温度。排气温度在小型发动机的涡轮增压器上显示,大型发动机会显示在单独的排气支管上。排气温度整体上升，表明负荷增加并且应该与油门大小相关。如果在油门不变或减小的前提下排气温度总体上升，并且没有明显的气温变化，则可能是由于空气冷却器堵塞或涡轮增压器堵塞或损坏而导致空气不足引起的。当单个气缸排气温度升高时，原因可能是油门比例失调、燃油泵或喷油器有缺陷、燃油凸轮磨损或排气阀泄漏或烧蚀所致。当单个气缸排气温度下降时，可能是排气管堵塞或排气口堵塞、油门比例失调或燃油泵故障，或由于活塞环破裂或卡住、排气阀卡死或严重损坏、进气阀卡死或垫圈失效而导致的压缩压力过低引起的。

应至少每周检查一次指示卡或最大压力读数。指示卡或相关电子读数可用于检测阀门和燃烧问题，而“无故障卡”可为平衡气缸输出提供信息。在使用最大压力读数时需要更多的经验，这些读数应与单个气缸排气温度一起考虑。伴随着高排气温度和低最大压力，通常是由于排气阀泄漏而不是气缸不平衡所致。气缸压缩读数可以指示活塞环和气阀的密封性，与油门大小无关。相关推荐方法和数值应查阅发动机手册获得：通过限制发动机功率或冷却发动机可能导致排气温度低；当发动机空转而没有负荷时，最大压力指示器或电子压力传感器读数不准确；发动机接近正常速度并且依次切断每个气缸燃料供给时温度读数偏高。通过确认气缸是否紧固，随后在发动机加载的情况下，可以使用最大压力或指示卡来平衡气缸。

应至少每天观察滑油排放柜的液位，并注意其变化趋势。上升可能是由于储柜中的水泄漏，或加热盘管或热交换器中的水泄漏或馏分燃料油污染引起的。下降可能是由于系统泄漏，或者活塞式发动机滑油消耗量增加引起的，这可能反过来表明活塞环磨损或活塞槽磨损。筒形活塞发动机曲轴箱内的压力逐渐升高通常表示漏气。

滑油样品可以提供有关发动机状况的信息，有些迹象则可能表明需要换油，具体如下。

(1) 油中存在锡、铜、铅或其他轴承材料，可能表明轴承磨损。

(2) 存在铁或铬，则可能表明气缸内壁或活塞环磨损。铝合金的存在，表明铝活塞发动机的活塞磨损。

(3) 存在一定数量的水处理化学品，则可能表明发动机存在裂缝或冷却密封通道泄漏。

(4) 燃油成分中，黏度降低或闪点下降可能是燃油稀释造成的，有可能是由于燃油泵的密封泄漏所致。

(5) TBN 异常下降，通常是由于严重漏气造成的，表明活塞环卡住或磨损。

燃油消耗量应该每天计算一次，但由于许多因素可能导致燃油消耗量呈现上升趋势，因此它本身无法充分说明缘由而发现问题。

烟雾观测提供了一种迹象可以粗略地表明,在自动化仪器丰富的大型发动机中,有可能较早发现故障。一般来说,黑烟由不完全燃烧的燃料组成,因此表示过载,空气供应不足,喷射设备缺陷或失调或燃料温度低。当烟雾呈蓝色时,通常是由于燃烧室内的滑油过量引起的,表明活塞环磨损或卡住,气阀导管磨损或气缸润滑失调。白色烟雾通常表示燃烧温度过低,这是由气缸过度冷却或喷油提前或延迟引起的,或者可能是冷却水、气缸盖或涡轮增压器泄漏或废气锅炉的蒸汽。通过依次切断每缸的燃料,烟雾问题可以追溯到特定的气缸。

泵的压力下降可能表明泵的磨损、泄漏(包括旁通路或安全阀的内部泄漏)、止回阀设置错误,或过滤器、换热器或系统中其他部位的堵塞。滑油系统中的压力降低可能是轴承过度磨损引起的,也可能是滑油过热或燃油稀释造成的。滑油和燃油系统中的过滤器,以及空气滤清器和冷却器通常配有压力表或压力计,以指示压降。当压降超过规定限度时,必须清洁设备。

振动监测和分析已被证明是旋转机械中非常可靠的监测技术,可以发现由于损坏导致的轴承损坏或不平衡。该技术被广泛应用于辅机设备,但在发动机或其他附属设备上的实用性受限于发动机的许多往复部件的振动噪声的影响。尽管如此,振动监测技术已经在试验基础上成功检测到高速发动机的轴承磨损和活塞裙磨损,这些技术将可能用于大型发动机。

7.2.2 维护计划

发动机制造商会提供日常维护任务的时间表及推荐的维护周期,这些时间表通常是基于满足80%~90%评级的特定规格的燃料。当使用质量差的燃料或发动机在持续过载或低负荷等不利条件下运行时,则需要更频繁的维护,并根据性能数据的分析制订相应的维护计划。应特别注意,下面列出的时间间隔仅供参考,可能与制造商对特定发动机的要求相矛盾。一般来说,低速发动机的维护少于高速发动机。

船舶的主要机械维修任务通常是错开的,避免每次靠港期间的工作量过大。相应地,船级社有连续的机械设备检验规定。季节性交易船舶中的船舶操作人员通常会尝试将所有维护计划留在停工期,届时可能会进行彻底检修。

备件应保证在大修、分组安装时随时可供使用。例如,一个完全装配好的气缸盖备件,可立即安装,以取代使用中的气缸盖。这样做可加快紧急维修和交错维修计划。从发动机中取出的使用过的部件可以经过修理成为下一个备用件,或者被替换。

每次接收到新的燃料,都应该获取分析样本,并且在使用燃料之前证明是发动机可以接受的。

每天应多次监测温度、压力、液位和流量等参数，并对噪声、振动和泄漏进行检查。

每天应从增压空气冷却器和空气总管中排水，并从没有安装自动疏水阀的压缩空气系统中排水；应从重油沉降器排出污泥；检查其他的油箱积水或沉积物。

在十字头发动机上，应每日补充气缸油计量柜，计算消耗量，并根据需要检查和调整滑油。

应至少每周用水清洗在重油上运转的涡轮增压器涡轮机，压缩机的冲洗频率相对较少。

通常在500~1000h的时间间隔内，都要将滑油样本从主发动机和副机中取出用于分析。如果分析表明需要换油，那么必须更新滑油（对于活塞式发动机来说，滑油的更新通常比十字头发动机更为重要）。在相近的时间间隔内，每个冷却回路中的淡水都应该按照指示进行采样、测试和处理或更新。

每隔1000h左右应检查、清洁和润滑控制杆和连杆。

在燃烧重油的发动机上每隔1000~2000h，或根据经验，必须拆除并测试、清洁、重置和修理或更换喷油器。

在燃烧重油和装有排气阀的中高速发动机上，排气阀的性能会在1000h或更短的时间内变得不可靠，但通常来说排气阀性能应该可以维持5000h或6000h，这取决于燃油质量、阀门材料、阀门冷却效果和操作习惯。在装有阀壳式排气阀的发动机上，阀门常被抽出用于检查、清洁、研磨或阀座研磨。然而，必须在头部抽出并露出阀门的情况下，应努力确认排气阀是否存在问题。应当拉动并检查起动空气和释放阀；应检查排气阀是否在其导管中自由移动，并有适合的弹簧和足够大的气阀间隙以确保其能正常关闭；如果有管道镜，则可通过排气阀座检查空气起动阀、喷油器和安全阀。如果排气阀仍然存在问题，那么除了拉出检查、清洁、搭接、研磨或更换阀门和/或阀座外，也别无他法。

每隔1000~3000h应在十字头发动机上检查并清洁活塞下部空间和空气总管。在大型二冲程发动机上，扫气口通常允许人员从空气总管对气缸套、活塞顶、活塞环和活塞裙边进行有限的视觉检查。

每隔1000~3000h应检查凸轮表面是否有凹坑；应对正时齿轮或链轮检查齿的磨损和裂纹；应检查并调整正时铰链张力，并检查和调整气阀间隙。在带有凸轮驱动阀门的发动机上，应对阀门摇臂机构进行检查以便正常操作；应检查阀门在其导管中轻松移动但不松动；必须检查排气阀旋转器导管功能是否正常，并检查阀门和喷油器的正时。必须纠正错误操作，并根据需要更换有缺陷的组件。

每隔 3000~6000h 检查一次主要的螺柱和螺栓,包括地脚螺栓和拉杆螺栓,以确保它们保持紧固;测量曲轴偏转读数并测量主轴承间隙是否正常;检查输送到活塞和十字头发动机的油路和水路的伸缩管或旋转管,并根据需要上紧密封压盖。

在使用重油的发动机中每运行 6000~12000h,在轻油燃料发动机中每运行 25000h,均应拆除气缸盖,检查是否有裂纹和泄漏,并在条件允许的情况下换新。拉出活塞检查是否有划伤、开裂、燃烧和燃料冲击的痕迹;测量活塞圆度和活塞环槽磨损,并确定活塞销状况和间隙。通过测试的活塞将继续使用,活塞环通常会换新;检查气缸套是否有划伤、燃油冲击的痕迹、裂纹或不平整;测量以确定磨损,并根据需要打磨或更换。气瓶应重新装配新的垫片和密封环。

在 6000~12000h 的间隔内,通常与上述的气缸大修相协调,检查连杆轴承的状况和间隙;在十字头发动机中,还要检查十字头导轨。

在使用重油的发动机上运行 8000~12000h,或轻油燃料的发动机上运行 25000h 的时间间隔后,应拆卸、清洁、检查,并在有条件的情况下平衡涡轮增压器,重新组装轴承和密封。

每隔 12000~25000h,应检查包括推力轴承在内的主轴承状况并测量其间隙;在相近的时间间隔内,应根据需要对相应的油泵和水泵进行检查和检修;应翻修并重新校准燃油泵和调速器。

7.2.3 维护和修理程序

1. 维护和修理的一般性建议

维护和修理程序因发动机而异,应查阅使用说明书。下面是一些一般性建议。

(1) 发动机运转后,因为存在爆炸的危险,曲轴箱门必须等到曲轴箱冷却后才能打开。

(2) 在进行维护和修理之前,应先仔细阅读制造商的说明手册。

(3) 必须有适当的工具和材料,包括任何可能在工作过程中需要更换的零部件备件。

(4) 对于像涡轮增压器和分油机这样的高速精密设备,必须格外小心,避免对其造成任何损坏,轻微的损坏都可能导致设备恢复使用时的灾难性后果。

(5) 重新装配时易损件应换新,如垫圈和锁紧垫圈,同时应考虑活塞环的换新。

(6) 正在进行工作时,必须防止发动机旋转以保证安全,最好通过盘车机来完成。在没有盘车机的发动机上,必须安装相应的支架或相应装置,将各组件固定到位。

(7) 在盘车机转动发动机之前,必须确定发动机移动部件周围没有人员和设备阻碍。

(8) 绝对不能使用龙门吊或液压千斤顶暴力拆卸难以拆卸的部件。

(9) 注意避免污染滑油或冷却水。应使用适当的方法,如将其排入干净的容器中或阻隔它们连接。

(10) 必须采取防火措施。

2. 发动机起动后的建议

发动机起动后,施加负载之前,应让发动机空转几分钟(最多 5min)预热。在这 5min 内须遵从以下建议。

(1) 仔细听声音检查燃烧是否正常,发火顺序是否正确,检查所有气缸是否都发火,并观察燃油喷射泵的工作情况,看它们是否全部正常工作。

(2) 观察冷却水系统,看泵是否正常工作并且有足够的冷却水;观察水温是否正常,并调节冷却水流量。

(3) 观察滑油压力和注油器的工作情况,并计算正常的油滴数量。查看是否有气缸升温过快,表明活塞并未充分润滑,听声辨别有无未润滑的活塞销或轴承。如果运动部件的润滑油量不足,可能会导致严重的问题。

(4) 观察排气的颜色和声音,以判断发动机运行状态。施加负荷后应重复观察排气,从排气的颜色可以发现很多问题,如前文所述。

在启动后的前 5min 内进行以上观察,应该是发动机操作员的常规习惯,该程序是为了防止不正确操作,也是最可靠的方法。柴油机的这些观察要点无须过分关注也无须持续关注,但需要适时注意。

应该指出的是,即使在 5min 的预热期后也应该进行适当的观察。某些管路、喷射阀、空气阀等泄漏可能不会立即出现,而是等到发动机在正常负荷下运转较长时间后相应部件才会膨胀。任何类型的泄漏都不容忽视;如果无法在发动机运转的情况下堵住泄漏,应立即停机并修复故障后再重新起动发动机。

3. 日常操作的建议

一般来说,操作人员在正常运行中对发动机的监测应与暖机期间的相同,区别在于应该每隔 15min 或 20min 定期检查一次。即使发动机配备了足够多的自动报警装置,最多每半小时应检查一次。其次,必须将所有观察值记录到轮机日志中,轮机日志应记录以下内容。

(1) 读数时间,或是记录 4 组读数的第一组读数时间。

(2) 发动机负荷,或在电负载情况下,记录电压和安培读数。

(3) 发动机转速表读数或计数器读数(如果发动机有附加转数计数器)。

在这种情况下,应在机舱内安装带有秒针的大型电子时钟,以便操作员能够精确读取转速计数器。

(4) 燃油消耗量,或者即时读数的转子流量计或者燃油表的读数。在这种情况下,按精确的时间间隔读数也很重要。

(5) 排气:①读取每缸的排气温度;②靠近排气总管的排气管路中的排气温度;③根据标准烟度标准,如清晰、稍有烟雾、浅灰色、灰色、深灰色和重深灰色烟雾作简单描述。

(6) 滑油:①油泵排出的压力;②进入冷却器前的油温;③冷却器后的油温。

(7) 冷却水:①输送至水冷总管的水温;②每缸的排水温度,或排水管路中的温度;③转子流量计或水表流量。

(8) 进气:①经过增压器后的空气温度和空气压力;②扫气,经过鼓风机后的空气温度和压力。

(9) 大气压力。

(10) 空气过滤器前进气口处的空气温度。

(11) 发动机运转期间发生的情况说明。例如,将第二台发电机并车或解列;发现滑油滤器堵塞,切换备用滤器或旁路滤器和更换滤器元件等。

在读取数据并将其输入发动机记录时,操作员应该监听发动机是否均匀转动而没有异常噪声或敲击声;应该查看轴承温度是否过高,并且特别要注意检查来自该特定气缸或多个气缸的排气温度是否较低或较高,以此可能表明一个或两个气缸中存在异常燃烧,从而引起发动机过载或特定气缸的过载。

同时,操作员还必须检查当天燃料箱是否耗尽。如果发动机有手动润滑的部件,应定期上油。

每隔 2h 为凸轮轴阀杆、阀门、燃油泵杆等上油。为了保持良好的工作状态,排气阀杆每 3~4h 应该滴几滴曲柄箱油。阀门周围的环形槽和气缸盖的整个顶部必须经常擦拭干净。不能让油积聚在气缸盖上并沿着发动机的两侧流下,这样容易使油进入气缸和气缸盖之间的接头,并裂解接头间的橡胶垫圈。

如果冷却水或油的流动由于某种原因而停止,则发动机或某个气缸会过热。发动机必须立即停止并冷却。水进入热的发动机是非常危险的,由于温度的突然变化可能导致活塞卡住,或者导致气缸盖、气缸套或排气总管破裂。

通常发动机的排气应该非常干净。但是,如果发动机在过载情况下运行,其排出的烟气会变得可见,并伴有浅灰色的烟雾。如果发动机排气由于过载而变得可见,应找到原因并立即解决。在任何情况下,发动机都不得在有可见烟的情况下运行。

如果在发动机上安装带有热电偶的高温计，可以通过检查各气缸的排气温度找到产生烟雾的气缸。如果任何一个气缸存在异常情况，通常会伴随着该气缸的排气温度的升高。但是，排气温度异常低的一个或两个气缸可能会导致排烟过度，表明这些气缸没有足够的燃油，结果导致其他气缸过载。

7.3 船舶柴油机的管理特点

船舶柴油机作为商船主推进装置和发电原动机，是船舶最重要的机械设备。因此，有必要介绍一下船舶柴油机的管理特点。

7.3.1 常规船舶柴油机[123]

1. 船舶柴油机的检查和管理

船舶柴油机的使用寿命，与正确操作和维护管理有很大关系，应从以下几个方面加强对船舶柴油机特别是超期使用的柴油机进行检查和管理。

(1) 活塞与气缸间隙过大、燃烧室密封性能差、压缩终点压力和温度低，起动困难，从而必须改善起动性能，如按规定对油柜、油舱预热、注油盘车，保证足够的起动能量。

(2) 供油装置间隙大，供油不均匀度增加，船舶柴油机工作稳定性能差、振动大，应尽量避免低速大负荷工作。

(3) 由于整机发不到额定功率，应防止整机超负荷和个别缸严重超负荷。

(4) 轴承间隙大，冲击力大，在加、减速时应缓慢进行。

(5) 应保持良好的润滑与冷却。

(6) 加强预防性检查与维护保养。船舶柴油机的定期检查与维护，是为了保证柴油机的正常工作，延长使用寿命。对每个轮机管理员而言，必须严格、细致地对自己所管理的机械进行定期检查和保养管理。

2. 船舶柴油机出现事故的原因

船舶柴油机出现事故，主要出于以下几个原因。

1) 违反操作规程

由于轮机员思想不重视，不严格按操作规程操作，一些习惯性错误做法造成零部件损坏，引起船舶柴油机故障。通常错误操作做法有以下几个。

(1) 经中修或大修的船舶柴油机或更新缸套、活塞、活塞环、轴承等零部件的柴油机，不经过充分磨合直接带高负荷运行，造成零部件严重磨损，甚至出现活塞拉缸、活塞折断、轴承烧熔等严重事故。

(2) 不能根据气候变化，调整各油舱、油柜的预热温度。冬天气温太低，不经预热柴油机就强行起动带上负荷运行,致使零部件严重磨损引起一系列故障。

(3) 起动前不使用螺杆泵向柴油机注滑油,使柴油机各运动件在干摩擦的情况下工作,机械磨损严重。

(4) 在船舶柴油机起动困难时,不查明原因,而采用增大起动空气压力的方法,将会造成起动时柴油机承受巨大的机械工作压力致使机械损坏。

(5) 冷却水量不足,使受热零件温度过高烧损。

(6) 运转中滑油和冷却水温度维持过低或过高等。

2) 维护保养不良

轮机管理人员对柴油机的构造、原理和性能不熟悉,没有按照使用维护保养规程正确使用和管理,在工作中没有经常保持柴油机各部分的清洁,当班人员不按规定要求巡视和检查,工作责任心不强,对柴油机的不正常现象不能及时处理。一些错误做法如下。

(1) 没有定期更换调速器滑油,或油柜油量不足,滑油污染变质使润滑性能下降。不按时清洗滑油进、出口滤器,引起滑油流通阻力加大,甚至堵塞使润滑条件恶化,从而引起零部件磨损,出现拉缸、烧缸等故障。

(2) 不定期清洗柴油粗、细滤器及油柜,使柴油机主机转速加不上,工作无力,同时还会使大量的杂质随燃油进入柱塞及油嘴等精密偶件,破坏柴油机正常工作。

(3) 不按时清洁增压器的进气滤网,使滤器效果降低,空气流通阻力增大,进气量少,造成柴油机不能发出应有功率,排气冒黑烟,引起缸套、活塞等零部件严重磨损。

(4) 不按时检查和调整各缸排气温度、爆炸压力,使某缸长期超负荷运行,机器磨损加剧。

3) 柴油机装配或调整错误

船舶柴油机对所有装配工艺过程都有严格的要求,并且许多调整都在试航或试车中进行。如果不按工艺要求进行装配及调整,在使用中就会出现故障,通常会遇到以下问题。

(1) 活塞与气缸套装配间隙不符合要求,活塞开口位置没有交错安装,油环装反,造成活塞漏气和烧滑油。

(2) 主轴承或连杆轴承不按照装配记号配套安装,上、下轴瓦装反或其螺栓力矩不符合规定要求,造成磨损严重或轴瓦烧蚀等事故。

(3) 安装缸套时,橡胶密封圈未装好或没安装,并强力压装缸套,造成橡胶圈从槽中脱出,引起冷却系统漏泄。

(4) 缸套研磨后未进行表面镀锡,或主轴承、连杆轴承表面锡铅合金严重脱落,安装时不重新镀锡或更换,造成主机运行中拉缸或烧轴瓦等事故。

(5) 拆装柴油机各部件时未做好记号,安装时没有按零件的标记进行配套安装,造成配气定时不准确、零部件间隙不符合要求等,使柴油机起动困难,运转时发生磨损。

(6) 气阀间隙、缸盖上气阀未同步调好,造成敲缸等现象。

(7) 喷油提前角不正确,或者各缸油量不均匀,导致柴油机不能稳定工作,燃烧情况恶化。

(8) 起动空气相位及操纵系统调整不当,引起柴油机起动困难,或者根本无法起动等故障。

(9) 调速器反馈系统未调整好,造成柴油机工作不稳定或灵敏度差。

(10) 各系统压力调整不准,如滑油泵压力调节阀、滑油管上的定压阀、喷油器的喷油压力等,致使系统工作不正常。

7.3.2 WARTSILA 电控柴油机

WARTSILA 电控柴油机开发的 MAPEX 监控与维护专家管理系统,是根据柴油机设计人员、经验丰富的专业管理人员等积累掌握的专业和复杂的知识,开发建立的综合管理系统。同时,该系统由柴油机厂家的专业人员根据柴油机的实际运转情况,不断进行升级、更新,优化柴油机的管理水平。系统主要功能:优化改进柴油机的运行工况、监测柴油机的关键数据,并对这些数据进行智能化分析、提前生成维护保养工作计划、对备件和维护保养工作实行管理支持、利用专家知识实现现场评估、通过磁盘和卫星通信全面支持数据储存和传输、降低成本和提高效率。下面分别从电控柴油机的机械设备和电子器件两个方面介绍其管理要点[82,124]。

1. 机械设备的管理要点

电控柴油机拥有传统柴油机所不具备的大量电子器件,这也是其高度智能化、自动化的原因,这些电子器件的使用也要求轮机管理人员的业务水平不断提高,考验着轮机员的检修能力。而传感器作为其中最重要的一部分,在一定程度上影响着整个系统的稳定性与安全性,因此需要加强重视度。此外,传感器一旦出现故障将会给整个系统带来巨大威胁。为了保证电控柴油机的正常运行,轮机管理人员应加强对各种传感器的日常维护,具体如下。

1) 滑油系统的维护

伺服滑油用作动力油,温度、黏度、洁净度等应符合高压工作的质量要求。用作动力油的伺服滑油,与燃油一样,温度、黏度、洁净度等极大地影响共轨阀和传感器的工作,务须保证滑油质量。某远洋货轮主机为瓦锡兰 8RT-Flex 68T-B 型柴油机,某天发生滑油压力下降和黏度下降的现象。经检查为滑油变质所导致。控制用的伺服油来自主机滑油系统,主机润滑系统对滑油的清洁度要求很高。在柴油机运行过程中,需要注意滑油滤器的维护和管理,特别是自清滤器在进入共轨系统之前,要特别注意机油滤清器的状况,并按照要求清洗滑油滤器。然而,根据船舶管理实践,自冲滤器经常会出现污浊、堵塞的情况,这可能是由于主机过滤效果差或主系统运行时间短造成系统滑油太脏。影响滑油质量的主要因素为滑油黏度过大。滑油黏度是造成其污染的直接原因之一,同时也是造成润滑不良的一个重要方面,还会增加磨损,减少使用寿命乃至造成机件损坏。影响自清滤器工作的因素则为供油不均匀。正常情况下,喷油泵应定时定量地向油箱内加注适量的柴油和适当比例的液压油,如果油量不足会引起堵塞。所以,在使用前一定要严格把关。在使用中要注意以下几个方面的问题。

(1) 检查保养:定期更换滤芯,经常清洁滑油泵和喷油器等部件,保持油箱内干净整洁,防止油污污染。

(2) 保证润滑油质量:一般来说,润滑油具有良好的黏度和温度,抗氧化性强,热稳定性好。但当温度过高或过低时,很容易分解变质,导致润滑油失去原有的性能,加速润滑失效。

(3) 保证滑油压力:滑油压力低会增加活塞与缸套之间的间隙,增加摩擦副之间的损耗,缩短活塞寿命。

2) 共轨油压管路的密封

共轨油压系统的压力为 20~100MPa,在使用过程中一定要注意燃油共轨的密封性,必要时可以降低普通导轨的压力。正确维护和保养液压系统,定期清洗油路。对于高压油管和附件,应及时清除杂质,以保证足够的供油。如果需要更换新液压泵,应在拆卸高压油管和附件之前将总成拆除。发现问题不及时处理会导致泄漏量增大,甚至发生漏油事故。

3) 合适的主机爆发压力

某轮 Sulzer RT Flex 柴油主机在使用过程中,气缸盖经常出现裂纹,而主轴承下瓦也出现严重磨损。据分析,这是由于缸内爆发压力大造成的。降低爆发压力,故障现象消失。而如果减小爆发压力,则会出现喷油提前角过小、燃油消耗率增加以及排气温度上升等问题。此外,还可能导致高压油管发生断裂等严重事故。所以,在不影响主机燃烧工况和功率输出的前提下,适当的柴油机爆压更有利于柴油机的管理。

4) 合适的工作温度

合适的环境温度也是保证电子控制设备正常工作的重要条件。应根据机舱温度情况,及时调节机舱通风系统。机舱环境温度往往较高,因为船舶有大量的运行设备,如主机和发电柴油机以及各种泵类。在工作时,由于摩擦或电路的原因,会把相当大一部分电能转化为热能。加上机舱本身位于船底,造成散热困难,而高温对各种电子设备的稳定性和寿命有重大影响。因此,对于船舶而言,需要经常进行空调系统的维护与检修。但是由于一些设备自身结构比较特殊,容易导致其内部产生较多热量,从而使电子设备出现故障问题。为保证电子设备的正常运行,应通过通风等措施调节机舱温度,关键设备之间甚至可设置通风口降温冷却。

5) 降低机舱噪声和振动

船舶主机除了提供非凡的动力外,不可避免地会产生很大的噪声和振动。经过长时间的振动,部件之间的连接开始松动,导致磨损和更大的振动。振动是电控柴油机运行中的一大隐患,它可以缩短喷油控制单元、气缸电子单元、电磁阀、排气阀控制单元和传感器的工作寿命。柴油机内部零部件的振动与表面振动没有直接关系,影响因素主要是柴油机的工况和结构。经过大量分析发现,船舶柴油机的振动与多种因素有关,具体如下。

(1) 安装部件之间的条件。在安装每个部件时,应充分考虑和计算连接预紧力所需的大小,连接强度决定了阀体局部振动的边界条件。如果预紧力不足,可能引起机体产生较大的弯曲变形;反之,预紧力过大,将造成整机共振,甚至损坏零部件。因此,必须保证螺栓紧固良好。螺栓装配的松脱会使各种设备之间的配合不紧密,易产生振动。

(2) 船舶柴油机的类型。不同型号意味着柴油机的结构不同,在不同的结构条件下振动的方式也不同。

(3) 柴油机的工作工况。柴油机的运行工况一般是不一样的,柴油机转速上升会导致各零部件的振动显著增加。在运转过程中由于受到发动机本身结构和零件之间相互作用的影响,使各部件产生了很大振动,从而引起整个系统发生共振。另外,还可能因为某些因素导致部分零部件损坏,柴油机的负荷也会增加机体内的受力,进一步增加振动。

6) 燃油和伺服油的密封与清洁

燃油的温度、黏度、洁净度等严重影响电磁阀和传感器的工作,务须保证燃油质量。温度过高,易积炭而影响喷油量测量传感器和喷油电磁阀的正常工作。温度过低、黏度加大会使喷油量测量传感器测量柱塞运动受阻。喷油量测量传感器油缸内外温差过大,可能导致柱塞与油缸咬死。燃油杂质过多,可能引起油量传感器测量柱塞及喷油电磁阀动作延迟或卡死,或者加剧电磁阀的磨损。所以,必须使用洁净、温度和黏度合适的燃油。燃油(尤其是劣质燃油)必须经沉淀、加温、过滤和离心分离等预处理,分油机分离要掌握好时间、温度、分离量和放残次数。

共轨油压系统的压力非常大,所以一定要注意密封效果,密封效果的好坏直接决定着设备的运行效率。特别是管道的一部分,在燃油流入喷油器之前,应做好密封性,膨胀不宜过大,过大的膨胀会降低喷油器的喷射压力,使雾化效果达不到预期的要求。在日常维护中应注意橡胶圈等容易氧化的密封件,如发现不能使用应立即更换。此外,还要检查滑油是否有漏油现象,定期对油箱进行清理,以防止油污进入到油泵内部而影响正常供油。另外,还需要经常观察高压油管与输油泵之间的连接情况。同时,机舱轮机员要确保燃油喷射系统表面的清洁,以便在第一时间发现密封失效造成的泄漏。

2. 电子器件的管理要点

1) 电子控制阀的保养

电子控制阀(电磁阀)是共轨油压系统控制元件中的重要元件。在日常管理中,应特别注意电子控制阀的维护和保养。首先,应定期对电子控制阀进行检查,发现问题及时排除;其次,要保证其正常工作,必须有足够的清洁程度,否则容易发生故障。如果滑油的清洁度不符合要求,可能造成电子控制阀运动的延迟或堵塞,或增加电子控制阀的磨损,造成动作误差,甚至不动作。

2) 传感器的维护

电控柴油机使用大量传感器,传感器移动频繁,在高温、振动等情况下容易损坏。传感器损坏会导致控制系统失灵,尤其是恶劣条件下工作的传感器,如柴油机气缸温度和压力传感器。应定期检修温度传感器、氧传感器、测氧仪和喷油器,并处理其接线端子。对于使用过程中出现问题的传感器要及时更换或维修。当传感器发生短路时,应立即切断电源,同时检查导线是否有断裂现象,如果发现断线应重新焊接连接好。不少故障是因喷油量测量传感器内部脏污和插头松弛引起,拆出清洁后固定即可。此外,由于发动机中存在各种腐蚀介质,如水垢、酸性物质等,也容易造成传感器的故障,因此应经常清洗。

3) 电控柴油机软件的应用

注意电控柴油机软件中的故障提示和相关参数的调节。例如,某轮电控柴油机喷油器的一个针阀经常发生故障,轮机人员在喷油器上寻找原因但无果时,对喷油器的针阀运行参数进行软件修复才解决了这个问题。因此,轮机管理人员应熟悉系统软件的使用,使用软件可以快速找出故障原因。维修电控柴油机时,首先要检查燃油喷射系统是否正常,其次要认真阅读电控柴油机说明书,掌握正确的操作方法和步骤。一是燃油压力过低或过高都会使发动机工作不良;二是温度过高也容易引起燃烧不充分,造成燃料消耗增加;三是滑油黏度过大,影响润滑效果。对于有故障的电控柴油发电机组,一定要尽早排除故障。

7.3.3 MAN 电控柴油机

MAN 电控柴油机状态监测分析系统主要包括计算机控制监测和诊断系统(CoCoS),它是柴油机控制系统的辅助支持系统,也是计算机化的监测控制专家系统。与 MAPEX 类似,它是 MAN 公司开发的柴油机智能维护与管理系统,包含柴油机故障诊断系统(EDS)、计划维修保养系统(MPS)、备件与库存管理系统(SPO)以及备件目录(SPC)。EDS 在柴油机全寿命期间,在线不间断地检测并存储柴油机的工作参数,并对这些参数进行计算分析,生成趋势图,诊断柴油机的工况,发现异常后及时对现场轮管人员发出报警信息。MPS 自动生成检修计划,给出维修工作量、维修程序步骤、所需工具、备件等信息,协助轮管人员进行专业化的维修保养并对检修进行记录。SPO 是备件管理软件,一旦维修保养完成,它自动检测备件消耗及库存情况,决定是否根据 SPC 订购备件。采用 CoCoS 监测系统,可以降低柴油机全寿命周期的维修保养费用,实现柴油机从定期维修向视情维修的转换,节省备件等消耗品的开支,减轻轮机人员的工作量,是柴油机管理技术和理念的进步。

下面以 MAN BW 12K98ME 型柴油机为例,着重介绍 MAN 电控柴油机计算机控制系统和液压伺服系统的日常维护要点。

1. 计算机控制系统

计算机控制系统是由 19 个不同功能的控制箱,加上曲柄转角编码器、转速探头、压力探头、电磁阀、主操作屏(MOP)以及机旁操纵控制箱组成的计算机控制系统。24V 直流电源箱直接为该系统提供稳定、可靠的电源。

(1) 每星期。

通过试灯按钮,检查系统各指示灯是否正常。

(2) 每 1 个月。

检查、清洁各控制箱,重点检查每一个插头是否连接牢固、接线是否松动、整个控制箱是否存在非正常的振动。

(3) 每 3 个月。

检查曲柄转角编码器、转速探头的紧固是否可靠,转速探头的间隙是否正常(3~5mm),校验曲柄转角编码器 A、B 的输出是否正确。具体方法如下:合上盘车机,按照主机正车方向盘车。当曲柄转角编码 A 的输出信号指示灯(在输出接线盒上)点亮时,查看飞轮刻度是否在 0°CA 的位置(1 缸上死点),然后继续盘车。当输出信号指示灯由亮变暗时,再次查看飞轮刻度是否在 180°CA 的位置。用同样的方法可以校验曲柄转角编码器 B 的输出信号,只是它的起点在 45°CA 位置。如果输出信号有误差,可以按照说明书的要求进行调整。

转速探头的检查方法比较简单,在盘车时,通过 4 只探头上的发光二极管的亮、暗,即可判断是否能够正常工作。

在飞轮的前部,有一个成 180°圆弧的铁圈和一只探头,它是曲柄转角编码器 A 的辅助装置,需要定期检查铁圈是否紧固,探头的固定和间隙是否正常(1~2mm)。

(4) 每 6 个月。

打开曲柄转角编码器的罩壳,检查两只支承波纹管上的向心滚珠轴承是否有足够的润滑脂、编码器的固定是否牢固、插头是否紧固。

在主操作屏上,分别通过辅助控制单元(ACU1、ACU3)对液压动力油泵的安全旁通阀进行打开、关闭试验。

关闭第 1~12 号缸的 ALPHA 气缸油注油器的进油阀,在主操作屏上,通过气缸油注油器试验程序(LUBRICATOR TEST SEQUENCE),检查 No. 1~12 缸的气缸油断流警报,以及主机减速警报是否出现。

主机转到机旁控制,按照驾驶台的车钟指令操纵主机,试验主机应急停车功能是否正常。

(5) 每年。

对各个警报点进行测试,并做好记录。

2. 液压伺服系统

液压伺服系统系统由两台电动液压动力油泵、5 台自带液压动力油泵、液压气缸控制单元(HCU)、双壁动力油管、燃油喷射和排气阀控制阀(FIVA)、ALPHA 气缸油注油器、滑油自动冲洗滤器(6μm)以及一些管系、阀件组成。液压伺服系统的维护工作包括以下内容。

(1) 日常。

检查液压伺服系统(SHS)是否泄漏,液压油管的马脚是否紧固,ALPHA 气缸油注油器的控制电磁阀指示红灯是否有规律地闪亮(一般是主机运转 2~3 转闪亮一次)。

确保两台滑油分油机正常工作,及时排除主机系统滑油中的水分、杂质,为液压伺服系统提供优质滑油,减少滑油自动冲洗滤器的冲洗次数。一方面可以持续净化主机系统油,另一方面还可以减少许多拆检和清洗滤器的工作量。

(2) 2000h。

在主机停车的条件下,停主机滑油泵,泄放排气阀密封空气系统的 0.7MPa

压缩空气,在主操作屏上,检查排气阀空气弹簧的气密情况,排气阀位置反馈电流值保持 8~9mA 至少 15min 以上。如果发现异常,首先检查进气止回阀。如果确认是排气阀本身问题,需要择机解体排气阀,换新相关密封件。

逐个检查液压伺服系统中各液压油管的紧固情况,因为一旦高压动力油管发生泄漏,短时无法快速修复,稍有处理不当,就会造成主机自动停车。

由于液压伺服系统对滑油的污染程度有严格的要求(不能超过 ISO4406:16/13 或者 NASCODE:7),所以除了做好平时的滑油净化工作外,还需要定期取油样,送滑油公司化验室化验。

主机气缸油系统没有流量表,主操作屏上的显示值是计算机自动计算出来的。为了验证实际气缸油消耗量,必须定期测量气缸油日用柜的单位时间消耗量,确保正确的气缸油供油率。

(3) 4000h。

测量系统中的蓄压器压力(10MPa)。如有不足,通过高压氮气瓶使其充足。

检查电动液压动力油泵的控制箱,试验该泵的自动起动、停止功能,以及输出压力是否正常。

(4) 16000h。

结合主机吊缸周期,活塞杆填料函必须打开检查,测量各密封环间隙。如果有超出说明书要求的,换新密封环、弹簧,确保活塞杆填料函工况良好。因为该机型液压伺服系统使用的滑油来自主机的系统滑油,只是多了一套自动冲洗滤器(6μm)。一旦系统滑油污染严重,自动冲洗滤器来不及冲洗,必定首先会影响对滑油净化要求最高的液压伺服系统,情况严重的主机将无法运行。

(5) 32000h。

拆检液压动力油泵及相关控制阀件。

7.4 船舶电机的常见故障及处理

船舶电机一般都是全时段工作,且不少电机常年累月地工作在潮湿、振动的恶劣环境中,船舶电机故障常有发生,严重影响船舶航行及船员日常生活。在使用中,船舶电机会出现电机轴承缺油导致烧损、电机缺相导致绕组烧毁、电机绝缘老化导致绕组短路等故障[121,125]。

1. 船舶电机绕组接地故障

由于船舶长时间航行于水面,船舶电机工作环境潮湿、恶劣,船舶摇晃严重,导致船舶电机绕组接地故障常出现于船舶电动机中。根据技术人员多年经

验,发生该故障的主要原因如下:

(1) 电机绕组受潮导致绝缘性能降低;

(2) 电机长期过载发热,绝缘老化;

(3) 电机二次组装绕组接触电机前后端盖;

(4) 电机轴承损坏,导致转子扫膛使其绝缘损坏。

首先是检查确定绕组是否受潮或水滴溅入,导致其绝缘故障。若有,应先对电机进行解体烘干处理。初步处理后,待电机温度恢复正常后(一般70℃左右),再对其进行二次浸漆并做烘干处理。检查电机是否过载,对于过载发热导致绝缘老化及转子扫膛使其损坏时,应对绕组或接地处重新进行绝缘处理、浸漆,再烘干。出现该故障也可能是电机组装出现接地现象,此时应重新组装,使其与电机前后端盖做绝缘处理或加垫绝缘纸等处理。

最后使用绝缘表对所修复的电动机进行绝缘测量,满足绝缘相关技术要求后方可投入使用。

2. 船舶电机过热或冒烟

船舶电动机与其他电机一样,作为电力拖动的原动机,经常会由于各种因素导致电动机发生过热,甚至冒烟的情况。此时应该立即停止电机使用,并对该电机进行故障分析,常见的故障原因有以下几个方面:

(1) 可能是电机轴承损坏,导致定子与转子摩擦发热;

(2) 电机电压过高,铁芯发热大大增加;

(3) 电机电压过低,绕组电流增大发热;

(4) 电机缺相运行;

(5) 电机散热风扇损坏;

(6) 定子绕组接地。

解决此类故障的方法有以下几个:

(1) 更换轴承,并检查转子对中情况;

(2) 降低电压,若电机出现接法错误应当改正;

(3) 提高电源电压或视情更换直径稍大的电源线;

(4) 测量电源电压,恢复三相供电;

(5) 更换电机风扇,并检查风道有无异物堵塞;

(6) 测量检查绕组,并消除故障。

3. 电动机振动大并发出“嗡嗡”声

当船舶在航行期间,电动机振动大并发出“嗡嗡”声时,应将故障泵断电。然后打开接线箱,检测线路绝缘情况,查清故障原因。排除故障,恢复电机正常功能,再测绝缘。

出现该类故障的原因主要是三相异步电动机断了一根电源线后就成了单相电动机。定子、转子气隙中产生交变脉冲磁场,该磁场可以分解为两个反向旋转的旋转磁场。若起动时电动机断了一根电源线,这两个旋转磁场分别作用于转子而产生两个方向相反的转矩,而且转矩大小相等。故其作用相互抵消,合转矩为零,使转子不能自行起动,只能听到"嗡嗡"声。这时电流很大,时间长了电机就会烧坏。而在运行时断了一根线,这两个旋转磁场产生的沿转动方向的转矩大于反向转矩,电动机仍将继续转动。若此时还带动额定负荷,则势必超过额定电流。时间一长,电动机也会烧坏。

4. 电动机起动故障

1) 电动机不能起动

若用力将电动机转子向任一方向转动后,电动机即可沿该方向起动运转,这一般为副绕组开路、离心开关接触不良、电容开路。若用力将电动机转子向任一方向转动后,电动机转速上升到一定值又下降,然后又上升,这样一会儿快、一会儿慢,一般是主绕组线圈开路。这时应立即切断电源,以防止绕组长时间通电烧毁。若发出"嗡嗡"声,用手不易转动转子,则多为机械卡死。若去掉负载后运转正常,则可能是过载所引起。

2) 电动机起动后很快发热

故障原因是电动机过载或机械摩擦(转子与定子之间摩擦);主绕组匝间短路或对机壳短路;起动开关不动作,副绕组一直工作发热;主绕组中有线圈头尾接反;主、副绕组接错,将副绕组当作主绕组使用,特别是刚修理的电动机接错线。

5. 电动机运行的检查方法

船舶电机在运行过程中可能由于各种各样的原因导致不同的故障,值班人员能够及时、准确地判断船舶电机故障点,并有效、及时地采取措施消除故障,能有效避免船舶电机故障的进一步扩大。对于船舶电机的故障查找可以依据"问、看、闻、听、摸"进行。

(1)"问":主要通过询问值班人员,船舶电动机工作有无异常现象、电流有无突增突减发生等,依据船舶电机工作出现的异常现象初步判断电机的故障点。

(2)"看":到达现场后,首先观察船舶电机本身有无明显的水迹、重物砸伤痕迹等,从而判断电机是否有外围原因造成故障。

(3)"闻":通过嗅闻电机运行时周围的气味判断电机是否工作在正常状态。电机在正常工作状态下不会产生任何异味,若在检查中发现电机周围有异味,应立即停止电机进行检查。例如,电机运行中散发出焦糊的味道,则有可能是电机的绝缘漆受热熔化发出的,应立即采取措施排除故障,避免电机故障的扩大。

(4)“听”:在检查巡视中,通过铜棒来倾听电机前后轴承及电机本体发出的声音变化来判断电机是否工作在正常状态。若电机发出均匀细小的“簌簌”声,并没有忽高忽低的变化,则说明电动机工作正常。若出现异响则说明电动机有故障,需立即停机检查,找出故障点并排除。

(5)“摸”:通过用手触摸船舶电动机不带电部分来判断电机的运行温度是否正常。电机在正常工作时其温度会上升,使其本体温度也随之升高。若手接触电机外壳感觉非常烫,应立即停机进行检查,如用盘车来判断负荷的大小及机械传动装置工作是否正常、利用万用表测量电源电压是否符合要求等。

6. 发电机的操作及保养

当准备起动运行发电机时,首先要目测发电机外观,确认无异常时方可起动运行。

起动后视听发电机状况,运转时电机应平稳无异常振动。观察仪表参数,包括电压额定值 U_n 应为 400V 或 450V,可调范围为 U_n+5V、频率应为 50Hz 或 60Hz 等,确认参数正确后即可合闸带载。

加载后继续观察仪表,包括电压、电流、频率、功率因数等。功率因数表显示分 3 种情况:当负载为感性时应在滞后 0.8 左右,容性时应超前,纯电阻时为 1。电流表显示应三相负载平衡。加载时稳态电压特性应为(0%~3.6%)U_n。

各项参数正常后,再视听发电机运行状况。

发电机长时间运行时,每隔 30min 对其进行观察,确保正常运转。

轴承保养:根据电机运行时间及机体上的铭牌,定期加注规定数量及牌号的润滑脂。对滑动轴承根据滑油颜色、轴承温度及运行时间进行更换。

励磁系统保养:每月将发电机励磁箱盖打开清理内部灰尘并检查线路,对电路各连接点包括端子、插接件进行检查确保紧固。

定子、转子保养:每 6 个月将发电机通风口打开,观察定子、转子外观,用高压空气清理表面灰尘并确保无锈蚀。

7. 主配电板的维护

主配电板故障是船舶电气设备故障的最常见原因,其作为核心设备,当出现问题时可能会导致船舶设备出现故障。相关工作人员必须每天对电气设备进行检查,聚焦于控制电路基板、电压、跳闸挂钩等,防止主分电板出现故障。

相关工作人员在检查主配电板故障的工作中,首先要看到它连接的每一个跳闸钩的安全问题,以防跳闸钩在船舶行驶过程中出现问题,检查跳闸钩是否已成功连接,查找哪些电气设备已经关机。

8. 分电箱的维护

首先,相关人员需要在分电箱的防锈处理方面做好工作。固定箱位的强度,防止配电箱因其他外力而产生振动或者出现位移现象。船内的相关工作人员需要对船舶长期使用的电箱盒进行更换或定期审查,以杜绝一些安全隐患,避免造成更大的损失。

7.5 船舶舵机的管理要点

维护保养管理对于增加工作可靠性和有效延长舵机平稳无故障操作使用年限至关重要,必须时刻按照船舶舵机说明书规定的保养要求严格执行保养,不应当因为舵机工作状况正常而放松对其维护与管理,因为一旦发生故障,将会给船舶造成重大的事故[126-132]。

1. 日常检查工作

(1) 船舶舵机在长时间工作过程中,会出现液压油渗漏、滑油渗漏以及机房内有积水,可能导致舵机出现锈蚀和腐蚀的情况。因此,日常检查需要重视液压舵机的清洁情况,保证舵机的外部没有损坏和腐蚀。

(2) 为了正确显示舵叶旋转的准确位置,应安装一个舵角显示器指示船舶舵角。如果舵角显示器显示出现误差,就会影响驾驶员对船舶的操作,可能会因为误差的情况导致船舶发生碰撞事故。因此,要加强对舵角显示器的检查,方法是一名安检员观察驾驶台上的舵角指数与另一位在舵机上的安检员所看到的数据是否一致。

(3) 舵机运行时,需要进行转舵信号传动试验,确保舵机机械部分能正常接收到驾驶台发送的转舵信号,还要确认该信号是否与驾驶台信号一致。如果不能正常接收信号,或者舵令信号有误,需要立即检查检修,且不能开航。

(4) 在舵机工作时,许多重要仪表能给船舶操作人员反馈重要的舵机系统性能参数,如各类报警装置、高温警报器、低液位警报器、过载警报器等。同时也要检查液压油系统的储油油箱液位计是否正常工作、液压油缸的压力表是否能准确指示压力。

(5) 检查转舵机构的转舵速度,转舵角度是否准确,是否可以正常回舵,且最大角度时舵角限位器是否正常工作。

2. 液压舵机的安全检查要点

(1) 检查舵机液压系统的密封性能。舵叶的转动是依靠油缸内液体传递的电动机动力来实现的,所以舵机的液压系统要保证不漏油、不漏气和不积气,才能达到传递液压力的目的。液压系统的密封性能对舵机的正常工作有着非常重要的作用。在检查液压系统的密封性时,应开动舵机,注意观察舵机液压杆与液压油缸滑动处、液压油缸的其他接缝处是否有液压油渗出的现象,以便正确判断液压系统的密封性能。

(2) 检查液压舵机是否存在油污染。注意观察舵机表面和舵机间的地面是否干净整洁、是否存在油污,油污染后会使舵机产生故障。

(3) 检查液压油的品质。液压油是液压舵机正常工作的介质,是液压舵机保持良好性能的保证。国际海上人命安全公约(SOLAS)对此作出规定:液压操纵的操舵设备应设有能针对该液压系统的形式和设计保持液体清洁的装置。国内的船检规范也有类似的条款规定,可见舵机液压油品质的良好对于舵机的正常运行确实很重要。液压油的品质受到以下因素的影响:一是液压油在运转过程中,机器磨损下来的金属屑和水分混入到油中,对液压油造成污染;二是液压油与空气接触会发生氧化反应,油品会渐渐下降,达不到机器性能的要求,这时应当更换液压油。另外,在舵机间的液压油补充油柜中液压油应保持一定的油量储备。

3. 日常保养工作

(1) 舵机应注意保持机体内部清洁、干燥,切忌让舵机部件腐蚀受潮。活动部件均要添加滑油,船舶驾驶员在到达停靠地港内后,要关闭船舶电源或打开船舶油压操舵器的旁通阀。

(2) 经常擦拭舵机以保持清洁,操舵手柄装置表面的塑料绝缘材料和金属触点也需要经常检查。液压系统的管系容易发生泄漏,因此需要经常检查检漏。平时还要监控液压油系统的质量,液压系统自动部位要认真检查其灵敏度。

(3) 每使用3个自然月应检查更换备用操舵机装置内的全部活动支承部件,并经常作动力转换的操作载荷试验,保证其密封性能良好。液压气动操舵杆系统在每年检修或季节性检修完后,还应注意将其整个工作系统进行彻底大清洗保养一次,清除锈垢杂物等。

船舶舵机的故障及排除方法如表7-1所列。

表7-1　舵机的故障及排除方法

故障现象	原因	排除方法
油缸运动时有噪声	① 管路内有空气; ② 液压油中有空气	① 转舵放气; ② 换油

续表

故障现象	原因	排除方法
舵稳不住	① 管路内有空气； ② 安全自锁阀卡死； ③ 油缸活塞密封圈磨损漏油	① 放气； ② 拆开安全自锁阀，清洗排除脏物； ③ 换活塞密封圈
转舵速度慢	① 溢流阀卡死； ② 油箱内过滤器有脏物	① 拆开清洗阀芯并重新调整压力； ② 清洗过滤器或换油
跑舵	① 液控单向阀锁不住或阀芯有脏物卡住； ② 油缸活塞密封圈磨损	① 拆洗后并重新调整压力； ② 更换活塞密封圈
停泊时舵移动	① 缓冲阀失灵或被脏物卡住； ② 油缸活塞密封圈磨损	① 拆洗后并重新调整压力； ② 更换活塞密封圈

7.6 船舶智能运维及无人化的设想

近年来随着自动控制技术、计算机信息通信技术、网络技术、人工智能技术的发展，智能船舶已成为全世界关注的热点。特别是无人船在减少船舶能耗和避免人因失误等方面具有很大的潜力，已越来越受到国内外造船业和航运界的重视，其研究正方兴未艾。

虽然船舶的智能化是未来船舶发展的必然趋势，但从船舶的具体应用来看，目前并非所有的船舶都要实现无人化，如同无人飞机和无人驾驶汽车一样。

未来的无人船主要适合于以下3个领域[133]：

(1) 无法载人的微型水上（或水下）航行器，如小型水文测量船、水下深潜器、微型海洋探测器等；

(2) 操作环境极端危险的船舶，如小型扫雷艇、侦察艇、登陆艇、无人攻击艇、潜艇、危化品船舶等；

(3) 航行时间长、条件艰苦的远洋运输船、远洋渔船、极地航行船等。

那么，与目前常规的自动化船舶相比，这些无人船在系统和设备配置方面有什么不同呢？其运行经济性又将如何？为此，以某近海化学品运输船为例，在原有的自动化船舶设计基础上，探讨一下无人船的设备配置及运行经济性，为今后无人船技术的发展和应用提供参考[133]。

7.6.1 无人船的设备配置

某16300t近海化学品运输船设备先进且自动化程度很高，主要航行于北欧海域，外部环境比较恶劣。

如果将其改为无人驾驶船,首先可以取消为船员服务的系统和设备,如冷藏机组、船舶空调系统、制淡装置、饮用水系统、焚烧炉、生活污水处理系统、救生艇/救生阀、舱室通风及管路系统,还有船员居住用品、厨房及餐饮设备、会议及娱乐设备等;其次是需要船员操作的控制盘台,如各种机旁控制箱、集控台、配电屏、驾控台、锅炉系统(如果仅使用低硫燃油)、机修设备、舵机系统(如果采用侧推器和双机双桨推进系统)、雷达应答器、船内通信设备、绞缆机、起重机(如果完全由港口装卸货物)。还可以减少一些不必要的船员生活和工作的舱室,如食品冷藏室及冰库、船员居住舱室、洗衣间、更衣室、浴厕、健身房、娱乐室、会议室、厨房及餐厅、维修车间、舵机间、集控室、驾驶室、海图室、医务室等,具体如表 7-2 所列。

表 7-2　无人船可以减少的设备配置及建造费用

为船员服务的系统和设备				
序号	系统或设备	说明	数量	建造费用/元
1	冷藏机组	包括制冷机、冷风机、不锈钢搁架等	1	717100.00
2	船舶空调系统	全船空调、螺旋风管	1	68000.00
3	制淡装置	海水淡化装置、生活淡水系统	1	12000.00
4	饮用水系统	压力水泵、淡水压力柜、热水泵、热水柜	1	63673.00
5	焚烧炉		1	15000.00
6	生活污水处理系统	生活污水处理装置、卫生单元	1	326000.00
7	锅炉系统	含仪表(温度计、压力表、传感器等)	1	95000.00
8	舵机系统	含操舵仪,可以用双机双桨推进系统和侧推器代替	1	120000.00
9	救生艇/救生阀	含吊具	1	25000.00
10	舱室通风及管路系统	房间风机(管道风机)	1	19000.00
11	船员居住用品	木质家具(沙发、床、椅子等)、不锈钢家具、洗衣设备、装潢材料、更衣柜、灯具开关等	1	236000.00
12	厨房及餐饮设备	厨房设备,含集气罩	1	34500.00
13	会议及娱乐设备	健身器材、电视、电话等	1	15000.00
合计				1746273.00
船员操作的系统和设备				
序号	系统或设备	说明	数量	建造费用/元
14	机旁控制箱	主机、副机及各种辅机的机旁控制箱	1	65000.00
15	集控台	含电缆、仪器、仪表、主车钟等	1	90000.00

续表

序号	系统或设备	说明	数量	建造费用/元
16	配电屏	含电缆、仪器、仪表、主开关等	1	70000.00
17	驾控台	含电缆、仪器、仪表、主车钟、操舵仪、航行灯板等	1	1560000.00
18	机修设备	车床、电焊机、气焊设备、钳工台(包括台钳)、电工工作台	1	97000.00
19	雷达应答器		1	1000.00
20	船内通信设备		1	4500.00
21	绞缆机		2	6000.00
22	起重机		1	35000.00
		合计		1928500.00
		船员工作和生活场所		
序号	舱室	说明	数量	占用面积/m^2
23	食品冷藏室及冰库	食品冷库、粮食库、其他储藏室	1	150
24	船员居住舱室	船长室、轮机长室、其他高级船员舱室、船员休息室	1	200
25	洗衣间、更衣室、浴厕		1	50
26	健身房、娱乐室、会议室		1	150
27	厨房及餐厅		1	100
28	维修车间	含电工间、木工间、电焊室、氧气乙炔间等	1	80
29	舵机间		1	40
30	集控室		1	50
31	驾驶室		1	80
32	海图室		1	20
33	医务室		1	20
		合计		940

该船舶自动化程度很高,配置有综合导航系统、综合驾驶台(IBS)、电子海图(ECDIS)、自动舵、船载航行数据记录仪、GPS、船用雷达、AUT-0 无人值班机舱等。但是,要达到无人船或岸基远程操纵船的技术要求,还需要增加更多的传感器和仪器设备,如振动传感器、应力传感器、其他热力参数传感器、红外热像仪、船岸交互通信系统、桥楼航行值班及报警系统、机舱智能监测与报警系

统、船体结构监测及货物监测系统、岸基远程监控台,具体功能要求如表 7-3 所列。

表 7-3 无人船需要增加的仪器设备配置

序号	仪器和设备	功能说明
1	振动传感器	监测推进轴系、主柴油机表面、发电柴油机表面、主发电机、空压机、主要辅机泵浦等设备的振动
2	应力传感器	船体结构表面长基应力传感器,监测船体结构应力
3	其他热力参数传感器	温度、压力、液位、功率、绝缘电阻、滑油含水量等,增强主机、副机和发电机的监测功能
4	红外热像仪	监测主机舱、分油机间、发电机间、空压机间、货舱、主甲板等处的火警和异常温度的变化
5	船岸交互通信系统	将船舶上的监测信息发送到岸基,同时在必要时将岸基操控台的操作信号发送到船舶的遥控系统
6	桥楼航行值班及报警系统	监测船舶外部的海面风浪、过往船只、航道状况,进行远程识别、路径规划、航迹控制、航行状况预警及避碰提示
7	机舱智能监测与报警系统	显示船舶设备报警参数、故障信息和应急措施,可进行设备状态的趋势分析、应急操作提示、维修决策
8	船体结构监测及货物监测系统	监测船体结构的应力分布,以及液货舱液位、货物的状态
9	岸基远程监控台	显示船舶航行信息、机舱信息、货物信息、能耗和排放信息,必要时由岸基人员进行船舶的远程应急操作,包括航行灯板、主推进系统、船舶电站、侧推器、压载系统、通风系统、消防系统

7.6.2 无人船的经济性分析

该船由国内一家船厂建造,总建造费用约 20800.0 万元。由表 7-2 可看出,如将这艘自动化船舶改为无人船,可以省去船员使用的系统和设备,减少设备购置费约 367.4 万元,节省近 2%的设备投资,同时可以节省 940.0m^2 的船舶舱室空间。如果考虑无人船需要增加的仪器设备(表 7-3),则硬件投资基本持平。可见,全自动化船改为无人船后,其设备的投资没有很大的变化[133]。

从运行成本来看,由于减少了一些设备的运行,减少了船舶电力的消耗,每天可节省燃料消耗 4.43t。按每年航行 200 天计算,可节约燃油费用 443 万元(按 5000 元/t 的低硫油价格计算)。特别是节省了船舶舱室空间,在保持载货量不变的情况下,可以减轻船舶重量,达到减少燃料消耗和碳排放目的。再就是减少了在船人员的消费,包括生活必需品和工资支出。以本艘化学品船舶为例,船员工资按国内的标准如表 7-4 所列。按照 21 个船员的配置,近海化学品船舶人员每年的工资开支需 540. 5 万元,远洋化学品船舶人员每年的工资开支需 581. 3 万元。考虑到无人船需要至少 3 个岸基远程操作人员,每年的工资费用约 250 万元。无人船的日常维修需要由专业技术服务公司承担,每年需要支付维修费用约 250 万元。总体看来,这艘无人化学品船每年的运行成本可比自动化船舶减少约 540 万元。

表 7-4　化学品船舶的船员工资标准

单位:美元/月

船员职务	船长	大副	二副	三副	见习三副	轮机长
远洋船员	10500	8300	3500	2700	400	9700
近洋船员	9000	8000	3400	2400	400	8800
船员职务	大管轮	二管轮	三管轮	电机员	见习三管	水手长
远洋船员	8300	3500	2700	3600	400	1800
近洋船员	7800	3400	2400	3400	300	1800
船员职务	机工长	水手×2	机工×2	电工	大厨	服务员×2
远洋船员	1800	3100	3100	2300	1700	1800
近洋船员	1800	3000	3000	2100	1550	1800

无人船技术的开发和应用,不仅是为了节约运输成本,更重要的是它可以帮助我们规避船舶操作的海上航行风险,避免人因失误和人员伤亡,减少恶劣海况下远洋船舶的航行事故。还可以将船员的工作岗位从远洋船舶上转移到陆地上或近岸基地,改善船员的工作和生活环境,增加航海职业的吸引力,解决远洋运输船舶人力资源的短缺问题,其实际意义是巨大的。

7.6.3　机舱智能运维的设想

将来的船舶设备维护可能更多的是由机电服务工程师在锚地、船舶港内机动航行和停港装卸货期间完成,船舶的海上定速航行则由岸基人员远程操控,以减少人员在海上的工作时间。为方便岸基人员及时了解船舶内部系统和设备的运行情况,需要安装一套船舶机舱远程监测报警系统。对于海上自主航行的远程操纵船舶,传统的监视报警系统显然不合适,特别是这种系统无法了解船舶设备的实际运行情景。如果依靠海事卫星不断地将船舶内部的图像或视频文件发到岸上,数据通信量非常巨大,通信费用也很高。而仅仅发送一些运行参数,既不直观,也不方便。因此,有必要提供一种新型的船舶机舱监测系统,可以集成多源信息,利用三维虚拟现实显示技术,以达到身临其境的远程监测效果,满足实时监控的要求,以便岸上人员更直观地了解船舶机舱的运行状态。该系统包括工况监测模块、机舱摄像机、红外热像仪、振动和噪声传感模块、数据采集及特征提取模块、岸基监测终端和三维显示工作站,如图 7-1 所示[134]。

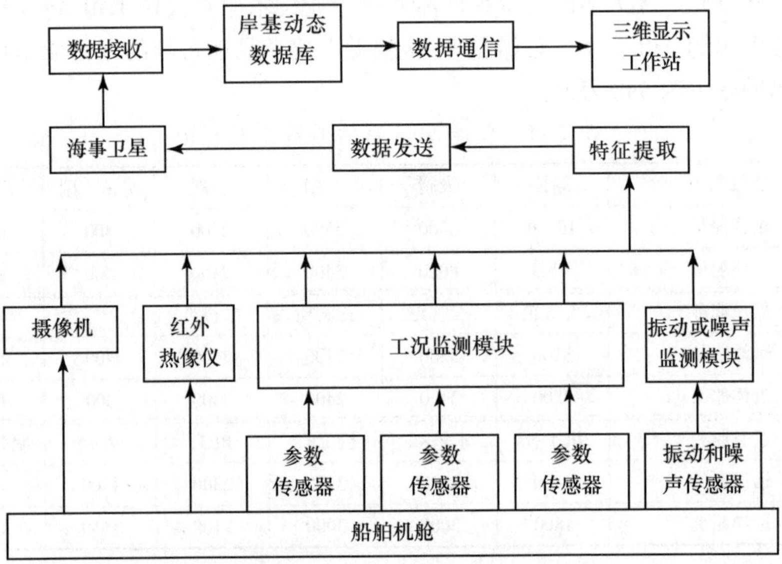

图 7-1 船舶机舱远程监测报警系统的组成

工况监测模块包括多种安装于船舶机舱内各处的传感器,传感器用于采集船舶机舱内主要设备的工况参数,工况监测模块用于将工况参数传递给海事卫星,用于了解机舱设备的运行状态。机舱摄像机和红外热像仪分别用于获取船舶机舱的静态图片和红外热像图,并将静态图片和红外热像图传递给海事卫星,用于监视船舶机舱着火、机舱进水、电气短路、机器移动、海盗入侵。振动和噪声传感模块包括安装于船舶机舱内不同部位、机器底座、推进轴系的振动和噪声传感器,定时获得机舱内主要设备、船舶结构振动、轴系瞬时转速和机舱噪声信号,以监测船舶碰撞、触礁、机器松动、螺旋桨脱落的异常事故。数据采集及特征提取模块应用不同的特征提取方法,提取故障特征,去除冗余信息,以大大减少通过海事卫星的船岸数据通信量。岸基监测终端用于接收海事卫星传递的多源信息,包括工况参数、静态图片、红外热像图以及振动和噪声特征参数,并传输给三维显示工作站。三维显示工作站基于工况参数、静态图片、红外热像图以及振动和噪声特征参数,结合预先建立的船舶机舱的三维模型再现船舶机舱的三维场景,三维场景可互动并通过可视化界面显示。

特征提取模块用来处理热像仪采集的机舱图像，用于船舶机舱着火、机舱进水、电气短路、机器移动、海盗入侵的监视，具体过程包括：将滑动时间窗内的若干帧红外火焰图像叠加到一个投影平面上，采用投影矩来描述火焰的动态特征，根据热像仪采集的图像区别火焰和烟雾，具体包括：由若干火焰目标和伪目标的特征矢量组成训练集 $T=\{(\boldsymbol{D}_1,y_1)\cdots(\boldsymbol{D}_i,y_i)\cdots(\boldsymbol{D}_I,y_I)\}\cdots\in(\boldsymbol{D}\times\boldsymbol{Y})I$，其中 $\boldsymbol{D}_i\in\boldsymbol{D}=\boldsymbol{R}_6$ 为六维特征矢量；$y_i\in Y=\{1,-1\}$ 为已知的样本属性，“1”为火焰，“-1”为非火焰；$i=1,2,\cdots,I$ 为样本序号；通过非线性映射将输入矢量映射到一个高维特征空间，在这个空间中构造最优分类超平面进行分类；支持向量机所有的非零即构成一个两类分类器；通过红外滤镜成像的疑似火焰目标，经上述处理后计算出 $\boldsymbol{\phi}_2\sim\boldsymbol{\phi}_7$ 这6个特征矢量，代入训练好的支持向量机决策函数式，从而得到火焰识别结果。

特征提取模块应用瞬态冲击信号分析、瞬时转速分析、多尺度时域平均和模糊熵特征提取方法，提取多个周期下的信号波形，保留所有频率下的故障特征。去除冗余信息，以监测船舶碰撞、触礁、机器松动、螺旋桨脱落和设备运行异常事故，并大大减少海事卫星的船岸数据通信量。

将船舶机舱至少分成主机舱、舵机间、分油机间和发电机间部分，利用 3ds Max 软件和 Unity 3D 的三维建模功能分别建模，包括对应灯光、仪表和警报的效果展示。利用 Unity 3D 内置的 UGUI 系统搭建 UI 界面模块，在三维显示工作站上形成可视化界面，可视化界面用于显示三维动画效果。通过脚本文件与三维模型关联，使用 C#编程实现三维模型的联动，以使三维模型根据不同的数据进行相应的动作，实现不同的三维动画效果。这种远程监测报警系统利用虚拟现实技术构建一个船舶机舱设备运行的情景，弥补了船舶机舱无人值班的直观缺失，又减少了实时图像传输的数据量；再将图像识别和信号处理方法结合在一起，利用摄像机、热像仪、振动和噪声传感器将船舶机舱的环境状态传送到岸基，增强了岸基人员对船舶的感知信息，以适应未来自主航行船舶远程监控的特点。

目前的无人船主要是小型的纯电动船舶，其动力装置相对简单、故障率低、运行维护方便。对于大型远洋船舶，目前智能运维的困难还很大，特别是目前的大型船舶都是以二冲程柴油机为主动力装置，为其服务的有电气系统和各种辅助设备，任何一个环节出现故障，都会导致主机的事故，进而影响船舶的航行安全。虽然这种动力装置的经济性最好，但其运行的安全冗余度最低，很难实现未来船舶的无人化操作，必须采用一种运行可靠性更高的动力装置，如本书第1章提到的电力推进系统或混合动力系统。另外，目前的船舶都是基于随船维修的原则，依靠轮机员巡视机舱和维护保养设备，对于未来的远洋无人船，这些工作如何完成？是在港内进行还是在船舶航行时进行？还需要增加哪些传感器和监控设备？以便利用现代远程监控技术和电气重构方法，来实现远洋船舶的无人操作。

如前所述，远洋船舶机舱的运行操作包括开航前的备车、港内机动航行、海上定速航行和到港停机的完车工作，除了海上定速航行外，其他的运行操作都涉及非常繁杂的工作。可以在靠近港口的海域设立一个船舶集散地(基地)，船舶在由岸基人员远程操纵下完成长时间的海上航行后，先停靠在基地内，然后船舶的操作和维修人员从基地登船进行船舶的港内机动航行、完车，同时进行机舱设备的维护工作。在完成港口装卸货和设备维修工作之后，操作人员再登船进行机舱备车操作、港内机动航行，将船舶行驶到基地后人员撤离，最后再将船舶交给岸基操作员远程操控，使船舶行驶到目的港附近的另一个基地，完成海上航行。这样可以大大减少人员的海上作业时间，也保证了船舶的航行安全。在船舶进港前，先遥控船舶驶入基地，根据船舶航行中记录的运行数据及分析结果，机修人员上船更换备件和维修设备。同时操作人员登船接管船舶，将船舶驶进港口，直到停机、靠码头、完成装卸货，同时也进行船舶重大设备保养和维修工作，补充燃料和滑油等，保证船舶设备在下一个航次不会发生故障，这可能是未来远洋无人船可以实现的运行模式。

目前，鉴于远洋船舶机舱系统的复杂性，可以在无人船上保留 1 或 2 名值守人员应对机舱可能出现的管系跑冒滴漏等应急事件，但大部分维修工作都交给岸基专业维修人员，类似于飞机的地勤人员。这里最关键的是利用各种传感器、无线通信、信息分析和故障诊断技术，及时了解船舶在海上航行时设备的运行状态，制定维修保养方案和备件方案，以便在基地和船舶停港期间完成船舶机舱必要的维护工作。常规的维修保养周期和工作内容参见本书附表“船舶维修保养工作表”。

第 8 章

船舶能效监测与分析

目前,船舶智能能效管理主要在智能能效管理规范与检验指南的大框架下,实现船舶航行状态、能效状态数据的自动采集和在线监测,通过大数据分析评估船舶能效状态,分析船舶能效的主要影响因素及内在关系。在此基础上,实现船舶能效的自学习、评估和预测,基于智能优化算法建立船舶的营运优化模型及决策算法,实现船舶航速优化、纵倾优化等自主决策,达到船舶能效最大化和能效管理智能化的目的。

在线智能监测,即对船舶主要耗能设备、船舶航行状况等进行监测,进行数据的采集、传输、储存和分析,并对船舶能效和能耗等相关技术指标进行评估和报警。因此,船舶能效在线监测是能效在线智能监控的重要内容,同时也是能效智能评估和优化的研究基础。

8.1 船舶污底状态评估

8.1.1 船舶污底及监测方法

当船舶在水中移动时,水会被拖着前进,形成一个跟随船舶的水体,并形成“边界层”。在船的前部,这个边界层相对较薄,但沿着船体的侧面逐渐增厚,甚至在完全光滑的船体表面也会形成边界层。船体表面的粗糙度会增加边界层,从而增加船体的摩擦阻力。

在船舶阻力中,另一个主要因素是船舶相对于靠近船体表面水的速度。表面粗糙度对阻力的影响取决于水相对于船体的有效速度,这在船体表面上是变化的。例如,船首区域增加的表面粗糙度将比船尾区域或船身底部产生更大的阻力,因为水的有效速度会更低。因此,在降低粗糙度时,船的不同部分将具有不同程度的影响,即使它们的原始粗糙度是相同的。

船体越光滑船的阻力就越小,在同样的功率驱动下就跑得更快,节省燃料。污垢会降低船体的光滑度(增加粗糙度),甚至会增加船舶的重量,降低货物运载能力,这些影响使船体粗糙和结垢成为影响船舶效率的主要问题。随着运营时间加长,船体和螺旋桨表面形成污底,对船体摩擦阻力的影响最为显著。

船体浸水部分的表面粗糙一般由下列因素构成,包括船体壳板本身高低不平、外板接缝不平、涂料性能不好、涂层质量不高、旧涂层起泡或脱落、壳板锈蚀或机械磨损、海生物附着等。

船舶污底会增加船舶自重,导致船舶粗糙度升高、流线性降低,进而引起阻力增加、油耗升高。据 ABS 测算,每增加 10~20μm 的船体粗糙度,肥大型船体阻力增加 1%,高速船、瘦型船阻力增加约 0.5%。图 8-1 显示了所需增加的推进功率或燃料消耗与船体粗糙度的关系。一般认为,每增加 10~30μm 的粗糙度,全船的总阻力就会增加约 1%(当然阻力的增加也会受船速的影响)。

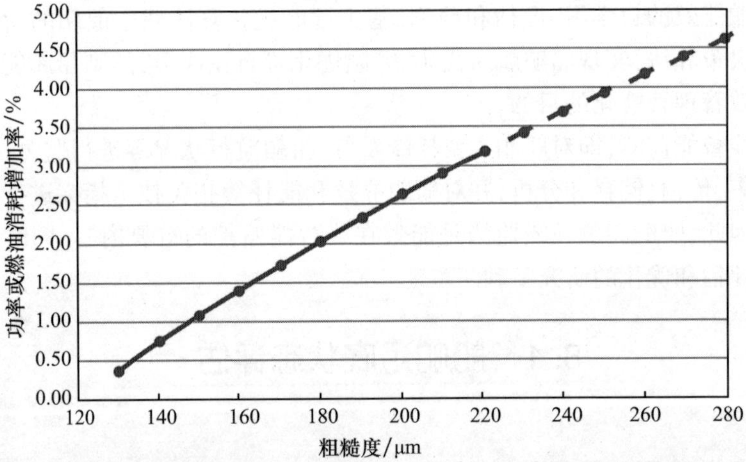

图 8-1 保持快速细长船的船速所需增加的功率/燃料消耗与船体粗糙度的关系

历史记录表明,即使有良好的维护实践,船体平均粗糙度每年也会增加 10~25μm,这取决于船体涂层系统,即使不包括污垢。图 8-2 显示了由于维护工作导致的两艘典型船舶阻力增加率随时间的增加和船体表面改善的影响。

船体表面粗糙度有多种形式,大致可分为物理性的或生物性的。根据尺寸进一步分为微观粗糙度(小于 1mm)或宏观粗糙度(大于 1mm)。物理微观粗糙度在使用中会由于机械损伤、所施加涂层的失效甚至表面的不适当准备和/或新涂层的不适当施加而增加。生物粗糙度(污垢)也对阻力有显著影响,甚至在微观水平(黏液、藻类等),如图 8-3 所示。轻型排水量精细船模型试验表明,覆盖整个湿表面的轻质泥浆可以增加 7%~9%的总阻力，重质煤泥会增加总量的 15%~18%。小藤壶和杂草会使总阻力增加 20%~30%。

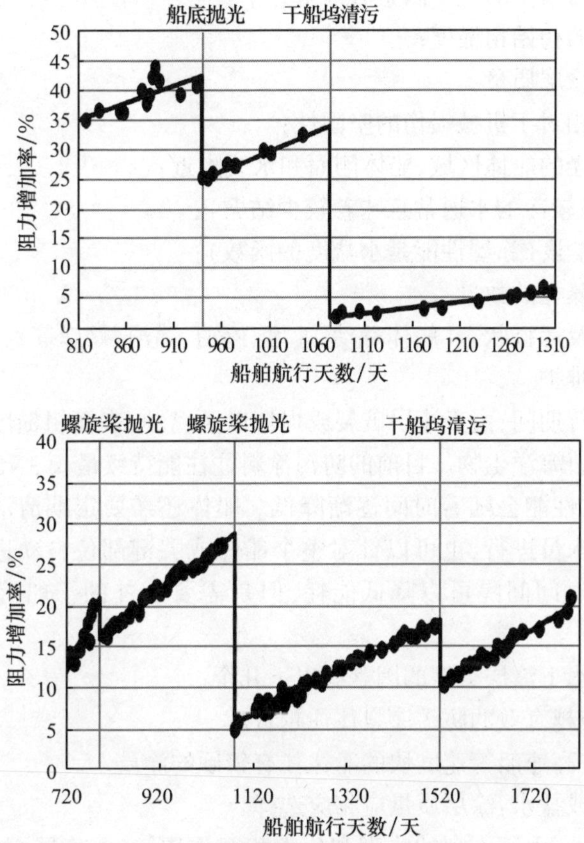

图 8-2 船舶阻力随时间的变化

(a) (b)

图 8-3 船体表面的海生物

(a)藤壶；(b)贻贝。

生物污损是一个非常复杂的过程，取决于船舶的装载条件、作业区域、防污漆的有效性和环境条件等因素。如果一艘船不停地移动，它就不会像一艘在港口停泊很长时间的船那样聚集那么多的海洋生物。如果船舶长时间静止不动，将会使海洋生物附着在船体和螺旋桨上，从而降低船速并增加燃料消耗。

影响船体污损率的主要因素有以下几个：

(1) 船体的初始粗糙度；

(2) 船体涂层质量；

(3) 涂层相对于机械损伤的坚固性；

(4) 有阳光的船体区域、船体侧面和水线附近；

(5) 水温(较冷的水通常意味着较少结垢)；

(6) 水的盐度(涂层性能是水盐度的函数)；

(7) 水中藻类的数量；

(8) 船速及运行状态(船体移动、速度、停泊、锚泊、靠岸等)；

(9) 船体维护。

在船舶运行期间，由于涂层破裂或损坏以及腐蚀，表面粗糙度会增加，腐蚀也会进一步吸引海洋生物。目前的防污涂料往往能持续最长 3~5 年，自抛光涂层必须更新，其性能会随着时间逐渐降低。船体还需要定期清洁/刷洗，清洁/刷洗可以由潜水员进行，也可以针对整个船体或关键部位自动进行。因此，缩短涂层涂覆的时间间隔可以降低能耗，但是需要额外的干船坞，这是非常昂贵的。

决定船舶水下涂层类型的因素有以下几个。

(1) 成本：越有效的防污涂料往往越贵。

(2) 船速：高速船等速度快的船往往有较硬的涂层。

(3) 淡水或盐水：涂层质量应相应选择。

(4) 兼容性：由于不利的物理和化学相互作用，一些涂层不能用在其他涂层上。

(5) 国家法规：国家禁止使用的某些类型的防污漆。

(6) 作业区域：船舶所在区域的污染严重程度不一，有些海域比其他海域严重得多。

定期在役清洗以清除污垢生物显然是有益的，除非清洗方式会导致涂层受损或表面“粗糙”。从燃料效率的角度来看，重点应放在船体和螺旋桨的“粗糙度”管理上，而不仅仅是控制“结垢”。

为获得最佳效果，清洁计划应基于对性能指标(如功率与速度)的监控或定期预清洁检查，在这两种情况下建立一个阈值来确定何时清洗是经济合理的。对于目视检查，阈值包括被污染船体表面的百分比和污染类型，定期检查、拍照和测量粗糙度是监控清洁效果和涂层状况的谨慎方法。

使用水下清洗技术和设备时应小心谨慎,并适当考虑原始涂层和污垢量。例如,如果不清除大量的油漆,就很难清除大尺寸的污垢。如果防污剂涂在不同的颜色层上,那么这些颜色可以用来监测清洗过程中油漆的去除情况。一般来说,自抛光防污涂料(SPC)的沥滤层比松香溶解型防污涂料(CDP)的薄,因此清洗时应采用侵蚀性较小的技术,污垢释放涂层的清洁只能用轻柔的软垫进行。在所有情况下,应遵循油漆制造商的建议,应与清洁公司一起审查清洁情况,并记录清洁之前和之后表面的良好水下照片。

与船体表面类似,由于表面粗糙,螺旋桨的性能会下降。由于螺旋桨粗糙造成的船舶效率降低的绝对幅度小于船体粗糙表面造成的降低幅度。据估计,可能会导致总燃料消耗增加6%。

定期对船体或在干船坞进行水中检查是评估船体涂层状况的唯一可靠方法。应持续监控船舶的速度和功率输出,以确定结垢是否降低了船舶的性能,这可以帮助船舶操作员决定水中清洗或干船坞的间隔时间。应按照公司规定的周期定期评估船体状况,如果明显存在大量污垢,可能需要减少该周期。如果船舶被搁置一段时间,建议对船体进行水中检查。如果污损严重,应清洗船体并重新涂上防污剂。也应考虑安装船体阴极保护系统,因为它可以减少船体的腐蚀。腐蚀会增加船体的摩擦和水流通过船体的阻力,从而增加燃料消耗。阴极保护系统还具有减少船壳板点蚀的好处,点蚀会降低船壳的强度。

要进行适当的船舶性能评估,有必要评估速度–功率曲线。为此,应确定不受天气、潮汐或水流影响的船舶在水中的速度,这是很难精确计算的,特别是在实际航行中,因为环境因素在航行期间可能会有很大变化。

性能监测系统的使用是有吸引力的,因为它直接测量燃料消耗,而不需要在港口进行特殊安排。环境条件对燃油消耗的影响可能很大,因此有必要隔离这些参数对燃油消耗的影响,最合理的做法是在受控或至少可重复的航行条件下收集燃油消耗记录。然后对数据进行标准化以消除吃水、纵倾、风和波浪的影响,或者与早期试验中的类似条件进行比较。当然,使用这些方法也不可能将螺旋桨状态与船体状态分开。

船舶阻力是船舶航行过程中能量消耗的主要根源。如果船舶阻力降低,主机功率需求就降低,航行能耗自然就降低。静水工况下船舶航行水动阻力受航速、排水量、吃水和纵倾角的影响;自然海况下,船舶航行除受上述因素影响外,还受风、浪、流等环境因素影响。通过调整纵倾和吃水浮态改变船舶航行时的水下形状,进而对兴波、船身湿表面积、船首来流、船尾去流等因素均有影响。

阻力是船舶的重要性能之一。船舶的运动在自由液面上激起兴波,改变船体表面的压力分布和船舶的压力差,进而产生兴波阻力。在黏性流场中运动时,船体表面会形成边界层,引起运动方向的切向作用力,进而产生摩擦阻力。同样,船舶在黏性流场中的运动也会产生漩涡,而漩涡处压力较低,导致船舶前后压力不均衡,从而产生黏压阻力。

船舶航行阻力由水阻力和空气阻力组成,水阻力是主要的,它与船型、船体表面粗糙度、排水量、水深、航速和纵倾角等诸多因素有关,如图 8-4 所示。

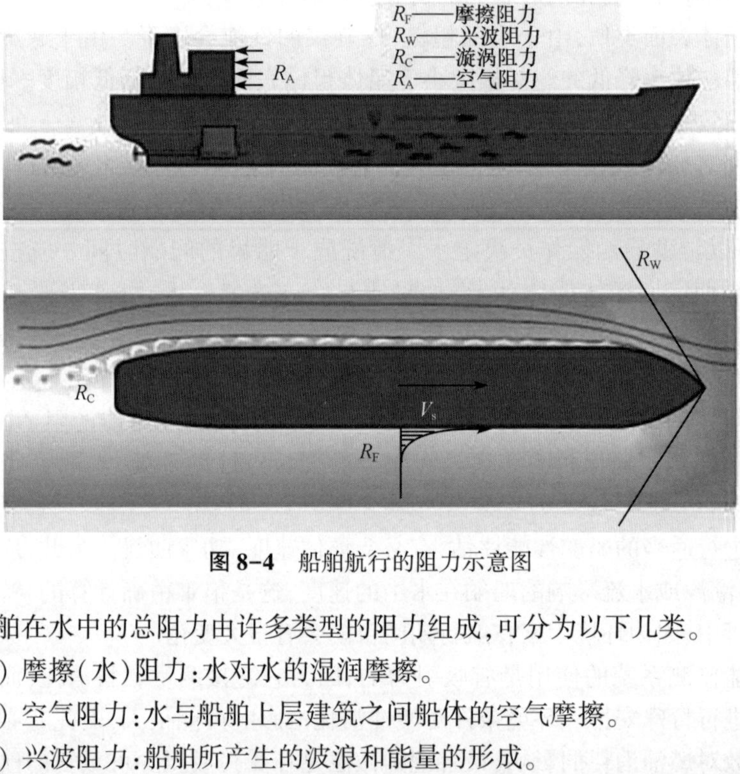

图 8-4 船舶航行的阻力示意图

船舶在水中的总阻力由许多类型的阻力组成,可分为以下几类。

(1) 摩擦(水)阻力:水对水的湿润摩擦。

(2) 空气阻力:水与船舶上层建筑之间船体的空气摩擦。

(3) 兴波阻力:船舶所产生的波浪和能量的形成。

(4) 漩涡阻力:船舶周围水的不规则流动特别是后端引起的附加阻力。

摩擦阻力主要是船舶在航行时由于水具有黏性而沿船舶湿表面产生的切应力。摩擦阻力的大小主要与船舶的湿表面积、船速和船体表面粗糙度等因素有关;漩涡阻力产生于船舶航行时黏性流体流经船体表面时引起艏艉压力差;兴波阻力产生于航行中兴起的波浪。船舶在低速航行时,摩擦阻力占船体阻力80%以上,剩余阻力较小;船舶高速航行时,剩余阻力增大,摩擦阻力占船体阻力的 60%左右。

通过测量船舶速度、轴推进力和风浪等外部环境状况,可用于监测航行性能,并确定性能偏差,用于评估船舶的航行绩效。船舶的燃料消耗不仅取决于船速,还取决于水深和天气条件。浅水运行对燃油消耗有影响,天气条件包括海上风力和波浪。

一艘船快速通过浅水的运动,会造成压力降低的区域,导致船舶比预期更接近海底。这种现象是由于船体通常在浅水的船体下方流动的水由于船体对海底水流的紧密接触而遇到阻力,使水流动得更快,形成了具有降低水位表面的低压区域,这种下沉的效果是由(垂直)下沉和纵倾的变化组合引起的。

在海上试验得出船速-功率曲线时,是基于以下理想条件:船体清洁;抛光螺旋桨;平静的海面和最小的风;设计的吃水和正浮。

如果船舶试验中遇到的实际情况不在上述范围内,必要时应进行校正。在正常的操作中,该曲线可以通过执行特殊的船速试验或简单地在实际条件下长时间测量来获得(延长的时间段将通过平均来最小化天气和海况的影响)。船速-功率曲线在识别船体污染和船舶性能方面起着重要作用。

为减小船体阻力,提高螺旋桨的推进效率,船舶需要定期进坞进行污底清除工作,而大数据技术能为船舶清除污底的时间提供更合理的建议。从运营监测的数据中筛选出船速、主机功率系列数据,按照时间序列进行排序。消除风浪流、水深、海水温度、气温、主机运行工况等其他因素对船舶营运功率的影响,可以进一步分析得到船舶污底与营运时间及航线间的关系,推算出需要坞修清污的时间节点。

如今已经有多种方法,可对船体表面状况进行评估,包括:

(1) 对船速-功率曲线相对于基线关系的评估;

(2) 附加阻力相对于基线关系的评估;

(3) 利用潜水员对船体和螺旋桨的情况进行外观检查,随后制订最佳的方案及措施;

(4) 其他方法等。

为了监测船舶的推进性能,应开发一种可靠、准确的船速-功率曲线。然后将该曲线与其在试航下测试的曲线(作为基线)进行对应比较,以评估与基线条件的偏差。为了确保评估程序的有效进行,需要在不同船舶的速度下收集以下数据(需包含所有船速范围)。

(1) 推进数据。

① 推力轴功率和转速;

② 船舶在水面和水中的速度;

③ 主机燃油消耗及相关性能。

(2) 环境条件。

① 风(速度、方向等);

② 海况(波浪力、方向等);

③ 水温等其他环境条件。

实际中可能还需要收集更加详细的数据才能对船体表面状况进行准确评估。此外,为了更有效地进行分析,通常也需要一些船体和上层建筑的数据以及环境压力和温度。

为了收集所需的数据,在理想情况下,实际的测试应该尽量消除海洋洋流的影响。可采用两次测试法,分别测试船舶航行在相反方向时的数据,然后得到平均结果。然而,在实际操作中,这并不适合在实际运营船舶中运行,因此建议测试试验应该在没有水流的平静海况下进行。

为了确定船舶在改变环境条件下的实际速度-功率性能,应采用一种有效的分析方法。为了达到测试效果,该方法同样需消除风、浪和流的影响。目前,由于无法获得合适的环境校正方法,使得对船体污损的评价方法很难进行。

该方法受船舶环境条件的影响很大,因此该数据校正方法仍需被不断完善和发展。然而,当测试发生在外部条件可控、测试程序正确且海况条件良好时,该技术的使用是非常成功的。

推进动力使用阻力增加的概念来为性能监控提供服务。图 8-5 是一个典型的实例,利用该方法来预测船体污染的方式和结果。

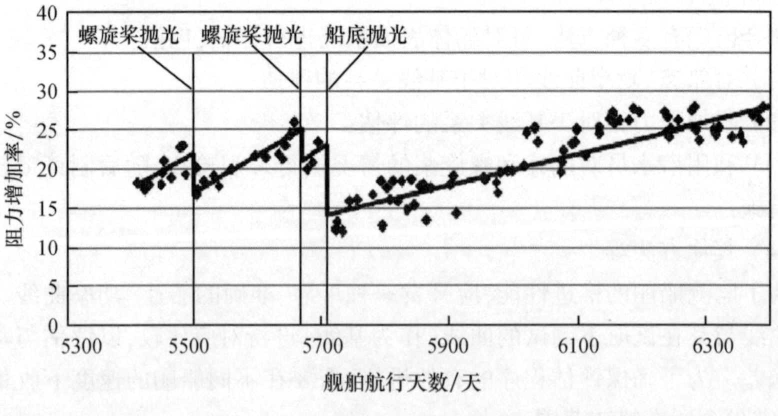

图 8-5 附加阻力与船底清洁程度的关系

应用收集和监测得到的数据,提炼出与船舶营运功率有关的系列数据,按照时间序列进行排序,消除其他因素对于船舶营运功率的影响,进一步分析可得到船舶污底与营运时间及航线间的关系。结合坞修时清污成本的测算,可分析求得最低营运成本的坞修清污时间节点。对于船舶营运能效管理,营运成本的管理具有重要的现实意义。

8.1.2 船舶的航行与阻力

船、机、桨在许多方面都存在着相互作用：①它们之间存在着机械连接，也存在着运动方面的相互作用；②船、机、桨之间存在着液力间的相互作用；③从能量观点看，船、机、桨三者共同组成了一个统一的能力转换系统。由于它们之间存在着上述相互作用，所以它们之间的运动状态相互制约。当船舶要求在某一装载量、某一航速下航行时，机、桨两者运行点就确定了。如果要求主机在某一工作参数状态下运行，同样也决定了另外两者的运行工况点。所以，船舶推进装置的性能是由船、机、桨三者性能共同决定的，研究推进装置特性需要三者联系起来进行分析。

船舶在航行时，船体受到水和空气的阻力为 R_T。为了克服这种阻力，要求船舶主机发出一定的功率转动螺旋桨，使之产生推动船舶前进的推力 T。假设螺旋桨的个数为 k，当船舶以对水航速 V_s 匀速航行时，螺旋桨总的有效推力等于船体受到的阻力[135-136]：

$$R_T = kT_0 = kT(1 - w_1) \tag{8-1}$$

式中：k 为螺旋桨的个数；T_0 为螺旋桨的有效推力；w_1 为推力减额分数。

船舶主机发出的功率 P_2 先后经过减速齿轮箱、轴系等装置传送到螺旋桨。由于中间受到各种摩擦损失，螺旋桨受到的功率 P_1 小于船舶主机发出的功率。螺旋桨受到功率后，经过螺旋桨与船体之间水流的相互作用，最终转化为克服阻力的有效功率 P_0，它们之间的关系分别为

$$P_2 = \frac{P_1}{\eta_1 \eta_2} \tag{8-2}$$

$$P_1 = \frac{P_0}{\eta_0 \eta_3 \eta_4} \tag{8-3}$$

$$P_0 = \frac{R_T V_S}{k} \tag{8-4}$$

$$\eta_0 = \frac{1 - w_1}{1 - w_2} \tag{8-5}$$

式中：η_0 为船身效率；η_1 为轴系传递效率；η_2 为齿轮箱效率；η_3 为螺旋桨敞水效率；η_4 为相对旋转效率；w_2 为伴流分数。

船舶推进系统从本质上就是一个由船、机、桨构成的能量转换系统，船、机、桨相互作用关系见图 8-6。

螺旋桨推力 T 为

$$T = K_T \rho_s n^2 D^4 \tag{8-6}$$

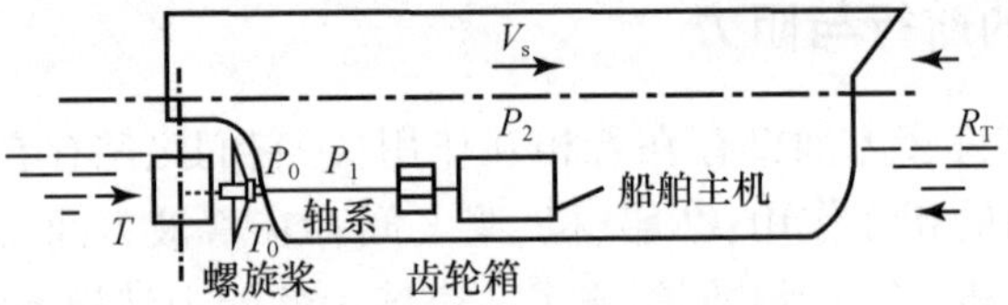

图 8-6 船、机、桨的相互作用关系

式中：K_T 为螺旋桨推力系数；ρ_s 为水的密度；n 为螺旋桨转速；D 为螺旋桨直径。

螺旋桨进速系数 J 和敞水效率 η_3 分别为

$$J = \frac{V_0}{nD} = \frac{(1 - w_2)V_s}{nD} \tag{8-7}$$

$$\eta_3 = \frac{K_T J}{2\pi K_Q} \tag{8-8}$$

式中：V_0 为螺旋桨进速；K_Q 为螺旋桨转矩系数。

船、机、桨的主要技术指标在一定条件下随主机转速或船舶航速变化的规律称为船舶动力装置的特性。在各种运行条件下，船、机、桨工作参数的相互影响和变化规律称为推进装置的工况。

1. 船舶的阻力特性

具体来说，船舶航行的总阻力有摩擦阻力、兴波阻力、形状阻力及其他阻力。

（1）摩擦阻力。船舶航行时，船体与水表面摩擦产生阻止船舶前进的力，称摩擦阻力。摩擦阻力与航速的 1.86 次方成正比。高速船舶的摩擦阻力约占总阻力的 40%，而低速民用船舶的摩擦阻力可高达总阻力的 80%。$R_f = C_h \cdot \frac{\rho_s}{2} \cdot S_s \cdot V_s^{1.86}$，其中 C_h 为污底系数，它会随着船体表面的清洁状态而改变，是一个变常数，会随着船舶污底的状态而改变；ρ_s 为海水密度，$\rho_s = 1050\text{kg/m}^3$；$V_s$ 为船速；S_s 为船体湿表面积。

（2）兴波阻力。船舶前进时给水以作用力掀起波浪，而水必然会给船体以反作用力，这种阻力称为兴波阻力。兴波阻力与航速的 4~6 次方成正比，船速越快，兴波阻力就越大。高速船兴波阻力可达总阻力的 50% 以上，而低速民用船舶的兴波阻力一般占总阻力的 10%。$R_w = C_w \cdot \frac{\rho_s}{2} \cdot S_s \cdot V_s^4$，$C_w$ 为波浪系数，是一个与波高相关的常数。

（3）形状阻力。船舶在前进时，尾部产生漩涡低压区，船首部受到的水压力大于船尾部，这一压差形成的阻力其大小与船体形状有关，所以该阻力称为形状阻力，也称涡漩阻力。另外，还有汹涛阻力、附体阻力。在波浪或汹涛中航行，船舶横摇、纵摇及上下起伏运动，使前进所受到的阻力增加，该阻力称汹涛阻力，其大小与水面状态有关，也与航速有关。附体阻力是指船体水下部分安装的设备，如舭龙骨、支撑尾轴的托架、舵等引起的阻力。因其线型都是流线型的，不会产生漩涡，主要影响摩擦阻力和兴波阻力，其大小主要与附体数量、大小、位置及形状有关。形状阻力与航速的2次方成正比，在船舶的水阻力中，约占总阻力的10%。$R_F = C_t \cdot \frac{\rho_s}{2} \cdot S_s \cdot V_s^2$。$C_t$ 为涡漩系数，基本上是一个常数。

(4) 空气阻力。空气阻力的大小因水上部分和上层建筑的形式而异，与船舶相对风力、风向有关。$R_a = C_a \cdot \frac{\rho_a}{2} \cdot S_u \cdot V_w \cdot \cos\theta_w$。$C_a$ 为风阻系数，基本上是一个常数；ρ_a 为空气密度；V_w 为风速；θ_w 为风向；S_u 为迎风面积。其中 $\rho_a = 1.293 \times 273/(T_0 + 273)\,\text{kg/m}^3$，$T_0$ 为大气温度(℃)。

对于单机单桨船舶来说，由 $P_D = \frac{R_T V}{\eta_D}$ 得

$$R_T = \frac{P_D \eta_D}{V_s} \tag{8-9}$$

式中：P_D 为单机单桨主机的推进功率(kW)；V_s 为船速(m/s)；η_D 为船舶推进效率；R_T 为船舶阻力(kN)。

$$R_T = R_f + R_w + R_F + R_a \tag{8-10}$$

式中：R_f 为摩擦阻力；R_w 为兴波阻力；R_F 为形状阻力；R_a 为空气阻力。

则船舶摩擦阻力为

$$R_f = \frac{P_D \eta_D}{V_s} - (R_w + R_F + R_a) \tag{8-11}$$

则此时的污底系数为

$$C_h = \frac{R_f}{\frac{\rho_s}{2} \cdot S_s \cdot V_s^{1.86}} \tag{8-12}$$

实际评估时，分别计算船舶试航时的污底系数 C_{h0} 和船舶实际航行的污底系数 C_h，则船舶污底状态的劣化指数表示为

$$C_{hule} = \frac{C_h - C_{h0}}{C_{h0}} \times 100 \tag{8-13}$$

波浪对船舶航速的影响可归结到波浪对船舶功率(阻力)的影响。一旦获

得比较准确的波浪中船舶消耗功率的增加，就能够用于不同船型气象因子(f_w)的验证与评价，为EEDI指标的验证提供支持。

按照波浪参数和载况数据进行分类，可统计出浪高、波浪周期和不同载况所对应的不同航速。当浪高近似为零时，可以视为通常所说的静水情况，此时对应的航速与功率可视为静水中航速与功率。通过与不同等级波浪分类统计的数据比较，可以挖掘出波浪对船舶航速以及失速的影响。从长期监测的角度看，营运中的船舶会遭遇到各种等级的波浪。随着数据积累的增多，数据的分类也将随之越来越细，统计的数据也将越来越齐全，得到的结论也将越来越接近实际情况。

借助数据挖掘得到的相关数据之间的影响关系与修正方法，消除诸如波浪、吃水、浮态、水深、水流等因素的影响，就能获得所用节能装置的节能效果。

8.2 船舶纵倾优化

8.2.1 船舶纵倾的影响

船舶纵向上艏艉垂线的吃水差定义为船舶纵倾，如图8-7所示，其大小直接影响螺旋桨和船首的入水深度，改变船体水下部分的几何形状，进而对船舶航行阻力、稳性、船体上浪和操纵性产生影响。

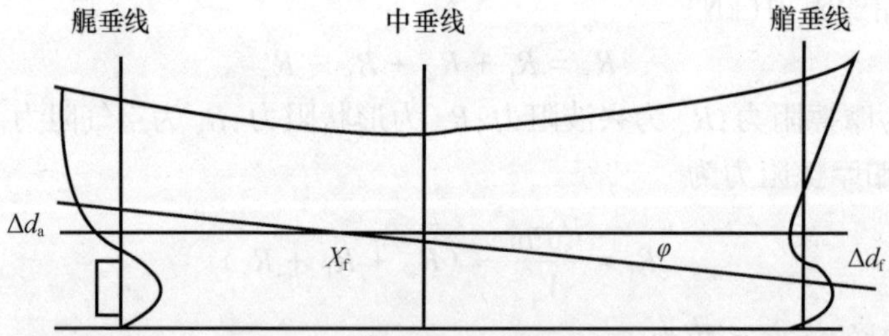

图8-7 船舶吃水差示意图

船舶纵倾有静态纵倾和动态纵倾两种。静态纵倾是指船舶在静水(不移动)时的纵倾。这种情况下，它的后向和前向吃水之间的差异主要由船舶的货物、压舱物、燃料等决定。动态纵倾是指船舶在航行和移动时的纵倾。由于船舶下沉现象，它不同于静态纵倾。当船在航行中时，由于其向前运动和环境影响，船相对于静水位下沉，下沉的特征在于船前部的动态下沉和尾部的动态下沉。正常情况下，前下沉量大于后下沉量，也是船速的函数。因此，动态纵倾是静态纵倾再加上航行中由于船舶下沉引起的纵倾变化。

$$\mathrm{Trim} = d_f - d_a \qquad (8-14)$$

式中:Trim 为船舶吃水差;d_f 为艏垂线吃水;d_a 为艉垂线吃水。

适度的纵倾可提高螺旋桨的推进效率和能效,改善船体水下部分流体线型,同时也可减少甲板上浪,增强船舶抗风浪能力。若尾倾过大,则船舶的操纵性会变差,船首底部船板更容易受波浪拍击致损,船首瞭望盲区变大(空载航行时尤甚)。若船首倾过大,则桨和舵叶的入水深度较浅,船舶操纵和推进效率降低,主机工作负荷不均,且容易导致飞车和船甲板上浪。所以,船舶纵倾是一个综合性的问题,既要考虑自身的稳性、强度、浮态及操纵等安全问题,又要兼顾港口、航道等外界环境问题。

由于航速、海况、海面起伏等因素,船舶会发生动态的垂向晃动。剧烈的艉倾会导致阻力增加,改变船舶动态纵倾。航行中的实际纵倾角度和静态纵倾角度有时相差较大,静止状态下最优纵倾和动态纵倾之间相差可能达到1m。因此,有必要实时采集船舶的数据,并对其进行多维分析,寻找动态纵倾优化方法。动态纵倾优化方法考虑大量的变量数据,包括流体力学相关变量,如浅水下沉量、艏侧推和操纵舵角,也包括必要的天气条件,如风况、海浪等。在考虑影响航行的各种因素后,计算出最优纵倾的数值,并且需持续地进行数据采集、过滤和分析,才能不断提高纵倾优化的精度,实现船舶节能航行。

船舶的阻力和纵倾是密切相关的,这是因为纵倾会改变影响船舶水动力性能的参数,特别是对于集装箱船和滚装船,主要表现在以下几方面:

(1) 波浪阻力的变化;

(2) 湿表面以及由此产生的摩擦阻力的变化;

(3) 由于尾板下沉引起的形状阻力的变化;

(4) 各种推进系数的变化,如阻力系数、推力减额、伴流系数;

(5) 推进效率的变化,如相对转动效率、螺旋桨效率。

对于任何给定的吃水深度和船速,都有一个最小阻力的纵倾条件。因此,船舶最佳纵倾是吃水深度和船速的函数。大量证据表明,纵倾具有显著的节能潜力。不同的船舶纵倾其黏滞阻力会发生变化,黏滞阻力是船体湿表面积的函数。当纵倾改变时,湿表面面积和船体阻力将受到影响。如果阻力增加,油耗和排放也会增加。当船舶纵倾改变时,引起船体水下部分几何形状、球鼻艏相对水线位置及漂心位置的变化,对船舶航行阻力、稳性、强度、船体上浪和操纵性等产生影响,并进而对主机燃油消耗、吃水、载货、航速产生综合影响。最佳纵倾是指船舶在特定航行速度和吃水深度下所需推进功率最小的纵倾。

船舶在配载量确定的情况下,其排水量也确定。如果改变其纵倾角,则船舶水下的几何形状将会改变,船体水线形状和水线长度、浮心位置、船首来流、船尾去流等都将相应改变,这些变化必然导致水阻力的改变,兴波阻力、摩擦阻力和黏压阻力都会有所改变。同时,由于船舶航行姿态的改变,不同的纵倾角也将引起船舶尾部流场的变化,对船舶螺旋桨的推进效率也会产生一定的影响。研究表明,特定船舶在深水域航行,不同线型的船舶在不同吃水(满载、压载、半压载等)工况下,不同的航速均有各自的最佳浮态与其对应。

船舶航行水动阻力受航速、排水量、吃水和纵倾角度的影响,通过调整纵倾浮态,改变船舶航行时的水下形状,进而影响兴波、船身湿表面积、船首来流、船尾去流等船舶阻力决定因素,就能够有效减少航行阻力,降低主机功率需求,减少燃油消耗。如果不考虑水深影响因素,不同类型的船舶在已知航速和排水量工况下,都会有一个最优纵倾值,使船舶能够在更小的阻力下航行。

船舶纵倾航行对螺旋桨水动力特性影响较小,但一定的纵倾可提高螺旋桨推进效率,降低尾流对船尾冲击引起的振动。若不考虑外部环境,如气象、风浪等因素,船舶航行阻力主要与排水量、航行速度及吃水差相关。集装箱船等班轮的航次明确,其排水量与航行速度的实际值可以基本确定,因此航行阻力只与船舶吃水差相关。但航行阻力与吃水差间不是简单的线性函数关系,只有选取合适的吃水差才可取得相应的最小航行阻力。阻力-纵倾曲线只能通过最佳纵倾试验获得,不同船舶具有不同的阻力-纵倾曲线。这种在确定的排水量和航行速度前提下,使船舶能耗最低的吃水差为船舶最佳纵倾。

在不同的吃水深度下,纵倾的影响有很大的差异。一般情况下,在较深的吃水深度时,向前纵倾更好,而在较浅的吃水深度时则相反。

船舶在平静海面和波浪中的纵倾对比如图 8-8 所示,波浪 A 和 B 是不规则

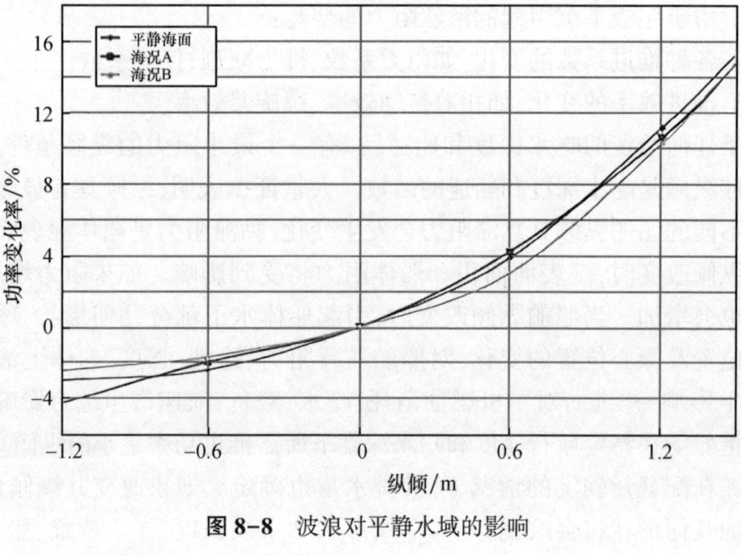

图 8-8 波浪对平静水域的影响

的海况,船的航向是迎浪。可以看出,海况对最佳纵倾没有显著影响,两种波浪的结果是相同的,即最佳纵倾都为-1.2m的前纵倾。船舶实际案例和经验也显示了类似的观察结果。

对于大型汽车运输船、滚装船和集装箱船等大型货船来说,这些船通常都有明显的球鼻艏、细长的船体、中央艉鳍和一个螺旋桨。在这种情况下,在较低的速度(弗劳德数)下,向前纵倾给出了最好的结果。随着速度的增加,最佳纵倾逐渐接近均匀龙骨(无纵倾),如图8-9所示。

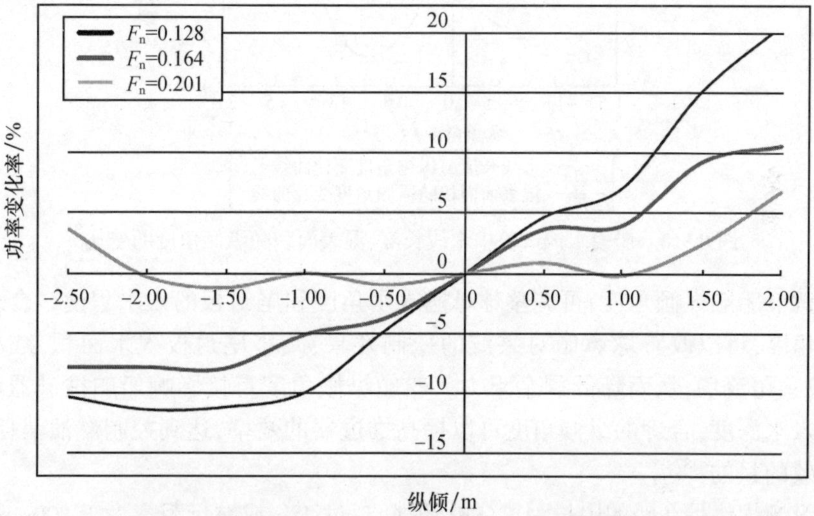

图8-9 螺旋桨推进功率变化率与船舶纵倾的函数关系

行业实践表明,在绝大多数情况下,零纵倾也是正常的做法,这通常代表了具有高方块系数和非显著球鼻艏的船舶(如散货船和油轮)的最佳纵倾。这些船通常不以非常高的速度运行,因此具有相对较低的兴波阻力。

在船体更薄、速度更高的船舶中,纵倾对性能的影响可能是显著的。特别是纵倾可能对球鼻艏的性能产生影响,从而影响兴波阻力。这将意味着这些类型的船舶对纵倾更敏感,因此在纵倾优化时应更加小心。问题是所有给出的节能水平都是基于分析预测,很难进行实际运行测量来验证燃料节省效果。

8.2.2 船舶纵倾的优化

船体纵倾对船舶的水线面形状、水线长度和湿表面积有非常明显的影响。根据国际拖曳水池协会(OTTC)的KCS集装箱船(3600TEU,垂线间长230m,型宽32.2m,设计吃水10.8m,设计航速24kn)船模水池试验的数据,纵倾角度变化对水线长度和湿表面积的影响见图8-10(图中艏倾时纵倾角度为负,艉倾时纵倾角度为正)。由图 8-10 可知,调节船舶纵倾角可以改变船舶水线长度和湿表面积,以达到减少摩擦阻力的目的。

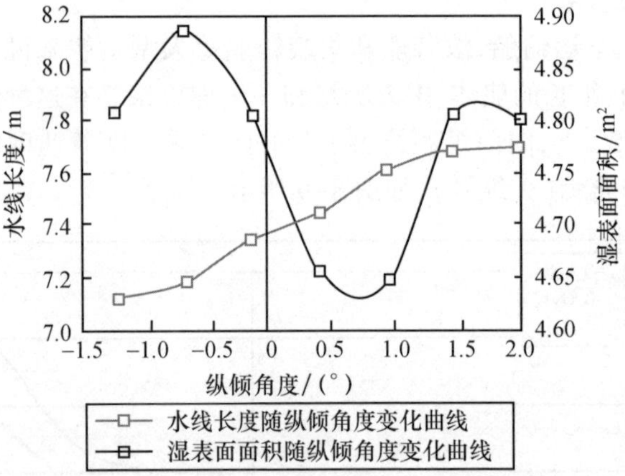

图 8-10 船模水池试验中水线长度、湿表面积随纵倾角度的变化

调节船舶纵倾角度,可调整球鼻艏入水角度和尾封板的入水程度。合理的纵倾角度,可以改善球鼻艏对兴波的压制效果,减小尾封板入水面积,减小兴波,改善尾流场,从而降低剩余阻力。船舶纵倾角度直接影响船舶推进器和舵叶的入水深度,合理的纵倾角度可以提高推进器的效率,达到控制燃油消耗、提高能效的目的[137]。

纵倾优化是在船舶中长距离(航行时间超过 48h 或航行距离大于 800n mile)航行前或航行中,把船舶吃水调整到最佳纵倾值。万箱船适度艏倾可通过调整货物、压载水将船舶的球鼻艏浸没入水,有利于降低能耗。最佳纵倾吃水数值来自于配载软件中的纵倾优化节能模块,合理地采用其计算结果和建议,可最大限度地发挥节油功效。对于没有安装静态节能软件的万箱船,如条件允许,应根据船长和大副的经验,保持 0.5~1.5m 的艏倾航行。

船模试验和数值计算结果显示,狭长形和高速船舶(如 KCS 集装箱船)在满载状况下保持艉倾约 0.84°时纵倾优化效果最佳;大型和超大型船舶(如万箱级集装箱船、散货船和油船等)保持一定的艏倾角度时纵倾优化效果最佳。

在使用纵倾优化时,应更多考虑以下船型,即集装箱船、滚装货船和客船、滚装汽车运输船。

纵倾优化就是计算船舶在任意特定配载工况和任意特定航速下的阻力,利用系统优化方法,以最小阻力为目标,在全面考虑航行视线、稳性、强度安全的基础上,确定船舶航行最佳纵倾浮态,为船舶实际营运中最佳纵倾操作提供建议。目前对于船舶纵倾优化的研究方法主要有实船试验、船模水池试验和数值计算等方法。船舶纵倾优化就是通过理论结合实际的方法，首先应用相关软件进行设计状态下的船舶 CFD 阻力性能仿真计算，通过大量的模拟数据计算出特定吃水和特定航速下的主机功率曲线，并通过水池试验或者实船试航对其进行抽样验证，最终实现通过软件推算出特定吃水和特定航速下的最优纵倾[138]。

为寻求各浮态、航速下的最优纵倾，必须计算相应的船舶阻力。船舶阻力有 3 种研究方法，即理论方法、数值模拟和试验方法。由于理论方法基于简化的船体模型，还不能适用于实船研究及相关计算，故只能通过数值模拟和试验方法来获得船舶阻力。目前，数值模拟主要是利用商业软件（如 Shipflow、Fluent、CFX 等）来模拟船体周围流场和计算船舶阻力，试验方法包括船模试验和实船试验。

对于纵倾性能数据库，传统方法是在设计阶段通过 CFD 模拟计算和水池试验，计算船舶在航行中各吃水对应的不同航速、纵倾下的阻力，进而得出各吃水、航速和纵倾下的主机功率。根据出航前预定的航速和吃水，搜索最低的主机功率对应的最佳纵倾。

船舶在设计阶段，随着线型的确定，船舶的诸多性能曲线就已经确定，纵倾优化功能所需的数据也是基于此阶段模型的。一般有两种方式：一种是船模水池试验，通过不同状态下的船模阻力试验或自航试验得到一系列有效的功率点；另一种是理论计算，通过在计算机上使用计算流体力学（CFD）模拟船体三维模型周围的水流情况，给定吃水和纵倾，计算出每个航速下的有效功率数据点列。

一般选择 5 或 6 个吃水，4 或 5 个纵倾，每种组合得到 7 或 8 个航速下船舶有效功率点列，将产生的点列按照一定规则绘制成曲线图。此外，吃水范围应该涵盖几个典型工况，即最小压载、最大满载、设计吃水等状态。如果船舶的实际浮态和航速与上述点列不一致，需要使用样条拟合的方法，将有效功率点列拟合成平滑曲线，然后吃水、纵倾序列按照 0.1m 的间距，航速序列按照 0.1kn，内插出一系列的点列形成纵倾优化图谱。图谱有多幅，按照不同的航速给出，每个图谱上表示吃水、纵倾和有效功率关系以供使用。由此可见，对于各平均吃水确实存在各自不同的最佳纵倾，且各最佳纵倾状态相对平均吃水状态的有效功率下降幅度也不同，在不同速度下的节能效果也不一样，最大超过 5%，但是平均值至少为 0~2%。

以目前的精度而言，基于 CFD 软件工具计算的纵倾表可以与阻力模型试验相媲美。然而，阻力试验和 CFD 方法都倾向于忽略螺旋桨的影响，这可能对吃水浅船舶的评估产生重大影响。通常，由于螺旋桨下沉的限制，对于较浅的吃水深度，向前纵倾通常是不可能的。此外，在带有尾部纵倾的浅吃水深度下进行的简单阻力测试不会给出正确的纵倾指示，因为对性能做出积极贡献的螺旋桨入流和下沉的影响并不存在。

劳氏船级社给出了利用 CFD 开发的纵倾表的例子，如图 8-11 所示。考虑到船舶流体动力学和空气动力学，船舶被转换成数字模型。这个类似于全尺寸船模的数字模型在各种船速和吃水深度下被修正，并且估计相应的燃料消耗。然后，燃油消耗相对于最佳值进行标准化，以显示会导致高燃油消耗的偏差。如今，使用计算流体动力学生成纵倾指导矩阵是行业中的普遍做法。

如果你希望利用劳氏船级社的数字模型优化纵倾，我们将提供快速而经济的分析。

航速		14-15.9knots						16-17.9knots					
纵倾/m		−2～−1.51	−1.5～−1.01	−1～−0.51	−0.5～−0.01	0.01～0.5	0.51～1	−2～−1.51	−1.5～−1.01	−1～−0.51	−0.5～−0.01	0.01～0.5	0.51～1
吃水/m	7.9–8.5	避开 6.4%	合适 2.5%	较好 1.6%	最优 0.0%	合适 2.2%	避开 8.5%	避开 4.5%	合适 2.1%	较好 6.4%	最优 0.0%	合适 3.2%	避开 7.2%
	7.2–7.85	合适 2.0%	较好 0.6%	最优 0.0%	较好 0.3%	较好 0.9%	合适 2.8%	较好 1.2%	较好 0.6%	较好 0.0%	最优 0.0%	较好 0.4%	避开 3.3%
	6.5–7.15	较好 0.6%	较好 0.2%	最优 0.0%	较好 0.6%	合适 2.0%	避开 3.0%	较好 0.1%	最优 0.0%	较好 0.1%	较好 0.5%	合适 2.0%	合适 2.8%

你将收到一个针对你船舶纵倾的优化表，包含了一系列在不同航速和吃水下的纵倾优化值。

图 8-11 使用 CFD 方法对流场和纵倾影响的典型预测

要想获得最佳的阻力-纵倾曲线，首先要进行船舶建模，利用计算机软件建立船舶数学模型，应用 CFD 计算出不同吃水和航速下的纵倾曲线。但得到的纵倾曲线，还要通过实船试验的方式进行验证。利用 CFD 计算船舶运动流场，计算船舶在不同装载工况和不同航速下的阻力，采用优化算法，以最小阻力为目标，在综合考虑航线、稳性、强度安全的基础上，给出船舶航行最佳纵倾浮态，作为船舶实际营运中最佳纵倾操作。

采用船舶纵倾优化技术不需要改变船体结构，不需要安装任何辅助设备，在不降低船舶载重量和船速的前提下，仅需调节货物、燃油、淡水和压载水的纵向布置，便可实现减小船舶阻力、提高推进效率，从而达到节能减排的目的，是一种最经济、便利的节能减排技术，具有成本低、易实现、效果佳的优点[139]。

在快速集装箱船和滚装船舶中，采用正确的（最佳）纵倾可以获得很多好处。然而，即使在油轮和散装货船舶，也可以通过调整来减少燃料消耗。例如，“中远高雄”轮在气象条件不变、等油门模式的情况下，增加压载水 1600t 后 Trim（船舶吃水差）由 0.8m 变为-0.5m，船速由 14.0kn 变为 14.2kn，主机转速由 56.4r/min 变为 56.7r/min，轴功率由 16010kW 降为 15450kW，油耗由 6.16t 降为 5.9t，油耗率由 220kg/（N·h）降为 207kg/（N·h）。由此可见，通过适当地增加压载水调整 Trim 能提高船速、降低油耗率。在气象条件不变、等油门模式的情况下，增加压载水 1000t 后，Trim 由-0.5m 变为-1m，略有节能。尤其是在船速较快（17kn）时，油耗由 8.93t 降为 8.84t，油耗率由 273kg/（N·h）降为 255kg/（N·h）。

因此，在等功率、中长航段航行的情况下，为节能降耗，应尽可能使船舶静态吃水艏倾 0.5m 以上（用货物调整最理想）。实践证明，万箱船航速在 14～17kn 时，静态吃水艏倾在-1m 左右为最佳状态[140-141]。

除了确定和记录作为船速和吃水深度函数的最佳纵倾外，建议收集船舶工作人员在纵倾对船舶燃料消耗的影响方面积累的经验，以改进船舶的“纵倾矩阵”。此外，有效利用装载计算机的能力对于确保船舶以最佳水平的压舱水安全纵倾是很重要的。

动态纵倾优化包括收集和监控螺旋桨推力和操纵舵角、天气条件和海况的实时数据。然后不断分析这些数据，并实时计算和显示最佳纵倾值，以向船舶操作人员提供建议。

船舶纵倾的变化是通过货物装载计划和在港口时的压载计划实现的。在航行中，压载水和燃料在它们相关的舱之间的转移可以用来调整纵倾。在装载过程中，由于货物和装载限制，有时会限制实现最佳纵倾，这可能不允许额外的压舱物用于适当的纵倾。如今，加载计算机提供了附加功能来表示纵倾、最佳纵倾以及加载选项以实现最佳纵倾，与装载计算机连接的纵倾计算有助于甲板人员实现更好的装载计划和最佳纵倾。

纵倾优化应用应注意的事项如下。

（1）装船：必须确定船舶的重量分布，以允许纵倾最优化。因此，船舶和港口之间的充分沟通至关重要。如上所述，加载计算机可以有效地用于安全加载以及设置最佳纵倾。

（2）操作风险：这包括在实施纵倾优化时对弯矩和剪力的监督。应该注意的是，并非所有船舶都有实时稳定性评估器或计算器。此外，对货物的危险，特别是那些带有甲板货物的船舶，也是另一个限制因素。

（3）船舶燃油和水的转移：值班人员可能不完全了解船舶燃油和水（灰水/

淡水)的转移。因此,他们可能不知道这些活动对纵倾的影响,这再次说明了甲板部和轮机部之间船舶沟通的重要性。

(4) 换班:有时在船员之间换班时,有关压载操作的信息没有传递。

众所周知,当船舶在装载过程中纵倾设置为零时,由于船速的影响(如船舶下沉现象),船舶会发生艏倾,这意味着船舶在航行时的纵倾不同于停泊或等待时的纵倾。

由于吃水深度、湿表面积和球鼻艏性能的变化,船舶在满载和压载条件下的水动力性能可能会有很大的不同。装载和压载条件下的纵倾也是如此。因此,有必要为各种吃水深度建立最佳纵倾。此外,对于在各种装载下运行的船舶,以及因此在各种吃水条件下运行的船舶,需要为所有工作吃水建立最佳纵倾。在任何情况下,最好通过考虑最佳纵倾来进行装载规划,因为仅使用压载水可能无法适当地纵倾船舶。

8.3 动力设备的能效评估及管理

船舶动力设备包括主推进柴油主机和发电机组,通过对发动机性能进行适当的监测和调整,可提高发动机性能,如对喷油系统的喷油时刻进行定时调整、对排气系统的阀门启闭定时调整。同时,通过对发动机性能进行适当的监测,可实现对发动机一些重要故障进行诊断,如活塞环的磨损或断裂、喷射系统故障、气阀高温烧蚀、涡轮增压器流道脏堵、空气过滤器脏堵、空气冷却器脏堵等。由于发动机本身成本价值高,因此这些系统的设计可用来保护发动机。

柴油主机性能监控系统的主要目的可以被定义为“监测和对发动机的性能水平及其子系统性能水平的评估”。这种性能监控的目标如下。

(1) 促进柴油机的高效、经济和最佳操作运行。

(2) 减少“故障停机”的可能性,而这通常会导致某一单一组件或整个系统可靠性和服务寿命的降低。

柴油机的性能监测在船舶柴油机的应用中具有悠久历史,它可被认为是对组件或系统磨损和性能恶化的监控,以制订维护保养计划,至少可以避免灾难性故障的发生。

如前所述,在进行柴油机性能监控时,通常可使用:振动监测、热工参数监测、滑油监测、性能监控。

在涉及性能监控的定义时,“过程参数监测”的状态监测与监控的性能密切相关,但又与性能监测有所不同。当进行状态监测时,其目的是识别性能恶化以防止故障发生并不断提高维护水平;而性能监控是为了整个系统的经济性或环境有效性。因此，性能监控已超越了简单的状态监测或维修管理。

发动机的性能监控主要依靠对发动机缸内状态的监控，尤其是气缸压力示功图。发动机的物理状况及其能效都可由发动机最大气缸压力有效指示。通常，低于预期的缸内压力意味着发动机的设置没有达到最优状况或者机内部件可能安装不良或存在故障。因此，缸内压力数据监测的使用构成了发动机性能监控系统以及状态监测系统的核心。图 4-37 显示了典型的气缸压力示功图，其中重要的特征参数包括以下几个：

（1）最大气缸压力（P_{max}）。

（2）最大气缸压力对应的曲柄转角——爆发时角度位置。

（3）气缸压缩压力（P_{com}）——当活塞在上止点位置时的气缸压缩压力。

（4）发火始点角——燃烧开始的曲柄角度。

（5）指示功率——发动机功率。由于机械摩擦损耗，发动机在活塞顶部测量的指示功率比在发动机的输出轴上测量的制动功率要高。

（6）其他信息。

除缸内压力图外，还可收集许多其他数据，具体如下：

（1）发动机转速；

（2）发动机制动功率；

（3）扫气压力；

（4）燃油喷射压力图及相关信息，如喷射时间等；

（5）涡轮增压器转速；

（6）其他信息。

在对上述过程数据进行测量之后，如果可能还需要对这些数据进行校正，并将其与基准参照进行比较，以确定它们是否在合理范围内。基准测试的数据通常从发动机的车间台架试验中提取，发动机台架试验的测量和校正结果通常是在标准环境条件下进行的。因此，为了使实际测量值与早期台架测量的修正结果进行比较，这些参数需要被修正为台架试验条件。如为了计算发动机的制动燃油消耗率（BSFC），还需要修正燃料的密度和热值。

当这些数据被收集和修正后，需要构造相关图表以对发动机的状况和性能进行监控和评估。下述比较是以性能偏差为基础，以进行发动机的故障诊断。

（1）气缸压力：相对于基线而言，比基准偏低的缸内最大燃烧压力，表明喷油定时延后或扫气压力过低，或设备的工况不佳，如喷油器、阀门机构或活塞环不在良好状况。

（2）涡轮增压器转速：对于参考数据值，涡轮增压器的转速过高，表明发动机可能并没有设置在最佳条件。一个过高的涡轮增压器转速，可能由以下原因造成并产生相应结果。

① 燃油喷射过迟，燃料燃烧释放能量的转化有一部分发生在排气冲程，而不是发生在膨胀冲程对外做功。

② 涡轮机外壳脏堵，会导致过高的发动机背压。

(3) 排气温度：排气温度比正常情况下废气排气温度高，可能的原因是环境温度高、扫气温度高（可能是由于空冷器冷却问题造成）或喷射过晚。

如果再配以航速、扭矩、转速和油耗等传感器，可连续监测船舶柴油机推进系统在各种工况条件下的航速、轴转速、转矩以及燃油系统工况等实测数据。

燃油消耗率是柴油机最重要的经济性参数，但对船舶柴油机燃油消耗率的测定，一般要依照以下相关的标准[142]：

(1)《船用柴油机燃油消耗率测定方法》(GB 6301—86)；

(2)《柴油机动力内河船舶系泊及航行试验大纲》(GB 3221—2020)；

(3)《内燃机台架性能试验方法标准环境状况及功率、燃油消耗和机油消耗的标定标准》(GB 1105. 1—1987)；

(4)《船用柴油机台架试验　第 1 部分：标准基准状况及功率燃油消耗和机油消耗的标定》(GB/T 3254. 1—2013)。

在具体测量时，还要遵照检测实施细则及检测大纲中的有关规定进行。

检测前的准备和检查：

(1) 检查仪器设备，对仪器进行必要的调试，并做好记录；

(2) 对被检柴油机各缸的基本参数（爆压、排温）进行调整；

(3) 检查被测柴油机是否处于正常稳定运行状态，并对船舶运行条件、测量地点、日期和时间以及环境温度、大气状况等予以明确记载。

测量步骤及注意事项如下。

(1) 采用容积法测量，即测出油耗量筒中燃油消耗的时间 t，再根据量筒容积 V 按有关公式计算燃油消耗量。

(2) 如采用重力供油进行容积法测量时，应使供油的量筒安放在不低于燃油总管的高度处，量筒与供油管之间用三通连接，并对阀件进行仔细检查。断油测量时，应保证无渗漏等损失，并采取可靠的措施收集回油。

(3) 检测时应将油耗量筒平稳地置于机舱内（可用吊结法）接好供油箱及主机进、回油管，然后将供油箱里的燃油注入油耗量筒内，注油的平面要超过测量起始线。注好油后，关闭油箱的供油阀，打开油耗量筒的供油阀。当量筒里的燃油耗至测量起始线时，立即启动秒表，开始记数，当燃油耗至终止线时，立即停止计时。由此测得量筒内上下两线间燃油消耗所用时间 t。

(4) 测量过程中应测出燃油的温度，并同时测定所用燃油的密度。

（5）油耗测量应与航速及功率测试结合进行。

（6）在进行每一工况燃油消耗率测量时，柴油机的转速应稳定在±1%范围内，并在转速稳定至少 2min 后方可进行测量。

（7）测量油耗时，应使被检船舶保持零航位航行，每一工况的测量次数应不少于 3 次。测量持续时间应尽可能长一些，以消除运转中或读数时的偶然性因素。

在同一工况测量中，如果其中任何一次的测量数据与所测量数据的算术平均值相差大于±2%时，则应认为该工况测量无效，需重新进行测量。如果大气状况与标准环境状况相异时，则应参照 GB/T 3254.1—2013 进行修正。

测定柴油机的功率和燃油消耗率时，应使用低热值为 42700kJ/kg 的基准柴油，并在标准环境下进行[143]：

（1）基准柴油低热值 42700kJ/kg；

（2）大气压力 100kPa（750mmHg）；

（3）大气温度 298K（25℃）；

（4）相对湿度 30%；

（5）空冷器冷却水进口温度 298K（25℃）。

当柴油机在不同于标准环境状况下运转时，燃油消耗率的校正公式为

$$g'_e = (H_u/42700) \cdot g_e \cdot [1 + (25 - T_0) \times 0.000707 - (100 - P_0) \cdot 0.00053 + (25 - T_{in}) \times 0.000413] \tag{8-15}$$

式中：g_e 为校正前的燃油消耗率（g/(kW·h)）；g'_e为校正后的燃油消耗率（g/(kW·h)）；H_u 为柴油低热值（kJ/kg）；P_0 为大气总压（kPa）；T_0 为环境温度（℃）；T_{in} 为空冷器冷却水进口温度（℃）。

柴油主机带动螺旋桨工作时，若不计传动损失，则柴油机发出的功率应等于螺旋桨所需的功率。螺旋桨转动时所需要的功率与转速的 3 次方成正比，因此柴油机带动螺旋桨工作时，其功率和转速关系也应按螺旋桨特性即推进特性的规律变化，即柴油机功率与转速的 3 次方成正比（图 8-12）。因此，采用降速航行时，可以大大降低主机的功率和燃油消耗率，即采用经济航速以达到节能的目的，具体将在后面章节介绍。

发电柴油机按照负荷特性，即在转速保持不变的情况下工作。柴油机的负荷特性指当发动机转速一定时，有效燃油消耗率随发动机负荷（功率（P_e））或平均有效压力 p_e 的变化关系。利用这一变化曲线，可全面地确定发动机在各种负荷和转速时的经济性。

负荷特性曲线的特征是：起动空载时燃油消耗率最大，此时需要浓混合气，但随着油门逐渐增大、负荷增加而燃油消耗率减少直至最低点，此时油门接近

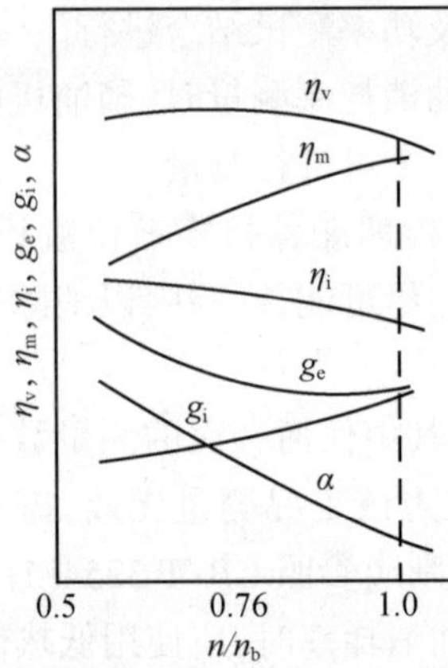

图 8-12　柴油机按推进特性运行时的参数变化

η_v—充气效率；η_m—机械效率；η_i—指示效率；g_e—有效油耗率；

g_i—指示油耗率；α—过量充气系数；n—运行转速；n_b—额定转速。

全开。继续加载,燃油消耗率又会上升,曲线呈现一条内凹抛物线。曲线的最小油耗率值越低越好,同时燃油消耗率随负荷的变化越平缓,柴油机在不同负荷下工作的经济性越好。从负荷特性曲线(图 8-13)的形状可分析出柴油机最经济的工作区域,柴油机在此区域内工作就最省油。

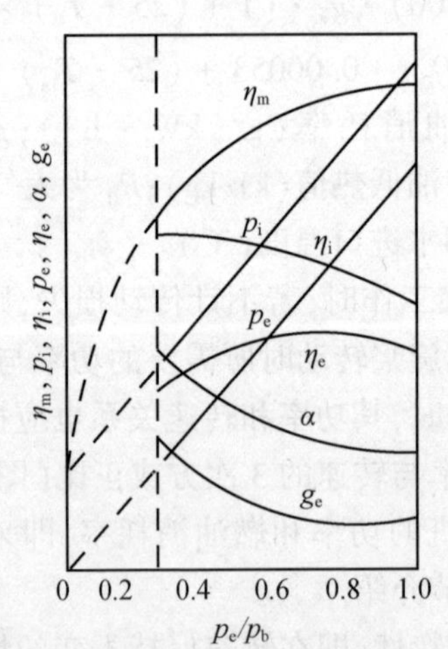

图 8-13　柴油机负荷特性参数的变化

η_m—机械效率；p_i—平均指示压力；η_i—指示效率；p_e—有效指示压力；

η_e—有效效率；α—过量充气系数；g_e—有效油耗率。

不管是主推进柴油机还是发电柴油机,都要尽可能运行在燃油消耗率较低的工况。但在实际运行中,由于负荷的不可控性,柴油机可能会在任何一个工况点运行。因此，评价柴油机的能效不能单纯地以其实际燃油消耗率来判断，而应该将实际燃油消耗率与该工况点的柴油机台架试验的燃油消耗率相对比，具体方法如下[144]：

(1) 实测柴油机在某工况点下的燃油消耗率 g_e；

(2) 对实际燃油消耗率 g_e 按照标准测试环境参数和油品进行修正，得到校正后的燃油消耗率 g'_e；

(3) 利用柴油机的万有特性曲线（图 8-14），查出该工况点的标准燃油消耗率 g_{e0}；

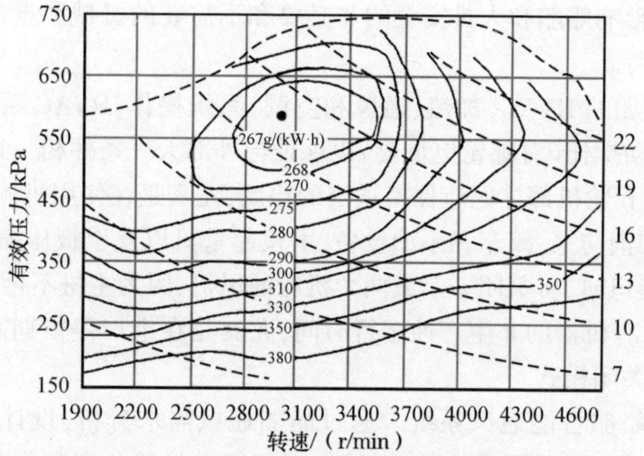

图 8-14 柴油机万有特性曲线

(4) 最后得到柴油机的能效劣化指数，即

$$C_{\text{diesel}} = \frac{g'_e - g_{e0}}{g_{e0}} \times 100 \tag{8-16}$$

由于考虑了柴油机的测试环境和运行工况，该指标能客观地反映柴油机的整体性能状态，因为柴油机任何部件的性能故障都会造成该指数的增加，从而对船舶的能效监测具有指导意义。

同步发电机容量越大效率越高，其数值为 90%~95%，小容量发电机效率在 90%及以下。发电机在运行过程中，并不能把原动机传给它的功率全部转化为电能，而有一部分变成了其他形式的能量，这部分能量称为损耗，它包括铜损、铁损、机械损耗和其他损耗等。发电机转速越高，电压和功率就越高。当转速、功率、温度高于额定值时磁饱和，此时效率曲线下降。

每艘船通常有 3 台或更多的发电机组，这经常导致多台发电机组不必要同时低负荷运行。柴油发动机在低负荷下的运行会导致活塞环密封差、涡轮增压器性能次优、热应力升高以及滑油消耗率增加，从而需要更多的维护工作和更高的燃油消耗率。因此,可采取的电力负载节能措施有以下几个。

(1) 避免不需要时使用多台发电机组的并联运行。为此,要仔细规划需要电力的船舶活动及其实施,根据需要将运行发动机数量保持在最少,提高发动机负载系数并避免在低负荷运行多台发电柴油机。

(2) 通过更好的系统规划来管理电力需求以减少负荷也很重要。对船舶电力需求的适当管理,包括减少负载,并通过更好的负载优化以减少电力负荷。减少电力负荷的方法有以下几个。

① 在不需要时关闭机器来避免不必要的能源消耗。在港口和海上航行时,应停止所有不影响船舶和人员安全的非必要和不需要的机械和设备,以减少柴油发电机的负荷。

② 优化船舶的 HVAC(加热、通风和空调)系统操作,HVAC 系统操作通过自动设置或手动操作(对邮轮更重要)以保证与外部天气条件相一致。

③ 甲板部和轮机部之间应保持适当的协调,尤其是在使用机械设备如舵机马达、舱底泵和消防泵、绞车和系泊设备、甲板起重机以及甲板压缩空气时。例如,当船舶在港口时,可关闭一个或两个机舱通风机,因为主机不再运行。

④ 减少所有机器的非生产性运行时间,尤其是在港口停留期间,都应从运行模式转换到关闭模式。

(3) 设计船舶智能通风系统。通过船舶通风需求分析,设计通风优化方案。在能够满足环境通风需求的前提下,根据船舶航行状态和作业方式,自动控制通风系统,实现船舶通风的运行优化。不仅仅是机舱通风系统,还要优化舱室、空调通风等。优化模式包括:

① 不同船舶航行模式的通风优化;

② 不同航行环境的通风优化。

(4) 设计船舶智能照明系统。在能够满足环境照明和航行需求的前提下,根据船舶不同的作业情况(如停港、机动航行、海上航行、进坞维修等),实施不同的照明系统控制方案,以达到节能的效果。具体包括船舶运营实际场景的自动识别、智能照明优化方案、LED 灯具的使用等。系统设计的基本功能有以下几个。

① 远程遥控开关、灯光调节等多种照明控制功能:根据现场实际情况和使用者的需要,对软件进行编程,从而达到各种照明场景模式、定时切换照明和自动调整灯光等功能,营造出不同场景氛围。

② 场景预设编程:采用编程方式,将不同季节、天气、时段、人员活动区域等不同的光照方式在灯光系统中预先设置,并可以按照现场的程序进行调整。

③ 相通性功能:通过与其他系统,如机舱报警、火灾报警、监控系统等达到

互联。

④ 人机界面功能:通过人机界面,可观察文字、图形等信息,便于操作管理。

⑤ 遥测状态显示和报警功能:在灯光线路发生故障或光源熄灭时,可对光源状态、位置进行检测,并发出警告。

对辅助机械的监控可以多种方式进行。就能效而言,一种方式是监测以运行时间来代表该机械的利用水平,这能体现船舶的冗余并联机械是否使用太多而超出要求,还可以通过对利用因子进行评估并将其与基准值相比较来实现。

8.4 蒸汽系统的能效评估及管理

蒸汽系统在某些船舶类型(如汽轮机驱动的液化天然气(LNG)运输船舶)的能量效率中起主要作用,在一些船舶起较重要的作用。例如,运输液体货物的油轮需要对货物加热,或者需要使用蒸汽泵转移货物,还需要产生惰性气体用于货物舱的清扫、清洗或油气保护。一般来说,船舶燃料消耗的6%用于船舶锅炉,对于蒸汽轮机推进船,如蒸汽动力 LNG 运输船,超过 80%的能量用于锅炉。

商船上蒸汽系统通常包括燃油辅助锅炉和废气锅炉。废气锅炉是一种废热回收系统,从主柴油机或发电柴油机的废气回收热量,因此不使用燃料。废气锅炉使用得越多,对辅助锅炉的需求就越少,因此废气锅炉的良好维护和操作条件始终被视为蒸汽系统节能的一部分。

船舶蒸汽系统分为以下几个部分。

(1) 辅助锅炉:这是使用燃料产生蒸汽的地方。

(2) 废气锅炉:这是通过废热回收产生蒸汽的地方。

(3) 蒸汽分配系统:蒸汽管道系统以及用于蒸汽控制的相关仪表和装置。

(4) 蒸汽利用终端:指所有蒸汽消耗系统,如蒸汽涡轮机、淡水发电机、蒸汽加热器等。

1. 锅炉热效率的测试[145]

从锅炉给水变为蒸汽所得到的有效热量与向锅炉所供应的热量之比称为锅炉效率,用符号 η_b表示。锅炉热效率的方法分为正平衡法和反平衡法两种,即

$$Q_F = Q_B + L \tag{8-17}$$

式中:Q_F 为燃料燃烧放热量(kcal/h);Q_B 为锅炉被加热介质吸热量(kcal/h);L 为锅炉各种热损失之和(kcal/h)。

由式(8-17)可见,锅炉热效率可以有以下两种计算方法。

(1) 正平衡热效率计算法。

$$\eta_b = \frac{Q_B}{Q_F} \times 100\% \tag{8-18}$$

或者

$$\eta_b = \frac{\sum D(h_q - h_g)}{B \cdot Q_D} \tag{8-19}$$

式中:D 为锅炉给水量(kg/h);h_q 为所供各种蒸汽比焓(kcal/kg),即锅炉蒸汽出口焓,其随着蒸汽温度而变化;h_g 为给水比焓(kcal/kg),$h_g=tc$,t 为给水的温度,由直接测试获得,c 为水的比热容,可取 1;B 为每小时燃料消耗量(kg/h)或(Nm^3/h),由直接测试获得;Q_D 为燃料的低热值(kcal/kg)或(Nm^3/kg)。

(2) 反平衡热效率计算法。

$$\eta_b = \left(1 - \frac{L}{Q_F}\right) \tag{8-20}$$

或者

$$\begin{aligned}\eta_b &= \frac{BQ_r - B(Q_1 + Q_2 + Q_3 + Q_4)}{B \cdot Q_r} \\ &= 1 - (q_1 + q_2 + q_3 + q_4)\end{aligned} \tag{8-21}$$

式中:Q_r 为燃料发出的热量(kJ/kg);Q_1 为排烟热损失(kJ/kg);Q_2 为化学不完全燃烧热损失(kJ/kg);Q_3 为机械不完全燃烧热损失(kJ/kg);Q_4 为锅炉向环境散热损失(kJ/kg);q_1 为排烟热损失率,$q_1=10\%\sim20\%$;q_2 为不完全燃烧热损失率,$q_2=0.3\%\sim0.5\%$;q_3 为机械损失率,$q_3=0.5\%\sim11\%$;q_4 为环境散热损失率,$q_4=2.6\%$(2t/h)、0.3%(100t/h)。

反平衡锅炉热效率测定试验的基本原理就是锅炉在稳定工况下进出热量的平衡,如图 8-15 所示,即输入锅炉热量=锅炉利用热量+各种热损失。从各项热损失的分析中找出减少热损失方式、合理利用能源、提高锅炉热效率的途径。

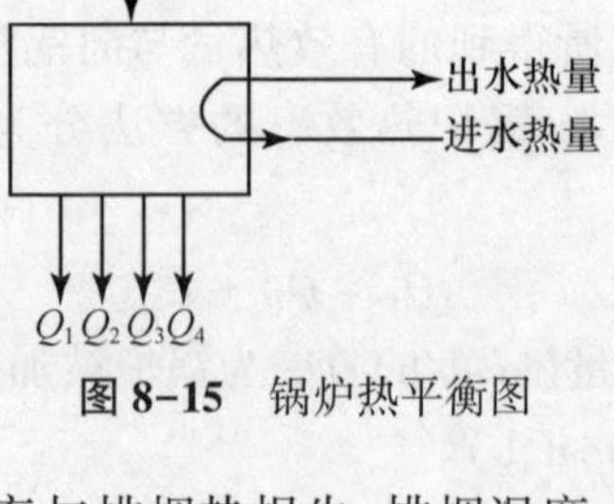

图 8-15 锅炉热平衡图

由此可见,锅炉热效率与排烟热损失、排烟温度、排烟处干烟气体积、排烟处过量空气系数、排烟处 O_2 和排烟处 CO 呈极显著负相关；与进风温度呈极显著正相关，进风温度影响锅炉炉膛温度，并影响着燃料的消耗量。风温越低，则达到相同的条件所需的燃料就越多。同时，造成的排烟热损失增加，热效率降低[146]。锅炉热效率的最主要影响因子是排烟温度、排烟处干烟气体积和排烟处过量空气系数。

排烟热损失指烟气离开锅炉末级受热面时带走的部分热量，是燃油锅炉最主要的热损失。因此，提高燃油锅炉热效率的主要途径是尽量减少排烟热损失 q_1。排烟带走的热量，取决于排烟温度和烟气中各组分的容积和比热容。而排烟中各组分的容积除与燃料的成分有关外，主要决定于排烟处过量空气系数的大小。干烟气体积增加与排烟温度增加一样，同样会使排烟热损失提高，而且在某种程度上不亚于排烟温度。

其次，降低排烟处干烟气体积和合理控制过量空气系数，尽可能减少过量空气使燃油在近于理论空气量下燃烧，即低氧燃烧。干烟气体积增大，排烟热损失也增大。影响干烟气体积的因素主要是过量空气系数。过量空气系数过高，表示送风太多或者是漏风太多，使炉膛温度降低，使烟气量增大，带出热量增多，降低了锅炉的热效率。减少过量空气系数可使排烟量减少，在排烟温度不变的情况下，使排烟热损失总量下降。降低过量空气系数，是燃油锅炉降低热损失、提高热效率的重要途径。过量空气系数降低 0.1，烟气带走热量下降 2%~3%，锅炉的热效率可提高 2%~3%。

锅炉热效率测试一般是通过使用基准燃料和在标准环境参数下获得的，因此应按照基准燃料（42700kJ/kg）和环境修正系数校正锅炉热效率 η'_b，即

$$\eta'_b = \frac{42700}{H_u} \cdot C_t \cdot C_p \cdot \eta_b \tag{8-22}$$

式中：η_b 为校正前的锅炉热效率；η'_b 为校正后的锅炉热效率；H_u 为燃料低热值（kJ/kg），其中 C_t 为锅炉进风温度修正系数，C_p 为锅炉进风压力修正系数。

锅炉的实际运行热效率除了与其各种热损失有关外，还与其运行负荷有关（图 8-17）。不同的运行工况点具有不同的最大热效率，要尽可能运行在油耗率较低的工况下。但锅炉的运行工况取决于船舶类型、锅炉数量和蒸汽使用量等，在实际运行中由于负荷的不可控性，锅炉可能会在任何一个工况点运行。因此，评价锅炉的能效不能单纯地以其实测效率来判断，而应该将实测效率与该工况点下锅炉台架试验的热效率相对比，具体方法如下[144]：

（1）实测锅炉在某工况点下的热效率 η_b；

（2）对实际效率 η_b 按照式（8-22）进行校正，得到校正后的热效率 η'_b；

（3）利用锅炉的热效率曲线（图 8-16），查出该工况点的基准热效率 η_{b0}；

(4) 最后得到锅炉的能效劣化指数,即

$$C_{\text{boiler}} = \frac{\eta_{b0} - \eta'_{b}}{\eta_{b0}} \times 100 \tag{8-23}$$

该指标能客观地反映锅炉的整体性能状态,因为锅炉任何部件的性能故障都会造成该指数的增加,从而对船舶的能效监测具有指导意义。

2. 锅炉的能效管理[4,145-147]

为了将燃油辅锅炉保持在最高的能效水平,需要对船舶蒸汽系统主要区域进行以下能效管理。

1) *表面结垢*

锅炉的主要功能是以正确的压力和温度以及最佳的能效产生蒸汽。最佳能效意味着通过各种锅炉管道和受热面将燃料能量高效地转移到沸水中。可能导致热传递效率降低的因素包括:锅炉管道和气体侧传热表面脏污;水侧锅炉管脏污或结垢。

当废气离开锅炉时,通常意味着来自气体更少的热传递和更多的热保留。因此,锅炉出口废气温度高可能是这种结垢状况的直接指示。为了弥补这种缺陷,维护工作应该包括锅炉的吹灰、除垢、良好的给水、燃烧调整以减少烟灰的形成等。

为此,锅炉的吹灰必须定期进行,因为烟灰的堆积会降低传热率,水管中水垢的积聚也是如此。必须定期监测烟囱温度,温度的任何升高都意味着热量回收不是最佳。如果排气温度的增长超过了上次清洗后经历的温度,表明污垢的积累,需要再一次清洗。

2) *最佳热井温度和排放控制*

热井是用于收集蒸汽系统终端用户的所有冷凝物以及可能进行水处理和实施清洁的地方,给水是从热井供给锅炉的。热井温度必须保持在制造商规定的温度,低温(如低于80~85℃)会导致较冷的给水进入锅炉,从而增加燃料成本,因为需要更多的加热蒸发。过热的热水井可能导致给水泵吸入口的水蒸气发生气蚀,并导致给水泵气阻和吸力损失。为了在热井中保持热量和较高的温度,可以减少热井由于隔热不良造成的热损失。此外,补给水的控制也很重要,因为对补给水的过度需求将表明蒸汽系统的泄漏以及处于低温的补给水的更多加热。

需要对锅炉进行排污以控制由于补充水的蒸发和杂质或添加其他化学物质而产生的溶解固体物,必须在测量溶解水的液位后计算和进行排污。在某些情况下,过度吹扫锅炉不仅排放热水,而且增加了补充水的需求和补充水的生成。

3）过量燃烧空气

为了燃烧燃料，需要向锅炉提供空气。燃烧中未使用的多余空气被加热，然后通过烟囱排出，这是能源浪费。因此，燃烧不需要的任何过量空气会带走锅炉的热量，并排放到大气中都造成能量损失，因此通常应该避免。

但锅炉通常有一定量的最佳过量空气，空气输入必须调整到这一水平，它表示燃烧效率和空气供应量之间的平衡。过大的"过量空气"表现为锅炉废气中高浓度的 O_2 或低浓度的 CO。因此，这两个参数需要监控，作为控制锅炉过量空气以及控制其能效的一部分。图 8-16 显示了以 CO 浓度为函数的锅炉效率。可以看出，为了获得最佳效率，希望废气中的 CO 浓度最大化。如上所述，最佳水平通常由制造商指定。像其他设备一样，锅炉能效是其负荷系数的一个因素，图 8-16 显示了燃油锅炉效率的典型关系。

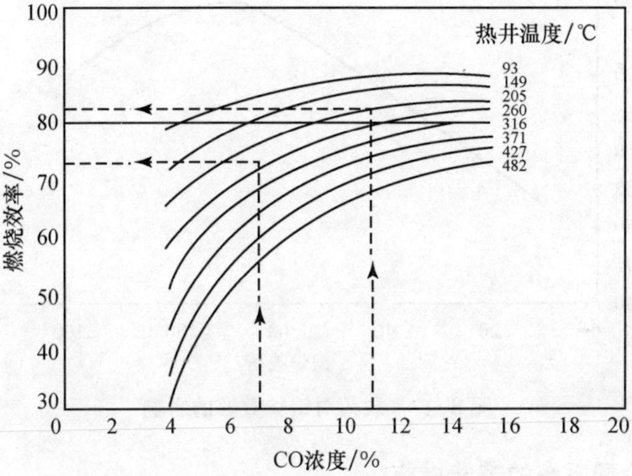

图 8-16　锅炉效率与废气中污染物浓度的关系

4）废气锅炉效率

船舶的废气锅炉就像一个巨大的热交换器，在发动机排出的高温废气和水之间进行热交换，并产生蒸汽。由废气锅炉产生的蒸汽能量通常是以满足常规船舶蒸汽的需求，通常具有废气锅炉的船舶在航行中不需要点燃辅锅炉。通过避免气体侧和水侧的结垢来提高效率，在这里同样也适用。

废气锅炉的效率可以通过增加吹灰频率（在海上时每天一次或两次）来提高。记录废气锅炉进、出口温差和压力降，可以作为废气锅炉清洁度的指示。废气锅炉维护不仅能提高能源效率，还能降低维护总成本，减少与煤烟火灾相关的安全风险。另外，偶尔使用燃料添加剂可以提高废气锅炉的清洁度。

对于废气锅炉，烟囱温度必须尽可能低，但要有足够的裕度高于露点，以避免硫腐蚀。通常,当使用燃料油时,165~195℃的烟囱温度被认为是最佳的。

5) 锅炉效率和负荷系数

对于这种锅炉,效率在某一点是最高的,然后随着负荷的变化而下降。因此,锅炉负荷管理可被视为能源效率的一个方面。图 8-17 表明,在 70%负荷时效率为 80%,在 30%负荷时效率为 63%,效率显著下降。

在低负荷下锅炉运行是低效的,避免锅炉低负荷运行取决于船舶类型、锅炉数量和蒸汽使用的位置。一般来说,如果一艘船舶有两台辅锅炉,其中一台能供应全部蒸汽需求,则不要并联运行;除非安全问题要求需要这种并行操作的情况。

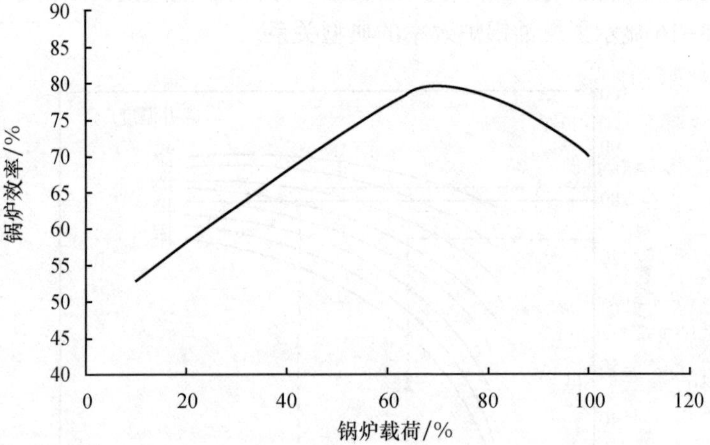

图 8-17 载荷对锅炉效率的影响

3. 蒸汽分配系统的节能措施

(1) 蒸汽分配系统的维护对蒸汽系统的能效有重大贡献,要考虑的措施包括以下几个:

① 打开旁通阀的蒸汽损失;

② 故障开启的蒸汽疏水阀造成的蒸汽损失;

③ 未隔热或隔热不当的管道和设备造成的热损失。

(2) 为了确定你的船是否能从蒸汽分配系统维护工作中受益,通常需要定期进行蒸汽管线和蒸汽疏水阀的检查。检查活动包括蒸汽管道、隔热层、疏水阀、热交换设备或周围的蒸汽供应/排放等,要考虑的方面包括以下几个:

① 蒸汽泄漏。作为日常工作的一部分,应该对蒸汽泄漏进行检查,一旦发现蒸汽泄漏应立即予以纠正。

② 保温不充分造成的热量损失。锅炉和蒸汽管线以及返回热井的冷凝水

必须进行良好的保温,经过一段时间后,隔热层会损坏或磨损,通过热成像或任何其他热测量系统进行的任何分析都可以识别热点。必须改善因维修而损坏的隔热层,所有这些都将减少系统的热损失,从而提高能源效率。

③ 疏水器损耗。疏水器用于在冷凝物形成后将其排出,主要功能是防止新蒸汽逸出,并从管道中去除空气和不可冷凝气体。然而,它是蒸汽分配系统中容易被忽视的一部分。卡在开启位置的疏水阀会让新鲜蒸汽逸出,从而导致热量损失,同时增加冷凝器的负荷。蒸汽疏水阀卡在关闭位置会导致被供应设备的容量减少。总体来说,疏水阀必须按计划的时间间隔进行检查,以保证其良好的工作状态。

4. 蒸汽终端的能效控制

蒸汽的最终用途可能因船舶类型而异,主要设备包括:油船中的蒸汽驱动货泵;蒸汽驱动压载泵;货物加热;燃料储存、处理和调节系统;淡水生产,尤其在邮轮上;邮轮中的暖通空调系统。

1) 货物加热计划和优化

在一些船舶中,货物需要冷却以保持质量,如冷藏或冷冻货物,其他货物如特种石油产品、特种原油、重燃料油等可能也需要加热。特别是在冬季和寒冷气候地区,所需的部分热量可由废气锅炉提供。然而在许多情况下,需要额外的辅助锅炉来提供足够的蒸汽。柴油机废气中的蒸汽通常足以加热大多数船舶上使用的重燃料油,然而在港口可能需要辅助锅炉的蒸汽。

出于货物加热的目的,并为了减少燃料消耗和加热成本,船舶人员应在总部运营部的支持下制订一个特定航次的货物加热计划,正确的计划应考虑以下因素:

(1) 容器罐配置;

(2) 是否提供甲板加热器或油箱加热盘管;

(3) 加热盘管的数量和表面积;

(4) 货物细节,包括比热容、倾点、浊点、黏度和蜡含量;

(5) 途中天气,包括环境空气和海水温度;

(6) 估计的热量损失和温度下降;

(7) 推荐的回流冷凝水温度;

(8) 预计每日供暖小时数和消耗量。

船舶人员和总部之间讨论各种参数,如每日空气/海水温度、天气、3 个级别的货物温度、蒸汽压力、回流冷凝温度、实际消耗和温度与预计消耗和温度的对比,加热计划应在整个航程中进行适当的审查和修订。

货物在运输和卸货时的最佳加热温度主要取决于以下因素。

(1) 倾点。在规定的条件下液体倾点或流动的最低温度,这是货物易于泵送的最低温度的粗略表示,一般原则是在倾点温度以上10℃时运输货物。

(2) 浊点。这是溶解固体不再完全溶解沉淀为第二相的温度,与蜡析出温度同义。一旦分离,需要超过80℃的温度来溶解蜡,货物温度不应低于浊点。

(3) 含蜡量。含蜡量高的原油容易沉积油泥,因此需要保持在较高的温度下,以防止蜡的析出。

(4) 黏度。高黏度油不一定会沉积油泥,可以在低于泵送温度下运输。然而,出于泵送目的,将进行加热以将黏度降低至货油泵可接受的水平。

(5) 环境天气和海况。这也会影响货物运输和卸货温度,因为这些会影响货油舱或燃油舱的热传递水平。

根据租船人的要求,装货后应审查加热说明,请求租船人或货主允许在最佳温度下运输和卸货。考虑到影响加热和客户要求的各种因素,应在装货后立即制订加热计划,并每天进行审查/更新。

以下供暖日志摘要的审查将有助于更好地进行未来规划和确定差距:

(1) 实际温度与计划温度;

(2) 实际燃油消耗量与计划燃油消耗量的对比;

(3) 实际供暖时间与计划供暖时间。

船舶应在每次航行结束后完成加热摘要(每日一份),并将其与货物加热日志一起送上岸,同时确定任何缺口。图8-18所示为典型的货物加热过程。对于货物加热计划的最佳操作,应注意以下几点。

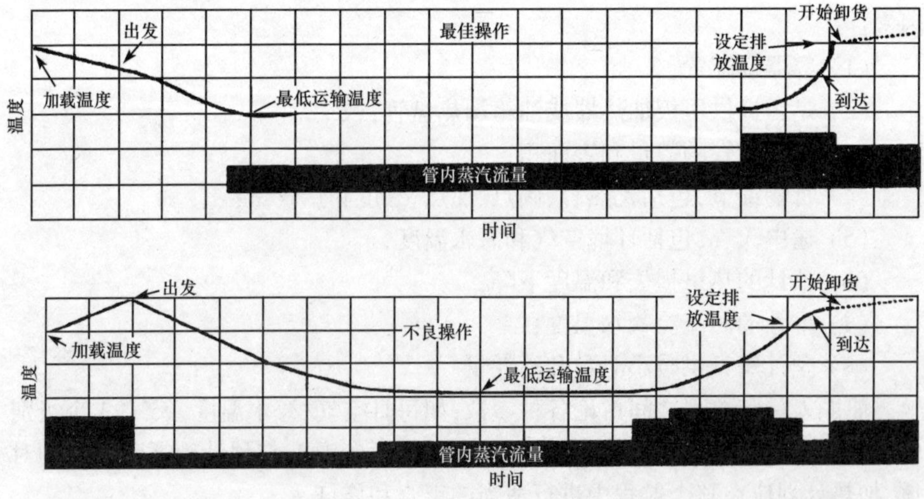

图8-18　货物加热过程示例

(1) 船舶应更好地理解航次经理/租船人的加热说明。

(2) 寻求收货人/租船人对货物温度允许范围的许可。

(3) 避免在恶劣天气期间加热。

(4) 遵循适当的货物加热计划,以验证实际加热过程的有效性。

(5) 密切监控和分析货物加热报告,每天监控供暖情况,解决供暖计划的偏差。

(6) 不要短时间频繁加热,也不要在低负荷下运行锅炉。

(7) 按照建议的冷凝温度和最佳锅炉设置,以有效加热货物。伴随供暖计划的供暖说明应进一步强调这些要点。

(8) 在船舶和航次经理/租船人之间就计划和执行保持有效和良好的沟通。

货物加热也可以受益于有效隔热的使用。例如,在加热盘管水/冷凝水回流管以及甲板区域的蒸汽、热油和热水管线上使用隔热层,这可能是一个重要的节能选择,因为据观察,一些船舶缺乏支线和货油舱的绝热。重要的是,绝热材料质量要好,质量差的绝热材料可能会腐烂或失去其有效性。

2) 卸货或压载水操作的蒸汽

某些船舶如大型原油和成品油油船以及需要大型压载泵的船舶,可以使用蒸汽驱动涡轮机来驱动货泵和压载泵。在这些船舶中,要运行额外的锅炉来驱动蒸汽涡轮机货泵以及产生惰性气体。驱动货油泵的汽轮机效率非常低(总效率为10%~15%),应注意其使用水平。

在卸货过程中真空冷凝器应保持适当的真空度,这将确保蒸汽轮机更好地传递功,从而在相同的锅炉负荷下增加输出。在卸货操作期间,必须与码头人员(装货船长、码头代表)以及甲板和轮机部保持更好的协调和计划,以减少主锅炉的空转时间。尽量减少不必要的或延长的货油泵预热时间、惰性气体装置的空转时间等。

3) 惰性气体生成(IGG)

在各种类型的原油和成品油油轮中,出于安全原因需要用惰性气体来清洗、吹扫和充入油舱,为此IGG系统产生具有最小 O_2 浓度的废气。IGG的运行类似于锅炉,也需消耗燃料,因此需要对其进行管理以节约能源。要监控IGG的使用情况,以确保不会过度使用。此外,优化货舱清洁、除气和检查间隔以减少IGG系统的使用时间。当使用IGG系统时,排放到大气中的 CO_2(不需要的惰性气体排放)应通过系统的最佳操作最小化。

8.5 船舶航速的优化

8.5.1 船舶最优航速

航速是船舶营运管理中的关键因素,它对船舶的能耗、经济效益和航行安全等具有重要影响。在船舶的实际营运中,常用的航速有以下几种[148]。

(1) 设计航速。通常是船舶在制造时依据技术状况确定的航速,指在静水中以额定功率推进船舶时的航速。船舶在额定功率下航行,主机工况处于最佳状态,燃油燃烧充分,船舶发挥的效率最高,燃油消耗率(SFOC)最小。然而由于航速较高,燃油消耗往往过大。一方面是主机型号确定后,应设计螺旋桨参数,在主机功率耗尽和满足主机转速的情况下让船舶实现最大航速。船舶设计航速应当借助航行试验确定。若在试验过程中实际航速满足设计航速,主机达到额定功率和转速,代表螺旋桨和主机匹配合理,主机能够在额定工况下保持持续运转,否则应当对螺旋桨参数以及主机转速进行调整。通常需要将试验参数记录于试航文件内作为后期管理的重要参考,当船舶需要快速时通常选择设计航速。

(2) 最低油耗率航速。它指当主机在油耗率最低情况下运行时船舶的航速。一般在80%额定功率下,按推进特性工作的主机燃油消耗率最低(图8-19)。若柴油机在航行时经常处于较高负荷工作,应尽量选择这个航速。

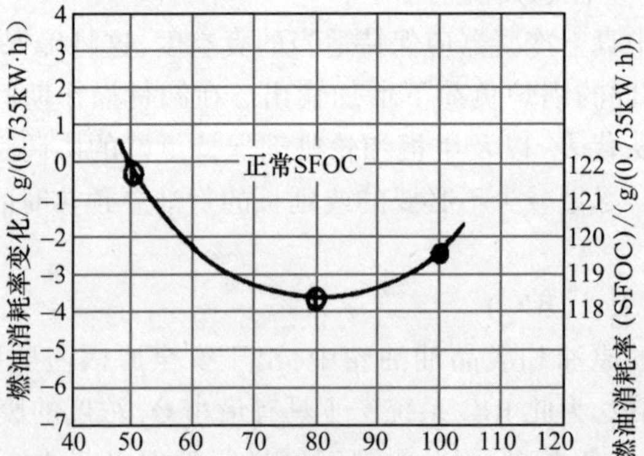

图8-19 g_e-P 曲线

(3) 经济航速。它指每海里油耗率 g_n 最低时的航速。在经济航速下航行,主机的输出功率低于额定功率,转速和负荷也都较低,船舶全航次的燃油消耗率最低(图 8-20)。从理论上来说,经济航速即是柴油机保持在最低稳定转速下所对应的航速,它并非主机每马力小时油耗率最低的航速。如果船舶装载量保持一致,主机功率和航速 3 次方成正比关系,主机燃油消耗量和航速的关系也成比例变化,航速的降低能够在很大程度上减少主机功率和燃油消耗。现阶段国内外造船界已经逐渐开始转变过去那种一味追求高航速的设计,而慢慢开始合理地降低航速,让船舶主机功率进一步减小,从而实现节油目标,这也是常说的经济航速。柴油机经常停航待命和降速航行时应使用该航速。

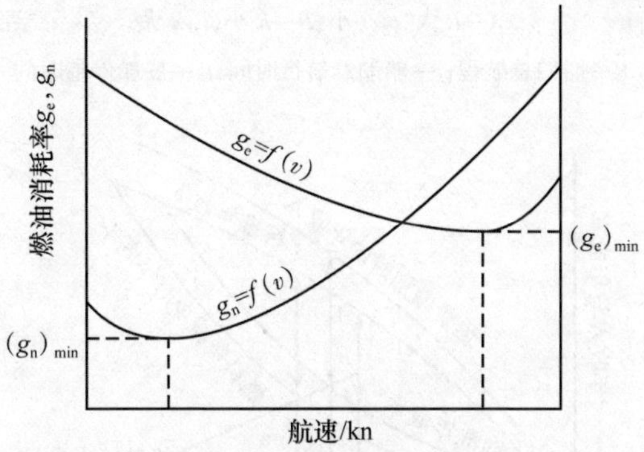

图 8-20 g_n-v 曲线

(4) 盈利航速,也称最低营运费用航速或最大盈利航速,即最佳航速。它指船舶利润最大化时采用的航速。船舶的经营利润为全航次收入的运费减去运营成本,盈利航速的确定需要综合市场的运价水平、成本费用等因素,涉及的因素较多,如成本价格、货物价格、燃油消耗、船员薪酬、折旧费用、维修保养费用、港口装卸能力、运输方式等。航速对船舶运输成本的影响表现在:① 运输总成本;② 动力设备的燃料消耗、维修保养成本;③ 船员薪酬成本。船舶运输利润=船舶运输收入-动力设备成本-船员薪酬成本。所以,选择最佳航速应当是有条件的。若符合客户条件,运输价格增加,加快交货,则收益更大,那么最佳航速可适当偏高;若交货时间较长,减少运输时间反而会导致成本提高,那么最佳航速可适当偏低。因此,最佳航速的选择必须以船舶运输最大效益为主。当运费增加时和燃料费下降时,最佳航速可以提高,见图 8-21 和图 8-22。

(5) 平均航速。船舶实际航行中,由于航行过程中存在必要的减速和难以避免的速度损失,如进出港、过运河或特殊水域,以及雾航减速,受风、浪和流的影响,增大阻力或偏离航向造成损失等,造成船舶实际航速小于技术速度。将整个过程中的速度变化加以平均,以实际航行距离除以航行时间,所得的速度为平均航行速度。

(6) 最优航速。最优航速是指满足特定航行目标的船舶速度。设计航速、

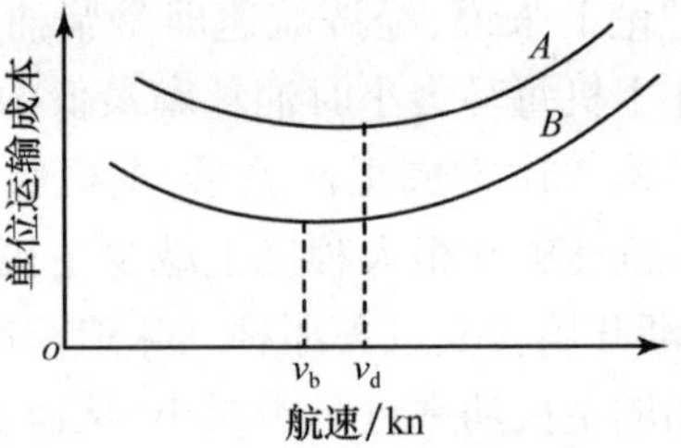

图 8-21 最低单位运输成本的航速

A—*R* 大，t_2/t 小；*B*—*R* 小，t_2/t 大。

R—船舶总航程；*t*—船舶总航行时间；t_2—船舶停港时间。

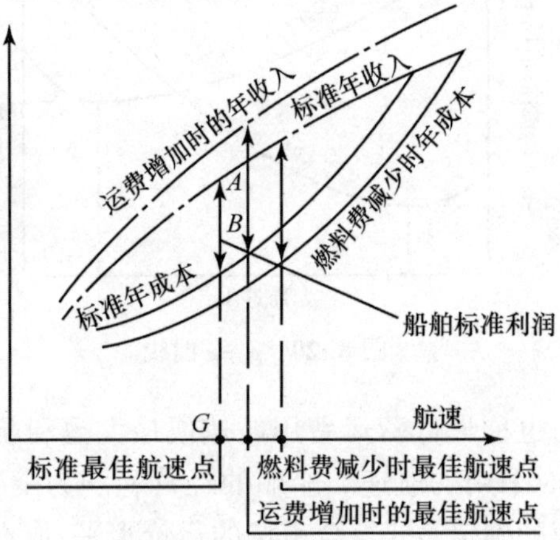

图 8-22 最佳航速

经济航速和盈利航速通常都不是船舶实际运营中的最佳航速。船舶航速的调节往往受到诸如船舶类型、预计到港时间以及船舶能效提升等因素的影响，需要针对优化目标建立数学模型选择最优航速。

除了船舶航行浮态对船舶能效有影响外，主机转速、航速也会影响油耗。在船期允许情况下，大型船舶普遍采取降低航速的措施，以达到减少油耗的目标。依据船舶航行数据，结合航次计划、航线特点、燃料消耗评估及航行成本核算分析等结果，形成航速优化方案。能效监控系统不仅可以输入预定的航行线路、艏艉吃水、燃油价格、出港到港的预定时间，还可以接收岸基数据中心发送的风、浪涌和潮流等气象及海况预报信息，然后将预定的航线分成许多段，在每一航段上计算出最佳航速和转速，指导船员设定最佳主机转速。

航速优化的核心是确定变量之间的数学模型和采用的优化算法，燃油消耗数学模型包括以下几种：

（1）船体模型，体现速度与功率的关系。

(2) 主机模型,体现主机负荷与油耗率关系。

(3) 螺旋桨模型,体现螺旋桨进速系数与效率的关系。

经济航速 V_e 可用下列方法计算导出[149-150]。

船舶航行一天所需费用为

$$C_a = S_{fv} + kV_s^3 \tag{8-24}$$

式中:S_{fv} 为船舶的固定费用(包括发电机费用,但不包括港口费用);V_s 为航速(n mile/h);k 为船舶与航速有关的主机燃油消耗系数(元/V^3 · 天),k=每天航行的燃油费/V_s^3。

船舶每航行 1n mile 所需要的费用为

$$C_{va} = \frac{C_a}{24V_s} = \frac{\frac{S_{fv}}{V_s} + kV_s^2}{24} \tag{8-25}$$

将式(8-25)对航速微分,有

$$\frac{d}{dV_s}C_{va} = \frac{d}{dV_s}\left[\frac{1}{24}\left(\frac{S_{fv}}{V_s} + kV_s^2\right)\right] = \frac{1}{24} \times \left(2kV - \frac{S_{fv}}{V_s^2}\right) \tag{8-26}$$

当$\frac{d}{dV_s}C_{va}=0$ 时,C_{va} 最小,则 $2kV_s^3-S_{fv}=0$,有

$$V_e = \sqrt[3]{\frac{S_{fv}}{2k}} \quad \text{kn} \tag{8-27}$$

将 $kV_s^3=S_{fv}/2$ 代入式(8-25),得船舶航行 1n mile 的最低费用为

$$C_{vamin} = \frac{1}{16}\sqrt[3]{2kS_{fv}^2} \tag{8-28}$$

由式(8-27)不难看出,每天平均固定费 S_{fv} 越低,则经济航速也越低;而燃油价格、油耗越高,则 k 值越大,经济航速也越低。

最大盈利航速 V_g 则应根据燃油价格、航线的距离、港口的装卸能力、船舶的大小、运价的高低、运输任务等因素综合分析确定,可根据下列计算方法导出。

设船舶每营运天的盈利水平 r,可用下式表示,即

$$r = \frac{F - C_v}{T_v} \tag{8-29}$$

式中:F 为船舶运费净收入(扣除港口费、佣金和税金);C_v 为船舶航次总成本;T_v 为营运天数,$T_v=T_a+T_b$;T_a 为正常航行时每航次在海上天数;T_b 为正常航行时每航次在港天数。

船舶航次总成本为

$$C_v = T_v \cdot S_{fv} + T_a \cdot k \tag{8-30}$$

$T_a = \dfrac{S}{24V_s}$，将 T_a 代入式(8-30)，再代入式(8-29)，化简得

$$r = \frac{24\dfrac{F}{S}V_s - kV_s^3}{1 + 24\dfrac{T_b}{S}V_s} - S_{fv} \tag{8-31}$$

$\dfrac{d}{dV_s}r = 0$ 时，化简得

$$V_s^2\left(1 + 16\frac{T_b}{S}V_s\right) = \frac{8F}{kS} \tag{8-32}$$

盈利航速的极大值出现于 $T_b = 0$ 时，这时船舶最佳航速为

$$V_g = \sqrt{\frac{8F}{kS}} \tag{8-33}$$

从式(8-33)中可看出：① 在运价高、航行率高(港口装卸率高、货源充足、停泊时间短、营运率高)、港口费用开支低等情况下，V_g 高，反之 V_g 低；②与航速有关的主机燃油消耗系数 k 越大，则 V_g 越低，即油价高、主机油耗高、船体污垢严重时，则 V_g 低，反之 V_g 高；③ 运距 S 延长，则 V_g 降低，但 F 升高。所以，一般长航线配大船、高速船；短航线配小船、低速船。

8.5.2 船舶最佳航速的影响因素[151]

在技术可达的范围内，船舶航速的 3 个直接影响因素为收入、时间和成本。如果航速高，单位时间内运费收入就多，运输的时间短，燃油成本高；如果航速低，单位时间内运费收入少，燃油成本低，但时间长。在运费给定的情况下，成本当然越低越好。对船舶而言，航速所影响的成本包括变动成本和固定成本。变动成本主要是燃油成本，固定成本也可称为船舶成本，包括船舶资金成本(船舶、集装箱等)和经营成本(人工、保险、维护等)，其中的船舶资金成本除受船价影响外，还受贷款利率的影响。对于货物而言，航速所影响的主要是库存成本，货物价值和利率水平决定了这一成本的高低。对于环境成本而言，航速造成的影响可以用温室气体排放量和价格来衡量。因此，影响社会效益的成本包括船舶、货物和环境的总成本。最终决定船舶最佳航速的 6 个主要因素分别为运费水平、燃油价格、船舶成本、货物价值、利息水平、环境成本(图 8-23)。

1. 运费水平

不定期船市场通常具有完全竞争性，虽然班轮市场的竞争性不完全，但从

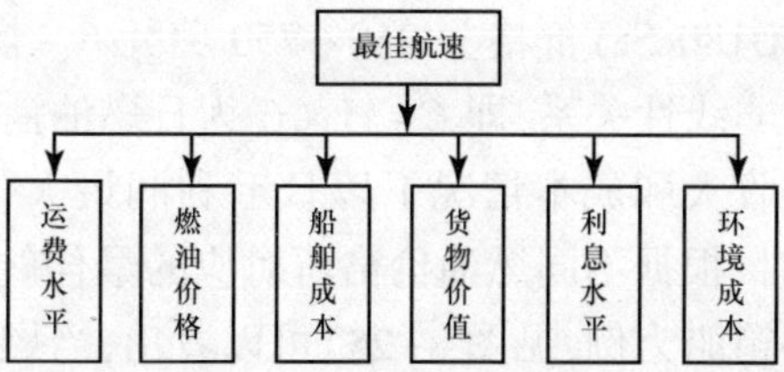

图 8-23 影响最佳航速的主要因素

航运市场总体上说,尤其是中、长期是具有竞争性的。因此,运费水平基本上由市场供需平衡决定。由于需求量的波动性特征和中、短期内市场供需价格弹性的缺乏,运费水平通常变化很大,特别是不定期船市场。在集装箱船市场,费率在短期内变化的幅度相对小一些。即便如此,2005—2014 年的 10 年时间内,市场也发生了很大的波动。例如,远东—西欧航线运费在 2005—2006 年间达到 2000 美元/TEU 以上,2012 年跌至 500 美元/TEU,2014 年 9 月在 900 美元/TEU 左右水平。

假设以集装箱船公司日毛利润(运费收入减去船舶成本、营运和燃油成本)最大化为目标,当除了运费和航速以外其他一切条件均不变时,考察在不同运费情况下的最佳航速(以上海－鹿特丹航线 8000TEU 的集装箱船为例,见图 8-24)。当运费为 600 美元/TEU 时,最佳航速为 17kn;当运费达到 1000 美元/TEU 时,最佳航速为 22kn;当运费为 1200 美元/TEU 时,最佳航速就变成 24kn 了。

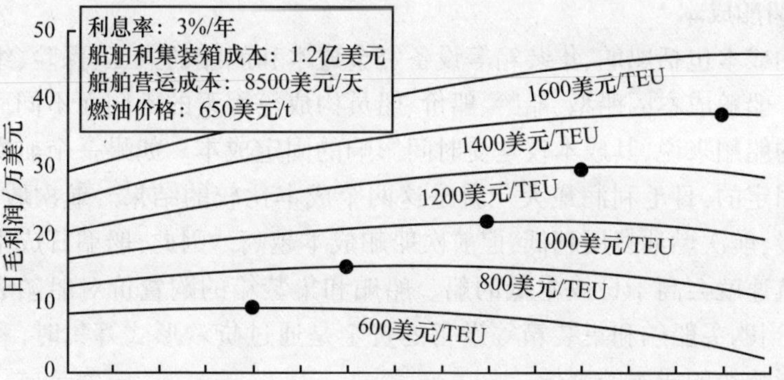

图 8-24 不同运费情况下日毛利润与最佳航速的关系

2. 燃油价格

在包括资金成本的船舶经营日成本中,燃油费用已是最大的支出项,特别是对不定期船来说。船用燃油的价格受国际原油市场波动的直接影响,一段时间国际船用燃油(MFO180cSt)价格为250~750美元/t。燃油消耗量与航速之间基本遵循3次方的非线性关系,即 $C=kV_s^3$(C 为日燃油消耗量)。

假设只考虑船舶收入和成本情况下以日毛利润最大化为目标并当运费水平在800美元/TEU时,根据不同燃油价格所对应的最佳航速(以上海—鹿特丹航线8000TEU的集装箱船为例,见图8-25)可以看出,当燃油价格在400美元/t时,最佳航速为25kn;当油价达到600美元/t时,最佳航速为21kn;如果油价到了800美元/t,最佳航速降至18kn。

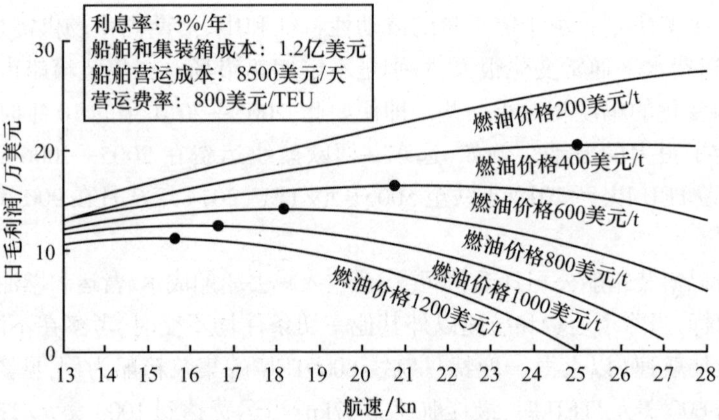

图8-25 不同燃油价格情况下日毛利润与最佳航速的关系

3. 船舶成本

船舶成本包括船舶、集装箱等设备资金成本和船舶的人工、保险、维修等营运成本。船舶成本因船型、船龄、船价、船员构成等因素的不同而不同。对于一艘特定的船舶来说,其成本仅是受时间影响的固定成本。如果一个航次的运费收入是固定的,日毛利润最大化就是这两个成本比较的结果。航次收入不变,航速越慢,航次燃油费用越低,但航次船舶成本越高。因此,船舶日成本高的船其最佳航速就会高于日成本低的船。船舶和集装箱的购置价对船舶成本的影响最大,当购买船舶和集装箱等设备的资金是通过贷款形式筹集时,利率水平也直接影响船舶成本的高低。

假设在航次运费收入固定、燃油价格为650美元/t、利息率为3%的情况下,船公司以航次成本最小化为目标,根据不同船舶日成本所对应的最佳航速(以上海—鹿特丹航线8000TEU的集装箱船为例,见图8-26)可以看出,当该成本在2万美元/天时,最佳航速为14.3kn;当成本上升到5万美元/天时,最佳航速会变为17kn。这一速度低于目前绝大部分集装箱船降速航行的速度,因为在计算中采用了较低的利率(3%),而且未考虑货物的价值。

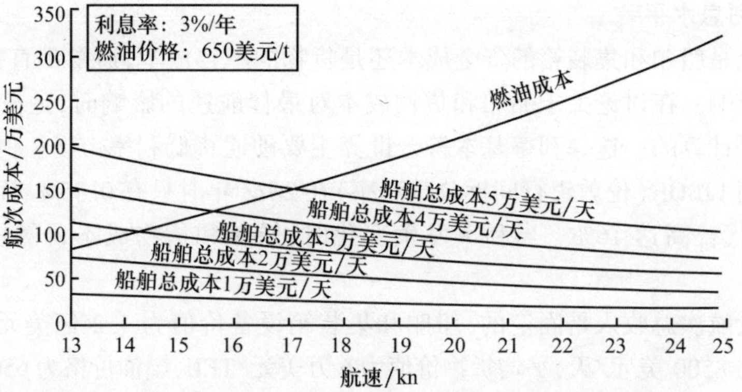

图 8-26 船舶总成本不同的情况下航次成本与最佳航速的关系

4. 货物价值

对于货主来说，降速航行会提高其货物库存成本。对于班轮而言，这通常意味着将推迟 1 周或 2 周到货。但是，当降速航行伴随着较低运价时，货主就会在减少的运价与增加的库存成本之间进行比较。由于库存成本受利率影响，如果国际硬通货利率走低，同时运费的跌幅又比较大，货主特别是低价值货的货主，对降速航行是接受的。对于高价值货或者当银行利率较高时，货主就很自然希望使用航速更高的服务，哪怕支付更高的运费。

假设航次运费是固定的，在利率为 3%、燃油价格为 650 美元/t 且货主所追求的目标是额外的库存成本不大于减少的运费时，不同的平均货物价值对应不同的最佳航速(以上海—鹿特丹航线 TEU 的集装箱船为例，见图 8-27)。在货物价值为 5 万美元/TEU 时，最佳航速为 14. 5kn；当平均价值为 15 万美元/TEU 时，最佳航速为 21kn。也就是说，对于某货物价值，当船舶航速低于相应的最佳航速时，货主会愿意支付更多的运费而使用更高航速的船舶。

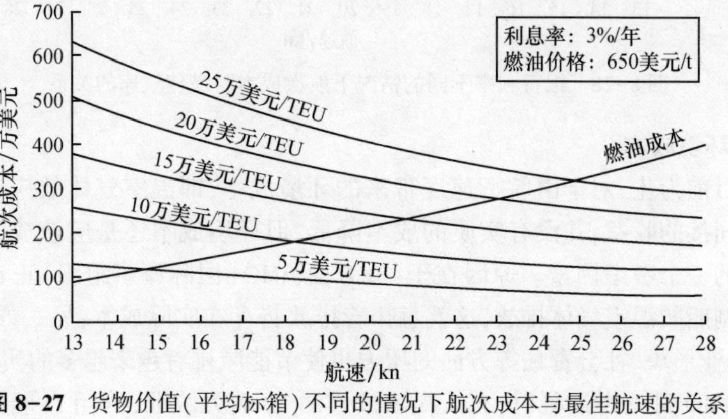

图 8-27 货物价值(平均标箱)不同的情况下航次成本与最佳航速的关系

5. 利息水平

无论是船舶和集装箱的资金成本还是货物的库存成本，通常都直接受贷款利率的影响。在讨论关于船舶和货物成本对最佳航速的影响时，是按照3%的利率水平计算的。这一利率基本符合世界主要硬通货低利率市场。例如，美元的1年期LIBOR（伦敦银行间拆放款利率）在2013年时只有0.35%，而在20世纪80年代曾高达16%。当利率发生变化时，船舶和货物成本自然也会发生变化。

假设航次总收入是固定的，船舶和集装箱设备价值为1.2亿美元，船舶营运成本为8500美元/天，平均货物价值为6万美元/TEU，燃油价格为650美元/t。如果以最低航次成本为追求目标，不同的银行利率对应不同的最佳航速（以上海—鹿特丹航线8000TEU的集装箱船为例，见图8-28）。当利率为1%时，最佳航速为13.5kn；当利率为2%时，最佳航速为15.5kn；当利率为4%时，最佳航速为19.5kn；当利率上升到8%时，最佳航速达到近24kn。也就是说，如果航速低于最佳速度，延时产生的以额外利息形式表现的资金成本就会大于节约的燃油成本，船舶、货物的成本压力会导致航速提高；反之，额外的燃油成本将大于节约的资金成本。因此，最佳航速就是当这两个成本相等时的航速。

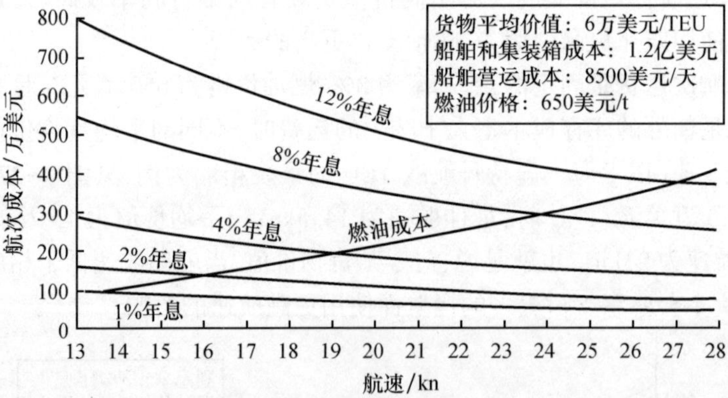

图8-28 银行利率不同的情况下航次成本与最佳航速的关系

6. 环境成本

到目前为止，对于由航行速度带来的环境成本，即温室气体效应。减少排放只是间接的收益，并没有实质的成本降低，但环境成本还是应该成为确定最佳航速的一个考虑因素。原因在于：一方面，IMO（国际海事组织）正在用市场机制控制船舶温室气体排放，这就意味着排放将存在实际成本；另一方面，大众舆论、企业形象、社会责任等方面的压力也使节能减排有越来越多的实际效益。

在IMO讨论燃油税时，有人提出按燃油30美元收取，消耗1t船用燃油通

常排放 CO_2 为 3t 多。在欧洲的碳排放权交易市场上，CO_2 的单位价格变化很大，最高达到 45 美元/t，最低则跌到 3 美元/t。假设在航次总收入、利率、船箱价值、船舶经营成本、燃油价格等都不变的情况下，如果以船公司日毛利润最大化为目标，则不同的环境成本（CO_2 价格）将对应不同的最佳航速（以上海-鹿特丹航线 8000TEU 的集装箱船为例，见图 8-29）。当 CO_2 价格为 5 美元/t 时，最佳航速为 20kn；当价格为 25 美元/t 时，最佳航速为 19kn；当价格为 45 美元/t 时，最佳航速就降至 18kn。由此可以看出，由于环境成本占航运总成本的比例很低，这个成本的变化对航速的影响有限。

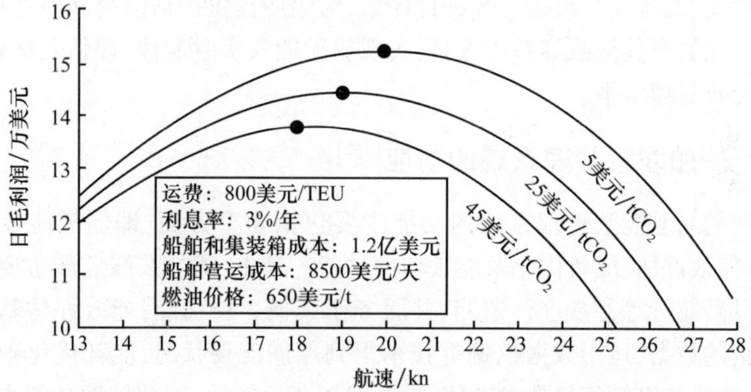

图 8-29 CO_2 价格不同的情况下船舶日毛利润与最佳航速的关系

在现实中，未来所有 6 个因素变化的幅度是很难准确预测的，特别是中、短期预测。例如，以前许多预测都显示 2014 年航运市场会好转，但这一情况并没有发生。石油价格的变化同样受很多因素的影响，以至于预测其走向几乎是件不可能的事。虽然变化程度很难预测，但每一因素影响力却是可以大致算出的。由于燃油成本与航速存在非线性关系，每个因素对航速的影响在不同航速下并不一样。同时，每个因素在所有影响航速的要素总量中所占的比例不同，也就是说，在目标优化的公式中每个因素的“体量”也不同，如运费收入这个因素在公式中就与所有其他成本因素的总和相当。利率是一个乘数，其变化会给船货资金成本带来很大的变化。显然，在某一确定的航速阶段，比例越大的因素对航速的影响力就越大。也就是说，同一个比例的变化，体量大的因素会引起最佳航速更大的变化。

所有影响船舶最佳航速的人和机构，如船公司、船厂、投资方、货主、燃油供应商、港口等，都应该对这 6 个因素的发展给予相应的关注。按其影响力大小，这种关注的顺序应为运费、利率、燃油价格、船舶成本、货物价值、环境成本，见表 8-1。

表 8-1 6 个因素对最佳航速的影响力指数

影响因素	运费	利率	燃油价格	船舶成本	货物价值	环境成本
影响力指数	14	11	10	9	8	1

8.6 船舶智能能效管理系统

智能能效管理是指基于船舶航行状态、耗能状况的监测数据和信息，对船舶能效状况、航行及装载状态等进行评估，为船舶提供评估结果和航速优化、基于纵倾优化的最佳配载等解决方案，实现船舶能效实时监控、评估及优化，以提高船舶能效管理水平。

8.6.1 船舶能效管理系统的功能[152]

目前的船舶能效管理系统的功能主要包括 4 个方面，即船舶能效在线监测、智能能效评估、能效优化及能效辅助功能。其中，能效在线监测主要对船舶能耗、环境、航行等参数进行监测，并服务于其他 3 项功能；能效评估基于在线监测采集的数据，运用数据挖掘等技术得到船舶能耗状况；能耗优化则给出船舶航速、航线与纵倾等最佳参考值，提升船舶营运能效；能效辅助功能主要提供符合 IMO 和海事部门要求的日志与报表。可以看出，船舶能效在线监测、智能能效评估和能效优化是船舶智能能效管理的关键技术，图 8-30 是船舶能效管理关键技术架构。

1. 船舶能效在线监测

船舶能效在线监测即对船舶主要耗能设备、船舶航行状况等进行监测，包括数据的采集、传输、储存、分析，并对船舶能效和能耗等相关技术指标进行评估和报警。因此，船舶能效在线监测是能效在线智能监控的重要内容，同时也是能效智能评估和优化的基础。

能效在线监测的信息来源可分为两类：① 人工输入的信息（静态数据），主要从船舶基本资料和日常报表中获取，如船舶尺寸信息、船舶航行起点和终点、预计到达时间等；② 由传感器采集的数字信息（动态数据），主要是耗能设备参数和船舶航行状况参数，如图 8-31 所示。

对于不同动力类型的船舶，其主要耗能设备不同。对于常规船舶，主机、发电机组和船用锅炉是主要能源消耗设备，主要监控内容为设备油耗（或气耗）以及主机转速和轴功率，气体机则需对 LNG 浓度进行监控，以保障船舶运行安全。对于混动、纯电等新能源船舶，还需要对蓄电池、超级电容等储能装置进行状态

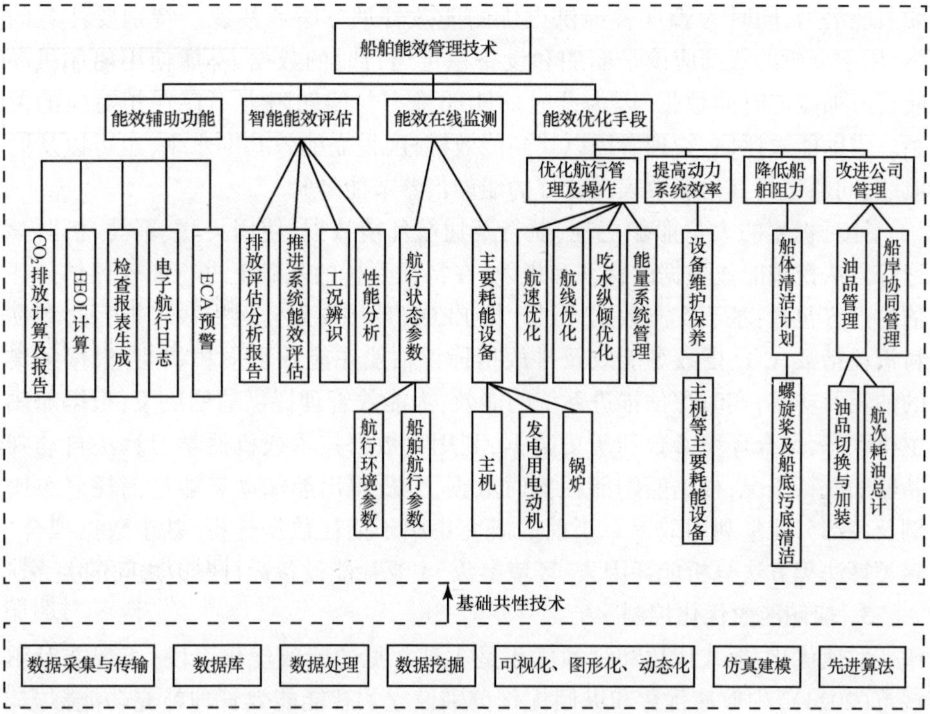

图 8-30 船舶智能能效管理关键技术框架

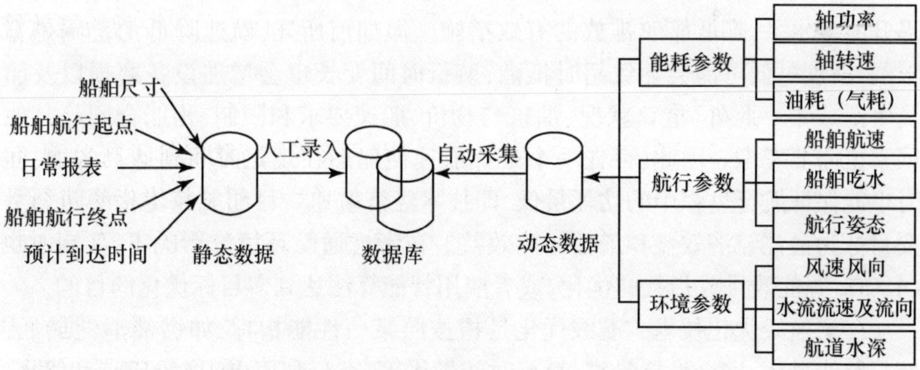

图 8-31 船舶能效在线监测信息来源

监测。船舶航行状态参数包括船舶对水航速、对地航速、船舶位置、吃水、纵倾角、水流速度和流向、水深、风速、风向等，其数据来源于船载助航设备，如计程仪、GPS、吃水测量设备、陀螺仪、测深仪、风速风向仪等。

2. 船舶智能能效评估

智能能效评估是在数据挖掘技术的支持下，从船舶航行及日常运营挖掘船舶节能潜力,同时为管理者提供更优的能效管理方案或建议。特别要注意的是,用于分析的数据应该是船舶和设备稳定运行时的数据,不能使用船舶机动航行或加减速时的数据,因为此时的船舶推力与船舶阻力不存在相对应的关系。借助能效评估,管理者可以找到能效标杆,设立能效基准水平,也可以从同航线、同船型的其他能效表现较好的船舶借鉴节能经验。

针对积累的大量船舶能耗、航行及通航环境数据,使用关联、聚类、机器学习等方法挖掘能效数据的特征和规律,在特征分析的基础上进行能效评估。评估的内容包括:基于实测数据通过计算 EEOI(船舶能效营运指数)、航行过程燃料消耗指数、CO_2 指数等能效及排放指标评估船舶能效水平和状态;根据采集的油耗及功率,实时评估推进系统的能效,为能效管理提供辅助决策;根据船舶主机状态,结合环境参数和历史数据,利用大数据技术或机器学习算法自动判断船舶航行工况;根据船舶能耗实时数据,分析得出船舶动态能量消耗分布比例及各部分能量利用效率。当前的研究集中于能耗数据分析,基于数据拟合、聚类算法等方法分析能耗因素、环境参数、主要耗能设备运行参数之间的关系。

3. 船舶能效优化控制

航速优化、航线优化和纵倾优化是 3 种常见的能效优化手段。《智能船舶规范(2024)》中航速优化和纵倾优化分别设立了智能能效管理补充功能标志,航线优化对于海运船舶有较好的节能效果[153]。

(1) 航速优化技术。船舶的航速与油耗成 3 次方关系。降速航行是单船提升能效水平,降低船舶排放的有效措施。但如前所述,航速降低的范围是有限的,速度过低可能会导致超时抵港,航行时间变长也会增加设备磨损以及船员生活成本。此外,港口状况、油价与物价、船速要求和限制、租船合同等其他因素也需要考虑。因此,存在一个最优航速使船舶在规定时间到达目的地,同时也能保证航行过程中的功耗最低,即技术经济航速。目前航速优化的两个主要目标为最佳经济效益和最佳环境效益。在考虑通航环境的影响下,实现 EEOI、CO_2 等能效排放指数的优化,或者应用智能算法达到多目标优化的目的。

(2) 航线优化技术。航线优化是指按照某一性能指标,如燃油消耗最低、航行路线最短、安全性能最高、航行时间最优等,充分利用电子海图所传达的综合航行环境信息以及交通管理控制信息,在智能技术的支持下,形成一条从起始港到目的港的最优航线,主要用于海上航行的船舶。航线优化可视为在多约束下的最佳路径问题,蚁群算法、多目标遗传算法、模拟退火算法等多种智能算法可被用来解决相关问题。

(3) 纵倾优化技术。船舶吃水、横倾角、纵倾角是描述船舶浮态的重要特征参数。特征参数的变化会导致船舶水下体积几何形状的改变,从而影响船体阻力和船舶操纵性,不同船型、不同吃水、不同航速都存在一个最佳的纵倾角度。通过船模水池试验或 CFD 模拟,得到不同吃水、不同纵倾及不同航速下的螺旋桨功率曲线,使用多元插值等方法得到纵倾优化结果。在满足船舶稳性、强度、浮态和实际航次要求的条件下,通过调整配载和压载水实现优化的纵倾。此外,考虑船舶航行过程中船舶及环境信息,实现船舶纵倾动态优化是进一步的研究方向。纵倾优化软件经济效益较好,无须船舶改造和设备更新,能够达到 1%~8%的节油量,单船使用的成本回收期为 1~12 个月。

8.6.2 能效管理系统的开发[154]

船舶智能能效管理系统应实现船舶能耗、能效的监测和评估、能量的产生分配、管理调度等。将采集的监控数据进行关联分析,通过数学建模以及优化算法对船舶能耗、能效以及碳排放进行综合评估、分析、预测,并为船舶管理者提供能效辅助优化建议,实现对船舶营运状态的实时在线监控、智能评估、能效优化及历史报告管理等功能。继而通过收集到的大量实船航行数据,对船舶关键能耗设备进行针对性的能效建模、航速优化、纵倾优化,可提高船舶营运过程的经济效益。

船舶智能能效管理系统包括数据采集、设备能耗监测、推进系统监测、综合航行监测、能耗分析和优化、岸基管理等功能,如图 8-32 所示。

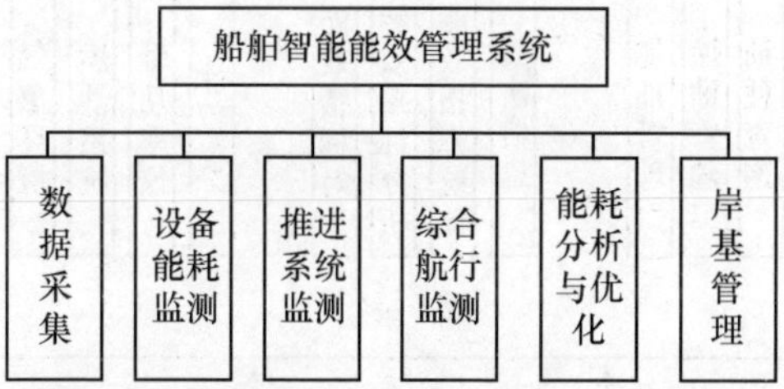

图 8-32 船舶智能能效管理系统功能框架

(1) 数据采集。该功能是能效管理系统的基础,通过燃油计量装置、轴功率仪、GPS、风速仪、测深仪、倾斜仪等各种传感器将船舶营运过程中的能效数据进行采集并汇总,经通信系统传输到船舶工作站和岸基数据服务器。

(2) 设备能耗监测。根据管理计划分析,对影响 EEOI 的船舶主要耗能设备如主机、发电机、锅炉、焚烧炉的关键参数如功率、转速等进行监测,对其进行能耗分类和调节。基于状态评估算法开展数据分析优化,以及系统的节能潜力评估和实际节能效率计算。

(3) 推进系统监测。对与航行效率相关的主机、轴系、螺旋桨等推进系统设备的物理指标和运行情况进行监测报警,保证船舶推进系统的正常运行。

(4) 综合航行监测。利用GPS、计程仪和风速风向仪等对航行状态和航行环境参数进行监测记录,保障船舶的安全、稳定运行,并为航行时的紧急状况提供处理依据。

(5) 能耗分析与优化。将全船设备能耗参数进行汇总计算,提供对比图表、历史数据查询等功能。通过对存储数据的分析确定船舶营运过程最佳能效管理方案,提高船舶整体效能,并结合航行特点、燃料消耗、经济效益等评估结果,提供基于不同目标的优化方案。

(6) 岸基管理。进行船岸数据实时传输,船队层级数据的存储、分析和实时监测,建立岸基数据库,实现岸基对所有在航船舶统一远程监控,并为船端能耗优化提供辅助决策和远程技术支持。

船舶智能能效管理系统平台设计如图8-33所示。系统的具体开发中,需要考虑以下几个方面[154]。

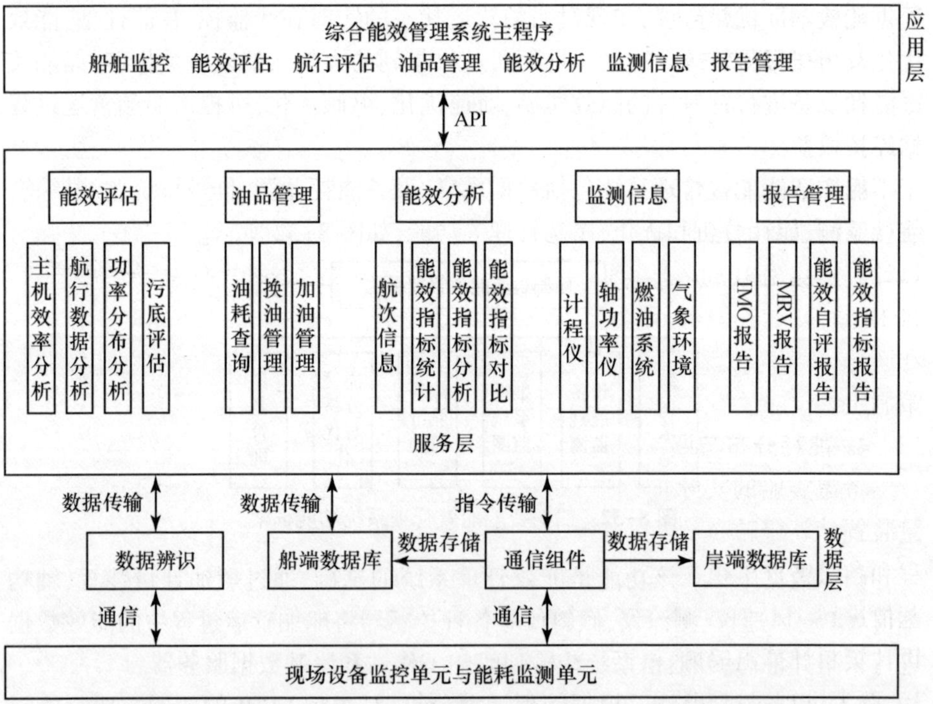

图8-33 船舶智能能效管理系统平台设计框架

1. 硬件设计

由于船舶拥有大量现代化电力设备和先进的控制技术,船舶电站对于网络数据传输的稳定性、时效性和安全性提出了更高的要求。为了保证不同工况下网络的整体性能,系统可以采用船舶总线控制网与工业以太网混合异构型网络为基础的开放式船舶物联网体系架构。其中船舶总线控制网用于对安全性和时效性要求较高但对信息量要求不大的现场设备层网络,并提供防尘、防爆等安全措施。工业以太网用于对安全性和实时性要求较高但是对信息量需求不大的上层信息管理网络,这种架构可以方便地进行通信网络中模块的增减改动。

2. 软件设计

可以选用B/S架构对船舶智能能效管理系统进行设计。Browser端需要提供友好的用户访问交流界面,且接口响应时间不超过5s,页面刷新时间不超过3min,Server端需要提供所有大型计算处理服务,各功能模块(优化模块除外)响应时间不超过30s。

在数据库开发上,可以选择MySQL数据库平台,并利用Navicat for MySQL进行数据的导入导出。主要功能包括SQL创建工具或编辑器、数据模型工具、数据传输、导入或导出、数据或结构同步、报表等。

3. 数据采集与处理

针对不同的数据来源,提供两种通信方式进行数据实时获取。对于提供数据库接口的数据采集终端系统,通过开放数据库互联(ODBC)进行数据通信;对于不提供数据库接口的数据采集终端系统,通过TCP或UDP协议与数据采集终端系统进行数据通信。实时数据每隔1s采集一次导入船端数据库中,并通过计算转化为10min表、1h表、1天表分别存储在船端数据库中。每小时定时将1h的能效数据打包并发送到岸基数据库,并针对不同类型的数据进行标识和区分(静态、人工、计算、在线监测),供专业人士进行后续能效优化和辅助决策制定。

4. 能耗分布与评估

考虑实船的实际参数监测能力,由船舶主机、副机、锅炉、焚烧炉的燃油计量装置计算船舶当前工况各设备燃油消耗量,得到能量输入基值。根据系统流程和各设备进出口工质热力学参数,计算各主要设备能耗情况,并与能量输入基值进行对比,得到设备能量效率和能耗分布百分比。同时根据试航数据以及设计资料计算出船舶设计航速下主要耗能设备的静态能耗分布比例与静态指标,两者进行对比获得能效劣化指数。超过标准值时可认为能耗分布异常,并提供相关报警显示。能耗分布对比分析流程如图8-34所示。

5. 船舶性能评估方法[155]

船舶总体性能从整体角度对船舶能效状态进行分析和评估,分为能效指标趋势和船舶性能状态两部分。根据监测燃油流量计、GPS、计程仪计算船舶单位时间内的燃油消耗量和船舶航速及航行距离,根据配载仪或由船员输入的船舶

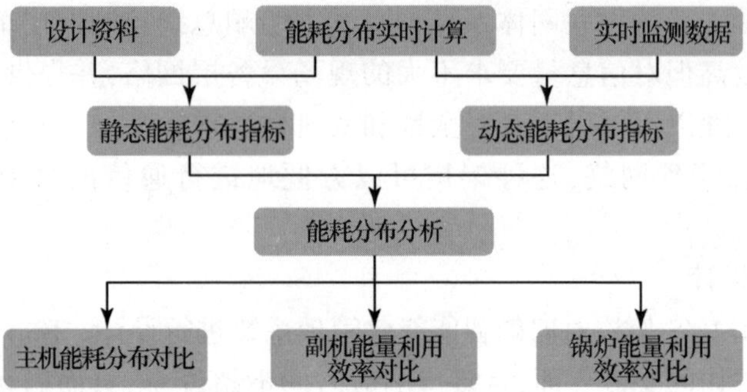

图 8-34 能耗分布对比流程

当前载货量,计算船舶耗能系统每海里燃油耗量、每运输功燃油耗量、每海里 CO_2 排放量、每运输功 CO_2 排放量等能效指标,从整体能效进行趋势分析和相应报警。

(1) 一个航次的 EEOI,即

$$e_{\mathrm{EEOI}} = \frac{\sum F_j \cdot C}{M \cdot D} \tag{8-34}$$

某段时间内多个航段的 EEOI 平均值为

$$e_{\mathrm{EEOI}_i} = \frac{\sum_i \sum_j (F_{ij} \cdot C_j)}{\sum_i (M \cdot D_i)} \tag{8-35}$$

(2) 单位距离燃料消耗量,即

$$e_1 = \frac{\sum F}{\sum D} \tag{8-36}$$

(3) 单位运输功燃料消耗量,即

$$e_2 = \frac{\sum F}{\sum (M \cdot D)} \tag{8-37}$$

(4) 单位距离 CO_2 排放量,即

$$e_3 = \frac{\sum_j (F_j \cdot C)}{\sum D} \tag{8-38}$$

(5) 单位运输量 CO_2 排放量,即

$$e_4 = \frac{\sum_j (F_j \cdot C)}{\sum M} \tag{8-39}$$

（6）年度营运碳强度指数，即

$$\mathrm{CII} = \frac{F_y \cdot C}{M_y \cdot D_y} \tag{8-40}$$

式中：F_j 为航段 i 中燃油 j 的消耗量（t）；M 为载货量（t）；C 为燃油量与 CO_2 排放量转换系数；j 为燃油类型；i 为航程数；D 为航行的里程（n mile）；$\sum F$ 为各航段油耗量的总和（t）；$\sum D$ 为各航段航程之和（n mile）；F_y 为年度燃料总消耗量（t）；M_y 为年度总载货量（t）；D_y 为年度总航行距离（n mile）。

6. 节能优化建议

船舶智能能效管理系统需提供节能优化建议，使船舶以更经济、节能、环保的方式运行管理。主要提供节能减排优化措施，如纵倾优化、航速优化等。纵倾优化提供基于纵倾数据库的纵倾优化计算，给出指定载况、指定航速下的最优纵倾和推荐吃水。航速优化由系统每日生成航速、燃油、功率相关报表并进行计算，将推荐航速邮件发送至船长室提供参考。系统可基于当前航线和航行计划，对航线总体油耗、主副机功率分布情况进行评估，并根据基准值给出评估结果，如图 8-35 所示。

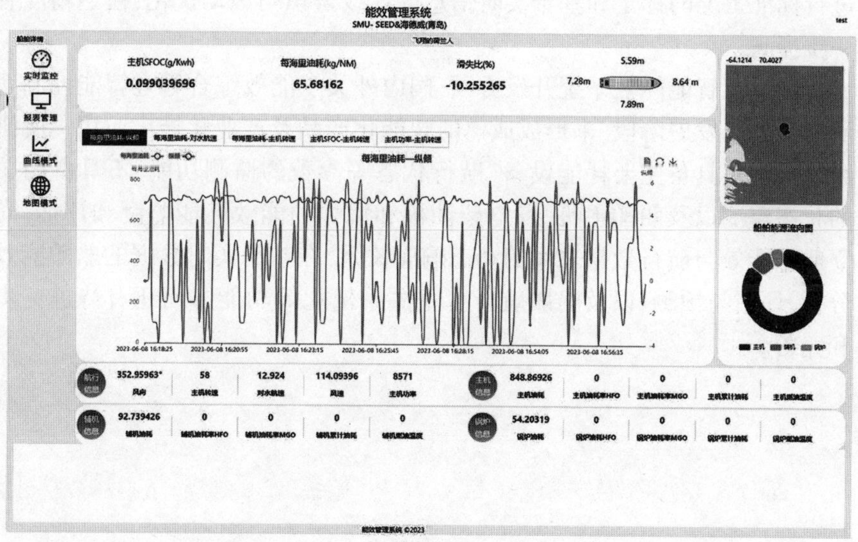

图 8-35　船舶智能能效管理系统

7. 能效辅助决策与管理

船舶智能能效管理系统根据长时间累积的船舶运行数据，给出船舶能效管理辅助决策。根据能耗相关分项数据，以图表形式展示船舶动态信息，方便相关人员直观地了解船舶当前能效状态并提出科学建议。船舶管理方可以通过岸基能效管理系统登录可视化界面，同时可以进行船舶相关数据报告管理工作，包括排放监测报告、排放区预警、燃料信息管理及污底评估等。岸基能效系统可以同时提供多船能效数据存储以及能效分析交叉比对，继而实现后续大数据优化分析，为船端工作人员提供最优决策。

目前的问题与挑战有以下几点[156-157]。

(1) 在能效大数据分析与应用方面，当前围绕船舶能效的研究仍偏重于数据采集，且对采集的数据缺少充分的特征分析以及不确定性评估，在基于实测数据的船舶航行状态辨识、能效状态评估、能效数据关联分析以及时空分布特征挖掘分析等方面还有待进一步深入研究。

(2) 在智能优化算法和优化模型方面，现有模型所考虑的影响因素不够全面，所建立的模型没有综合考虑多要素的综合影响，对多环境要素与"船体阻力—螺旋桨—主机"的动态响应机理缺乏深入研究。此外，在当前研究中，船体阻力、功率与油耗等模型大多是基于经验公式计算得到，没有考虑航行环境的影响，且参数是固定的。而不同环境条件下"船—机—桨"动态特性的差异会导致船舶能效模型参数有所不同。但目前的研究并未采用有效方法对模型参数进行标准工况的标定和基于实时信息的在线辨识与滚动优化，模型精度有待进一步提高。

(3) 在智能能效系统开发方面，国内外关于能效综合管理智能控制系统的研究尚处于发展阶段，未形成成熟的智能化产品及产业化推广应用。所研发的系统大多只具备主要耗能设备、航行状态等参数的监测功能，不具备船舶污底的状态监测以及船舶主机、发电柴油机和锅炉的能效性能监测和评估，尚未建立船舶能效与航行数据之间的动态响应关系，在基于实时数据的船舶能效指标分析、评估与预测，以及船舶航行自主决策优化等功能方面还有待进一步提升和完善。

附 表

船舶维修保养工作表

序号	名称	工程内容	厂修	自修	维保	备注
船体部分						
(一) 船体						
1	上层建筑桅房	除锈、油漆			√	长航每航次,短航 3 个月,以补漆为主
2	主甲板舱口围、舷墙	除锈、油漆		√		长航每航次,短航 3 个月,以补漆为主
3	各层甲板	除锈、油漆		√		季度
4	货舱及隔舱壁	除锈、油漆		√		每年
5	重载水线以上船壳	除锈、油漆		√		长航每航次,短航 3 个月,以补漆为主
6	重载水线以下船壳	除锈、油漆	√	√		坞修
7	阴极保护装置	检查		√		坞修
	电极及绝缘屏蔽	修理	√			坞修
8	护肋木、舱底板	大面积修换	√			具体情况可由机务监督
		局部修换		√		与大副商定
9	露天甲板	打掉捻缝浇沥青	√			岁修
		小量维修			√	随时
10	舱盖	活动部位加油保养			√	每航次
		损坏修理	√			随时
11	污水沟、污水井	清洁、油漆		√		每航次
12	大桅、甲板机械	除锈、油漆			√	每年
13	船壳、强力甲板、水密舱壁	测厚	√			20 年以上杂货船

续表

（二）油水舱柜						
序号	名称	工程内容	厂修	自修	维保	备注
1	淡水舱、压载水舱	清洁、除锈、油漆或刷水泥浆	√	√		5 年之内分批进行
2	植物油舱	洗舱			√	每航次
3	成品油舱	洗舱			√	每航次
4	原油舱	洗舱		√		挖油脚，可外包工
（三）锚设备						
序号	名称	工程内容	厂修	自修	维保	备注
1	锚及锚链	清洁、检查测量	√			定期检验
2	锚链舱	清洁、涂水罗松		√		岁修
（四）舵设备						
序号	名称	工程内容	厂修	自修	维保	备注
1	舵杆、舵轴、轴承	检查测量	√			坞修
2	舵杆、舵轴、轴承	损坏修理	√			坞修
（五）救生设备						
序号	名称	工程内容	厂修	自修	维保	备注
1	救生衣、救生圈	效用检查			√	每航次
2	救生艇	起落试验			√	季度
		艇机起动			√	每月
		空气箱密性试验	√			岁修
3	吊艇架	活动部件检查、活络、加油		√		季度
		钢丝调测		√		两年
		损坏修理	√			机务监督与验船师协商修理时间及修理方案
4	气船式救生筏	钢丝换新		√		4 年
		效用检查	√			12～15 个月
（六）消防设备						
序号	名弥	工程内容	厂修	自修	维保	备注
1	固定 CO_2 瓶	测量检查	√			两年
		充液	√			与测量同时
		钢瓶修理	√			与测量同时
2	CO_2 管系	畅通试验		√		与测量同时
		安全阀校验	√			特检与定检

续表

序号	名弥	工程内容	厂修	自修	维保	备注
3	钢瓶	内部检查	√			10年
		安全阀校验	√			两年
(七)装卸设备						
序号	名称	工程内容	厂修	自修	维保	备注
1	滑车卸扣转环及吊钩	活络、加油			√	季度
		解体检查	√			5年
		损坏修理	√			随时
2	钢丝绳	检查			√	季度
		涂油			√	半年
3	鹅颈头	拆检测量	√			5年
4	吊货装置	举重试验	√			4年,可延一年
5	吊杆	除锈、油漆			√	季度补漆
(八)舷梯						
序号	名称	工程内容	厂修	自修	维保	备注
1	舷梯	活动部位活络、加油			√	季度
		钢丝绳涂油			√	季度
		损坏修理	√			随时
(九)舱室设备						
序号	名称	工程名称	厂修	自修	维保	备注
1	门窗家具	局部修理		√		随时
2	天花板墙壁	局部修理		√		随时
3	塑料地板	局部修理		√		随时
轮机部分						
(一)轴系及螺旋桨叶						
序号	名称	工程内容	厂修	自修	维保	备注
1	中间轴承	检查保养			√	随时
		打开检查或换新	√			按说明书或必要时
2	尾轴及轴承	检查间隙换新密封填料	√			坞修
		抽轴或更新轴承、轴封	√			5年
3	螺旋桨叶	清洗、磨光	√			坞修
		损坏修理	√			必要时进行

续表

（二）主机						
序号	名称	工程内容	厂修	自修	维保	备注
1	机座、机架螺栓	检查收紧			√	5年，如发现问题随时检查
2	贯穿螺栓	检查调整预紧力	√			5年，如发现问题随时检查
3	气缸活塞组、十字头	打开清洁、检查	√			按照说明书时间
		测量、调整	√			按照说明书时间
		损坏修理	√			随时
4	连杆轴承、主轴承	打开检查		√		按照说明书时间
		修理或换新	√			随时
5	推力轴承	打开检查、调整间隙	√			按照说明书时间
6	喷油器、高压油泵	检查试验换备件			√	按照说明书时间
7	调速器	检查试验换备件	√			按照说明书时间
8	进气阀、排气阀	研磨换备件		√		按照说明书时间
		损坏修理	√			随时
9	起动阀、安全阀	研磨、试压	√			按说明书时间
10	透平增压器	解体、检查换轴承	√			15000h
11	空冷器	解体、清洁、试压	√			岁修

（三）起动空气瓶						
序号	名称	工程内容	厂修	自修	维保	备注
1	起动空气瓶	内部清洁保养		√		4~5年
		校正安全阀	√			4~5年

（四）发电原动机						
序号	名称	工程内容	厂修	自修	维保	备注
1	发电原动机	一般维修换备件			√	按说明书时间
		常规解体		√		按说明书时间
		故障修理	√			随时

（五）空气压缩机						
序号	名称	工程内容	厂修	自修	维保	备注
1	空气压缩机	一般维修换备件			√	按说明书时间
		常规解体		√		按说明书时间
		故障修理	√			随时

续表

(六) 泵						
序号	名称	工程内容	厂修	自修	维保	备注
1	主要油、水泵	一般维修换备件			√	按说明书时间
		常规解体		√		按说明书时间
		损坏修理	√			随时
2	油舱货油泵	解体检查	√			按说明书时间
3	一般油、水泵	解体检查			√	按说明书时间
		损坏修理	√			随时
(七) 分油机						
序号	名称	工程内容	厂修	自修	维保	备注
1	分油机	解体检查			√	按说明书时间或必要时
(八) 油水分离器						
序号	名称	工程内容	厂修	自修	维保	备注
1	油水分离器	解体检查			√	按说明书时间
		损坏修理	√			随时
(九) 冷却器、加热器						
序号	名称	工程内容	厂修	自修	维保	备注
1	主机冷却器	清洗、换锌板	√			岁修
2	滑油冷却器	清洗、换锌板	√			岁修
3	小型冷却器、加热器	清洗、换锌板		√		平时或岁修
(十) 冷藏、空调压缩机						
序号	名称	工程内容	厂修	自修	维保	备注
1	冷藏、空调压缩机	常规拆检		√		按说明书时间
		损坏修理	√			随时
(十一) 锅炉						
序号	名称	工程内容	厂修	自修	维保	备注
1	主锅炉	校正安全阀	√			两年(炉龄 8 年以下),一年(炉龄 8 年以上)
		清洗、内部检查	√			两年(炉龄 8 年以下),一年(炉龄 8 年以上)
		损坏修理	√			随时

续表

序号	名称	工程内容	厂修	自修	维保	备注
2	辅锅炉	校正安全阀	√			两年(炉龄8年以下;如果是水锅炉,炉龄8年以上),一年(炉龄8年以上)
		清洗、内部检查	√			两年(炉龄8年以下),一年(炉龄8年以上)
		损坏修理	√			随时
3	废气锅炉	校正安全阀	√			两年(炉龄8年以下),一年(炉龄8年以上)
		清洗、内部检查	√			两年(炉龄8年以下),一年(炉龄8年以上)

(十二) 甲板机械

序号	名称		工程内容	厂修	自修	维保	备注
1	舵机油泵		解体检查	√			按说明书时间
2	起锚机	油泵	解体检查	√			按说明书时间
		液压马达	解体检查	√			按说明书时间
3	绞缆机	油泵	解体检查	√			按说明书时间
		液压马达	解体检查	√			按说明书时间
4	起货机		解体检查	√			按说明书时间
5	克令吊油泵		解体检查	√			按说明书时间
	液压马达		解体检查	√			按说明书时间

(十三) 阀类

序号	名称	工程内容	厂修	自修	维保	备注
1	海底阀、出海阀	研磨、涂漆,换密封填料	√			坞修
2	各种阀(200mm以上)	研磨、涂漆,换密封填料	√			岁修
3	各种阀(200mm以下)	研磨、涂漆,换密封填料		√		年修

(十四) 机舱油、水柜

序号	名称	工程内容	厂修	自修	维保	备注
1	热水井、淡水井、膨胀水柜	清洁			√	年度
2	淡水压力箱、海水压力柜	清洁		√		年度
3	燃油日用沉淀柜,滑油日用沉淀柜	清洁		√		年度
4	燃、滑油舱	清洁	√			岁修或必要时

续表

（十五）机舱						
序号	名称	工程内容	厂修	自修	维保	备注
1	舱底、围壁、花铁板	清洁、油漆			√	年度
2	设备	清洁、油漆、标志			√	季度
3	管系	清洁、油漆、标志			√	季度

电气部分						
序号	名称	工程内容	厂修	自修	维保	备注
1	主配电板仪表、应急配电板仪表	清洁、紧螺钉			√	年度
		检查调整	√			特检
		保护装置试验	√			特检
2	发电机	一般清洁保养			√	年度
		解体、清洁、检查	√			按说明书时间
3	起货机马达	解体、清洁、检查	√			按说明书时间
4	吊杆升降机马达	解体、清洁、检查	√			按说明书时间
5	克令电马达电气系统	解体、清洁、检查	√			按说明书时间
6	舵、锚、缆机马达	解体、清洁、检查	√			按说明书时间
7	20kW 以上马达	解体、清洁、检查	√			按说明书时间
		损坏修理	√			随时
8	20kW 以下马达	解体、清洁、检查		√		按说明书时间
		损坏修理	√			随时
9	变压器、电抗器	清洁保护			√	年度
		损坏修理	√			随时
10	照明设备、电加热器	维修保养			√	年度
		换备件			√	随时
11	阴极保护装置	常规检查			√	岁修
		电缆干隔箱检查			√	岁修
12	防海生物装置	常规检查			√	年度
		换极棒		√		岁修
13	尾轴保护装置	常规、清洁、检查			√	年度

参考文献

[1] 张维竞. 舰船动力装置故障诊断与可靠性[M]. 上海:上海交通大学出版社,2013.

[2] 胡以怀,柯赟,蒋佳炜,等. 未来智能船舶推进系统的选型[J]. 船舶工程,2019,41(03):14-21.

[3] 胡以怀,王富伟,刘鑫,等. 一种船舶机电一体复合推进系统:CN209467309U[P]. 2019-10-08.

[4] International Maritime Organization. Ship Board Energy Management(MEPC-328(76))[S]. London: International Maritime Organization,2016.

[5] 徐以介,周柏生. 船舶维修保养体系(CWBT)讲座资料[J]. 航海技术,1990(5):35-40.

[6] 周新聪,孙斌,张月雷,等. 船舶机械设备状态监测及标准应用探讨[J]. 中国设备工程,2010(09):61-62,32.

[7] 谢世德. 谈船舶维修保养体系(CWBT)和船舶计划保养体系(PMS)[J]. 海运科技,1999(1):5.

[8] 李纯. 浅谈船舶的智能维护[J]. 船海工程,2016,45(A01):3.

[9] 谢钧,卓金宝,周晓洁,等. 船舶动力智能运维服务系统研究[J]. 物联网技术,2021(3):57-59.

[10] 王维龙. 设备智能运维服务平台的研究与实现[J]. 信息与电脑,2019(6):3.

[11] 汪益兵,杨燕斌. 基于 CBM 的船舶设备健康管理系统[J]. 船舶工程,2017,39(10):70-74.

[12] 杨家荣. 故障预测与健康管理技术在智能运维中的应用[J]. 装备机械,2021(03):7-12.

[13] 徐卫东,刘佳,陈宇航. 主流船型船用配套设备智能集成与远程运维新模式研究[J]. 航海,2021(05):24-29.

[14] 关艳. 基于互联网和大数据的船舶运维管理系统探讨[J]. 缔客世界,2020(1):1.

[15] 金永兴,伍生春. 船舶结构与设备[M]. 北京:人民交通出版社,2004.

[16] 汉斯海因里希·迈尔-彼得,弗兰克·伯恩哈德. 船舶工程技术手册[M]. 2 版. 王平庚,等译. 上海:上海交通大学出版社,2014.

[17] 胡超然. 基于数据库的舰船结构评估系统研究[D]. 哈尔滨:哈尔滨工程大学,2010.

[18] 安改宁. 大型起重船全船结构强度直接计算方法研究[D]. 武汉:武汉理工大学,2016.

[19] 王学亮. 大型起重船在海浪中的运动响应研究[D]. 天津:天津大学,2004.

[20] 梁双令,章红雨,齐江辉,等. 基于设计波法的船体波浪载荷计算[J]. 舰船科学技术,2018,40(07):39-42.

[21] 陈伟,魏纳新,张斌珍. 船体长期监测系统的应用现状及发展趋势[J]. 舰船科学技术,

2016,38(2):1-5.
[22] 陈乐. 船体结构应力监测及健康评估系统[J]. 机电设备,2020,37(2):9-13.
[23] 贾连徽. 船舶结构状态监测与评估系统研究[D]. 哈尔滨:哈尔滨工程大学,2014.
[24] 金永兴,胡雄,施朝健. 集装箱船舶结构状态监测与评估系统[J]. 上海海事大学学报,2008(3):1-4.
[25] 梁文彬,林玉池,赵美蓉,等. 光纤光栅在船舶结构状态监测中的应用[J]. 激光与红外,2012,42(6):682-685.
[26] 殷华兵. 多用途船船体应力监测系统布置[J]. 船舶设计通讯,2019(2):95-99.
[27] 任慧龙,贾连徽,甄春博. 船舶结构应力监测与强度评估系统设计[J]. 武汉理工大学学报,2013,35(8):60-65.
[28] 汪雪良,顾学康,魏纳新,等. 航行船舶在波浪中响应长期监测技术[J]. 舰船科学技术,2012(2):59-62.
[29] HU Y H, PRUSTY G. Structure condition monitoring for oil tankers: A review[C]//5th Interational Conference on High-performance Marine Vehicles, January 23-25, 2006, Australian Maritime College, Launceston, Australia:191-199.
[30] 张锦朋,杲庆林,沈淳,等. 船舶营运中船体结构的维护[J]. 上海海事大学学报,2006,27(2):5-7.
[31] 张璐. 船舶营运中船体结构的维护[J]. 中国水运,2014,14(6):12-13.
[32] 陈俊兴. 油船船体状态评估程序(CAP)现场检验[J]. 船海工程,2019,48(7):81-85.
[33] 苏静波. 基于3D模型的船舶维护保养系统开发[D]. 大连:大连理工大学,2008.
[34] 梁纯,仇文宁. 人工智能技术在船舶电力系统故障诊断中的应用[J]. 舰船科学技术,2018,40(16):52-54.
[35] 张继芳,吉庆昌,郭玉霞,等. 船舶柴油发电机智能故障诊断系统[J]. 舰船科学技术,2016,38(10):64-66.
[36] 王跃龙. 笼型异步电动机多故障智能诊断及分离方法的研究[D]. 太原:太原理工大学,2017.
[37] OLIVEIRA T R D, BOLZON A S, DONOSO-GARCIA P F. Grounding and safety considerations for residential DC microgrids[C]//IECON 2014-40th Annual Conference of the IEEE Industrial Electronics Society, September 29-October1, 2014, Dallas, TX, USA:5526-5532.
[38] KANELLOS F D, TSEKOURAS G J, PROUSALIDIS J. Onboard DC grid employing smart grid technology: challenges, state of the art and future prospects[J]. IET Electrical Systems in Transportation, 2015, 5(1):1-11.
[39] AMAMRA S A, AHMED H, EL-SEHIEMY R A. Firefly algorithm optimized robust protection scheme for DC Microgrid[J]. Electric Power Components and Systems, 2017, 45(10):1141-1151.
[40] KIM S, DUJIC D, PARK Y, et al. Review of protection coordination technologies in DC distribution systems[C]//24th International Conference on Electrical Engineering-ICEE, June

24-28, 2018, The Korean Institute of Electrical Engineers, Seoul, Korea:1977-1982.
[41] IEEE. IEEE recommended practice for 1 kV to 35 kV medium-voltage DC power systems on ships:IEEE 1709—2018[S]. New York, USA, US-IEEE, 2018.
[42] TANG L,OOI B T. Locating and isolating DC faults in multi-terminal DC systems[J]. IEEE Transactions on Power Delivery, 2007,22(3):1877-1884.
[43] YANG J,FLETCHER J E,REILLY J O. Short-circuit and ground fault analyses and location in VSC-based DC network cables[J]. IEEE Transactions on Industrial Electronics,2012,59(10):3827-3837.
[44] LI Z,LIANG S,REN L,et al. Application of flux-coupling-type superconducting fault current limiter on shipboard MVDC integrated power system[J]. IEEE Transactions on Applied Superconductivity,2020,30(4):1-8.
[45] CHOI U M,BLAABJERG F,LEE K B. Study and handling methods of power IGBT module failures in power electronic converter systems[J]. IEEE Transactions on Power Electronics, 2015,30(5):2517-2533.
[46] CHASIOTIS I D,KARNAVAS Y L. A generic multi-criteria design approach toward high power density and fault-tolerant low-speed PMSM for pod applications[J]. IEEE Transactions on Transportation Electrification,2019,5(2):356-370.
[47] 闫国华,胡以怀. 以信号图像表示的基于 CNN 的永磁同步电机故障诊断方法研究[J]. 船舶工程,2024,44(07):63-67.
[48] NADARAJAN S,Panda S K,BHANGU B,et al. Hybrid model for wound-rotor synchronous generator to detect and diagnose turn-to-turn short-circuit fault in stator windings[J]. IEEE Transactions on Industrial Electronics,2015,62(3):1888-1900.
[49] JIAO N, Han X, WEI Z,et al. Online fault diagnosis for rotating rectifier in wound-rotor synchronous starter - generator based on geometric features of current trajectory[J]. IEEE Transactions on Industrial Electronics,2021,68(4):2952-2963.
[50] SOBANSKI P,KAMINSKI M. Application of artificial neural networks for transistor open-circuit fault diagnosis in three-phase rectifiers[J]. IET Power Electronics,2019,12(9):2189-2200.
[51] NOLAND J K, EVESTED F,LUDIN U. Failure modes demonstration and redundant post fault operation of rotating thruster rectifiers on brushless dual-star exciters[J]. IEEE Transactions on Industrial Electronics,2019,66(2):842-851.
[52] 高鑫哲,杜明星,魏克新. 一种 PWM 整流器 IGBT 开路故障诊断方法[J].电气传动,2014,44(07):63-67.
[53] IM W S,KIM J S,KIM J M,et al. Diagnosis methods for IGBT open switch fault applied to 3-phase AC/DC PWM converter[J]. Journal of Power Electronics,2012,12(1):120-127.
[54] SLESZYNSKI W, NIEZNANSKI J, CICHOWSKI A. Open-transistor fault diagnostics in voltage-source inverters by analyzing the load currents[J]. IEEE Transactions on Industrial Elec-

tronics,2009,56(11):4681-4688.

[55] TIAN L,WU F,ZHAO J. Current kernel density estimation based transistor open-circuit fault diagnosis in two-level three phase rectifier[J]. Electronics Letters,2016,52(21):1795-1797.

[56] BOUZID M B K,CHAMPENOIS G. An efficient simplified physical faulty model of a permanent magnet synchronous generator dedicated to stator fault diagnosis part II: automatic stator fault diagnosis[J]. IEEE Transactions on Industry Applications,2017,53(3):2762-2771.

[57] RONGJIE W, YIJU Z, HAIFENG Z, et al. A fault diagnosis method for three-phase rectifiers[J]. International Journal of Electrical Power & Energy Systems,2013,52:266-269.

[58] XU L,CAO M,SONG B,et al. Open-circuit fault diagnosis of power rectifier using sparse autoencoder based deep neural network[J]. Neurocomputing,2018,311:1-10.

[59] GENG Z, DING N, HAN Y. Fault diagnosis of converter based on wavelet decomposition and BP neural network[C]//2019 Chinese Automation Congress (CAC), November 22-24, 2019, Hangzhou China, IEEE:1273-1276.

[60] KOU L,LIU C,CAI G W,et al. Data-driven design of fault diagnosis for three-phase PWM rectifier using random forests technique with transient synthetic features[J]. IET Power Electronics,2020,13(16):3571-3579.

[61] WANG Y, LIN X, PEDRAM M, et al. Online fault detection and fault tolerance in electrical energy storage systems[C]//2014 IEEE PES General Meeting, Conference & Exposition, July 27-31, 2014, National Harbor, MD, USA, IEEE:1-5.

[62] SAHA P,RAMADESIGAN V,KHANRA M. An experimental study on the effectiveness of conventional state-of-health diagnosis schemes for second-use supercapacitors[J]. Journal of Energy Storage,2021,42:102968.

[63] XIONG R,LI L,TIAN J. Towards a smarter battery management system: A critical review on battery state of health monitoring methods[J]. Journal of Power Sources, 2018,405:18-29.

[64] CERAOLO M,LUTZEMBERGER G,POLI D. State-of-charge evaluation of supercapacitors[J]. Journal of Energy Storage,2017,11:211-218.

[65] NASERI F,FARJAH E,ALLAHBAKHSHI M,et al. Online condition monitoring and fault detection of large supercapacitor banks in electric vehicle applications[J]. IET Electrical Systems in Transportation,2017,7(4):318-326.

[66] LEI Z,ZHEN P W,XIAO S H,et al. Residual capacity estimation for ultra capacitors in electric vehicles using artificial neural network[J]. IFAC Proceedings Volumes,2014,47(3):3899-3904.

[67] DENG Q, LIU X, SOMAN R, et al. Primary and backup protection for fault current limited MVDC shipboard power systems[C] //2015 IEEE Electric Ship Technologies Symposium (ESTS), 16 July 2015, Old Town Alexandria, VA, USA, IEEE:40-47.

[68] SATPATHI K, THUKRAL N, UKIL A, et al. Directional protection scheme for MVDC ship-

board power system[C]//IECON 2016-42nd Annual Conference of the IEEE Industrial Electronics Society, October 23-26 2016, Florence, Italy, IEEE:3840-3847.
[69] FENG X, QI L, PAN J. A novel fault location method and algorithm for DC distribution protection[J]. IEEE Transactions on Industry Applications, 2017, 53(3):1834-1840.
[70] MEGHWANI A, SRIVASTAVA S C, CHAKRABARTI S. A non-unit protection scheme for DC microgrid based on local measurements[J]. IEEE Transactions on Power Delivery, 2017, 32(1):172-181.
[71] GEDDADA N, YEAP Y M, UKIL A. Experimental validation of fault identification in VSC-based DC grid system[J]. IEEE Transactions on Industrial Electronics, 2018, 65(6):4799-4809.
[72] HONG Y Y, WEI Y H, CHANG Y R, et al. Fault detection and location by static switches in microgrids using wavelet transform and adaptive network-based fuzzy inference system[J]. Energies, 2014, 7(4):2658-2675.
[73] LI W, MONTI A, PONCI F. Fault detection and classification in medium voltage DC shipboard power systems with wavelets and artificial neural networks[J]. IEEE Transactions on Instrumentation and Measurement, 2014, 63(11):2651-2665.
[74] KUMAR D S, SRINIVASAN D, REINDL T. A fast and scalable protection scheme for distribution networks with distributed generation[J]. IEEE Transactions on Power Delivery, 2016, 31(1):67-75.
[75] YEAP Y M, UKIL A. Fault detection in HVDC system using Short Time Fourier Transform[C]//2016 IEEE Power and Energy Society General Meeting (PESGM), July 17-21, 2016, Boston, MA, USA, IEEE:1-5.
[76] XIANG W, YANG S, WEN J. ANN-based robust DC fault protection algorithm for MMC high-voltage direct current grids[J]. IET Renewable Power Generation, 2020, 14(2):199-210.
[77] SALIM G, OUADIE B, GHALEB H. Vibro-acoustic fault detection and diagnosis in hybrid electric vehicle[C]//4th International Conference on Power Engineering, Energy and Electrical Drives, 21 October 2013, Istanbul, Turkey, IEEE:309-313.
[78] URRESTY J C, ATASHKHOOEI R, RIBA J R, et al. Shaft trajectory analysis in a partially demagnetized permanent-magnet synchronous motor[J]. IEEE Transactions on Industrial Electronics, 2013, 60(8):3454-3461. IEEE.
[79] 章志浩．基于局部回归神经网络的柴油机燃油喷射系统故障诊断研究[D]. 大连:大连海事大学,2020.
[80] 胡以怀．船舶机损事故分析及安全评估[M]. 北京:人民交通出版社,2013.
[81] 马义平,胡以怀．船用电控柴油机故障案例分析[M]. 上海:上海浦江教育出版社有限公司,2021.
[82] 詹玉龙,曾广芳,翟海龙．船用电控共轨柴油机常见故障及预防[J]. 航海技术,2007

(03):53-55.
[83] 胡以怀,高雨颀,郭磊,等. 船舶电控柴油机的典型故障统计分析[J]. 航海技术,2023(2):44-47.
[84] HU Y H,WANG M,ZENG C,et al. Performance failure simulation and characteristic analysis of marine diesel engine turbocharging and gas-exchange system under different running conditions[J]. Journal of Advanced Marine Engineering and Technology,2021,45(4):140-153.
[85] 曾存,胡以怀,杨雅钧,等. 大型船用低速柴油机的工作过程和故障模拟[J]. 机电工程技术,2021,50(02):55-60.
[86] 张军,苏万华. 大功率柴油机综合故障诊断系统的研究与开发[J]. 内燃机,2004(06):4-6+11.
[87] 汪猛,胡以怀,曾存,等. 基于SVM的船用柴油机增压换气系统的故障诊断[J]. 机电工程技术,2022,51(03):67-73.
[88] 胡以怀,李志球,谭亲明,等. 二冲程电控柴油机的振动测试与分析[J]. 船舶工程,2015,37(03):37-39.
[89] 胡以怀,ELIJAH M,韩冰,等. 船用二冲程柴油机机身侧面振动信号的特征分析[J]. 柴油机设计与制造,2019,25(02):39-43+54.
[90] 胡以怀,ELIJAH M,方云虎. 二冲程柴油机机座表面振动信号的特征分析[J]. 柴油机,2020,42(01):37-40.
[91] 于学宽. 船舶动力设备状态监测与故障诊断技术研究[D]. 武汉:武汉理工大学,2013.
[92] 胡以怀,李从跃,崔德馨,等. 船用往复式空压机的状态监测与健康管理[J]. 船舶物资与市场,2022,30(02):29-34.
[93] 蒋佳炜,胡以怀,方云虎,等. 基于多尺度时域平均分解和模糊熵的船用风机故障诊断方法[J]. 中国机械工程,2022,33(10):1178-1188.
[94] 胡以怀,蒋佳炜,方云虎,等. 船舶机舱旋转机械的振动测试与分析[J]. 船舶与海洋工程,2020,36(02):36-40.
[95] 程利军,张英堂,李志宁,等. 基于瞬时转速的柴油机各缸工作均匀性在线监测方法研究[J]. 噪声与振动控制,2011,31(06):183-187.
[96] 高志龙,霍柏琦,唐松林,等. 根据瞬时转速与冲击信号诊断柴油机故障的方法[J]. 噪声与振动控制,2016,36(04):156-160+182.
[97] ROGER J. Cylinder pressure reconstruction based on complex radial basis function networks from vibration and speed signals[J]. Mechanical Systems and Signal Processing,2006,20(8):1923-1940.
[98] CHARLES P,JYOTI K. S,et al. Detecting the crankshaft torsional vibration of diesel engines for combustion related diagnosis[J]. Sound and Vibration,2009,321:1171-1185.
[99] LIU S Y,DU R S,YANG S Z. Fault diagnostics for internal combustion engines using fly-

wheel speed fluctuations and neural networks[J]. Transactions of CSICE,1999(01):70-73.

[100] CHANG Y,HU Y H. Monitoring and fault diagnosis system for the diesel engine based on instantaneous speed[J]. Proceedings of International Conference on Computer and Automation Engineering,2010:780-783.

[101] 李可顺,孙培廷,魏海军,等. 基于瞬时转速信号的柴油机故障诊断[J]. 大连海事大学学报,2011,37(02):85-88.

[102] 胡以怀,高雨颀,胡光忠,等. 船舶推进轴系瞬时转速的测试与分析[J]. 舰船科学技术,2022,44(07):122-127.

[103] 刘世元,杜润生,杨叔子. 利用神经网络诊断内燃机失火故障的研究[J]. 内燃机学报,1999,17(01):67-70.

[104] 胡光忠. 船舶推进轴系瞬时转速的测试及诊断应用[D]. 上海:上海海事大学,2020.

[105] 肖小勇,向阳,钱思冲,等. 多谐次相位法在柴油机故障诊断上的应用[J]. 哈尔滨工程大学学报,2014,35(08):954-960.

[106] 蒋佳炜,胡以怀,柯赟,等. 基于小波包特征提取和模糊熵特征选择的柴油机故障分析[J]. 振动与冲击,2020,39(04):273-277.

[107] 蒋佳炜,胡以怀,柯赟,等. 基于小波能量谱分析与 SVM 的柴油机气阀间隙异常故障诊断[J]. 机电设备,2018,35(04):58-65.

[108] 张勇,朱瑞祥,刘水长,等. 基于图像识别的润滑油磨粒监测技术[J]. 拖拉机与农用运输车,2008,35(02):91-93.

[109] 严新平,李志雄,张月雷,等. 船舶柴油机摩擦磨损监测与故障诊断关键技术研究进展[J]. 中国机械工程,2013,24(10):1413-1419.

[110] 吕克洪. 基于铁谱与图像识别技术的动力装置故障检测与诊断系统研究[D]. 长沙:国防科学技术大学,2003.

[111] 傅建平. 基于铁谱分析技术的自行火炮发动机磨损故障诊断研究[D]. 南京:南京理工大学,2015.

[112] 邱丽娟,宣征南,张兴芳. 油液在线监测技术研究进展[J]. 传感器与微系统,2015,34(04):4-7.

[113] 曹永. 船舶柴油机综合在线监测诊断系统的研究[D]. 武汉:武汉理工大学,2012.

[114] 孟昭玉. 船舶螺旋桨轴状态监测技术[D]. 上海:上海海事大学,2005.

[115] 陈学峰,任丹. 油液分析在船用动力系统状态监测中的应用[J]. 机械工程与自动化,2012(04):182-183.

[116] 向晶晶,董从林,白秀琴,等. 转叶式舵机密封件在不同磨粒尺寸下的摩擦学特征研究[J]. 中国机械工程,2022,33(04):397-405.

[117] 魏海军,王宏志,孙培廷,于洪亮,关德林,胡庆存,尹峰. 船舶机械油液检测光谱分析的特征参数研究[J]. 光谱学与光谱分析,2005,25(07):1125-1127.

[118] 李韶辉,付集新,张治. 船舶机械油液检测光谱分析的特征参数研究[J]. 润滑与密封,2004(06):92-93.

[119] 董广前．船舶维修保养重要性探析[J]. 设备管理与维修,2016(04):39-41.
[120] 白建勋．船舶维修与保养(上)[J]. 天津航海,1992(4):11.
[121] 刘真．船舶电气设备的管理和维修保养[J]. 船舶物资与市场,2022,30(03):82-84.
[122] 胡以怀．Marine diesel engine propulsion system[M]. 上海:上海交通大学出版社,2012.
[123] 付宗仁．船舶柴油机常见故障及使用管理注意事项[J]. 装备制造技术,2011(05):83-85.
[124] 杨新华,杨建,郑国世．电控柴油机故障诊断与维修[J]. 现代零部件,2013(03):62-65.
[125] 陈健,黄进明,单剑,等．浅谈船舶电动机常见故障分析与处理[J]. 科技资讯,2015,13(35):95-96.
[126] 姚世民，MAN B&W 12K98ME 柴油机的日常维护与典型故障分析[C]//中国航海学会海洋船舶驾驶专业委员会，2009 特大型船舶操纵和船舶安全与管理论文集. 广州:中国航海学会,2009:339-342.
[127] 崔向东．智能化船舶柴油机的发展[J]. 青岛远洋船员学院学报,2000(04):41-45.
[128] 臧大伟．船舶转叶式舵机系统仿真与虚拟现实的实现[D]. 大连:大连海事大学,2008.
[129] 冼伟伦,余天明．舵机的故障及维护保养[J]. 机电设备,2007(04):48-50.
[130] 徐建豪．舵系统常见故障浅析[J]. 世界海运,2009,32(04):60-61.
[131] 李雪,孙峥,赵尚．基于故障树分析法船舶舵机故障诊断方法研究[J]. 镇江高专学报,2016,29(04):50-53.
[132] 韩庆龙．浅谈舵机的常见故障及原因分析[J]. 才智,2008(22):115.
[133] 胡以怀,芮晓松,方云虎,等．某化学品船无人化设备配置及运行经济性[J]. 船舶,2020,31(06):65-69.
[134] 胡以怀,郭磊,蒋佳炜．船舶机舱远程监测报警系统:CN113395491A[P]. 2021-09-14.
[135] 余永华,杨建国,胡闹．智能机舱关键部件状态监测诊断技术研究[J]. 船舶,2018,29(S1):98-105.
[136] 范爱龙,严新平,尹奇志,等．船舶主机能效模型[J]. 交通运输工程学报,2015,15(04):69-76.
[137] 朱鹏飞,艾万政,张亮．船舶纵倾优化节能策略[J]. 水运管理,2019,41(03):26-28.
[138] 张宏娟,顾解忡．纵倾优化技术在配载仪软件中的实现[J]. 船舶,2017,28(03):21-25.
[139] 张剑．基于纵倾优化的船舶能效研究[D]. 大连:大连海事大学,2015.
[140] 杜建军．万箱船纵倾优化与节能[J]. 航海技术,2016(02):27-29.
[141] 杨其雷,朱鹏飞,艾万政．集装箱船纵倾优化数值模拟[J]. 舰船科学技术,2021,43(07):60-63.
[142] 杨利军．船舶航行燃油消耗率测定[J]. 武汉造船,1994(05):43-44.
[143] 船用柴油机台架试验．标准环境状况及功率燃油消耗和机油消耗的标定[S]. CB/T 3254. 1-1994.
[144] HU Y H, ZHANG J C, ZENG X M. Assessment indices of marine power plants energy

efficiency and ship hull fouling condition[C]//7th International Conference on Power and Renewable Energy (ICPRE), September 23-26, 2022, Shanghai, China, IEEE:2022.
[145] 张永贵. 锅炉热效率的简易测试与计算[J]. 应用能源技术,1990(4):4.
[146] 李柳强. 燃油锅炉热效率及影响因素分析[J]. 节能技术,2011,29(02):134-136,142.
[147] 赵友. 提高船用辅锅炉热效率方法的分析[J]. 科技与创新,2015(13):144,146.
[148] 毛卫斌. 船舶经济航速和降速航行的经济性分析[J]. 青岛远洋船员学院学报,1999,20(04):45-51.
[149] 李铮,潘晓萌. 船舶航速优化算法研究[J]. 舰船科学技术,2016,38(12):7-9.
[150] 胡强生. 谈船舶航速的选择与节能[J]. 船舶节能,2001(03):18-20.
[151] 马硕."慢速航行"的经济分析[J]. 水运管理,2014,36(11):7-12.
[152] 贺亚鹏,严新平,范爱龙,等. 船舶智能能效管理技术发展现状及展望[J]. 哈尔滨工程大学学报,2021,42(03):317-324.
[153] 中国船级社. 智能船舶规范(2024):CCS-GL—2024[S]. 北京:中国船级社, 2024:34-39.
[154] 赵科,丁琦. 船舶智能能效管理系统设计[J]. 舰船科学技术,2020,42(21):143-147.
[155] 郑洪燕,王跃,朱军. 船舶智能能效管理系统设计[J]. 水运管理,2018,40(11):25-28.
[156] 王凯,胡唯唯,黄连忠,等. 船舶智能能效优化关键技术研究现状与展望[J]. 中国舰船研究,2021,16(01):181-192,199.
[157] 葛沛,徐宏伟,刘灿波,等. 大数据技术在船舶能效管理中的应用[J]. 江苏船舶,2020,37(02):5,7-9.

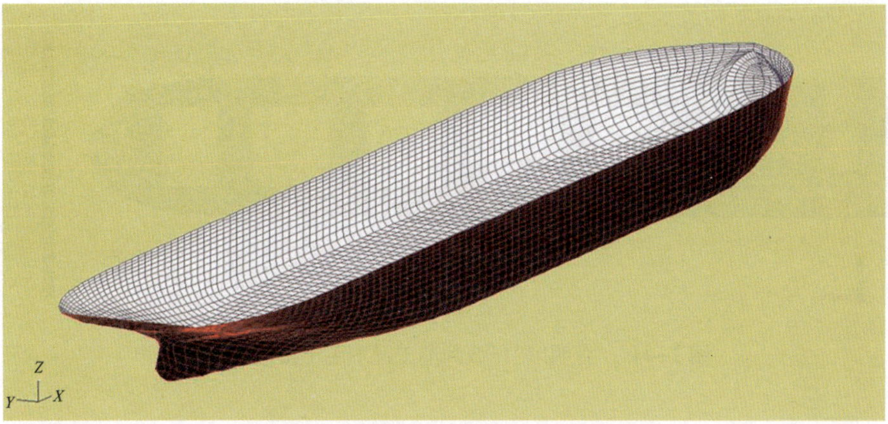

图 2-35 “育明”轮湿表面网格模型

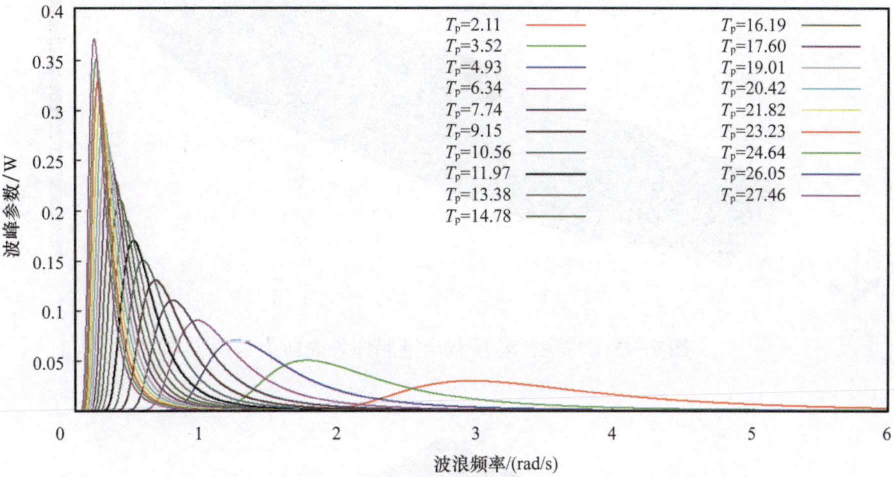

图 2-38 海浪谱

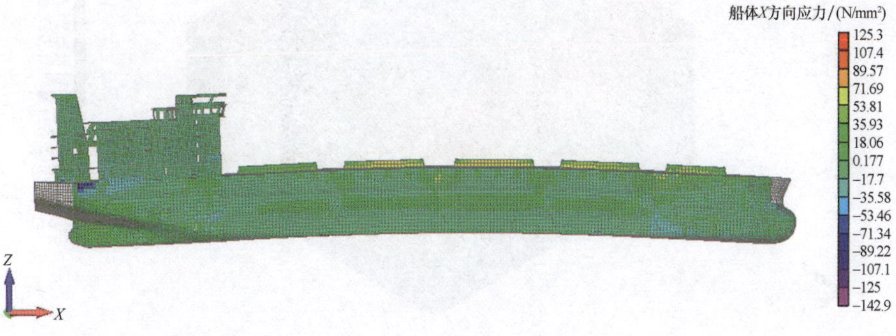

图 2-43 “育明”轮压载到港船体变形及 σ_X 应力云图

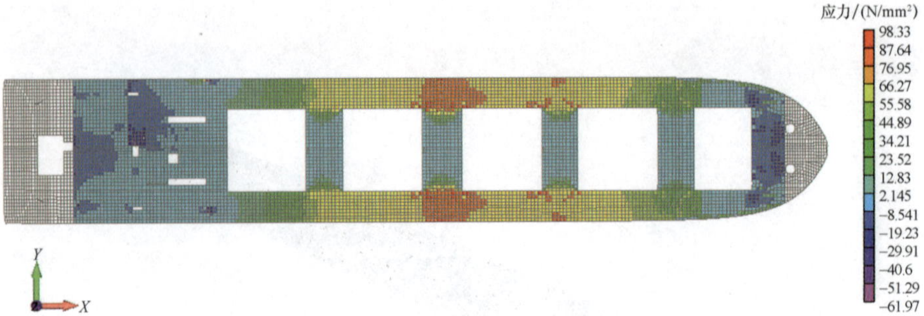

图 2-44 “育明”轮压载到港工况下主甲板应力云图

图 2-45 “育明”轮压载出港船体外壳应力云图

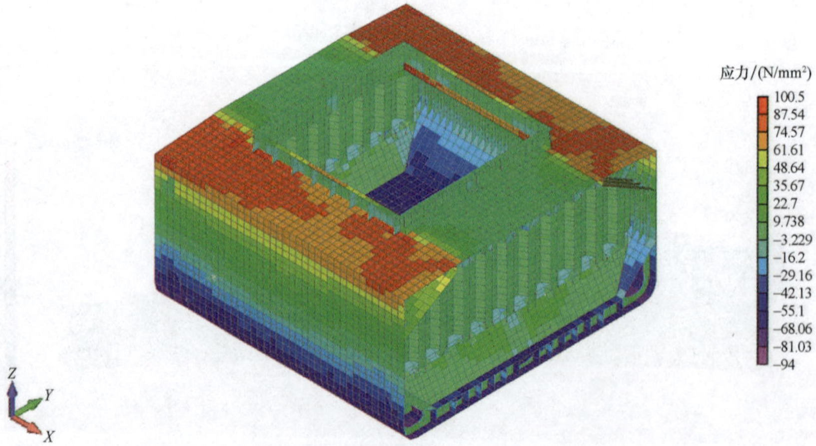

图 2-46 “育明”轮压载出港第三个(No. 3)货舱应力云图

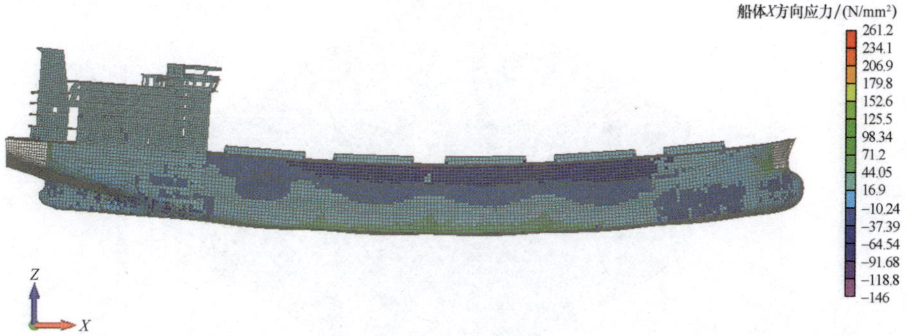

图 2−47 “育明”轮满载出港船体变形及 σ_X 应力云图

图 2−48 “育明”轮满载出港主甲板应力云图

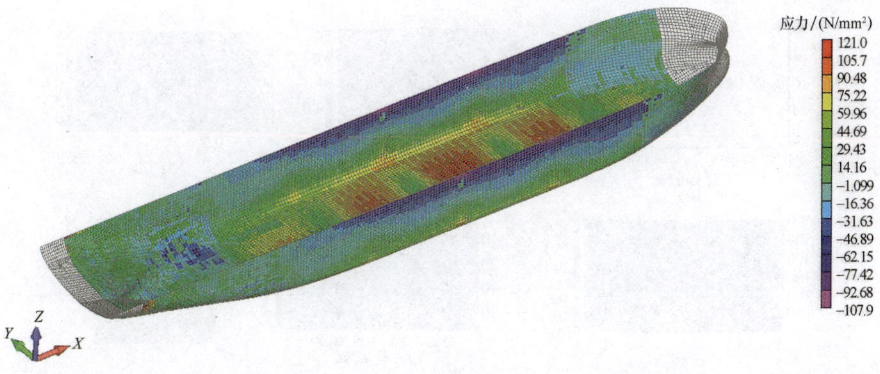

图 2−49 “育明”轮满载出港船体外壳应力云图

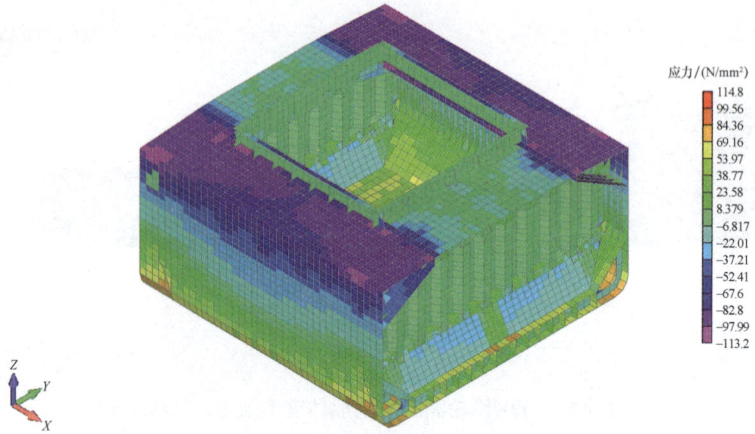

图 2-50 “育明”轮满载出港第三个(No. 3)货舱应力云图

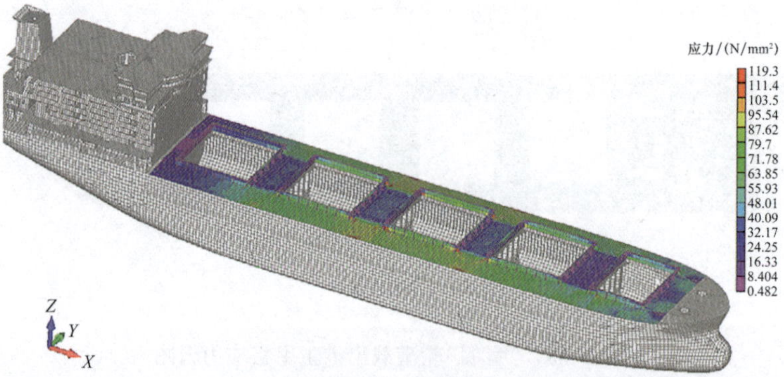

图 2-53 “育明”轮有限元模型中的甲板与舱口围板应力分布

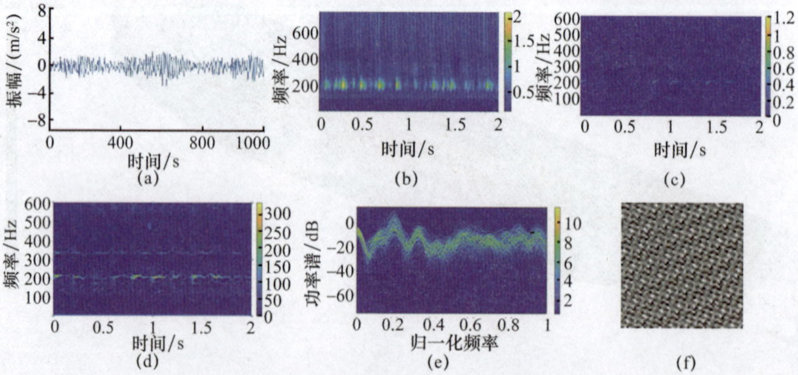

图 3-11 振动信号的几种图像化处理

(a)振动波形图;(b)CWT 图;(c)SSWT 图;(d)FSST 图;(e)持久频谱图;(f)灰度图。

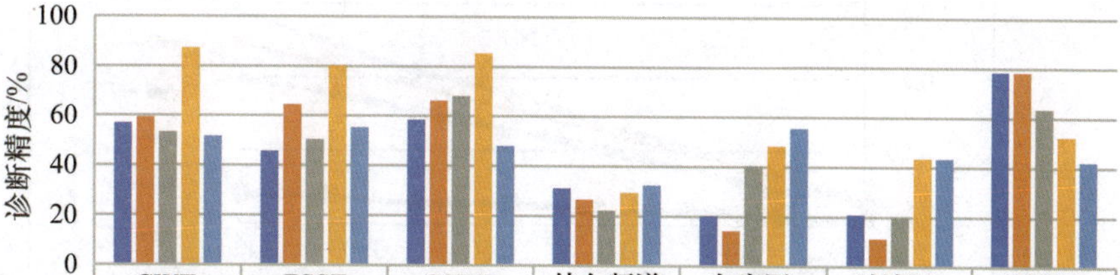

	CWT	FSST	SSWT	持久频谱	灰度图	时域图1	时域图2
U,V,W,诊断	56.92	45.71	58.36	31.21	20.31	21	78.46
U,V,W	59.16	64.41	66.09	26.62	14.31	11.34	78.25
W,诊断	53.36	50.44	67.97	22.35	40.52	20.06	63.54
W	87.28	80.32	85.38	29.49	48.41	43.62	52.36
诊断	51.69	55.31	48.05	32.46	55.51	43.5	42.31

图 3-13 64×64 尺寸图像化的多尺度 CNN 诊断精度

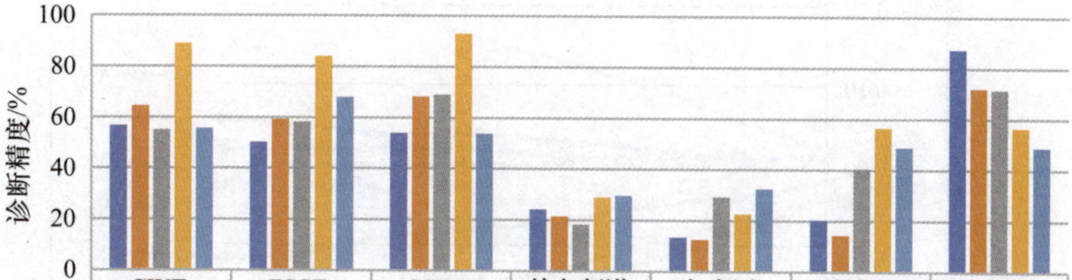

	CWT	FSST	SSWT	持久频谱	灰度图	时域图1	时域图2
U,V,W,振动	56.79	50.35	54.08	24.17	13.4	20.31	87.36
U,V,W	64.41	59.35	68.26	21.35	12.46	14.31	72.15
W,振动	55.15	58.32	69.03	18.31	29.24	40.52	71.62
W	88.92	83.97	92.9	28.95	22.64	56.5	56.5
振动	55.74	68	53.79	29.69	32.51	48.85	48.85

图 3-14 128×128 尺寸图像化的多尺度 CNN 诊断精度

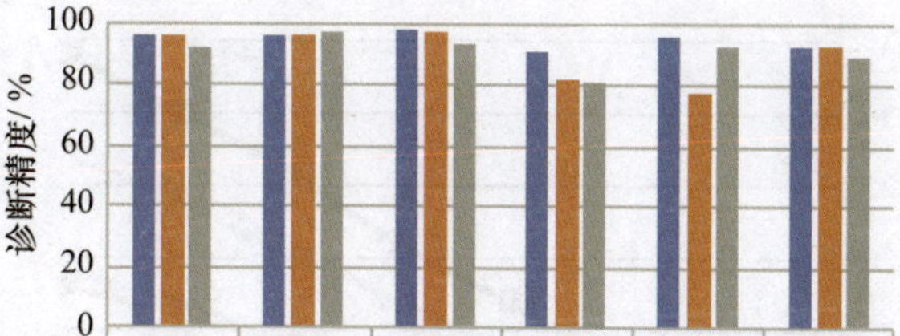

	CWT	FSST	SSWT	持久频谱	灰度图	时域图1
U,V,W,振动	96.35	96.25	98.10	91.13	95.77	92.41
U,V,W	96.13	96.36	97.49	82.36	78.15	93.35
W,振动	92.15	97.61	93.44	81.38	92.69	89.82

图 3-16 64×64 尺寸图像化的多输入 CNN 诊断精度

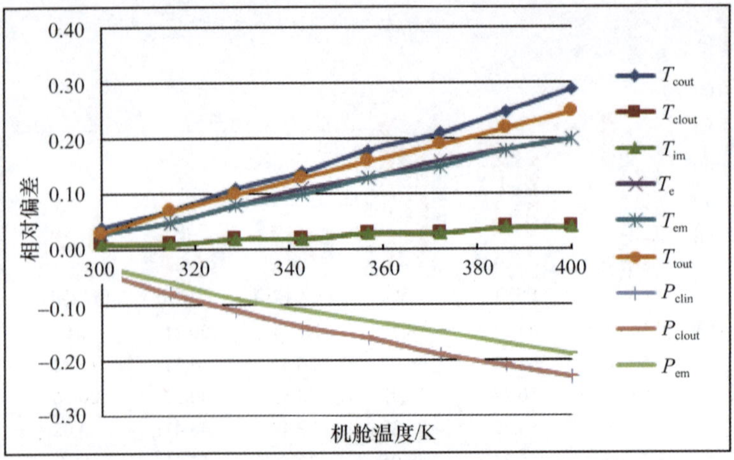

(a)

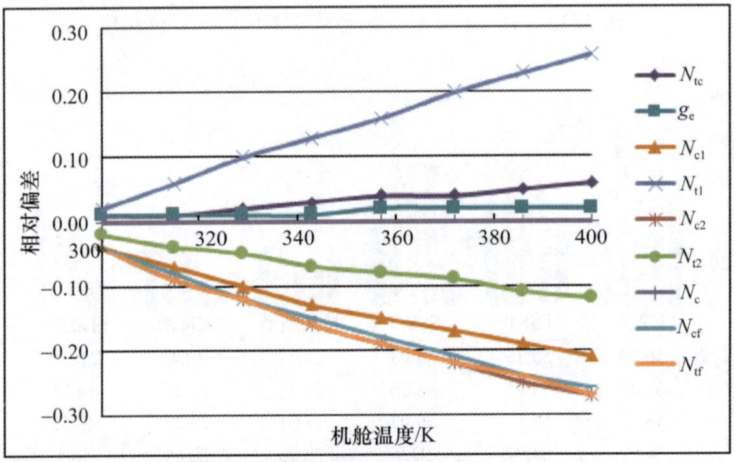

(b)

图 4-34 不同机舱温度下各热力参数相对偏差值

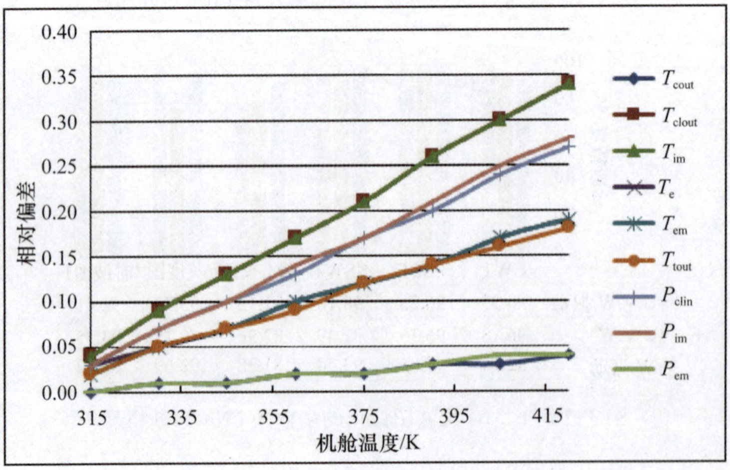

(a)

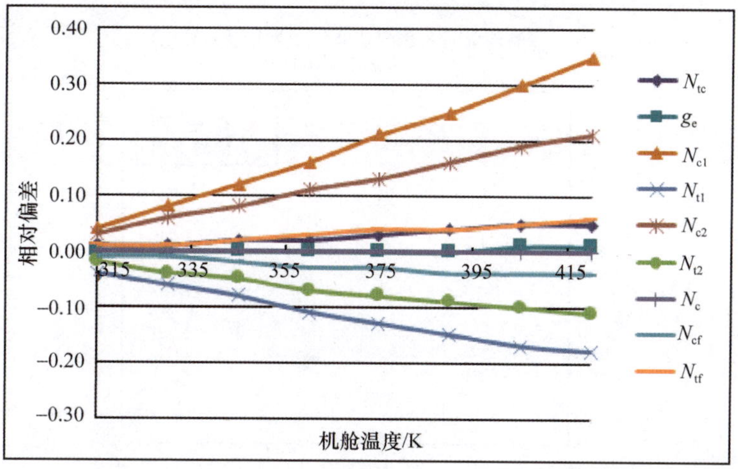

(b)

图 4-35 不同中冷器冷却水温度下各热力参数的相对偏差值

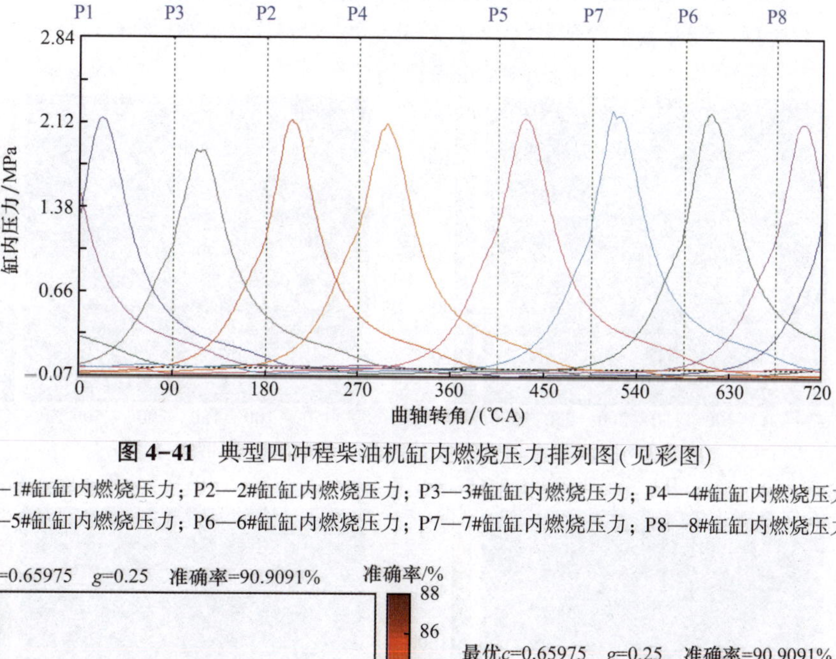

图 4-41 典型四冲程柴油机缸内燃烧压力排列图(见彩图)

P1—1#缸缸内燃烧压力；P2—2#缸缸内燃烧压力；P3—3#缸缸内燃烧压力；P4—4#缸缸内燃烧压力；P5—5#缸缸内燃烧压力；P6—6#缸缸内燃烧压力；P7—7#缸缸内燃烧压力；P8—8#缸缸内燃烧压力。

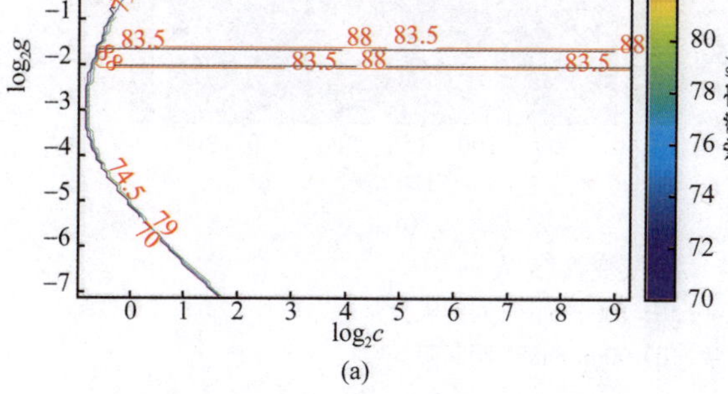

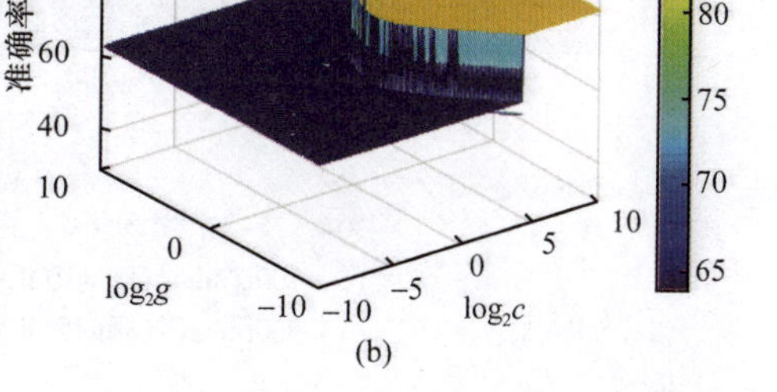

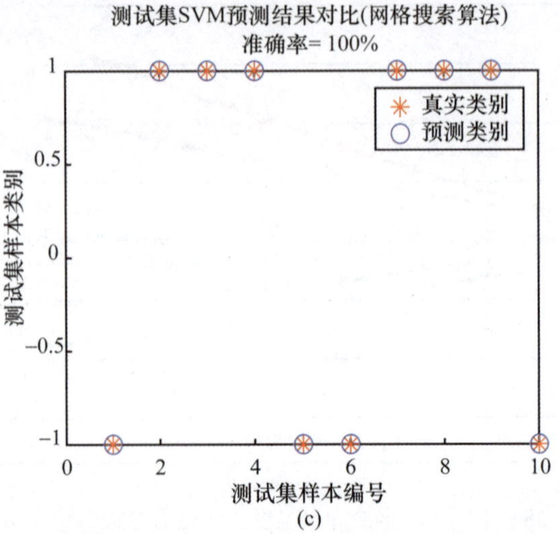

(c)

图 4-48 基于网格搜索算法优化的 SVM 故障诊断

(a) 寻优结果图(等高线图)；(b) 寻优结果图(3D 视图)；(c) 验证效果图。

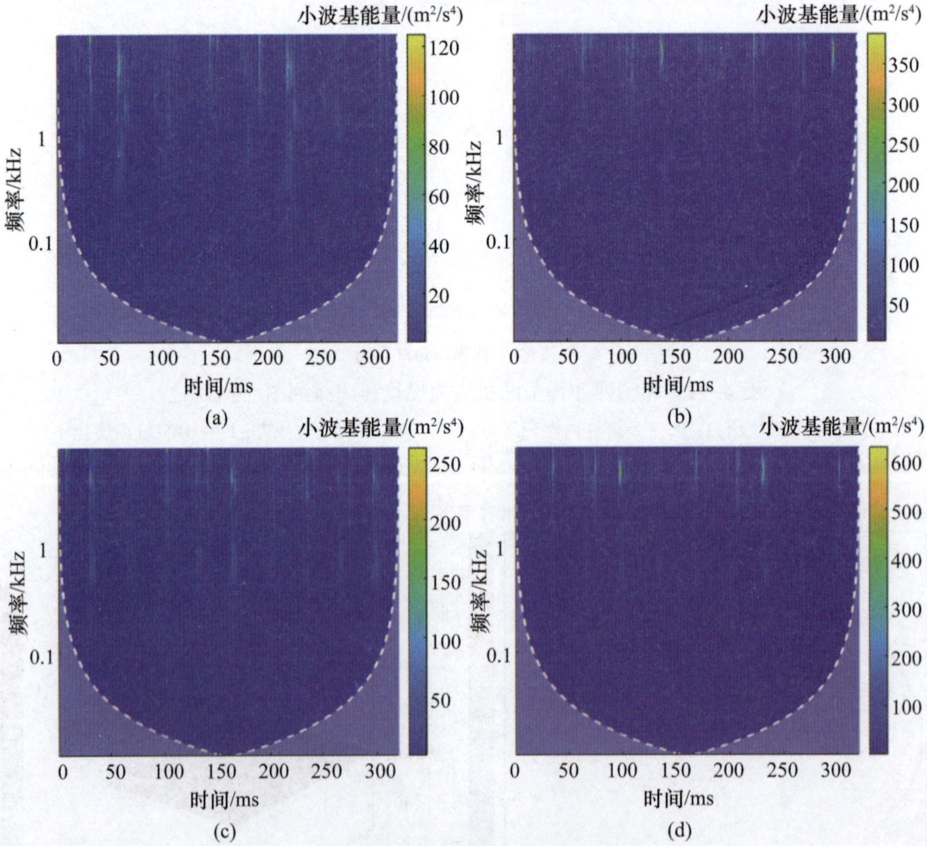

图 5-64 连续小波变换结果

(a) 700r/min 气阀间隙正常；(b) 700r/min 气阀间隙异常；

(c) 900r/min 气阀间隙正常；(d) 900r/min 气阀间隙异常。